U0246969

2011 年度国家社科基金项目
"佛藏与道藏中天文历法知识的整理与研究"(11BZS008)资助

2017 年度国家社科基金重大项目
"汉唐时期沿丝路传播的天文学研究"(17ZDA182)资助

佛道二藏天文历法资料整理与研究

钮卫星 靳志佳 宋神秘——著

上海三联书店

图书在版编目(CIP)数据

佛道二藏天文历法资料整理与研究/钮卫星等著.—上海:上海三联书店,2022.11
ISBN 978 - 7 - 5426 - 7673 - 3

Ⅰ.①佛⋯ Ⅱ.①钮⋯ Ⅲ.①古历法-研究-中国
Ⅳ.①P194.3

中国版本图书馆 CIP 数据核字(2022)第 024456 号

佛道二藏天文历法资料整理与研究

著　　者/钮卫星　靳志佳　宋神秘

责任编辑/吴　慧
装帧设计/徐　徐
监　　制/姚　军
责任校对/王凌霄

出版发行/上海三联书店
　　　　　(200030)中国上海市漕溪北路 331 号 A 座 6 楼
邮购电话/021 - 22895540
印　　刷/上海惠敦印务科技有限公司

版　　次/2022 年 11 月第 1 版
印　　次/2022 年 11 月第 1 次印刷
开　　本/640 mm×960 mm　1/16
字　　数/520 千字
印　　张/36.75
书　　号/ISBN 978 - 7 - 5426 - 7673 - 3/P · 8
定　　价/139.00 元

敬启读者,如发现本书有印装质量问题,请与印刷厂联系 021-63779028

目　录

前　言

　　考察外来的天文学概念、学说等在本土文化中的遭遇及其产生的影响,是笔者长期以来的研究兴趣所在。多年来笔者主要以汉译佛经为主要文献,探讨中外天文学的交流与比较。本书的研究进一步拓展了研究对象和资料来源,将道藏经典也纳入其中,以期对外来天文学的本土影响作更为全面、系统的考察。

　　对有关外来概念、学说等进行溯源,考察它们的传播过程和途径,探讨它们带来的影响等,正越来越引起学者们的兴趣。人们希望以相关外来概念、学说等在本土文化中的传播、植入等情况作为"文明探方",去探查不同文化相互碰撞过程中的一般模式。本书可以说提供了这样一个很好的研究个案。

　　本书在以往的研究基础上,对佛教和道教经典中所包含的天文学内容进行一次全面的梳理和考察,对这些天文学内容作出恰当的评述,并对这些传入中国的域外天文学内容进行全面、系统的研究,进一步追溯这些天文学的来源,考察这些天文学内容对中国本土天文学甚至本土文化所产生的影响。

　　通过本项研究,将有助于了解中国古代文明在世界文明史上的地位,还将有力地证明中华民族自古以来一直是以博大的胸怀兼收并蓄各种优秀的外来文化的,自信、开放、兼容是中华民族固有的品质。本研究将为古代中外文化交流提供具体、详细的个案,它将以古代中外天文学交流为窗口,使人们进一步了解古代中外科学文化交流的盛况,以具体的事例来揭示人类文明自古以来都不是在孤立、封闭的状态下生长、发展起来的。同时,本项研究也将为宗教和科学在古代文明中的依存、互动关系提供一些具体案例,为理解历史上宗教与科学之关系的多样性和丰富性提供相关的基本史实。

　　本书从研究内容来看，主要分为文献整理和基于文献基础上的对比、溯源、传播和影响等学术研究。文献整理工作分为：一、对分散在大藏经中的天文历法资料进行普查、收集、汇总，内容也兼及中印古代交流中非佛经类的文献资料；二、对分散在道藏中的天文历法资料进行普查、收集、汇总。学术研究大致分以下三个步骤来进行：一、梳理和考证大藏经和道藏中的天文学内容，对翻译、传抄、排印等过程中发生的讹误进行勘正；二、通过将大藏经中的天文学内容与道藏中的天文学内容进行比较，以探讨两者之间的影响和被影响的关系；三、考察外来天文学对本土天文学所产生的影响程度。

　　从研究方法来看，由于本书是在中外文化交流这样的大背景下进行天文学文献整理和天文学史交流与比较研究，所处理的材料涉及汉译佛经、道藏、官修史书、敦煌文献以及其他历史典籍，因此研究人员一方面要掌握必需的天文学基础知识和天文学史专门知识，包括中国古代天文学知识、印度古代天文学知识和西方古典天文学知识，另一方面也需要对天文学以外的各学科知识能熟练地运用，这些学科涉及历史学、语言学、佛学、文献学、历史地理学等。本项研究需要立足于扎实的文献考据，并结合现代天体力学和天体测量学知识，对相关天文数表和天象进行验算。结果证明，这种将天文学史学科的内部的各种知识与天文学史学科外部的各科知识结合起来的研究方法，非常适合本项目的研究。

　　本书的研究目的就是，通过对卷帙浩繁的佛藏和道藏等典籍中的天文历法资料进行全面的搜寻和整理，熟练掌握和运用各科基础知识，对收集和整理到的相关资料进行分析和研究，以中外科学文化交流的视野，对域外天文学在中国的流传和所产生的影响加以研究，以具体的事例说明不同文化因素在接触过程中既有融合又有冲突的互动关系。

　　经过了三年多的努力，我们不敢说十分完美地达到了上述研究目标，但也总算有所收获，并把阶段的研究成果汇集成了本书。为了方便读者在阅读全书之前对它有一个大致了解，在此对本书的基本框架和内容作一概述。

第一章"绪论"首先交代了本项研究的历史背景,即域外天文学以佛教东传和佛经汉译为中介传播到中国的时间和路径,然后进一步介绍了佛经的翻译和域外天文学知识的传播,并对来华域外天文学知识的多重来源也进行了探讨,最后从文献和史料层面强调了佛藏和道藏作为天文学史原始研究文献的重要性和特殊性。

第二章分析了佛藏中天文学内容的保存目的、保存方式和分布情况,并讨论了佛藏天文历法资料的保存特点、可靠性和局限性。本章对佛藏天文学资料和内容进行了一次全景式展示,此后各章将对这一全景中的几个局部景点进行细节展示。

第三章概述了道藏中天文历法资料的分布和保存情况,这也是迄今对道藏中天文知识比较全面的一次梳理和整理。

第四章具体探讨了佛藏中的宇宙学,包括宇宙的形成、结构和宇宙的运行,并将其与中国古代《周髀算经》中的盖天说进行了比较研究。

第五章讨论了佛藏中的印度星宿体系,并将其与中国本土的星宿体系进行了比较研究。

第六章专论《七曜攘灾决》,该作品是现存汉译佛经中数理天文学资料最集中的一种,其中的五星历表和罗睺、计都历表是非常难得的古代数理天文学资料。本章对这些珍贵的天文学资料以及它们的来源等情况进行深入细致的研究,同时阐发《七曜攘灾决》作为一个古代东西方文化交流传播的极好例证的重要意义。

第七章对《时非时经》所提供的授时功能进行分析,一方面揭示佛藏天文历法知识的实用性一面,另一方面也分析了《时非时经》中的正午影长数据所揭示的文化交流和天文学传播的意义。

第八章专论《宿曜经》中的天文学和星占学。《宿曜经》几乎是所有汉译佛经中包含星占术内容最为丰富、类型最为全面的一部,经《宿曜经》之翻译,印度或者更确切地说西方星占学知识体系被系统地介绍和引入中国,并进一步流传到日本。《宿曜经》作为了解密教天文和星占学的传播和影响的重要文本,具有非常重要的学术价值。这一章在考察《宿曜经》的文本结构、版本流传等问题之后,主要依据《宿曜经》中的相关经文,考释"宿直月"和"宿直日"系统,最终复原出《宿曜经》中所含的"宿直"历表的原貌。

第九章以收入《道藏·洞真部·众术类》的《灵台经》为中心探讨外来星命学在《道藏》经典中的载录情况。从对原十二章的《灵台经》中现残存的最后四章"定三方主第九""飞配诸宫第十""秤星力分第十一"和"行年灾福第十二"的分析可知,该经记录了一些关键的外来星命学元素,如三方主、黄道十二宫、十二命位,以及不同于中国传统的定行年的方式等,这些外来星命学元素最后演变成中国传统星命学的主要组成部分。

第十章重点探讨道藏中所记载的十一曜星神崇拜的兴起和流行。本章从唐宋之际的佛、道两教文献中有关九曜和十一曜的资料出发,首先考察源自密教星占术的九曜概念和它们的天文含义;然后通过对唐末五代的九曜醮词、罗天醮词等文献的解读,确认了对九曜和月孛的崇拜已经成为当时道教醮仪的组成部分。本章对宋元学者认为的十一曜源自《聿斯经》的说法提出了不同看法,认为十一曜星命学是由中国本土术士在九曜星命学的基础上融合了本土天神崇拜后改造而成。这一章还指出宋真宗崇道刺激了十一曜星神崇拜的流行,民间术士和官方历算家都为这种流行的信仰提供了技术支持。第十章的讨论,为理解历史上外来文化影响本土文化所能达到的深度和广度提供了详细的案例。

第十一章以杜光庭《广成集》所录醮词中的占卜案例为中心来探讨道教的星命术实践。杜光庭是唐末五代时期著名的道门领袖,他不仅对道教发展有着承上启下之作用,而且也极大地推动了青词的发展,现在学者多从文学角度以及史学角度来分析杜光庭《广成集》中的斋醮词,本章尝试从占卜角度来分析《广成集》中的醮词,具体探析醮词中的占卜术语,并考察当时的占卜体系,以及体系所受的各方影响。例如,《广成集》中涉及的大量占卜术语中的"本命"一词就是一个非常重要的概念,第十一章通过对《广成集》中醮词以及道教典籍的考察,重新审视斋醮科仪举行时间的本命日,区分其与生日的差别,并通过考察道教典籍中的众多本命以及历代对本命的表述,探寻本命信仰在中国的变化及变化的原因。又例如"天符"一词,其在中国古代典籍中有众多含义,但对《广成集》中的"天符"如何解释却众说纷纭,本章通过对《广成集》中的醮词加以考察,给定"天符"一个新的释义,并给出验证,同时考察醮词中多次出现天符的原因,给出合理解释。通过本章的讨论,希望在实践层面上大致勾勒出唐末五代时期道教星命术的大致轮廓,并揭示其一方面继承和发展本土数术概念,同时又吸收和融合外来星命学的文化交流特征。

第十二章以黄道十二宫为例来讨论佛道二藏中外来星命术的本土化情形。外来星命术在中国的流传和应用,并非完整地保持着其在域外的原始形态和内涵。在流传和应用的过程中,外来星命术的形式和内涵在遭遇中国传统天文学、星占术和其他数术文化时,呈现出一种动态的本土化进程,这一进程发生在外来星命术的多个方面,而这一过程的结果或后果,就外来星命术的不同面向来说,也呈现出完全不同的趋势,有些外来元素被中国本土完全吸收,有些被改头换面,有些则在经过一段时间的流传后被遗弃或取代,佛道二藏中丰富的星命术资料已经充分地体现出这一复杂性。本章的讨论将揭示这种本土化过程的复杂性和多样性。

第十三章专论佛道二藏中所反映的外来星命学对本土理论的吸收。外来星命术通过佛藏的翻译和介绍进入中国时,一方面从形式到内容采取本土化的包装,另一方面则是将中国本土的元素极力融合其中。本土化的包装涉及对中国的二十八宿、十二次、十二地支、六合、十二月将等传统天文星占、数术等概念的借用,但这些联系和借用大多还只是暂时性的或个别的,外来的星命术也没有将这些元素完全融入自身体系,只是借用这些概念或内涵来为己所用。而这后一种方式却是外来星命术将这些本土内容纳入自身体系,从而呈现为与其域外的形式和内容完全不同的另一种体系。道藏在佛藏的翻译和介绍之后也参与了这一本土化过程。本章将以外来星命术对中国本土五行理论的吸收为例,来展示在佛藏的翻译和道藏的编撰过程中外来星命术如何逐渐发展为一种本土化体系。

　　第十四章以法国图书馆藏敦煌遗书开宝七年星命书(P.4071)为主要研究对象,探讨了佛道二藏中的星命学与敦煌遗书中的禄命术之间的关系。本章首先综述了前人相关研究,然后讨论了P.4071的内容构成和完整性问题,分析了该件星命书卷首部分给出的十一曜行度资料,利用现代历表DE404和《七曜攘灾决》中的星历表推算了卷首十一曜行度的精度,尤其对紫气行度进行了特别讨论,还对该件星命书"天运行年"部分的行星行度进行了分析,认为卷首十一曜行度的精度是相当好的,"天运行年"部分的行星行度则有不自洽和不符合实际天象的情况,推测后一种情况可能是在抄写时混入了其他星命书的内容。最后讨论了该件星命书作为外来天文—星占学在中国本土被改造、吸收等过程中所呈现出来的文化碰撞和交融方面所具有的意义。

　　本书最后一章,即第十五章"结论和余论"在进一步总结本项研究的结论和阐发本项研究的重要意义之余,探讨了几个可以进一步深入研究的问题:本土传统天文学在多大程度上吸收了外来的天文学?如何深挖本土天文历法中的外来影响?外来星命学有无可能又或怎样刺激了中国本土数术系统的发展和算命体系的形成?域外来华天文学和星占学对中国本土一般文化——如道教星神体系——的影响如何?对一些域外天文学概念和内容如何进一步追溯它们的源头和追寻它们的流变?对这些问题的深入解答可进一步完善对中西方之间天文学及星占学在历史上的交流、互动这样一幅大图景的全面了解。

　　为了便于读者对本书论述的逻辑结构有一个更为清晰的认识,以下给出了本书的总体论述框架图。本书共15章,第一章交代本书研究问题的中外天文学知识的交流与传播背景和域外天文学来华的路径;第二章和第三章分别对佛藏和道藏中的天文学知识的分布和保存情况进行梳理和整理;第四—八章和第九—十一章分别对佛藏和道藏中的具体天文学知识及部分知识的实际应用情况进行个案研究;第十二—十四章则以三个个案分析了外来天文知识在中国本土的影响情况;最后第十五章对以上各章研究所得的结论进行总结,并对进一步可开展的研究作出展望。

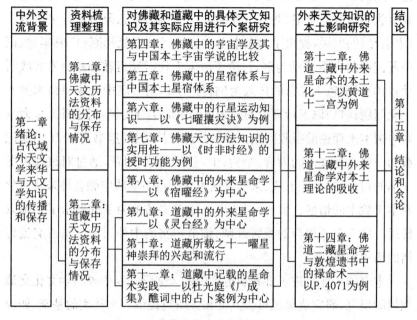

本书总体论述框架图

经过多年努力,笔者以为以下若干方面,总算对前贤的工作有所推进:(1)较全面地考察了佛藏和道藏中天文历法资料的分类、分布和保存情况;(2)对佛藏中的外来宇宙学说进行了解读并与中国本土宇宙学说进行了比较研究;(3)研究了佛藏中保存的外来星宿体系并将其与中国本土星宿体系进行了比较;(4)对佛藏中的行星运动知识特别是《七曜攘灾决》中的行星历表进行了详细考察,分析了《七曜攘灾决》中数理天文表的精度,追溯了相关天文知识的源头,并揭示了这些数理天文表作为占星手册的使用情况;(5)以《时非时经》中正午时刻的确定为例讨论了佛藏天文历法知识的实用功能,同时探讨了相关知识的传播路径问题;(6)以《宿曜经》为例对佛藏中的外来星命学进行了分析和讨论,并复原了《宿曜经》中的宿值历表,确认其为《道藏》中《二十八宿旁通历》的源头;(7)以《灵台经》为中心对道藏中的外来星命学进行了讨论;

(8)对道藏所载十一曜星神崇拜的兴起和流行进行了分析和讨论,在讨论中提供了一个详细的外来天文学概念——罗睺、计都在本土文化中被吸收和改造的个案,并基本推翻了"十一曜"概念源自域外星占著作《聿斯经》的旧说,提出了四余本土改造说;(9)以杜光庭《广成集》醮词中所记载的占卜活动为例,讨论了唐末五代时期道教的星命术实践活动;(10)以黄道十二宫的传入为例讨论了佛道二藏中外来星命术的本土化问题;(11)以五行理论与外来星命术的结合为例,讨论外来星命学对中国本土理论的吸收问题;(12)详细探讨了敦煌遗书 P.4071 中所记载的一篇占卜文书的内容、结构、十一曜行度等问题,通过对该件占卜文书的讨论,揭示了五代、宋初普通术士的占卜实践中融合外来星命学和本土数术的情形。最后,以所有上述重要结论为基础展示了一幅以佛道二藏为重要媒介的视野开阔、细节丰富的中外天文—星占交流传播的历史图景。

本书的工作推进了佛藏和道藏中的天文学乃至中外科学文化交流领域的研究,研究成果或可为其他相关研究提供一个扎实的基础,如敦煌写卷中的数术、禄命体系的研究有赖于对外来天文学和星占学的全面了解。

本项目能够完成,还要感谢课题的几位参加者。他们均是我的硕士和博士研究生,在参与课题研究的同时,完成了与课题研究相关的硕士和博士论文。本书的第八章由李辉执笔完成,第十二章和第十三章由宋神秘执笔完成,第三章、第九章和第十一章由靳志佳执笔完成。全书各章在处理佛、道二藏经文时,在引征文献时为保留材料之间虽细微但较重要的区别,故保留原始写法。全书由钮卫星统稿,并承担相应责任。欢迎博雅君子不吝指正。

钮卫星

2015 年 12 月 15 日初稿

2016 年 10 月 21 日修改稿

2019 年 2 月 14 日再次修改稿

1. 绪论:古代域外天文学来华与天文学知识的传播和保存

　　世界各古代文明都发展起了各具特色的天文学,古代天文学作为古代文化的重要组成部分也在不同的古代文明之间发生着交流和传播。在古代中外天文学的交流史上,以佛教为载体向中国传入了不少印度、巴比伦和希腊的天文历法知识。到中晚唐时期,佛教的输入又转变为以注重祈攘、消灾,讲究仪式、仪轨的密教为主,为达到所谓的消弭灾难的目的,在技术上更加依赖天文学手段,因此该时期的佛经中保存有相当丰富的天文学内容。现今所见的各种不同版本的大藏经对这些天文学内容的保存详略不一,而《大正藏》的保存较为全面。譬如在《大正藏》密教部经典中,专辟有一个宿曜吉凶法类别。这些佛经相当集中地汇集了随佛教传入中国的印度天文学内容,有星宿体系、行星历表、时节和历法知识等。无论是从佛学角度还是科学史角度,或者从探究宗教与科学之关系的角度,乃至从文献校勘的角度,都有必要对这些佛教经典中的天文学内容进行详细的梳理和考证。

　　另外,这些域外天文学知识的来源和它们对中国本土天文学的影响等,也值得进行深入、系统的研究。特别是在从晚唐到宋代道教经典的撰集过程中,明显有模仿密教经典的痕迹,如《元始天尊说十一曜大消灾神咒经》等。同时,在中土完成的密教经典中也看到了道教的影响,对于密教与道教的这种互相影响的关系值得深入研究。

　　本章作为全书的绪论,拟对域外天文学来华和天文学知识的传播和保存情况,包括域外天文学知识来华的时间、路径、翻译、保存和溯源等情况,加以梳理和概述,为以后各章深入探讨和分析相关主题提供背景和奠定基础。

1.1 域外天文学知识来华的时间和路径

中国中古早期域外天文学知识来华主要与佛教结伴,因此这些知识来华的时间和路径也就是佛教来华的时间和路径。而佛教最初于何时通过何种通道传入中国,学术界尚无定论。关于传入的时间有所谓的"秦始皇时传入说""伊存口授说"和"汉明帝时传入说"等;关于传入的通道有所谓的"陆路说"和"海路说"等。

所谓的"秦始皇时传入说"出自隋代费长房开皇十七年(597 年)完成的《历代三宝记》卷一中的说法:

> 始皇时,有诸沙门释利防等十八贤者,赍经来化。始皇弗从,遂禁利防等。夜有金刚丈六人来破狱出之。始皇惊怖,稽首谢焉。

南宋天台宗僧人志磐所撰《佛祖统纪》卷三十五也有相似的记载。但这两条记载出现的年代都太晚,有伪托的嫌疑。

另一种说法是所谓的"伊存口授说"。魏明帝(226—239)时鱼豢所撰《魏略·西戎传》载:"昔汉哀帝元寿元年博士弟子景卢,受大月支王使伊存口授《浮图经》。"这条记载被一些学者认为是佛教正式传入中国的正史明载。

还有一种观点认为佛教在汉明帝时传入中国。东晋袁宏《后汉纪》卷十《孝明皇帝纪》载:

> 初帝于梦,见金人长大而顶有日月光,以问群臣,或曰:西方有神,其名曰佛,其形长大,而问其道术,遂于中国图其形像。

刘宋范晔所撰《后汉书》卷八十八《西域传》中也有类似记载:

> 明帝梦见金人,长大,顶有光明,以问群臣。或曰:"西方有神,名曰佛,其形长丈六尺而黄金色。"帝于是遣使天竺,问佛道法,遂于中国图画形像焉。

《高僧传》卷一对此事也有记载:

> 汉永平中,明皇帝夜梦金人飞空而至。乃大集群臣,以占所梦。通人傅毅奉答:"臣闻西域有神,其名曰佛。陛下所梦将必是

乎?"帝以为然。即遣郎中蔡愔、博士弟子秦景等,使往天竺寻访佛法。愔等于彼遇见摩腾,乃要还汉地。腾誓志弘通,不惮疲苦,冒涉流沙,至乎洛邑。明帝甚加赏接,于城西门外立精舍以处之。汉地有沙门之始也。

《高僧传》同卷还记载了汉明帝永平年中请来印度高僧中天竺人竺法兰。又《后汉书》卷四十二《光武十王列传》第三十二载:

> (永平)八年(65年)诏令天下死罪皆入缣赎。英遣郎中令奉黄缣白纨三十四诣国相曰:"托在蕃辅,过恶累积,欢喜大恩,奉送缣帛,以赎愆罪。"国相以闻。诏报曰:"楚王诵黄老之微言,尚浮屠之仁祠,絜斋三月,与神为誓,何嫌何疑,当有悔吝? 其还赎,以助伊蒲塞桑门之盛馔。"

这里"浮屠""伊蒲塞"和"桑门"等都是与佛教有关的名词。如果这条记载属实,东汉永平年间(58—75)在徐州一带佛教应该已经有了一定的信仰基础。①

如果说汉明帝永平中佛教只是初步输入中国,那么到东汉末年和三国之际,佛教在中国上层和民间都已经有了一定的信仰基础。②其时

---

① 《后汉书·刘虞公孙瓒陶谦列传》所载笮融在徐州起浮屠寺、浴佛事,也说明了佛教较早在中国东南一带拥有深厚的民众信仰基础。

② 《后汉书·西域传》载:"楚王英始信其术,中国因此颇有奉其道者。后桓帝好神,数祀浮图、老子,百姓稍有奉者,后遂转盛。"汉桓帝公元146年到公元167年在位。

桓帝任用宦官,政刑暴滥。襄楷于延熹九年(166年)上书切谏:"又闻宫中立黄老、浮屠之祠。此道清虚,贵尚无为,好生恶杀,省欲去奢。今陛下嗜欲不去,杀罚过理,既乖其道,岂获其祚哉! 或言老子入夷狄为浮屠。浮屠不三宿桑下,不欲久生恩爱,精之至也。天神遗以好女,浮屠曰:'此但革囊盛血。'遂不眄之。其守一如此,乃能成道。今陛下淫女艳妇,极天下之丽,甘肥饮美,单天下之味,奈何欲如黄老乎?"(《后汉书》卷三十"郎颛襄楷列传")

"天神献女"事见《四十二章经》(《大正藏》第784号,后汉西域沙门迦叶摩腾共法兰译):"天神献玉女于佛,欲以试佛意观佛道。佛言:'革囊众秽,尔来何为。以可斯俗难动六通,去吾不用尔。'天神逾敬佛,因问道意。佛为解释,即得须陀洹。"

又《后汉书》卷七十三"刘虞公孙瓒陶谦列传"载:"初,同郡人笮融,聚糈数百,往依于(陶)谦,谦使督广陵、下邳、彭城运粮。遂断三郡委输,大起浮屠寺。上累金盘,下为重楼,又堂阁周回,可容三千许人,作黄金涂像,衣以锦彩。每浴佛,辄多设饮饭,布席于路,其有就食及观者且万余人。及曹操击谦,徐方不安,融乃将男女万口、马三千匹走广陵。"曹操击谦事在初平四年(193年)。笮融在此之前在徐州一带大筑佛寺、造佛像。

游于中土的西域和天竺沙门可名者有十多人,①经晋永嘉之乱,神州板荡,历南北朝,至于隋唐之际,来华之天竺、西域僧人有增无减。②其间更有许多中土僧侣前往印度求法,③其中以法显首开西行求法之先河,到唐玄奘④、义净⑤而达到高潮。

关于佛教初输入中国的地点,按照《高僧传》卷一"摄摩腾传"的记载,似乎应该在洛阳。但是《后汉书》中有关楚王英尚浮屠仁祠的记载,却又说明在东面沿海徐州一带已经有了一定的佛教信仰基础。梁启超在"佛教之初输入"一文中断言:"佛教之来,非由陆而由海,其最初之根据地,不在京洛而在江淮。"⑥这一推断认为,佛教最初由海道传入中国,登陆中国之后发展的根据地不在中原洛阳,而在江淮沿海一带。

佛教最初输入中国的时间和路径虽然还不是很明确,但是自从东汉末到盛唐时期的七百来年间,东来传法和西去求法的僧人行走的路径可以明确地分为陆路和海路两道,而其中陆路又有数条。

从长安出发,穿过河西走廊至敦煌,出玉门关,经高昌、焉耆、龟兹、翻越天山,到大清池,过飒秣建、铁门,再越过大雪山,向东南行至犍陀罗。这是玄奘前往印度行走的路线,一般被称为天山北路。

---

① 有安世高、支楼迦谶、竺佛朔、安玄、支曜、康巨、康孟详、昙果、昙柯迦罗、康铠、昙帝、帛延、康僧会、支谦、维祇难和竺律炎等。

② 著名的有僧伽跋澄、昙摩耶舍、昙摩掘多、鸠摩罗什、弗若多罗、昙摩流支、佛陀耶舍、佛驮跋陀罗、昙无谶、佛驮什、求那跋摩、僧伽跋摩、求那跋陀罗、菩提流支、真谛(拘那罗陀)、那连提耶舍、阇那崛多、达摩笈多、波罗颇迦罗蜜多罗等。

③ 据《高僧传》:平阳人法显于晋隆安三年(399 年)与同学慧景、道整、慧应、慧嵬等,发自长安,西渡流沙,历时 15 年,取海道而回;幽州黄龙人法勇以宋永初元年(420 年)招集同志沙门僧猛昙朗之徒二十五人。发迹北土,远适西方,后于南天竺随舶泛海达广州;西凉州人智严周流西国进到罽宾;凉州人宝云以晋隆安(397—401)之初远适西域,与法显智严先后相随。雍州京兆新丰人智猛以后秦弘始六年(404 年)甲辰之岁招结同志沙门十有五人,发迹长安,出阳关,入流沙,历鄯鄯龟兹于阗诸国,登葱岭,度雪山至罽宾国,复西南行千三百里至迦维罗卫国。以甲子岁(424 年)发天竺,以元嘉十四年(437 年)入蜀。

④ 洛州缑氏人玄奘,于贞观三年(629 年)发自长安,游学印度各地,于贞观十九年(645 年)正月回到长安。主要事迹见《续高僧传》卷四"京大慈恩寺释玄奘传"。

⑤ 范阳人义净,"仰法显之雅操,慕玄奘之高风",于咸亨二年(671 年)发自中土,至番禺登舶,经海路到达印度,经二十五年历三十余国,以天后证圣元年(695 年)乙未仲夏还至河洛,得梵本经律论近四百部,合五十万颂。事迹见宋赞宁《宋高僧传》卷一"唐京兆大荐福寺义净传"。

⑥ 梁启超:《中国佛教研究史》,三联书店上海分店,1988 年 2 月第一版,第 13—14 页。

从长安出发，出玉门关，沿天山南麓，到于阗，再越过葱岭，抵达印度境内。这条路线一般被称为天山南路。玄奘就是逆着这条路线回到长安。

从长安出发，经河西走廊到张掖，经敦煌，穿越沙漠，到鄯善，经焉耆、疏勒、于阗，再越过葱岭，抵达印度境内。这是法显前往印度时所走的路线。

据《汉书·西域传》记载，汉代通西域的道路有两条："自玉门、阳关出西域有两道：从鄯善傍南山北波河西行至莎车，为南道，南道西逾葱岭则出大月氏、安息。自车师前王廷随北山波河西行至疏勒，为北道，北道西逾葱岭则出大宛、康居、奄蔡焉。"可见，玄奘、法显等西行求法的道路与汉代开通的西域道路部分重合。

到唐代初期，远嫁吐蕃的文成公主信仰佛教，有僧人得以通过吐蕃，穿越喜马拉雅山脉，抵达尼泊尔，即当时的北印度境内。这条路线一般被称为吐蕃道。根据义净《大唐西域求法高僧传》所记，有不少僧人尝试从吐蕃道去印度或从印度回来，但不少僧人在尼泊尔境内得病死去，其中有位叫玄照的僧人是沿吐蕃道成功往返的一位。

从陆路来华的僧人也不局限于以上路线，譬如那连提耶舍来华路途上遭遇突厥内乱，道路不通，绕道突厥以北七千余里来到当时的中国北齐境内。另外，伯希和于 1920 年发表的《牟子考》一文中提出，公元初年还可能存在一条经云南、缅甸进入孟加拉湾的通道。[①]从空间距离上看，这条通道是去印度最近的道路。但沿路多高山大川和原始森林，其艰险程度应该远远超过其他路线，所以文献中少见有沿这一条通道来华的传法僧人。

陆路而外，还有海路。入海口有今广东省广州、广西壮族自治区合浦等地，航行至苏门答腊（室利佛逝）、爪哇岛（诃陵国），经马来半岛南部、泰国沿海，到印度东部耽摩立底国；或经斯里兰卡（狮子国），再转往

---

① 冯承钧译：《西域南海史地考证译丛》第一卷，北京：商务印书馆，1962 年第一版，1995 年重印。

印度。义净就是通过这条海上路线往返印度。还有不少僧人先于义净取道海路从印度来中国。譬如法显由陆路去印度,从海路返回。

根据《汉书·地理志》的记载,汉代中国与印度的海路交通就已经开通:

> 自合浦徐闻南入海,得大州,东西南北方千里,武帝元封元年略以为儋耳、珠崖郡。民皆服布如单被,穿中央为贯头。男子耕农,种禾稻、苎麻,女子桑蚕织绩。亡马与虎,民有五畜,山多麈麖。兵则矛、盾、刀,木弓弩、竹矢,或骨为镞。自初为郡县,吏卒中国人多侵陵之,故率数岁一反。元帝时,遂罢弃之。自日南障塞、徐闻、合浦船行可五月,有都元国,又船行可四月,有邑卢没国;又船行可二十余日,有谌离国;步行可十余日,有夫甘都卢国。自夫甘都卢国船行可二月余,有黄支国,民俗略与珠崖相类。其州广大,户口多,多异物,自武帝以来皆献见。有译长,属黄门,与应募者俱入海市明珠、璧流离、奇石异物,赍黄金,杂缯而往。所至国皆禀食为耦,蛮夷贾船,转送致之。亦利交易,剽杀人。又苦逢风波溺死,不者数年来还。大珠至围二寸以下。平帝元始中,王莽辅政,欲耀威德,厚遗黄支王,令遣使献生犀牛。自黄支船行可八月,到皮宗;船行可二月,到日南、象林界云。黄支之南,有已程不国,汉之译使自此还矣。

徐闻即今广东雷州半岛南端徐闻市,合浦即今广西合浦市。黄支国据考证在今印度泰米尔纳德邦马德拉斯西南的康契普拉姆附近。

又《南史》卷七十八列传第六十八"夷貊上·海南诸国条"载:

> 海南诸国,大抵在交州南及西南大海洲上,相去或四五千里,远者二三万里。其西与西域诸国接。汉元鼎中,遣伏波将军路博德开百越,置日南郡。其徼外诸国,自武帝以来皆朝贡。后汉桓帝世,大秦、天竺皆由此道遣使贡献。及吴孙权时,遣宣化从事朱应、中郎康泰通焉。其所经过及传闻则有百数十国,因立记传。晋代通中国者盖鲜,故不载史官。及宋、齐至梁,其奉正朔、修贡职,航海往往至矣。

以上这些通过海道进行的官方往来和民间商贸活动,都是佛教得从海路东传至中国的基础。当时取海道的僧人也正是"附舶""随舶"往来中印之间的，这些舶有"商舶""贾人舶""王舶"等。伯希和在《牟子考》中还推断，公元2世纪时交州南海的通道也可能是佛教传入中土的通道。①这一推断是有一定根据的。

中国海岸线甚长，由海路东来之僧人一般在中国大陆南部广州一带登陆，但也有北行至胶州湾登陆者。晋时佛驮跋陀罗"度葱岭，历六国。自交趾附舶，循海至青州东莱郡。闻鸠摩罗什在长安，即往从之"②。法显西行求法归来时遇风漂流抵长广郡登岸。东莱、长广俱近今日之胶州湾。

考察四种记录僧人事迹的《高僧传》(参见表1.1)，可以发现许多往返中印之间，或试图前往印度求法的事例。据初步统计，这种事例《高僧传》③中有54例，《续高僧传》④有24例，《大唐西域求法高僧传》⑤有50例，《宋高僧传》⑥有30例。其中从海道来中国或取海道返回中国的事例，《高僧传》12例，《续高僧传》5例，《大唐西域求法高僧传》⑦30例，《宋高僧传》9例。

表 1.1　四种"高僧传"所记中西交通史料

序号	人　名	籍　贯	时间、行踪及与天文有关之事迹	文献出处
1	摄摩腾	中天竺	汉明帝永平中(58—75)请来。	《高僧传》卷一
2	竺法兰	中天竺	汉明帝永平中(58—75)请来。	《高僧传》卷一
3	安世高	安息国	汉桓(147—167)之初始到中夏。外国典籍及七曜五行、医方异术，乃至鸟兽之声，无不综达。	《高僧传》卷一

---

① 冯承钧译：《西域南海史地考证译丛》第一卷。
② [宋]陈舜俞撰：《庐山记》卷第三，(日)高楠顺次郎等辑：《大正新修大藏经》(《大正藏》)，No.2095，东京：一切经刊行会，1924—1934。
③ [梁]慧皎撰：《高僧传》，《大正藏》No.2059。
④ [唐]道宣撰：《续高僧传》，《大正藏》No.2060。
⑤ [唐]义净撰：《大唐西域求法高僧传》，《大正藏》No.2066。
⑥ [宋]赞宁等撰：《宋高僧传》，《大正藏》No.2061。
⑦ 《大唐西域求法高僧传》的作者义净其本人便是取道海路往返中印之间，其所著《大唐西域求法高僧传》中所记大多是他一路上的所见所闻，因此其所记走海道的事例超过半数，是可以理解的。

序号	人 名	籍 贯	时间、行踪及与天文有关之事迹	文献出处
4	支楼迦谶	月 支	汉灵帝时(167—189)游于洛阳。	《高僧传》卷一
5	竺佛朔	天 竺	附见《支楼迦谶传》。汉灵帝(167—189)时来适洛阳。	《高僧传》卷一
6	安 玄	安息国	附见《支楼迦谶传》。汉灵帝(167—189)时在洛阳。	《高僧传》卷一
7	支 曜		附见《支楼迦谶传》。	《高僧传》卷一
8	康 巨		附见《支楼迦谶传》。	《高僧传》卷一
9	康孟详		附见《支楼迦谶传》。	《高僧传》卷一
10	昙 果		附见《支楼迦谶传》。于迦维罗卫国①得梵本。	《高僧传》卷一
11	昙柯迦罗	中天竺	魏嘉平(249—254)中来至洛阳。风云、星宿、图谶、运变,莫不该综。	《高僧传》卷一
12	康 铠	(外国)	附见《昙柯迦罗传》。魏嘉平(249—254)之末来至洛阳。	《高僧传》卷一
13	昙 帝	安息国	附见《昙柯迦罗传》。魏正元(254—256)中来游洛阳。	《高僧传》卷一
14	帛 延		附见《昙柯迦罗传》。魏甘露(256—260)中在中国。	《高僧传》卷一
15	康僧会	(其先康居人)	赤乌十年(247年)入吴建业。世居天竺,其父因商贾移于交趾。博览六经,天文图纬,多所综涉。	《高僧传》卷一
16	支 谦	月 支	附见《康僧会传》。黄武元年(222年)至建业。	《高僧传》卷一
17	维祇难	天 竺	吴黄武三年(224年)至武昌。	《高僧传》卷一
18	竺律炎	天 竺	附见《维祇难传》。吴黄武三年(224年)至武昌。	《高僧传》卷一
19	朱士行	颍 川	以魏甘露五年(260年)发迹雍州,西渡流沙,既至于阗。遂终于于阗,春秋八十。	《高僧传》卷四
20	昙摩罗刹	(其先月支人)	本姓支氏,世居敦煌。晋武之世(265—290),至西域游历诸国。	《高僧传》卷一

① 佛祖释迦牟尼的出生之地。

序号	人 名	籍 贯	时间、行踪及与天文有关之事迹	文献出处
21	竺叔兰	天 竺	附见《朱士行传》。父世避难居于河南。至太安二年(303年)支孝龙就叔兰一时写五部(《放光波若》)校为定本。	《高僧传》卷四
22	耆 域	天 竺	以晋惠(290—305)之末至于洛阳。自发天竺，至于扶南，经诸海滨，爰及交广。	《高僧传》卷九
23	帛尸梨密多罗	西 域	晋永嘉(307—313)中到中国。	《高僧传》卷一
24	竺佛图澄	西 域	以晋怀帝永嘉四年(310年)，来适洛阳。志弘大法，善诵神咒。能役使鬼物，以麻油杂胭脂涂掌，千里外事皆彻见掌中如对面焉。亦能令洁斋者见，又听铃音以言事无不劾验。	《高僧传》卷九
25	僧伽跋澄	罽 宾①	符坚建元十七年(381年)来入关中。	《高僧传》卷一
26	昙摩难提	兜佉勒②	符氏建元(365—384)中至长安。	《高僧传》卷一
27	僧伽提婆	罽 宾	符氏建元(365—384)中至长安。	《高僧传》卷一
28	昙摩耶舍	罽 宾	晋隆安(397—401)中初达广州。	《高僧传》卷一
29	法 显	平阳武阳	晋隆安三年(399年)，与同学慧景、道整、慧应、慧嵬等，发自长安，西渡流沙。历时15年，取海道而回。	《高僧传》卷三
30	宝 云	凉 州	以晋隆安(397—401)之初远适西域。与法显、智严先后相随。涉履流沙，登逾雪岭。勤苦艰危，不以为难。遂历于阗、天竺诸国，备睹灵异。	《高僧传》卷三
31	智 严	西凉州	周流西国，进到罽宾。邀佛驮跋陀罗共东还。晋义熙十三年(417年)，宋武帝西伐长安克捷旋旆，延请还都。元嘉四年(427年)共沙门宝云译出《普曜》《广博严净》《四天王》等。后更泛海重到天竺。	《高僧传》卷三
32	佛驮跋陀罗	迦维罗卫	步骤三载，度葱岭至交趾。遇罗什于长安。元嘉六年(429年)卒。	《高僧传》卷二

---

① 今克什米尔。

② Tukhara，亦作吐火罗、睹货逻。其地约在葱岭以西、乌浒河(Oxus，即今阿姆河)以南一带。

序号	人 名	籍 贯	时间、行踪及与天文有关之事迹	文献出处
33	昙摩掘多	天 竺	附见《昙摩耶舍传》。义熙中(405—418)到长安。	《高僧传》卷一
34	法 度		附见《昙摩耶舍传》。竺婆勒子。勒久停广州,往来求利。	《高僧传》卷一
35	鸠摩罗什	天 竺	姚兴弘始三年(401年)到长安。	《高僧传》卷二
36	弗若多罗	罽 宾	姚秦弘始(399—415)中振锡入关。	《高僧传》卷二
37	昙摩流支	西 域	弘始七年(405年)秋自关中。	《高僧传》卷二
38	卑摩罗叉	罽 宾	弘始八年(406年)达自关中。	《高僧传》卷二
39	佛陀耶舍	罽 宾	与鸠摩罗什同在长安。	《高僧传》卷二
40	昙无谶	中天竺	河西王沮渠蒙逊(401—433)借据凉土,邀谶相见,接待甚厚。明解咒术,所向皆验,西域号为大咒师。	《高僧传》卷二
41	道 普	高 昌	附见《昙无谶传》。经游西域,遍历诸国。宋太祖(424—453)资给遣沙门道普将书吏十人西行寻经,至长广郡舶破伤足,因疾而卒。	《高僧传》卷二
42	昙无竭	幽州黄龙	以宋永初元年(420年)招集同志沙门僧猛、昙朗之徒二十五人,发迹北土,远适西方。初至河南郡,仍出海西郡,进入流沙,到高昌郡。经历龟兹、沙勒诸国,登葱岭,度雪山。同侣失十二人。进至罽宾国礼拜佛钵。又行向中天竺。后于南天竺随舶泛海达广州。	《高僧传》卷三
43	佛驮什	罽 宾	以宋景平元年(423年)七月届于扬州。	《高僧传》卷三
44	浮陀跋摩	西 域	宋元嘉(424—453)之中达于西凉。	《高僧传》卷三
45	求那跋摩	罽 宾	到师子国①观风弘教,后至阇婆国②。元嘉元年(424年)求迎请跋摩,初至广州。元嘉八年(431年)正月达于建邺。	《高僧传》卷三

① 今斯里兰卡。
② 今印度尼西亚爪哇一带。

续表

序号	人名	籍贯	时间、行踪及与天文有关之事迹	文献出处
46	僧伽跋摩	天竺	以宋元嘉十年(433年),出自流沙至于京邑。元嘉十九年(442年)随西域贾人舶还外国,不详其终。	《高僧传》卷三
47	昙摩密多	罽宾	周历诸国,遂适龟兹。度流沙进到敦煌。顷之复适凉州。以宋元嘉元年(424年)辗转至蜀。俄而出峡止荆州。顷之沿流东下至于京师。	《高僧传》卷三
48	智猛	雍州京兆新丰	以后秦弘始六年(404年)甲辰之岁招结同志沙门十有五人,发迹长安,至凉州城。出自阳关西入流沙。遂历鄯善、龟兹、于阗诸国。从于阗西南行二千里,始登葱岭。行千七百里,至波伦国。度雪山,渡辛头河,至罽宾国。复西南行千三百里至迦维罗卫国。以甲子岁(424年)发天竺。唯猛与昙纂俱还于凉州。以元嘉十四年(437年)入蜀。	《高僧传》卷三
49	畺良耶舍	西域	以元嘉之初,远冒沙河,萃于京邑。以元嘉十年(433年)卜居钟阜之阳。元嘉十九年(442年)西游岷、蜀。	《高僧传》卷三
50	求那跋陀罗	中天竺	本婆罗门种。幼学五明诸论,天文书算、医方咒术,靡不该博。弃邪从正,前到师子诸国。既有缘东方,乃随舶泛海,元嘉十二年(435年)至广州,宋太祖遣使迎接。既至京都,敕名僧慧严、慧观,于新亭慰劳。永明(483—493)末年终于所住。	《高僧传》卷三
51	阿那摩低	(世居天竺)	附见《求那跋陀罗传》。以宋孝建(454—456年)中来,止京师瓦官禅房,恒于寺中树下坐禅。又晓经律,时人亦号三藏。常转侧数百贝子,立知凶吉。善能神咒,以香涂掌,亦见人往事。	《高僧传》卷三
52	释慧睿	冀州	常游方而学,经行蜀之西界,为人所抄掠。游历诸国,乃至南天竺界。后还憩庐山。俄又入关从什公咨禀。后适京师,止乌衣寺。宋大将军彭城王义康请以为师。再三乃许。宋元嘉(424—453)中卒。春秋八十有五。	《高僧传》卷第七

续表

序号	人 名	籍 贯	时间、行踪及与天文有关之事迹	文献出处
53	婆利国人	婆利国①	附见《慧严传》。东海何承天以博物著名,乃问严:"佛国将用何历?"严云:"天竺夏至之日,方中无影,所谓天中。于五行土德,色尚黄,数尚五。八寸为一尺,十两当此土十二两。建辰之月为岁首。"及讨校分至、推校薄蚀、顾步光影,其法甚详。宿度年纪,咸有条例。承天无所厝难。后婆利国人来,果同严说。(慧严以宋元嘉二十年卒,春秋八十有一。)	《高僧传》卷七
54	求那毗地	本中天竺	齐建元(479—481)初来至京师,止毗耶离寺。兼学外典,明解阴阳,占时验事,征兆非一。	《高僧传》卷三
55	佛陀禅师	天 竺	游历诸国,遂至魏北台之恒安焉,时值孝文(471—499)敬隆诚至,别设禅林,凿石为龛,结徒定念。	《续高僧传》卷十六
56	菩提达摩	南天竺	初达宋(420—479)境南越,末又北度至魏。随其所止诲以禅教。以此法开化魏土,识真之士从奉归悟。自言年一百五十余岁,游化为务,不测于终。	《续高僧传》卷十六
57	僧伽婆罗	扶南国②	闻齐国弘法,随舶至都,住正观寺,为天竺沙门求那跋陀之弟子也。以天监五年(506年)被敕征召于杨都寿光殿、华林园、正观寺、占云馆、扶南馆等五处传译,讫十七年。	《续高僧传》卷一
58	曼陀罗	扶 南	附见《僧伽婆罗传》。梁初大赍梵本,远来贡献。	
59	菩提流支	北天竺	志在弘法,广流视听。遂挟道宵征,远莅葱左。以魏永平(508—511)之初来游东夏。宣武皇帝下敕引劳,供拟殿华,处之永宁大寺。	《续高僧传》卷一
60	勒那摩提	中天竺	附见《菩提流支传》。以正始五年(508年)初届洛邑。	《续高僧传》卷一
61	佛陀扇多	北天竺	附见《菩提流支传》。从正光元年(520年),至元象二年(539年),于洛阳白马寺及邺都金华寺译经。	《续高僧传》卷一

---

① 今印度尼西亚的加里曼丹岛。
② 今柬埔寨。

序号	人名	籍贯	时间、行踪及与天文有关之事迹	文献出处
62	般若流支	南天竺波罗奈城	附见《菩提流支传》。从熙平元年(516年)至兴和(539—542)末，于邺城译正法念圣善住回诤唯识等。	《续高僧传》卷一
63	攘那跋陀罗	波头摩国	附见《菩提流支传》。周文帝二年①共耶舍崛多等译五明论,谓声、医、工、术及符印等。	《续高僧传》卷一
64	达摩流支	摩勒国	附见《菩提流支传》。建武帝天和年(566—571),奉敕为大蒙宰晋阳公宇文护译《婆罗门天文》二十卷。	《续高僧传》卷一
65	阇那耶舍	摩伽陀国	附见《菩提流支传》。建武帝天和年(566—571)共弟子阇那崛多等于长安故城四天王寺译《意天子问经》六部。	《续高僧传》卷一
66	真谛(拘那罗陀、波罗末陀)	西天竺优禅尼国	以大同十二年(546年)八月十五日达于南海,沿路所经乃停两载。以太清二年(548年)闰八月始届京邑。群藏广部罔不屑怀,艺术异能偏素谙练。虽遵融佛理,而以通道知名。远涉艰关,无惮夷险,历游诸国。	《续高僧传》卷一
67	月婆首那	中天竺优禅尼国	附见《真谛传》。以魏元象年(538—539)中,于邺城司徒公孙腾第出,译《僧伽咤经》等三部七卷。	《续高僧传》卷一
68	求那跋陀	于阗	附见《真谛传》。太清二年(548年)在梁。	《续高僧传》卷一
69	僧须菩提	扶南国	附见《真谛传》。于扬都城内至敬寺,为陈主译《大乘宝云经》八卷。	《续高僧传》卷一
70	释僧范	平乡	幼游学群书,年二十三备通流略,至于七曜、九章、天竺咒术,咨无再悟。卒于邺东大觉寺,时春秋八十,即天保六年(555年)三月二日也。	《续高僧传》卷二十六
71	那连提耶舍	北天竺乌场国刹帝利种	广周诸国。六人为伴,行化雪山之北,循路东指到芮芮国,值突厥乱,西路不通,返途意绝,乃随流转,北至泥海之旁,南距突厥七千余里。彼既不安,远投齐境,天保七年(556年)届于京邺,时年四十。开皇二年(582年)七月,弟子道密等,侍送入京,住大兴善寺。	《续高僧传》卷二

① 西魏文帝大统十七年(551年)死后,历废帝(551—553)、恭帝(554—556),无年号。其间丞相宇文泰把持国政。宇文泰556年死,西魏禅位北周,北周追尊宇文泰为文帝。周文帝二年是不正规的叫法,可能是指废帝二年(552年)或恭帝二年(555年)。

序号	人名	籍贯	时间、行踪及与天文有关之事迹	文献出处
72	万天懿	鲜卑	附见《那连提耶舍传》。姓万俟氏，少出家，师婆罗门，聪慧有志力，善梵书语，工咒符术。	《续高僧传》卷二
73	阇那崛多	揵陀罗国	师徒结志，游方弘法。初有十人，同契出境，路由迦臂施国，淹留岁序，便逾大雪山西足，至厌怛国，又经渴啰槃陀及于阗等国。暂时停住，又达吐谷浑国，便至鄯州，于时即西魏大统元年（535年）也。发踪跋涉三载于兹，十人之中过半亡没。所余四人仅存至此。以周明帝武成年（559年），初届长安。	《续高僧传》卷二
74	勒那漫提	天竺	住元魏洛京永宁寺，善五明，工道术。时信州刺史綦母怀文，①巧思多知，天情博识，每国家营宫室器械，无所不关，利益公私。一时之最。又敕令修理永宁寺，见提有异术，常送饷只承冀有闻见。	《续高僧传》卷二十五
75	齐僧宝暹道邃僧昙等十人		附见《阇那崛多传》。以武平六年（575年），相结同行，采经西域。往返七载，将事东归。凡获梵本二百六十部。	《续高僧传》卷二
76	达摩笈多	南贤豆罗啰国	开皇十年（590年）冬十月至京。笈多游履，具历名邦。见闻陈述，事逾前传。因著《大隋西国传》一部，凡十篇本传，一方物，二时候，三居处，四国政，五学教，六礼仪，七饮食，八服章，九宝货，十盛列山河、国邑、人物，斯即五天之良史。	《续高僧传》卷二
77	阇提斯那	中天竺摩羯提国	以仁寿二年（602年）至仁寿宫。学兼群藏，艺术异能，通练于世。	《续高僧传》卷二十六
78	波罗颇迦罗蜜多罗	中天竺	与道俗十人辗转北行，达西面可汗叶护衙所。武德九年（626年），高平王出使入蕃，因与相见，承此风化将事东归。而叶护君臣留恋不许，王即奏闻，下敕征入，乃与高平同来谒帝。以其年十二月达京，敕住兴善。	《续高僧传》卷三

① 《北史·艺术传上》载："綦母怀文，不知何许人也，以道术事齐神武。"知勒那漫提北魏末年在华。

序号	人 名	籍 贯	时间、行踪及与天文有关之事迹	文献出处
79	玄奘	洛州	贞观三年(629年)离京,游历五天竺,贞观十九年(645年)正月二十四日届于京郊之西。(玄奘游历详见《大唐西域记》No.2087)	《续高僧传》卷四
80	义 净	范阳	咸亨二年(671年),年三十有七,方遂发足。初至番禺,得同志数十人,及将登舶,余皆退罢。奋励孤行,备历艰险。所至之境,皆洞言音。凡遇酋长,俱加礼重。鹫峰、鸡足咸遂周游;鹿苑、祇林并皆瞻瞩。诸有圣迹,毕得追寻。经二十五年,历三十余国。以天后证圣元年(695年)乙未仲夏还至河洛。	《宋高僧传》卷一
81	玄照法师	太州	以贞观(627—649)中于大兴善寺玄证师处初学梵语。于是仗锡西迈,挂想祇园。背金府而出流沙,践铁门而登雪岭,漱香池以结念。毕契四弘,陟葱阜而翘心誓度三有。途经速利,过睹货罗,远跨胡疆,到吐蕃国蒙文成公主送往北天。渐向阇阑陀国,住阇阑陀国经于四载。渐次南上到莫河菩提,复经四夏。后之那烂陀寺,留住三年。遂往孩伽河北,受国王苫部供养,住信者等寺复历三年。后因唐使王玄策归乡,表奏言其实德。遂蒙降敕,重诣西天追玄照入京。路次泥波罗国,蒙王发遣送至吐蕃。重见文成公主。深致礼遇,资给归唐。	《求法高僧传》卷上
82	道希法师	齐州	永徽(650—655)末或显庆年间(656—661),经吐蕃到印度,住庵摩罗跋国遭疾而终。	《求法高僧传》卷上
83	师鞭法师	齐州	善咒禁闲梵语。麟德二年(665年)或乾封元年(666年),与玄照师从北天向西印度,到庵摩罗割跋城为国王所敬,居一夏遇疾而终,年三十五矣。	《求法高僧传》卷上
84	阿离耶跋摩法师	新罗	贞观(627—649)中出长安。住那烂陀寺。	《求法高僧传》卷上
85	慧业法师	新罗	贞观(627—649)中往游西域。于那烂陀久而听读。	《求法高僧传》卷上

序号	人 名	籍 贯	时间、行踪及与天文有关之事迹	文献出处
86	玄太法师	新 罗	永徽(650—655)年内取吐蕃道,经泥波罗到中印度。	《求法高僧传》卷上
87	玄恪法师	新 罗	与玄照法师贞观(627—649)中相随而至大觉,既伸礼敬,遇疾而亡。	《求法高僧传》卷上
88	复有法师二人	新 罗	发自长安,远之南海,泛舶至室利佛逝国①,西婆鲁师国,遇疾俱亡。	《求法高僧传》卷上
89	佛陀跋摩师	睹货罗	净于那烂陀见矣,后乃转向北天。	《求法高僧传》卷上
90	道方法师	并 州	出沙碛到泥波罗②,至大觉寺住,得为主人。经数年。后还向泥波罗于今现在,既亏戒检,不习经书,年将老矣。	《求法高僧传》卷上
91	道生法师	并 州	以贞观(627—649)末年从吐蕃路往游中国,到菩提寺礼制底讫,在那烂陀学为童子。多赍经像言归本国,行至泥波罗遘疾而卒。可在知命之年矣。	《求法高僧传》卷上
92	常愍禅师附弟子一人	并 州	常发大誓愿生极乐。遂至海滨,附舶南征往诃陵国,从此附舶往末罗瑜国③,复从此国欲诣中天。然所附商舶载物既重,解缆未远,起忽沧波,不经半日遂便沉没。当没之时,商人争上小舶互相战斗。其舶主既有信心,高声唱言:来上舶。常愍曰:可载余人,我不去也。所以然者,若轻生为物,顺菩提心,亡己济人,斯大士行。于是合掌西方称弥陀佛,念念之顷舶身没,声尽而终,春秋五十余矣。有弟子一人,不知何许人也,号啕悲泣,亦念西方与之俱没。其得济之人具陈斯事耳。	《求法高僧传》卷上
93	末底僧诃师	京 师	与师鞭同游,俱到中土,住信者寺。少闲梵语,未详经论,思还故里,路过泥波罗国,遇患身死年四十余。	《求法高僧传》卷上

---

① 今苏门答腊。
② 今尼泊尔。
③ 即室利佛逝国。

续表

序号	人 名	籍 贯	时间、行踪及与天文有关之事迹	文献出处
94	京师玄会法师	京 师	从北印度入羯湿弥罗国,后因失意,遂乃南游至大觉寺礼菩提树,睹木真池,登鹫峰山,陟尊足岭。少隽经教,思返故居,到泥波罗国不幸而卒,春秋仅过而立矣(泥波罗既有毒药,所以到彼多亡也)。	《求法高僧传》卷上
95	质多跋摩师		与北道使人相逐至缚渴罗国,少闲梵语,复取北路而归,莫知所至。	《求法高僧传》卷上
96	(复有二人)	泥波罗国	吐蕃公主奶母之息也。初并出家,后一归俗,住大王寺,善梵语并梵书,年三十五二十五矣。	《求法高僧传》卷上
97	隆法师	(不知)	以贞观年内(627—649)从北道而出,取北印度,欲观化中天。诵得梵本《法华经》。到犍陀罗国遇疾而亡。	《求法高僧传》卷上
98	明远法师	益 州	振锡南游,届于交阯。鼓舶鲸波,到诃陵国,次至师子洲。	《求法高僧传》卷上
99	义朗律师	益 州	发自长安,弥历江汉,既至乌雷,同附商舶。挂百丈,陵万波,越舸扶南,缀缆郎迦成,蒙郎迦戍国①王待以上宾之礼。与弟附舶向师子洲,而今不知的在何所。	《求法高僧传》卷上
100	智岸法师	益 州	同义朗行海路,终于郎迦戍国。	《求法高僧传》卷上
101	会宁律师	益 州	爰以麟德(664—665)仗锡南海,泛舶至诃陵洲,停住三载。	《求法高僧传》卷上
102	运期法师	交 州	与昙润同游,仗智贤受具。旋回南海十有余年。善昆仑音,颇知梵语。后便归俗,住室利佛逝国。	《求法高僧传》卷上
103	木叉提婆师	交 州	泛舶南溟,经游诸国。到大觉寺遍礼圣踪。于此而殒,年可二十四五耳。	《求法高僧传》卷上
104	窥冲法师	交 州	与明远同舶而泛南海,到师子洲,向西印度。见玄照师,共诣中土。	《求法高僧传》卷上
105	慧琰法师	交 州	随师到僧诃罗国②,遂停彼国,莫辩存亡。	《求法高僧传》卷上

---

① 今泰国南部马来半岛。

② 今斯里兰卡。

序号	人 名	籍 贯	时间、行踪及与天文有关之事迹	文献出处
106	信胄法师		取北道而到西国。	《求法高僧传》卷上
107	智行法师	爱 州	泛南海诣西天。	《求法高僧传》卷上
108	大乘灯禅师	爱 州	幼随父母泛舶往杜和罗钵底国①,方始出家。后随唐使郯绪相逐入京,于慈恩寺三藏法师玄奘处进受具戒,居京数载颇览经书,既越南溟到师子国。观礼佛牙,备尽灵异,过南印度复届东天,往耽摩立底国②。与净相随诣中印度。先到那烂陀,次向金刚座,旋过薛舍离,后到俱尸国。	《求法高僧传》卷上
109	僧伽跋摩师	唐 国	以显庆年内奉敕与使人相随礼觐西国,到大觉寺,后还唐国。又奉敕令往交阯采药。	《求法高僧传》卷上
110	彼岸智岸二人	高 昌	观化中天,与使人王玄廓相随泛舶,海中遇疾俱卒。	《求法高僧传》卷上
111	昙润法师	洛 阳	南行达于交阯,住经载稔,缁素钦风,泛舶南上,期西印度。至诃陵北渤盆国③遇疾而终,年三十矣。	《求法高僧传》卷上
112	义辉论师	洛 阳	到郎迦戍国婴疾而亡,年三十余矣。	《求法高僧传》卷上
113	又大唐三人		从北道到乌长那国④,传闻向佛顶骨处礼拜,今亦弗委存亡。	《求法高僧传》卷上
114	慧轮法师	新 罗	奉敕随玄照师西行以充侍者,居庵摩罗跋国,在信者寺住经十载。近住次东边北方睹货罗僧寺。	《求法高僧传》卷上
115	道琳法师	荆 州	杖锡遐逝,鼓舶南溟。越铜柱而届郎迦,历诃陵而经裸国,经乎数载,到东印度耽摩立底国,住经三年学梵语。	《求法高僧传》卷下
116	昙光法师	荆 州	南游溟渤,望礼西天。	《求法高僧传》卷下

① 今泰国南部马来半岛,在郎迦戍国之东。
② Tamra lipti,今印度西孟加拉邦西南之坦姆拉克(Tamluk)。
③ 今印度尼西亚婆罗洲。
④ 梵文 Uddiyana,法显《佛国记》《洛阳伽蓝记》作乌苌,《大唐西域记》作乌仗那,《新唐书·吐火罗传》作越底延,《宋史·天竺传》作乌填曩,在尼泊尔东南北印度境内。

续表

序号	人 名	籍 贯	时间、行踪及与天文有关之事迹	文献出处
117	慧命禅师	荆州	泛舶而行至占波①，遭风而屡遭艰苦，适马援之铜柱。	《求法高僧传》卷下
118	玄逵律师	润州	咸亨二年(671年)欲同义净取海路赴印，至广州遇疾，不果行。	《求法高僧传》卷下
119	善行法师	晋州	净之门人也。随至室利佛逝，有怀中土，既染痁疾，返棹而归，年四十许。	《求法高僧传》卷下
120	灵运法师	襄阳	追寻圣迹，与僧哲同游，戏南溟达西国。	《求法高僧传》卷下
121	僧哲禅师（弟子二人）	澧州	思慕圣踪，泛舶西域。既至西土，适化随缘。巡礼略周，归东印度到三摩呾咤国。国王名曷罗社跋乇。	《求法高僧传》卷下
122	智弘律师	洛阳	至合浦升舶，长泛沧溟。风便不通，漂居上景。覆向交州住经一夏。既至冬末复往海滨神湾，随舶南游到室利佛逝国。在中印度近有八年，后向北天羯湿弥罗，拟之乡国矣。闻与琳公为伴，不知今在何所。	《求法高僧传》卷下
123	无行禅师	荆州	与智弘为伴。东风泛舶一月到室利佛逝国，后乘王舶经十五日达末罗瑜洲，又十五日到羯荼国②。至冬末转舶西行，经三十日到那伽钵亶那，从此泛海二日到师子洲，观礼佛牙。从师子洲复东北泛舶一月到诃利鸡罗国③，此国乃是东天之东界也。	《求法高僧传》卷下
124	法振禅师	荆州	共同州僧乘悟禅师、梁州乘如律师，学穷内外，智思钩深，其德不孤，结契由践。于是携二友，出三江，整帆上景之前，鼓浪河陵之北。巡历诸岛，渐至羯荼。未久之间，法振遇疾而殒，年可三十五六。既而一人斯委彼二情疑，遂附舶东归。有望交阯，覆至瞻波④(即林邑国也)，乘悟又卒。瞻波人至传说如此，而未的委。独有乘如言归故里，虽不结实，仍嘉令秀尔。	《求法高僧传》卷下

---

① 今越南中部。
② 今马来半岛西岸吉打州。
③ 今缅甸西部阿拉干。
④ 今柬埔寨。

序号	人名	籍贯	时间、行踪及与天文有关之事迹	文献出处
125	乘悟禅师	荆州	见《法振传》	《求法高僧传》卷下
126	乘如律师	梁州	见《法振传》	《求法高僧传》卷下
127	大津法师	澧州	以永淳二年(683年)振锡南海,爰初结旅,颇有多人,及其角立,唯斯一进。乃赍经像与唐使相逐,泛舶月余达尸利佛逝洲,停斯多载。	《求法高僧传》卷下
128	贞固律师	郑地荥川人	自广州附舶至室利佛逝,助义净译经。长寿三年(694年)夏随义净返广州。	《求法高僧传》卷下
129	怀业	广府	祖父本是北人,因官遂居岭外,家属权停。随义净往天竺,留居室利佛逝。	《求法高僧传》卷下
130	道宏	汴州雍丘	随义净往天竺,同返广州。	《求法高僧传》卷下
131	法朗	襄州襄阳	随义净往天竺。在诃陵国经夏遇疾而卒。	《求法高僧传》卷下
132	达磨末磨	吐火罗	附见《义净传》。睿宗唐隆元年(710年)庚戌于大荐福寺助义净译经。	《宋高僧传》卷一
133	拔弩	中印度	附见《义净传》。睿宗唐隆元年①(710年)庚戌于大荐福寺助义净译经。	《宋高僧传》卷一
134	达磨难陀	罽宾	附见《义净传》。睿宗唐隆元年(710年)庚戌于大荐福寺助义净译经。	《宋高僧传》卷一
135	伊舍罗	东印度	附见《义净传》。睿宗唐隆元年(710年)庚戌于大荐福寺助义净译经。	《宋高僧传》卷一
136	瞿昙金刚	东印度	附见《义净传》。睿宗唐隆元年(710年)庚戌于大荐福寺助义净译经。	《宋高僧传》卷一
137	阿顺	迦湿弥罗国	附见《义净传》。睿宗唐隆元年(710年)庚戌于大荐福寺助义净译经。	《宋高僧传》卷一
138	金刚智	南印度摩赖耶国	游师子国,登楞伽山。东行佛誓、裸人等二十余国。闻脂那佛法崇盛,泛舶而来。以多难故,累岁方至。开元己未岁(719年)达于广府。父婆罗门,善五明论,为建支王师。	《宋高僧传》卷一

① 《宋高僧传》作"永隆元年"。

续表

序号	人 名	籍 贯	时间、行踪及与天文有关之事迹	文献出处
139	不 空	北天竺	幼失所天,随叔父观光东国。年十五师事金刚智三藏。曾奉遗旨令往五天并师子国,遂议遐征。初至南海郡,二十九年(741年)十二月,附昆仑舶离南海,至诃陵国①,既达师子国,王遣使迎之。次游五印度境,屡彰瑞应。至天宝五载(746年)还京。天宝八载许回本国。乘驿骑五匹至南海郡,有敕再留十二载,敕令赴河陇。	《宋高僧传》卷一
140	善无畏	中印度	寄身商船往游诸国。至迦湿弥罗国。复至乌苌国。讲《毗卢》于突厥之庭,路出吐蕃,与商旅同次。开元四年(716年)丙辰,赍梵夹始届长安。	《宋高僧传》卷二
141	智 慧	北天竺迦毕试国	常闻支那大国,文殊在中,锡指东方誓传佛教。乃泛海东迈,垂至广州,风飘却返,抵执师子国之东。又集资粮,重修巨舶。遍历南海诸国二十二年。再近番禺,半月达广州,德宗建中初也。属帝违难奉天。贞元二年(786年)始届京辇。	《宋高僧传》卷二
142	若那跋陀罗(智贤)	南海波凌国	麟德(664—665)中有成都沙门会宁,泛舶西游,路经波凌,遂与智贤同译《涅槃》,后分二卷,译毕寄经达交州。	《宋高僧传》卷二
143	会 宁	成 都	附见《若那跋陀罗传》。麟德(664—665)中,欲往天竺观礼圣迹,泛舶西游,路经波凌。	《宋高僧传》卷二
144	佛陀多罗(觉救)	罽 宾	赍多罗夹,誓化支那,止洛阳白马寺。译出《大方广圆觉了义经》,此经近译,不委何年。	《宋高僧传》卷二
145	佛陀波利(觉护)	罽 宾	远涉流沙,躬来礼谒。以天皇仪凤元年(676年)丙子杖锡五台	《宋高僧传》卷二
146	伽梵达磨(尊法)	西印度	远逾沙碛,来抵中华。天皇永徽之岁(650—655)翻出《千手千眼观世音菩萨广大圆满无碍大悲心陀罗尼经一卷》。	《宋高僧传》卷二

---

① 又作波陵,今爪哇岛。

序号	人 名	籍 贯	时间、行踪及与天文有关之事迹	文献出处
147	阿地瞿多（无极高）	中印度	精练五明，妙通三藏。永徽三年（652年）壬子岁正月，自西印度赍梵夹来届长安。	《宋高僧传》卷二
148	般剌蜜帝（极量）	中印度	辗转游化，渐达支那（印度俗呼广府为支那，名帝京为摩诃支那也）。乃于广州制止道场驻锡。神龙元年（705年）乙巳五月二十三日，于灌顶部中诵出一品。	《宋高僧传》卷二
149	实叉难陀	于阗	与经夹同臻帝关。以证圣元年（695年）乙未于东都大内大遍空寺翻译。	《宋高僧传》卷二
150	地婆诃罗	中印度	洞明八藏，博晓五明，而咒术尤工。以天皇时来游此国，仪凤四年（679年）五月表请翻度所赍经夹。	《宋高僧传》卷二
151	提云般若	于阗	学通大小，解兼真俗。咒术、禅门无不谙晓。永昌元年（689年）来届于此，谒天后于洛阳。	《宋高僧传》卷二
152	慧 智	印度裔华人	其父印度人，婆罗门种，因使游此方，而生于智。少而精勤，有出俗之志。天皇时从长年婆罗门僧，奉敕度为弟子。本既梵人，善闲天竺书语，生于唐国复练此土言音。三藏地婆诃罗、提云若那、宝思惟等所有翻译，皆召智为证，兼充度语。后至长寿二年（693年）癸巳，于东都佛授记寺自译《观世音颂》一卷。	《宋高僧传》卷二
153	弥陀山	睹货逻国	志传像法，不吝乡邦，杖锡孤征，来臻诸夏。因与实叉难陀共译《大乘入楞伽经》。	《宋高僧传》卷二
154	菩提流志	南天竺	游历五天，遍亲讲肆。高宗大帝闻其远誉，挹彼高风，永淳二年（683年）遣使迎接，天后复加郑重，令住东洛福先寺。事波罗奢罗学声明僧佉等论。历数、咒术、阴阳、谶纬，靡不该通。	《宋高僧传》卷三
155	牟尼室利		德宗贞元九年（793年）发那烂陀寺拥锡东来，自言从北印度往此寺出家受戒学法焉。十六年至长安兴善寺，十九年徙崇福醴泉寺。	《宋高僧传》卷三

序号	人 名	籍 贯	时间、行踪及与天文有关之事迹	文献出处
156	勿提提犀鱼	屈支城（龟兹）	译出《十力经》，贞元（785—804）中请编入藏。	《宋高僧传》卷三
157	尸罗达摩	于阗	赍所译唐本至京，即贞元五载（789年）也。	《宋高僧传》卷三
158	莲 华	中印度	以兴元元年（784年）杖锡谒德宗，乞钟一口归天竺声击。敕广州节度使李复修鼓铸毕，令送于南天竺金堆寺。华乃将此钟于宝军国毗卢遮那塔所安置。后以《华严》后分梵夹附舶，来为信者。	《宋高僧传》卷三
159	般 若	罽宾	于贞元（785—804）中译《华严经》后分四十卷。	《宋高僧传》卷三
160	悟 空	京兆云阳	天宝十二载（753年）至犍陀罗国，罽宾东都城也，其王礼接唐使。使回，空笃疾留犍陀罗。病中发愿，痊当出家。遂投舍利越摩落发。当肃宗至德二年（757年）也。泊年二十九，于迦湿弥罗国受具足戒。后巡历数年，遍瞻八塔。从北路，至睹货罗国。以贞元五年（789年）己巳达京师。凡所往来经四十年，于时已六十余。	《宋高僧传》卷三
161	满 月	西 域	开成（836—840）中进梵夹，遇伪甘露事，去未旋踵。	《宋高僧传》卷三

从四种僧传的记述可知，无论是陆路还是海路，传法、求法的路途都是十分艰险的。有人在翻越大雪山时被冻毙，有人在尼泊尔染上瘴气病死，也有人搭乘商船遭遇海难葬身大海。这些传法、求法僧人在信仰的激励下所完成的种种壮举，为人类不同文明之间的文化交流作出了重要贡献。

1.2 佛经的翻译和域外天文学知识的传播

佛教传入中土之初，就产生了将印度佛教经典翻译成汉文的需要。佛经的翻译活动起于东汉末年，一直延续到北宋初年。其间出现了很多著名的佛经翻译家,如东汉的安世高;三国时期的支娄迦谶;魏晋南北朝时期的释道安、鸠摩罗什、佛陀跋多罗、真谛;唐代之玄奘、不空、义净、一行;宋初法贤、施护、天息灾,等等。佛教徒怀着宗教虔诚,进行佛经的汉译工作,本意当然为弘扬佛法,却也为我们留下了大量珍贵的历史资料,其中包括大量的天文学资料(参见表1.2)。

表1.2 域外来华天文学一览表*

年　代	地　点	人　名	所译经名或所作事项及文献出处①	天文学内容
150—170	洛阳	安世高	《大比丘三千威仪》(No.1470,《丽》)	一年划分为三季:冬、夏、春
174	洛阳	刘洪	《七曜术》(《后汉书·律历志·中》)	为解决《太初历》"推月食多失"而作。同年刘固作《月食术》,与《七曜术》同
230	南京	竺律炎支谦	《摩登伽经》(No.1300,《丽》)	二十八宿、九曜,昼夜时分、午中日影的周年变化,出闰之要,七曜周天数法
265—316	于阗	若罗严	《时非时经》(No.794a,No.794b,《丽》)	每15日给出一个日影长,共给出一年24个日影长。
308	长安	竺法护	《舍头谏太子二十八宿经》(No.1301)	二十八宿星数,星形,宽度;长度、时间、重量等度量单位
366—370	南京	徐广	《七曜历》(《宋书·律历志·中》)	
384—410	长安	佛陀耶舍竺佛念	《长阿含经》卷二十二,(No.1)	日月知识,世界之形成,宇宙学
397—439	北凉	昙无谶	《大方等大集经》卷二十(No.397)	二十八宿名称
401—413	长安	鸠摩罗什	《大智度论》卷八、四十八(No.1509,《丽》)	日月知识,星宿体系数,四种月的概念,闰月
401—415	长安	弗若多罗鸠摩罗什	《十诵律》卷四十八(No.1453,《丽》)	昼夜时分,六岁一闰,大月小月
407—416	长安	佛罗跋陀罗	《达摩多罗禅经》(No.618,《丽》)	刹那时分数,昼夜增减

---

① 此列编号是指《大正藏》中的编号,《丽》指《高丽藏·译著者索引》。

年 代	地 点	人 名	所译经名或所作事项及文献出处	天文学内容
410	长 安	佛陀耶舍竺佛念	《四分律》卷三十五（No.1428）	黑月、白月
416	长 安	佛陀跋陀罗,法显	《摩诃僧祇律》卷三十四（No.1425,《丽》）	昼夜长短,日极长,日极短,二十八宿名称,大月,小月
421	于 阗	昙无谶	《大般涅槃经》卷九（No.374,《丽》）	罗睺,六月一食
423	扬 州	佛陀什竺道生等	《弥沙塞部和醯五分律》卷十八（No.1421）、《高僧传》卷三	五岁一闰
435—443	南 京	慧 严	《大般涅槃经》卷九（No.375）、《高僧传》卷七	罗睺,月食,六月一食,月绕须弥山故有出没
435—443	南 京	何承天	从慧严接触天竺历法（《高僧传》卷七、《释迦方志》卷上）	分至,薄蚀,步光影,宿度纪年
443	南 京	何承天	《元嘉历》（《宋书·律历志·中》）	以月食冲法定日所在;对"十九年七闰"这一闰周提出怀疑,主张"随时迁革,以取其合";以雨水为气初;以盈缩定其小余,以正朔望之日;为五星各立后元
502—549	南 京	梁武帝	别拟天体,立新意,排浑天。（《隋书·天文志·上》）	印度古代的宇宙学说
518	北雍州	沙门统道融	参与修《正光历》（《魏书·律历志·上》）	
534—564	某海岛	张子信	发现太阳及行星周年视运动不均匀性（《隋书·天文志中》）	日月交道有表里迟速,五星见伏有感召向背。月行遇木、火、土、金四星,向之则速,背之则迟。五星行四方列宿,各有所好恶。辰星晨夕去日三十六度内,十八度外,有木、火、土、金一星者见,无者不见
550—567	南京富春广东	真 谛	《阿毗达磨俱舍释论》（No.1559）、《立世阿毗昙论》（No.1644,《丽》）	四大洲、八山七海的有关数据,日月运行的定量描述,闰月的设置理由,日光径度,天地结构,日月运动理论

年 代	地 点	人 名	所译经名或所作事项及文献出处	天文学内容
550—577	高 齐	那连提耶舍	《大方等大集经》卷五十六（No.397）	十二宫名称、星宿体系
566—572	长 安	达摩流支	译《婆罗门天文》二十卷（《续高僧传》卷一）	
581—589		那连提耶舍	《大方等大集经》卷四十一、四十二（No.397）	二十八宿名称、星数、星神、距度；午中日影、昼夜长短、月历表
585—600	长 安	阇那崛多	《起始经》（No.24）、《续高僧传》卷二	日月径量，日月为五风所持，日月运动、冷热气候成因
632	长 安	婆罗颇密多罗	《宝星陀罗尼经》（No.402）、《续高僧传》卷二	二十八宿音译名称
645—664	长 安	玄奘	《阿毗达磨毗婆沙论》（No.1545）卷一百三十六、《续高僧传》卷四	三种劫，昼夜时分的周年变化
645—664	长 安	玄奘	《阿毗达磨俱舍论》（No.1558）、《续高僧传》卷四	对时间、长度度量的介绍，数量，日月径，昼夜增减，月轮圆缺
645—664	长 安	玄奘	《阿毗达磨藏显宗论》（No.1563）、《续高僧传》卷四	天地结构，日月运动，时间、长度度量，昼夜增减
645—664	长 安	玄奘	《瑜伽师地论》（No.1579）、《续高僧传》卷四	日月星辰处苏迷庐半而行，日月径，星宿径
664 年以前	长 安	迦叶孝威	天竺推交食术（《旧唐书·历志二》附见《麟德历》）	交食
700—703	长 安	义净	《根本说一切有部尼陀那》卷一（No.1452）、《宋高僧传》卷一	大月、小月、闰月，佛令"可知日月星命与俗同行"
705	洛 阳	义净	《大孔雀咒王经》（No.985）、《宋高僧传》卷一	二十八宿音译名称，九执音译名称

续表

年　代	地点	人　名	所译经名或所作事项及文献出处	天文学内容
706	长安	菩提流志	《大宝积经》(No.310)、《宋高僧传》卷三	一年三季:热、雨、寒,黑月、白月
710—727	长安	一行	《宿曜仪轨》(No.1304)、《北斗七星护摩法》(No.1310)、《梵天火罗九曜》(No.1311)、《宋高僧传》卷五	七曜、九执、罗睺、计都
718	长安	瞿昙悉达	译《九执历》(《新唐书·历志四下》)	以显庆二年(657年)为历元,采用360度制,引入印度数字、正弦函数
727年以前	长安	俱摩罗	天竺断日食法(《新唐书·历志四下》附见《大衍历》)	日躔郁车宫者,的蚀。其余据日所在宫,火星在前三及后五之宫,并伏在日下,则不蚀。若五星皆见,又水在阴历及三星以上同聚一宿,则亦不蚀。
727	长安	一行	草成《大衍历》而卒(《新唐书·历志三上》)	被瞿昙譔等指控抄袭《九执历》
724—735	长安洛阳	输波迦罗(善无畏)	《苏悉地羯罗经》(No.893)、《宋高僧传》卷二	时节,一年六季
742—764	长安	不空	《文殊师利菩萨及诸仙所说吉凶时日善恶宿曜经》(No.1299)、《宋高僧传》卷一	二十七宿,十二宫,七曜,五星直径,黑白月
742—771	长安	不空	《佛母大孔雀明王经》(No.982)、《宋高僧传》卷一	二十八宿,九执曜
742—771	长安	不空	《炽盛光大成德消灾吉祥陀罗尼经》(No.963)、《宋高僧传》卷一	九执,二十八宿,十二宫
唐代		失译	《大威德金轮佛顶炽盛光如来消除一切灾难陀罗尼经》(No.964)	罗睺、计都、二十八宿、十二宫

续表

年　代	地　点	人　名	所译经名或所作事项及文献出处	天文学内容
780—783		曹士蒍	《七曜符天历》《新唐书·艺文三》《新五代史·司天考》）	以雨水为气初，以万分为分母，以显庆五年(660年)为历元
783	广　州洛　阳	般　若	《大方广佛华严经》(No.293，《丽》)	数，日夜八时，日去地四万二千由旬
787	山　西五台山	澄　观	《大方广佛华严经随疏演义钞》(No.1736)、《宋高僧传》卷五	一年三季，一年六季，西国二十八宿分野
806—866		金俱吒	《七曜攘灾决》(No.1308)	五星及罗睺、计都历表
938		马重绩	造《调元历》《新五代史·马重绩传》）	以雨水为气初，以天宝十四载(755年)为历元
973—1000	汴　梁	法　天	《圣曜母陀罗尼经》(No.1303，《丽》)	七曜，罗睺、计都
980—986	汴　梁	天息灾	《较量寿命经》(No.759)、《大方广菩萨文殊师利根本仪轨经》(No.1191)，《丽》	一年三季：寒、热、雨，七曜，九执，十二宫，二十八宿
987—1001	汴　梁	法　贤①	《大乘无量寿庄严经》(No.363，《丽》)	大海深八万四千由旬、昼夜六时
987—1001	汴　梁	法　贤	《难儞计湿嚩啰天说支轮经》(No.1312，《丽》)	十二宫，七曜，星占
980—1017	汴　梁	施　护	《十二缘生祥瑞经》(No.719，《丽》)	十二月名音译、十二支

＊表中第一列年代是指经典译出或所指天文学事件发生的时间，若不能确定具体年份，则根据文献资料考定其上下限。第二列地点是指经典译出的地点。第三列人名指经典的译者或有关事项的作者。第四列给出所译经典名称，或所作有关事项；文献出处是指该列以及前三列内容所依据的文献。最后一列简述第四列所指经典或事项所包含的天文学内容。

从东汉末到北宋初，在将近800年的时间里，印度古代的天文学几

---

① 据《佛祖统纪》卷四十三载，宋太宗雍熙二年(985年)，法天改名法贤。但吕澂据赵安仁等《大中祥符法宝录》及吕夷简等《景祐新修法宝录》考定，雍熙四年(987年)天息灾奉诏改名法贤。

乎不间断地随佛教经典的汉译和其他途径传入中土。在佛教传入中土的早期就有天文学内容相当丰富的佛经被译成汉文,这以三国吴时译出的《摩登伽经》为代表。在更早的经典中虽未发现有比较纯粹的天文学内容,但像汉末安世高这样的早期来华传播佛教者本身就精通天文,不能排除印度天文学在这个时期以非佛经形式传入的可能。

3 世纪末 4 世纪初,相当于西晋时期,若罗严的《时非时经》和竺法护的《舍头谏太子二十八宿经》是含有相当多天文学内容的汉译佛经。一般认为《舍头谏太子二十八宿经》是早其 70 年的《摩登伽经》的异译本。通过《摩登伽经》和《舍头谏太子二十八宿经》,印度的二十八宿体系被比较完整地介绍到了中土。

4 世纪末到 5 世纪中,在南方相当于东晋末年至刘宋元嘉年,产生了徐广的《七曜历》、何承天的《元嘉历》。何承天从慧严处接触了天竺历法,当时从印度传入的天文历法有些方面值得中国历法家学习。该时期在北方相当于十六国晚期到北魏初期。战火纷飞、动荡不安的年代,佛法却很昌盛,是北朝佛经汉译比较集中的一个时期,著名的译师有竺佛念、佛陀耶舍、鸠摩罗什、佛陀跋陀罗、法显、昙无谶等。该时期虽然没有出现天文学内容比较集中的经典,但鸠摩罗什在《大智度论》卷四十八中对四种月概念的区分和定义给我们留下了深刻印象。

5 世纪中到 6 世纪中这百年中少见有随佛经译出的天文学内容。该时期似乎是对早期传入的印度天文学的消化吸收时期。从何承天在《元嘉历》中的大胆改革开始,梁武帝则在长春殿召开御前学术会议,欲以印度古代宇宙模型取代当时流行的浑天说。北朝则有北雍州沙门统(佛教领袖)道融成为共修《正光历》九家之一家。最后是张子信的一系列神秘而突然的天文发现,这些发现导致了隋唐历法产生质的飞跃。

6 世纪中期到 7 世纪初,相当于南北朝后期到隋代。这时期在南朝活动的西天竺僧人拘那罗陀(真谛)译出了含有大量天文学内容的毗昙部经典《立世阿毗昙论》。在北朝,北天竺那连提耶舍译的《大方等大集经》和北天竺犍陀罗国人阇那崛多译的《起始经》中也有相当多的天文学内容。尤其是"摩勒国沙门达摩流支,周言法希,奉敕为大冢宰晋阳公宇文护译《婆罗门天文》二十卷"(《续高僧传·卷一》)一事令人瞩目。我们推测该二十卷《婆罗门天文》应是对印度天文历法较为全面的介绍。[①]

入唐以后,佛经翻译的数量大量增加。就天文学的输入而言,可分为两个时期。前期入传的主要是玄奘译出的毗昙部经典中包含的对印度天地结构、日月运行等宇宙论方面的天文学知识的介绍,后期主要是中唐时期随密教经典传入的天文学内容。同时该时期还有大量的非佛经资料天文学的传入,如天竺三家在唐代天学机构中的活动、曹士茓《符天历》在民间的流行等。

五代马重绩的《调元历》可以被看作受大量流传于民间的印度天文历法影响的结果。

佛经汉译,从唐宪宗元和六年(811年)译成《本生心地观经》[②]之后一度中断,直到宋太宗太平兴国七年(982年)才复兴,当时主持汉译的是中印度人法天、北印度人天息灾和施护三人。然就随佛经传入的天文学内容而言,只能算是六朝隋唐以来的余音。宋代以后译经既少,印度天文学也几乎没有什么传入了。

从译经地点上看,六朝时以南京为中心,北朝及隋唐以长安、洛阳为中心。宋代以后开封为中心。从数量上看,北方译经比南方多。

从随汉译佛经传入的天文学内容来看,其在时间先后上并不存在一个明显的进步趋势。也就是说,早期传入的天文学知识并不见得比晚期传入的落后,而晚期传入的也不比早期传入的先进多少,这是以佛经为载体传播天文学知识所必定带有的局限——毕竟佛教典籍以传播宗教观点为主。但不能因此而忽视印度天文学入华可能产生的影响,

---

① 达摩流支为大冢宰宇文护译《婆罗门天文》一事还有相当特殊的含义。宇文护于566年接宇文泰之后执掌西魏大权,次年拥宇文觉登天王位,建立北周,自任大冢宰。后杀宇文觉,立宇文毓,继又杀毓立宇文邕。可见宇文护掌握废立大权,地位在帝王之上,所以历代帝王对天文的禁令对他实际上是不适用的。同时由佛徒翻译的《婆罗门天文》又可被视为佛经,供养专门为他翻译的佛经似又能得到佛祖特别的眷顾。因此为宇文护译《婆罗门天文》在体现其显赫地位这一点上有双重的含义。

② 大唐罽宾国三藏般若译,《本生心地观经》,《大正新修大藏经》第159号经。

因为佛经中的天文学很可能只是全豹之一斑，能产生影响的还有掌握印度天文学知识的佛徒如慧严等，以及其他非佛经类典籍如《婆罗门天文书》《九执历》等。像何承天的历法改革、张子信的发现等对中国古代历法产生重大影响的事件，极有可能受到了印度天文历法的影响和启发。罗睺、计都等来自印度的天文概念最后直接进入了中国官方的历法。

1.3 来华天文学知识的多重来源

印度天文学随佛经传来中土，而印度本土天文学在历史上也迭遭域外天文学的"侵袭"。这种域外天文学影响印度本土天文学的痕迹在随佛经传入中土的天文学中仍能找到，它们主要是源自希腊和巴比伦的天文学知识，如黄道十二宫的概念、昼夜长短之变化和比例及行星运动理论等。因此，在来华的域外天文学知识中我们至少可以找到印度、希腊、巴比伦这三重来源。

1.3.1 黄道十二宫

黄道十二宫是西方天文学和星占学中的基本概念，起源于两河流域的古巴比伦文明。黄道十二宫的概念在印度的巴比伦天文学时期就已传入印度，并随后来的汉译佛经传到了中国。

汉译佛经中最早明确而且完整地记载黄道十二宫概念的，是由那连提耶舍在高齐时（550—577）译出的《大方等大集经》（No.397）具见卷五十六：

> 所言辰者，有十二种：一名弥沙，二名毗利沙，三名弥偷那，四名羯迦吒迦，五名缲呵，六名迦若，七名兜逻，八名毗梨支迦，九名檀尼毗，十名摩伽罗，十一名鸠槃，十二名弥那。

因为中国古代本来就有十二辰的概念，黄道十二宫初次传入很自然地被称作十二辰。以上这十二个名称是十二宫梵文名称的音译。其梵文原文及对应的西方名称汉译依次如下：

表 1.3　十二宫音译名、梵文名和现代名

1	弥 沙	Meṣa	白羊宫
2	毗利沙	Vṛṣabha	金牛宫
3	弥偷那	Mithuna	双子宫
4	羯迦吒迦	Karkaṭaka	巨蟹宫
5	緤 呵	Simha	狮子宫
6	迦 若	Kanyā	室女宫
7	兜 逻	Tulā	天秤宫
8	毗梨支迦	Vṛścika	天蝎宫
9	檀尼毗	Dhanu	人马宫
10	摩伽罗	Makava	摩羯宫
11	鸠 槃	Kumbha	宝瓶宫
12	弥 那	Mina	双鱼宫

　　对比梵文的发音,可以发现《大方等大集经》中的音译是相当准确的。

　　以后直到中唐时期密教经典大举入华,黄道十二宫概念又被大量输入。唐不空所译《宿曜经》(No.1299)卷上"序分定宿直品第一"详载印度星宿体系与黄道十二宫的配置关系,列出十二宫分别为:狮子宫、女宫、秤宫、蝎宫、弓宫、摩羯宫、瓶宫、鱼宫、羊宫、牛宫、淫宫、蟹宫。这十二个名称与现在通行的名称稍有差别。其中弓宫指人马宫,淫宫指双子宫,其他宫名差别不大。黄道十二宫一般以白羊宫为首宫,而《宿曜经》以狮子宫为首。该经"序分定宿直品第一"云:

　　　　天地初建,寒暑之精化为日月,乌兔抗衡生成万物,分宿设宫管标群品。日理阳位,从星宿顺行。取张翼轸角亢氐房心尾箕斗牛女等一十三宿,迤至于虚宿之半,恰当子地之中,分为六宫也。但日月天子,俱以五星为臣佐。而日光炎猛,物类相感,以阳兽师子为宫神也;月光清凉,物类相感,以阴虫巨蟹为宫神也。

以上这段文字援引阴阳之说,以狮子为阳兽,狮子宫"太阳位焉",所以以狮子宫为首宿。但这种十二宫次序在汉译佛经中仅此一例。

　　又《大方广菩萨藏文殊师利根本仪轨经》(No.1191)卷十四叙述黄

道十二宫生人之命运，列出十二宫分别为：羊宫、牛宫、阴阳宫、蟹宫、狮子宫、双女宫、秤宫、蝎宫、人马宫、摩竭宫、宝瓶宫、双鱼宫。同经卷十二列出十二宫如下：

> 又复有多种宫事，所谓羊宫、牛宫、男女宫、蟹宫、师子宫、秤宫、童女宫、蝎宫、人马宫、摩竭鱼宫、宝瓶宫、鱼宫、天人宫、阿修罗宫、乾闼婆夜叉等宫。

这里童女宫（室女宫）与秤宫（天秤宫）交换了秩序。将摩羯宫称为摩羯鱼宫，则是与中东古代神话有关：一次诸神在尼罗河岸设酒宴，突然出现了一个怪物，诸天神各各化形遁入尼罗河中，半人半神的潘恩由于过度惊慌，无法完全变成一条鱼，这就是摩羯鱼。又传说古代巴比伦有一名为依亚（Ea）的神仙，是"深海中的羚羊"，故摩羯座的星神羊首鱼身。

又《难儞计湿嚩啰天说支轮经》（No.1312）中亦将印度星宿体系与黄道十二宫对应，其中给出的十二宫名称为：天羊宫、金牛宫、阴阳宫、巨蟹宫、狮子宫、双女宫、天秤宫、天蝎宫、人马宫、摩羯宫、宝瓶宫、双鱼宫。这些宫名与现代通用的名词基本上相同，其中的阴阳宫指双子宫，双女宫指室女宫。

黄道十二宫随密教经典输入中国，主要传递了一种西方的生辰星占学，如《大方广菩萨藏文殊师利根本仪轨经》（No.1191）卷十四和《难儞计湿嚩啰天说支轮经》（No.1312）中所记。这种黄道十二宫生辰星占学源于巴比伦，传入印度后，又随佛教传入中国。

可能是经过印度的消化吸收，在密教的占灾攘灾之法中，黄道十二宫作为星占符号又与七曜、二十八宿被一并用来消灾祈福，如不空所译《佛说大孔雀明王画像坛场仪轨》（No.983A）中载：

> 次第三院从东北隅，右旋周匝画二十八大药叉将，各与诸鬼神众围绕，及画宿曜十二宫神。次第三院外周匝，用香泥涂饰，布以荷叶，叶上安置供养食。食所谓乳糜酪饭食果子等，皆以阿波罗尔多明王真言，加持香水散洒，布列四边供养，及以诸浆、沙糖、石蜜、石榴蜜浆等而奉献之。

又中天竺国大那烂陀寺戒行沙门菩提仙所译《大圣妙吉祥菩萨秘

密八字陀罗尼修行曼荼罗次第仪轨法》(No.1184)中载：

> 若缘五星失度，日月频蚀，彗孛数现，四方异国侵境，劫夺百
> 姓，大臣叛逆，用兵不利，损害国人，疫病流行，皆作大坛。坛内第
> 二院外布列十二大天如炽盛光法，次第四院布二十八宿，第五院十
> 二宫神，外布四明王，余同诸法。

黄道十二宫又是西方天文学中的一个基本度量概念。这种西方度量概念传入印度之时，对印度古代的星宿体系产生了一定的影响。第五章将具体论述印度早期的星宿体系以 Krttikā(昴宿)为首宿，共有二十八宿，每宿宽度不全部相等。但到了印度天文学的巴比伦时期，由于黄道十二宫的传入和普遍使用，印度的二十八宿体系为了与十二宫配合，不得不进行调整。首先为了使起首之宿包含春分点，改用 Aśvinī(娄宿)作为首宿，为了与十二宫进行简单的换算，改二十八宿为二十七宿(去掉 Abhijit，牛宿)，将原来的不均匀分划改成均匀分划，每宿占黄道上的 $13°20'$ 范围。

黄道十二宫甚至在中国官方天文、历律志中也有记载。《旧唐书·历志三》载(《新唐书·历志四下》有相同记载)：

> 按天竺僧俱摩罗所传断日蚀法，其蚀朔日度躔于郁车宫者，的
> 蚀。诸断不得其蚀，据日所在之宫，有火星在前三后一之宫并伏在
> 日下，并不蚀。若五星总出，并水见，又水在阴历，及三星已上同聚
> 一宿，亦不蚀。凡星与日别宫或别宿则易断，若同宿则难断。更有
> 诸断，理多烦碎，略陈梗概，不复具详者。其天竺所云十二宫，则中
> 国之十二次也。曰郁车宫者，即中国降娄之次也。

印度古代的一种判断日食是否发生的方法用到黄道十二宫的概念，这里"郁车宫"就是白羊宫，即春分点所在。如果春分点附近发生合朔，则一定发生日食，印度古代的这一认识是正确的。但在正确的认识中似乎夹杂着一些不正确的认识，所以《旧唐书》的"历志"作者对这种天竺"断日蚀法"不是很重视，并把十二宫等同于中国古已有之的十二次了。

到明代《大统历》中，黄道十二宫也成了中国官方历法采用的一种

天文坐标系。《大统历》"步五星"术中有一术叫"推五星顺逆交宫时刻"为:

> 视逐日五星细行,与黄道十二宫界宿次同名,其度分又相近者以相减。视其余分,在本日行分以下者,为交宫在本日也。(《明史·历志六》)

总而言之,黄道十二宫由西向东的传播,是东西方天文学交流与传播的一个具体例证。

1.3.2　白昼极长与极短之比为 3∶2

多种汉译佛经中的资料都表明,在印度古代一昼夜被分成 30 等份,每份称为一时或一牟休多(或牟呼栗多,muhūrta),每牟休多又分成 30 腊缚(罗婆)。一年中夜极长时为 18 牟休多,此时昼极短为 12 牟休多。以后昼增夜减,每日一腊缚,一月积一牟休多,直到夜极短时 12 牟休多,昼则极长为 18 牟休多。因此,一年之中白昼最长与最短之比为 3∶2。

对于印度古代的这个白昼最长与最短的比例以及将每日分成 30 等份的做法,都与巴比伦天文学有关。在印度古代著名的天文学家 Lagadha 的著作 Jyotiṣavedāṇga 的最后一项内容中,讨论了对白天长度的确定。Lagadha 使用一具外泄型漏壶,这种漏壶见于公元前 700 年左右巴比伦楔形文字的记载。大约与此同期,巴比伦人使用 3∶2 作为一年中白昼最长与最短的比例,这个比例为 Lagadha 所采用,尽管它只是在印度西北部才适用。Lagadha 进一步将一天分成 30 牟呼栗多,这可能受启发于巴比伦将一月分成 30 等份的做法。然后 Lagadha 建立了一个折线函数(Zigzag function),用以描述相对于一个平均值有规则的周期性的偏离,来确定每天需要向漏壶里加的水量,以便通过它来测定每天白天的长度。这种折线函数在公元前 5 世纪以前的巴比伦就已使用了数百年了。另外 Lagadha 还给出一个折线函数用以直接确定白天的长度:

1.1
$$d(x) = 12 + \frac{6}{183}x$$

这里 x 是用天表示的离冬至点的时间，$d(x)$ 是该天白天的长度，单位是牟呼栗多。12 牟呼栗多是最短的白天即冬至日白天的长度，6 牟呼栗多是白天最长与最短之差。①《立世阿毗昙论》(No.1644)卷五"日月行品"中说"其六牟休多恒动，二十四牟休多不动"，这里"恒动"的 6 牟休多正是 1.1 式中变量的系数。

可见，印度古代在测定日长方面承袭了巴比伦天文学的做法。汉译佛经中出现的日最长与最短之比为 3∶2 起源于巴比伦天文学。

1.3.3 行星运动理论

汉译佛经中有关行星运动理论的最详细描述是《七曜攘灾决》(No.1308)中的五星历表，其中五大行星的会合周期和恒星周期有如表 1.4 所列的数量关系和式 1.2 所示的一般关系。

表 1.4 《七曜攘灾决》中五星会合周期和恒星周期的关系

行　星	序列长度(年)	会合周期个数	公转恒星周期个数
木　星	83	76	7
火　星	79	37	42
土　星	59	57	2
金　星	8	5	—
水　星	33	104	—

1.2
$$Y = P + S$$

即如果行星经过整数(P)个会合周期，同时也完成整数(S)个恒星周期，那么必定也经历了整数(Y)个回归年，年数等于会合周期数与恒星周期数之和。

印度古代天文学认为日月五星在劫波的起点和终点处聚于一点，

①　David Pingree, History of Mathematical Astronomy in India, *Dictionary of Scientific Biography*, XVI, p.536—537.

稍后放宽到要求在一个"争斗时"的起点和终点，即白羊宫 0°处，日月五星聚于一点。①在这样的规定下，式 1.2 所示的周期关系自然成立。

在保存下来的梵文天文学典籍《五大历数书汇编》(*Pañcasiddhāntikā*)中，还可以见到其他类似的周期关系（见表 1.5）：

表 1.5 《五大历数书汇编》中五星会合周期和恒星周期的关系

行　星	回归年数	会合周期数	恒星周期数
土　星	265	256	9
木　星	427	391	36
火　星	284	133	18
金　星	（缺）	（缺）	—
水　星	217	684	—

虽然火星的恒星周期数有误（应为 151），但表 1.4 与表 1.5 显然使用了同一种风格来描述行星运动的规律，不同的只是数值大小。

有趣的是，表 1.5 所示的行星周期关系在塞琉古时间（前 314—前 64）的巴比伦人那里早有描述（见表 1.6）：②

表 1.6 塞琉古时间(314—64BC)的巴比伦五星会合周期和恒星周期的关系

行　星	回归年数	会合周期数	恒星周期数
土　星	265(96 789.183 日)	256(96 791.04 日)	9(96 832.8 日)
木　星	427(155 958.419 4 日)	391(155 962.08 日)	36(155 973.204 日)
火　星	284(103 728.784 8 日)	133(103 732.02 日)	151(103 733.98 日)
金　星	1 151(420 393.772 2 日)	720(420 422.4 日)	—
水　星	480(175 316.256 日)	1 513(175 326.44 日)	—

表 1.5 中木星、土星的数据与表 1.6 中的完全一样；火星的数据也完全正确。可以肯定，表 1.5 与表 1.6 之间有某种渊源关系。事实上，塞琉古时期巴比伦的天文学曾以希腊人为中介传入并影响过印

---

① David Pingree, History of Mathematical Astronomy in India, *Dictionary of Scientific Biography*, XVI, p.541.

② Otto Neugebauer, *A History of Ancient Mathematical Astronomy*, Berlin-Heidelberg-New York: Springer-Verlag, 1975, p.605.

度天文学。①用现代的行星公转周期日数、会合周期日数和回归年日数代入计算,结果列在括号里,可见其数量关系基本上符合式1.2。

综合上述分析可以推断,通过《七曜攘灾决》五星历表传入中国的印度行星运动理论,体现了对巴比伦行星运动理论的模仿和学习。

1.4　作为天文学史原始研究文献的佛藏和道藏

佛经作为阐述宗教观点的经典,在一般看来,它即使不是对宗教迷信的宣扬,也与自然科学没有多少关系。而其实,作为佛教典籍的大藏经,其中包括的内容涉及哲学、历史、民族、中外关系、语言、文学、艺术、天文、历算、地理、气象、医药、生理、建筑等众多学科领域。

实际上,在人类的早期历史上,人们对自然界的认识与巫术、宗教是分不开的。不单单是佛教,世界上其他宗教也都扮演过知识的接受者和传播者的角色。因此,在汉译佛经中我们能发现包括天文、历算在内的各科知识,是相当自然的事情。

在中国古代天文学史上,曾经有三次大规模的域外天文学输入:(1)东汉末年到宋朝初年随佛教传入中国的印度天文学;(2)元、明之际随伊斯兰教传入中国的阿拉伯天文学;(3)明清之际随基督教传入中国的西方古典天文学。其中以第一次佛教天文学的输入为期最久,将近长达一千年。

虽然三次域外天文学来华都与宗教结伴,但后两次天文学在内容和输入形式上与宗教的关系不是非常密切,主要表现为出现了大量官方的和民间的天文学家对这两种异域天文学的研究,并有大量出版物。因此研究伊斯兰天文学或西方古典天文学的来华,主要使用的是伊斯兰教或基督教经典之外的文献。而印度天文学之来华则不然,官修之《天文志》《律历志》中虽然也会提及"天竺天文",但为数甚少,且大多持

---

① David Pingree, History of Mathematical Astronomy in India, *Dictionary of Scientific Biography*, XVI, p.541.

否定态度，①不足以支撑对印度天文学来华进行系统研究。而作为宗教典籍的汉译佛经中却保留了大量的印度天文学资料，因此，汉译佛经成了我们研究印度天文学来华的非常重要的原始资料。②

印度古代未能很好地保存历史文献，这在史学界是公认的。比如部派佛教中只有上座部三藏被比较完整地保存下来，其他部派的典籍基本上都已散佚，早期的梵文经典现在只有少数零散贝叶本或纸写本尚存。然而一些印度佛教经典由于在当时被译成了汉文，在汉文大藏经中得到了很好的保存。因此汉译佛经也成了研究印度古代历史包括天文学史的重要原始文献。

通过各种途径传入中土的域外天文学知识在本土得到消化和吸收，并以各种方式得到保存。其中道教作为与佛教竞争的本土宗教，也有将经典编撰成藏的习惯。道教创立于东汉末年，思想体系极为复杂。倡行以来，除了大量自造道书并将《汉书·艺文志》所载道家、房中、神仙三家的典籍列为道经外，儒家经书中的《周易》，史书中带有神异色彩的如《列仙传》《山海经》，诸子中的阴阳、占卜、医书等数术方伎之书等都被列入道书。虽然有些书籍与道教并无关涉，但却较好地保存了古代的科技类文献。北周武帝时"以沙门邪滥，大革其讹"，③开始征召道士编集道经。此后经唐宋金元四朝，崇道之风甚盛，对道藏都有大规模的编修，无奈历经兵火战乱之后，彼时编撰的道藏没有完整流传下来。目前能够参考的是明正统年间编撰的《正统道藏》。

从保存下来的道经可以看出，除了早期的一些基础道经之外，道家

① 譬如《旧唐书》卷三十八"历志三"说到天竺僧俱摩罗所传断日食法时，说其"理多烦碎"。到了五代和宋代，官方天文学家更有意识地抹去印度天文学对中国传统天文学所产生的影响。详见本书第十章有关讨论。
② 虽然在官修的书目中，我们也看到有佛经之外的印度天文学资料传到中国，譬如《隋书·经籍志》中，记载有"婆罗门舍仙人所说《婆罗门天文经》二十一卷、《婆罗门竭伽仙人天文说》三十卷、《婆罗门天文》一卷、《婆罗门算法》三卷、《婆罗门阴阳算历》一卷、《婆罗门算经》三卷"等数种带有婆罗门字样的显然是来自印度的天文、算术书，这些应该也是由入华印度僧侣携带而来并翻译成汉文，但非常遗憾，这些资料都已佚失。
③ ［宋］张君房：《云笈七签》卷八十五存六，四部丛刊景明正统道藏本。

曾经一度模仿佛经来进行道经的编撰。除了形式上的模仿之外，在内容上也保存着不少改造和吸收外来天文学知识的证据。如本书第 10 章讨论的道教十一曜星神崇拜的兴起和流行过程中，充分反映了本土天文学对外来知识的吸收和改造；在《灵台经》和《秤星灵台秘要经》中则保存了明显的外来星命学内容。有鉴于此，道藏也被我们作为非常重要的研究中外天文学交流的原始文献。

最后，佛藏和道藏作为古代科技史料的渊薮，前辈学者当然早有关注。但对散落在佛藏和道藏中的天文历法知识，迄今还未见系统的整理和收集。当代学者对几部佛经中的一些具体的天文学问题展开了一定的研究。例如，英国著名中国科学史专家李约瑟（Joseph Needham）先生在他的著作中提到过几种含有天文学内容的密教经典名称。日本学者矢野道雄（Michio Yano）也注意到了某些密教经典中的天文学内容。台湾学者萧登福对道藏与密教的关系进行了研究，主要结论倾向于前者对后者的影响。还有一些国内外前辈学者对传入中土的佛教天文学内容进行了初步的考释，对道藏中的天文学内容开展了局部的研究——这些早期研究工作将在本书以后章节中被提及。笔者本人也在相关领域积累了一定的阶段性研究成果。这些工作是本项目研究的基础，而本书的目标则是要对佛藏和道藏中的天文历法资料进行一次更广泛的梳理和研究。

2. 佛藏中天文历法资料的分布与保存情况

保存在佛藏中的天文资料,从其内容来看可以分为以下八个类别:(1)宇宙学;(2)星宿体系;(3)时节、历日和昼夜时分;(4)日影长度;(5)日月交食;(6)五星和七曜;(7)罗睺、计都和九执;(8)行星历表。

本章在具体分述这八类天文学资料的分布和具体内容之前,先概述一下天文学资料在汉译佛经中总体上的分布和保存情况,最后再探讨一下佛藏天文资料的保存特点以及可靠性和局限性。

2.1 佛藏中天文学内容的总体分布和保存情况

佛教和世界上的其他宗教一样,在历史上都曾经扮演了各种古代知识的汇集者和传播者的角色。各大宗教汇集和传播知识的方式各有千秋。就佛教而言,那些古代知识大多被"夹带"在佛藏中得以保存,并为现代人们所知。

在这些古代知识中,天文学知识是比较重要的一类。它们有时与佛教教义结合,有时为佛教仪式提供支持,在佛藏中的分布也显示出一定的特征。在下文讨论佛藏中天文历法资料的分布与保存情况时,是以《大正藏》的目录结构为参考的。

在各种天文学知识中,宇宙学知识是比较特殊的一类,它总与宗教、哲学等人类的其他思想领域联系在一起。佛经中的宇宙论学说就是与佛教的思想体系密切相关,包括两个层面的理论。首先是关于宇宙形成的理论,这种理论叙述宇宙之成因和宇宙的形成过程。

《长阿含经》①卷二十二和《起始经》②对宇宙的形成有较为集中、完整的描述，此外，在《楞严经》③卷四和《大智度论》④卷三十八中也有述及。汉译佛经中对天地结构的描述主要集中在几种毗昙部经典中，如《阿毗达磨大毗婆沙论》⑤卷一百三十五、《阿毗达磨俱舍论》⑥卷十一、《阿毗达磨俱舍释论》⑦卷八等，另外《彰所知论》⑧卷上中也有比较系统的论述。

　　星宿在汉译佛经中是一个非常常见的概念，当然有相当一部分的论述与天文学相关不大，且是零星的、不完整的。比较完整地论述星宿体系的经典有《大方等大集经》卷二十⑨、卷四十一和四十二⑩、卷五十六⑪，《宝星陀罗尼经》⑫卷四，《佛母大孔雀明王经》⑬，《佛说大孔雀咒王经》⑭卷下，《大方广菩萨藏文殊师利根本仪轨经》⑮卷三和卷十四，《文殊师利菩萨及诸仙所说吉凶时日善恶宿曜经》⑯（简称《宿曜经》），《摩登伽经》⑰，《舍头谏太子二十八宿经》⑱，《七曜攘灾决》⑲，《难儞计湿嚩啰天

① 《长阿含经》(22卷)，[后秦]佛陀耶舍共竺佛念译：《大正藏》No.1。
② 《起世经》(10卷)，[隋]天竺三藏阇那崛多等译：《大正藏》No.24。
③ [唐]般剌蜜帝译：《大佛顶如来密因修证了义诸菩萨万行首楞严经》(10卷)，《大正藏》No.945。
④ 龙树菩萨造，[后秦]鸠摩罗什译：《大智度论》(100卷)，《大正藏》No.1509。
⑤ 五百大阿罗汉造，唐玄奘译：《阿毗达磨大毗婆沙论》(200卷)，《大正藏》No.1545。
⑥ 尊者世亲造，[唐]玄奘译：《阿毗达磨俱舍论》(30卷)，《大正藏》No.1558。
⑦ 婆薮盘豆造，[陈]真谛译：《阿毗达磨俱舍释论》(22卷)，《大正藏》No.1559。
⑧ [元]发合思巴造，沙罗巴译：《彰所知论》(2卷)，《大正藏》No.1645。
⑨ [隋]僧就合：《大方等大集经》(60卷)，卷二十由北凉天竺三藏昙无谶译出，《大正藏》No.397。
⑩ [隋]僧就合：《大方等大集经》(60卷)，卷四十一、四十二由隋天竺三藏那连提耶舍译出。
⑪ [隋]僧就合：《大方等大集经》(60卷)，卷五十六由那连提耶舍于高齐时译出。
⑫ [唐]波罗颇蜜多罗译：《宝星陀罗尼经》(10卷)，《大正藏》No.402。
⑬ [唐]北天竺不空译：《佛母大孔雀明王经》(3卷)，《大正藏》No.982。
⑭ [唐]义净译：《佛说大孔雀咒王经》(3卷)，《大正藏》No.985。
⑮ [北宋]天息灾译：《大方广菩萨藏文殊师利根本仪轨经》(20卷)，《大正藏》No.1191。
⑯ [唐]不空译：《文殊师利菩萨及诸仙所说吉凶时日善恶宿曜经》(2卷)，《大正藏》No.1299。
⑰ [吴]天竺三藏竺律炎共支谦译：《摩登伽经》(2卷)，《大正藏》No.1300。
⑱ 《舍头谏太子二十八宿经》(1卷)，[西晋]竺法护译：《大正藏》No.1301。
⑲ 婆罗门僧金俱吒撰集之：《七曜攘灾决》(2卷)，《大正藏》No.1308。

说支轮经》①,《摩诃僧祇律》②卷三十四,《大智度论》③卷八等。以上除
《大方等大集经》属大集部、《摩诃僧祇律》属律部、《大智度论》属论集部
外,其余经典大多属于密教部。这些汉译佛经对印度星宿体系的描述
大致包含以下六个方面:星宿之名称、星宿之数目、星宿之宽度、星宿之
星数、每宿之形状和每宿之星占含义。

　　日、月无疑是所有天体中最引人注目的两个;汉译佛经中有大量关
于日、月及有关内容的叙述。这些内容大致可归纳为以下几个方面:
(1)太阳本身的特征——日光、日径、日道等;(2)月亮本身的特征——
月径、月形、月质、月道等;(3)周日变化现象;(4)周年变化现象;(5)月
相变化;(6)日月交食。对以上六个方面内容的论述在汉译佛经中的分
布较为广泛。

　　汉译佛经中有关历法与时节的内容也较为丰富,主要涉及季节的
划分、闰月的安插、大小月的安排、黑月和白月的概念、昼夜时分、时辰
确定等,其中有些内容很有技术含量,如《时非时经》④中提供的一份用
来确定正午时刻的影长表。

　　五星、七曜及九执这三个相互关联的概念在汉译佛经中普遍出现,
而比较系统地描述五星、七曜和九执这三个概念的汉译佛经绝大多数
属于密教部经典。有些内容还非常专业,譬如《七曜攘灾决》给出了五
大行星和罗睺、计都的历表,含有非常丰富的数理天文学内容。

2.2　佛藏中的宇宙学知识

　　汉译佛经中的宇宙论学说与佛教思想体系密切相关,包括两个
层面的理论。首先是关于宇宙形成的理论,这种理论叙述宇宙之成

---

①　[北宋]法贤译:《难儞计湿嚩啰天说支轮经》(1卷),《大正藏》No.1312。
②　[东晋]佛陀跋陀罗、法显译:《摩诃僧祇律》(40卷),《大正藏》No.1425。
③　龙树菩萨造,后秦龟兹国三藏法师鸠摩罗什译:《大智度论》(100卷),《大正藏》No.1509。
④　[西晋]若罗严译:《佛说时非时经》(1卷),《大正藏》收录了两个版本,分为No.794A和No.794B。

因和宇宙的形成过程。《阿含经》和《起始经》对宇宙的形成有较为集中、完整的描述，对天地结构的描述主要集中在几种毗昙部经典中：

《佛说长阿含经》①(No.1)卷二十二

《起世经》②(No.24)

《增一阿含经》③(No.125)卷第五十

《楞严经》④(No.945)卷四

《大智度论》⑤(No.1509)卷三十八

《阿毗达磨大毗婆沙论》(No.1545)卷一百三十五

《阿毗达磨俱舍论》(No.1558)卷十一

《阿毗达磨俱舍释论》(No.1559)卷八

《彰所知论》⑥(No.1645)卷上

《长阿含经》是阿含部的基本经典，《大正藏》收录了不同时期不同译者译出的多种版本，其中卷二十二论及宇宙的形成。《起世经》是《长阿含经》卷二十二的异译。

2.3 佛藏中的星宿体系

印度古代有自己的星宿体系，相关内容大量出现在各部佛经中。其中较为系统地提到星宿体系的经典有如下几种：

《佛母大孔雀明王经》卷下

《佛说大孔雀咒王经》卷下

《大方广菩萨藏文殊师利根本仪轨经》卷三、卷十四

《文殊师利菩萨及诸仙所说吉凶时日善恶宿曜经》

---

① 《长阿含经》(22卷)，后秦佛陀耶舍共竺佛念译。
② 《起世经》(10卷)，隋天竺三藏阇那崛多等译。
③ 《增一阿含经》(51卷)，东晋瞿昙僧伽提婆译。
④ 《大佛顶如来密因修证了义诸菩萨万行首楞严经》(10卷)，唐般刺蜜帝译。
⑤ 《大智度论》(100卷)，龙树菩萨造，后秦鸠摩罗什译。
⑥ 《彰所知论》(2卷)，元发合思巴造，沙罗巴译。

《摩登伽经》

《舍头谏太子二十八宿经》

《七曜攘灾决》

《难儞计湿嚩啰天说支轮经》

《大毗卢遮那成佛经疏》①卷四

不空译出的《佛母大孔雀明王经》被列为《大正藏》密教部"诸经仪轨"类的第一号经品,在该经卷下以佛向阿难说法的形式列出了二十八宿名号:

阿难陀,汝当称念诸星宿天名号。彼星宿天有大威力,常行虚空,现吉凶相。其名曰:

昴星及毕星　觜星参及井

鬼宿能吉祥　柳星为第七

此等七宿住于东门,守护东方。彼亦以此佛母大孔雀明王,常护我(某甲)并诸眷属,寿命百年,离诸忧恼。

星宿能摧怨　张翼亦如是

轸星及角亢　氐星居第七

此等七宿住于南门,守护南方。彼亦以此佛母大孔雀明王,常拥护我(某甲)并诸眷属,寿命百年,离诸忧恼。

房宿大威德　心尾亦复然

箕星及斗牛　女星为第七

此等七宿住于西门,守护西方。彼亦以此佛母大孔雀明王,常拥护我(某甲)并诸眷属,寿命百年,离诸忧恼。

虚星与危星　室星辟星等

奎星及娄星　胃星最居后

此等七宿住于北门,守护北方。彼亦以此佛母大孔雀明王,常拥护我(某甲)并诸眷属,寿命百年,离诸忧恼。

这里采用了中国二十八宿的名称来对译印度的二十八宿,这是佛经中

---

① 《大毗卢遮那成佛经疏》(20卷),[唐]一行记:《大正藏》No.1796。

较为常见的译法,尽管中国二十八宿与印度二十八宿在具体的恒星组成方面并不严格对应。

义净译出的《佛说大孔雀咒王经》是《佛母大孔雀明王经》的异译本,其卷下也类似地给出了二十八宿名号:

> 阿难陀,汝当识持有星辰天神名号。彼诸星宿有大威力,常行虚空,现吉凶相。若识知者,离诸忧患,亦当随时以妙香华而为供养。其名曰:讫嚟底迦、户噜呬俪、蒦嚟伽尸啰、颇达啰补、捺伐苏、布洒、阿失丽洒。此七星神住于东门,守护东方。彼亦以此大孔雀咒王,常拥护我某甲并诸眷属,寿命百年,离诸忧恼。
>
> 莫伽、前发鲁宰挐、后发鲁宰挐、诃悉颇、质多啰、娑嚩底、毗释珂。此七星神住于南门,守护南方。彼亦以此大孔雀咒王,常拥护我某甲并诸眷属,寿命百年,离诸忧恼。
>
> 阿奴啰抾、跋瑟侘、暮攞、前阿沙茶、后阿沙茶、阿苾哩社、室啰末挐。此七星神住于西门,守护西方。彼亦以此大孔雀咒王,常拥护我某甲并诸眷属,寿命百年,离诸忧恼。
>
> 但俪瑟侘、设多婢洒、前跋达啰钵地、后跋达啰钵柁、颉娄离伐底、阿说俪、跋嚟俪。此七星神住于北门,守护北方。彼亦以此大孔雀咒王,常拥护我某甲并诸眷属,寿命百年,离诸忧恼。

所不同的是义净采用音译的方式翻译印度二十八宿的名称。

北宋天息灾译出的《大方广菩萨藏文殊师利根本仪轨经》卷三以罗列集会听法之仙众的方式列出了二十八宿名号:

> 复有无数空居星宿,所谓阿湿尾俪星、婆啰尼星、讫哩底迦星、噜醯抳星、没哩摩尸啰星、阿啰捺啰星、布曩哩嚩苏星、布沙也星、阿失哩沙星、么伽星、乌鼻哩颇攞虞俪星①、贺娑多星、唧怛啰星、

---

① Pūrvā phalgunī 宿和 Uttarā phāigunī 宿被合称为 Ubha-Phalgunī,意为"两个 Phalgunī 宿"。梵语数的变化有三种,即单数、双数和复数。Ubha 是梵语中只用于双数的形容词前缀,而这两个星宿正是成双成对出现的。同样的情形还出现在下面 Pūrvāṣāḍhā、Uttarāṣāḍhā 和 Pūrvabhādrapadā、Uttarabhādrapadā 两组星宿中。

萨嚩底星、尾舍伽星、阿努啰驮星、尔曳瑟吒星、没噜罗星、乌剖阿星、沙姹星①、失啰嚩挐星、馱俪瑟吒星、设多鼻沙星、乌剖铍捺啰播努星②、哩嚩帝星，……与其百千眷属，承佛威神，皆来集会跏坐听法。

这里共列举了不包含牛宿的二十七宿音译名称。希腊化之后，印度天文学在受到巴比伦—希腊天文学的影响，为了与传入的黄道十二宫相配，星宿数目调整为二十七宿。同时，也考虑到岁差的影响，其首宿也从更古老的昴宿调整成了娄宿即阿湿尾儞（Aśvinī）。该经为天息灾在北宋初年译出，属于译出年代较晚的，其所依据原本亦当较为晚出，故其时二十八宿之首宿需要应岁差而调整。

《大方广菩萨藏文殊师利根本仪轨经》卷十四叙述黄道十二宫生人之命运，将十二宫与二十八宿建立了对应关系：

> 妙吉祥有阴阳宿曜法，二十八宿、十二宫分各各分别。彼宿曜等与宫相合，随诸有情各各生处宫分之位。彼宿曜等，或行或住，或逆或顺，生善恶果。若有众生生于羊宫，合于娄宿、胃宿，此等诸宿有力，最宜货易，财宝丰溢……。若有众生生于牛宫，合于昴宿、毕宿，此为上宫吉星所照，须叟之间而彼众生生者，得富贵吉祥，忍辱具足，长寿多子，丰饶财宝……。若于阴阳宫③生，合于婆里諴嚩星直日，又与嘴宿、参宿、井宿合日生者，此人痴愚善恶不分……。若于蟹宫，合鬼宿、柳宿生者，此所生人而有尊重，是第一生处，若得夜半时生是最上人……。若于师子宫，合于星宿、张宿，及得太阳值日生者……。若于双女宫，生合于翼宿及轸宿者，此人有勇猛，好为盗心……。若于秤宫，合于角宿、亢宿、氐宿生者，此之生人注短仁义……。若人生于蝎宫，合房宿、心宿、尾宿生者，又得火星为本命，此人主慈……。若人生于人马宫，合箕宿、斗宿生

---

① 该处"乌剖阿星"和"沙姹星"应合为"乌剖阿沙姹星"，即将 Pūrvāsāḍhā 和 Uttarāṣāḍhā 合称为 Ubhāsāḍhā。

② Pūrvabhādrapadā 和 Uttarabhādrapadā 被合称为 Ubha-bhādrapadā。

③ 即双子宫。

者,及得木为本命……。若生于摩竭宫,合于牛宿、女宿生者,及得土为本命……。若人于宝瓶宫生,合于虚宿、危宿生者,又得土为本命……。若人生双鱼宫,合于室宿、壁①宿、奎宿生者,又得金为本命……。

黄道十二宫概念传入印度之后,势必会产生与二十八宿如何相配的问题,这里我们看到了一个这样的配合实例。在《难儞计湿嚩啰天说支轮经》中也给出了一种类似的十二宫与二十八宿的对应关系:

> 复次天羊宫当火曜,直在娄宿胃宿全分昴宿一分。……复次金牛宫当金曜,直在昴宿三分毕宿参宿各二分。……复次阴阳宫当水曜,直在参宿二分嘴宿井宿各三分。……复次于巨蟹宫当太阴,直在井宿鬼宿柳宿全分。……复次于师子宫当太阳,直在星宿张宿翼宿各一分。……复次双女宫当水曜,直在翼宿三分轸宿角宿各二分。……复次天秤宫当金曜,直在角宿二分亢宿氐宿各三分。……复次天蝎宫当火曜,直在氐宿及房宿心宿各一分。……复次人马宫当木曜,直在尾宿箕宿斗宿各一分。……复次摩竭宫当土曜,直在斗宿三分牛宿女宿各二分。……复次宝瓶宫当土曜,直在女宿二分危宿室宿各三分。……复次双鱼宫当木曜,直在室宿壁宿奎宿各一分。

《难儞计湿嚩啰天说支轮经》给出的十二宫与二十八宿的相配关系比《大方广菩萨藏文殊师利根本仪轨经》卷十四所给出的要精致一些,各宿先被分成若干分,再与十二宫相配,这样某些宿被分割成两部分,分别与相邻的两宫相配;而每一宫名义上都有三宿与之相配。与之相似的宫宿配合法也见于《宿曜经》中。一行在《大毗卢遮那成佛经疏》卷第四"入漫荼罗具缘真言品第二之余"中也写道:"言宿直者,谓二十七宿也。分周天作十二房,犹如此间十二次。每次有九足,周天凡一百八足。每宿均得四足。即是月行一日程,经二十七日,即月行一周天也。依历算之,月所在之宿,即是此宿直日。宿有上中下,性刚柔躁静不同,

---

① 原文作"毕",疑音近误。

所作法事亦宜相顺也。"这里每宿 9 足、周天 108 足的分法与《宿曜经》中的分法完全相同。

《摩登伽经》和《舍头谏太子二十八宿经》为同经异译，对二十八宿名号的翻译各有特点。《摩登伽经》卷上"说星图品五"中是这样记载的：

> 尔时莲华实问帝胜伽："仁者岂知占星事不？"帝胜伽言："大婆罗门，过此秘要吾尚通达，况斯小事，而不知耶？汝当善听，吾今宣说。星纪虽多，要者其唯二十有八。一名昴宿，二名为毕，三名为觜，四名为参，五名为井，六名为鬼，七名为柳，八名为星，九名为张，第十名翼，十一名轸，十二名角，十三名亢，十四名氐，十五名房，十六名心，十七名尾，十八名箕，十九名斗，二十名牛，二十一女，二十二虚，二十三危，二十四室，二十五壁，二十六奎，二十七娄，二十八胃，如是名为二十八宿。"

这里完全按照中国的星宿名称来翻译印度星宿，并且首宿为昴宿，显然是一种相对古老的体系。可见《摩登伽经》的形成是比较早的。《舍头谏太子二十八宿经》则采用完全不同的翻译法：

> 仁者颇学诸宿变乎？答曰："学之。""何谓？"答曰："一曰名称，二曰长育，三曰鹿首，四曰生眚，五曰增财，六曰炽盛，七曰不觐，八曰土地，九曰前德，十曰北德，十一曰象，十二曰彩画，十三曰善元，十四曰善择，十五曰悦可，十六曰尊长，十七曰根元，十八曰前鱼，十九曰北鱼，二十曰无容，二十一曰耳聪，二十二曰贪财，二十三曰百毒，二十四曰前贤迹，二十五曰北贤迹，二十六曰流灌，二十七曰马师，二十八曰长息，是为二十八宿。"

这里采用了一种意译的方法把印度二十八宿的名称翻译成了汉语，通过考察印度二十八宿梵文名称的字面意思，可以发现几乎所有的意译名称与梵文原意都能对应。[①]在所有汉译佛经中这种星宿名称的译法

---

① 钮卫星：《西望梵天：汉译佛经中的天文学源流》，上海交通大学出版社，2004 年 1 月，第 55—56 页。

是唯一的一例。

《七曜攘灾决》中用到的星宿体系，主要是作为一种天球坐标系来引入的，详细情况见第六章的讨论。

2.4 佛藏中的时节、历日和昼夜时分

印度古代把一年分成 12 个月，12 个月又分成 3 季或 6 季，这些常识算不上专门的天文知识，在许多佛经中都有提及。印度古代对月的命名也很有特点，以望日夜晚月亮所在之宿的名称为该月的月名。这一点在《宿曜经》中详细介绍，将放在第八章中一并讨论。一个月中日子的安排和一日之中时辰的安排，在印度古代也有其独特之处。

由于密教祈攘仪式的举行对时间有较高要求，所以密教部经典中经常有涉及历日和时分的记载。《苏悉地羯罗经》①"阿毗遮噜迦品第十五"中有这样一段话："若看时日，以黑月八日或十五日，于日中时，或于时日，毗舍诸鬼及与部多罗刹等众集会一处，或游历于方所，于此之时，作阿毗遮噜迦②者，忿怒心生，易得成就。"这是说要抓住某一日的某一个时刻作一种叫作"阿毗遮噜迦"的仪式，可以更有效地降伏妖魔鬼怪。同经"供养次第法品第十八"中又写道："先说三时念诵者，昼日初分、后分，于此二时，应当持诵。中分之时，加以澡浴，及造诸善业。于夜有三时，亦同于上。中分之间，消息等事。于此夜中持诵，供作阿毗遮噜迦法、安怛驮囊法，及起身法。于此夜分，说为胜上。"意思也相近，就是说要在合适的时间作合适的仪式。从这段文字我们知道印度古代有昼三时、夜三时共昼夜六时的时辰分法。

《大方广菩萨藏文殊师利根本仪轨经》卷十四中对时节、历日和昼夜时分也有所交代："又复更说年、月、日、时寿命之量：初一日至十五日

---

① 唐中天竺三藏输波迦罗译，《苏悉地羯罗经》(3 卷)，《大正藏》No.0893。
② 梵语 Abhicāraka 的音译，意译作调伏、降伏。

为白月，十六日至三十日为黑月。二半月成一月，十二月为一年，于此一年分六时或分三时。……今说时分之量：自一弹指至一百弹指为一初分时，四初分时为一中分时，四中分时为一移分时，四移分时为一日。倍此为一昼夜分。我今复说时分之量：入灭眴息最为疾速，以十入息为一灭分，十灭为一刹那分，十刹那为一须臾分，一百须臾为一昼夜分。彼知法者当须了知此时分之量。又复以一日分为三时。若作念诵、护摩、求成就者，所有坐卧、洗浴及彼食饮，如是时分当须了知。又一昼一夜名为一日，十五日为半月，两半月为一月，十二月为一年。"这一段实际上涉及了印度古代的时间计量，但其目的是要"知法者"和"求成就者"们把握正确的时刻作念诵和护摩等仪式。

《大毗卢遮那成佛经疏》卷第四"入漫荼罗具缘真言品第二之余"中也写道："作法当用白分月，就中一日、三日、五日、七日、十三日皆为吉祥，堪作漫荼罗。又月八日、十四日、十五日最胜，至此日常念诵，亦应加功也。"这里说的是哪些日子比较吉祥，做法事可起到事半功倍的效果。给《大日经》作疏的一行精通天文历法，所以他进一步提醒："定日者，西方历法通计小月合当何日。若小月在白分内者，其月十五日即属黑分，不堪用也。又历法通计日月平行度，作平朔皆合一小一大。缘日月于平行中又更有迟疾，或时过于平行或时不及平行，所以定朔或进退一日，定望或在十四日或在十六日。大抵月望正圆满时，名为白分十五日。月正半如弦时，亦为八日。但以此准约之，即得定日也。时分者，西方历法昼夜各有三十时，一一时别有名号。如昼日即量影长短计之。某时作事则吉，某时则凶，某时中平，各各皆有像类。"一行在此所作的解释已经是非常专业了，首先他提醒在小月的情况下，白月其实只有14日，所以数到的第15日已经属于黑月的第一日了，已经不是好日子了。其次，由于月行有快慢，平常编日历用的是月亮的平均速度，确定的朔和望是平朔和平望，而实际发生的定朔和定望与平朔和平望有可能差一日。从这里看出一行认为密教的法事应该按照定朔、定望来确定合适的日子，即得到所谓的定日。第三，一行指出"西方历法"（也就是印度历法）一昼夜有30时的分法。其实这是天文历法上使用较多的时辰划分法，民间更多地用 6 时或 8 时的分法。一行还指出 30 个时辰都各有名号。这一点在《摩登伽经》"明时分别品第七"中有明确记载：

> 大婆罗门，我今更说昼夜分数、长短时节，汝当善听：冬十一月，其日最短，昼夜分别，有三十分，昼十二分，夜十八分。五月夏至日，昼十八分，夜十二分。八月、二月，昼夜不停等。自从五月，日退夜进，至十一月。夜退日进，至于五月。日夜进退，亦一分进，亦一分退。月朔起于初月一日，其月起于二月一日。节气起春。我当复说刹那分数：妇人纺线，得长一寻，是则名为刹那时也。六十刹那，名一罗婆。三十罗婆，名为一时。此一时者，日一分也。凡三十分，为一日夜。此三十分，各有名字。日初出分，名日四用，二月一日日初出时，人影长于九十六寻。第二影长六十寻。第三名富影，长十二寻。第四名屋影，长六寻。五名大富影，长五寻。六名三围影，长四寻。七名对面影，长三寻。第八名共，于日正中，影共人等。第九名尺影，长三寻。第十名势影，长四寻。十一名胜影，长五寻。十二大坚影，长六寻。十三婆修影，十二寻。十四端正影，六十寻。十五凶恶影，九十六寻。此是一日十五分名。日没名恶，二名星现，三名快摄，四名安隐，五名无边，第六名忽，七名罗刹，第八名眠，第九名梵，第十名地提，十一鸟鸣，十二名才，十三名火，十四影足，十五近聚，此是昼夜三十分名。是三十分名一昼夜，三十昼夜名为一月。此十二月名为一岁也。

这里也是一段关于印度古代时间计量的概述，介绍印度古代认识到的昼夜长短周年变化的规律和昼夜 30 时分的具体名称。同样的内容在异译本《舍头谏太子二十八宿经》中也有交代：

> 弗袈裟又问："宿在世间，云何转行？安和昼夜，云何得长？如何短？"摩登王曰："冬时十二月八日，夜有十八须臾，昼日适有十二须臾。春四月八日，昼日有十八须臾耳，夜有十二须臾。计夏七日，当其八日，昼十五须臾，夜亦十五须臾也。"又问："何所是节？何所是限？何所须臾？"摩登王曰："譬如有人切三尺缕，不长不短，

是号为节。计六十节,名之日限。计十二限,名日须臾。如斯计之,昼夜流过,又三十须臾。"又问:"是诸须臾,名日何等?"答曰:"日初出时,人自度形,九丈六尺,其彼须臾,名日为四。六丈影须臾,名日为胜。一丈二尺,其影须臾,名日富乐。六尺须臾影,名日卧首。五尺影须臾,名日富安。四尺影须臾,名日离乐。三尺影须臾,名日等善面。日中须臾,名日金刚。中后须臾,名日犁呵。四尺影须臾,名日强力。五尺影须臾,名日得胜。六尺影须臾,名日皆实。一丈二尺须臾,名日治业。六丈须臾,名日善仁。初日入须臾,九丈六尺影,名日最猗,而怀恐惧。今吾当说向夜须臾:日没须臾名日凶弊,第二须臾名日妙女,次名家英,次名忱合,次名无底,次名驴鸣,次名恶鬼,夜半须臾名日阿摩,过半须臾名日梵矣,次名彩画,次名无怀,次名弃意,次名安乐,次名日火,次名种火。是要昼夜,则而计有三十须臾。"

所不同的是此二经对昼夜 30 时分名称的译法各有特点。有意思的是,《摩登伽经》和《舍头谏太子二十八宿经》都提到用人观察自己身体所投日影的长度来确定白天的 15 个时辰,这相当于把人当作一个地平式日晷来使用。但是每个人的身高毕竟有所不同,经文中也没有交代标准身高应该是多少。所以这种方法还没有办法实现精确的时间计量。

《宿曜经》《七曜攘灾决》和《梵天火罗九曜》中也有涉及时节、历日和昼夜时分的内容,将分别在各自的专门章节中讨论。

2.5　佛藏中的日影长度资料

上一节中提到的《摩登伽经》和《舍头谏太子二十八宿经》中用"人自度形"的方法来确定白天 15 时的方法也是对太阳投影的一种巧妙利用,只不过这里涉及的是日影长度的周日变化。一般天文学上重视的是正午日影长度的周年变化,这样的数据在汉译佛经中也有涉及,如《大方等大集经》卷四十二和《时非时经》中都有正午影长周年变化的记载（对于《时非时经》中影长数据表所提供的授时功能的讨论将在第七章中展开）。

在《摩登伽经》"明时分别品第七"中，故事中的角色"帝胜伽"向婆罗门"莲华实"讲述昼夜时分长短变化：

> 大婆罗门，我今更说昼夜分数长短时节，汝当善听。冬十一月，其日最短，昼夜分别有三十分，昼十二分，夜十八分。五月夏至日昼十八分，夜十二分。八月、二月昼夜等时。自从五月，日退夜进，至十一月；夜退日进，至于五月。日夜进退，亦一分进，亦一分退……

> 大婆罗门，我今复说月会诸宿。六月中旬，月在女宿，未在七星。其一月中，昼十七分，夜十三分。尔时当树十二寸表，量日中影，长于五寸。七月中旬，月在室宿，未在于翼。昼十六分，夜十四分，影长八寸。八月中旬，月在娄宿，未在于亢。影十三寸，昼夜各分，为十五分。九月中旬，月在昴宿，未在于房。影十五寸，昼十四分，夜十六分。十月中旬，月在嘴宿，未在于箕。影十八寸，昼十三分，夜十七分。十一月中旬，月在鬼宿，未在于女。中影则有二十一寸，昼十二分，夜十八分。腊月中旬，月在七星，未在于危。影十八寸，昼十三分，夜十七分。正月中旬，月在翼宿，未在于奎。影十五寸，昼十四分，夜十六分。二月中旬，月在角宿，未在于胃。影十三寸，昼夜十五，为三十分。三月中旬，月在氐宿，未在于毕。中影十寸，昼十六分，夜十四分。四月中旬，月在心宿，未在于参。中影七寸，昼十七分，夜十三分。五月中旬，月在箕宿，未在于鬼。中影四寸，昼十八分，夜十二分。如是等，名月会宿法。

这一段佛经也包含了丰富的印度天文学内容。首先，可以知道印度古代将一昼夜分成 30 等份。其次，可知印度古代的周年影长变化情况，夏至落在 5 月，冬至落在 11 月，2 月、8 月为春秋分所在。第三，得知印度古代测影的表高为 12 个长度单位，这个信息在其他许多文献中是没有交代的。根据经文的记录，可把昼夜时分和影长的周年变化数据整理成表 2.1。

表 2.1 《摩登伽经》中的周年影长变化

月份	昼长	夜长	12 寸表影长	月份	昼长	夜长	12 寸表影长
6 月	17 分	13 分	5 寸	12 月	13 分	17 分	18 寸
7 月	16 分	14 分	8 寸	1 月	14 分	16 分	15 寸
8 月	15 分	15 分	13 寸	2 月	15 分	15 分	13 寸
9 月	14 分	16 分	15 寸	3 月	16 分	14 分	10 寸
10 月	13 分	17 分	18 寸	4 月	17 分	13 分	7 寸
11 月	12 分	18 分	21 寸	5 月	18 分	12 分	4 寸

从影长数值可知,最长在 11 月,最短在 5 月,这与昼夜长度的两个极值出现的月份也相对应。从影长变化的连续性来看,测量地点应在北回归线以北,即太阳始终在测影地点天顶以南。一具确定表高的表所透射的正午日影长度是有地方性的,即在不同的地理纬度上,同一时刻测得的表影长度是不同的。因此,根据表 2.1 中的数据,可以推算出这套数据的观测地点。理论上,可以对某一个特定的地点,算出一年里每一天正午时分表影的长度。设太阳过当地子午圈时的地平高度为 α,测日影的表高为 H,表所投日影长度为 L,则有:

$$L = H \div \mathrm{tg}\,\alpha$$

又,根据球面天文知识不难得到,在太阳过当地子午圈时有:

$$\alpha = 90° - \varphi + \delta$$

$$\sin\delta = \sin\varepsilon \cdot \sin\lambda$$

其中 φ 为当地地理纬度,δ 为太阳过当地子午圈时的赤纬,λ 为对应的黄经,ε 为黄赤交角。

现在选取 10 个地理纬度值(从北纬 34° 开始,到北纬 43°,间隔 1°),计算出各个地理纬度与表 2.1 中对应月份中旬的表影长度。[①]对每个地理纬度可共算得 12 个影长数值。再把这些数值与表 2.1 中对应的数据进行比较,求得每组数据与表中数据之间的均方差(σ),计算结

---

① 对应于不同的月份,7.8 式中的太阳黄经 λ 取不同的值。λ 等于 0° 为春分;90° 为夏至;180° 为秋分;270° 为冬至。每月对应之太阳黄经可依此定出。

果列如表 2.2。

表 2.2 各地理纬度 12 寸表正午影长理论值与《摩登伽经》所载数值之间的均方差

φ°	34.0	35.0	36.0	37.0	38.0	39.0	40.0	41.0	42.0	43.0
σ	3.11	2.80	2.52	2.30	2.16	2.14	2.27	2.53	2.92	3.42

从表 2.2 所列的计算结果可知,最小误差对应的地理纬度是北纬 39°。应该承认表 2.1 中的影长数据是有一定误差的。产生误差的因素很多,譬如正午时刻难以定准、表与水平面不垂直、地面不够水平、表影端模糊等。但在一定的误差范围内,可以大致推断《摩登伽经》中给出的正午影长数据的测定地点大概在北纬 39°附近。

由此还可以进一步推断《摩登伽经》中反映的印度天文学先由印度北传至中亚诸国,并在那里停留了一段时期(《摩登伽经》中的日影数据就是彼时彼地的测量值),然后再传至中原。印度以北的古代中亚诸国有罽宾、康居、安息、突厥、疏勒、莎车、于阗、焉耆、高昌、龟兹等,这些古代国家对应于现在阿富汗、吉尔吉斯斯坦、乌兹别克斯坦、塔吉克斯坦和中国新疆西部等地区。那里正是佛教北传首先到达的区域,来到中国的早期佛教徒多数来自这些地区。

2.6 佛藏中的日月交食

日月交食是罕见的天象,必定会引起人们的惊异。世界上不同文明的早期文献都对日月交食现象有一定的记录。在《摩登伽经》"明往缘品第二"中我们看到这样一个故事:

> 有刹利女,名曰微尘。从婆罗门诣婆持尼,生育一子,名曰罗摩。有大神力,通诸经论。于盛夏月,共母游行。日光炎炽,大地斯热,爆其母足,不能前进。罗摩白言:"上我肩上,然后可去。"母于尔时,不纳其语。小复前行,犹患地热。罗摩誓曰:"若我真实仁和孝敬,当令此日自然隐没。"作是语已,日寻不现。母后采花,花皆合闭。母告之曰:"汝令日没,故花不敷。"即复誓言:"若我仁孝,

　　日当复出。"立语已讫,日寻显曜。

《摩登伽经》讲述这个故事的目的是破除种姓制度,宣扬众生平等。故事中的罗摩是一个刹利种①女子的儿子,但也能通经论,有大神力,可以命令太阳一会隐去、一会出现。我们知道人显然是不可能用这样的方式去命令太阳的,所以我们不必把这个故事中的情节理解成实际情况。但太阳确实有时会隐去一段时间,这就是日食。这个故事以很婉转的方式告诉我们印度古代很早就已经关注到了日食这种天象。

　　对于日食发生的原因,印度古代也有独特的理解。在《大方广菩萨藏文殊师利根本仪轨经》卷十四"阴阳善恶征应品"第十八中以世尊释迦牟尼佛向一切世界所有、一切十方住者、一切大力最上诸宿曜天说法的形式,说明日食的成因:

> 阴阳者当了知,如是六月为罗睺障时。十二月为一年,十二年为大年。如是一切星曜及阿修罗,于此大年之中或顺或逆作诸善恶。又白月分十五日月满之时,罗睺阿修罗王现全蚀日月者,大地中有大刀兵会。当须了知如是之事,若现如是大恶相时,有无数障难。至末法后世间之人不修福事,是令日月全被障蚀。若于尾宿之分或日没之际、或月没之际、或日月中时,如是之时蚀者,乃是罗睺阿修罗王影之所障。

由上可见,印度古代认为日月交食的发生与罗睺阿修罗王有关。阿修罗(Asura)是印度佛教天龙八部②之第五部,原为印度佛教世界中的一种天神,常与帝释天作战,罗睺是阿修罗王。③罗睺在与帝释交战时,嫌

---

①　为第三等种姓,仅比首陀罗种姓高一等的下等种姓。

②　八部众为:一、天众(Deva),包括欲界之六天、色界之四禅天、无色界之四空处天,身具光明,故名为天;二、龙众(Nāga),为畜类,水属之王;三、夜叉(Yakṣa),飞行空中之鬼神;四、乾闼婆(Gandharva),帝释天之乐神,为帝释奏俗乐;五、阿修罗(Asura),常与帝释战斗之神;六、迦楼罗(Garuḍa),即金翅鸟,两翅相去三百三十六万里,撮龙为食;七、紧那罗(Kiṃnara),译作非人,似人而头上有角,故名人非人,也为帝释天之乐神,为帝释奏法乐;八、摩睺罗迦(Mahoraga),译作大蟒神,地龙。以为首的天众和龙众统称八部众,故称天龙八部。

③　《妙法莲华经》卷一:"有四阿修罗王:婆稚阿修罗王、佉罗骞驮阿修罗王、毗摩质多罗阿修罗王、罗睺阿修罗王,各与若干百千眷属俱。"《大方广佛华严经》卷四十:"如罗睺阿修罗王,本身长七百由旬,化形长十六万八千由旬,于大海中,出其半身,与须弥山而正齐等。"

太阳晃眼，就用一只手把太阳遮挡起来，所以就发生了日食。由于罗睺与交食的这种关系，在印度古代天文学中将与交食发生有密切关系的黄道与白道的升交点命名为罗睺（Rāhu）。①《七曜攘灾决》中就给出了详细的罗睺行度的术文和罗睺行度表，详细情况见第六章的论述。

上述引文还说明了印度古代已经认识到了长度为 6 个月的交食周期。现代天文学告诉我们，交食必定发生在黄白交点附近，而太阳从升交点运动到降交点的时间正好是 6 个月。事实上，对月食而言，如果将半影月食也计在内，每年至少要发生两次，即六月一次；对日食而言，每年至少也有两次，即六月一次。因此汉译佛经"六月为罗睺障时"的说法是有其成熟的天文学背景的。

这样，对于日食这个天象，在密教部经典中，既有对这个现象的初步认识的故事，也有推测日食发生原因的描述，更有精确地推算罗睺行度的术文和历表。这些天文学内容以非常多元的方式在佛经中呈现了出来。

当然，在更多的密教经典中，日食或月食更多是作为灾难的信号或举行仪式的特殊时刻的面目出现的。上引《大方广菩萨藏文殊师利根本仪轨经》在解释了交食成因之后，接下来就这样叙述道：

> 若娄宿、毕宿、胃宿，此等星宿之分日月蚀者，彼乌蛇国主及一切人生种种病，所谓阴病、阳病、风病及发众病。若星宿、张宿、翼宿、轸宿、亢宿、氐宿，此等宿分若日月蚀者，亦决定罗睺为障。此东方罗拏国主、镆哦咤国及摩竭陀国等，王患眼病，王子有大灾，仍有恶心怨家来集，极甚怖畏。若参宿、觜宿、井宿、鬼宿、柳宿，如是星宿之分，若见日月蚀者，彼摩竭陀国王而被侵害，及忠臣乃至人民等，合有病苦怖畏之事。若房宿、心宿之分若见蚀者，一切人民合有役病，一切上人有种种苦恼，及禁缚侵害之事。若箕宿、斗宿、女宿，如是之分有日蚀者，及月有赤晕者，彼地分定有饥馑。若斗宿、牛宿、室宿、危宿，如是之分若有蚀者，是罗睺障蚀，一切人民有王所逼迫及贼盗之怖，及国界之内处处饥馑，人民忧苦。若奎宿、壁宿之分

---

① 钮卫星：《罗睺、计都天文含义考源》，《天文学报》1994 年第 3 期，第 326—332 页。

若有蚀者,若先月蚀后有日蚀者,于半月中摩竭陀国王位损失。
这一段列举了日食发生在不同的星宿,古印度各国将对应会发生的灾
难情况,这与中国古代的分野理论有类似之处。

从多种密教部经典中的记载来看,印度古代似乎相信日月食发生
时,举行某些祈禳仪式会有特殊的积极功效。如《虚空藏菩萨能满诸愿
最胜心陀罗尼求闻持法》①中记载了一种神药的炮制方法,炮制的时间
一定要选择在日食或月食进行之时:

> 于日蚀或月蚀时,随力舍施饮食财物,供养三宝。即移菩萨及
> 坛,露地净处安置。复取牛酥一两,盛贮熟铜器中,并取有乳树叶
> 七枚及枝一条,置在坛边。华香等物加常数倍,供养之法一一同
> 前。供养毕已,取前树叶重布坛中,复于叶上安置酥器,还作手印,
> 诵陀罗尼三遍,护持此酥。又以树枝搅酥,勿停其手。目观日月,
> 兼亦看酥,诵陀罗尼无限遍数。初蚀后退未圆已来,其酥即有三种
> 相现:一者气,二者烟,三者火。此下、中、上三品相中,随得一种法
> 即成就。得此相已,便成神药。若食此药即获闻持,一经耳目,文
> 义俱解。记之于心,永无遗忘。诸余福利,无量无边。

所描述的整个过程仪式感极强,操作流程交代得非常详细。这种神药
的主要功能似在增强人们的理解能力和记忆能力。在《佛说大摩里支
菩萨经》②卷第二中则记载了另一种神药的炮制流程:

> 复有成就法,用石黄药、酥鲁多药、多哦啰比根。采此药根时,
> 阿阇梨须裸形露头,遇月蚀时,或日蚀时,修合为丸。然后想此药
> 如同日月,即含口中默然而住,昼夜不见,隐身第一。

这一种神药更为神奇,在日食或月食发生时炼制成,人若含在口中就能
隐形。《圣迦柅忿怒金刚童子菩萨成就仪轨经》③卷中还交代了一种可

---

① 《虚空藏菩萨能满诸愿最胜心陀罗尼求闻持法》,唐善无畏译,《大正新修大藏经》第
1145号经。
② 《佛说大摩里支菩萨经》,宋天息灾译,《大正新修大藏经》第1257号经。
③ 《圣迦柅忿怒金刚童子菩萨成就仪轨经》(3卷),唐不空译,《大正新修大藏经》第
1222号经。

以让人飞腾虚空的神药的炼制过程：

> 又法：取雄黄一两，若买，随彼索价，称口与钱。用婆罗门皂荚
> 木柴燃火，烧雄黄如火色已，却收取置熟铜器中。以酥浇雄黄上，
> 其酥取黄牛母子同色者，令童女构乳成酪抨酥。取酥蜜酪各别盛
> 器中，供养本尊。收取雄黄盛于熟铜合子中。候月蚀时，从十三日
> 至十五日三日断食，对舍利塔前面向北坐，取菩提叶七枚，四枚覆
> 合下，三枚覆合上，无间断念诵。若暖相现，取点额，一切人见悉皆
> 欢喜。若烟相现，则安恒怛那成就。若光相现，则飞腾虚空。

这里经文中"候月蚀时，从十三日至十五日三日断食"一句透露了这样
一个信息，就是事先得有能力预报月食发生的日子，不然无法在十三日
就开始断食。传入唐代的印度天文学便以交食推算见长，所以这一点
在密教兴盛的七八世纪的印度应该不是难事。

类似的利用日月食发生时举行仪式来增强修行效果的记载还有
一些：

> 若欲成就底罗绀法，当用末罗摩子、白色曼度迦华及断铁草、
> 阿閦毗药，于日蚀时和合，作铖斧形，踏两足下，诵此真言曰：……
> （《佛说大悲空智金刚大教王仪轨经》①卷第一"拏吉尼炽盛威仪真
> 言品"第二）

> 亦当应作补瑟征迦事、阿毗遮鲁迦事，于月蚀时成就最上之
> 物，于日蚀时通上中下成就之物。（《苏悉地羯啰经》卷下"分别悉
> 地时分品"第三十三）

> 又日蚀时，或月蚀时，孔雀尾对于像前供养，诵真言，加持孔雀
> 尾，念诵乃至日月复。此孔雀尾以手把挥曜，能现种种幻化，被毒
> 中者令苏，能成办种种事业。（《菩提场所说一字顶轮王经》②卷四
> "世成就品"第十）

> 若月蚀时，如法建修，得最上成。唯日蚀时，通上、中、下作成

---

① 《佛说大悲空智金刚大教王仪轨经》，宋法护译，《大正新修大藏经》第 892 号经。
② 《菩提场所说一字顶轮王经》，唐不空译，《大正新修大藏经》第 950 号经。

就法。(《一字佛顶轮王经》①"护摩坛品"第十三)

所有上述这些记载说明了印度古代对日月食有了充分的认识,其天文学水平能准确预报日月食的发生时间,因而能给密教的宗教实践提供支持,使得这些密教仪式能顺利举行。

2.7　佛藏中的五星和七曜

不同的古代文明无一例外都认识到了有五大行星。在佛经中对这五大行星的称呼大致分两种情况:一是沿用中国古代通用的五星名称:岁星、荧惑、镇星、太白、辰星,或木星、火星、土星、金星、水星;二是将印度及西域国家对五星的称呼音译成汉语。

岁星、荧惑、镇星、太白、辰星,这五个名称是中国古代天文学中对五大行星的正式命名,后来将五星与五行相配,并按所谓的木生火、火生土、土生金、金生水的五行相生次序排列五星。

在佛经中,五星的排列次序有多种情况。《仁王护国般若波罗蜜多经》②载:"二者星辰失度,彗星、木星、火星、金星、水星、土星等诸星,各各为变、或时昼出。"这里讲到"星辰失度"中列举了五颗行星的名称,排列次序正是木、火、金、水、土,与中国古代的五星传统排列次序不一样。又《圣曜母陀罗尼经》载:"如是我闻,一时佛在阿拏迦嚩帝大城,尔时有无数天龙、夜叉、乾闼婆、阿修罗、迦楼罗、紧那罗、摩睺罗伽、人非人,及木星、火星、金星、水星、土星、太阴、太阳、罗睺、计都,如是等二十七曜恭敬围绕。"也是按同样的次序排列。《七曜攘灾决》给出五星的名称和次序则为:岁星、荧惑、镇星、太白、辰星(详见下文)。

《大威德金轮佛顶炽盛光如来消除一切灾难陀罗尼经》③中写:"尔时如来复告大众:若人行年被金、木、水、火、土五星,及罗睺、计都、日、

---

① 《一字佛顶轮王经》,唐菩提流志译,《大正新修大藏经》第 951 号经。
② 《仁王护国般若波罗蜜多经》,唐不空译,《大正新修大藏经》第 246 号经。
③ 《大威德金轮佛顶炽盛光如来消除一切灾难陀罗尼经》,唐代失译,《大正新修大藏经》第 964 号经。

月诸宿临身,灾难竞起,我有大吉祥真言名破宿曜,若能受持,志心忆念,其灾自灭,变祸为福。"这里给出的五星排列次序既不是五行相生也不是五行相克的次序,却是人们口语中称呼五大行星最常用的次序,实际上是按照五星平均视亮度从亮到暗的排列。

《文殊师利菩萨及诸仙所说吉凶时日善恶宿曜经》卷上则又给出了一种不同的五星排列次序:"五星从速至迟,即辰星、太白、荧惑、岁星、镇星,排为次第。行度缓急,于斯彰焉。"这里的五星迟速是指行星在恒星背景下的视运动,譬如木星12年绕天一周、火星2年绕天一周等,已经被古代天文学家认识到了。以五星运动从快到慢来排列五星次序,实际上就是将行星按离太阳从近到远进行了排列。

这样,汉译佛经中五大行星的排列次序说得出道理的大致有三种情况,分别依据五行相生的次序、五星视亮度大小和五星在恒星背景下的视运动速度大小而排列,其中前两种次序为中国古代所熟悉。然而其他的五星排列次序在密教部经典中也不乏见,如《摩登伽经》卷下"明时分别品"第七中先给出一个五星排列次序为荧惑、辰星、岁星、太白、镇星,但紧接着又给出另一个次序:岁星、镇星、太白、荧惑、辰星,似乎比较随意。《诸星母陀罗尼经》给出的是荧惑、太白、镇星、辰星、岁星的次序。《大孔雀王咒经》卷下则以音译名称的方式给出有一个不同的次序:苾栗诃飒钵底(木星)、束羯攞(金星)、珊尼折攞(土星)、鸯迦迦(火星)、部陀(水星)。

关于五星行度和大小的资料,叙述最详细的见于《七曜攘灾决》,该佛经中的五星历表是众多汉译佛经中对五星行度最为详细的描述。在五份星历表前面,都有对该行星名称、大小、行度等综述,在此先摘录岁星综述如下,全部信息和对有关数据的详细分析请见本书第六章:

> 岁星东方木之精,一名摄提。径一百里,其色青。而光明所在有福,与太白合宿有丧。其行十二年一周天强,三百九十九日一伏见。初晨见东方,六日行一度,一百一十四日,顺行十九度,乃留而不行二十七日,遂逆行,七日半退一度,八十二日半退十一度,则又

留二十七日,复顺行,一百一十四日行十九度而夕见伏于西方,伏经三十二日又晨见如初。八十三年凡七十六终而七周天也。

《摩登伽经》卷下"明时分品"对五星的运行周期也有简单的描述:

其岁星者,于十二岁始一周天;其镇星者,二十八岁乃一周天;太白岁半始一周天;营惑二岁乃一周天;辰星一岁乃一周天。

这里"太白岁半始一周天"的说法,不知何据,通常古代认为太白、辰星为一岁一周天。①其余四星与《七曜攘灾决》给出的相同。

关于五星的直径,《宿曜经》卷上也给出了一套数据:

太白广十由旬,岁星广九由旬,辰星广八由旬,营惑广七由旬,土星广六由旬。

与《七曜攘灾决》给出的行星直径数值不同,却符合金、木、水、火、土的视亮度排列次序。又《梵天火罗九曜》依次给出:"土星周九十里""辰星周回一百里""太白星周回一百里""太阳周回一千五百里""营惑星周回七十里""太阴周回一千五百里""岁星周回一百里",也与《七曜攘灾决》有所不同,且给出的是周长值而不是直径值。又《立世阿毗昙论》卷五"日月行品第十九"也有关于星体大小的说法:"其星宫殿,极最小者径半俱卢舍,周回广一俱卢舍半;其星大者迳十六由旬,周回四十八由旬。"但是没有说明这个大小是针对恒星还是行星而言。

汉译佛经给出的五星直径数值并不是行星实际大小的反映,而是在一定程度上反映了五颗行星的视亮度。《宿曜经》中五星从"大"到"小",也即从亮到暗的次序正是通常人们口头上对五星的称呼次序:金、木、水、火、土。这些关于行星大小的说法,说明印度古代注意到了不同行星的亮度是不同的,并认为亮度的不同是由于星本身大小不同引起。但值得注意的是《梵天火罗九曜》给出的土星周长大于火星周长,似乎又暗示着这里不是简单地按照亮度来判断其大小。三种佛经的行星视大小数据见表2.3。

---

① 钮卫星:《古历"金水二星日行一度"考证》,《自然科学史研究》1996年第1期第60—65页。

表 2.3 《宿曜经》《七曜攘灾决》和《梵天火罗九曜》中的行星大小数据

行　星	《宿曜经》	《七曜攘灾决》	《梵天火罗九曜》
金　星	直径 10 由旬	直径 100 里	周长 100 里
木　星	直径 9 由旬	直径 100 里	周长 100 里
水　星	直径 8 由旬	直径 100 里	周长 100 里
火　星	直径 7 由旬	直径 70 里	周长 70 里
土　星	直径 6 由旬	直径 50 里	周长 90 里

　　五大行星再加上太阳和月亮,这是天空中最为显著的七个天体。在中国古代把它们称作"七政"[①],大约在东汉又出现了"七曜"的叫法。汉译佛经中七曜一词最早出现在三国吴时竺律炎和支谦共译的《摩登伽经》卷上"说星图品"第五:"今当为汝复说七曜,日、月、荧惑、岁星、镇星、太白、辰星,是名为七。"同经卷下"明时分别品"第七也写:"日、月、荧惑、辰星、岁星、太白、镇星,是为七曜。"又高齐(550—577)天竺三藏那连提耶舍译出的《大方等大集经》卷五十六中也明确交代了七曜的含义:"尔时佛告梵王等言,所言曜者,有于七种,一者日,二者月,三者营惑星,四者岁星,五星镇星,六者辰星,七者太白星。"

　　《宿曜经》卷上"序七曜直日品"写:

　　　　夫七曜,日月五星也。其精上曜于天,其神下直于人,所以司善恶而主理吉凶也。其行一日一易,七日一周,周而复始。同经卷下又提到:夫七曜者,所谓日月五星,下直人间,一日一易,七日周而复始。其所用各各于事有宜者,有不宜者。诸细详用之,忽不记得,但当问胡及波斯并五天竺人总知。尼乾子、末摩尼常以蜜日持斋,亦事此日为大日。此等事持不忘,故今列诸国人呼七曜如后。

　　　　日曜太阳,胡名蜜,波斯名曜森勿,天竺名阿儞底耶。

　　　　月曜太阴,胡名莫,波斯名娄祸森勿,天竺名苏上摩。

　　　　火曜荧惑,胡名云汉,波斯名势森勿,天竺名盎哦啰迦。

---

　　① 如《尚书·虞书·舜典》:"在璿玑玉衡,以齐七政。"

水曜辰星,胡名咥,波斯名掣森勿,天竺名部陀。

木曜岁星,胡名鹘勿,波斯名本森勿,天竺名勿哩诃娑跋底。

金曜太白,胡名那歇,波斯名数森勿,天竺名戍羯罗。

土曜镇星,胡名枳院,波斯名翕森勿,天竺名赊乃以室折啰。

七曜下直人间,一日一易,七日周而复始。这就是到现在仍旧通行的七日一星期。唐代中西交通发达,西方的七日一星期制度就已经传入中土,[①]在长安更有波斯、天竺和胡人的聚居区,日常便能听到他们对七曜值日的称呼。今将《宿曜经》所列七曜的各种音译名称,附以原文对照,列成下表2.4。[②]

表 2.4　七曜中国名、胡名、波斯名及天竺名对照表

七曜	中国名	胡名		波斯名		天竺名	
日曜	太阳	蜜	Mihr	曜森勿	Yek sumbad	阿弥底耶	Aditya
月曜	太阴	莫	Mah	娄祸森勿	Douh sumbad	苏 摩	Soma
火曜	营惑	云汉	Vahrām	势森勿	Sch sumbad	盎哦啰迦	Aṅgāraka
水曜	辰星	咥	Tir	掣森勿	Ohehar sumbad	部 陀	Budha
木曜	岁星	鹘勿	Hur muzd	本森勿	Penj sumbad	勿哩诃婆跋底	Brhaspati
金曜	太白	那歇	Nāhid	数森勿	Shesh snmbad	戍羯罗	Śukra
土曜	镇星	枳院	Kevān	翕森勿	Haft sumbad	赊乃以室折	Śaniścara

另外,《梵天火罗九曜》也给出了七曜的别名,依次为:土星,鸡缓;水星,滴星;金星,那颉;太阳,密;火星,虚汉;太阴,暮;木星,嗢没斯。对照表2.4,这正是唐代西域胡人对七曜的称呼。

七曜作为日月五星的一个集体称呼,在密教部经典中也经常作为一个整体的念诵名号出现。在大多数的仪轨类和陀罗尼类经典中,都有关于七曜的真言,念诵这样的七曜真言可以达到某种特定的救护或

---

① 星期制度随佛教东传至日本,日本至今仍沿用唐代中土的星期叫法,称星期日为日曜日、星期一为月曜日、星期二为火曜日、星期三为水曜日、星期四为木曜日、星期五为金曜日、星期六为土曜日。

② 七曜之胡、波斯、天竺等原文参考丁福保《佛学大辞典》,收录于《佛学电子辞典》,中华佛典宝库编,2002 年 2 月。

祈禳目的。

2.8　佛藏中的罗睺、计都和九执

在汉译佛经中，日月五星再加上罗睺(Rāhu)、计都(Ketu)，构成所谓的九执(或九曜)。日月五星构成的七曜前文已有介绍，本节主要对与九执中的两个新成员罗睺和计都有关的材料作一番梳理。

一行撰《大毗卢遮那成佛经疏》卷四这样写道："执有九种，即是日、月、火、水、木、金、土七曜，及与罗睺、计都，合为九执。""九执者，梵音钹㘑何，是执持义。阿阇梨应观彼心力之手堪持何事，则所传密印不至唐捐。如诸佛金刚慧印，唯有金刚心菩萨乃能执之。若授与下地人，则名执曜不相应也。就九执中，日喻本净菩提心，即是毗卢遮那自体。月喻菩提之行，白月十五日众行皆圆满，喻成菩提。黑月十五日众行皆尽，喻般涅槃。中间与时升降，喻方便力，当知已摄百字明门也。土曜持中胎藏。水持右方莲花眷属。金持左方金刚眷属。木持上方如来果德。火持下方大力诸明。复次如是五执，即持五色苏多罗。土为信，木为进，金为念，水为定，火为慧。其余二执，罗睺主为覆障，彗星主见不祥，故不直日也。"又同经卷七："梵语名檗哩何，翻为九执。正相会一处，天竺历名正着时，此执持义。"九执梵文作 Navagraha①，是指九种执持之神。对于各种执持所蕴含的深刻含义，一行也解释得很清楚。

实际上，早在东吴时期译出的《摩登伽经》卷上"说星图品"第五中就已经定义了九曜："今当为汝复说七曜：日、月、荧惑、岁星、镇星、太白、辰星，是名为七，罗睺、彗星，通则为九。"只不过把九曜中的第九曜叫作"彗星"，有点令人费解。实际上，在一行的《大毗卢遮那成佛经疏》卷四中也有"罗睺主为覆障，彗星主见不祥"这样的句子，将罗睺和彗星并列。一行在《北斗七星护摩法》②中解释道："计都者，翻为旗也。旗

---

① Navagraha 是梵文复合词。navan 意为九，与其他词复合时，省略词尾的 n；graha 译为抓、取、持有。

② 《北斗七星护摩法》(1 卷)，唐一行撰，《大正新修大藏经》第 1310 号经。

者,彗星也。罗睺者,交会蚀神也。"计都的梵文为 Ketu,其梵文原意中正有"旗帜""彗星"两个义项。因此"计都"是音译,"彗星"是意译。《七曜攘灾决》称计都又名"月孛力","孛"在中国古代就是一种彗星。很可能是印度古代采用了原意为彗星的计都(Ketu)来命名九曜中的第九曜,而这一曜是有其具体的天文含义的(详见第六章的论证),与彗星这一含义不能相容,因此产生了理解上的困扰。在密教部多种经典中,有把计都翻译成彗星、彗孛、长尾星等情况,在作为九曜的一种列出时,它们指的都是计都。

《大孔雀咒王经》卷下又给出了九种执持天神的梵语音译名称:

> 阿难陀,汝当忆识有九种执持天神名号,此诸天神于二十八宿巡行之时,能令昼夜时有增减,亦令世间丰俭苦乐预表其相。其名曰:阿侄底、苏摩、苾栗诃飒钵底、束羯攞、珊尼折攞、鸯迦迦、部陀、揭逻虎、鸡睹。此九执持天神有大威力,彼亦以此大孔雀咒王,常拥护我某甲并诸眷属寿命百年。

比较表 2.4 中七曜的天竺名称可知,以上九执名号的前七个分别是日、月、木星、金星、土星、火星和水星的梵文音译。最后两个"揭逻虎"和"鸡睹"则是罗睺、计都的异译名。在很多汉译佛经中,罗睺、计都只是与日月五星一起被当作星占学符号。在《七曜攘灾决》中对罗睺、计都的真正天文含义有详细描述,这部分内容将在第六章中加以详细阐释。

除了《七曜攘灾决》等对罗睺和计都的描述比较接近它们的天文本义之外,其他多种密教部经典提到罗睺和计都或九执时,大多将它们作为一组重要天神的念诵名号来对待。如《炽盛光大威德消灾吉祥陀罗尼经》[1]载:

> 尔时释迦牟尼佛在净居天宫,告诸宿曜、游空天众、九执大天及二十八宿、十二宫神一切圣众:"我今说过去娑罗王如所说,……若有国王及诸大臣所居之处及诸国界,或被五星陵逼、罗睺、彗孛、

---

[1] 《炽盛光大威德消灾吉祥陀罗尼经》(1 卷),唐不空译,《大正新修大藏经》第 963 号经。

妖星照临所属本命宫宿及诸星位。"

又《大威德金轮佛顶炽盛光如来消除一切灾难陀罗尼经》①载：

> 于未来世中，若有国界，日、月、五星、罗睺、计都、彗孛、妖怪恶
> 星，照临所属本命宫宿及诸星位，或临帝座，于国于家并分野处，凌
> 逼之时，或进或入，作诸灾难者，应于清净处置立道场，志心持是陀
> 罗尼经一百八遍或一千八十遍。

又《大圣妙吉祥菩萨说除灾教令法轮》②"出文殊大集会经息灾除难
品"载：

> 于真言外应画九执大天主，所谓日天、月天、五星、蚀神、彗星，
> 及大梵天王、净居天、那罗延天、都使多天、帝释天主，当佛背后画
> 摩醯首罗大天，共一十二尊，列位分布周围一匝，各有所乘，各有所
> 执，唯传受此法者知之。

又《最上大乘金刚大教宝王经》③卷上载：

> 或遇九执大曜、诸恶星宿、及诸毒等，持诵密句皆可大息。

又《普遍光明清净炽盛如意宝印心无能胜大明王大随求陀罗尼经》④卷
上载：

> 若是念诵人，应画自本尊。若日月荧惑，辰星及岁星，太白与
> 镇星，彗及罗睺曜，如是等九执，凌逼本命宿，所作诸灾祸，悉皆得
> 解脱。

又《供养护世八天法》⑤载：

> 称名敬白，护方天王、十二宫神、九执大天、二十八宿、业道冥
> 宫、本命宿主，我今遇此灾变，某事相凌，敬谢天众，顺佛教敕，受我

---

① 《大威德金轮佛顶炽盛光如来消除一切灾难陀罗尼经》(1卷)，唐代失译，《大正新修
大藏经》第964号经。

② 《大圣妙吉祥菩萨说除灾教令法轮》(1卷)，唐失译人名，《大正新修大藏经》第966
号经。

③ 《最上大乘金刚大教宝王经》(2卷)，宋法天译，《大正新修大藏经》第1128号经。

④ 《普遍光明清净炽盛如意宝印心无能胜大明王大随求陀罗尼经》(2卷)，唐不空译，
《大正新修大藏经》第1153号经。

⑤ 《供养护世八天法》(1卷)，唐法全集，《大正新修大藏经》第1295号经。

迎请,悉来赴会响此,单诚发欢喜心,为我某甲息除灾障,增长
福寿。

又《诸星母陀罗尼经》①载:

如是我闻,一时薄伽梵住于旷野大聚落中,诸天及龙、药叉、罗
刹、乾闼婆、阿须罗、迦搂罗紧那、罗莫呼落迦诸魔,日、月、营惑、太
白、镇星、余星、岁星、罗睺、长尾星神、二十八宿诸天众等,悉皆诸
大金刚誓愿之句。

又《圣曜母陀罗尼经》②载:

如是我闻,一时佛在阿拿迦缚帝大城,尔时有无数天龙夜
叉……,及木星、火星、金星、水星、土星、太阴、太阳、罗睺、计都,如
是二十七曜恭敬围绕。

又《宿曜仪轨》③载:

若罗睺、计都暗行人本命星宫,须诵此北斗真言。一切如来说
破一切宿曜障吉祥。

以上提到罗睺、计都或九执的佛经都属于密教部经典,密教部之外
的经典则很少提及罗睺、计都和九执。可见九执的概念是随密教传入
中国而输入的,而且在更多的情况下,只被当作一种星占学符号对待。
上述佛经都是在中唐以后到宋初译出,九执概念的大举输入也应该在
中唐以后。

2.9　佛藏中的行星历表

密教部经典中的行星历表主要集中出现在《七曜攘灾决》中,该经
以数表的方式直接给出了五大行星和罗睺、计都的行度表,每个数表中
每个月用入某宿某度的方式给出一个天体的坐标位置,行星的伏、见、
顺、逆也都标出了日期和黄道位置。其中岁星历表长83年,荧惑历表

---

① 《诸星母陀罗尼经》(1卷),唐法成于甘州修多寺译,《大正新修大藏经》第1302号经。
② 《圣曜母陀罗尼经》(1卷),宋法天译,《大正新修大藏经》第1303号经。
③ 《宿曜仪轨》(1卷),唐一行撰,《大正新修大藏经》第1304号经。

长 79 年,镇星历表长 59 年,太白历表长 8 年,辰星历表长 33 年,罗睺历表长 93 年,计都历表长 62 年。这些都是非常纯粹的天文学内容,这里以图 2.1 和表 2.5 中岁星历表的部分数据,以示全豹之一斑。对这些数据的详尽分析参见本书第六章。

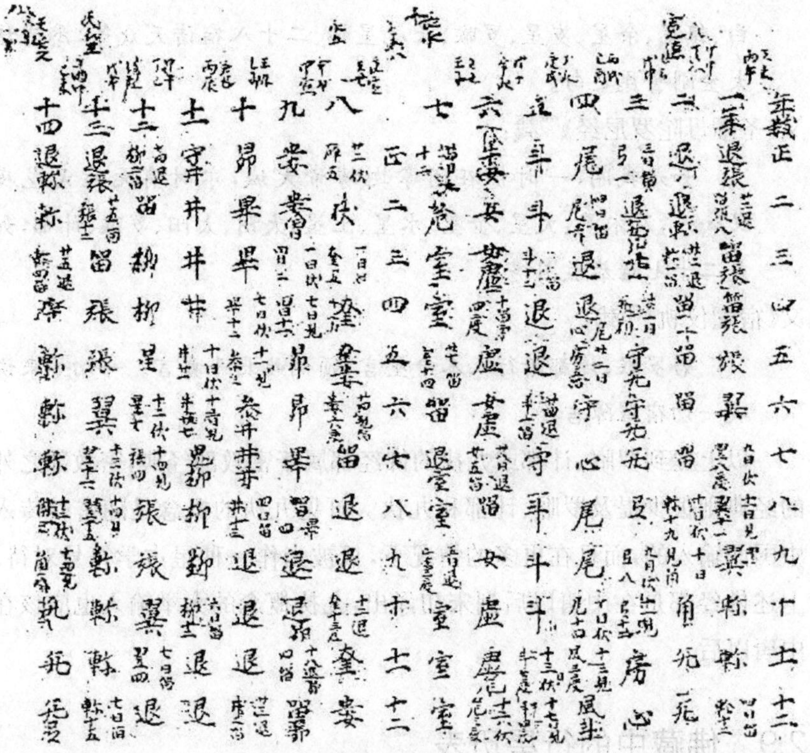

图 2.1　抄写于日本保安三年(1122 年)的一种《七曜攘灾决》写本①,图中为木星历表前 14 年部分

被收录进《大藏经》的像《七曜攘灾决》这样的保存有独立而丰富的数理天文学内容的佛经毕竟是少数,更多的密教部经典对天文学内容的保存显得更为间接而隐蔽,相关的天文学内容大部分被嵌在对各种仪式、仪轨的具体叙述中,而不是以独立的形式出现。

---

① 感谢日本京都产业大学矢野道雄教授提供写本复印件。

表 2.5　与图 2.1 对应的木星历表前 14 年部分分数表（改竖排为横排，改右起为左起）

干支纪年	年数	正	二	三	四	五	六	七	八	九	十	十一	十二
癸未① 丙午②	一	退张	廿二退 留张八	留张	留张	张	翼	九日伏 翼八度	十一日见 翼十一	翼	轸	轸	四日留 轸十二
甲申 丁未 宽德元③	二	退	退轸	廿二退 轸一留	留	留	留	留	十日伏 轸十九	十日见角	角	亢	亢
乙酉 戊申	三	三日留 氐一度	退亢	亢	廿一日 亢初	守亢	守亢	亢	氐	九日伏 氐八	十一日见 氐十二	房	心
丙戌 己酉	四	尾	四日留 尾六	退	退尾心	廿三日 房五留	守	心	尾	尾	十日伏 尾十四	十三日 见风④斗三度	风斗
丁亥 庚戌	五	斗	斗	六日留 斗十二	退	退	廿四日退 斗一留	守	斗	斗	斗	十三日伏 斗二十度	十七日见 牛四度
戊子 辛亥	六	牛女	女	女虚	十留虚 四度	虚	女虚	廿八日退 女五留	留	女	虚	虚危	十六日伏 危三度
己丑 壬子 长承元⑤	七	廿四日见 危十二	危	室	室	廿七留 室十四	留	退室	室	五日退 室三度	室	室	室

① 根据下文的日本天皇年号，此癸未年为公元 1043 年。

② 根据历表八十三年的周期性推算，此丙午年为公元 1126 年。

③ 日本宽德元年为公元 1044 年。

④ "风"即"箕"。《七曜攘灾决》五星历表二十八宿名称以风宿代箕宿。晋干宝《搜神记》卷四："风伯、雨师，星也。风伯者，箕星也；雨师者，毕星也。"呼"箕"为"风"，当与此有关。

⑤ 日本长承元年为公元 1132 年。

续表

干支纪年①	年数	正	二	三	四	五	六	七	八	九	十	十一	十二
永承五① 庚寅 癸丑	八	廿二伏 毕五	伏	一日见 奎五	奎	奎娄	廿四留 奎六度	留	退	退	十二退奎 十三度	奎	娄
辛卯 甲寅	九	娄	娄胃	一日伏 胃二	七日见 胃十一	昴	昴	毕	(三日)留毕四	退	退昴	十八退 昴四留	留昴
壬辰 乙卯	十	昴	毕	毕	七日伏 毕十二	十一见 参三	参井	井	四日留 井十三	退	退	退	廿三退 井二留
癸巳 丙辰	十一	守井	井	井	井	十日伏 井廿一	十三日见 井廿七	鬼柳	柳	柳	六日留 柳十二	退	退
甲午 丁巳	十二	廿四退 柳二留	廿五留 张十二	柳	柳	星	十二伏 星七	十四见 张四	张	张	翼	七日留 翼四	退
天喜三② 乙未 戊午	十三	退张	廿五留 张二留	廿五退 轸四留	张	轸	轸	十三伏 翼十一	十四见 翼十五	轸	轸	轸	七日留 轸十五
天延元③ (癸酉) 丙申 己未	十四	退轸	轸	廿三退 轸四留	守	轸	轸	轸	十三伏 角三	十四见 角八	亢	亢	亢氐

① 《大正藏》版本原文作"天永元",误。保安三年抄写本作"永承五",对。为公元1050年。
② 日本天喜三年为公元1055年。
③ 日本天延元年为公元973年。

2.10 佛藏天文历法资料的保存特点

一些佛教经典,特别是密教部经典中各仪轨类和陀罗尼类经典,服务于消灾避难的祈禳仪式,也就是说,服务于广义的星占学目的,所以佛教经典中的天文学资料保存方式的一个最显著特点就是与星占学相结合。天文学与星占学本来就有千丝万缕的联系。早期佛教虽然原则上禁止教众习学星占学,但是佛教发展到密教阶段,这种障碍已经完全消除。

一些密教经典从经名看完全是星占学文献。如《七曜攘灾决》,其经名传递的意思是利用日、月、五星等七曜的运行规律来占灾、攘灾。抛开星占学目的不谈,该经典中对五星运动规律的描述及给出的五星历表和罗睺、计都星历表,都是非常珍贵的古代印度天文学资料。又如《宿曜经》中含有丰富的天文学资料,包括印度星宿体系、黄道十二宫、日月五星知识等,然而从该经名称——《文殊师利菩萨及诸仙所说吉凶时日善恶宿曜经》便可知,它的目的是介绍与人们行事有关的时日之吉凶、宿曜之善恶,无疑是一种星占学典籍。

在为星占学服务这一总的特点之下,密教经典中不同的天文学内容的保存还呈现出不同的特点。有的经典以非常直接的方式保存了古代的天文学资料,而有些佛经中的天文知识则以比较间接、隐蔽的方式嵌在经文的叙述中。

然而毕竟佛经的最终目的还是为了弘扬佛法,所以即使佛经中论及天文学内容,也常常被用来更明确地阐示佛理,所以天文学知识常常以一种与佛理相结合的方式获得传播。如《佛说大般泥洹经》①(No. 376)卷五:"复次善男子,如罗睺阿修罗捉日月时,其诸众生谓彼蚀月。彼舍月已,谓为吐月。彼障月光世间不现,便作蚀想。彼舍月已,世间还现,谓为吐月。然其彼月若隐若显实无增损,如来应供等正觉亦复如

----

① 《佛说大般泥洹经》(6卷),东晋法显译。

是。如彼调达伤坏佛身,作无间业等乃至一阐提辈,皆为当来诸众生故,现伤佛身坏法破僧。如来法身实无伤坏,正使天魔亿百千数,亦不能得断法坏僧,是故如来法身真实无有损坏。"

这里便是借月食而月实无增损来说明如来法身实无变异,如来法是常住法。又《象头精舍经》①(No.466)云:"初发心者犹如初月,继念修行如五日月乃至七日月,修行不退如十日月,与善同生如十四日月,如来智慧满足无缺如十五日月。"这里又是借月相从初一到十五逐渐圆满来形容修行的过程和达到的境界。

当然以上两例中,天文学概念只被用来起比喻说明的作用。在有些情况下,天文学内容本身也成了佛学理论的一部分,这种情况特别出现在佛教世界观与宇宙理论的结合中。如《阿毗达磨藏显宗论》②(No.1563)卷十六云:

> 日月迷庐半,五十五十一。
>
> 夜半日没中,日出四洲等。
>
> 雨际第二日,后九夜渐增。
>
> 寒第四亦然,夜减昼翻此。
>
> 昼夜增腊缚,行南北路时。
>
> 近日自影覆,故见月轮缺。
>
> 妙高层有四,相去各十千。
>
> 傍出十六千,八四二千量。
>
> 坚手及持鬘,恒憍大王众。
>
> 如次居四级,亦住余七山。
>
> 妙高顶八万,三十三天居。
>
> 四角有四峰,金刚手所住。
>
> ……

以上有关概念在本书以后有关章节讨论。这段引文描述了一幅佛教的

---

① 《佛说象头精舍经》(1卷),隋毗尼多流支译。
② 《阿毗达磨藏显宗论》(40卷),唐玄奘译。

宇宙图景,从日月运动开始讲到昼夜的更替、日夜长短的变化,一直到诸天众的居所以及未曾引入本文的大段有关佛教世界观的叙述。总之是一幅具有强烈佛教色彩的世界图景,而天文学内容是其中的一个有机组成部分。在密教部经典中,佛教理论与星占学——天文学更为有机地结合在一起。从前文所述汉译佛经中天文学资料的分布可以看到,大量资料出现在密教部经典中。

2.11 资料的可靠性

我们认为汉译佛经中的天文学资料是可靠的,这种可靠性可以从两方面来加以说明。

首先从文献保存的角度来看,汉文大藏经保存得十分完好。虽然几经传抄,或许有写误之处,但抄写佛经在佛徒眼里是一种功德,尤其当他们怀着虔诚的信仰去抄经时,使得写误的可能性降到了最低程度。因此我们基本上可以肯定,现在所见的汉译佛经基本上就是它们被翻译出来时的原貌。

其次,从佛经翻译的角度来看,从事佛经汉译的翻译家中,有不少对当时的天文学专业知识有很好的掌握。这可以从一些有关这些译经者的传记史料来推断:

安清,……刻意好学,外国典籍及七曜五行医方异术,乃至鸟兽之声,无不综达。(《高僧传·译经上》)

昙柯迦罗,……善学《四韦陀论》,风云星宿图谶运变,莫不该综。(《高僧传·译经上》)

康僧会,……笃至好学,明解三藏,博览六经,天文图纬,多所综涉。(《高僧传·译经上》)

昙无谶,……明解咒术,所向皆验。西域号为大咒师。(《高僧传·译经中》)

鸠摩罗什,……什以说法之暇,乃寻访外道经书,善学《围陀含多论》,多明文辞制作问答等事,又博览《四围陀》典及五明诸论。

阴阳星算,莫不必尽,妙达吉凶,言若符契。(《高僧传·译经中》)

求那跋陀罗,……幼学五明诸论,天文书算,医方咒术,靡不该博。(《高僧传·译经下》)

求那毗地,……语究大小乘。兼学外典,明解阴阳,占时验事,征兆非一。(《高僧传·译经下》)

真谛(拘那罗陀),……群藏广部罔不厝怀,艺术异能,偏素谙练。虽遵融佛理。而以通道知名。(《续高僧传·译经篇初》)

菩提流志,……历数咒术阴阳谶纬靡不该通。(《宋高僧传·译经篇第一之三下》)

以上鸠摩罗什、求那跋陀罗、真谛等,都是著名的译经师。《高僧传》作于南朝梁,所记为早期译经情况。译经到唐朝达到高潮。唐代著名的高僧一行就是既精通天文历算——他修造的《大衍历》在历法史上是数一数二的好历,又译著了大量佛经。

由于这些精通天文学知识的佛经翻译者的工作,我们推断,现存汉译佛经中的天文学资料是被准确地从原文翻译过来的。

2.12 资料的局限性

毋庸讳言,汉译佛经中的天文学资料有其局限性。从本章的论述可知道,汉译佛经中的天文学或与佛理相结合,或与星占学相结合。这样出现在汉译佛经中的天文学内容有时作为阐明教理的手段,有时成为确定宗教仪式准确时刻的工具,有时甚至作为被批判的对象。因此佛经中天文学在内容上受到了一定的限制。为星占和阐明教理服务,既是天文学能在汉译佛经中得到保存的原因,又是使它们受到局限的原因。

汉译佛经中的天文学资料受到的局限还与佛教某些派别的宗教观点有关。如涅槃部经典《大般涅槃经》(No.374)卷四云:

尔时复有诸沙门等,贮聚生谷,受取鱼肉,亲近国王大臣长者。占相星宿,勤修医道,畜养奴婢,学诸伎艺,学诸工巧。若有比丘能离如是诸恶事者,当说是人,真我弟子。

这条史料说明,当时佛教僧侣中有通天文和星占的,但是一些佛教部派认为,对佛教僧侣来说,占相星宿,包括学诸伎艺、工巧之事,与受取鱼肉一样都是恶事。只有远离这些恶事,才是佛真弟子。

佛教称婆罗门教等其他宗教派别为外道。从汉译佛经中的记载可知,婆罗门外道大都精通天文历算。如《莲花面经》①(No.386)卷下云:

> 彼五天子灭度之后,有富兰那外道弟子,名莲花面,聪明智慧,善解天文二十八宿五星诸度。

又《自在王菩萨经》②(No.420)云:

> 外道仙人所作,若曼哆逻咒术经,韦陀若语论,若日月五星经,若梦经,若地动经,若丰乐饥馑相经,若诸星游戏经。

又《根本说一切有部毗奈耶杂事》③(No.1451)卷二云:

> 时彼外道善明历数,即便观察计算阴阳,如佛所言更无有异。

佛祖大概是为了让弟子们专心佛学,因此不允许他们涉及其他学问(如天文星占之类)。对此在戒律中甚至有明文规定,如《大爱道比丘尼经》④(No.1478)卷上云:

> 尽形寿,不得学习巫师,不得作医蛊饮人,不得说道日好日不好,占视吉凶、仰观历数、推布盈虚、日月薄蚀、星宿变殒、山崩地动、风雨水旱、占岁寒热、有多疾病,一不得知。

这条戒律广泛地禁止比丘尼进行天文和星占活动,也就禁止了天文学知识的学习和传播。这样的禁令在当时就已产生了负面的效果。据《根本说一切有部尼陀那》(No.1452)卷一载:

> 尔时佛在室罗伐城。有婆罗门居士等,至苾刍所问言:"阿离耶,今是何日?"答言:"不知。"诸人告曰:"圣者,外道之类于诸日数及以星历悉皆善识,仁等亦应知日数星历。云何不解而为

---

① 《莲华面经》(2卷),隋那连提耶舍译。
② 《自在王菩萨经》(2卷),后秦鸠摩罗什译。
③ 《根本说一切有部毗奈耶杂事》(40卷),唐义净译。
④ 《大爱道比丘尼经》(2卷),失译者名。

出家？"遂默不答。诸苾刍以缘白佛。佛言："我今听诸苾刍知日
数星历。"时诸苾刍悉皆学数星历及以算法，便生扰乱，废修善业。
佛言："应令一人学数。"虽闻佛教，不知谁当合数。佛言："应令众
首上座数之。"

禁止学习天文历算的结果是佛弟子们连今日是何日也不知道了。佛允
许他们习学之后却又生扰乱，废修善业。后来佛想出了一个折中的办
法，指定上座为首之人学习星历日数，其他人不得学习。

在《摩诃僧祇律大比丘戒本》(No.1426)①中规定了所谓的"六念
法"，其中第一念就是"当知日数月，一日、二日及至十四日、十五日，月
大月小悉应知"。这样虽然对禁学天文有所放宽，但也只限于对编排历
谱的学习。

佛教在晚期与婆罗门教逐渐结合，形成密教，原来被斥为外道之
学的东西，佛教也可以兼收并蓄了。《大般涅槃经》(No.374)卷二十
一云：

> 所谓一切外道经书，四毗陀论、毗伽罗论、卫世师论、迦毗罗
> 论、一切咒术医方伎艺、日月薄蚀、星宿运变、图书谶记，如是等经，
> 初未曾闻。秘密之义，今于此经而得之。

又武则天垂拱四年(688 年)三月十五日释彦悰所上《大唐大慈恩
寺三藏法师传》②(No.2053)载：

> 法师在(那烂陀)寺听瑜伽三遍，顺正理一遍，显扬对法各一
> 遍，因明、声明、集量等论各二遍，中百二论各三遍。其俱舍、婆沙、
> 六足、阿毗昙等，以曾于迦湿弥罗诸国听讫，至此寻读决疑而已。
> 兼学婆罗门书。

可见，唐三藏法师玄奘在印度著名佛教圣地那烂陀寺学习佛教经典理
论的同时，也学习原先被指斥为外道之书的婆罗门书。③

---

① 《摩诃僧祇律大比丘戒本》(1 卷)，东晋佛陀跋陀罗译。
② 《大唐大慈恩寺三藏法师传》(10 卷)，唐慧立本、彦悰笺。
③ 《婆罗门书》(Brahmanas)亦称梵书，净行书，是对《吠陀》本集的解释，具体说明本集
中提到的祭祀的起源、方法和有关的传说等。

密教之传入中国,可以说几乎与佛教来华同时进行的,早期来华的译经师中就有不少是出身于婆罗门种姓或从婆罗门教改信佛教的。到中唐时期密教在中国达到最盛。在本书以后的讨论中,将接触到许多属于密教部的经典。密教部经典中含有较多的天文学内容,这对印度天文学资料的保存来说,又是万幸之事。

最后,作为本章的总结,把佛藏中出现的天文学内容和它们对应的经典名称及译著者列入下表2.6。

表2.6　佛藏中的天文学内容分类和分布情况汇总表

(编号)经名	译著者	天文学内容
(No.1)长阿含经卷二十二	姚秦・佛陀耶舍、竺佛念译	日月知识、世界之形成、宇宙学
(No.24)起始经	隋・阇那崛多	日月径量、日月为五风所持、日月运动、冷热气候成因
(No.310)大宝积经	唐・菩提流志译	一年三季:热、雨、寒,黑月、白月
(No.375)大般涅槃经卷九	刘宋・慧严	罗睺、月食、六月一食、月绕须弥山故有出没
(No.397)大方等大集经卷二十	北凉・昙无谶译	二十八宿名称
(No.397)大方等大集经卷四十一、四十二	隋・那连提耶舍译	二十八宿名称、星数、距度;午中日影、昼夜长短、月历表
(No.397)大方等大集经卷五十六	高齐・那连提耶舍译	十二宫名称、星宿体系
(No.402)宝星陀罗尼经	唐・婆罗颇密多罗译	二十八宿音译名称
(No.719)十二缘生祥瑞经	宋・施护译	十二月名音译、十二支
(No.759)较量寿命经	宋・天息灾译	一年三季:寒、热、雨
(No.794a、No.794b)佛说时非时经	西晋・若罗严译	24节气正午影长数据
(No.892)佛说大悲空智金刚大教王仪轨经	宋・法护译	日食
(No.893)苏悉地羯罗经	唐・善无畏译	时节,一年六季、月食
(No.950)菩提场所说一字顶轮王经	唐・不空译	日食、月食

(编号)经名	译著者	天文学内容
(No.951)一字佛顶轮王经	唐·菩提流志译	日食、月食
(No.963)炽盛光大成德消灾吉祥陀罗尼经	唐·不空译	九执、二十八宿、十二宫
(No.964)大威德金轮佛顶炽盛光如来消除一切灾难陀罗尼经	唐代失译	罗睺、计都、二十八宿、十二宫
(No.966)大圣妙吉祥菩萨说除灾教令法轮	唐代失译	九执曜
(No.982)佛母大孔雀明王经	唐·不空译	二十八宿、九执曜
(No.985)佛说大孔雀咒王经	唐·义净译	二十八宿音译、九执音译
(No.1128)最上大乘金刚大教宝王经	宋·法天译	九执曜
(No.1145)虚空藏菩萨能满诸愿最胜心陀罗尼求闻持法	唐·善无畏译	日食、月食
(No.1153)普遍光明清净炽盛如意宝印心无能胜大明王大随求陀罗尼经	唐·不空译	九执曜
(No.1191)大方广菩萨文殊师利根本仪轨经	宋·天息灾译	七曜、九执、十二宫、二十八宿
(No.1222)圣迦柅忿怒金刚童子菩萨成就仪轨经	唐·不空译	月食
(No.1257)佛说大摩里支菩萨经	宋·天息灾译	日食、月食
(No.1295)供养护世八天法	唐·法全译	十二宫、九执曜
(No.1299)文殊师利菩萨及诸仙所说吉凶时日善恶宿曜经	唐·不空译	二十七宿、十二宫、七曜、五星直径、黑白月
(No.1300)摩登伽经	吴·竺律炎、支谦译	二十八宿、九曜、昼夜时分、午中日影、出闰之要
(No.1301)舍头谏太子二十八宿经	西晋·竺法护译	二十八宿星数、星形、宽度、昼夜时分
(No.1302)诸星母陀罗尼经	唐·法成译	九执曜
(No.1303)圣曜母陀罗尼经	宋·法天译	九执曜
(No.1304)宿曜仪轨	唐·一行撰	北斗七星、七曜、九执
(No.1308)七曜攘灾决	唐·金俱吒撰	五星及罗睺、计都历表

续表

(编号)经名	译著者	天文学内容
(No.1310)北斗七星护摩法	唐·一行撰	北斗七星、七曜、九执
(No.1311)梵天火罗九曜	唐·一行撰	北斗七星、七曜、九执
(No.1312)难儞计湿嚩啰天说支轮经	宋·法贤译	十二宫，七曜，星占
(No.1425)摩诃僧祇律卷三十四	姚秦·佛陀跋陀罗、法显译	昼夜长短、日极长、日极短、二十八宿名称、大月、小月
(No.1452)根本说一切有部尼陀那卷一	唐·义净译	大月、小月、闰月
(No.1453)十诵律卷四十八	姚秦·弗若多罗、鸠摩罗什译	昼夜时分、六岁一闰、大月、小月
(No.1509)大智度论卷八、卷四十八	姚秦·鸠摩罗什译	日月知识、星宿体系、四种月的概念、闰月
(No.1545)阿毗达磨毗婆沙论卷一百三十六	唐·玄奘译	三种劫,昼夜时分的周年变化
(No.1558)阿毗达磨俱舍论	唐·玄奘译	日月径、昼夜增减、月轮圆缺
(No.1559)阿毗达磨俱舍释论	萧梁·真谛译	日月运行定量描述、闰月设置理由、天地结构
(No.1563)阿毗达磨藏显宗论	唐·玄奘译	天地结构、日月运动、昼夜增减
(No.1579)瑜伽师地论	唐·玄奘译	日月星辰处苏迷庐半而行、日月径、星宿径
(No.1644)立世阿毗昙论	萧梁·真谛译	宇宙结构
(No.1796)大毗卢遮那成佛经疏	唐·一行撰	星宿、大小月、罗睺、计都

至于上表所列这些佛经中天文学内容的详细情况，以及在它们传入中国之后产生了怎样的影响，将在本书以后各章中给予专门的论述。

3. 道藏中天文历法资料的分布与保存情况

《道藏》内容包罗万象,其中亦含有诸多天文、历法资料。对于《道藏》内容介绍首推任继愈的《道藏提要》①,其对每份经文进行了大体的概括与介绍,与之相似的作品还有潘雨廷的《道藏书目提要》②与萧登福的《正统道藏总目提要》③。这些工具书为笔者在《道藏》资料中寻找天文、历法、星占的相关史料提供了索引。

随着道教研究的进展,学界开始关注道教与科学的研究方向,不再专注于炼丹术与化学,而转向对道教中的科学内容的研究。著述作者主要有祝亚平④、姜生与汤伟侠⑤、盖建民⑥、李崇高⑦、蒋朝君⑧与刘芳⑨,他们的著作分别对道教中的炼丹术、化学、天学、地学、医学、药学、养生、数学、机械等各类科学作了相应介绍与研究。对于天文学,大家较多地关注星象与历法方面,尤其是在《通占大象历星经》与《二十八宿旁通历》的研究上。此外,祝亚平、姜生、汤伟侠与蒋朝君的著作在天文内容与史料方面更加细致,增加了宇宙理论、天体结构等内容。

---

① 任继愈:《道藏提要》,北京:中国社会科学出版社,1991 年。
② 潘雨廷:《道藏书目提要》,上海:上海古籍出版社,2017 年。
③ 萧登福:《正统道藏总目提要》,北京:文津出版社,2011 年。
④ 祝亚平:《道家文化与科学》,合肥:中国科学技术大学出版社,1995 年。
⑤ 姜生、汤伟侠主编:《中国道教科学技术史·汉魏两晋卷》,北京:科学出版社,2002 年;《中国道教科学技术史·南北朝隋唐五代卷》,北京:科学出版社,2010 年。
⑥ 盖建民:《道教科学思想发凡》,北京:社会科学文献出版社,2005 年。
⑦ 李崇高:《道教与科学》,北京:宗教文化出版社,2008 年。
⑧ 蒋朝君:《道教科技思想史料举要——以〈道藏〉为中心的考察》,北京:科学出版社,2012 年。
⑨ 刘芳:《道教与唐代科技》,北京:中国社会科学出版社,2016 年。

学位论文中,杜莹的《中国古代道教科技文献研究》从整体上对道教与科技文献进行研究,其中涉及天文历算典籍。①除此之外,还有诸多论文对道教与天学的关系②、道教中的宇宙学说③、天体结构④、天文星象与符号⑤、天文历法⑥、天文星占⑦、宗教与天文历算

① 杜莹:《中国古代道教科技文献研究》,硕士论文,辽宁大学,2013年。

② 盖建民:《道教与中国传统天文学关系考略》,《中国哲学史》2006年第4期,第105—111页。

孙伟杰:《论〈太平经〉与传统天文学的关系》,《道教研究》2018年第3期,第5—9页。

③ 陈美东:《中国古代的宇宙膨胀说》,《自然科学史研究》1994年第1期,第27—31页。

孙亦平:《论道教宇宙论中的两条发展线索——以杜光庭〈道德真经广圣义〉为例》,《世界宗教研究》2006年第2期,第45—54+158页。

谭苑芳:《道家与道教思想中的宇宙生成论》,《贵州社会科学》2006年第4期,第73—75页;胡化凯、吉晓华:《道教宇宙演化观与大爆炸宇宙论之比较》,《广西民族大学学报(自然科学版)》2008年第2期,第11—16+36页。

蒙科宇:《佛教与道教宇宙论比较研究》,硕士论文,广西师范学院,2012年。

陈林:《〈云笈七签〉宇宙论思想探析》,《船山学刊》2013年第4期,第138—142页。

谭清华:《从阴阳五行说看道教宇宙生成观及其生态意义》,《社科纵横》2016年第10期,第111—115页。

孙伟杰:《六朝"浑天说"思想与葛洪神学宇宙论的构建》,《宗教学研究》2016年第1期,第15—20页。

④ 曾召南:《三十六天说是怎样形成的》,《中国道教》1993年第3期,第41—43页。

陈昭吟:《早期道经诸天结构研究》,博士论文,山东大学,2006年。

王皓月:《道教三十六天说溯源》,《儒道研究》2017年,第73—89页。

路旻:《晋唐道教天界观研究》,博士论文,兰州大学,2018。

⑤ 许洁:《隋唐时期的道教星象研究》,《宗教学研究》2009年第4期,第24—33页。

李俊涛:《道教符图之星辰符号探秘》,《中华文化论坛》2008年第1期,第85—90页。

孙伟杰:《道法、仪式中的日月星辰及其天学意义初探》,《宗教学研究》2017年第4期,第66—71页。

⑥ 李志超、祝亚平:《道教文献中历法史料探讨》,《中国科技史料》1996年第1期,第8—15页。

盖建民:《道教与中国古代历法》,《宗教学研究》2005年第3期,第20—24页。

⑦ 孙伟杰、盖建民:《黄道十二宫与道教关系考论》,《中国哲学史》2015年第3期,第74—82页。

孙伟杰、盖建民:《斋醮与星命:杜光庭〈广成集〉所见天文星占文化述论》,《湖南大学学报(社会科学版)》2016年第3期,第70—76页。

吴羽:《晚唐前蜀王建的吉凶时间与道教介入——以杜光庭〈广成集〉为中心》,《社会科学战线》2018年第2期,第106—118+2页。(转下页)

的关系①等内容进行研究。这些论著都对本章的书写具有借鉴作用。

鉴于前人工作少有从中外天文学交流与传播角度对道藏中天文资料进行分析和研究,本章将在前人工作的基础上,对保存在道藏中的天文资料根据其内容分为以下 4 个类别加以较为全面的梳理和整理,为本书以后相关章节的讨论做好准备:(1)宇宙学;(2)星宿体系;(3)五星与十一曜;(4)历法知识。在具体分述这 4 类天文学资料的分布与具体内容之前,先概述一下天文学资料在道藏中总体上的分布和保存情况,最后再探讨道藏天文资料的保存特点以及可靠性和局限性。

3.1　道藏中天文学内容的总体分布与保存情况

在道藏天文知识中,包含宇宙学、星宿体系、五星与十一曜、历法等内容。道藏中的宇宙学与道教思想相关,是演化的,而不是一成不变的,《太上老君开天经》②中的讲述最为详尽。《太上洞玄灵宝无量度人上品妙经注》③《太上混元老子史略》④《太上老君说常清静经注》⑤《天原发微》⑥等也记载了当时引起激烈争议的浑天说,这一宇宙演化模式是符合道教的演化思想的。对于天地结构的描述主要集中于《灵宝无量度人上

（接上页）吴羽:《从"月宿东井"日看晋唐道教时间观念的构造》,《魏晋南北朝隋唐史资料》,2014 年,第 10—22 页。

孙伟杰:《"籍系星宿,命在天曹":道教星辰司命信仰研究》,《湖南大学学报(社会科学版)》2018 年第 1 期,第 50—56 页。

①　杨子路、盖建民:《道教文昌信仰与古代天文历算关系初论》,《南昌大学学报(人文社会科学版)》2013 年第 5 期,第 86—90 页。

杨子路、盖建民:《晋末南朝灵宝派经教仪式与天文历算关系新论》,《科学技术哲学研究》2015 年第 3 期,第 91—95 页。

②　《道藏》,北京文物出版社、上海书店、天津古籍出版社联合影印本,1988 年,第 34 册,第 618 页。

③　《道藏》,第 2 册,第 392 页。

④　《道藏》,第 17 册,第 890 页。

⑤　《道藏》,第 17 册,第 141 页、第 143 页、第 174 页、第 182 页。

⑥　《道藏》,第 27 册,第 584 页。

品妙经》①《元始无量度人上品妙经四注》②《道门经法相承次序》③等道经中，主要讲述层级结构的天体九天、三十二天、三十六天等。

星宿无论在哪个文明中都是很重要的。道藏文献就起到了保存史料的作用，虽然不是很完整。《通占大象历星经》④提供了一百多幅星图，据研究可能是陈卓的星官图⑤，此经对于保护、保存文献的贡献很大。道经中还记载了二十八宿，以及二十八宿的宿度，保存于《太上洞神洞渊神咒治病口章》中。道藏中还有诸多记载北斗的道经。

五星、九曜、十一曜这些概念在道经中普遍出现，而它们的出现大多与符咒、星占相关，九曜的出现是受到佛教的影响，在五星、日、月的基础上加入了罗睺、计都而形成，但是十一曜的出现很可能是出自道教学者之手。⑥

道藏中还保存有一份历法《二十八宿旁通历》⑦，一年十二个月，每月三十天，用二十七宿表示，它主要服务于道教仪式、节日、本命等，更具宗教意味。⑧

3.2 道藏中的宇宙学知识

道藏中的宇宙学说与道教思想密切相关，包括两个层面的理论。一方面是关于宇宙形成的理论，一方面是关于天地结构的理论。

---

① 《道藏》，第 1 册，第 1 页。

② 《道藏》，第 2 册，第 197 页。

③ 《道藏》，第 24 册，第 782 页。

④ 《道藏》，第 5 册，第 4 页。

⑤ 姜生、汤伟侠主编：《中国道教科学技术史·南北朝隋唐五代卷》，北京：科学出版社，2010 年，第 823 页。

⑥ 钮卫星：《从"罗、计"到"四余"：外来天文概念汉化之一例》，《上海交通大学学报（哲学社会科学版）》2010 年第 6 期，第 48—57 页。

钮卫星：《唐宋之际道教十一曜星神崇拜的起源和流行》，《世界宗教研究》2012 年第 1期，第 85—95 页。

⑦ 《道藏》，第 20 册，第 450 页。

⑧ 姜生、汤伟侠主编：《中国道教科学技术史·南北朝隋唐五代卷》，北京：科学出版社，2010 年，第 760—767 页。

关于宇宙形成的理论讲述了宇宙形成与演化的过程,主要集中于以下几部经书:

《灵宝无量度人上品妙经》

《灵宝自然九天生神三宝大有金书》①

《道德经古本篇》②

《冲虚至德真经》③

《道德真经注》④

《南华真经循本》⑤

《通玄真经赞义》⑥

《太上老君说常清静经注》

《太上混元老子史略》

《太上长文大洞灵宝幽玄上品妙经》⑦

《天原发微》

《太上老君开天经》

《太上老君虚无自然本起经》⑧

以上这些经书主要讲述宇宙从虚无开始演化,不断提出更加详细复杂的演化过程,到《太上老君开天经》时提出的宇宙演化过程已非常详尽:第一阶段虚无,第二阶段洪元,第三阶段混元,第四阶段太初,第五阶段太始,第六阶段太素,第七阶段混沌,这属于"上古";然后进入九宫、元皇、太上皇、地皇、人皇等直到太连的"中古"。《太上老君开天经》《灵宝自然九天生神三宝大有金书》《灵宝无量度人上品妙经》这几部经

---

① 《道藏》,第 3 册,第 266 页。

② 《道藏》,第 11 册,第 482 页。

③ 《道藏》,第 11 册,第 525 页。

④ 《道藏》,第 12 册,第 1 页、第 271 页、第 291 页。

⑤ 《道藏》,第 16 册,第 21 页。

⑥ 《道藏》,第 16 册,第 754 页。

⑦ 《道藏》,第 20 册,第 1 页。

⑧ 《道藏》,第 34 册,第 620 页。

还吸收了佛教的劫数观念①，在谈到宇宙演化问题时用劫数来表示时间。

关于宇宙模式的则收录有与道教演化思想一致的浑天说，主要收录于《太上洞玄灵宝无量度人上品妙经注》《太上混元老子史略》《太上老君说常清静经注》《天原发微》等经书中。例如《太上洞玄灵宝无量度人上品妙经注》记载：

> 浑天论天，如鸡子，地如中黄，大地在天体之内。天之南北，两极如门枢轮轴。天旋一昼夜，而周两极，不离元所。其谓天如鸡子者，鸡子形不正圆，古人知天形相肖，故以比之。但喻地在天内，天包地外而已。缘督子曰：天如绣球，内盛半球水，水上浮一板，板比大地。板上置诸物，比人品万类；球常旋转，板上诸物未尝觉知。天乃日夜旋转，地居其中，人物在于地上，安然不动，此球浮板之喻，切几之矣。浑天论地在天体之内者，天非可见其体，因众星出没东西，管辖于两极，有常度，无停机，遂即星所附丽，拟为天之体耳。《革象》云：天体圆如弹丸，圆体中心，六合之的也。周围上下，相矩正等，名曰天中。天中直上至于天顶，古者测影于阳城，得天顶正中之景。仰观北极，出地入地，并三十六度，是为天中而非地中。若论地维，四方之中，当以四海之至而求。黄河之源为昆仑，是大地最高处。西番指为闷母黎山，水分四向而流，其山距东海不满二万里，距西海三万余里。阳城距东海近，而距昆仑远，天下之地多西，昆仑尚在东土。要知大地之中，乃在昆仑之西也。浑天比天如鸡子者，中黄为地，是地上天少，地下天多。《革象》乃云：地上天多，地下天少。亦为有理。②

还有如《天皇至道太清玉册》中的记载：

> 元气既分，阴阳始判，无声无臭，轻清者上浮为天，重浊者下沉为地。天行健，运行而不息，日月星辰系焉，万物覆焉。天大地小，

---

① 姜生、汤伟侠主编：《中国道教科学技术史·汉魏两晋卷》，北京：科学出版社，2002年，第256—259页。

② 《太上洞玄灵宝无量度人上品妙经注》卷下，《道藏》，第2册，第426页中、下栏。

表裏有水。地乘气而立,载水而浮。天运如车毂之运,如笠之冒地。表裏元气之上,譬覆奁以抑水而不流者,气充其中也。《天论》曰:天圆如倚盖,地方如棋局。天旁转半在地上,半在地下,日月本东行,天西旋入于海,牵之以西,如蚁行磨上,磨左旋蚁右行,磨疾蚁迟,不得不西。地常动而不止,譬人之在舟中,闭牖而坐,舟行而不知,此则元气之刚健,浮游而不息也。《通鉴外纪》曰:天地混沌如鸡子,盘古氏生其中,万八千岁,天地开辟,阳清为天,阴浊为地,盘古在其中,一日九变,神于天,圣于地,天日高一丈,地日厚一丈,盘古日长一丈,如此万八千岁,天数极高,地数极深,盘古极长,然则生物始于盘古,天地万物之祖也。其死也,头为五岳,目为日月,脂膏为江海,毛发为草木。又曰:盘古泣为江河,气为风,声为雷,目瞳为电,喜为晴,怒为阴。秦汉问俗说,盘古头为东岳,腹为中岳,左臂为南岳,右臂为北岳,足为西岳,后乃有三皇。此天地人之始也。数起于一立于三,成于五,盛于七,处于九。故天去地九万里。①

不仅转述了浑天说的观点,还夹杂着盖天说的天运假说,以及盘古开天辟地的传说。

道藏经书中还记载了天地尺度:

《三五历纪》曰:天地开辟,阳清为天,阴浊为地。盘古生于中,神于天、圣于地;天极高,地极深,盘古极长。后有三皇,数起乎一、立于三、成于五、盛于七、处于九,故天去地九万里。两说相同,则知地上至天九万里,地下亦九万里,是天之体中高十八万里。古以三百六十步为一里,如前本章化生诸天所注几百几十万里者,非实有其数。比上根之士能绝欲乐,即同圣贤,与彼下界之人相隔远甚也。如此又如地之宽阔,自东海滨之西,至西海滨之东,五万余里。海之阔,又三万里,海之外,二万里,则极东至极西,通十五万里,径与十八万里之高,则浑天谓形如鸡子

---

① 朱权编撰:《天皇至道太清玉册》卷1,《道藏》,第36册,第360页。

者是矣。①

天体东西南北径三十五万七千里,每一方八万九千二百五十里。自地至天,八万里,以日照阳城之半为中,乃体正圆也。南极七十二度,隐而不见为下规,北极七十二度,见而不隐为上规。每度二千九百三十里七十一步二尺七寸四分,总而论之,每度三千里,自下度之,每度如正午日轮之大,三百六十五度,下至泉壤第一垒,上至星天九万七千二百里,下至九幽洞渊,上至星天一千二百一十八万里,黄帝考之数也。②

这是中国传统的宇宙结构,在道藏中还有一些经书讲述天体结构,其中有可能受到外来影响的,主要集中于以下几部经典:

《灵宝无量度人上品妙经》

《元始无量度人上品妙经四注》

《元始无量度人上品妙经注》③

《太上洞玄灵宝无量度人上品妙经注》④

《道门经法相承次序》

《太上元始天尊说宝月光皇后圣母孔雀明王经》⑤

《上清灵宝大法》⑥

这几部经主要讲天体结构。曾召南认为三十六天从《度人经》三十二天发展而来,形成时间大约从晋代至唐初。⑦《灵宝无量度人上品妙经》中提出的三十二天,分四方,每一方向八天:

东方八天

太皇黄曾天,帝郁滥玉明。

---

① 《太上洞玄灵宝无量度人上品妙经注》卷下,《道藏》,第 2 册,第 426 页下栏、第 427 页。
② 朱权编撰,《天皇至道太清玉册》卷 1,《道藏》,第 36 册,第 360 页。
③ 《道藏》,第 2 册,第 250 页。
④ 《道藏》,第 2 册,第 392 页。
⑤ 《道藏》,第 34 册,第 574 页。
⑥ 《道藏》,第 30 册,第 649 页。
⑦ 曾召南:《三十六天说是怎样形成的》,《中国道教》1993 年第 3 期,第 41—43 页。

太明玉完人，帝须阿那田。

清明何童天，帝元育齐京。

玄胎平育天，帝刘度内鲜。

元明文举天，帝丑法轮。

上明七曜摩夷天，帝恬愉延。

虚无越衡天，帝正定光。

太极蒙翳天，帝曲育九昌。

南方八天

赤明和阳天，帝理禁上真。

玄明恭华天，帝空谣丑音。

耀明宗飘天，帝重光明。

竺落皇笳天，帝摩夷妙辩。

虚明堂曜天，帝阿蒍沈。

观明堂耀天，帝郁密罗千。

玄明恭庆天，帝龙罗菩提。

太焕极瑶天，帝宛黎无延。

西方八天

元载孔升天，帝开真定光。

太安皇崖天，帝婆娄阿贪。

显定极风天，帝招真童。

始皇孝芒天，帝萨罗娄王。

太皇翁重浮容天，帝闵巴狂。

无思江由天，帝明梵天。

上摄阮乐天，帝勃勃监。

无极昙誓天，帝飘弩穹隆。

北方八天

皓庭宵度天，帝慧觉昏。

渊通元洞天，帝梵行观天。

太文翰宠妙成天，帝那育丑瑛。

太素秀乐禁上天,帝龙罗觉长。

太虚元上常容天,帝总监鬼神。

太释玉隆腾胜天,帝眇眇行元。

龙变梵度天,帝运上玄玄。

太极平育贾奕天,帝大择法门。①

曾召南认为至南北朝,一些道士以《度人经》的三十二天为基础,发展出三十五天,尤其是南朝道士严东在注《度人经》的过程中,引进佛教三界(欲界、色界、无色界)和三天、大罗等说法,将《度人经》中的三十二天,改造为含纵横二向于一体的三十五天:在三十二天之上,再加黄、苍、青三天,成三十五天。②北齐魏收时首提三十六天,但是结构不明,至唐初李少微在注《度人经》中创立新解,提出三十六天说,重新划分三十二天,至唐潘师正提出了系统完整的三十六天说。③

对于三十二天与三十六天说的关系,王皓月提出不同见解,认为并不存在早于三十六天说形成的独立的三十二天说,三十二天一开始就是三十六天的一部分。④对于两者关系,现在仍未有定论。

除此之外,根据道教一生二、二生三的理念,还有一种九天说,但是之后却没有在此基础上发展为三十六天说,⑤内容收录于《洞玄灵宝自然九天生神章经》,其中的九天分别是:郁单无量天、上上禅善无量寿天、梵监须延天、寂然兜术天、波罗尼密不骄乐天、洞元化应声天、灵化梵辅天、高虚清明天、无想无结无爱天。《洞真太上太霄琅书》中也有九天名,与之稍有不同。

3.3　道藏中的星宿体系

道教素来重视天象,许多修炼方法都与天象相关,故对天象的认识

---

① 《灵宝无量度人上品妙经》卷一,《道藏》,第 1 册,第 7 页中、下栏。

②③⑤ 曾召南:《三十六天说是怎样形成的》,《中国道教》1993 年第 3 期,第 41—43 页。

④ 王皓月:《道教三十六天说溯源》,《儒道研究》2017 年,第 73—89 页。

是比较丰富全面的,所以道藏中保存有关于星图、北斗、二十八宿等相关文献。

道藏中保存较好的星图文献是《通占大象历星经》。因卷首注明"原缺文一张",故不知写作年代与编撰者,但是据研究该书很可能是北周末年至隋初之际的道士张宾所作。①《星经》分为上下两卷,但是因卷首、卷尾都有残缺,故记录全天星官名不全,只记载有星官名 161 个,从"四辅"开始记录,后面还有紫微垣的内容,接着便是东方七宿(角、亢、氐、房、心、尾、箕)、天市垣与北方七宿(斗、牛、女、虚、危、室、壁),卷尾缺失的应该是西方七宿、南方七宿与太微垣。其叙述顺序与《天文大象赋》完全相同,与《步天歌》不同。②

《星经》的体例是先画星图,然后叙述星名及其相对位置,最后再论述所主何事以及吉凶。《星经》中的部分星座还给出了入宿度与去极度,这些数值与《开元占经》中的数值基本相同:③

> 北斗星,谓之七政,天之诸侯,亦为帝车。魁四星为璇玑,杓三星为玉冲,齐七政,斗为人君号令之。主出号施令,布政天中,临制四方。第一名天枢,为土星,主阳德,亦曰政星也。是太子像,星暗亦经七日,则大灾。第二名游,主金刑阴女主之位,主月及法。若星暗经六日,则月蚀。第三名玑,主木及祸,亦名金星。若天子不爱百姓,则暗也。第四名权,主火为伐,为天理伐也。无道天子,施令不依四时则暗。第五名冲,主水为煞,助四时,旁煞有罪,天子乐淫则暗。第六名阎阳,主木及天下仓库、五谷。第七名瑶光,主金,亦为应星。诀曰:王有德,至天则斗齐明,国昌总;暗则国有灾起也。右斗中子星少,则人多淫乱,法令不行。木星守贵人,繁天下乱也。火星守兵起,人主灾,人不聊生,弃宅走奔诸邑。守斗西,大饥,人相食。守斗南,五果不成。五星入斗,中国易政,又易主,大乱也。彗孛入斗中,天下陕,主有大戮,先举兵者咎,后举兵者昌。

① 姜生、汤伟侠主编:《中国道教科学技术史·南北朝隋唐五代卷》,北京:科学出版社,2010 年,第 819 页。

②③ 同上书,第 820 页。

其国主大灾,甚于彗之祸。右旁守之咎重,细审之所守。枢入张一度,去北辰十八度也。衡去极十五度,去辰十一度。[①]

经过祝亚平[②]、陈美东[③]、许洁[④]对《星经》《天文大象赋》《步天歌》以及其他史料的对比研究,认为《星经》的创作年代不晚于隋,很可能是隋初的道士张宾之作,而《天文大象赋》与《步天歌》则创作于隋末,它们都属于陈卓星官的早期传承者,使得陈卓星官的原貌得到较好的保存。[⑤]

相对于星图,道教对北斗七星与二十八宿更为重视,道藏文献中许多道经都涉及北斗与二十八宿。

涉及北斗的道经如下:

《太上玄灵北斗本命延生真经》[⑥]

《太上北斗二十八章经》[⑦]

《太上飞步五星经》[⑧]

《太上玄灵北斗本命延生真经注》[⑨]

《北斗七元金玄羽章》[⑩]

《北斗治法武威经》[⑪]

《太上五星七元空常诀》[⑫]

---

① 《通占大象历星经》,《道藏》,北京文物出版社、上海书店、天津古籍出版社联合影印本,1988 年,第 5 册,第 5 页中、下栏。

② 祝亚平:《道家文化与科学》,合肥:中国科学技术大学出版社,1995 年。

③ 陈美东:《中国古代的宇宙膨胀说》,《自然科学史研究》1994 年第 1 期,第 27—31 页。

④ 许洁:《隋唐时期的道教星象研究》,《宗教学研究》,2009 年第 4 期,第 24—33 页。

⑤ 姜生、汤伟侠主编:《中国道教科学技术史·南北朝隋唐五代卷》,北京:科学出版社,2010 年,第 823 页。

⑥ 《道藏》,第 11 册,第 346 页。

⑦ 《道藏》,第 11 册,第 357 页。

⑧ 《道藏》,第 11 册,第 374 页。

⑨ 《道藏》,第 17 册,第 1 页。

⑩ 《道藏》,第 17 册,第 87 页。

⑪ 《道藏》,第 18 册,第 694 页。

⑫ 《道藏》,第 18 册,第 723 页。

《云笈七签》①

《法海遗珠》②

《上清紫精君皇初紫灵道君洞房上经》③

《北帝七元紫庭延生秘诀》④

《洞真上清开天三图七星移度经》⑤

《上清太上回元隐道除罪籍经》⑥

《上清天关三图经》⑦

《上清河图内玄经》⑧

《上清化形隐景登升保仙上法》⑨

《上清太上九真中经绛生神丹诀》⑩

《太上紫微中天七元真经》⑪

《北斗九皇隐讳经》⑫

在《太上玄灵北斗本命延生真经》中讲到北斗七星的三种名称：

北斗第一阳明贪狼太星君子生人属之，

北斗第二阴精巨门元星君丑亥生人属之，

北斗第三真人禄存真星君寅戌生人属之，

北斗第四玄冥文曲纽星君卯酉生人属之，

北斗第五丹元廉贞纲星君辰申生人属之，

北斗第六北极武曲纪星君巳未生人属之，

---

① 《道藏》，第 22 册，第 1 页。
② 《道藏》，第 26 册，第 723 页。
③ 《道藏》，第 32 册，第 549 页。
④ 《道藏》，第 11 册，第 346 页。
⑤ 《道藏》，第 33 册，第 448 页。
⑥ 《道藏》，第 33 册，第 792 页。
⑦ 《道藏》，第 33 册，第 808 页。
⑧ 《道藏》，第 33 册，第 819 页。
⑨ 《道藏》，第 33 册，第 832 页。
⑩ 《道藏》，第 34 册，第 46 页。
⑪ 《道藏》，第 34 册，第 457 页。
⑫ 《道藏》，第 34 册，第 776 页。

北斗第七天关破军关星君午生人属之，

北斗第八洞明外辅星君，

北斗第九隐光内弼星君。[①]

这一例中给出了北斗三种的名字：(1)阳明星、阴精星、真人星、玄冥星、丹元星、北极星、天关星；(2)贪狼、巨门、禄存、文曲、廉贞、武曲、破军；(3)太星、元星、真星、纽星、纲星、纪星、关星。

以上三种北斗七星的名字与天文方面的北斗名字不同，是道教系统中独特的一种称呼，但是在道藏中也存在天文方面的北斗的名字：天枢、天璇、天玑、天权、玉衡、开阳、瑶光。在《太上紫微中天七元真经》中有记载：

第一枢星阳明真君延生咒

北斗延生，回真四明。流晖下映，洞焕自然。七元纪籍，固侍体灵。灵真记名，上玄卫形。魂魄长存，耳目无惊。摄卫扶命，台真流行。保真自然，上升玉京。

第二璇星阴精真君度厄咒

北斗度厄，高真灵仙。流光辉映，保卫命生。七元保籍，自得长延。消灭艰危，灾难移迁。脏腑开明，内外无愆。光运合景，与神同连。练化自然，上升玉玄。

第三玑星真人真君保命咒

北斗保命，高灵散神。正炁摄伏，侍卫敬宾。七元上籍，运致玄真。流演灵明，契体同津。永辟不祥，内守形身。削死上生，与神敷陈。保举自然，上升玉晨。

第四权星玄冥真君益算咒

北斗益算，流真散敷。光映下卫，与形同扶。七元度籍，同焕玄元。镇护精神，保卫形躯。威神可卫，真灵驾浮。明视表里，与神齐俱。保练自然，上升玉虚。

第五衡星丹元真君消灾咒

---

① 《太上玄灵北斗本命延生真经》，《道藏》，第11册，第347页中栏。

北斗消灾,四明开阳。上灵散玄,洞映神光。七元卫籍,司命
延昌。明上纪名,使我延长。保固身命,除凶去殃。神真吐威,流
演洞乡。克携自然,上升玉堂。

第六闿阳星北极真君散祸咒

北斗散祸,玄映除凶。三光焕照,万炁流通。七元主籍,列位
斗中。检身护命,灾□不逢。上皇保真,命禄无终。正道长生,与
神无穷。保形自然,上升玉宫。

第七摇光星天关真君扶衰咒

北斗扶衰,运致神精。南司保生,延寿体形。七元典籍,灵真
营名。列位上司,合庆连并。丹灵散光,洞入玄冥。腾霄飞翔,与
神齐灵。保我自然,上升玉庭。①

其他文献中也记载了有关北斗的各种名号、称呼、服饰及其夫人名
号、服饰等,在此不再列举。

道藏中还有许多关于二十八宿的经文,主要经籍如下:

《元始无量度人上品妙经》②

《太上洞玄灵宝无量度人上品妙经法》③

《无量度人上品妙经旁通图》④

《灵宝无量度人上经大法》⑤

《灵台经》⑥

《灵宝领教济度金书》⑦

《太上黄箓斋仪》⑧

《无上黄箓大斋立成仪》⑨

---

① 《太上紫微中天七元真经》,《道藏》,第34册,第457页下栏、458上、中栏。
② 《道藏》,第2册,第440页。
③ 《道藏》,第2册,第469页。
④ 《道藏》,第3册,第88页。
⑤ 《道藏》,第3册,第613页。
⑥ 《道藏》,第5册,第22页。
⑦ 《道藏》,第7册,第1页。
⑧ 《道藏》,第9册,第181页。
⑨ 《道藏》,第9册,第378页。

《太上说玄天大圣真武本传神咒妙经》①

《太上三五傍救醮五帝断瘟仪》②

《道法会元》③

《云笈七签》

《法海遗珠》

《上清灵宝大法》

《太上助国救民总真秘要》④

《太上洞神洞渊神咒治病口章》⑤

这些经籍主要将二十八宿与五斗相对应:

东斗:角亢氐房心尾箕,主注算。

南斗:井鬼柳星张翼轸,主上生。

西斗:奎娄胃昴毕觜参,主纪名。

北斗:斗牛女虚危室壁,主落死。

中斗:贪巨禄文廉武破,主总鉴众灵。⑥

还有将二十八宿与三十二天相对应的:

　　玄师曰:灵宝正炁即三十二天正真道炁,若不探纳此炁,内修
无功成之基,外施无感应之验。空尸行上道,下鬼诵灵章,徒尔施
为。并先叩齿九通,自天门入元纲流演图,至宿分步之,存各天本
色之炁,布于兆口中,东八天步斗、牛、女、虚、危、室、壁之罡,南八
天步角、亢、氐、房、心、尾、箕之罡,西八天步井、鬼、柳、星、张、翼、
轸之罡,北八天步奎、娄、胃、昴、毕、紫、参之罡。四维梵天不属正
宿中斗罡,依色取各天之炁,立待感通。详载大法,兹举其略。⑦

---

① 《道藏》,第 17 册,第 90 页。

② 《道藏》,第 18 册,第 333 页。

③ 《道藏》,第 28 册,第 669 页。

④ 《道藏》,第 32 册,第 53 页。

⑤ 《道藏》,第 32 册,第 719 页。

⑥ 《上清灵宝大法》卷十,《道藏》,第 30 册,第 378 页上栏。

⑦ 《太上洞玄灵宝元量度人上品经法》卷一,《道藏》,第 2 册,第 480 页下栏、481
页上栏。

在《太上洞神洞渊神咒治病口章》中记载了每一宿具体的星数与宿的度数：

> 角宿三星，十二度。二清二浊，将从二百七十人。恶星当灭，复连当绝。
>
> 亢宿四星，九度。一清三浊，将从三百五十人。恶星当灭，复连当绝。
>
> 氐宿四星，十五度。一清三浊，将从三百五十人。恶星当灭，复连当绝。
>
> 房星四星，钩铁二星，合六星，五度。一清二浊，将从一百五十人。恶星当灭，复连当绝。
>
> 心宿三星，五度。一清一浊，将从三百一十人。恶星当灭，复连当绝。
>
> 尾宿九星，十八度。一清二浊，将从一百二十五人。恶星当灭，复连当绝。
>
> 箕宿四星，十二度，一清一浊，将从一百二十五人。恶星当灭，复连当绝。[①]

虽然该经的主要目的是星占，但是还是在客观上保存了二十八宿度数。

3.4 道藏中的五星与十一曜

古代不同文明都认识到了金、木、水、火、土五大行星，加上日月，形成七曜。道藏中对这些行星知识的介绍，大多与星占学内容结合在一起，比如叙述五星在天空中的不同位置的占词：

> 东方岁星，一名木星，一名喦哎斯，属东方，主齐吴。
>
> 东方岁星，实曰木精，苍帝之子，大而能明，所在为福，莫之与京。人君至德，道义常行，则风雨诗若，百谷熟成，君寿而昌，人富

---

① 《太上洞神洞渊神咒治病口章》，《道藏》，第32册，第723页上栏。

而贞,中国安乐,四夷来庭。君政残暴,失仁和之诚,则芒角而怒,宇内交争。拒谏信谗,违恭肃之程,则祸满寰瀛,下陵其上,弟谋其兄。赤黄,多风多旱。白黑,为水为兵。与金合,而大将损。被月掩,而妃后倾。入太微,君忧有赦在东井秦地安宁。守与鬼,国用斧钻。绕虚危,齐地灾生。居房君臣咸乐。留心,禾黍丰盈。守角,忠贤荐用。留尾,社稷欢荣。历氐,内多有喜。经亢,韩郑出征。入箕,宫中口舌。经斗,吴越和平。乘虚,昭穆失次。犯女,宫掖欢情。守牛,饥冻虎害。绕危,祠杞不馨。犯室,阴阳皆速。守壁,尧舜同声。入奎,有道者甩。经娄,致命者行。守胃,人多饥疾。在昴,王者严刑。逆行,为灾、为贼。昼见,主柔臣横犯。毕守娄,灾及人牛。乘贲入井,狱诉兵愁。绕天,尸者过半。犯柳,五谷繁稠。留张,君臣和悦。入翼,谷损人流。绕幹,野有丧病。犯房,将相皆忧。勖哉有土,君子慎独。绥抚嶒模增修景福。神理佑善,惩恶窒欲。敬奉三光,克修永谷。木星所到,分野顺行。色青,为福为庆,如官益禄。逆行色变,为灾与土同到,人生宿亦如之。其禳法,宜栽种五果树木,又宜悬青旛,着青衣则吉。[①]

有的文献中还具体记载了行星行度,这是对当时天文知识的一种保存与保护:

> 又如五星,亦因日而有迟留伏逆近日则疾,远日则迟。迟甚而留,留久而退,初迟退,渐疾退,退最疾而复迟退。如初退止而留,留久而顺行最疾,则与太阳同躔。岁星最疾,四日行一度;荧惑最疾,七日行五度;镇星最疾,七日行一度。此三星比太阳行度较少,故伏合以后,太阳在前,岁星距日十三度而晨见,荧惑距日十九度而晨见,镇星距日十八度半而晨见。大约近一远二而留,周天相半而退。岁星初留,约距日一百九度;初退,距日一百三十一度。荧惑初留,距日一百三十四度;初退,亦然。镇星初留,距日九十四度;初退,距日一百二十八度。凡退行,最疾之时,又与太阳对冲,退止而留、留久而顺行。太白最疾,约四日行五度;辰星最疾,一日

---

① 《太上洞神五星赞》,《道藏》,第19册,第819页上、中栏。

行二度。太白距日远,不出四十度;辰星距日远,不出二十四度。距日远则行迟,距日近则行疾。金木形体大,故伏见与日近;水火土形体小,故伏见与日远。此五星之常数也。[①]

这些描述反映了道经编撰者对行星动态有较好的把握。

受到随佛教传入的印度天文学影响,七曜加上罗睺、计都形成九曜,并在此基础上又增加了月孛与紫气,最终形成十一曜。[②]道藏中有较多文献提到五星、七曜、九曜和十一曜,比如:

《元始天尊说十一曜大消灾神咒经》[③]

《太上三洞神咒》[④]

《无上三天玉堂正宗高奔内景玉书》[⑤]

《太上洞玄灵宝无量度人上品妙经注》

《灵宝领教济度金书》

《太上五星七元空常诀》

《太上洞神五星赞》[⑥]

《云笈七签》

《法海遗珠》

《道法会元》

《上清灵宝大法》

《道门定制》[⑦]

《无上黄箓大斋立成仪》

《道门科范大全集》[⑧]

---

① 《太上洞玄灵宝无量上品妙经注》卷中,《道藏》,第 2 册,第 428、429 页。

② 钮卫星:《从"罗、计"到"四余":外来天文概念汉化之一例》,《上海交通大学学报(哲学社会科学版)》2010 年第 6 期,第 48—57 页。

钮卫星:《唐宋之际道教十一曜星神崇拜的起源和流行》,《世界宗教研究》2012 年第 1 期,第 85—95 页。

③ 《道藏》,第 1 册,第 868 页。

④ 《道藏》,第 2 册,第 48 页。

⑤ 《道藏》,第 4 册,第 122 页。

⑥ 《道藏》,第 19 册,第 819 页。

⑦ 《道藏》,第 31 册,第 653 页。

⑧ 《道藏》,第 31 册,第 758 页。

《儒门崇理折衷堪舆完孝录》①

这些典籍中提到五星与十一曜时大多是通过符与咒的形式,如《太上三洞神咒》中的咒术(缺月亮咒):

太阳咒

太阳星帅,威震扶桑。奉轰天敕,运用雷霆。承飞符摄,急速奉行。

木星咒

岁华木德,威震轰霆。发生万物,鼓动潜灵。将兵飞摄,用以灵文。

火星咒

荧惑立法,总司火权。威光万丈,烧灭精灵。随符下应,摄附人身。

金星咒

太白星帅,权震西方。主司兵柄,白芒耀光。奉承轰命,摄除祸殃。

水星咒

水德伺晨,禀命雷轰。洞阴水府,九江九溟。遵承符告,诛减祸精。

土星咒

中央土宿,总摄四方。黄中理炁,奉命帝房。从天下降,飞摄祸殃。

神首咒

交初神首,列耀中天。威光所到,山裂石穿。神通广大,速赴坛前。

神尾咒

交终神尾,威撼山川。黑炁飞踊,冲塞九天。吾今默召,神勇自然。

---

① 《道藏》,第35册,第580页。

紫炁咒

道曜紫炁，降福无穷。轰天正令，制鬼除凶。神光所照，降格玄穹。

月孛咒

咸彗神猛，震断九天。神剑挥击，鬼灭九泉。奉承轰令，不得留连。①

但也有涉及较为深刻的数理内容和中外交流含义的，相关讨论将在本书后面章节给出。②

3.5 道藏中的历法知识

道教的许多祈禳、求福等仪式有严格的时间规定，因此道藏中多种道经记载了有关历日和历法的内容。如《天皇至道太清玉册》中"朝修吉辰章"的记载：

正月：元日，天中节会之辰，元始天尊登九玄天，太极金书于天帝君，太上老君降现，昊天上帝统天神地只朝三清，东方七宿星君下降，徐来勒真人于会稽上虞山传经于葛玄真人。初二日，天曹掠剩下降。初三日，太白北斗星下降。初四日，开基节，玉晨大道君登玉霄琳房四盼天下。初五日，邓白玉、王仲甫二真人同飞升。初六日，建玉枢会以保一月之安。初七日，谓之上会日，可斋戒，真武下降；四斗帝君下降清行，甘真人飞升。初八日，南斗下降。初九日，太素三元君朝真。初十日，长生保命天尊下降。十一日，消灾解厄天尊下降。十三日，三元集圣。十四日，三官下降。十五日，上元节，天官赐福之，混元上德皇帝降现，西斗帝君下降，天地水三官朝天，翊圣保德真君降，佑圣司命真君诞生，正一静应真君诞生，金精山张灵源真人飞升，上元十天灵官神人兵马无鞅数众与上圣

---

① 《太上三洞神咒》卷二，《道藏》，第 2 册，第 60 页下栏、61 页上栏。
② 如本书第 10 章"道藏所载之十一曜星神崇拜的兴起和流行"中的讨论。

高真妙行真人同降人间,考定罪福。……①

以上道经按照每月 29 日或 30 日,一共记载了一年中每日的事项,对一年中的三会日、三元日、八节日、五腊日等特殊的节日还单独列出事项。显然,这些日子的确定涉及历法知识。

还有一些特殊的仪式也需要在特定的日期和时刻举行,同样涉及历法知识。如《太上飞步五星经》中载:

> 诸以五达日,向日趋令嚏。若不得嚏,以软物向日引导鼻中,亦即嚏也。嚏毕,祝曰:天光来进,六胎上通,三魂守神,七魄不亡,承日鸣嚏,与日神同,飞仙上清,位为真公。祝毕,拭目二七。是内精上交日光,三魂发明于内,使人开心神,解百精,流转于内府也。若非五达日,可不须尔也。②

所谓的"五达日"就是:

> 正月六日中时,二月一日晡时,三月七日夜半,四月九日食时,五月十五日夜半,六月三日中时,七月七日夜半,八月四日申时,九月二日平旦,十月一日平旦,十一月六日夜半,十二月十二日夜半。右记五达吉日。③

类似的对确定特殊时刻的历日需求,见于道藏中多种经文,例如《高上神霄玉清真王紫书大法》卷八"大护身战鬼伏魔法"载:"师曰:正月一日巳前,立于密室,面向北,朝元君四拜。"④《灵宝玉鉴》卷之十七"六甲支干忌法"载:"甲乙日忌寅卯时,丙丁日忌辰巳时,戊己日忌午未时,庚辛日忌申酉时,壬癸日忌戌亥时。右上章及病人家所忌也。"⑤《上清紫精君皇初紫灵道君洞房上经》载:"太上玉真隐元内观,用六丁之日,是生气时,天元敷陈,胞结重固,七魄上言,三魂记过,遗愆七祖,积罚三阴,故有消除之法,以解脱愆罪。施此道者,乃曰求仙之夫者矣。常以甲子之旬,丁卯之日,夜半之时,于寝床平坐;北向接手,叩齿七通

① 朱权编撰:《天皇至道太清玉册》卷1,《道藏》,第 36 册,第 425 页。
②③ 《太上飞步五星经》(1 卷),《道藏》,第 11 册,第 377 页。
④ 《高上神霄玉清真王紫书大法》,《道藏》,第 28 册,第 615 页。
⑤ 《灵宝玉鉴》,《道藏》,第 10 册,第 269 页。

毕,乃仰存七星,使焕明于北方。"①《上清太上九真中经绛生神丹诀》载:"月旦、月望、月七日、月九日、月十三日,月十七日、月二十日、月二十五日,鸡鸣时,存日月之象,在魂房六合。魂房六合,在两目外之上角小仰高空之中,按之叩齿,闻手下有四会动在其下者是也,直入一寸,方九分,名曰魂房六合之府。日左月右,存使光明洞形,令仿髴在位,闭目极念,无得遗脱。"②因为道教仪式的神圣性,需要专门的历法知识来确保这些日期和时刻的精确性,因此,可以推测除了这些应用层面的历日知识之外,古代道教应该还有掌握专门历法知识的人员和相关理论层面的历法知识。

在一些道经中确实反映了一些关于历法的一般性理论知识。如《道德真经广圣义》卷十一中记载:

> 《天元经》云:月本阴气,有象而无光。日者太阳之精,常循黄道而东行,一日一夜行一度有奇,一度二千九百三十二里。月者太阴之精,其状也圆,其质也清。禀日之光而见其体,日所不照则谓之魄。常循黄道东行,或出黄道表,或入黄道里。行有迟疾,其极迟日行十二度十九分之二,平行一十三度三十七分,极疾日行十四度九分度之十三。迟则涉疾,疾则复迟,二十七日五十二分,日则四百一十七分,则迟疾之终也。终而复始,每月朔与日同度,谓之合朔。月疾而日迟,故三日哉生魄,三日之外其光渐生。二弦之日,日照其侧,人观其傍,故半明半魄。晦朔之日,日照其表,人在其里,故不见月。月望之日,日月相望,人居其间,以观其明,故形圆而光满。月望而晨见东方,谓之侧,行迟也。月晦而夕见西方,谓之朓,行疾也。《天对》曰:冲其光如日,日光不极谓之暗虚。暗虚值月则月蚀,值星则星亡。日月朔望行于中道,则值暗虚而蚀。③

该经为杜光庭所撰,其对当时的一般历法知识有较好掌握,因此对日月之行、日月食的形成原因等给出较好的解释。

---

① 《上清紫精君皇初紫灵道君洞房上经》,《道藏》,第6册,第550页。
② 《上清太上九真中经绛生神丹诀》,《道藏》,第34册,第47页。
③ [唐]杜光庭:《道德真经广圣义》(50卷),《道藏》,第14册,第365—366页。

而元代陈观吾在《太上洞玄灵宝无量度人上品妙经注》对历法史和岁差、交食等历法概念的叙述则达到了相当专业的程度：

> 天道左运周天三百六十五度，余四之一，每昼夜一周遭，无有穷已。刘宋祖冲之善观天文，见极星去不动，处一度余，盖历家测北极而知度数长短。《郭守敬行状》：至元十六年，守敬奏，唐一行开元间，令南宫说天下测影。今疆宇比唐尤大，若不远方测验日月交食，分数时刻不同，昼夜长短不同，日月星辰、去天高下不同，即目测验人少，可先南北立表，取直余里，……唐虞之际，冬至日躔虚宿。何以知其然？在《尧典》曰：日短星昴，以正仲冬。且冬至日短，日入申末，昴星见酉。初时而在南方午上，太阳却在酉方，虚属天盘子。以天盘子加临地盘酉，子加酉，则酉又加午。昴属天盘酉，而冬至见地盘午。故冬至太阳躔虚，夏至躔星，春分在昴，秋分在房。古者唯以夜半中星孜其日度，是以容成造历，车区占星是也。汉作《太初历》：仲冬日在丑躔牵牛。初尧至汉差一宫。晋虞喜谓五十年差一度，何承天谓百年差一度，隋刘焯以七十五年差一度，唐一行八十三年差一度。《大衍历》日在斗十三度。宋乃以焯七十五年为准。至元十四年丁丑冬至，日躔箕十度。至元三年丁丑日躔箕八度。则尧时日在子，汉时日在丑。金宋之间，日在寅。自尧至今，三千七百年，日已差三宫。则尧之后，九千余年，日反躔午；一万八千余年，日复躔子。是帝尧之前，亦必如此。故李淳风以古历章蔀纪元，分度不齐，始为总法。一行以朔有四大三小，定九服交食之异。徐昂以日食有气，刻时三差。姚舜辅知食甚泛，余差数革象，谓上古岁差少，后世岁差多。以唐宋到今验之，果符其说也。古人以三百六十时有余，均作二气六候，为一月。然每月朔，止得三百五十六个时令三刻有奇。而一气则十五日有余。故月大曰气盈，月小曰亏，名为朔虚。此谓日月五星，亦有亏盈，非但指日月晦食为亏盈也。[1]

---

① 陈观吾注：《太上洞玄灵宝无量度人上品妙经注》，《道藏》，第2册，第427—428页。

……夫日食于朔者,日月同经不同纬,只合朔而不食。若日月既同经,而月从八道穿度日之黄道而出入。其时,日亦在彼,即同经而又同纬,则合朔而有食。说者谓十曜之星,皆能食日者,非也。日本无食,但一时为月之黑体所蔽阵,世以为食,然日体未尝有损。其所障有多少者,盖日道与月道相交有二,若正会于交,则月体全障日体,人间暗甚,谓之食既。若同经而在交之前后者,亦见其食,但正交则食分多,交远则食分少。日月之行,迟速不同,须突参差,离交而光生矣。夫月食于望者,日月对躔为望,平分黄道之半。黄道有二交,若不当二交,前后而望,则不食。若望在二交前后者,月必食。其食分多少,当以距交远近而推。是时月在天,日在地之下,又非十曜之星所能食。而月何以无光?盖缘月虽映日而明,若在二交限内,对经而又对纬,至甚的切,所受日光伤于大盛,以致月反无而黑,为其阳极反亢故也,是为月蚀。今《授时历》,望在交之前后,距交十三度,余则不食。若在此限之内,则有蚀矣。故古人以日体对充之处,名曰暗虚。似乎日之像影,月体因之失明,故云暗日,非有像影也。强立其名,故云虚言,其非实有也。若日月交朔于夜,对望于昼者,皆有食,但已入地而人间所不见此谓日月失昏也。[1]

以上这些历法知识或粗浅或精深,与当时中国古代官方掌握的历法知识是相符的。但是在《道藏》"太玄部"中有一部题为"中华仙人李淳风注"的《金锁流珠引》,其卷二十一《二十八宿旁通历仰视命星明暗扶衰度厄法》中有一个"二十八宿旁通历"历表[2],则展示了一种具有域外来源的历日知识。关于这个历表,前贤已经有所研究。天文学史家李志超和祝亚平曾给予解说,[3]宗教学者盖建民认同该解说并作了进

① 陈观吾注:《太上洞玄灵宝无量度人上品妙经注》,《道藏》,第2册,第430—431页。
② 《金锁流珠引》,《道藏》,第20册,第450—451页。
③ 李志超讨论"二十八宿旁通历"的论文主要有两篇:《旁通历——天文教育历》(收入李氏著《国学薪火:科技文化学与自然哲学论集》,合肥:中国科学技术大学出版社,2002年,第197—202页)、李志超、祝亚平:《道教文献中历法史料探讨》(《中国科技史料》1996年第1期)。

一步的阐释。①因《二十八宿旁通历》原文不便阅读,祝亚平以表格形式重新加以了整理,录之如下表:

表3.1　《金锁流珠引》中的"二十八宿旁通历"②

	2	3	4	5	6	7	8	9	10	11	12	1
1	奎	胃	毕	参	鬼	张	角	氐	心	斗	虚	室
2	娄	昴	觜	井	柳	翼	亢	房	尾	女	危	壁
3	胃	毕	参	鬼	星	轸	氐	心	箕	虚	室	奎
4	昴	觜	井	柳	张	角	房	尾	斗	危	壁	娄
5	毕	参	鬼	星	翼	亢	心	箕	女	室	奎	胃
6	觜	井	柳	张	轸	氐	尾	斗	虚	壁	娄	昴
7	参	鬼	星	翼	角	房	箕	女	危	奎	胃	毕
8	井	柳	张	轸	亢	心	斗	虚	室	娄	昴	觜
9	鬼	星	翼	角	氐	尾	女	危	壁	胃	毕	参
10	柳	张	轸	亢	房	箕	虚	室	奎	昴	觜	井
11	星	翼	角	氐	心	斗	危	壁	娄	毕	参	鬼
12	张	轸	亢	房	尾	女	室	奎	胃	觜	井	柳
13	翼	角	氐	心	箕	虚	壁	娄	昴	参	鬼	星
14	轸	亢	房	尾	斗	危	奎	胃	毕	井	柳	张
15	角	氐	心	箕	女	室	娄	昴	觜	鬼	星	翼
16	亢	房	尾	斗	虚	壁	胃	毕	参	柳	张	轸
17	氐	心	箕	女	危	奎	昴	觜	井	星	翼	角
18	房	尾	斗	虚	室	娄	毕	参	鬼	张	轸	亢
19	心	箕	女	危	壁	胃	觜	井	柳	翼	角	氐
20	尾	斗	虚	室	奎	昴	参	鬼	星	轸	亢	房
21	箕	女	危	壁	娄	毕	井	柳	张	角	氐	心

---

①　盖建民:《道教与中国历法》,《宗教学研究》2005年第3期。
②　姜生、汤伟侠主编:《中国道教科学技术史·南北朝隋唐五代卷》,北京:科学出版社,2010年5月,第760—761页。

	2	3	4	5	6	7	8	9	10	11	12	1
22	斗	虚	室	奎	胃	觜	鬼	星	翼	亢	房	尾
23	女	危	壁	娄	昴	参	柳	张	轸	氐	心	箕
24	虚	室	奎	胃	毕	井	星	翼	角	房	尾	斗
25	危	壁	娄	昴	觜	鬼	张	轸	亢	心	箕	女
26	室	奎	胃	毕	参	柳	翼	角	氐	尾	斗	虚
27	壁	娄	昴	觜	井	星	轸	亢	房	箕	女	危
28	奎	胃	毕	参	鬼	张	角	氐	心	斗	虚	室
29	娄	昴	觜	井	柳	翼	亢	房	尾	女	危	壁
30	胃	毕	参	鬼	星	轸	氐	心	箕	虚	室	奎

李志超和祝亚平的基本观点是："《旁通历》恒定为一年十二月，每月30日，年年如此，不置闰月。如果每日星宿确与天象相应，则节气的月日固定，因此应属'太阳历'。"[1]但他们也提出几点不明之处：(1)历表仅列360天，不足一回归年，其余几天不知如何安排；(2)《旁通历》中有8个月的月末与下个月的月首使用相同的宿，不知何理；(3)历表中只有二十七宿，没有牛宿，猜想这种历法可能源于印度。[2]

但是李生龙却认为《旁通历》是"太阴历"，认为将8个月末与月首连用一宿的情况将重复的那一天不算，就会有6个月是29天，6个月是30天，一年共354天，而一个太阴年正好就是354天或者355天，《旁通历》恰好是一个太阴年，而《旁通历》之所以表面上设360天而不是354天可能是为了凑足13个恒星月，或者是为了适应置闰的需要。在《无上秘要》中记载的"沐浴日"所用的历法就是《旁通历》。其主要用

---

① 李志超、祝亚平：《道教文献中历法史料探讨》，《中国科技史料》1996年第1期，第8—15页。

② 祝亚平：《道教文化与科学》，合肥：中国科学技术大学出版社，1995年，第138—142页。

于宗教活动,且起源甚早,在教内极为盛行。①

本书第八章的讨论将表明,这份"二十八宿旁通历"历表,其实正是《宿曜经》中的"二十七宿直日表"。印度记日使用月行于宿法,有二十八宿直日法与二十七宿值日法,这两种历法都属于太阴历,二十七宿直日法与二十八宿直日法的区别在于缺少了牛宿,且各宿宽度相同。根据复原的《宿曜经》的二十七宿直日表,其与《二十八宿旁通历》的历表相同,都缺少牛宿,且在月末与下月月首出现一宿双日的现象,由此可推断道教中《二十八宿旁通历》实际上是受到了佛教的影响,采用了印度的记日方法。②

由此可见,前贤们对道藏"二十八宿旁通历"的解释并不完全正确。有意思的是,道家把"二十七宿直日表"照抄之后,为了掩饰,而将表格命名为"二十'八'宿旁通历",但真正直日的宿数却并没有改动,仍是二十七——没有牛宿。同时,置在第一月的二月,正是印度的正月,也没有调换成中土的正月。

3.6 道藏天文历法资料的保存特点

毋庸讳言,道藏中的经典是一种宗教典籍,其目的是为了宣扬道教的教义。因此,其中保存的天文历法资料,也是为了这样一个目的存在的。譬如多种道经对浑天说宇宙理论的描述,是跟对道教宇宙观的宣扬是一致的。道藏天文历法资料的第一个保存特点是为道教教义服务。

道藏中天文学资料的第二个保存特点是与星占学相结合。古代世界的天文学原本就与星占有密切的关系,道教典籍中的相关内容可以说是延续了这一传统。例如《通占大象历星经》中的星宿都给

① 姜生、汤伟侠主编:《中国道教科学技术史·南北朝隋唐五代卷》,北京:科学出版社,2010年,第760—767页。
② 李辉:《汉译佛经之宿曜术研究》,博士论文,上海:上海交通大学,2011年,第15—57页。

出了不同的占词,是一部典型的星占学著作。道经中通过星象祈禳的现象从一些经名中就可以看出,例如《元始天尊说十一曜大消灾神咒经》。

跟大多数宗教实践活动一样,道教的许多祈福攘灾的仪式有严格的时间规定,道藏中保存的大多数天文历法内容也与此相关。这些天文历法内容结合道经中符、咒,服务于消灾解难的祈禳目的。例如《二十八宿旁通历》,祈禳举行的时间就根据它来选择,在道教内部非常盛行,被广泛使用。因此,道藏中天文资料的第三个保存特点是具有强烈的实用性和实践性。

3.7 道藏资料的可靠性和局限性

我们认为道经中的天文学资料是可靠的,这种可靠性可以从两个方面加以说明。

从文献保存的情况来看,文献保存得较好,虽然有的文献有残缺,但是流传下来的文献可靠度较高,例如《通占大象历星经》就很好地保存了陈卓的星图,虽然是不完整的。又比如《灵台经》等唐宋之际的道经中保存的对外来星命概念的使用和改造的情况,提供了外来天文—星占概念如何与本土概念发生融合的可靠线索。

其次,道教素来重视天文,历史上有很多在天文方面有成就的道士,他们有的还参与国家历法的制定,可见他们天文水平之高。最有名的可以说是李淳风,他的父亲就是道士,他本人也是道士。元代道教学者赵友钦也具有很高的知识水平,其所著《革象新书》达到了当时很高的科学水平。由这些具有很高知识素养特别是天文素养的道家学者编纂的《道藏》,其中有关的天文内容应该是可靠的。

但是,这些道经中保存的天文资料也是有局限性的,道经中天文学知识大多服务于道教教义的宣扬,服务于道教的仪式,与星占学相结合,这就使得天文学在内容上受到一定的限制。

最后,作为本章的总结,我们把道藏中出现的天文学内容和它们对应的经典名称及著者列入下表 3.2。

表 3.2　道藏中的天文学内容分类和分布情况汇总表

《正统道藏》千字文序号	《道藏》序号①	《道藏》页码②	经　　名	作　　者	天文学内容
天一～洪二	1	1＊1	《灵宝无量度人上品妙经》	撰人不详	三十二天
辰八	43	1＊868	《元始天尊说十一曜大消灾神咒经》	撰人不详,似出于唐宋间	十一曜
列一～列十二	78	2＊48	《太上三洞神咒》	不著撰人,从内容文字看,似出于宋元间	十一曜、北斗
寒一～寒四	87	2＊187	《元始无量度人上品妙经四注》	北宋道士陈景元集注	三十二天
来一～来三	88	2＊250	《元始无量度人上品妙经注》	原题"东海青元真人注",此人盖系南宋道士	三十二天
往一～往六	91	2＊392	《太上洞玄灵宝无量度人上品妙经注》	元陈致虚	宇宙结构、地球模型、岁差、五星行度、日月食、时间划分
秋一～秋三	93	2＊469	《太上洞玄灵宝无量度人上品妙经法》	陈椿荣集注	二十八宿
调四	148	3＊88	《灵宝度人上品妙经旁通图》	北宋末刘元道	三十二天,五斗、二十八宿
霜一～初八	218	3＊613	《灵宝无量度人上经大法》	撰人不详,约出于明代道士	三十二天,二十八宿
剑五～剑六	220	4＊122	《无上三天玉堂正宗高奔内景玉书》	原不题撰人,应为北宋末南宋初天心派道士路时中编撰	九星
薑七～薑八	297	5＊4	《通占大象历星经》	撰人不详,约出于唐宋间	星图、各星之位置、光度变化等

111

《正统道藏》千字文序号	《道藏》序号	《道藏》页码	经　名	作　者	天文学内容
薑九	298	5 * 22	《灵台经》	撰人不详，约出于唐宋间	十一曜、二十八宿
薑九	299	5 * 29	《秤星灵台秘要经》	撰人不详，应为唐昭宗乾宁年间人	十一曜
人二	328	5 * 843	《洞玄灵宝自然九天生神章经》	约成书于东晋末	九天
人八	334	5 * 872	《上清五常变通万化郁冥经》	撰人不详，约出于唐宋间	五星、北斗
位一	415	6 * 546	《上清紫精君皇初紫灵道君洞房上经》	撰人不详。从内容文字看，应为南北朝上清派经典	北斗
有三～有十	456	6 * 775	《上清众经诸真圣秘》	撰人不详，约出于唐代	五星、北斗
唐一～吊六	473	6 * 922	《要修科仪戒律钞》	唐朱法满撰	五星
民二～迩七	475	7 * 1	《灵宝领教济度金书》	南宋宁全真传授，宋末元初林灵真编辑	十一曜、北斗、二十八宿
宾一～鸣十	535	9 * 181	《太上黄箓斋仪》	唐末五代道士杜光庭编集删定，书成于唐昭宗大顺二年（891）	二十八宿
凤一～食七	536	9 * 378	《无上黄箓大斋立成仪》	南宋蒋叔舆编撰	十一曜、北斗、二十八宿
敢一～敢十二	643	11 * 231	《广成集》	唐末五代杜光庭	九曜、二十八宿、十二次等
毁七～毁十一	644	11 * 310	《太上宣慈助化章》	原题杜光庭编集	二十八宿
伤一	649	11 * 346	《太上玄灵北斗本命延生真经》	撰人不详，似出于北宋初	北斗
伤三	656	11 * 357	《太上北斗二十八章经》	撰人不详。似出于宋元	北斗、二十八宿
伤五	664	11 * 374	《太上飞步五星经》	撰人不详，似出于唐宋	五星、北斗
羔一～行十三	750	14 * 309	《道德真经广圣义》	唐末杜光庭	日月行度
寸一～寸八	775	17 * 1	《太上玄灵北斗本命延生真经注》	元徐道龄	北斗

《正统道藏》千字文序号	《道藏》序号	《道藏》页码	经　名	作　者	天文学内容
阴一～阴三	776	17 * 39	《太上玄灵北斗本命延生经注》	宋傅洞真	北斗
阴三	778	17 * 87	《北斗七元金玄羽章》	撰人不详。似出于唐宋间	北斗
阴四～阴九	779	17 * 90	《太上说玄天大圣真》武本传神咒妙经	撰人不详。约成书于唐宋间，流行于北宋	十一曜、北斗、二十八宿
竞一～竞二	790	17 * 215	《太上三元飞星冠禁金书玉录图》	不著撰人，疑出于唐宋	五星、北斗、二十八宿
则四	834	18 * 333	《太上三五傍救醮五帝断瘟仪》		二十八宿
薄九	895	18 * 694	《北斗治法武威经》	原不题撰人。约出于唐代	北斗
夙五	901	18 * 723	《太上五星七元空常诀》	撰人不详,应为南北朝上清派道士所作	五星、北斗
流一～流八	983	19 * 571	《玄天上帝启圣箓》	原不题撰人。从内容看，当系元代武当山道士所撰	十一曜
渊二	1001	19 * 819	《太上洞神五星赞》	张平子，疑南北朝或隋唐道士伪作	五星、二十八宿
四一～辞九	1038	20 * 354	《金锁流珠引》	李淳风注，疑宋元道士伪作	五星
基一～基十三	1046	21 * 508	《素问·六气玄珠密语》	原题"启玄子述"，启玄子即唐人王冰	五星
学一～棠十三	1055	22 * 1	《云笈七签》	张君房	五星、北斗、二十八宿
奉一～奉二	1126	24 * 601	《太上灵宝净明洞神上品经》	撰人不详	五星
次一～节十三	1188	26 * 723	《法海遗珠》	撰人不详，约成书于元末明初	北斗、二十八宿、七星咒术
移一～盘七	1241	28 * 669	《道法会元》	撰人不详，约成书于元末明初	北斗、南斗、二十八宿、十一曜

《正统道藏》千字文序号	《道藏》序号	《道藏》页码	经　名	作　者	天文学内容
兽一~灵八	1243	31＊345	《上清灵宝大法》	南宋金允中	五星、二十八宿、三十二天
丙一~丙十	1244	31＊653	《道门定制》	南宋吕元素编集	十一曜、北斗、二十八宿
舍一~甲十二	1245	31＊758	《道门科范大全集》	原题三洞经箓弟子仲励编修，此人似为南宋道士	十一曜
吹一	1285	32＊549	《北帝七元紫庭延生秘诀》	原不题撰人，盖系隋唐道士伪造	北斗
笙二	1296	32＊602	《盘天经》	撰人不详	五星、二十八宿
阶二~阶三	1308	32＊706	《元辰章醮立成历》	撰人不详，从内容看，似出于唐宋间	二十八宿
阶五	1310	32＊719	《太上洞神洞渊神咒治病口章》	撰人不详。盖为唐代洞渊派道士所作	二十八宿
右六~右七	1337	33＊448	《洞真上清开天三图七星移度经》	早期上清派经典之一，约成书于东晋	北斗
承八	1382	33＊792	《上清太上回元隐道除罪籍经》	撰人不详，约出于东晋南朝	北斗
明一	1386	33＊808	《上清天关三图经》	撰人不详，早期上清派经典之一	北斗
明二~明三	1387	33＊819	《上清河图内玄经》	早期上清派经典，约出于东晋南朝	北斗
明四	1389	33＊832	《上清化形隐景登升保仙上法》	撰人不详，约出于南北朝	北斗
既三	1397	34＊46	《上清太上九真中经绛生神丹诀》	撰人不详，约出于南北朝	五星、北斗
集一~集二	1405	34＊101	《上清洞真天宝大洞三景宝箓》	撰人不详，盖系南北朝末或隋唐上清派道士编集	五星
群四	1441	34＊457	《太上紫微中天七元真经》	撰人不详，约出于南北朝末或隋唐	北斗
杜四~杜六	1454	34＊574	《太上元始天尊说宝月光皇后圣母天尊孔雀明王经》	撰人不详，约出于元代或明代	五星、二十八宿、三十二天

续表

《正统道藏》千字文序号	《道藏》序号	《道藏》页码	经 名	作 者	天文学内容
钟一~钟十	1461	34 * 628	《皇经集注》	明朝全真道士周玄贞撰	三十二天、十一曜、二十八宿
漆四	1477	34 * 776	《北斗九皇隐讳经》	撰人不详,从内容看,当出于南北朝或隋唐上清派道士之手	北斗
封一~封四	1492	35 * 580	《儒门崇理折衷堪舆完孝箓》	撰人不详,约成书于明朝中叶	十一曜、二十八宿、十二次等
陪一~陪八	1505	36 * 356	《天皇至道太清玉册》	明朝朱权编	天地、北斗、十一曜、十二宫

上表所列这些道经中的天文学内容的详细情况将在本书以后各章中有所论及。

4. 佛藏中的宇宙学及其与中国本土宇宙学说的比较

佛藏中的宇宙学内容是密切配合佛教世界观的宣扬的。佛藏中的宇宙学说可分为宇宙的形成、宇宙的结构和宇宙的运行三个部分,其内容属于比较古老的印度本土宇宙学,这些内容分别在几种不同的佛经中得到叙述。《阿含经》和《起始经》对宇宙的形成有较为集中、完整的描述,对天地结构的描述主要集中在几种毗昙部经典中。佛教宇宙学说尽管比较古老,但这种宇宙模型也有一定的解释力,能够对昼夜变化、白日长度的周年变化、日出方位的周年变化、寒暑变化等基本天文现象作出自洽的解释。

将佛藏中的宇宙模型与中国古代《周髀算经》中的盖天宇宙模型加以比较后发现,两者在许多方面具有相似性。这就提出了这两种宇宙模型是否有互相影响或有共同起源可能性的问题,当然,对这个问题的回答还有待于进一步的证据出现。

4.1 佛教宇宙的形成与结构

4.1.1 劫波

"劫波"是梵文 kalpa 的音译,常简作"劫",原意为"极久远的时节"。劫波原是印度婆罗门教的一个概念,一劫波等于大梵天的一个白天,为人间的 4 320 000 000 年。劫末有劫火出现,烧毁一切,然后世界被重新创造。印度古代的婆罗门天文学派把劫波分成 1 000 个大时(Mahāyuga),每个大时包含圆满时(Kṛtayuga,1 728 000 年)、三分时

(Tretāyuga，1 296 000 年)、二分时(Dvāyuga，864 000 年)和争斗时
(Kaliyuga，432 000 年)等四个不同长度又各成比例的阶段。[1]现在世
界正处在始于公元前 3102 年 2 月 17 日至 18 日夜半的争斗时中。[2]

佛教沿用了婆罗门教的劫波概念,使之成为佛教世界观和宇宙论
中的一个重要概念。劫波这个概念在汉译佛经中的使用非常频繁,在
各种佛经中的定义也略有差异,如《增一阿含经》(No.125)卷第五十
所载:

> 闻如是,一时佛在舍卫国祇树给孤独园。尔时有一比丘往至
> 世尊所,头面礼足,在一面坐。须臾退坐,前白佛言:"劫为长短,为
> 有限乎?"佛告比丘:"劫极长远,我今与汝引譬,专意听之,吾今当
> 说。"尔时比丘从佛受教。世尊告曰:"比丘当知,犹如铁城纵广一
> 由旬,芥子满其中,无空缺处。设有人来百岁取一芥子,其铁城芥
> 子犹有减尽,然后乃至为一劫。"

这里佛用比喻的说法向前来问道的比丘解释劫是极长久的:在纵广一
由旬的城里装满芥子,每过一百年取一粒,直至取完芥子,劫犹未尽。
这里一由旬按照第二章有 40 里、20 里、16 里三种说法,但不管哪一种,
纵广一由旬的城池装满芥子,其数量将是巨大的。又《大智度论》
(No.1509)卷三十八有更夸张的比喻:

> 云何名劫? 答曰:如经说有一比丘问佛言:"世尊,几许名劫?"
> 佛告比丘:"我虽能说,汝不能知,当以譬喻可解。有方百由旬城溢
> 满芥子,有长寿人过百岁持一芥子去。芥子都尽,劫犹不断。又如
> 方百由旬石,有人百岁持迦尸轻软叠衣一来拂之,石尽劫犹不断。"

这里佛作了两个比喻,第一个仍旧是取芥子的比喻,但是城池的长和宽
扩大了一百倍。第二个比喻说有一块一百由旬见方的大石头,有长寿

---

① 其他天文学派对劫波的分割方案略有不同,但本质上差别不大。

② 在印度,劫波的起点还有很强烈的天文学含义。早期的印度古代天文学体系要求在
一个劫波的开始或末尾处,日、月、五星以及它们的轨道与黄道的升交点等都聚于白羊宫 0°。
晚一些的体系简化到只要求七大天体在一个大时的开始或末尾处有一个近似的聚合。但无
论早期的严格体系还是晚出的简化体系,都要求七大天体在争斗时之初(公元前 3102 年 2 月
17 日和 18 日之交的夜半)聚于或近似聚于白羊宫 0°。

人每过一百年用迦尸国出产的轻软衣服去石头表面拂一下,石头被拂尽了而劫还没完。

对劫给出较为系统和严格论述的见《阿毗达磨大毗婆沙论》(No.1545)卷一百三十五:

> 劫有三种:一中间劫,二成坏劫,三大劫。中间劫复有三种:一减劫、二增劫、三增减劫。减者从人寿无量岁减至十岁;增者从人寿十岁增至八万岁。增减者从人寿十岁增至八万岁,复从八万岁减至十岁。此中一减一增、十八增减,有二十中间劫。经二十中间劫世间成,二十中间劫成已住,此合名成劫。经二十中劫世间坏,二十中劫坏已空,此合名坏劫。总八十中劫合名大劫。成已住中二十中劫,初一唯减,后一唯增。中间十八亦增亦减。

据此可知,佛教劫波中最大的叫"大劫",与婆罗门教的做法类似,佛教一大劫由一些中劫和小劫组成,具体分割方案如下:一大劫分成成劫和坏劫两部分,成劫又分成世间成和成已住两部分,坏劫则分成世间坏和坏已空两部分,也即一大劫包括成、住、坏、空四个部分,这四个部分的每一部分有 20 个中间劫组成,也即一大劫有 80 个中间劫组成。其中每 20 个中间劫由头尾各一减劫、一增劫和中间的十八增减劫组成。

增劫定义为"从人寿十岁增至八万岁",减劫定义为"从人寿无量岁减至十岁",增减劫定义为"从人寿十岁增至八万岁,复从八万岁减至十岁"。这里的"寿无量"及"八万岁"均是大约言之,确切数字是八万四千岁,增减的规律是每百年增加或减少一岁。[1]这样便不难计算出每个增劫、减劫、增减劫乃至一大劫所含有的年数。

对增劫而言,是一个简单的等差递增数例,差项 d 为 1,初项 a_1 为 10,末项 a_n 为 84 000,设经过 n 个 100 年从寿人 10 岁增至 84 000 岁,则有

$$n = \frac{a_n - a_1}{d} + 1 = 83\,991$$

---

① 任继愈主编:"劫"词条,《宗教词典》,上海:上海辞书出版社,1981 年,第 484 页。

故一增劫等于 8 399 100 年。显然减劫的年数应与增劫的年数相等。而增减劫的年数应为：

$$(2n - 1) \times 100 = (2 \times 83\ 991 - 1) \times 100 = 16\ 798\ 100（年）$$

18 个增减劫首尾相连，所以 18 个增减劫的总年数为：

$$16\ 798\ 100 \times 18 - 17 \times 100 = 302\ 364\ 100（年）$$

在 20 个中间劫中，第一个减劫与第一个增减劫之间、第十八个增减劫与最后一个增劫之间，是首尾相连的，所以 20 个中间劫的总年数为：

$$8\ 399\ 100 \times 2 + 302\ 364\ 100 - 2 \times 100 = 319\ 162\ 100（年）$$

世间成、成已住、世间坏和坏已空四个阶段也首尾相连（扣除 3 个 100 年），并考虑到大劫之间首尾相连（扣除一个 100 年），一大劫的总年数为：

$$319\ 162\ 100 \times 4 - 400 = 1\ 276\ 648\ 000（年）$$

佛教世界观也认为在上述这样一个大劫之末，有劫火烧毁一切，"于此渐有七日轮现，诸海干竭，众山洞然，洲渚三轮并从焚燎，风吹猛焰烧上天宫，乃至梵宫无遗灰烬"（《阿毗达磨俱舍论》No.1558）。这样世界便完成了一个轮回，然后将被重新创造。

4.1.2 世界之形成

在介绍汉译佛经中如何描述世界的形成之前，先就"世界"一词作些说明。一般日常用语中，"世界"是指地球上的所有地方。在哲学层面上，如在"世界观"一词中，"世界"是指一切事物的总和。佛经中的"世界"一词则有特别的含义。《楞严经》（No.945）卷四说：[①]

> 阿难，云何名为众生世界？世为迁流，界为方位。汝今当知东、西、南、北、东南、西南、东北、西北、上、下为界。过去、未来、现在为世。位方有十，流数有三。

可见，"世"是指过去、现在、未来时间上的流逝、变化；"界"为界畔，是空

间上的界定。①佛经中"世界"也作"世间","间"与"界"同义,是因有界畔而产生的间断、间隔。佛教把世界分成"众生世界"和"器世界"两个层面,"众生世界"也称"有情世界","器世界"则是一切有情众生可住居的国土世界。"器世界"具有更多物质层面上的含义,因而也更接近天文学上的宇宙概念。②

佛教认为,劫火过后,天地还未形成之初,就有一个众生世界了。《长阿含经》(No.1)卷二十二"世本缘品"载:③

> 佛告比丘:火灾过已,此世天地还欲成时,有余众生福尽、行尽、命尽。于光音天命终,生空梵处。……众生多有生光音天者,自然化生,欢喜为食,身光自照,神足飞空,安乐无碍,寿命长久。其后此世变成大水,周遍弥满。当于尔时,天下大闇,无有日月、星辰、昼夜,亦无岁月、四时之数。……尔时,无有男女、尊卑、上下,亦无异名。众共生世,故名众生。

这里我们看到,这众生世界里的众生俨然是"天使",他们以"欢喜"为食,无需日月,自己可以发光,飞行在空中,而且寿命长久。然而好景不长,"是时,④此地有自然地味出,凝停于地,犹如醍醐。地味出时,亦复如是,犹如生酥,味甜如蜜。其后众生以手试尝知为何味。初尝觉好,遂生味着。如是展转尝之不已,遂生贪着。便以手掬,渐成抟食,抟食不已。余众生见,复效食之,食之不已。时,此众生身体粗涩,光明转灭,无复神足,不能飞行。"(《长阿含经》卷二十二)各种贪念让众生堕落了,自身不

---

① 汉代高诱注《淮南子·原道训》云:"四方上下曰宇,古往今来曰宙。"中国古代的"宇宙"与佛经的"世界"颇为神似。

② 下文"世界"一词便在佛教"器世界"这一含义上使用。

③ 《起世经》(No.24)卷九"最胜品"也有类似记载。

④ 佛经叙事时,常用"时""尔时""一时""是时"等时间状语起句,但具体指什么时间并不确定。此处既然说到地上长出"地味",应该是在天地形成之后了。但"众生"在天地形成之前就已存在。《起世经》(No.24)卷九"最胜品"中此处对应的段落写明为"三摩耶时,此大地上出生地肥"。《大智度论》(No.1509)"摩诃般若波罗蜜初品如是我闻一时释论第二"云:"问曰:天竺说时名有二种,一名迦罗,二名三摩耶。何以不言迦罗而言三摩耶? 答曰:若言迦罗,俱亦有疑。"这里迦罗是指譬如"几点钟吃饭"这样的实时,三摩耶是假时或虚时,不指具体的时刻。

再能发光,不再能飞行,众生需要一个国土世界即器世界来居住。

《阿毗达磨俱舍释论》(No.1559)卷八云:

> 说众生世界已,器世界今当说。偈曰:此中器世界,说于下依住,深十六洛沙,风轮广无数。释曰:三千大千世界,诸佛说深广。谓依于空住下底风轮,由众生增上业所生。此风轮厚十六洛沙由旬,纵广无复数。坚实如此,若大诺那力人,以金刚杵悬击掷之,金刚碎坏而风轮无损。偈曰:水轮深十一,复有二十千。释曰:于风轮上。由众生业增上。诸云聚集雨,雨滴如大柱。此水轮成,深十一洛沙二万由旬。……有别风大吹转此水,于上成金,如熟乳上生膏。偈曰:水厚八洛沙,所余皆是金。释曰:所余有几许?三洛沙二万由旬,是名金地轮,在水轮上。水轮并金地轮,厚量已说。偈曰:径量有三千,复有四百半,有十二洛沙,水金轮广尔。释曰:此二轮径量是同。偈曰:若周围三倍。释曰:若以边量数则成三倍。合三十六洛沙一万三百五十由旬。

《阿毗达磨俱舍释论》采用一偈一释的形式对先前的理论进行释读,其中关于"器世界"的理论较早就已传入中国。[①]类似的较为系统和完整的说法还见于晚出的《彰所知论》(No.1645)卷上"器世界品第一":

> 成世界因,由一切有情共业所感。云何成耶?从空界中十方风起,互相冲击,坚密不动,为妙风轮。其色青白,极大坚实,深十六洛叉由旬,广量无数。由暖生云,名曰金藏。降澍大雨,依风而住,谓之底海。深十一洛叉二万由旬,广十二洛叉三千四百半由旬。其水搏击上结成金,如熟乳停上凝成膜,即金地轮。故水轮减唯厚八洛叉,余转成金,厚三洛叉二万由旬。金轮广量与水轮等,周围即成三倍,合三十六洛叉一万三百五十由旬。其前风轮娑婆界底,地水二轮四洲界底,于地轮上复澍大雨,即成大海。被风钻击,精妙品聚成妙高山,中品聚集成七金山,下品聚集成轮围山,杂

---

① 《阿毗达磨俱舍释论》作者世亲(梵名 Vasabandhu,婆薮槃豆),生卒年代在公元 380 年至 480 年间。该佛经由南朝陈天竺三藏真谛于公元 547 年左右译出。

品聚集成四洲等。

由上我们知道世界大致是这样形成的:劫初有一种能吹散破坏一切的大风,使万物无形无相,不见一点微尘残余。世间诸州诸山悉被吹破。如是经历极久远之年岁,有大黑云起,遍覆整个世界,然后降下大雨,连续下注百千万年。水聚而深积,形成底海,深达十一洛叉①二万由旬,广十二洛叉三千四百半由旬。底海之水搏击而上,结而成金,如熟乳表面凝结成膜,此为金地轮。金地轮厚三洛叉二万由旬,广与水轮(即底海)相等,水轮厚减少为八洛叉由旬。金轮、水轮周长为广度的三倍,②合三十六洛叉二万三百五十由旬。地轮之上又有大雨下注,形成大海。大海在风轮的吹击鼓动之下,精品聚成妙高山(又称苏迷卢山、须弥山,梵文作 Sumeru),中品聚集成七金山,下品聚集成轮围山,杂品聚集成四大洲。

按照本章前一节的介绍,从"众生世界"到"器世界"的形成,需要花去世间成阶段的二十个中劫,即 319 162 100 年。

4.1.3 世界之结构

世界形成之后,就有了一定的内部结构。对这个世界结构的描述可见于多种汉译佛经,其中以毗昙部几种佛经的描述较为系统且更为定量化。③现以《阿毗达磨俱舍论》(No.1558)卷十一中的描述为例加以说明,该经以"颂"和"论"相结合的形式描绘了世界的定量结构,在此摘录其中的"颂"部分,参考"论"中的叙述(直接引用"论"中文字时以《论》标识之),辅以其他文献,对"颂"中的相关内容加以释读。

颂曰:

安立器世间,风轮最属下,

其量广无数,厚十六洛叉。

---

① 洛叉,也作洛沙,梵文为 Lakṣa,相当于 10 万。汉译佛经有时译洛叉为亿,然作 10 万解。

② 即认为 π 值等于 3,汉译佛经中在许多场合下取 π 值等于 3。中国古代算书《周髀算经》也取同样的 π 值。

③ 《阿毗达磨俱舍论》(No.1558),《阿毗达磨俱舍释论》(No.1559),《阿毗达磨顺正理论》(No.1562),《阿毗达磨藏显宗论》(No.1563),《立世阿毗昙论》(No.1644)等。

> 次上水轮深，十一亿二万，
>
> 下八洛叉水，余凝结成金。
>
> 此水金轮广，径十二洛叉，
>
> 三千四百半，周围此三倍。

该段描述的风轮、金地轮、水轮及它们的大小数量与"世界之形成"一节中的描述一致。认为宇宙间万物处在一个巨大无边的风轮之上，该风轮厚十六洛叉（一百六十万）由旬。风轮之上有水轮，水轮厚十一洛叉二万（一百十二万）由旬，其中表面的三洛叉二万（三十二万）由旬凝结成金地轮。水轮、金轮的直径为十二洛叉三千四百五十（一百二十万零三千四百五十）由旬，周长为直径的三倍，即三十六洛叉一万三百五十（三百六十一万零三百五十）由旬。

颂曰：

> 苏迷卢处中，次逾健达罗，
>
> 伊沙驮罗山，揭地洛迦山，
>
> 苏达梨舍那，颈湿缚羯拏，
>
> 毗那怛迦山，尼民达罗山。
>
> 于大洲等外，有铁轮围山，
>
> 前七金所成，苏迷卢四宝。
>
> 入水皆八万，妙高出亦然，
>
> 余八半半下，广皆等高量。

金轮之上苏迷卢山（Sumeru）处于正中，依次有逾健达罗（Yugaṁdhara）、伊沙驮罗（Īṣādhara）、揭地洛迦（Khadiraka）、苏达梨舍那（Sudarśana）、颈湿缚羯拏（Aśvakarṇa）、毗那恒迦（Vinataka）、尼民达罗（Nemiṁdhara）等七山围绕。构成苏迷卢山的材料是所谓的"四宝"，即金、银、玻璃、琉璃。苏迷卢山出水高度和入水深度均为八万由旬。[①]其余七山由金所成。七山之外有大洲，即四大部洲：南赡部洲（Jambuvīpa）、东毗提诃洲（也作胜身洲，Pūrva-videha）、西瞿陀尼洲（也作牛货洲，Avara-godānīya）和北俱卢洲（Uttara-kuru）。四大洲之外有轮围山

---

① 八万由旬是大约言之，正确地讲是八万四千由旬。

(Cakravāḍa),轮围山由铁所成。七金山、轮围山入水深度与苏迷庐山入水深度相等,出水则依次减半,各山宽度与出水高度相等。

颂曰:

> 山间有八海,前七名为内。
>
> 最初广八万,四边各三倍。
>
> 余六半半狭,第八名为外,
>
> 三洛叉二万,一千踰缮那。

九山之间依次又有八海,前七海名为内海,最内之海宽八万由旬,周围长二十四万由旬。余下六海宽度依次减半。第八海为外海,宽三洛叉二万一千(三十二万一千)踰缮那。

颂曰:

> 于中大洲相,南赡部如车,
>
> 三边各二千,南边有三半。
>
> 东毗提诃洲,其相如半月,
>
> 三边如赡部,东边三百半。
>
> 西瞿陀尼洲,其相圆无缺,
>
> 径二千五百,周围此三倍。
>
> 北俱卢夏方,面各二千等。
>
> 中洲复有八,四洲边各二。

外海之中有四大洲。四大洲的形状分别为:南赡部洲形如车,东、西、北三边各有两千由旬,南边只有三由旬半;东毗提诃洲形如半月,东边长三百五十由旬,其余三边各两千由旬;西瞿陀尼洲形如满月,直径二千五百由旬,周长为直径的三倍,即七千五百由旬;北俱卢洲为正方形,四边各两千由旬。[①]另有八中洲,四大洲各有二中洲附属之。南赡

---

① 《瑜伽师地论》(No.1579,玄奘译)卷一论四大洲的周长稍有不同:"四大洲者,谓南赡部洲、东毗提诃洲、西瞿陀尼洲、北拘卢洲。其赡部洲形如车厢,毗提诃洲形如半月,瞿陀尼洲其形圆满,北拘卢洲其形四方,赡部洲量,六千五百踰缮那。毗提诃洲量,七千踰缮那。瞿陀尼洲量,七千五百踰缮那。拘卢洲量,八千踰缮那。"把这里的"量"理解成各洲周长的话,按照《阿毗达磨俱舍论》(No.1558)卷十一,赡部洲量为六千零三踰缮那半,毗提诃洲量为六千三百五十踰缮那,其余两洲相同。

部洲之二中洲为遮末罗洲（Cāmara）和筏罗遮末罗洲（Varacāmara），①
东毗提诃洲之二中洲为提诃洲（Deha）和毗提诃洲（Videha），西瞿陀尼
洲之二中洲为舍谛洲（Śāthā）和嗢怛罗漫怛里拏洲（Uttaramantrina），
北俱卢洲之二中洲为矩拉婆洲（Kurava）和憍拉婆洲（Kaurava）。这些
大洲和中洲是人居住的地方。

颂曰：

> 此北九黑山，雪香醉山内，
>
> 无热池纵广，五十踰缮那。

从此地（印度人居住的地方）往北到南赡部洲中部，有九黑山。黑
山北有大雪山，大雪山北有香醉山，雪山之北、香醉山之南有大池名无
热恼池（Anavatapta，亦作阿那婆答多池），四边宽各五十踰缮那。从无
热恼池流出四大河：殑伽河（Gangā，即恒河）、信度河（Sindhu，即印度
河）、缚刍河（Valsu）和徙多河（Śitā）。②有八功德水注入池中使其常盈
满。这是普通的人到不了的地方。在池侧有赡部林，树形高大，其果甘
美，赡部洲名从此林而得。

之后是对地狱的描述。地狱也是佛教世界的组成部分，但与本书
主旨关系不大，故可略去。

颂曰：

> 日月迷庐半，五十一五十。
>
> 夜半日没中，日出四洲等。
>
> 雨际第二月，后九夜渐增。

---

① 印度次大陆北宽南窄的形状，与佛经中描述的南赡部洲形状类似。斯里兰卡可以理
解成南赡部洲所附属的两中洲中的一个。

② 《大唐西域记》（唐玄奘著，章巽校点，上海人民出版社，1977 年）卷一："赡部洲之中
地者，阿那婆答多池也（唐言无热恼），在香山之南大雪山之北，周八百里矣。金、银、琉璃、颇
胝饰其岸焉。金沙弥漫，清波皎镜。八地菩萨以愿力故，化为龙王，于中潜宅。出清冷水，给
赡部洲。是以池东面银牛口流出殑伽河（旧曰恒河），绕池一匝入东南海。池南面金象口流出
信度河，绕池一匝，入西南海。池西面琉璃马口流出缚刍河，绕池一匝，入西北海。池北面颇
胝师子口流出徙多河，绕池一匝，入东北海。或曰：潜流地下，出积石山，即徙多河之流，为中
国之河源云。"

125

寒第四亦然,夜减昼翻此。

昼夜增腊缚,行南北路时。

近日自影覆,故见月轮缺。

印度古代天文学认为,日月众星在风轮的托持和吹动下,绕苏迷庐山而转。日月运行的高度为苏迷庐山高的一半,即四万二千由旬。日之直径为五十一踰缮那,月之直径为五十踰缮那。《论》还给出:"星最小者唯一俱卢舍,其最大者十六踰缮那。"日绕苏迷庐山转动,在四大洲形成昼夜交替和季节变化。同一个太阳在四大洲形成的"地方时"是不同的,北俱卢洲的夜半、东毗提诃洲的日没、南赡部洲的正中午和西瞿陀尼洲的日出,这四个时刻是相同的。在雨季第二月的第九日之后,夜逐渐变长,白昼逐渐减短;寒季第四月的第九日开始,夜减昼增。[①]太阳行南北路,引起昼夜增减,其增减量为一天一腊缚[②]。至于月亮为什么有阴晴圆缺的变化,那是因为在月末、月初,月亮靠近太阳时,自身投射出阴影,把其自身其他发光部分覆盖了。

颂曰:

妙高层有四,相去各十千。

傍出十六千,八四二千量。

坚手及持鬘,恒憍大王众。

如次居四级,亦住余七山。

有四个层级围绕苏迷卢山,高为苏迷卢山高的一半。各层相距一万踰缮那。第一层向外延伸一万六千踰缮那,第二、第三、第四层依次为八千、四千、两千踰缮那。有名为坚手的药叉神住在第一层级。有名为持鬘的药叉神住第二层级。有名为恒憍的药叉神住第三层级。这三位都是四大天王的部众。第四层级是四大天王及其诸眷属共同居住之所。苏迷卢山的四外层级和七金山都是四大王众及眷属的居所。

---

① 有关印度古代季节的论述见本书有关章节。

② 一腊缚等于一昼夜的九百分之一,见本书第三章的论述。对日月运行详细情形的介绍见本书第 6 章。

颂曰：

妙高顶八万，三十三天居。

四角有四峰，金刚手所住。

中宫名善见，周万踰缮那，

高一半金城，杂饰地柔软。

中有殊胜殿，周千踰缮那，

外四苑庄严，众车粗杂喜。

妙池居四方，相去各二十。

东北圆生树，西南善法堂。

苏迷卢山顶住着三十三天王，[①]山顶四面各宽八万踰缮那，与山脚四边等宽。[②]山顶四角各有一峰，它们的高与宽都为五百踰缮那。有名为金刚手的药叉神住在四角峰上守护诸天王。山顶正中是善见宫，四面各二千五百踰缮那。有一座一踰缮那半高的金城，地面平坦，亦是真金所成，用杂宝装饰，触地柔软。城中有殊胜殿，四面各二百五十踰缮那。城外四面有四苑：众车苑、粗恶苑、杂林苑、喜林苑，是诸天王游戏处。四苑四边有四妙池，中间各去苑二十踰缮那。城外东北有圆生树，《论》说此树"盘根深广五十踰缮那，耸干上升，枝条傍布，高广量等百踰缮那。挺叶开花，妙香芬馥，顺风熏满百踰缮那。若逆风时犹遍五十"。城外西南角有善法堂，《论》谓"三十三天时集于彼详论如法不如法事"。

颂曰：

此上有色天，住依空宫殿。

六受欲交抱，执手笑视淫。

初如五至十，色圆满有衣。

欲生三人天，乐生三九处。

如彼去下量，去上数亦然。

离通力依他，下无升见上。

---

① 《佛地经论》(No.1530，亲光菩萨等造，唐玄奘译)卷五："三十三天，谓此(苏迷卢)山顶四面各有八大天王，帝释居中，故有此数。"

② 《论》列举其他部派的观点说："有余师说，周八十千。别说四边各唯二万。"

　　三十三天王众的住所交代完毕之后，接着介绍其他有色诸天①的情况。诸天在空中距离"上天"和"下海"的具体由旬数不是那么容易说清楚，总的原则是距离"上天"和"下海"的距离都是相同。譬如，四大天王住在苏迷卢半山腰，下距大海四万二千踰缮那，上离三十三天也是四万二千踰缮那；三十三天离下面大海的距离与到上面夜摩天的距离也相等，即八万四千踰缮那。最末一句说的是诸天众上天下地的能力和所受的限制，也无涉本书主旨，略过不论。

　　颂曰：

　　　　四大洲日月，苏迷卢欲天。

　　　　梵世各一千，名一小千界。

　　　　此小千千倍，说名一中千。

　　　　此千倍大千，皆同一成坏。

　　包括四大洲、日月星辰、苏迷卢山和色界诸天在内总称为一小千世界。千倍的小千世界为一中千世界。千倍的中千世界叫作一大千世界。大千世界里的一切在一大劫中一起生成一起毁坏。

　　颂曰：

　　　　赡部洲人量，三肘半四肘。

　　　　东西北洲人，倍倍增如次。

　　　　欲天俱卢舍，四分一一增。

　　　　色天踰缮那，初四增半半。

　　　　此上增倍倍，唯无云减三。

　　南、东、西、北洲人的身高依次倍增。赡部洲人的身高在三肘半到四肘之间。东胜身洲人身高为八肘。西牛货洲人十六肘高。北俱卢洲

---

　　① 佛教有所谓的三界二十八天：欲界六天，色界十八天，无色界四天。欲界六天是四王天、忉利天、夜摩天、兜率天、化乐天、他化自在天。色界十八天分初阐三天：梵众天、梵辅天、大梵天；二阐三天：少光天、无量光天、光音天；三阐三天：少净天、无量净天、遍净天；四阐九天：无云天、福生天、广果天、无想天、无烦天、无热天、善见天、善现天、色究竟天，其中后五天为净居天。无色界四天是空无边处天、识无边处天、无所有处天、非想非非想处天。在这三界二十八天中，只有欲界的四王天与忉利天，依须弥山的地界而居，所以称作地居天。夜摩天以上，都是凌空而处，故名空居天。

人则有三十二肘高。欲界六天中最下第一天天众的身高是四分之一俱卢舍,其余五天众的身高以四分之一俱卢舍递增,到第六天天众的身高是一俱卢舍半。关于色界天众的身高:梵众天的天众身高半踰缮那,梵辅天天众身高一踰缮那,大梵天身高一踰缮那半,少光天天众身高二踰缮那,从此往上其余诸天天众的身高依次倍增。只有无云天天众身高减去三踰缮那。而无量光天天众身高比前一天增二至四倍,直到色究竟天的天众身高增加到一万六千踰缮那。

颂曰:

> 北洲定千年,西东半半减。
>
> 此洲寿不定,后十初巨量。
>
> 人间五十年,下天一昼夜。
>
> 乘斯寿五百,上五倍倍增。
>
> 色无昼夜殊,劫数等身量。
>
> 无色初二万,后后二二增。
>
> 少光上下天,大全半为劫。

天人的身高各不相同,他们的寿数也各异。北俱卢洲人寿数为一千岁,西牛货洲人寿五百岁,东胜身洲人寿二百五十岁,南赡部洲人的寿数没有一定期限,在减劫的最后人寿减到只有十岁,而在劫初则人寿无量。

要计算欲界天众的寿数长短,先要建立天上的昼夜。人间五十年相当于欲界六天中最在下天即四王天的一个昼夜。三十个这样的昼夜成一月,十二月为一岁,四王天天众寿五百岁。往上五欲天依次加倍,即人间百年为第二天切利天的一昼夜,以此昼夜成月及年,切利天众寿千岁。夜摩天等四天依次如人间二百、四百、八百、一千六百岁为一昼夜,并以此昼夜各成其月及年,其天众寿数依次为二千、四千、八千、一万六千岁。因为日月绕苏迷卢山半山腰运转,所以四王天以上并无日月。诸天天众靠花开花合、鸟鸣鸟静等建立昼夜,靠自身的发光来照明周围。

色界天中无昼夜分别,寿数用多少劫数来表示。他们的劫寿与身高在数值上相等。假如身高半踰缮那，则寿数为半劫；身高一踰缮那，则寿数为一劫，直到身高一万六千踰缮那的，其寿数也有一万六千劫。

无色界四天从第一天开始寿数依次为两万、四万、六万和八万劫。

至于所说的劫是什么劫，是坏劫还是成劫？是中劫还是大劫？按照《论》的解释，以少光天为界，以上诸天众的寿数以包含八十中劫的大劫为单位，以下三天天众寿数是以包含四十中劫的半劫为单位。按照"劫数等身量"的规则，梵众天、梵辅天、大梵王的寿命应该分别为半劫、一劫和一劫半，而身高只比大梵王高半个踰缮那的少光天，寿数为两大劫（160 中劫，大梵王寿数为 60 中劫）。

颂曰：

> 等活等上六，如次以欲天。
> 寿为一昼夜，寿量亦同彼。
> 极热半中劫，无间中劫全。
> 傍生极一中，鬼月日五百。
> 颏部陀寿量，如一婆诃麻。
> 百年除一尽，后后倍二十。

说完诸天与人（善趣）的寿数，接着交代地狱中恶鬼和畜生（恶趣）的寿数。四大王等六欲天的寿数，依次对应为"等活"等上六层地狱中的一昼夜。[①]以这样的昼夜成月成年，寿数依次与六欲天中的寿数相等。譬如四大王寿数为五百年，相当于等活地狱中的一昼夜。以此昼夜成月及年，在等活地狱中的寿数就是五百个这样的年。直到他化自在天的寿数一万六千年相当于炎热地狱中的一昼夜，再以此昼夜成月及年，在炎热地狱的寿数就是这样的一万六千年。极热地狱的寿数为半个中劫。无间地狱的寿数为一中劫。"傍生"[②]的寿数大多没有定限，如寿极长也可达一中劫。鬼以人间一月为一日，以此成月及岁，其

---

① 等活地狱为八热地狱之一，其余为黑绳、众合、叫唤、大叫唤、炎热、极热、无间，这八地狱在阎浮地下五百由旬处，依次往下，重重叠加。

② 即畜生，一作旁生。《一切经音义》（No.2128，唐慧琳撰）云："傍生者，上从龙兽禽畜，下及水陆昆虫，业沦恶趣，非人天之正道，皆曰傍生是也。"

寿为五百年。而颊部陀①地狱中的寿数,等同于从一大婆诃②中每一百年取一粒谷,直到取尽所需的年数。第二寒地狱尼剌部陀中的寿数是颊部陀的二十倍,余下六寒地狱的寿数依次为前者的二十倍。

至此,《阿毗达磨俱舍论》完成了对佛教世界结构的描绘。读者可以体会到,这个世界的构造是相当精致的,无论天地之结构、日月之运行、四大洲形状,还是苏迷卢山顶天神的华丽居所以及天、人、鬼的身高、寿命等问题,都有一套定量的模型,其中的数学计算涉及等差级数和等比级数。同时,汉译佛经中的这个世界结构也不是完全脱离经验的。譬如对南赡部洲形状的描述,与印度半岛北宽南窄的形状大致符合;印度河、恒河等河流发源于北部雪山,也是实际情形。总而言之,从汉译佛经中可以了解到一个数量化了的印度古代宇宙模型。

4.2 佛教宇宙的运行

4.2.1 日月之生成

太阳和月亮是两个重要的天体,关于它们是如何生成的,并且由什么材料构成,在汉译佛经《长阿含经》(No.1)卷二十二"世本缘品"有比较详细的介绍:

> 尔时未有日月,众生光灭。是时天地大闇如前无异。其后久久有大暴风吹大海水,深八万四千由旬,使令两披飘取日宫殿,着须弥山半,安日道中,东出西没周旋天下。
>
> 第二日宫从东出西没,时众生有言:"是即昨日也。"或言:"非昨也。"第三日宫绕须弥山东出西没,彼时众生言:"定是一日。"日者,义言是前明因,是故名为日。日有二义:一日住常度,二日宫

---

① 八寒地狱中的第一重,其余为:尼剌部陀、颊哳吒、臛臛婆、虎虎婆、嗢钵罗、钵特摩、摩诃钵特摩。

② 《俱舍论颂疏论本》(No.1823,唐圆晖述)云:"婆诃,此云篅。"也就是谷仓。

殿。宫殿四方，远见故圆。寒温和适，天金所成，颇梨间厕。二分天金，纯真无杂，外内清彻，光明远照；一分颇梨，纯真无杂，外内清彻，光明远照。日宫纵广五十一由旬，宫墙及地薄如梓柏。

……

其日宫殿为五风所持：一曰持风，二曰养风，三曰受风，四曰转风，五曰调风。日天子所止正殿，纯金所造，高十六由旬。殿有四门，周匝栏楯。日天子座纵广半由旬，七宝所成，清净柔软，犹如天衣。日天子自身放光，照于金殿，金殿光照于日宫，日宫光出照四天下。日天子寿天五百岁，子孙相承，无有间异。其宫不坏，终于一劫。

……

佛告比丘：月宫殿有时损质盈亏，光明损减，是故月宫名之为损。月有二义：一曰住常度，二曰宫殿。宫殿四方，远见故圆。寒温和适，天银琉璃所成。二分天银，纯真无杂，内外清彻，光明远照。一分琉璃，纯真无杂，外内清彻，光明远照。月宫殿纵广四十九由旬。宫墙及地薄如梓柏。……

其月宫殿为五风所持：一曰持风，二曰养风，三曰受风，四曰转风，五曰调风。月天子所止正殿，琉璃所造，高十六由旬。殿有四门，周匝栏楯。月天子座纵广半由旬，七宝所成，清净柔软，犹如天衣。月天子身放光明，照琉璃殿，琉璃殿光照于月宫，月宫光出照四天下。月天子寿天五百岁，子孙相承，无有异系。其宫不坏。终于一劫。

从本章"世界之形成"一节中的介绍可知，汉译佛经中有关世界成因的理论认为形成世界的最原始、最基本的动力是一种大风。根据上面引述的《长阿含经》"世本缘品"，日月也是由大暴风从处于海洋下八万四千由旬深的原始大陆（金地轮）上吹取而置于空中的。日月能够运行于空中而不坠，也是由所谓的"五风"所持，即持风、养风、受风、转风、调风。风在印度古代是一种基本动力，世界的形成、日月的产生都与风有关，这里日月运行也靠风来吹动也就顺理成章了。

《长阿含经》中认为日月由不同的材料组成,日由两分天金和一分颇梨①制成,月由两分天银和一分琉璃所成。日月的形状都是四方的,是"远见故圆"。②日长和宽各 51 由旬,月长和宽各 49 由旬。《立世阿毗昙论》关于日月构成材料的说法与《长阿含经》的说法一致,但是对日月的形状和大小有另外的说法,认为"日月宫殿团圆如鼓",日宫厚五十一由旬,广五十一由旬,周围一百五十三由旬;月宫厚五十由旬,广五十由旬,周围一百五十由旬。显然把日月当成一种像鼓一样的圆柱体,圆柱的周长是采用"径一周三"算出来的。又《起始经》(No.24)卷十:"月天子宫纵广正等四十九由旬。日天子宫纵广正等五十一由旬。"又《瑜伽师地论》(No.1579)卷二:"其日轮量五十一踰缮那,当知月轮其量减一。"可见在汉译佛经对日月大小有多种说法,其中太阳的广度统一作五十一由旬,月亮的广度则有五十由旬和四十九由旬两说。③日月的形状则有正方体和圆柱体两种。日月生成之后,在一劫之内不会损坏,直到劫末被毁坏世间一切的劫火摧毁。

在上引经文中,叙述了日月产生之后,又对众生关于"今日之日是否昨日之日"这一问题的争论作了生动的描述。太阳被安置在空中绕须弥山而行(详见下节"日月之行"),东出西没。当太阳第二次又东出西没时,人们并无把握认为第二次出现之日仍是上一次出现之日。据佛经,当太阳第三次绕须弥山东出西没时,众生才"言定是一日",并给予了日两种含义:一住常度,二宫殿。这两种日的含义一抽象,一具体。

---

① 即玻璃,梵文为 Sphatika。汉译佛经中又作颇黎、颇胝迦、颇置迦、娑波致迦、塞颇致迦、窣坡致迦等。

② 在中国古代也有类似把日月的圆形归咎于去人远的解释。《隋书·天文志》引王充的话说:"日月不圆也,望视之所以圆者,去人远也。夫日,火之精也;月,水之精也。水火在地不圆,在天何故圆?"

③ 中国古代也有关于日月的大小和形状的说法。《周髀算经》言"日晷径千二百五十里";《论衡·说日》记"日径千里";《晋书·天文志》称"日径千里,围周三千里";阮籍"咏怀诗八十二首"之二十五写"日月径千里,素风发微霜"。《法苑珠林》(No.2122)卷第四引《白虎通》"日月径千里",又引徐整《长历》"日月径千里,周围三千里,下于天七千里"。显然中国古代认为日月是圆形的,若以一由旬等于 20 里,则中国古代认为日月的大小与印度的日月大小非常接近。

其具体含义即是指物质的日——印度古代认为日是四方的宫殿；其抽象的含义指日所具有的那种周而复始的不变行为。确实，"今日之日是否昨日之日"不是毫无疑问的，《起始经》（No.24）卷九也有对同一问题的讨论：

> 诸比丘，尔时日天胜大宫殿从东方出，绕须弥山半腹而行，于西方没，还从东方出。尔时众生复见天胜大宫殿从东方出，各相告言："诸仁者，还是日天光明宫殿再从东出，右绕须弥，当于西没。"第三见已，亦相谓言："诸仁者，此是彼天光明流行，此是彼天光明流行也。"是故称日为修梨耶。

太阳的梵语名称是 surya，《起始经》音译作"修梨耶"，该经译注云："修梨耶者，隋言此是彼也。"把太阳叫作修梨耶，即是对"今日之日是否昨日之日"的肯定回答。又《立世阿毗昙论》（No.1644）卷五"日月行品第十九"中对太阳有同样的叫法："是宫殿说名修野，是日天子于其中住，亦名修野。宫殿天子悉名修野。"这个"修野"显然是"修梨耶"的省略叫法。

印度古代认为日月本身都是能发光的。按照《长阿含经》的解释，日月能发光的原因是日月天子自身能发光，他们发的光先照亮他们居住的金殿和琉璃殿，然后又照亮日宫和月宫。《长阿含经》（No.1）卷二十二"世本缘品"还解释了有十个原因让日光变得炎热。其中第一到第八个原因是须弥山外有逾健达罗、伊沙驮罗、揭地洛迦、苏达梨舍那、颇湿缚羯拏、毗那恒迦、尼民达罗等七金山和金刚轮山等八座大山，皆"七宝所成，日光照山，触而生热"。另外，日宫以上一万由旬"有天宫殿，名为星宿，琉璃所成。日光照彼，触而生热"，这是第九个原因。第十个原因是"日宫殿光照于大地，触而生热"。

4.2.2 日月之行

从前引《长阿含经》知道，印度古代认为日月绕须弥山而行，高度是须弥山的一半。《立世阿毗昙论》（No.1644）卷五"日月行品第十九"也有类似的说法："从阎浮提高四万由旬，是处日月行半须弥山，等游乾陀山。"这里的四万由旬又是约略而言,精确高度是四万两千由旬。《大方广佛华严经》(No.293)卷十二的一段相关记载可为佐证:"日殿去地四万二千由旬,四天下不睹形色,但蒙光照。"

这里对日月运行方式的描述特别值得注意,印度古代认为日月绕转的方式是一种平转,以竖立于地面的须弥山为绕转轴。这与一般认为的日月绕地而转的观点是不同的。在中国古代宇宙论中,浑天说主张日月绕地而行,但盖天说主张的日月运行方式与印度古代的观点相同(详见本章下文的讨论)。

用太阳绕须弥山转动的模型可以解释寒暑和昼夜的交替变化。《长阿含经》(No.1)卷二十二"世本缘品"说:"日宫殿六月南行,日行三十里,极南不过阎浮提。日北行亦复如是。"《立世阿毗昙论》(No.1644)卷五"日月行品第十九"对太阳的周年运动有更详细的描述:

> 日月之前有行乐天子。是天子者,若游行时,则受戏乐。以众生业增上缘故,故有风轮恒吹回转。以风吹故,日月宫殿回转不息。日宫殿者行一百八十路;月宫殿者,行十五路。日十二路是月一路。若日出入时,十二日所行路,月出入时一日行之得度。从极南路至极北路二百九十由旬。日月于是中行,无有减长。日复有两路,一者外路,二者内路。内路者,从阎浮提内路至北郁单越内路,相去四亿①八万八百由旬,周围十四亿四万二千四百由旬。其外路者,相去四亿八万一千三百八十由旬,周围十四亿四万四千一百四十由旬。

印度古代天文学认为太阳运行的道路有 180 条,月亮运行的道路有 15 条。在半年内太阳每天连续地从一条日道过渡到下一条日道,到最外一条日道后依次退回到最内一条日道。这样一年之中日出方位角的变化、白昼长度的变化等周年变化可以得到比较完满的解释。对月亮的行路,每一条月路相当于 12 条日道。180 条日路之最南一路到最北一路之间相距二百九十由旬,日月在这中间来回运行。太阳最南的

---

① 这里的"亿"实指十万。

行路叫外路,外路直径四十八万一千三百八十由旬,周长一百四十四万四千一百四十由旬。太阳最北的行路叫内路,其内路直径为四十八万八百由旬,周长一百四十四万二千四百由旬。这里圆周率仍被取作3,不难算出外路半径与内路半径相差290由旬。

《立世阿毗昙论》(No.1644)卷五"日月行品第十九"接着继续介绍日月运行速度的大小和方向、日月的相对运动和月相的变化:

> 其月行者,傍行则疾,周行则迟。其日行者,周行则疾,傍行则迟。日行与月,或合或离。一一日中,日行四万八千八十由旬,合离皆尔。若稍合时,日日覆月三由旬又一由旬三分之一。以是方便故,十五日一节被覆,月光不现。若稍离时,日日日行,四万八千八十由旬,是日离月三由旬又一由旬三分之一。以是方便故,十五日月大圆明。如是数量,日行周围,疾速于月,四万八千八十由旬。
>
> 日恒行一由旬半又一由旬九分之一。其一一日出时如是,入亦如是。六月日中从内路出至于外路,六月日从外路入至内路。月恒行十九由旬又一由旬三分之一。其一一月出亦如是,入亦如是。十五日从内路至外路,十五日从外路至内路。

日月的运行轨道是一些以须弥山为轴的水平圆圈,每天从一根轨道运行到毗邻的下一根轨道叫"傍行",沿轨道作的圆周运动叫"周行"。日"傍行"的速率是"一由旬半又一由旬九分之一",这个数值不难从下式获得:

$$290(由旬) \div 180(日) = 1\frac{1}{2} + \frac{1}{9}(由旬/日)$$

月"傍行"的速率是"十九由旬又一由旬三分之一",这个数值也不难从下式获得:

$$290(由旬) \div 15(日) = 19\frac{1}{3}(由旬/日)$$

所以从"傍行"来看,月亮比太阳跑得快,从"周行"来说,则是太阳跑得比月亮快。太阳接近赶超月亮的速度是每天四万八千八十由旬。由于太阳接近月亮,月亮被一点一点覆盖,每十五天全部覆盖住月亮,使得月光不现,然后太阳又慢慢离开月亮,十五天后使月相圆满。太阳覆盖或露出月亮的速度是每天三由旬又一由旬三分之一,这个数值可以从下式得到:

$$50(由旬) \div 15(日) = 3\frac{1}{3}(由旬/日)$$

《长阿含经》(No.1)卷二十二也有关于太阳"傍行"的记载:"日宫殿六月南行,日行三十里,极南不过阎浮提。日北行亦复如是。"[①]又《起世经》(No.24)卷十云:"日天宫殿,常行不息,六月北行,于一日中渐移北向六俱庐奢,未曾暂时离于日道。六月南行,亦一日中渐移南向六俱庐奢,不差日道。"印度古代1由旬等于4俱庐奢,因此《起世经》中太阳每日"傍行"六俱庐奢,即一又二分之一由旬,与《立世阿毗昙论》的一由旬半又九分这一由旬相差九分之一由旬,可以认为这两个数据基本上相符。

《立世阿毗昙论》用日覆月来解释月相的变化。在其他汉译佛经中对月相变化有其他解释。《阿毗达磨俱舍论》(No.1558)卷十一云:

"何故月轮于黑半末白半初位见有缺耶?"世施设中作如是释:"以月宫殿行近日轮,月被日轮光所侵照,余边发影自覆月轮,令于尔时不见圆满。"先旧师释:"由日月轮行度不同,现有圆缺。"

以上对月相圆缺变化产生的过程和原因解释得较为详细,把月亮当成本身发光的天体,认为当月亮运行逐渐靠近太阳时,月轮在太阳光照射下在另一边产生阴影,把其自身其他发光部分覆盖了,使月不见圆满。其中提到的"先旧师"的解释,虽然简略,但把月相变化与日月的行度联系起来,却是一种正确的解释。这所谓的"先旧师"应该是掌握了一套正确的日月运行理论,可惜佛经中没有能给出更多的信息。《摩登伽经》(No.1300)卷下也称:"月形增损,由日远近"。因此至少可以认为

---

① 这里用中国古代的长度单位"里"来代替由旬。根据前述日"傍行"的速率,可以算得一由旬约为18.6里,按《大唐西域记》,一由旬有40里、20里和16里三说,基本相符。

印度古代已经认识到月相变化与太阳的光照及其位置的变化有关。

《长阿含经》(No.1)卷二十二"世本缘品"载:

> 以何缘故月宫殿小小损减?有三因缘故月宫殿小小损减:一者月出于维,是为一缘故月损减;复次月宫殿内有诸大臣身着青服,随次而上,住处则青,是故月减,是为二缘月日日减;复次日宫有六十光,光照于月宫,映使不现,是故所映之处月则损减,是为三缘月光损减。

> 复以何缘月光渐满?复有三因缘使月光渐满,何等为三?一者月向正方,是故月光满。二者月宫诸臣尽着青衣,彼月天子以十五日处中而坐,共相娱乐,光明遍照,过诸天光,故光普满,犹如众灯烛中燃大炬火,过诸灯明。彼月天子亦复如是,以十五日在天众中,过绝众明,其光独照,亦复如是,是为二缘。三者日天子虽有六十光照于月宫,十五日时月天子能以光明逆照,使不掩翳,是为三因缘月宫团满无有损减。复以何缘月有黑影?以阎浮树影在于月中,故月有影。

这两段经文对月相变化的解释看上去更加详细,但主要思路还是把月亮当作一个发光体,并且考虑月亮和太阳的相对位置。另外把月相变化归因于月宫殿内诸大臣衣服颜色等,则带有更多的神话色彩。经文还试图对月面的阴影给出解释,认为月亮像镜子一样,月亮的阴影是地上的阎浮树在月面形成的倒影。

4.2.3 日照的范围

《立世阿毗昙论》(No.1644)卷五"日月行品第十九"末尾云:

> 日光径度,七亿二万一千二百由旬,周围二十一亿六万三千六百由旬。南剡浮提日出时,北郁单越日没时,东弗婆提正中,西瞿耶尼正夜。是一天下四时由日得成。

汉译佛经中关于日光照射有一定范围的说法虽然只见于《立世阿毗昙论》(No.1644)卷五一处,但这是非常重要和有意义的。从前一节"日月之行"知道,在印度古代宇宙模型中,太阳的行路是以须弥山为轴并平行于大地平面的。在这种模型中,如果太阳光照半径无限大,将无法形成黑夜和白昼的交替变化。因此在汉译佛经中明确地给出了日光照射范围的直径为 721 200 由旬(同前文,经文中"亿"即十万),即半径为 360 600 由旬。这样,在以太阳中心半径为 360 600 上旬的球形范围内是白昼,以外是黑夜。

在此汇总一下印度古代太阳运行模型中的一些关键数据:

太阳离地高度:42 000 由旬

太阳光照直径:721 200 由旬,即半径:360 600 由旬

太阳绕须弥山运动之

内路直径:480 800 由旬,即半径:240 400 由旬

外路直径:481 380 由旬,即半径:240 690 由旬

须弥山(圆柱形)直径 84 000 由旬,即半径:42 000 由旬

水地轮直径:1 203 450 由旬,即半径:601 725 由旬

可以看到,太阳光照半径小于太阳绕须弥山运动的内路直径,这一点决定了太阳在它的"路"上运行时不可能照射到与其所在位置相对的另一边去。比如当日光照射南剡浮提洲时,就不可能照到北郁单越洲;日光照射东弗婆提洲时,就不可能照到西瞿耶尼洲。当南剡浮提洲日出时,北郁单越洲正好日落,此时东弗婆提洲正好是正午,西瞿耶尼洲则是半夜。其余情况可依次类推。这样,四大洲的昼夜交替变化就可以根据(1)日绕须弥山而行和(2)日光照射范围有限这两个前提条件来作出解释。

4.2.4 日月交食

在前文第二章曾讲到过《摩登伽经》中罗摩能命令太阳一会隐去一会出现的故事。故事的背后,其实描述出了日食,由此至少可以推断印度古代很早已了解了日食现象。

日食和月食是两种非常重要的天象,在汉译佛经中日食和月食这两个名词经常出现,但受佛经本身性质的限制,真正从天文学意义上描述和解释日月交食的情况不多,提到日月交食时,大多与星占学有关。《四分律》(No.1428)卷五十三"杂捷度之三"载:

> 如余沙门、婆罗门食他信施,邪命自活,瞻相天时,或言当雨或言不雨,或言谷贵或言谷贱,或言多病或言少病,或言恐怖或言安隐,或言地动,或言彗星现,或言月蚀或言不蚀,或言日蚀或言不蚀,或言星蚀或言不蚀,或言月蚀有如是好报有如是恶报,日蚀星蚀亦如是,除断如是邪命法。

这里提到日食是婆罗门外道各种系星占术中的一种,而佛教是要"除断"的。几乎同样内容的记载还见于《长阿含经》(No.1)卷十四"梵动经第二":

> 如余沙门、婆罗门食他信施,行遮道法,邪命自活,瞻相天时,言雨不雨,谷贵谷贱,多病少病,恐怖安隐,或说地动、彗星、月蚀、日蚀,或言星蚀,或言不蚀,方面所在,皆能记之。沙门瞿昙无如此事。

又《大摩里支菩萨经》(No.1257)[1]卷二载:

> 复有成就法,用石黄药、酥鲁多药、多誐啰比根,采此药根时,阿阇梨须裸形露头,遇月蚀时或日蚀时修合为丸,然后想此药如同日月,即含口中默然而住,昼夜不见隐身第一。

同样是佛典,密教部经典记载的这种行为,其行事之怪异乖张,就大大背离阿含部和律部经典中的训诫了。这里试图要通过模仿月亮和太阳隐去不见的情形,来修炼一种隐身法。阿阇梨[2]要"裸形露头"去采某种药根,在月食或者日食时,把药修炼成药丸,然后把药丸想象成日月,含在口中,就能够隐身了。

对于发生日月食的原因,汉译佛经中也有生动的描述。《大般涅槃经》(No.374)卷九云:

> 罗睺罗阿修罗王以手遮月,世间诸人咸谓月蚀。阿修罗王实

---

[1] 《大摩里支菩萨经》(7卷),宋天息灾译。

[2] 阿阇梨梵文作 Acārya,原本指一般之教师。《四分律》(No.1428)卷第三十九:"有五种阿阇梨:有出家阿阇梨、受戒阿阇梨、教授阿阇梨、受经阿阇梨、依止阿阇梨。出家阿阇梨者,所依得出家者是;受戒阿阇梨者,受戒时作羯磨者是;教授阿阇梨者,教授威仪者是;受经阿阇梨者,所从受经处读修妒路,若说义乃至一四句偈;依止阿阇梨者,乃至依止住一宿。"后来专指真言传授秘法之职位称号。《大毗卢遮那成佛经疏》(No.1796)卷三曰:"若于此曼荼罗种种支分,乃至一切诸尊,真言手印,观行悉地,皆悉进达,得传法灌顶,是名阿阇梨。"

不能蚀,以阿修罗王障其明故。是月团圆无有亏损,但以手障故,使不现。……复次善男子,如人知月六月一蚀,而上诸天须臾之间已见月蚀。何以故? 彼天日长,人间短故。善男子,如来亦尔。天人咸谓如来寿短,如彼天人须臾之间频见月蚀。

又《正法念处经》(No.721)卷二十:

时二阿修罗王,筹量此已,速疾往诣四大王所,决意欲斗。各望得胜,若日在天后。阿修罗军,日在其前。以日光明照其目故,不能加害,亦不能雨刀仗剑戟,不能以目正视诸天。各各相谓日光晃昱,照我眼目,是故不得与天斗战。是时罗睺阿修罗王即以一手障彼日光。是第三因缘。世人见已,以愚痴心,咸作是言:今者日蚀,或言当丰,或说当俭,或言水灾,或言旱灾,或言王者吉凶灾祥,或言众人有疫无疫。如是无实,妄生分别。

又《大方广菩萨藏文殊师利根本仪轨经》(No.1191)卷十四云:

阴阳者当了知,如是六月为罗睺障时。十二月为一年,十二年为大年。如是一切星曜及阿修罗,于此大年之中或顺或逆作诸善恶。又白月分十五日月满之时,罗睺阿修罗王现全蚀日月者,大地中有大刀兵会。当须了知如是之事,若现如是大恶相时,有无数障难。至末法后世间之人不修福事,是令日月全被障蚀。若于尾宿之分或日没之际、或月没之际、或日月中时,如是之时蚀者,乃是罗睺阿修罗王影之所障。

可见,印度古代认为日月交食的发生与罗睺阿修罗王有关。阿修罗(Asura)是印度佛教天龙八部之第五部,原为印度佛教世界中的一种天神,常与帝释天作战,罗睺是阿修罗的王。罗睺在与帝释交战时,嫌太阳晃眼,就用一只手把太阳遮挡起来,所以就发生了日食。由于罗睺与交食的这种关系,在印度古代天文学中将与交食发生有密切关系的黄道与白道的升交点命名为罗睺(Rāhu)。[1]

---

[1] 钮卫星:《罗睺、计都天文含义考源》,《天文学报》第 35 卷,1994 年第 3 期,第 326—332 页。

　　上述引文还说明了印度古代已经认识到了长度为 6 个月的交食周期。现代天文学告诉我们,交食必定发生在黄白交点附近,而太阳从升交点运动到降交点的时间正好是 6 个月。事实上,对月食而言,如果将半影月食也计在内,每年至少要发生两次,即六月一次;对日食而言,每年至少也有两次,即六月一次。因此汉译佛经"六月为罗睺障时"的说法是有其成熟的天文学知识背景的。

　　从汉译佛经以外的文献资料可知,传入中土的印度天文学尤以推交食术最为擅长。这一点在汉译佛经中没有充分表现出来。当然作为一种宗教典籍,无法苛求其对推算交食的具体方法有更多的介绍。《旧唐书》卷三十三"《麟德历》推交食术"条附"迦叶孝威等天竺法":

　　　　先依日月行迟疾度,以推入交远近日月蚀分加时。日月蚀亦
　　　为十五分。去交十五度、十四度、十三度,影亏不蚀法。自此以下,
　　　乃依验蚀。十二度十五分,蚀二分少强,以渐差降,自五度半已上,
　　　蚀既,十四分强。若五度无余分已下,皆蚀尽。又用前蚀多少,以
　　　定后蚀分余。若既,其后蚀度乃分,即加七度以为蚀度。若望月蚀
　　　既,来月朔日虽入而不注蚀。若蚀半已下,五分取一分;若半已上,
　　　三分取一分,以加来月朔蚀度及分。若今岁日余度及分,然后可验
　　　蚀度分数多少。又云:六月依节一蚀。是月十五日是月蚀节,黑月
　　　尽是日蚀节。

以上所谓的"迦叶孝威等天竺法"中主要有三方面的内容:

　　1. 利用推算日月离黄白交点的远近来判断会不会发生交食以及食分为多少。

　　2. 根据前一次交食食分来推断下一次交食的食分。

　　3. 指出"六月依节一蚀"的规律,并且指明月食在望,日食在朔。

《旧唐书》卷三十四"《大衍历》推交食术"条中也附有一段天竺交食术:

　　　　按天竺僧俱摩罗所传断日蚀法,其蚀朔日度躔于郁车宫者,的
　　　蚀。诸断不得其蚀,据日所在之宫。有火星在前三后一之宫并伏
　　　在日下,并不蚀。若五星总出,并水见,又水在阴历,及三星已上同
　　　聚一宿,亦不蚀。凡星与日别宫或别宿则易断,若同宿则难断。更

有诸断,理多烦碎,略陈梗概,不复具详者。

这里所谓的天竺僧俱摩罗所传断日食法分两部分内容:

1. 判断一定发生日食的情况。朔时太阳在郁车宫(白羊宫)内,一定发生日食。

2. 判断一定不发生日食的情况。判断的根据是日与行星的位置关系。

显然这两种判断日食与不食的方法对中国古代天文学来说是全新的,而且似乎也未被当时中国天文学家很好地认同,因为《旧唐书》称其"理多烦碎",故只是"略陈梗概",不作详细的介绍。

从《旧唐书》对上面两则天竺交食术的记载可知,古代印度对交食发生的条件以及交食的本质是有比较正确的认识的。虽然汉译佛经中还夹杂着罗睺阿修罗王之类的神话传说,但对交食必定发生在黄白交点附近以及"六月一蚀"为一交食周期这两点的认识是正确的。

4.3　佛教宇宙学与《周髀算经》中的盖天说

佛藏中关于世界结构和日月运行的理论构成了印度古代宇宙理论的主要内容。中国古代最早对天地结构、日月运行等作出描述的宇宙学说是保存在《周髀算经》中的盖天说。今将汉译佛经中所载的印度古代宇宙学理论与中国古代的盖天说进行一番比较。

前文已叙述过汉译佛经中所反映的印度古代宇宙理论:须弥山是天地的中心,山高八万四千由旬,宽度与高度相等。以须弥山为中心向四周展开的大地上有八山七海、四大洲和八小洲依次布列。日月星辰以须弥山为轴绕之平转,运转高度是须弥山高的一半,即四万二千由旬。太阳运行的道路有 180 条,月亮运行的道路有 15 条。在半年内太阳每天连续地从一条日道过渡到下一条日道,到最外一条日道后依次退回到最内一条日道。太阳最南的行路叫外路,外路直径四亿八万一千三百八十由旬,周长十四亿四万四千一百四十由旬。太阳最北的行路叫内路,其内路直径为四亿八万八百由旬,周长十四亿四万二千四百由旬。月亮的行路每一条相当于太阳行路的 12 条,在一个月里从内路运行到外路又返回到内路。日光照耀的范围是有限的,该范围是一个以太阳为球心、直径为七十二万一千二百由旬的球。该日照范围之内为白昼,之外为黑夜。

再摘引《周髀算经》[1]中的相关论述:

荣方曰:周髀者何? 陈子曰:古时天子治周,此数望之从周,故曰周髀。髀者,表也。日夏至南万六千里,日冬至南十三万五千里,日中无影。以此观之,从南至夏至之日中十一万九千里,北至其夜半亦然,凡径二十三万八千里,此夏至日道之径也,其周七十一万四千里。从夏至之日中,至冬至之日中十一万九千里,北至极下亦然,则从极南至冬至之日中二十三万八千里,从极北至其夜半亦然,凡径四十七万六千里,此冬至日道径也,其周百四十二万八千里。从春秋分之日中北至极下,十七万八千五百里。从极下北至其夜半亦然,凡径三十五万七千里,周一百七万一千里,故曰月之道常缘宿,日道亦与宿正。南至夏至之日中,北至冬至之夜半,南至冬至之日中,北至夏至之夜半,亦径三十五万七千里,周一百七万一千里。春分之日夜分,以至秋分之日夜分,极下常有日光。秋分之日夜分,以至春分之日夜分,极下常无日光。故春秋分之日夜分之时,日光所照适至极,阴阳之分等也。冬至夏至者,日道发敛之所生也,至昼夜长短之所极。春、秋分者,阴阳之修,昼夜之象。昼者阳,夜者阴。春分以至秋分,昼之象。秋分至春分,夜之象。故春秋分之日中,光之所照北极下,夜半日光之所照亦南至极,此日夜分之时也。故曰日照四旁,各十六万七千里。人所望见远近,宜如日光所照。(《周髀算经》卷上)

凡为日月运行之圆周,七衡周而六间,以当六月;节六月为百八十二日八分日之五。故日夏至在东井,极内衡;日冬至在牵牛,极外衡也。衡夏至,终冬至;故曰一岁三百六十五日四分之

① 赵爽注、甄鸾重述、李淳风注释:《周髀算经》,上海:上海古籍出版社,1990 年。

一,岁一内极,一外极。三十日十六分之七,月一外极,一内极。是故一衡之间,万九千八百三十三里三分里之一,即为百步。欲知次衡径,倍而增内衡之径;二之,以增内衡径。次衡放之。内一衡径二十三万八千里,周七十一万四千里。……(《周髀算经》卷上)

凡日月运行,四极之道。极下者,其地高人所居六万里,滂沱四隤而下。天之中央亦高四旁六万里。故日光外所照,径八十一万里,周二百四十三万里。故日运行处极北,北方日中,南方夜半;日在极东,东方日中,西方夜半;日在极南,南方日中,北方夜半;日在极西,西方日中,东方夜半。凡此四方者,天地四极四和。(《周髀算经》卷下)

比较印度古代的宇宙学理论和《周髀算经》中的盖天说,可以得到以下五点惊人的相似之处:

1. 须弥山和"极下之地"

汉译佛经中的宇宙学和《周髀算经》都认为在天地的中央、北极的下面有高耸的山峰。在印度古代为高八万四千由旬的须弥山,在《周髀算经》中为高六万里的"极下之地"。①

2. 日月行道

汉译佛经中的宇宙学和《周髀算经》都用太阳在不同行道上的运行来解释昼夜长短等的周年变化,两种理论对各自的日道大小都给出了精制的定量描述。

3. 日月平转

汉译佛经中的宇宙学和《周髀算经》都认为日月绕转动轴作平转。在印度古代理论中,日月绕须弥山之半而转,运行高度始终为四万两千由旬。《周髀算经》中认为日月在离地八万里的平面(天)上绕北极平转。

① 关于《周髀算经》中天地结构的讨论,详见江晓原所著之《周髀新论》,收入于《中国古籍研究》创刊号(中华书局,1994年),又见于江晓原、谢筠合著之《周髀算经译注》(辽宁教育出版社,1995年)。

4. 日照径度

汉译佛经中的宇宙学和《周髀算经》都认为日照的范围是有限的，并以此解释昼夜的交替变化。《立世阿毗昙论》（No. 1644）卷五"日月行品第十九"给出："日光径度七十二万一千二百由旬，周围二百一十六万三千六百由旬。南剡浮提日出时，北郁单越日没时，东弗婆提正中，西瞿耶尼正夜。是一天下四时由日得成。"《周髀算经》中也有"日照四旁，各十六万七千里。……日运行处极北，北方日中，南方夜半；日在极东，东方日中，西方夜半；日在极南，南方日中，北方夜半；日在极西，西方日中，东方夜半"的类似描述。[①]在一个太阳的照耀下，东、南、西、北四个方位的大地上昼夜各不相同。对于如何形成这一现象，中印古代宇宙学给出的解释可谓惊人相似。

中印两种古代宇宙学说中都认为日光照射的范围是有限的，只是光照半径的数值有所不同。这种对日照范围的限定是非常重要的，中印古代都认为太阳在离地一定高度绕极平转，在这种情况下，日照径度的设定是解释昼夜交替所必需的。古代没有光照强度的概念，如果日照可以无限远，那么大地上就永远是白昼了。《周髀算经》又将人眼所能望见的极限设定与日光照射之极限相同，这于解释昼夜交替就更为严密了。

5. 径一周三

都以"径一周三"作为圆周率。圆周率作为一个数学常数，但在天文计算中经常用到。汉译佛经中从直径算周长时，圆周率都取为 3。上面引述的《周髀算经》中也一律把圆周率取为 3。

对圆周率作这样的取值，似乎反映了某种传统，而与有没有能力获得更准确的圆周率无关。如《隋书·天文志上》载："元嘉十七年（440 年），又作小浑天，二分为一度，径二尺二寸，周六尺六寸。安二十八宿中外官星备足，以白青黄等三色珠为三家星。"这里圆周率仍

---

① 中国古代关于日照范围有限的说法还见于其他文献的记载。《法苑珠林》（No. 2122）卷第四引《尚书·考灵曜》"日光照三十万六千里"，又引《地说书》："日月照四十五万里"。

然取整数 3。而早在魏晋之间（263 年左右），刘徽就以割圆术求得圆周率为 3.141 024，而刘宋的祖冲之（429—500）则更求得圆周率在 3.141 592 6 到 3.141 592 7 之间。

　　以上五点揭示了存在于中印古代两种宇宙理论中的相似性。对于这些相似性是否有更深一层的含义——比如是中印更古年代天文学交流与传播的证据等等，有待进一步考证。

5. 佛藏中的星宿体系与中国本土星宿体系

天上恒星的相对位置和亮度看起来经久不变，人们容易对它们进行辨认。为了便于描述和指称，需要对恒星进行命名，而各个古代文明在它们文化的早期阶段应该都或多或少地对恒星进行了这样的命名。

在被命名的恒星达到一定数量之后，为了观测和记忆方便，或者其他什么目的，需要把恒星划分成群，各群恒星的星数多寡不等，多的可能到几十颗，少到只有一颗。这样的星群，在中国古代叫作星官，在西方叫星座。

恒星被命名和划分了区域之后，还能起到坐标系的作用，人们就可以用已知恒星来描述天上的突发天象和运动天体的位置。甲骨文中就有"七日己巳夕■，有新大星并火"（《甲骨文合集》11503 版）[1]的记载，这是记录了在"火"边上有一次新星（或超新星）爆发，"火"就是一颗恒星名字，[2]与《诗·豳风·七月》"七月流火"一句中的"火"是同一颗星。

被命名的恒星更主要的是被用作描述运动天体的参考系。月亮和行星是夜空中在恒星背景下移动的天体，[3]特别地，月亮作为一个显著的天体，古代民族多有根据它的运动来编制历法的，所以古人对月亮的观测尤其仔细。月亮在恒星中穿行形成一条轨迹，[4]对这条轨迹附近恒星的命名就显得尤为重要。

现在看来，中国和印度古代都对月亮运行轨迹上的恒星进行了分

---

① 转引自李圃《甲骨文选注》，上海：上海古籍出版社 1989 年，第 18 页。

② 中国古代后来叫心宿二，在西方的星座中是天蝎座 α。

③ 几个古代的民族不约而同地很早就认识到了有五颗在恒星背景下缓慢移动的行星，即水星、金星、火星、木星和土星。

④ 在中国古代把这条轨迹叫白道。白道与太阳运行的轨迹黄道不重合，但只是在黄道两侧作小幅度的摆动。白道最远点离开黄道约 6°。

划和命名,这两套恒星分划和命名系统——星宿系统,在许多方面具有相似性,但也有不同之处。本章将详细阐述佛藏中保存的印度星宿系统,并将之与中国古代的星宿系统进行对比。

5.1 星宿体系

月亮在恒星背景下穿行一周回到原来的恒星附近需要 27 天多一点,这是一个恒星月。印度古代人认为月亮在这样的一个恒星月内每晚在一个地方停留过夜,这样的地方叫月站(nakśatra)。印度古代沿月亮运行的轨道把周天分成 28(或 27)个月站,在《耶柔吠陀》(Yajurveda)和《阿闼婆吠陀》(Atharvaveda)中已经列出了完整的 28 个月站名称,①印度 28 个月站的名称和排列次序如下表 5.1 所示:

表 5.1　印度《吠陀》中的二十八月站名单②

序号	星宿名称	序号	星宿名称
1	Kṛttikā	15	Anurādhā
2	Rohiṇī	16	Rohiṇī(Jyeṣthā)
3	Mṛgaśiras(Invakā)	17	Vicṛtaū(Mula)
4	Ārdrā(Bāhu)	18	Āsādhā(Pūrvāsādhā)
5	Punarvasū	19	Āsādhā(Uttarāsādhā)
6	Tiṣya(Puṣya)	20	Abhijit
7	Āśreṣā(Āśleṣā)	21	Śroṇā(Śravaṇa)
8	Maghā	22	Śraviṣṭhā
9	Phalgunī(Pūrvā Phalgunī)	23	Śatabhiṣaj
10	Phalgunī(Uttarā Phalgunī)	24	Proṣṭhapadā
11	Hasta	25	Proṣṭhapadā
12	Citrā	26	Revatī
13	Svāti(Niṣṭyā)	27	Aśvaynjau
14	Viśādkhā	28	Apabharaṇī(Bharaṇī)

① S. N. Sen & K.S. Shukla(editor), *History of Astronomy in India*, The Indian National Science Academy, New Delhi, 1985, p.5.

② David Pingree, History of Mathematical Astronomy in India, *Dictionary of Scientific Biography*, XVI, New York, 1981. p.535.

　　与印度的月站系统类似，中国古代也有一个包括 28 个星群的星宿系统。迄今为止所见最早列出全部 28 个星宿名称完整名单的，是 1978 年从湖北省随县擂鼓墩发掘的战国早期墓葬曾侯乙墓中漆盖上的二十八宿图。在该图中，二十八个星宿名称绕一个"斗"字围成一圈。曾侯乙墓的入葬年代在公元前 430 年左右。

　　传世文献中最早的二十八宿完整名单出现于战国末期的《吕氏春秋》中。《吕氏春秋》"有始览第一"载："天有九野……何谓九野？中央曰钧天，其星角、亢、氐；东方曰苍天，其星房、心、尾；东北曰变天，其星箕、斗、牵牛；北方曰玄天，其星婺女、虚、危、营室；西北曰幽天，其星东壁、奎、娄；西方曰颢天，其星胃、昴、毕；西南曰朱天，其星觜嶲、参、东井；南方曰炎天，其星舆鬼、柳、七星；东南曰阳天，其星张、翼、轸。"《吕氏春秋》"季春纪第三·圜道"又说："月躔二十八宿，轸与角属，圜道也。"可见中国古代二十八宿与月亮运动也有一定的关系。

　　零星的二十八宿名称出现在被认为是更早的中国古代文献中。《尚书·尧典》"宵中星虚，以殷仲秋"和"日短星昴，以正仲冬"的记载是说通过观测黄昏时分虚宿和昴宿的恒星是否在正南方，来判断秋分和冬至是否到了。《尚书·胤征》的"乃季秋月朔，辰弗集于房"一段记载被历代学者释读为在房宿附近发生了一次日食。《诗·小雅·渐渐之石》"月离于毕"一句说的就是月亮运动到了毕宿。"嘒彼小星，维参与昴"（《诗·召南·小星》）、"哆兮侈兮，成是南箕"（《诗·小雅·巷伯》）、"维南有箕，不可以簸扬"（《诗·小雅·大东》）等诗句中咏到的星名后来都出现在二十八宿名单中。

　　印度古代的月站系统和中国古代的星宿体系如此相似，一个很自然的问题很早就被学者们提出来：这两者之间有没有关系？在起源问题上，二十八宿起源于印度？起源于中国？起源于印度、中国之外的第三地？或者两种星宿体系是各自独立起源的？学者们对这些问题曾经进行过热烈的讨论，至今仍无定论。讨论星宿体系的起源问题远远超出了本书的范围，笔者在本书中主要向读者介绍随佛经传入中国的印度星宿体系的情况,并在此基础上进一步指出中、印古代两种星宿体系的异同之处。为行文方便,下文不区分印度的月站系统和中国的二十八宿系统在叫法上的差别,统称星宿系统。

5.2 佛藏中的印度星宿体系

5.2.1 各宿之名称

中印古代对星宿系统有各自的命名,汉译佛经中将印度的星宿名称翻译成汉语时,主要采取三种译法:

(1) 对译成中国已有的星宿名称,这种情况占了相当多的一部分。

(2) 按照梵语发音进行音译,这种译法在汉译佛经也占到相当的数量。

(3) 按照梵语星宿名称的字面意思意译成汉语,这种译法在汉译佛经中只找到一例。

第一种译法见于《大方等大集经》(No.397)卷二十"宝幢分第九三昧神足品第四":

> 尔时光味与五百弟子,前后围绕即至佛所,作如是言:"汝是谁耶?"佛言:"是婆罗门。"光味复言:"姓何等耶?"答言:"我姓瞿昙。"……又问:"汝颇读诵星宿书不?"答言:"汝今读诵,得何利益?"光味复言:"我以此法教诸众生,受我语者多献供养。"佛言:"汝知此书,颇能得过生老(病)死不?"光味复问:"瞿昙,生老病死,云何可断?"佛言:"汝若不能断生老(病)死,何用读诵如是星书?"光味复言:"瞿昙,汝若不知星宿书者,身上何故有星行处? 如我知者,定谓瞿昙通达如是星宿彼岸。"佛言:"云何名星宿道?"光味答言:"谓二十八宿。日月随行,一切众生日月年岁皆悉系属。瞿昙,一切星宿迹有四分。瞿昙,东方七宿,谓角亢氏房心尾箕。若人生日属角星者,口阔四指,额广亦尔,其身右边多生黑子,上皆有毛,当知是人多财富贵,广额似像,聪明多智眷属炽盛,其项短促,脚两

指长,左有刀创,多有妻子,恶性轻躁,寻命八十,四十年时一受衰苦,长子不寿,心乐法事,衰患在火。……"

按照慧琳《一切经音义》(No.2128)卷十八中的说法,这个光味是居住在伽罗陀山①上的仙人,习学驴唇仙人②所传的玄象列宿法。这一天光味仙人来到佛的所在,与佛谈论星宿道,也即星宿与人的命运的关系。一如上引角宿的情形,光味仙人还叙述了生日属于其他二十七宿的人的命运。佛听完后说道:

> 众生暗行,着于颠倒烦恼,系缚随逐如是星宿书籍。仙人星宿虽好,亦复生于牛马狗猪,亦有同属一星生者,而有贫贱富贵参差,是故我知是不定法。

这里佛破解了光味仙人的星宿道。二十八宿生人命运的说法是作为"反面教材"出现在这一段佛经中的,但不妨碍我们从中得知佛经对印度星宿的一种译法。

从光味仙人的说道中可以整理出印度二十八宿被译成东方七宿:角、亢、氐、房、心、尾、箕;南方七宿:井、鬼、柳、星、张、翼、轸;西方七宿:奎、娄、胃、昴、毕、觜、参;和北方七宿:斗、牛、女、虚、危、室、壁。《大方等大集经》(No.397)卷五十六和《七曜攘灾决》(No.1308)中也有完整的二十八宿译名,并采用完全相同的译法。另外,《大方等大集经》(No.397)卷四十一、《佛母大孔雀明王经》(No.982)卷下、《宿曜经》(No.1299)和《摩登伽经》(No.1300)等佛经中也都用中国已有的星宿名称来翻译印度星宿名称(但是起首之宿不同,详见下文的讨论)。

音译星宿名称见于《宝星陀罗尼经》(No.402)卷四,略录如下:

> 时光味仙人并诸眷属往世尊所,到佛前已合掌住立,作如是言:"汝今是谁?"世尊答言:"我是婆罗门。"仙人复言:"汝姓何等?"世尊答言:"我姓瞿昙。"……仙人答言:"二十八宿,日月所依随转

---

① 为七金山之一,接近苏迷卢山,高四万二千踰缮那。

② 亦称佉卢虱吒仙人,详见下文注。

而行。……我今当说星宿之句：

"卯星生者，于面右边权下四指有赤黑靥，靥上有毛，名闻智慧
爵禄相应威势炽盛……；毕星生者……；参星生者……；嘴星生
者……；富那婆苏（唐言井宿）星生者……牟尼今者富沙（唐言鬼
宿）星生，有最上相。手中轮相犹如日轮，上妙端正，发相右旋。一
切依住，上身圆满，能破烦恼为大导师。阿失丽沙（唐言柳宿）星生
者……（上七星是东方宿）。

"莫伽（唐言星宿）星生者……；初破求（唐言张宿）星生
者……；第二破求（唐言翼宿）星生者……；阿萨多（唐言轸宿）星生
者……；质多罗（唐言角宿）星生者……；萨婆底（唐言亢宿）星生
者……；苏舍佉（唐言氐宿）星生者……（上七星属南方）。

"阿奴逻陀（唐言房宿）星生者……；逝瑟吒（唐言心宿）星生
者……；暮罗（唐言尾宿）星生者……；初阿沙茶（唐言箕宿）星生
者……；第二阿沙茶（唐言斗宿）星生者……；失罗婆（唐言牛宿）星
生者……；陀俪瑟吒（唐言女宿）星生者……（上七星属西方，兀少
虚宿）。

"舍多毗沙（唐言危宿）星生者……；第一跋陀罗跋陀（唐言室
宿）星生者……；第二跋陀罗（唐言辟宿）星生者……；丽婆底（唐言
奎宿）星生者……；阿湿毗腻（唐言娄宿）星生者……；婆逻尼（唐言
胃宿）星生者……（此北方星）。"

《宝星陀罗尼经》（No.402）是《大方等大集经》（No.397）"宝幢分"
的另译，但二十八名称的译法与《大方等大集经》（No.397）卷二十"宝
幢分第九三昧神足品第四"中的译法不同，除开头四宿外，其余皆用音
译（首宿、星宿数目以及各宿与四方的对应也都不同，详见下文）。

又《大孔雀咒王经》（No.985）卷下云：

阿难陀，汝当识持有星辰天神名号。彼诸星宿有大威力，常行
虚空，现吉凶相。若识知者，离诸忧患，亦当随时以妙香华而为供
养。其名曰：

讫㗛底迦、户嚧呬俪、箟㗛伽尸啰、颇达啰补、捺伐苏、布洒、阿

失丽洒,此七星神住于东门,守护东方。彼亦以此大孔雀咒王,常拥护我某甲并诸眷属,寿命百年,离诸忧恼。

莫伽、前发鲁窭挐、后发鲁窭挐、诃悉颊、质多罗、娑嚩底、毗释珂,此七星神住于南门,守护南方。彼亦以此大孔雀咒王,常拥护我某甲并诸眷属,寿命百年,离诸忧恼。

阿奴啰拖、豉瑟侘、暮撋、前阿沙荼、后阿沙荼、阿苾哩社、室啰末挐,此七星神住于西门,守护西方。彼亦以此大孔雀咒王,常拥护我某甲并诸眷属,寿命百年,离诸忧恼。

但儞瑟侘、设多婢洒、前跋达罗钵地、后跋达罗钵柁、頡娄离伐底、阿说儞、跋嚩儞,此七星神住于北门,守护北方。彼亦以此大孔雀咒王,常拥护我某甲并诸眷属,寿命百年,离诸忧恼。

又《摩诃僧祇律》(No.1425)卷三十四亦列出星宿音译名称,略录如下:

东方有七星,常护世间令得如愿。一名吉利帝,二名路呵尼,三名僧陀那,四名分婆唳,五名弗施,六名婆罗那,七名阿舍利。……南方有七星,常护世间。一名摩伽,二三同名颇求尼,四名容帝,五名质多罗,六名私婆帝,七名毗舍佉。……西方有七星,常护世间。一名不灭,二名逝吒,三名牟逻,四名坚强精进,五六同名阿沙荼,七名阿毗阇摩。……北方有七星,常护世间。一名檀尼吒,二三同名世陀帝,四名不鲁具陀尼,五名离婆帝,六名阿湿尼,七名婆罗尼。

今将《宝星陀罗尼经》(No.402)卷四、《大孔雀咒王经》(No.985)卷下和《摩诃僧祇律》(No.1425)卷三十四三种佛经中音译的印度二十八宿名称整理如表 5.2,同时附上对应的印度星宿梵文名称的拉丁转写体。[①]

---

① 综合 David Pingree, History of Mathematical Astronomy in India(*Dictionary of Scientific Biography*, XVI, New York, 1981)一文中第 535 页表 I.2 和 537 页表 II.3 给出的印度吠陀天文学时期和巴比伦天文学时期的星宿名称得出。

表5.2　印度星宿的音译以及梵语发音对照

四方	序号	宝星陀罗尼经	大孔雀王咒经	摩诃僧祇律	梵语发音
东方七宿	1	卯	讫㗚底迦	吉利帝	Kṛttikā
	2	毕	户嚧呬你	路呵尼	Rohiṇī
	3	参	篾㗚伽尸啰	僧陀那	Mṛgaśiras
	4	嘴	颏达啰补	分婆㖿	Ārdrā
	5	富那婆苏	捺伐苏	弗施	Punarvasū
	6	富沙	布洒	婆罗那	Puṣya
	7	阿失丽沙	阿失丽洒	阿舍利	Āśleṣā
南方七宿	8	莫伽	莫伽	摩伽	Maghā
	9	初破求	前发鲁婆挐	颇求尼	Pūrvāphalgunī
	10	第二破求	后发鲁婆挐	颇求尼	Uttarāphalgunī
	11	阿萨多	诃悉頞	容帝	Hasta
	12	质多罗	质多罗	质多罗	Citrā
	13	萨婆底	沙嚩底	私婆帝	Svātī
	14	苏舍佉	毗释珂	毗舍佉	Viśākhā
西方七宿	15	阿奴逻陀	阿奴啰托	不灭	Anurādhā
	16	逝瑟吒	鼓瑟侘	逝吒	Jyeṣṭhā
	17	暮罗	暮攞	牟逻	Mūla
	18	初阿沙茶	前阿沙茶	阿沙茶	Pūrvāṣāḍhā
	19	第二阿沙茶	后阿沙茶	阿沙茶	Uttarāṣāḍhā
	20	一	阿苾哩社	阿毗阇摩	Abhijit
	21	失罗婆	室啰末挐	一	Śravaṇa
北方七宿	22	陀俪瑟吒	但俪瑟侘	檀尼吒	Dhaniṣṭhā
	23	舍多毗沙	设多婢洒	世陀帝	Śatabhiṣaj
	24	第一跋陀罗跋陀	前跋达罗钵地	世陀帝	Pūrvabhādrapadā
	25	第二跋陀罗	后跋达罗钵地	不鲁具陀尼	Uttarabhādrapadā
	26	丽婆底	颉娄离伐底	离婆帝	Revatī
	27	阿湿毗腻	阿说俪	阿湿尼	Aśvinī
	28	婆罗尼	跋嚫俪	婆湿尼	Bharaṇī

　　《宝星陀罗尼经》开首四宿名称译成对应的中国星宿名称,其中"卯"应作"昴","嘴"应作"觜"。第三宿与第四宿在中国明代以前是"觜前参后",而《宝星陀罗尼经》作"参前觜后",比较特别。

　　《宝星陀罗尼经》西方七宿之第六宿"失罗婆"应与第 21 宿 Śravaṇa 相对应;西方七宿之第七宿"陀儞瑟吒"应与第 22 宿 Dhaniṣṭhā 相对应。经文译注说"上七星属西方,凡少虚宿"。此处翻译时似乎出了差错,在以昴宿为首宿时,虚宿为第 22 宿,显然应为北方七宿的第一宿。所以如果在第 20 宿处注上"少牛宿",那么"失罗婆"与"陀儞瑟吒"两宿各往下顺延一位,与梵文原音也正好对应(如表 5.2 所示),而在印度古代正是有去掉牛宿的二十七宿体系(详见下文的讨论)。

　　印度二十八宿中第 9、10,第 18、19 及第 24、25 三组星宿名称比较特殊。如第 9 宿梵文名称为 Pūrvāphalgunī,第 10 宿为 Uttarā-phalgunī,这两宿都叫 Phalgunī,只是各自加了前缀 Pūrvā- 和 Uttarā-,这两个前缀的意思正是表示前与后。《摩诃僧祇律》将 9、10 宿都译作"颇求尼",《宝星陀罗尼经》将第 9、10 宿分别译作"初破求"和"第二破求",《大孔雀咒王经》译作"前发鲁婆拏"和"后发鲁婆拏"。第 18、19 和第 24、25 两组与上述情况类似。可以利用这三组星宿名称的特殊性作为识别标志来检验音译名称对梵文原名的对应是否正确。

　　对照《宝星陀罗尼经》《大孔雀咒王经》和《摩诃僧祇律》中星宿名称的音译与梵文发音对照,可以发现这三种经典的音译基本上是准确的。只有《摩诃僧祇律》的音译名称出现的问题相对较多,其东方七宿之第三宿"僧陀那"与梵语发音不合;东方七宿之第五宿"弗施"与第六宿"婆罗那"互调位置,并将"婆罗那"作"婆那罗",则更能符合梵语的发音;南方七宿之第四宿"容帝"也与梵文发音不合;西方七宿之第一宿"不灭"、第四宿"坚强精进"更似意译,第五、六两个同名的"阿沙荼"宿应列为第 18、19,现在错开了一位;"坚强精进"似为衍文,应去掉,那么两个"阿沙荼"宿就能与梵文原音对应上,同时西方七宿之第七宿"阿毗阇摩"也可以与第 20 宿的 Abhijit 对应上,但无宿与第 21 宿 Śravaṇa 对应;北方七宿之第二、三同名的"世陀帝"宿与梵文之第 24、25 这一组星宿难合，如果改成"二名世陀帝，三四同名不鲁具陀尼"，则勉强能合。

把印度二十八宿名称意译成汉语的做法，见于《舍头谏太子二十八宿经》(No.1301)：

> 仁者颇学诸宿变乎？答曰："学之。""何谓？"答曰："一曰名称，二曰长育，三曰鹿首，四曰生养，五曰增财，六曰炽盛，七曰不觐，八曰土地，九曰前德，十曰北德，十一曰象，十二曰彩画，十三曰善元，十四曰善格，十五曰悦可，十六曰尊长，十七曰根元，十八曰前鱼，十九曰北鱼，二十曰无容，二十一曰耳聪，二十二曰贪财，二十三曰百毒，二十四曰前贤迹，二十五曰北贤迹，二十六曰流灌，二十七曰马师，二十八曰长息，是为二十八宿。"

为了检验这一翻译的可靠性，今将各宿意译名称、梵文名称及梵文含义列出如表5.3：

表5.3 佛经星宿意译名称、梵文名称及梵文含义

序号	《舍头谏经》意译名称	梵文名称	梵文名称之原始含义①
1	名 称	Kṛttikā	照料战神的六位森林仙女的名称
2	长 育	Rohiṇī	母牛、初来月经的少女
3	鹿 首	Mṛgaśiras	复合词：Mrga + sirsa，Mrga 意为鹿；sirsa 意为头。
4	生 养	Ārdra	湿润的、多汁的、新鲜的
5	增 财	Punarvasū	复合词：Punar + vasu，punar 意为再、进一步；vasū 意为财富、珠宝、黄金
6	炽 盛	Puṣya	（花）盛开、茂盛
7	不 觐	Āśleṣā	复合词 ā +śiesā，ā 为否定性前缀；śiesā 意为：拥抱、联合、附庸、联姻
8	土 地	Maghā	大海中的陆地，一个洲的名称
9	前 德	Pūrvāphalgunī	Pūrva 意为在前面；单数 Phalguna 是印度众神之主、雷雨之神因陀罗的一个名字

① 一个梵语单词往往有很多义项，这里给出与意译名称最接近的义项。本列结果查阅自 Vaman Shivram Apte, *Sanskrit-English dictionary*, Second Edition, Delhi, 1970。

序号	《舍头谏经》意译名称	梵文名称	梵文名称之原始含义
10	北 德	Uttarāphalgunī	Uttara 意为在北边;单数 Phalguna,同上
11	日 象	Hasta	象鼻
12	彩 画	Citrā	单数 citra,意为图画、任何绚烂夺目的东西
13	善 元	Svāti	一个吉利的星座;词根 sva 意为天性、自我、积极肯定的成分
14	善 搦	Viśākhā	一种射箭的姿势(弓箭步)
15	悦 可	Anurādhā	复合词 Anu + rādhā,anu 意为带着、伴随着;rādhā 意为好感、喜爱、支持
16	尊 长	Jyeṣṭhā	年龄最长的,最优秀的
17	根 元	Mūla	根、开始、基础
18	前 鱼	Pūrvāṣāḍhā	Pūrva 意为在前面;āṣāḍhā 为月份名、星宿名;修苦行者携带的一种(palāśa 树)木制的东西。
19	北 鱼	Uttarāṣāḍhā	Uttara 意为在北边;āṣāḍhā为月份名、星宿名;修苦行者携带的一种(palāśa 树)木制的东西。
20	无 容	Abhijit	好胜的、有助于彻底占领和征服的
21	耳 聪	Śravaṇa	耳朵
22	贪 财	Dhaniṣṭhā	非常富有
23	百 毒	Śatabhiṣaj	复合词Śata + bhiṣaj,Śata 意为一百;bhiṣaj 意为药
24	前贤迹	Pūrvabhādrapadā	Pūrva 意为在前面;单数 bhādrapadā 月份名、星宿名,该宿形如脚迹
25	北贤迹	Uttarabhādrapadā	Uttara 意为在北边;单数 bhādrapadā 月份名、星宿名,该宿形如脚迹
26	流 灌	Revatī	一条河流的名称
27	马 师	Aśvinī	骑士
28	长 息	Bharaṇī	施肥、养育、营养。(息有生长的意思)

由表 5.3 可知,《舍头谏太子二十八宿经》中星宿的意译名称基本上都能找到其对应的梵文原始含义,大多数宿名的意译直接来自该宿梵文名称的原始含义,有少数需要在原始含义基础上稍作引申。譬如第二宿"长育",其梵文原意中有"母牛、初来月经的少女"两个义项,母牛在

印度被尊为圣牛，它是母亲的象征，代表生产和哺育；而少女月经初来，也意味着生长、成熟，所以该宿译作"长育"是有道理的。然也有令人颇为费解的，如第18、19两宿被译成前鱼、北鱼，"前"与"北"两个前缀的译法没有问题，但这个"鱼"字如何得来呢？在此只能存疑。①

总而言之，译于西晋永嘉年间(307—312)的《舍头谏太子二十八宿经》在星宿名称意译方面是十分准确的，这也可以作为佛经汉译可靠性的一个证据。

5.2.2　四方和首宿

从上一节所引的经文已经能看到，几种汉译佛经中的星宿体系在东南西北四方的分划和首宿问题上不尽一致。从将二十八宿分成四方的情况和首宿的情况来看，《大方等大集经》(No.397)卷二十、卷五十六和《七曜攘灾决》(No.1308)属于同一类，即以角宿为首宿，二十八宿分成东方七宿：角、亢、氐、房、心、尾、箕；南方七宿：井、鬼、柳、星、张、翼、轸；西方七宿：奎、娄、胃、昴、毕、觜、参；和北方七宿：斗、牛、女、虚、危、室、壁，按东、南、西、北的次序排列。如《大方等大集经》(No.397)卷五十六"月藏分第十二星宿摄受品第十八"云：

> 尔时佛告娑婆世界主、大梵天王、释提桓因、四天王言："过去天仙云何布置诸宿曜辰，摄护国土养育众生？"娑婆世界主、大梵天王、释提桓因、四天王等，而白佛言：过去天仙分布安置诸宿曜辰，摄护国土养育众生，于四方中各有所主：

① 该两宿梵文名称(āsādhā)原始含义中有一个义项是指"修行者携带的一种木制的东西"，梵英字典不能给出进一步的信息，作者推测这种修行者携带的木制的东西很可能是佛教常用的一种器具即木鱼。《弥沙塞部和醯五分律》(No.1421)卷第十八云：诸比丘布萨时不肯时集，废坐禅行道，以是白佛。佛言："应唱时至，若打捷椎、若打鼓、若吹蠡。"诸比丘便作金银鼓，以是白佛。佛言"应用铜铁瓦木，以皮冒头。"……诸比丘不知以何木作捷椎，以是白佛。佛言："除漆树、毒树，余木鸣者听作。"这里所说的"捷椎"就有制成鱼形的，据《释氏要览》(No.2127，宋道诚集)载："钟磬、石板、木板、木鱼、砧捶，有声能集众者，皆名犍稚也。今寺院木鱼者，盖古人不可以木朴击之故，创鱼象也。"又《敕修百丈清规》(No.2025，元德辉重编)载："相传云：鱼昼夜常醒，刻木象形击之，所以警昏惰也。"可见这木鱼是用来时刻警示佛徒不要昏睡、懒惰的，与修苦刑的旨意正相符。此解颇为曲折，聊备一说。

东方七宿,一者角宿主于众鸟;二者亢宿主于出家求圣道者;三者氐宿主水生众生;四者房宿主行车求利;五者心宿主于女人;六者尾宿主洲渚众生;七者箕宿主于陶师。

南方七宿,一者井宿主于金师;二者鬼宿主于一切国王大臣;三者柳宿主雪山龙;四者星宿主巨富者;五者张宿主于盗贼;六者翼宿主于商人;七者轸宿主须罗吒国。

西方七宿,一者奎宿主行船人;二者娄宿主于商人;三者胃宿主婆楼迦国;四者昴宿主于水牛;五者毕宿主一切众生;六者觜宿主鞞提诃国;七者参宿主于刹利。

北方七宿,一者斗宿主浇部沙国;二者牛宿主于刹利及安多钵竭那国;三者女宿主鸯伽摩伽陀国;四者虚宿主般遮罗国;五者危宿主着花冠者;六者室宿主乾陀罗国、输卢那国及诸龙蛇腹行之类;七者壁宿主乾闼婆善音乐者。

大德婆伽婆,过去天仙如是布置四方诸宿,摄护国土养育众生。这里每方七宿与中国古代的分法一致,但是中国古代天文文献中列出二十八时按东、北、西、南绕天一周排列,这样四方首尾各宿才能相接,按以上佛经中的排列法四方首尾各宿就不能相接。

《大方等大集经》(No.397)卷四十一、《宝星陀罗尼经》(No.402)卷四、《佛母大孔雀明王经》(No.982)卷下、《大孔雀咒王经》(No.985)卷下、《宿曜经》(No.1299)、《摩登伽经》(No.1300)、《舍头谏太子二十八宿经》(No.1301)和《摩诃僧祇律》(No.1425)卷三十四等佛经中对二十八宿四方的分划和首宿的处理属于第二大类。如《佛母大孔雀明王经》(No.982)卷下历数二十八宿守护四方国土众生,略录如下:

阿难陀,汝当称念诸星宿天名号。彼星宿天有大威力,常行虚空现吉凶相。其名曰:昴星及毕星,觜星参及井,鬼宿能吉祥,柳星为第七,此等七宿住于东门守护东方。……张翼亦如是,轸星及角亢,氐星居第七,此等七宿住于南门守护南方。[①]……房宿大威德,

---

① 缺柳宿与张宿之间的星宿。

> 心尾亦复然,箕星及斗牛,女星为第七,此等七宿住于西门守护西
> 方。……虚星与危星,室星辟星等,奎星及娄星,胃星最居后,此等
> 七宿住于北门守护北方。

这里以昴宿为首宿,依次分为东方七宿:昴、毕、觜、参、井、鬼、柳;南方
七宿:星、张、翼、轸、角、亢、氐;西方七宿:房、心、尾、箕、斗、牛、女;北方
七宿:虚、危、室、辟、奎、娄、胃。

　　佛经中这种以昴宿为首宿的二十八宿体系每方七宿也按东、南、
西、北排列,与中国古代的排列次序正好相反。汉译佛经中四方各宿中
的南北两方各宿大致能与中国二十八宿的南北各宿对应上,即在中国
二十八宿中如果是属于南方七宿的星宿,在佛经中也大致属于南方七
宿;但东西两方星宿彼此正好相反。

　　中印古代二十八宿的起始之宿不同,印度古代星宿体系的第一宿
相当于中国星宿体系的昴宿。这一点一定给佛经的翻译者带来了诸多
不便。起初译经者大概努力用中国古代的星宿体系来对译佛经中的星
宿体系,就如《大方等大集经》(No.397)卷二十、卷五十六的情况,但这
样做总有篡改或者至少曲解佛祖圣意的味道。同样是《大方等大集经》
(No.397)中的卷四十一,即用昴宿作为首宿,因为这里有一段经文是
无法含糊和曲解的:

> 　　尔时佉卢虱吒仙人告一切天言:①"初置星宿,昴为先首。众
> 星轮转运行虚空。告诸天众,说昴为先,其事是不?"尔时日天而作
> 是言:"此昴宿者,常行虚空,历四天下,恒作善事,饶益我等。我知
> 彼宿属于火天。"是时众中有一圣人名大威德,复作是言:"彼昴宿
> 者,我妹之子。其星有六,形如剃刀。一日一夜历四天下,行三十
> 时。属于火天,姓鞞耶尼。属彼宿者祭之用酪。"佉卢虱吒仙人语
> 诸天曰:"如是如是,如汝等言,我今以昴为初宿也。"

这里经文说得明明白白,以昴宿为初宿,所以再不能迁就中国二十八宿
以角宿为初宿。另外,《大方等大集经》(No.397)集中了不同年代的不

---

① 佉卢虱吒仙人又称驴唇仙人。

同译者的译经,如其中的卷二十由北凉(400—421)天竺三藏昙无谶译出,卷四十一由天竺三藏那连提耶舍于隋代(582—618)译出,卷五十六的译者虽然也是那连提耶舍,但年代稍早,在北齐年间(551—577)译出,所以同一译者对佛经中二十八宿首宿的处理也会前后不一致。一般愈晚译出的佛经,都趋向采用音译法,并把昴宿作为首宿。后来唐代天竺三藏波罗颇蜜多罗于贞观四年(630年)重新译出占《大方等大集经》(No.397)卷十九、二十、二十一一三卷的"宝幢分"为《宝星陀罗尼经》(No.402),将其中的二十八宿改用音译的办法,并改角宿为昴宿作为首宿。

本章第一节已介绍星宿体系被用来标记月亮、行星的位置,星宿体系本质上是一种坐标系统。作为坐标系,其计量的起算点应有一定的天文含义。印度星宿体系以昴宿为首宿,其天文含义即是从春分点开始度量天体的位置;以角宿为首宿的天文含义则是从秋分点开始度量天体的位置。[1]由于岁差的影响,[2]春、秋分点已不在昴、角二宿了。有人根据岁差规律,计算了春分点处于昴宿的年代和秋分点处于角宿的年代,比较它们的早晚,来断定中国二十八宿(以角为首宿)与印度星宿体系谁是源头的问题。结果因为春分点在昴宿早于秋分点在角宿,而得出二十八宿起源于印度的结论。[3]

由春分点不能固定在昴宿不变,若干年后昴宿在天文度量上已不再合适作为计量起点。大约公元1世纪以后,印度星宿体系不再以昴

---

① 黄道与赤道有两个交点,以太阳在黄道上从南向北穿过赤道处的交点为升交点,也即春分点。太阳在黄道上从北向南穿过赤道处的交点则为降交点,也即秋分点。

② 由于地球不是一个完美的对称球体,太阳和月亮对地球赤道隆起部分的引力作用,使得地球像一个不对称的陀螺一样,它的自转轴的空间指向作着缓慢转动,转动一圈的时间大约是26 000年。这就意味着垂直于自转轴的地球赤道面在空间也作着相应的摆动,赤道面与天球相交的圆是天赤道,地球的陀螺效应使得天赤道与黄道的交点发生移动,具体来说就是在黄道上缓慢退行,这种交点的退行现象就是岁差。测算所得,每经过一百个回归年赤道与黄道的升交点即春分点在黄道上退行5 029.096 6角秒,约合1.397 0度。这个数值叫作岁差常数。这就意味着由于岁差的作用,天体的黄经每一百年会增加约1.397 0度。

③ L.Weber, 1832, Uecher die Zoitrechnug Von Chata und Lgur,柏林学院院报, pp.271—299.本文转引自竺可桢《二十八宿起源之时代与地点》一文,《竺可桢文集》,北京:科学出版社1979年,第234—254页。

宿为首宿,而是以 Aśvinī 为首宿,[①]对应中国二十八宿的娄宿。以娄宿为首宿的情况在汉译佛经中也有所反映。《大方广菩萨藏文殊师利根本仪轨经》(No.1191)卷三云:

> 复有无数空居星宿,所谓阿湿尾偏星、婆啰尼星、讫哩底迦星、噜醯扼星、没哩摩尸啰星、阿啰捺啰星、布曩哩嚩苏星、布沙也星、阿失哩沙星、么伽星、乌鼻哩颇攞虞偏星、贺娑多星、唧怛啰星、萨嚩底星、尾舍伽星、阿努啰驮星、尔曳瑟吒星、没噜罗星、乌剖阿星、沙姹星[②]、失啰嚩拏星、驮偏瑟吒星、设多鼻沙星、乌剖铍捺啰播努星、哩嚩帝星、……与其百千眷属,承佛威神,皆来集会趺坐听法。

以上共列举了二十七宿(无牛宿)的音译名称,其首宿即阿湿尾偏(Aśvinī)。

又《大方广菩萨藏文殊师利根本仪轨经》(No.1191)卷十四叙述黄道十二宫生人之命运,将十二宫与二十八宿对应,略摘录如下:

> 若有众生生于羊宫,合于娄宿胃宿,此等诸宿有力,最宜货易财宝丰溢……
>
> 若有众生生于牛宫,合于昴宿毕宿,此为上宫吉星所照……
>
> 若于阴阳宫生,合于婆里誐嚩星直日,又与嘴宿参宿井宿合日生者,此人痴愚善恶不分……
>
> 若于蟹宫,合鬼宿柳宿生者,此所生人而有尊重,是第一生处若得夜半时生是最上人……
>
> 若于师子宫,合于星宿张宿,及得太阳值日生者……
>
> 若于双女宫,生合于翼宿及轸宿者,此人有勇猛好为盗心……
>
> 若于秤宫,合于角宿亢宿氐宿生者,此之生人注短仁义……
>
> 若人生于蝎宫,合房宿心宿尾宿生者又得火,星为本命,此人主慈……
>
> 若人生于人马宫,合箕宿斗宿生者,及得木为本命……

① David Pingree, History of Mathematical Astronomy in India, *Dictionary of Scientific Biography*, XVI, New York, 1981, p.537.
② 该处"乌剖阿星"和"沙姹星"应合为"乌剖阿沙姹星"。

若生于摩竭宫,合于牛宿女宿生者,及得土为本命……

若人于宝瓶宫生,合于虚宿危宿生者,又得土为本命……

若人生双鱼宫,合于室宿毕宿奎宿生者,又得金为本命……

又《难儞计湿嚩啰天说支轮经》(No.1312)中亦将印度星宿体系与黄道十二宫对应:

复次天羊宫当火曜,直在娄宿胃宿全分昴宿一分……

复次金牛宫当金曜,直在昴宿三分毕宿参宿各二分……

复次阴阳宫当水曜,直在参宿二分嘴宿井宿各三分……

复次于巨蟹宫当太阴,直在井宿鬼宿柳宿全分……

复次于师子宫当太阳,直在星宿张宿翼宿各一分……

复次双女宫当水曜,直在翼宿三分轸宿角宿各二分……

复次天秤宫当金曜,直在角宿二分亢宿氐宿各三分……

复次天蝎宫当火曜,直在氐宿及房宿心宿各一分……

复次人马宫当木曜,直在尾宿箕宿斗宿各一分……

复次摩竭宫当土曜,直在斗宿三分牛宿女宿各二分……

复次宝瓶宫当土曜,直在女宿二分危宿室宿各三分……

复次双鱼宫当木曜,直在室宿壁宿奎宿各一分。

十二宫之首宫为白羊宫,上述两种佛经以印度的娄宿、胃宿(后一种还包括昴宿的一部分)与白羊宫对应,娄宿显然是被排在第一位的星宿。以上所引之两种佛经分别为北宋天息灾和法贤所译,在译出时间上是比较晚的,这与娄宿作为首宿比昴宿作为首宿晚出也相一致。

5.2.3 星宿之数目

印度古代文献里记载的星宿数目就有 28 和 27 两种,因此汉译佛经中的星宿体系有二十八宿和二十七宿两种并不奇怪。二十八宿这一数目与中国古代的星宿数目相同,在汉译佛经中也较常见,在此不作专门讨论。二十七宿的说法比较特殊,现就此作一讨论。

汉译佛经中二十七宿之说最为完整明确的表述见于唐不空所译的

《宿曜经》(No.1299)中,该经卷上"序分定宿直品第一"详载印度星宿体系与黄道十二宫的配置关系:

> 日月诸曜,众生业置于空中,乘风而止,当须弥之半,逾揵陀罗之上,运行于二十七宿十二宫焉。宫宿之分今具说之,更为图书耳。

> 第一星四足、张四足、翼一足,大阳位焉,其神如师子,故名师子宫。……

> 第二翼三足、轸四足、角二足,辰星位焉,其神如女,故名女宫。……

> 第三角二足、亢四足、氐三足,太白位焉,其神如秤,故名秤宫。……

> 第四氐一足、房四足、心四足,荧惑位焉,其神如蝎,故名蝎宫。……

> 第五尾四足、箕四足、斗一足,岁星位焉,其神如弓,故名弓宫。……

> 第六斗三足、女四足、虚二足,镇星位焉,其神如磨竭,故名磨竭宫。……

> 右已上六位总属太阳分,已下六位总属大阴分。

> 第七虚二足、危四足、室三足,镇星位焉,其神如瓶,故名瓶宫。……

> 第八室一足、壁四足、奎四足,岁星位焉,其神如鱼,故名鱼宫。……

> 第九娄四足、胃四足、昴一足,荧惑位焉,其神如羊,故名羊宫。……

> 第十昴三足、毕四足、觜二足,太白位焉,其神如牛,故名牛宫。……

> 第十一觜二足、参四足、井三足,辰星位焉,其神如夫妻,故名淫宫。……

> 第十二井一足、鬼四足、柳四足,太阴位焉,其神如蟹,故名蟹宫。

　　其中列出之星宿数目只有二十七宿,少牛宿。同经又云:"凡天道二十七宿有阔有狭,皆以四足均分别",卷下又有"二十七宿十二宫图"及"二十七宿所为吉凶历"两节,其中皆无牛宿。唐杨景风注《宿曜经》云:"唐用二十八宿,西国除牛宿,以其天主事之故。"印度牛宿的主事之神是婆罗门,即梵天,为印度人的天主。

　　除《宿曜经》外,二十七宿的这个数目还出现在其他几种佛经中。《摩登伽经》卷下"观灾祥品第六"叙述"月在众宿地动之相":

> 我今复说月在众宿地动之相:月在昴宿而地动者,火势炽盛,焚烧城邑,金银工作,悉皆衰灭,生者尽死。月在毕宿而地动者,怀孕妇人,胎多天殇,诸果凋落,饥馑疾疫,兵刀相害,死者甚众,及诸国王,亦当衰损。月在嘴宿若有地动……

共列举月在二十七宿的"地动之相",无"月在牛宿而地动者"条。又同经叙述"月离诸星置立城邑善恶之相":

> 月离昴星所立城邑,甚有威神,多饶财宝,或为大火之所烧害。月离毕星所立城邑,其中人民,悉修善业,多饶财物,习诵经典,少于贪欲。月离嘴星所立城邑……

亦共举月离二十七宿所立城邑善恶之相,无"月离牛宿所立城邑"条。《摩登伽经》卷末注云:

> 此卷第三纸第二十行"月离女星"之上《丹藏》有注云:"脱牛宿"。校曰:下此注者曾未知西域唯用二十七宿。凡言脱者,言其容有而无。彼本不用,经无理然,何云脱耶?如臷函《文殊师利宿曜经》中,凡有七段,重明宿曜,段段唯二十七宿而无牛宿。景风注云:"唐用二十八宿,西国除牛宿以其天主事之",斯其证也。

《丹藏》即《契丹藏》。这段卷末校注可以作《宿曜经》唯用二十七宿的旁证,同时也证明了《摩登伽经》中也有使用二十七宿的情况。但作此校注者也可谓只知其一、不知其二,西国也并不是只用二十七宿的,"彼本不用"的说法失之偏颇,更多的汉译佛经中出现的是二十八宿体系。

　　又《大智度论》(No.1509)卷八云:

　　若月至昴宿、张宿、氐宿、娄宿、室宿、胃宿,是六种宿中,尔时
地动若崩,是动属火神;若柳宿、尾宿、箕宿、壁宿、奎宿、危宿,是六
种宿中,尔时地动若崩,是动属龙神;若参宿、鬼宿、星宿、轸宿、亢
宿、翼宿,是六种宿中,尔时地动若崩,是动属金翅鸟;若心宿、角
宿、房宿、女宿、虚宿、井宿、毕宿、觜宿、斗宿是九种宿中,尔时地动
若崩,是动属天帝。

以上共列举二十七宿,亦无牛宿。

　　另本章前一节所引《大方广菩萨藏文殊师利根本仪轨经》(No.
1191)卷三,也是共列举二十七宿,无牛宿。

　　在印度的二十八宿体系中,牛宿对应的梵文名称为 Abhijit。这种
缺少牛宿的二十七宿系统,也可以从保存至今的印度古代梵文文献资
料中找到,[1]说明在印度古代确实曾经通行过这样的二十七宿系统。

　　本章第二节所引《宝星陀罗尼经》(No.402)卷四中原文注"少虚
宿",据该节的讨论,彼处很可能是译经时出现了一个失误。如果少的
是牛宿,星宿名称的音译对梵语发音才能全部对应。所以《宝星陀罗尼
经》中的星宿体系也可以看作无牛宿的二十七宿体系。然《难儞计湿嚩
啰天说支轮经》(No.1312)云:

　　　　复说诸宿摄于三趣,所谓奎、娄、参、井、鬼、轸、亢、房、牛等九
　　宿摄于天趣;胃、昴、觜、柳、星、角、氐、心、尾等九宿摄于罗刹趣;
　　箕、室、张、毕、女、危、斗、壁、翼等九宿摄于人趣。

以上总共也列举了二十七宿,但有牛宿,少虚宿。那么是否真有一种少
虚宿的二十七宿体系呢? 尚无其他证据来证明这一点。作者推测很可
能由于首宿的变化造成少牛宿与少虚宿的混淆。在以昴宿为首宿的二
十八宿体系中,牛宿为第 20 宿,而在以娄宿为首宿的二十八宿体系中
第 20 宿为虚宿,如果只把星宿当作一个星占学符号,而不去具体比对
每宿对应的恒星,就很可能在翻译时产生混淆。

---

　　① 　D.Pingree and P.Morrissey, On the Identification of the Yogataras of the Indian Na-
ksatras, *Journal for the History of Astronomy*, XX(1989), pp.99—119.

下文的讨论将说明，印度星宿体系星宿数目的调整，也与黄道十二宫输入印度有关。另外，从天文学上，印度星宿中的牛宿有三星组成，属于天琴座，该宿距星是天琴座 α，即中国古代命名的织女星。织女星黄纬高达 60°之多，远离黄道，也即远离白道，所以印度牛宿作为描述月亮位置的月站是很不合适的。因此，如果需要舍弃一个星宿，选择牛宿是比较合理的。

《大毗卢遮那成佛经疏》（No. 1796）卷四"入漫荼罗具缘真言品第二之余"云：

> 言宿直者，谓二十七宿也。分周天作十二房，犹如此间十二次。每次有九足，周天凡一百八足。每宿均得四足，即是月行一日程。经二十七日，即月行一周天也。依历算之，月所在之宿，即是此宿直日。宿有上中下，性刚柔躁静不同，所作法事亦宜相顺也。

该经是僧一行为他和善无畏译出的《大毗卢遮那成佛神变加持经》（No. 848）所作的疏，对通晓天文、历算的一行来说，佛经中用二十七宿的道理是很清楚的。

竺可桢认为中国古代也存在过二十七宿体系，他举《史记·天官书》"太岁在甲寅，镇星在东壁，故在营室"的记载证明东壁为营室的一部分，以及《史记》卷二十七考证"二十八宿列于《天官书》五官者，唯二十七，壁不与焉，《尔雅》亦同"[1]，以证明中国古代有二十七宿的说法。然而在汉代以后，中国古代星宿数目一直为二十八，首宿也从未发生过变动，而印度星宿体系则在星宿数目和首宿上都有所变化。

5.2.4　每宿之宽度

二十八（或二十七）宿环天一周，每宿都占有一定范围的天区。中国古代二十八宿每宿宽窄不等，宽者有三十多度，窄者只有几度乃至 1 度。那么印度古代星宿之宽度情况又怎样呢？

---

[1]　竺可桢：《二十八宿起源之时代与地点》，《竺可桢文集》，北京：科学出版社 1979 年，第 234—254 页。

上文曾引述《大方等大集经》(No.397)卷四十一中佉卢虱吒仙人将昴宿置为首宿一段,其中说到昴宿"一日一夜历四天下行三十时"。印度古代星宿即称"月站",与月亮运动有密切关系,星宿宽度也用月亮在该宿停留的时间——月亮从进入该宿到离开该宿所需的时间来表示。这里的三十时就是昴宿的宽度。接下去佉卢虱吒仙人依次列举了其余二十七宿的宽度,今略录如下:

> 复次置毕为第二宿,……一日一夜行四十五时……,复次置嘴为第三宿……一日一夜行十五时……,次复置参为第四宿……一日一夜行四十五时……,次复置井为第五宿……一日一夜行十五时……,次复置鬼为第六宿……一日一夜行三十时……,次复置柳为第七宿……一日一夜行十五时……,右此七宿当于东门。

> 次置南方第一之宿名曰七星……一日一夜行三十时……,次复置张为第二宿……一日一夜行三十时……,次复置翼为第三宿……一日一夜行十五时……,次复置轸为第四宿……一日一夜行三十时……,次复置角为第五宿……一日一夜行十五时……,次复置亢为第六宿……一日一夜行十五时……,次复置氐为第七宿……一日一夜行四十五时……,右此七宿当于南门。

> 次置西方第一之宿其名曰房……一日一夜行三十时……,次复置心为第二宿……一日一夜行十五时……,次复置尾为第三宿……一日一夜行三十时……,次复置箕为第四宿……一日一夜行三十时……,次复置斗为第五宿……一日一夜行四十五时……,次复置牛为第六宿……一日一夜行于六时……,次复置女为第七宿……一日一夜行三十时……,右此七宿当于西门。

> 次置北方第一之宿名为虚星……一日一夜行三十时……,次复置危为第二宿……一日一夜行十五时……,次复置室为第三宿……一日一夜行三十时……,次复置辟为第四宿……一日一夜行四十五时……,次复置奎为第五宿……一日一夜行三十时……,次复置娄为第六宿……一日一夜行三十时……,次复置胃为第七宿……一日一夜行三十时……,右此七宿当于北门。

二十八宿有五宿,行四十五时,所谓毕参氐斗辟等。

又《摩登伽经》(No.1300)"说星图品第五"也给出二十八宿各宿宽度,略录如下:

莲华实言:"如此宿者,为有几星? 形貌何类? 为复几时与月共俱? 其所祭祀,为用何等? 何神主之? 有何等姓? 唯愿仁者重为分别。"帝胜伽言:"若欲闻者,谛听当说。

"昴有六星,形如散花,于十二时与月俱行,祭则用酪,火神主之,姓毗舍延;毕……于一日半与月共行……;觜……于一日中与月共俱……;参……一日及月……;井……唯于一日与月而俱……;鬼……一日与月而共同游……;柳……半日共月不相舍离……;有此七宿,在于东方。

"其七星者……一日及月……;张……于一日中与月俱行……;翼……于一日半共月而行……;轸……一日一夜共月俱行……;角……一日及月……;亢……一日及月……;氐……于一日半共月俱行……;有此七宿,在于南方。

"房……一日一夜与月共俱……;心……一日及月……;尾……一日一夜与月共俱……;箕……一日一夜而与月俱……;斗……于一日半与月同行……;牛……一时与月而共同行……;女……一日一夜共月而行……;有斯七宿,在于西方。

"虚……一日一夜共月而俱……;危……一日及月……;室……一日一夜与月共行……;壁……一日一夜及月而行……;奎……一日一夜共月而行……;娄……一日一夜共月俱行……;胃……一日一夜共月而俱……;有此七星,在于北方。

"大婆罗门,我已广说二十八宿。然此宿中,右于六宿,二日一夜共月俱行,所谓毕井氐翼斗壁之等。复有五宿,但于一日共月而俱,一参、二柳、三箕、四心、五者名危。唯有牛宿半日及月,自余尽皆一日一夜共月而行。"

《舍头谏太子二十八宿经》(No.1301)是《摩登伽经》(No.1300)异译本,其中也备举二十八宿宽度,但与后者略有不同,略录如下:

摩登王曰:"厥名称宿,有六要星,其形像加,昼夜周行三十须
臾而侍从矣。以酪为食,主乎火天,姓号居火。其长育宿……行四
十五须臾……。鹿首……行三十须臾……。生养……行十五须
臾……。增财……行四十五须臾……。其炽盛宿……行三十须
臾……。若不觐宿者……行三十须臾……。是为七宿,属于东方。

"土地……行三十须臾……。前德……行三十须臾……。北
德……行三十五须臾……。其象宿者……行三十须臾……。彩
画……行三十须臾……。善元……行十五须臾……。善搭……行
四十五须臾……。是为七星,属于南方。

"尊长……行十五须臾……。根元……行三十须臾……。前
鱼……行十五须臾……。北鱼……行四十五须臾……。无容……
行六须臾……。耳聪……行三十须臾……。是为七宿,属于西方。

"贪财……行三十须臾……。百毒……行十五须臾……。前
贤迹……行三十须臾……。北贤迹……行三十五须臾……。流
灌……行三十须臾……。马师……行三十须臾……。长息……行
三十须臾……。是为七宿,属于北方。"

摩登王白弗袈裟:"是为二十八宿,六宿行四十五须臾而侍从
矣,谓长育、增财、北德、善搭、北鱼、北贤迹,是为六宿。其五宿者行
十五须臾而侍从矣,谓生养、前鱼、善元、尊长、百毒,是为五宿。其一
宿者行六须臾而侍从矣,谓无容宿。其余宿者,皆三十须臾而侍
从矣。"

今将上述三种佛经中的星宿宽度资料整理成表5.4,并附以中国古
代天文二十八宿的宽度(采自《大衍历》),以供比较。

表5.4 印度星宿体系各宿之宽度及中国星宿宽度之比较

序号	宿 名	《大方等大集经》卷四十一	《摩登伽经》	《舍头谏太子二十八宿经》	《大衍历》二十八宿赤道度数
1	昴(名称)	30时	12时	30须臾	11度
2	毕(长育)	45时	1日半	45须臾	17度
3	觜(鹿首)	15时	1日	30须臾	1度

序号	宿名	《大方等大集经》卷四十一	《摩登伽经》	《舍头谏太子二十八宿经》	《大衍历》二十八宿赤道度数
4	参(生养)	45 时	1 日	15 须臾	10 度
5	井(增财)	15 时	1 日	45 须臾	33 度
6	鬼(炽盛)	30 时	1 日	30 须臾	3 度
7	柳(不觐)	15 时	半日	30 须臾	15 度
8	星(土地)	30 时	1 日	30 须臾	7 度
9	张(前德)	30 时	1 日	30 须臾	18 度
10	翼(北德)	15 时	1 日半	45 须臾	18 度
11	轸(象)	30 时	1 日 1 夜	30 须臾	17 度
12	角(彩画)	15 时	1 日	30 须臾	12 度
13	亢(善元)	15 时	1 日	15 须臾	9 度
14	氐(善格)	45 时	1 日半	45 须臾	15 度
15	房(悦可)	30 时	1 日 1 夜	30 须臾	5 度
16	心(尊长)	15 时	1 日	15 须臾	5 度
17	尾(根元)	30 时	1 日 1 夜	30 须臾	18 度
18	箕(前鱼)	30 时	1 日 1 夜	15 须臾	11 度
19	斗(北鱼)	45 时	1 日半	45 须臾	26 度
20	牛(无容)	6 时	1 时	6 须臾	8 度
21	女(耳聪)	30 时	1 日 1 夜	30 须臾	12 度
22	虚(贪财)	30 时	1 日 1 夜	30 须臾	10 度
23	危(百毒)	15 时	1 日	15 须臾	17 度
24	室(前贤迹)	30 时	1 日 1 夜	30 须臾	16 度
25	壁(北贤迹)	45 时	1 日 1 夜	45 须臾	9 度
26	奎(流灌)	30 时	1 日 1 夜	30 须臾	16 度
27	娄(马师)	30 时	1 日 1 夜	30 须臾	12 度
28	胃(长息)	30 时	1 日 1 夜	30 须臾	14 度

从表 5.4 中看到:

1. 用月亮在各宿停留的时间来表示的印度星宿宽度分大、中、小三等,大宿宽度为小宿的三倍,中宿为小宿的二倍。中国古代星宿宽度没有什么规律可循。

2. 三种佛经给出的牛宿宽度都特别窄,不在大、中、小三种宽度之列。这也进一步说明了印度星宿中牛宿的特殊性,联系到上文的讨论,更能理解印度的二十七宿体系中为何排除牛宿。

3. 对同一宿的宽度,三种佛经给出的值大多相同,有少数不同。《大集经》给出的最宽的宿为毕、氐、斗、参、辟五宿;《摩登伽经》给出毕井氐翼斗壁六宿最宽,《舍头谏经》给出长育、增财、北德、善拍、北鱼、北贤迹六宿最宽,与《摩登伽经》同。《摩登伽经》给出参、柳、箕、心、危五宿为小宿;《舍头谏经》给出生养、前鱼、善元、尊长、百毒五宿为小宿,与《摩登伽经》有一宿不符。

4.《大集经》的时间单位为"时";《舍头谏经》的时间单位为"须臾"。①《摩登伽经》的时间单位不大规范,其中的"日"是指白天,一日一夜为一昼夜,相当于 30 时。但是《摩登伽经》最后总结说:"右于六宿,二日一夜共月俱行,所谓毕井氐翼斗壁之等",这与先前分述各宿宽度不符,其毕宿等给出为"1 日半",此处"日"却要理解成是一昼夜。

5.《摩登伽经》昴宿作 12 时,牛宿作 1 时。这里的"时"不同于《大集经》中的"时",若作中国古代的"时辰"解,昴宿的宽度才与其他两经相符,牛宿宽度仍偏小。

根据三种佛经对各宿宽度的总结(其中"牛宿半日及月"的说法不确切,应为 6 时,即为 1/5 日),不难算出二十八宿的总宽度。《摩登伽经》星宿总宽度为:

$$6 \times 1.5 + 5 \times 0.5 + 1 \times 1/5 + 16 \times 1 = 27.7(天)$$

---

① 印度古代分一日为 30 牟呼栗多(muhūrta),牟呼栗多也译作时、须臾等,参见本书第三章。

《舍头谏经》的星宿总宽度为：

$$6 \times 45 + 5 \times 15 + 1 \times 6 + 16 \times 30 = 831（须臾）= 27.7（天）$$

对表 5.4 中《大方等大集经》(No.397)也可以计算其星宿总宽度：

$$5 \times 45 + 14 \times 30 + 8 \times 15 + 1 \times 6 = 771（时）= 25.7（天）$$

月亮走遍二十八宿又回到原来离开之宿，这一段时间称为恒星月。因此，以上三种佛经给出的恒星月数值分别是 27.7 天、27.7 天和 25.7 天。恒星月的准确长度为 27.321 66 天。显然，《大集经》的恒星月数值偏小，《摩登伽经》和《舍头谏经》的恒星月数值稍稍偏大，但还算准确，这也从一个侧面证明了后两种经典给出的星宿宽度是可靠的。

以上三种佛经给出的印度星宿宽度是一种不均匀的分划(但这种不均匀分划又与中国二十八宿宽度的毫无规律性不一样)。上文"星宿之数目"一节中所引《宿曜经》(No.1299)卷上"序分定宿直品第一"给出印度星宿体系与黄道十二宫的配置关系，将每宿分成四"足"，以除去牛宿的二十七宿与黄道十二宫对应，每宫分得九"足"，如表 5.5 所示：

表 5.5 《宿曜经》所载黄道十二宫与二十七宿的对应

黄道十二宫	每宫对应的宿及其"足"数		
狮 子 宫	星四足	张四足	翼一足
女 宫	翼三足	轸四足	角二足
秤 宫	角二足	亢四足	氐三足
蝎 宫	氐一足	房四足	心四足
弓 宫	尾四足	箕四足	斗一足
摩竭宫	斗三足	女四足	虚二足
瓶 宫	虚二足	危四足	室三足
鱼 宫	室一足	壁四足	奎四足
羊 宫	娄四足	胃四足	昴一足
牛 宫	昴三足	毕四足	觜二足
淫 宫	觜二足	参四足	井三足
蟹 宫	井一足	鬼四足	柳四足

对于这种宿与宫之间的配置,当时似乎不是没有疑问。在作了如上分配之后,《宿曜经》接着写道:

> 仙人问言:"凡天道二十七宿有阔有狭,皆以四足均分别,月行或在前后,验天与说差互不同,宿直之宜如何定得?"菩萨曰:"凡月宿有三种合法:一者前合,二者随合,三者并合。知此三,则宿直可知也。""云何前合?""奎娄胃昴毕觜六宿为前合也。""云何为并合?""参井鬼柳星张翼轸角亢氐房十二宿为并合。""云何为随合?""心尾箕斗女虚危室壁九宿为随合。凡宿在月前、月居宿后为前合。月在宿前、宿在月后,如犊随母为随合。宿月并行为并合也。"(景风曰凡天象之法,西为前,东为后。如月在宿东、宿在月西则是宿在月前、月在宿后。他皆仿此也。)

可知《宿曜经》中二十七宿虽然如表 5.5 中那样每宿均分成四足,但各宿还是有阔有狭的,故月亮运动还存在所谓的"前合"和"后合",也就是说月亮应该处在某宿时,但没有在该宿,有时落后,有时超前,这是因为二十七宿的宽度不相同的缘故。

然而在公元 1 世纪的前后,在非佛经的梵文资料中确实出现了一种平均划分各宿宽度的二十七宿体系,其每宿占 13°20′,并以娄宿(Aśvinī)为首宿。[1]

我们推测,《宿曜经》中以四足均分每宿的做法是星宿宽度分划从不均匀向均匀的一种过渡状态。产生这种情况的原因显然与黄道十二宫传入印度有关。因为十二宫每宫 30°,是一种平均分划。为了与十二宫达到一种简单的对应关系,统一每宿的宽度是必要的,同时由于 28 与 12 这两个数字之间没有简单的倍数关系,所以星宿数目也应调整。最小的调整是把星宿数目从 28 减为 27。又由于十二宫以白羊宫为首,白羊宫起始处对应娄宿,并且是春分点所在的位置,因此娄宿也逐渐被调整为首宿,取代昴宿原来的位置。

---

[1] David Pingree, History of Mathematical Astronomy in India, *Dictionary of Scientific Biography*, XVI, New York, 1981, p.537.

类似于《宿曜经》中将二十七宿每宿分成四份并分配到十二宫去的做法，还见于《难儞计湿嚩啰天说支轮经》（No.1312），前文"四方与首宿"一节已经引述了原文，此处整理成表5.6。

表5.6 《难儞计湿嚩啰天说支轮经》中二十七宿与黄道十二宫的对应

黄道十二宫	每宫对应的宿及"分"数		
天羊宫	娄宿全分	胃宿全分	昴宿一分
金牛宫	昴宿三分	毕宿二分	参宿二分
阴阳宫	参宿二分	嘴宿三分	井宿三分
巨蟹宫	井宿全分	鬼宿全分	柳宿全分
师子宫	星宿一分	张宿一分	翼宿一分
双女宫	翼宿三分	轸宿二分	角宿二分
天秤宫	角宿二分	亢宿三分	氐宿三分
天蝎宫	氐宿一分	房宿一分	心宿一分
人马宫	尾宿一分	箕宿一分	斗宿一分
摩竭宫	斗宿三分	牛宿二分	女宿二分
宝瓶宫	女宿二分	危宿三分	室宿三分
双鱼宫	室宿一分	壁宿一分	奎宿一分

这里有几点需要说明：（1）不难断定，所谓的"全分"应该是四分；（2）如同表5.5中，每宫对应三宿，中间这一宿应该都是全分。原文除第一宫白羊宫之外，这中间一宿的分数一律从第三宿的分数，这很可能是传抄过程中出现的差错；（3）"师子宫"应为"星宿全分"，天蝎宫应为"心宿全分"，人马宫应为"尾宿全分"，双鱼宫应为"奎宿全分"；（4）这里二十七宿也是有牛宿，少虚宿。产生这一情况的原因分析见"星宿之数目"一节。

总而言之，汉译佛经中所见星宿之宽度主要为一种不均匀划分，但其不均匀性又不如中国古代二十八宿各宿宽度那样没有规律。从《宿曜经》等经典中，也看到了一种统一各宿宽度的趋向，而这种趋向受到了黄道十二宫传入印度的影响。

5.2.5 每宿之星数和形状

二十八（或二十七）宿各宿包含一定的星数，这些星又在天空背景

176

下构成一定的形状。这也是一种星宿体系所包含的一个重要参数。《大方等大集经》(No.397)卷四十一中佉卢虱吒仙人为诸天说星宿时，也交代了各宿的星数和形状，略录如下：

> 彼昴宿者……其星有六，形如剃刀。……毕有五星，形如立叉。……嘴……星数有三，形如鹿头。……参……止有一星，如妇人靥。……井有两星，形如脚迹。……鬼有三星，犹如诸佛胸前满相。……柳……止有一星，如妇女靥。……七星……有五星，形如河岸。……张……星有二，形如脚迹。……翼……有二星，形如脚迹。……轸……星有五，形如人手。……角……止有一星，如妇人靥。……亢……有一星，如妇人靥。……氐有二星，形如脚迹。……房有四星，形如缨络。……心有三星，形如大麦。……尾有七星，形如蝎尾。……箕有四星，形如牛角。……斗有四星，如人拓地。……牛有三星，形如牛头。……女有四星，如大麦粒。……虚有四星，其形如乌。……危有一星，如妇人靥。……室有二星，形如脚迹。……辟有二星，形如脚迹。……奎有一星，如妇女靥。……娄有三星，形如马头。……胃有三星，形如鼎足。

又《宿曜经》(No.1299)卷上"序宿直所生品第二"也给出各宿星数和形状，略录如下：

> 昴六星形如剃刀。……毕五宿形如半车。……嘴三星形如鹿头。……参一星形如额上点。……井二星形如屋栿。……鬼三星形如瓶。……柳六星形如蛇。……星六星形如墙。……张二星形如杵。……翼二星形如踟跃。……轸五星形如手。……角二星形如长幢。……亢一星形如火珠。……氐四星形如牛角。……房四星形如帐。……心三星形如阶。……尾二星形如师子顶毛。……箕四星形如牛步。……斗四星形如象步。……牛三星形如牛头。……女三星形如梨格。……虚四星形如诃梨勒。……危一星形如花穗。……室二星形如车辕。……壁二星形如立竿。……奎三十二星形如小艇。……娄三星形如马头。……胃三星形如三角。

又《摩登伽经》(No.1300)"说星图品第五"也有各宿星数和形状：

> 昴有六星,形如散花。……毕有五星,形如飞雁。……觜有三星,形如鹿首。……参有一星,(缺)……井有二星,形如人步。……鬼有三星,形如画瓶。……柳宿一星,(缺)……其七星者,五则显现,二星隐没,形如河曲。……张宿二星,亦如人步。……翼有二星,形如人步。……轸宿五星,形如人手。……角有一星,(缺)……亢宿一星,(缺)……氐宿二星,形如羊角。……房宿四星,形类珠贯。……心宿三星,其形如鸟。……尾有七星,其形如蝎。……箕宿四星,形如牛步。……斗有四星,形如象步。……牛宿三星,形如牛首。……女有三星,形如穗麦。……虚有四星,形如飞鸟。……危宿一星,(缺)……室有二星,形如人步。……壁宿二星,形如人步。……奎一大星,自余小者,为之辅翼,形如半圭。……娄宿二星,形如马首。……胃有三星,形如鼎足。

又《舍头谏太子二十八宿经》(No.1301)也有各宿星数和形状：

> 厥名称宿,有六要星,其形像加。……其长养宿,有五要星,其形如车。……鹿首宿者,有三要星,形类鹿头。……生养宿者,有一要星,其形类圆,光色则黄。……增财宿者,有三要星,其形对立。……其炽盛宿者,有三要星,形像钩尺。……若不觐宿者,有五要星,形如曲钩。……土地宿者,有五要星,其形之类,犹如曲河。……前德宿者,有三要星,南北对立。……北德宿者,有二要星,南北对立。……其象宿者,有五要星,其形类象。……彩画宿者,有一要星,形圆色黄。……善元宿者,有一要星,形圆色黄。……善捨宿者,有二要星,形像牛角。(此处原文缺悦可宿。——笔者注)……尊长宿者,有三要星,其形类麦,边小中大。……根元宿者,有三要星,其形类蝎,低头举尾。……前鱼宿者,有四要星,其形类象,南广北狭。……北鱼宿者,有四要星,其形类象,南广北狭。……无容宿者,有三要星,其形所类,如牛头步。……沙枑宿者,一曰耳聪,有三要星,其形类麦,边小中大。……贪财宿者,

有四要星,其形像调脱之珠。……百毒宿者,有一要星,形圆色
黄。……前贤迹宿者,有二要星,相远对立。……北贤迹宿,有二要
星,相远对立。……流灌宿,有一要星,形圆色黄。……马师宿者,
有三要星,形类马案。……长息宿者,有五要星,其形类轲。

今先将上述四种佛经中的每宿星数整理成表5.7,并附上一种非汉
译佛经资料(Gargasaṃhitā)中的数据①以及中国二十八宿各宿星数,
以供比较。

表5.7　印度和中国古代星宿体系的每宿星数

序号	宿　名	大方等大集经卷四十一	宿曜经	摩登伽经	舍头谏太子二十八宿经	Gargasaṃhitā	中国二十八宿
1	昴(名称)	6	6	6	6	6	7
2	毕(长育)	5	5	5	5	5	8
3	觜(鹿首)	3	3	3	3	3	3
4	参(生养)	1	1	1	1	1	10
5	井(增财)	2	2	2	3	2	8
6	鬼(炽盛)	3	3	3	3	1	5
7	柳(不觐)	1	6	1	5	6	8
8	星(土地)	5	6	5	5	6	7
9	张(前德)	2	2	2	3	2	6
10	翼(北德)	2	2	2	2	2	22
11	轸(象)	5	5	5	5	5	4
12	角(彩画)	1	2	1	1	1	2
13	亢(善元)	1	1	1	1	1	4
14	氐(善格)	2	4	2	2	2	4
15	房(悦可)	4	4	4	(缺)	4	4
16	心(尊长)	3	3	3	3	3	3
17	尾(根元)	7	2	7	3	6	9
18	箕(前鱼)	4	4	4	4	4	4

①　D.Pingree and P.Morrissey, On the Identification of the Yogataras of the Indian Naksatras, *Journal for the History of Astronomy*, XX(1989), pp.99—119.

序号	宿 名	大方等大集经卷四十一	宿曜经	摩登伽经	舍头谏太子二十八宿经	Gargasaṃhitā	中国二十八宿
19	斗(北鱼)	4	4	4	4	4	6
20	牛(无容)	3	3	3	3	3	6
21	女(耳聪)	4	3	3	3	3	4
22	虚(贪财)	4	4	4	4	4	2
23	危(百毒)	1	1	1	1	1	3
24	室(前贤迹)	2	2	2	2	2	2
25	壁(北贤迹)	2	2	2	2	2	2
26	奎(流灌)	1	32	1*	1	4	16
27	娄(马师)	3	3	2	3	2	3
28	胃(长息)	3	3	3	5	3	3

*《摩登伽经》原文:一大星,其余小星为之辅翼。

对表 5.7 中各列数值进行比较后可以发现:

(1) 四种汉译佛经给出的星宿星数完全相同的有昴、毕、觜、参、鬼、翼、轸、亢、心、箕、斗、牛、虚、危、室、壁等十六宿。柳宿和尾宿的星数差别较大,其余皆在二至一星之差。

(2)《大方等大集经》卷四十一与《摩登伽经》给出的星宿数目几乎完全相同,所差者唯女宿,前者为 4 星,后者 3 星;另奎宿前者作 1 星,后者称"一大星,其余小星为之辅翼"。

(3) 如果将 Gargasaṃhitā 中的星数与四种汉译佛经中的星数作一比较,发现有昴、毕、觜、参、翼、轸、亢、心、箕、斗、牛、虚、危、室、壁共十五宿之星数完全相同,与(1)中的十六宿相同只差一宿。可见这十五宿的星数在印度古代是很稳定的,不同经典对之描述非常一致。这里 Gargasaṃhitā 是公元初年的一种印度梵文经典。[①]其中又以 Gargasaṃhitā 各宿星数与《宿曜经》各宿星数最为接近,只有鬼、角、

---

① 相传为印度古代圣人梵天诸子之一 Garga 所作,saṃhita 意为集子、本集。Garga 在中国古代疑译作"竭伽",多种汉译佛经中出现竭伽仙人的名号。《隋书·经籍志》著录《婆罗门竭伽仙人天文说》三十卷、《竭伽仙人占梦书》一卷。

氐、尾、奎、娄六宿星数不同。

（4）比较中国二十八宿每宿星数与印度星宿每宿星数，可以发现每宿对应之星数中国二十八宿大都多于印度星宿体系，其中虚宿，中国二十八宿为 2 星，少于印度星宿 4 星；奎宿，中国星宿为 16 星，多于印度星宿之 1 星但少于 32 星；胃宿，中国星宿 3 星与四种印度经典相同，少于《舍头谏经》之 5 星。中国二十八宿与印度星宿星数完全相同的星宿有觜（3 星）、心（3 星）、箕（4 星）、室（2 星）、壁（2 星）共五宿。

（5）印度星宿体系每宿之星数随不同的文献记载也不尽相同。与此形成对比的是，在中国古代二十八宿体系形成之后，每宿之星数几乎不再发生变化。[①]

现又将前引四种佛经中所述各宿形状，连同一种非汉译佛经资料（*Śārdūlakarṇāvadāna*）中对印度星宿形状的描述[②]，列如表 5.8。

表 5.8 印度星宿各宿形状

序号	宿　名	大方等大集经卷四十一	宿曜经	摩登伽经	舍头谏经	*Śārdūlakarṇāvadāna*
1	昴(名称)	剃刀	剃刀	散花	加	blade
2	毕(长育)	立叉	半车	飞雁	车	cart
3	觜(鹿首)	鹿头	鹿头	鹿首	鹿头	deer's head
4	参(生养)	妇人黡	额上点	(缺)	形圆色黄	forehead mark
5	井(增财)	脚迹	屋橛	人步	形对立	foot(step)
6	鬼(炽盛)	诸佛胸前满相	瓶	画瓶	钩尺	saucer
7	柳(不觐)	妇人黡	蛇	(缺)	曲钩	forehead mark
8	星(土地)	河岸	墙	河曲	曲河	river bend
9	张(前德)	脚迹	杵	人步	南北对立	foot(step)
10	翼(北德)	脚迹	跚跌	人步	南北对立	foot(step)

[①] 在星占层面上，构成中国二十八宿各宿的主星数目没有变化，但是随着对恒星观测的深入，各宿所占天区内被命名的恒星数量一直在增加。

[②] D.Pingree and P.Morrissey, On the Identification of the Yogataras of the Indian Naksatras, *Journal for the History of Astronomy*, XX(1989), pp.99—119. D.Pingree 等将 *Śārdūlakarṇāvadāna* 中用梵文描述的印度星宿形状译成英文。

续表

序号	宿　名	大方等大集经卷四十一	宿曜经	摩登伽经	舍头谏经	*Sārdūlakarṇāvadāna*
11	轸(象)	人手	手	人手	象	hand
12	角(彩画)	妇人靥	长幢	(缺)	形圆色黄	foreheak mark
13	亢(善元)	妇人靥	火珠	(缺)	形圆色黄	forehead mark
14	氐(善格)	脚迹	牛角	羊角	牛角	horn
15	房(悦可)	缨络	帐	珠贯	(缺)	string of pearls
16	心(尊长)	大麦	阶	鸟	麦	like barleycorn in middle
17	尾(根元)	蝎尾	狮头顶毛	蝎	蝎	scorpion
18	箕(前鱼)	牛角	牛步	牛步	象	cowpath
19	斗(北鱼)	人托地	象步	象步	象	elephant path
20	牛(无容)	牛头	牛头	牛首	牛头步	cow's head
21	女(耳聪)	大麦粒	梨格	麦	麦	like barleycorn in middle
22	虚(贪财)	鸟	河梨勒	飞鸟	调脱之珠	bird
23	危(百毒)	妇人靥	花穗	(缺)	形圆色黄	forehead mark
24	室(前贤迹)	脚迹	车辕	人步	相远对立	foot(step)
25	壁(北贤迹)	脚迹	立竿	人步	相远对立	foot(step)
26	奎(流灌)	妇人靥	小艇	半	形圆色黄	forehead mark
27	娄(马师)	马头	马头	马首	马鞍	horse's heak
28	胃(长息)	鼎足	三角	鼎足	珂	vulua

表5.8显示：

（1）五种文献资料对星宿形状的描述一致的有：觜宿(鹿头、deer's head)、牛宿(牛头、Cow's head)，另外娄宿也都与马有关(马头、马鞍、horse's head)。由于星宿在星空背景下形成的图形是观察者联想的产物，很可能因人而异，因此对星宿形状的描述较少完全相同。

（2）四种或三种文献对某宿形状有一致描述的情况较多，如昴宿

(剃刀)、毕宿(车)、参(额上点、妇人靥)、井(脚迹)、氐(角)、心(麦)、斗
(象步)、胃(三角、鼎足)等。

(3) 在一种文献中某个象形往往被反复使用,如《大方等大集经》
中称一颗星为妇人靥,二颗星组成的形状为脚迹等;在《宿曜经》中则稍
作变化,一星有时称火珠,有时称额上点(与妇人靥是同一意思,妇人额
上加点是印度的风俗),二星则称车辕、立竿等。

(4) 印度星宿之第二十宿象形都与牛有关,正好对应中国二十八
宿中的牛宿,这一巧合背后或许隐藏着深刻的文化交流背景。又其第
十七宿尾宿,《大集经》称其"形如蝎尾",《摩登伽经》称"其形如蝎",《舍
头谏经》描述更生动,称"其形类蝎,低头举尾"。尾宿所在正是天蝎座
尾部,天蝎座为黄道星座之一,黄道十二星座是由古巴比伦人最早命名
的,因此这里也暗示了一种相当早期的文化交流。

(5) *Śārdūlakarṇāvadāna* 先后由天竺三藏竺律炎、支谦在三国吴
时,和竺法护在西晋永嘉年间译成《摩登伽经》(No.1300)和《舍头谏太
子二十八宿经》(No.1301)[①]。因此表 5.8 最后一列中的资料与《摩登
伽经》和《舍头谏经》同源,但一被译成古代汉语,一被译成英语,前后相
距一千多年,而英译与汉译符合得相当好。

本章通过对保存在汉译佛经中的星宿体系进行分析,阐明了在从
汉末到宋初这一时期,印度的星宿体系曾经被非常全面地介绍到中国
来,凭借汉译佛经中的星宿资料可以很好地了解印度星宿体系的详细
情况。然而,这毕竟是以佛经为载体进行的天文学交流,因此有关印度
星宿体系的一些更重要的信息,如印度二十八(或二十七)宿的各宿距
星,便无法从佛经中得知。

另外,当印度星宿体系随佛经传入中国时,中国本土已经有发展成
熟的二十八宿体系,因而前者对后者基本上没有产生什么影响。

---

① 《大正藏》卷 21 第 410 页《舍头谏太子二十八宿经》(No.1301)经名下注"一名虎耳
经",这是因为 Sardula 意为"老虎",karṇa 意为"长着长耳朵的",avadana 意为"部分",在长篇
的经文需要被分成较短的"部分",每个部分常称为一"分"。

5.3 中印古代的星宿体系

　　中印古代有各自的星宿体系,这是中印古代两种天文学之间最引人注目的相似之处。以下就这两种星宿体系之间存在的异同作一番比较。

5.3.1 星宿之数目

　　众多汉译佛经中有关印度星宿体系的记载表明,在印度古代除了有一种二十八宿体系外,还有一种二十七宿体系。中国古代,虽然竺可桢举《史记·天官书》为例,证明中国古代也有二十七宿之说,[①]但除此一例之外,历代官修的天文、律历等志中出现的星宿数目均为二十八。

5.3.2 首宿问题

　　中国古代二十八宿体系以角宿为首宿,这一点从出现完整的二十八宿名称开始,到最后废弃星宿体系不用为止,一直没有改变。而据汉译佛经中的资料,在印度古代作为首宿的星宿曾经有昴宿和娄宿。印度星宿体系以昴宿为首宿开始度量是为了保证度量同时从春分点开始。在西方天文学中,春分点是黄经度量的起点。由于岁差的存在,春分点在不断地退行,日积月累,春分点势必退出昴宿。印度古代为了保持春分点始终处于第一宿中,将首宿也作了调整。这种首宿的调整在汉译佛经中也有反映。多种汉译佛经中记载了以娄宿为首宿的星宿体系。相比之下,中国古代二十八宿之首宿始终不变,一定程度上反映了中国古代对岁差认识的不足。

5.3.3 每宿包含的星数

　　不同佛经中记载的印度星宿系统每宿包含的星数有变化。而在中

---

　　① 竺可桢:《二十八宿起源之时代与地点》,《竺可桢文集》,北京:科学出版社,1979 年,第 234—254 页。

国古代的各种文献记载中,二十八宿每宿的数目都是固定不变的。这从一个侧面反映了中国古代天文学中的尊古传统和对文献保存、传抄的细致程度。据表5.7,《宿曜经》(No.1299)有10宿的星数与对应的中国星宿的星数相同,它们是觜、角、氐、房、心、箕、室、壁、娄、胃;《摩登伽经》(No.1300)有七宿相同,为觜、房、心、箕、室、壁、胃;《舍头谏经》(NO.1301)有六宿相同,为觜、心、箕、室、壁、娄;《大方等大集经》(No.397)有八宿相同,为觜、房、心、箕、室、壁、娄、胃。

5.3.4 关于各宿的宽度

二十八宿每宿的宽度也称宿度,中国古代二十八宿体系每宿宽窄不均,每宿的宿度值大小不等,大者有30多度,小的只有1度。汉译佛经给出的印度二十八宿宿度值也是大小不等,但不像中国古代二十八宿宿度那样无规律可循。印度二十八宿宿度值大致分为大、中、小三种,如《舍头谏太子二十八宿经》(No.1301)给出的二十八宿宿度值大者有45须臾,中者30须臾,小者15须臾(牛宿特殊,为6须臾),因此三种宿度值之间有简单的倍数关系。印度二十八宿宿度的单位是时间单位须臾,一须臾为一天的三十分之一;中国二十八宿宿度的单位是中国古代特有的古度。另外,在印度古代的二十七宿体系中,每宿的宿度值是均匀的,即将周天360度等分成27份,每份$13°20'$为一宿的宽度。

中国古代不同年代的文献中记载的二十八宿宿度值前后基本一致,变化很小;印度二十八宿宿度值随时间甚至不同典籍的记载有较大变化,并且到后来为了与黄道十二宫进行搭配,还出现了一种平均分划的二十七宿体系。总而言之,从每宿的宽度来看,中印两种古代星宿体系存在比较大的差异。

5.3.5 各宿的距星

二十八宿每宿的距星和每宿的宽度确定了各宿在天空的位置和范围。对中国古代星宿体系的证认工作已得到比较好的结果,虽然各家证认有个别不同,但大体上是一致的。在此对中印古代二十八宿体系的距星证认结果各选一种列如表 5.9。

由表 5.9 知,中国二十八宿与印度二十八宿距星相同的有角、箕、斗、室、娄五宿;又对比本章所附之印度二十八宿星图与中国二十八宿星图可知,有氐、房、心、尾、箕、斗、室、壁、娄、胃、昴、毕、觜、参、鬼、柳、轸、角等十八宿,所指的恒星群在印度星宿体系和中国星宿体系中全部或部分重合。这种相似性对于两种分别属于不同古代文化的星宿体系来说是相当显著的。

表 5.9 中国二十八宿与印度二十八宿距星的比较[①]

中国宿名	距 星	星 等	印度宿名	距 星	星 等
角	室女 α	$1^{m}.2$	Citrā	室女 α	1^{m}
亢	室女 κ	$4^{m}.3$	Svāti	牧夫 α	1^{m}
氐	天秤 $α^2$	$3^{m}.0$	Viśākhā	天秤 ι	4^{m}
房	天蝎 π	$3^{m}.0$	Anurādhā	天蝎 δ	3^{m}
心	天蝎 σ	$3^{m}.0$	Jyeṣthā	天蝎 σ	2^{m}
尾	天蝎 $μ^1$	$3^{m}.1$	Mūla	天蝎 λ	$1^{m}.7$
箕	人马 γ	$3^{m}.1$	Pūrvāṣādhā	人马 γ	3^{m}
斗	人马 ψ	$3^{m}.3$	Uttarāṣādhā	人马 φ	4^{m}
牛	摩羯 β	$3^{m}.3$	Abhijit	天琴 α	1^{m}
女	宝瓶 ε	$3^{m}.8$	Śravaṇa	天鹰 α	$2^{m}.1$
虚	宝瓶 β	$3^{m}.1$	Dhaniṣthā	海豚 α	$3^{m}.4$
危	宝瓶 α	$3^{m}.2$	Śatabhiṣaj	宝瓶 λ	4^{m}
室	飞马 α	$2^{m}.6$	Pūrvabhādrapadā	飞马 α	$2^{m}.3$
壁	飞马 γ	$2^{m}.9$	Uttarabhādrapadā	室女 α	4^{m}
奎	仙女 ζ	$4^{m}.3$	Revatī	双鱼 ζ	4^{m}
娄	白羊 β	$2^{m}.7$	Aśvinī	白羊 β	3^{m}
胃	白羊 35	$4^{m}.6$	Bharaṇī	白羊 35	5^{m}
昴	金牛 17	$3^{m}.8$	Kṛttikā	金牛 η	5^{m}

---

① 参考潘鼐《中国恒星观测史》,上海:学林出版社,1989 年,第 12 页表 3;David Pingree:History of Mathematical Astronomy in India, *Dictionary of Scientific Biography*, XVI, New York, 1981. p.565, Table V.10。

中国宿名	距 星	星 等	印度宿名	距 星	星 等
毕	金牛 ε	3^m.6	Rohiṇī	金牛 α	1^m
觜	猎户 λ	4^m.5	Mṛgaśiras	猎户 15	4^m
参	猎户 δ	2^m.5	Ārdra	猎户 λ	neb.
井	双子 μ	2^m.9	Punarvasū	双子 β	2^m
鬼	巨蟹 θ	5^m.6	Puṣya	巨蟹 ε	neb.
柳	长蛇 δ	4^m.2	Āśleṣā	巨蟹 β	4^m.3
星	长蛇 α	2^m.2	Maghā	狮子 α	1^m
张	长蛇 ν¹	4^m.3	Pūrvāphalgunī	狮子 δ	2^m.3
翼	巨爵 α	4^m.2	Uttaraphalgunī	狮子 β	1^m.2
轸	乌鸦 γ	2^m.8	Hasta	乌鸦 η	4^m

5.3.6 参宿与觜宿的次序反转

表 5.2 所列《宝星陀罗尼经》(No.402)卷四之星宿体系中第三宿为 "参",第四宿为"觜",这与其他汉译佛经中大部分星宿体系中"觜前参后"是相反的。同样的关于"参前觜后"的记载还见于《难俪计湿嚩啰天说支轮经》(No.1312)和《大方广菩萨藏文殊师利根本仪轨经》(No.1191)卷十四。因此汉译佛经中的星宿体系中参宿与觜宿的次序关系出现了两种情况,即"参前觜后"和"觜前参后"。

众所周知,在中国古代二十八宿体系中,紧挨参宿的觜宿也表现出相当的特殊性。《宋史·天文志四》载:

> 汉永元铜仪、唐开元游仪,皆以觜觿为三度。旧去极八十四度。景祐测检,觜宿三星一度,距西南星去极八十四度,在赤道内七度。

这一段讲汉、唐时实测得觜宿宽度有三度,即觜宿距星在毗邻的下一宿参宿距星前三度;宋景祐年测得觜宿宽度只有一度,即觜宿距星在参宿距星前一度。唐代实测在开元十二至十三年(724—725),宋代实测在景祐元年(1034 年)。

又《明史·天文志一》载:

> 觜宿距星,唐测在参前三度,元测在参前五分,今测已侵入参宿。故旧法先觜后参,今不得不先参后觜,不可强也。

可见到元代实测时(1276 年)觜宿距星只在参宿距星前五分了,到明代实测,觜宿距星反而侵入参宿。据《明史·天文志一》:参宿一入实沉一十七度少,觜宿一入实沉一十八度半强,即觜宿距星在赤经方向上反而落后参宿距星一度多。上述所谓的"今测"是指明崇祯元年(1628 年)徐光启主持的恒星观测。

以上两则记载将觜宿宿度定为三度似乎有误,[1]但关于参觜反转的记载却是事实。因为参、觜两宿距星赤经相差很小,而赤纬相差又较大,[2]由于岁差的影响,不同赤纬的恒星赤经变化不同,因此参觜反转的事实可以用岁差现象来解释。[3]

汉译佛经用中国二十八宿名称套译印度星宿名称时,由于中、印两种星宿体系各宿之宽度、距星不尽相同,因此翻译时星宿名称固然对应上了,但所指具体天区和距星仍有差别。尤其各宿之距星为区别不同星宿的重要标志,据表 5.9,印度之 Ārdrā 宿以猎户 λ 为距星。但是在另一些文献内,猎户 λ 是 Mrgaśiras 宿的距星,[4]而猎户 λ 在中国古代被证认为是觜宿一,即为觜宿距星。因此在有些汉译佛经中将 Ārdrā 和 Mrgaśiras 两宿译成参、觜,而另一些汉译佛经则将之译成觜、参。

---

① 《新唐书·天文志一》载一行测得觜宿宿度为半度,而历志仍作一度。

② 比较公认的参、觜两宿距星猎户 φ、猎户 δ 的赤经、赤纬据 1995 年《中国天文年历》给出为 $5^h34^m34^s.402$、$+9°29'12''.43$ 和 $5^h31^m46^s.592$、$-0°18'07''.90$(年平位置),两星赤经相差不足一度,赤纬差近 10°。

③ 参见郭盛炽:《历代二十八宿距星考》,《中国科学院上海天文台年刊》1990;潘鼐《中国恒星观测史》(学林出版社,1989),第 257 页关于高低赤纬恒星赤经岁差年变值之差异的讨论。

④ D.Pingree and P.Morrissey, On the Identification of the Yogataras of the Indian Naksatras, *JHA* XX(1989), pp.99—119.

6. 佛藏中的行星运动知识
——以《七曜攘灾决》为例

　　《大正藏》密教部经典《七曜攘灾决》是现存汉译佛经中数理天文学资料最集中的一种,其中的五星历表和罗睺、计都历表是非常难得的古代数理天文学资料。对这些珍贵的天文学资料以及它们的来源等情况值得进行深入细致的研究。《七曜攘灾决》出自印度人之手,经过中国,被日本僧人请去,并在日本得到保存。因此,此件本身的流传就是古代东西方文化交流传播的一个极好例证。同时,《七曜攘灾决》中某些方面也反映出与中国本土文化相结合的趋势,故此件又是不同文化融合的极好证据。

　　李约瑟[①]和薮内清[②]分别在他们各自的著作中提到过《七曜攘灾决》,但均未深入研究。日本学者矢野道雄对《七曜攘灾决》的研究取得一定的结果,包括对其中的星占学内容[③]和其中行星历表进行了初步考察。[④]本章希望对《七曜攘灾决》中的五星历表和罗睺、计都历表的研究能有所推进,对《七曜攘灾决》在中国—印度及中国—西亚之间具有的文化交流意义也有所阐发。

6.1 《七曜攘灾决》之版本流传和文本结构

　　《大正新修大藏经》二十一册密教部四第 1308 号题:"《七曜攘灾

---

　　① 李约瑟:《中国科学技术史》,北京:科学出版社 1975 年,第 4 卷,第 536 页。

　　② (日)薮内清:"关于唐曹士蒍的符天历",《科学史译丛》1983,No.1。

　　③ (日)矢野道雄:《密教占星术——宿曜道ヒインド占星术》,东京美术选书 49,昭和 61 年 11 月 20 日初版。

　　④ Michio Yano: The Chi-yao Jang-tsai-chueh and its Ephemerides. *Centaurus* 1986, Vol.29, 28—35.

决》卷上,西天竺国婆罗门僧金俱吒撰集之。"①又《频伽精舍大藏经》余②四第 42 页题:"秘密仪轨目录,享和十一……《七曜攘灾决》卷上,西天竺国婆罗门僧金俱吒撰集之。"

如今能够得到的《七曜攘灾决》版本大抵来自《大正藏》和《频伽藏》。《频伽藏》于民国初年修成,主要参考日本《弘教藏》(1880—1885),《大正藏》1934 年印行。比较《频伽藏》与《大正藏》之《七曜攘灾决》经文发现,两者排版之错乱情况、脱漏字数及比较专门的天文知识错误均完全一致。故可以推断,这两种藏经中的《七曜攘灾决》极可能参考了同一种母本。《大正藏》较晚完成,其中经文之错漏有部分作了校注,但校注仍相当粗疏。另外,日本《卍新纂续藏经》也收录了《七曜攘灾决》(X1070),与《大正藏》版本一致。

《大正藏》之《七曜攘灾决》(以下若未特殊说明,均指《大正藏》版本)卷末署有"长保元年三月五日"字样,"长保"为日本年号,长保元年即公元 999 年,该日期当为现存《七曜攘灾决》所参考之母本抄录的年代。

丰山长谷寺沙门快道为《七曜攘灾决》撰志曰:"《宗睿谓(请)来录》云:'《七曜攘灾决》一卷,见诸本题额在两处,云卷上、卷中,而合为一册。'今检校名山诸刹之本,文字写误不少,而不可读者多矣。更请求洛西仁和寺之藏本对考,非全无犹豫。粗标其异同于冠首,以授工寿梓。希寻善本点雌雄,令攘灾无差。时享和岁次壬戌仲夏月。"③享和二年即公元 1802 年,岁次壬戌。现在通行的《七曜攘灾决》版本即为快道点校并发起刊印的那一种。从快道的志看出,当时在日本《七曜攘灾决》版本不止一种,但均因藏之深山,常人不得见,致使泯灭无闻。只有快道的这种刊印本流传较广,得以保存,并为后世藏经编者所参考,但正如快道所云,这种版本"文字写误不少,不可读者多矣"。

---

① [唐]金俱吒:《七曜攘灾决》,《大正藏》第 21 册,第 426 页。
② 《频伽藏》入经 1 916 部,8 416 卷,分订为 414 册,合 40 函,千字文编次天字至霜字。"余"字为千字文第二十六字。
③ [唐]金俱吒:《七曜攘灾决》,《大正藏》第 21 册,第 452 页。

　　《大正藏》系日本人所造。《频伽藏》虽然修成于上海,但也主要参考日本《弘教藏》。又查《高丽大藏经》及其他大陆版藏经之目录,均无《七曜攘灾决》。故现今能够得到的《七曜攘灾决》的版本为日本人所保存,由此可知《七曜攘灾决》的主要使用者也是日本人。这个现象的原因我们下文将会谈到。

　　《七曜攘灾决》的作者金俱吒为一婆罗门僧人。印度佛教发展到晚期,有与婆罗门教合流之趋势,密教由此兴起。开元(713—741)三大士善无畏、金刚智和不空来唐,中土始大行密教。其后百余年间来华之西域、天竺僧人及所携之经典不可尽计,金俱吒当为其中之一(下文将阐明,金俱吒在唐时期在不空以后)。不空及其他西僧《宋高僧传》有传,而金俱吒无传,故其人详细情形不得而知。其时西来诸僧汉化已深,所以金俱吒用汉文著作也极为平常。

　　然密教流传至唐土,并不告终结,更东传至日本、高丽等国,如日本就有著名的入唐求法八大家,求取的大都为密教经典。致使密教在其发祥地印度、中转地中国日趋衰微,而在日本却传灯至今。故《七曜攘灾决》作为密教经典仅在日本藏经中被保存实属合情合理。前引《七曜攘灾决》快道之志中的宗睿即为日本东密系统入唐求法高僧,八大家之一,俗姓池上氏,京师人,幼登睿山出家。日本贞观四年(唐咸通三年,即862年)入唐,贞观八年(唐咸通七年,即866年)回日本。"请来录"即《书写请来法门等目录》,是宗睿从唐求得之经典总目。而《七曜攘灾决》被收录其中,故可以认为该经由宗睿首次将其从大唐传入日本。

　　由上可知,《七曜攘灾决》由西来婆罗门僧人金俱吒在公元8世纪下半叶至9世纪上半叶之间的某一年著成,由入唐求法的日本僧人宗睿带到日本,并在那里得到流传和保存。

　　由前引快道志知,宗睿请来之《七曜攘灾决》只有卷上和卷中,而合为一册。今所见之《七曜攘灾决》中果然只有卷上、卷中字样,而无下卷。这究竟是金俱吒只撰出上卷中卷而未撰下卷,还是宗睿只请到上卷中卷? 欲回答该问题,先看全卷大致内容:

28. 五星临十二宫吉凶法

29. 每月朔望月所在之宿

此29项中,第13、14、15、16、17、18、19、26等八项为纯粹的数表,含有深刻的数理天文学内容,其他各项亦为理解《七曜攘灾决》不可缺少的资料。观此29项,七曜占灾攘灾之法似已完备,特别是对数理结构而言,《七曜攘灾决》已无再撰下卷的必要,故可以认为金俱吒可能只撰出了上卷和中卷,而没有下卷。

前所列29项内容初看较芜杂,其实它们紧扣一个主题:占灾攘灾。这是由密教的理论和实践决定了的。《七曜攘灾决》卷上日宫占灾攘之法第一云:

> 若日在人命宿灾蚀,其人即有风灾重厄,当宜攘之。其攘法先须知其定蚀之日。去蚀五日清斋。当画其神形,形如人而似狮子头。人身着天衣,手持宝瓶而黑色,当于项上带之。其日过本命宿,弃东流水中,灾自散。

这段引文中包括了三层意思:1.定义何种情形(日在人命宿灾蚀)有"风灾重厄"。2.须预知定蚀之日,以采取措施。3.攘灾之法。其中第3项为各种繁复的攘灾仪式,当出自人为的规定,或许其中自有严格的规则存在,但不会有多少"科学"意义,然要做到第1第2步,必须要有实实在在的天文学知识。

对第1步而言,所引例子中"日在人命宿灾蚀即有风灾重厄"。《七曜攘灾决》卷上月宫占灾攘之法云:"(月亮)若依常度者则无吉凶。若不依常度者即有变见,犯极南有灾蚀者,先合损妻财,后合加爵禄;犯极北有灾蚀者,合损男女奴婢,若行迟者多有疾病,若行疾者则无灾厄。"《七曜攘灾决》卷中又云:"火以伏见不依历为灾;木以不入变色向已为灾;金以失度留退为灾;土以逆行失度留守为灾。"可见日月五星有星占学意义的天象各有定义,但这定义离不开数理天文学知识。譬如火星"以伏见不依历为灾"。这"历"是根据已有的数理天文学知识预先编定的。对日月五星都要先编定这样的"历",以指导星占家进行攘灾活动。

第2步,在所引例子中,须预知定蚀之日。这一步非要有先进的天文学知识不可。就推算定蚀时刻而言,要考虑地球、月亮、太阳三者的运动和位置关系。而金星"失度留退"、土星"逆行失度留守"等均相对于某一种已知的"历"而言,该历的确定要一套完备的行星运动理论作为预备知识。

故不论星占家认为天人之间有何种对应关系,他们要沟通天人之间的联系,必须掌握一套完备的天文学知识。天文学知识愈完备,推算的天象就愈正确,而在信徒看来他们的攘灾之法也就愈正确,就愈相信他们能沟通天人,进而愈相信他们的宗教。当然,下面这样的现象是可能发生的:当信徒已经虔信他们的宗教,从事星占活动的人也日趋增多,使得没有必要也不可能每个星占家都精通他们的星占体系赖以建立的天文学基础。像《七曜攘灾决》中的五星历表和罗睺、计都历表本质上是前述的一种"历",但对一般星占家来说,他们不必知道这种"历"是经过何种途径获得的,《七曜攘灾决》对他们而言只是据以来进行攘灾活动的工作手册而已。

6.2 《七曜攘灾决》中的天球坐标系和历日纪年

为了能对《七曜攘灾决》中的五星历表和罗睺、计都历表进行有效的分析计算,必须先知道编制这些历表所依据的天球坐标系统和时间坐标系统。

6.2.1 《七曜攘灾决》所用的天球坐标系

《七曜攘灾决》用一种二十八宿体系记录其五星位置。众所周知,古代中国和印度都有各自的二十八宿系统,它们两者是有区别的。为了攘灾方便,佛经在被译成汉文或来华僧人撰书时把印度二十八宿体系换算成中国体系,《七曜攘灾决》之"宿度法"就是给出这样的换算关系。经文中其他日月五星罗睺、计都之动态表均用中国传统之二十八宿记录。《七曜攘灾决》未直接给出二十八宿各宿距度,但从卷中"黄道日躔定气表"(简作"表")及"五星七曜十二宫十二支二十八宿图"(简作

"图")中可得到较完整的二十八宿距度。表 6.1 列出从"表""图"得出之宿度及《大衍历》所载之黄道宿度、赤道宿度,并分别给出它们与中国二十八宿距度之差。其中之所以取《大衍历》之宿度值与《七曜攘灾决》宿度值作比较,是因为《大衍历》作者一行曾对二十八宿宿度和去极度作过重新测定,并算得了黄道宿度,其年代(724 年)与《七曜攘灾决》撰出之年代(公元 8 世纪下半叶至 9 世纪上半叶)相符合。又唐《五纪历》通行年代(763—783)虽与《七曜攘灾决》更为接近,但《五纪历》主要承袭了《大衍历》,故可不列。

表 6.1 《七曜攘灾决》二十八宿之宿度值复原

宿名	表	△₁	图	△₂	《大衍历》黄道宿度	△₃	《大衍历》赤道宿度	△₄	二十八宿距星证认①		
									距星	似黄经	距度
斗	23	0	22	1	$23\frac{1}{2}$	$\frac{1}{2}$	26	3	人马 ψ	267.1	23
牛	8	0	7	−1	$7\frac{1}{2}$	$-\frac{1}{2}$	8	0	摩羯 β	290.9	8
女	11	0	11	0	$11\frac{1}{4}$	$\frac{1}{4}$	12	1	宝瓶 ε	297.9	11
虚	10	0	10	0	$10^{10}/3040$	$^{10}/3040$	$10^{10}/3040$	$^{10}/304$	宝瓶 β	309.0	10
危	17	−1	18	1	$17\frac{3}{4}$	$-\frac{1}{4}$	17	−1	宝瓶 α	318.0	18
室	17	0	17	0	$17\frac{1}{4}$	$-\frac{1}{4}$	16	−1	飞马 α	334.0	17
壁	10	0	10	0	$9\frac{3}{4}$	$-\frac{1}{4}$	9	−1	飞马 γ	352.1	10
奎	17	0	17	0	$17\frac{1}{4}$	$\frac{1}{4}$	16	−1	仙女 ξ	361.2	17
娄	13	0	13	0	$12\frac{3}{4}$	$-\frac{1}{4}$	12	−1	白羊 β	13.8	13
胃	14	0	14	0	$14\frac{3}{4}$	$\frac{3}{4}$	14	0	白羊 35	26.2	14
昴	11	0	11	0	11	0	11	0	金牛 η	42.6	11
毕	16	0	16	0	$16\frac{1}{4}$	$\frac{1}{4}$	17	1	金牛 ε	53.2	16
觜	1	0	2	1	1	0	1	0	猎户 λ	70.1	1
参	10	0	8	−2	$9\frac{1}{4}$	$-\frac{3}{4}$	10	0	猎户 δ	70.5	10

① Michio Yano: The Chi-yao Jang-tsai-chueh and its Ephemerides, *Centaurus* 1986, Vol.29, pp.28—35. 潘鼐:《中国恒星观测史》第 12 页给出了中国古代二十八宿之距星,比较矢野的证认,结果大致相同,所不同的唯有昴宿、觜宿和轸宿三宿,潘鼐之证认分别为: 17Tau, φ'Ori, γCrv,矢野之证认分析为:7Tau, χOri, γCrt,相差微乎其微。郭盛炽:《历代二十八宿距星考》,中国科学院上海天文台年刊,1990 年第 11 期,对古代二十八宿的距星证认作了有关讨论,其结论与前两者也大致相同。

宿名	表	△₁	图	△₂	《大衍历》黄道宿度	△₃	《大衍历》赤道宿度	△₄	二十八宿距星证认		
									距星	似黄经	距度
井	30	0	30	0	30	0	33	3	双子 μ	79.8	30
鬼	2	−1	3	0	2¾	−¼	3	0	巨蟹 θ	110.5	3
柳	14	0	14	0	14¼	¼	15	1	长蛇 δ	113.2	14
星	7	0	7	0	6¾	−¼	7	0	长蛇 α	126.5	7
张	19	0	19	0	18¾	−¼	18	−1	长蛇 υ	132.9	19
翼	19	0	19	0	19¼	¼	18	−1	巨爵 α	150.4	19
轸	19	0	18	−1	18¾	−¼	17	−2	乌鸦 γ	170.2	19
角	13	0	13	0	13	0	12	−1	室女 α	189.6	13
亢	9	0	9	0	9½	½	9	0	室女 κ	201.9	9
氐	16	0	16	0	15¾	−¼	15	−1	天秤 α	211.8	16
房	5	0	5	0	5	0	5	0	天蝎 π	227.8	5
心	4	−1	3	−1	4¾	−¼	5	0	天蝎 σ	233.4	5
尾	17	0	17	0	17	0	18	1	天蝎 μ	239.0	17
箕	10	0	10	0	10¼	¼	11	1	人马 γ	257.4	10
总计	362	—	362	—	365¹⁰⁄₃₀₄₀	—	365¹⁰⁄₃₀₄₀	—	—	—	365

$\triangle_1$、$\triangle_2$、$\triangle_3$、$\triangle_4$ 分别为"表""图"、大衍历黄道、大衍历赤道之距度与二十八宿距星现代证认结果所得距度的差。$\triangle_4$ 明显地比其他三项大,且呈现某种周期性,这是赤道系统与黄道系统的差别。可知《七曜攘灾决》所用的二十八宿体系为一种黄道体系,不过其宿度应是一种似黄经。表 6.1 中"表""图"之宿度总计不足 365¼,若不考虑"斗分",补上"表"中"危""鬼""心"三宿各一度,便与中国二十八宿距度密合无间了。本章以后所用二十八宿距度值便为这套补正了的"表"值。

二十八宿体系换算成中国体系后,周天度数也相应地从 360 度制换算成中国古度了。《七曜攘灾决》卷首云:"夫周天三百六十五度四分度之一,每日日行一度,月每日行十三度四分度之一。一月月行三百九十七度四分度之二,日行三十度。"

由此,我们知道:

(1) 1 年 = 365¼度 ÷ 1 度/日 = 365¼日

(2) 1 月 = 397½度 ÷ 13¼度/日 = 30 日　　或

(3) 1 月 = 30 度 ÷ 1 度/日 = 30 日

可见,周天度数与回归年长度是相等的,这正是中国传统的做法。

然而,《七曜攘灾决》卷中罗睺动态总述有:

> 罗睺遏罗师……常逆行于天,行无徐疾,十九日行一度,一月行一度十分度之六。一年行十九度三分度之一。一年半行一次,十八年一周天退十一度三分度之二。

有关罗睺的几何意义及运动的推算留待以后详细讨论,这里先有:

(4) 1 月 = 1⁶⁄₁₀度 × 19 日/度 = 30.4 日

(5) 1 年 = 19⅓度 × 19 日/度 = 367.3 日

(6) 1 周天 = 18 年 × 19⅓度/年 + 11⅔度 = 359.07°

《七曜攘灾决》卷中计都动态总述有:

> 计都遏罗师……九日行一度,一月行三度十分度之四。九月行一次,一年行四十度十分度之七。凡九年一周天差六度十分度之三。凡六十二年七周天,差三度十分度之四。

同样,关于计都的几何意义及有关讨论留待下文详解,这里有:

(7) 1 月 = 9 日/度 × 3⁴⁄₁₀度 = 30.6 日

(8) 1 年 = 9 日/度 × 40⁷⁄₁₀度 = 366.3 日

(9) 1 周天 = 9 年 × 40⁷⁄₁₀度/年 - 6³⁄₁₀度 = 360 度

由上面 6 式、9 式知,一周天为 360 度,而非中国古代之 365¼度。罗睺、计都为印度特有的两个隐曜,作者金俱吒将它们撰入《七曜攘灾决》中时,必依据了一种印度经典,前所引两段文字中的数据该来自哪种印度经典,如果作者并非一位很高明的天文学家,或对罗睺、计都运动的有关计算不熟悉,便只得照抄印度经典的数据了。虽然,在印度天文学并不是帝王禁脔,但从事天文学研究的总是少数人,像金俱吒这样的婆罗门僧人很可能对具体的天文计算不能很熟悉,这是完全合理的。所以,《七曜攘灾决》中所出现的数据属于中国古代的度制还是 360 度制,

197

需要具体分析后才能确定。但一般情况下，两者相差甚微，如作定性讨论，可以忽略之间的差异。

6.2.2 《七曜攘灾决》所用的时间坐标系

有效的天文记录一定是在某个特定的天球坐标系中进行的，同时还必须有记录对应的时刻。对后者的确定，在古代就是历法的编制。要对《七曜攘灾决》中的行星历表进行分析，首先还需要确定该历表所使用的时间计量系统，也就是所用之历法。

《开元占经》卷一〇四"算法"中提到："上古白博叉二月春分朔，于时曜躔娄宿，道历景止，日中气和，庶物渐荣，一切渐长，动植欢喜，神祇交泰，棹兹令节，命为历元。"《宿曜经》序分定宿直品第一也提到："上古白博叉二月春分朔，于时曜躔娄宿，道齐景正，日中气和，庶物渐荣，一切增长，梵天欢喜，命为岁元。"

《开元占经》撰写者瞿昙悉达主要活动在唐睿宗、玄宗之际，《宿曜经》译者不空开元年间来唐，大致同期。两人关于印度历元的叙述也大致相同。"二月春分朔"是指春分日为二月三十日，"于时曜躔娄宿"是指春分日太阳在娄宿。娄宿在"羊宫"，即春分点在白羊宫内。查星图得公元 2000 年春分点在双鱼宫内，距娄宿约有 33°左右（下限），又对历元 2000 年的岁差常数为 5 029.10（黄经总岁差），单位"秒/百年"，故

（10） $T = 33 \times 3\,600/5\,029.10 = 23.63$（百年）

因此，瞿昙悉达与不空所谓的"上古"不晚于公元前 360 年。

唐杨景风对上述引文有一段注解，为：

> 景风日：大唐月令月皆以正月二三四至于十二，则天竺皆据白月十五夜太阴所在宿为月名，故呼建卯为角月，建辰为氐月。则但呼角氐心箕之月，亦不论建卯建辰及正二三月也。此东西二之异义也。

印度人将月对分成白黑二博叉，前半月为白博叉，后半月为黑博叉。天竺历法以春分为岁首，月以星宿为命，其宿即白博叉 15 日夜月

亮所在之宿。《七曜星辰别行法》卷首有：

正月十五日	翼	二月十五日	角	三月十五日	氐
四月十五日	心	五月十五日	箕	六月十五日	女
七月十五日	室	八月十五日	娄	九月十五日	昴
十月十五日	嘴	十一月十五日	鬼	十二月十五日	星

这显然是一份将中国月名换算成天竺月名的对照表。表 6.2 则为大唐
月令与天竺月之比较。其中天竺月名所从之宿即该月白博叉十五日夜
月所在之宿，与该月中气日所在宿在黄道上应处于相对位置。

表 6.2　大唐、天竺月名对照表

月名	斗建	中气	日所在宿①	月名	梵　名②	译　名③
正月	寅	雨水	危	翼月	Phālguna	颇勒婆拿月
二月	卯	春分	奎	角月	Caitra	制呾罗月
三月	辰	谷雨	胃	氐月	Vaiśākhā	吠舍佉月
四月	巳	小满	毕	心月	Jyaiṣṭha	逝瑟吒月
五月	午	夏至	井	箕月	Āsādha	颇沙荼月
六月	未	大暑	柳	女月	Śrávaṇa	室罗伐努月
七月	申	处暑	张	室月	Bhādrapadā	婆达罗钵陀月
八月	酉	秋分	轸	娄月	Aśvayujau	颇湿缚瘦阇月
九月	戌	霜降	氐	昴月	Kārttika	迦剌底迦月
十月	亥	小雪	尾	觜月	Mārgaśira	末伽始罗月
十一月	子	冬至	斗	鬼月	Pauṣya	报沙月
十二月	丑	大寒	女	星月	Māgha	靡祛月

《七曜攘灾决》卷中"黄道日躔定气"表给出太阳每日所在宿度，取

① "日所在宿"及"斗健""中气"参考《唐月令注·补遗》，收入于王云五主编的《丛书集
成初编》，民国二十五年版。

② D. Pingree, History of Mathematical Astronomy in India, *Dictionary of Scientific
Biography XVI*, New York, 1981, p.536.

③ "译名"参考唐玄奘《大唐西域记》，上海：上海人民出版社，1977 年，第 33 页。对照
梵名的发音，玄奘之音译一丝不苟，相当精确。

其中每月月中太阳所在宿度及月所在列成下表：

表 6.3　每月月中日月所在之宿

月　　中	日所在	太阳黄经 （λ日）	月所在	月亮黄经 （λ月）	△＝λ日－λ月	△－180°
正月十五	危十七	330	翼	155	175	－5
二月十五	奎　三	359	角	183	176	－4
三月十五	胃　三	29	氐	212	177	－3
四月十五	毕　八	60	心	229	191	11
五月十五	井十二	90	箕	249	201	21
六月十五	柳　十	121	女	278	203	23
七月十五	张十九	149	室	326	183	3
八月十五	轸十三	180	娄	8	172	－8
九月十五	氐　一	210	昴	37	173	－7
十月十五	尾　六	241	觜	63	178	－2
十一月十五	斗　九	272	鬼	106	166	－14
十二月十五	女　八	301	星	129	172	－8

$\lambda_日$、$\lambda_月$ 均已化为 360 度制。$\lambda_月$ 的值取各宿初始值，故不一定正好是该月中月亮之宿度值，因此△与 180 度（即日月正处于黄道上相对位置时所差之黄经）之间有些偏差，偏差产生的另一个原因是白道与黄道有一定的交角，故月亮不能正好处在黄道上，而 $\lambda_日$ 和 $\lambda_月$ 均为一种似黄经，当天体有一定黄纬时，似黄经与黄经是有差别的。从表 6.3 看来，日所在与月所在大致处在黄道的相对位置上。但其中箕月与女月的偏差达 20° 以上，心月和鬼月的偏差也不小。对于月行每日 13° 左右的速度来说，上述偏差大致还落在望前后 1 天左右的范围内。

　　像天球坐标系一样，《七曜攘灾决》的历法也要从印度体系化为"中国体系"。《七曜攘灾决》卷末有"统云：春分奎三度月定白羊宫内"的注文。"春分"二字下有细注："二月中"。此二月中当指大唐月令而言，因此立春日正月节为大唐月令无疑。根据《七曜攘灾决》所列"黄道日躔定气"表可知该经天文数表所用的是定气。用 DE404 历表可算得公元

794年定气春分在3月17日①，定气立春为1月30日。

《七曜攘灾决》卷中云："每年十二月，皆以月节为正，其伏见入月日数各从节数之。假令三月十日者，当数清明后十日是也。此历并依七曜新法，推之考验，往古及今，所留宿度，若应符契，分毫无差也。"由此可知，这所谓"依七曜新法"制定的历是一种纯阳历，以各月月节为第一天，每年十二个月，并由引文所举之例知，三月节为清明，因此立春为正月节，这与大唐月今同。又说"其伏见入月日数各从节数之"，"伏""见"当然对行星而言，说明《七曜攘灾决》中五星历表均依这种"七曜新法"。这种历与中国古代传统的阴阳合历显然有所不同，它只考虑了太阳运动，从《七曜攘灾决》"黄道日躔定气"表可知，该历每年有十二个月，每月有30天。二十四节气与公历（794年）的对应关系如表6.4。

表6.4 《七曜攘灾决》"七曜新法"节气、历日和公历日期

节气或中气	气 名	太阳黄经	儒略历日	七曜新法历日
1 节气	立 春	315°	一月 30 日	一月 1 日
2 中气	雨 水	330°	二月 14 日	一月 16 日
3 节气	惊 蛰	345°	三月 1 日	二月 1 日
4 中气	春 分	0°	三月 17 日	二月 16 日
5 节气	清 明	15°	四月 1 日	三月 1 日
6 中气	谷 雨	30°	四月 16 日	三月 16 日
7 节气	立 夏	45°	五月 2 日	四月 1 日
8 中气	小 满	60°	五月 18 日	四月 16 日
9 节气	芒 种	75°	六月 2 日	五月 1 日
10 中气	夏 至	90°	六月 18 日	五月 16 日
11 节气	小 暑	105°	七月 4 日	六月 1 日
12 中气	大 暑	120°	七月 20 日	六月 16 日
13 节气	立 秋	135°	八月 4 日	七月 1 日
14 中气	处 暑	150°	八月 20 日	七月 16 日

---

① 查陈垣《中西回史日历》（中华书局 1962.6）和 Hsueh, Chung-San 等编的 *A Sino-Western Calendar for Two Thousand Years*（商务印书馆，民国二十九年五月），所得结果一样。

节气或中气	气　名	太阳黄经	儒略历日	七曜新法历日
15 节气	白　露	165°	九月 4 日	八月 1 日
16 中气	秋　分	180°	九月 19 日	八月 16 日
17 节气	寒　露	195°	十月 4 日	九月 1 日
18 中气	霜　降	210°	十月 19 日	九月 16 日
19 节气	立　冬	225°	十一月 3 日	十月 1 日
20 中气	小　雪	240°	十一月 18 日	十月 16 日
21 节气	大　雪	255°	十二月 2 日	十一月 1 日
22 中气	冬　至	270°	十二月 17 日	十一月 16 日
23 节气	小　寒	285°	一月 1 日	十二月 1 日
24 中气	大　寒	300°	一月 16 日	十二 16 日

从下文对五星历表和罗睺、计都历表的分析中,反过来也能证实一些这种"七曜新法"的各种细节。

6.2.3　五星历表之历元与日本年号

《七曜攘灾决》五星动态总述末有细注曰:"贞元十年甲戌入历,当日本延历十三年甲戌。"唐贞元十年即公元794年,五星历表均从这年正月开始,又因"其伏见入月日数各从节数之",故可确定五星历表的历元为794年1月30日。

《七曜攘灾决》给出罗睺、计都历表入历为"元和元年丙戌",即公元806年,因此罗睺、计都历表历元为806年1月30日。值得注意的是,唐曹士蒍《符天历》中的罗睺、计都历表也于806年入历。

《七曜攘灾决》中五星历表注有干支纪年和日本年号(《频伽藏》中之《七曜攘灾决》无干支纪年和年号)。五星历表中只有岁星历表的纪年和年号较完备,故本节以岁星为例,分析一下纪年和年号体系的含义。

岁星历表入历为794年1月30日,查794年干支为甲戌,并非岁星历表第一年上所注干支"癸未"和"丙午",然而:

11. $794 + 3 \times 83 = 1\,043$(年)

12. $794 + 4 \times 83 = 1\,126$(年)

查得 1043 年干支为癸未,1126 年干支为丙午。岁星历表为 83 年长的序列,"癸未"和"丙午"是岁星历表入历后又分别经过三和四个周期后的干支纪年。

第二年纪年有"宽德元甲申"字样,宽德为日本年号,宽德元年即 1044 年、甲申,同样丁未为 1127 年,显然也有 $1\,044 + 83 = 1\,127$。

对岁星序列中出现之年号及对应之干支、公元纪年可以列成表 6.5:

表 6.5 岁星历表标注的年号、干支和对应的公元纪年

年数	年　号	公　元	干　支
2	宽德元年	1044	甲　申
7	长承元年	1132	壬　子
7	永承五年①	1050	庚　寅
13	天喜三年	1055	乙　未
14	天延元年	973	癸　酉
16	康平元年	1058	戊　戌
24	治历二年	1066	丙　午
26	宽和元年	985	乙　酉
31	延久五年	1073	癸　丑
32	承保元年	1074	甲　寅
35	承历元年	1077	丁　巳
36	长德元年	995	乙　未
39	永保元年	1081	辛　酉
42	应德元年	1084	甲　子
45	宽治元年	1087	丁　卯
53	嘉保二年	1095	乙　亥
54	永长二年	1096	丙　子
56	承德二年	1098	戊　寅

① 《七曜攘灾决》原文为天永元年(1110 年)。从前后干支和年代的连续性看,显然有误,改为永承五年。

年数	年 号	公 元	干 支
58	宽仁元年	1017	丁 巳
59	康和三年	<u>1101</u>	辛 巳
63	治安二年	1022	壬 戌
65	万寿元年	1024	甲 子
77	元永二年	<u>1119</u>	己 亥
77	长元九年	1036	丙 子
78	保安元年	<u>1120</u>	庚 子
78	长历元年	1037	丁 丑
82	天治元年	<u>1124</u>	甲 辰

《七曜攘灾决》所谓"(岁星)83 年而 7 周天也"是认为木星经过 83 年之,正好又回到初始位置。从 794 年入历开始:

794—876 年,为第一周期,

877—959 年,为第二周期,

960—1042 年,为第三周期,

1043—1125 年,为第四周期,

1126—1208 年,为第五周期。

表 6.5 中公元年份下不加画线者属于第三周期,加一画线者属于第四周期,加二画线者属于第五周期。因此岁星历表的纪年有三个循环中的年号和干支混合地记录在一起。属于第三周期的年号下注有"道云××年也"的字样,"道"当指长谷寺沙门快道,他于享和二年(1802年)为《七曜攘灾决》作注,这些注当是快道作志时的追记。第五周期只出现一个年号,该周期内干支排列到第四十五年(1170 年)"庚寅"而中断。

宗睿于公元 866 年从唐朝回日本,带回《七曜攘灾决》。求法八大家之后,日本密教经过一段时间酝酿,到第三周期时当已声势浩大,流传极广了。《七曜攘灾决》卷末所署"长保元年三月五日"(即公元 999年 4 月 7 日)据前面推测为《七曜攘灾决》所参考之母本抄录之年代。

这个年代处在第三周期内。《七曜攘灾决》在以后两个周期内被频繁使用应是可以理解的,被注上干支和年号当也是被频繁使用的需要和结果。给历表注上干支纪年是《七曜攘灾决》走向实用的第一步,不然历表中所言天象及所应吉凶对应何年何月便不得而知了。连续的干支纪年从 1043 年癸未开始到 1170 年庚寅结束,共 128 年。1132 年长承元壬子年以后到 1170 年庚寅这段时间内未再出现年号,而日本天皇及年号在这段时期内的更替相当频繁,故未再出现年号最可能的解释是:该卷子的某位使用者,即给序列注上年号和干支的星占家的活动正处在 1132 年长承元年之前,他将干支记到 1170 年庚寅该够他有生之年使用了,但天皇年号不能预知,而他或许由于某种不能预知的原因被迫停止了星占活动,故 1132 年长承元年后只有干支而未注年号。

营惑历表序列中,年号注得较稀,只出现四个年号:

元永二年	1119 年
天喜五年	1057 年
延久元年	1069 年
康和二年	1100 年

干支纪年从 1056 年丙申到 1188 年戊申,共 133 年,与岁星干支起止(1043—1170)大致同期。

镇星历表序列中也只出现四个年号:

承德元年	1097 年
天永元年	1110 年
元永元年	1118 年
宽治元年	1087 年

干支纪年从 1062 壬寅年到 1179 己亥年,计 118 年。

太白历表序列较短,只有 8 年,出现两个年号:

延久元年乙酉	1069 年
元永二年乙亥	1119 年

连续的干支从 1122 壬寅到 1137 丁巳共 15 年,其中出现较早的延久(1069 年)年号,说明太白历表与其他历表是同时被使用的(见附录 1D)。

辰星历表序列有 33 年,其中出现两个年号:

延久元年乙酉	1069 年
元永二年乙亥	1119 年

干支纪年则比较特别,分别两段:从 1069 年乙酉到 1090 年庚午共 22 年;从 1124 年甲辰到 1156 年丙子共 33 年,中间 1091 年到 1123 年的干支纪年缺,共 33 年。

综观五星历表中出现的日本年号和干支纪年,可以推测:现在所见《七曜攘灾决》所据之母本,在 11 世纪中期到 12 世纪前期确曾被日本星占家所使用。

6.3 《七曜攘灾决》中的行星知识

《七曜攘灾决》五星历表前均有一段关于该行星运动的总体描述。先分别录之如下:

> 岁星东方木之精,一名摄提。径一百里,其色青。而光明所在有福,与太白合宿有丧。其行十二年一周天强,三百九十九日一伏见。初晨见东方,六日行一度,一百一十四日,顺行十九度,乃留而不行二十七日,遂逆行,七日半退一度,八十二日半退十一度,则又留二十七日,复顺行,一百一十四日行十九度而夕见伏于西方,伏经三十二日又晨见如初。八十三年凡七十六终而七周天也。贞元十年甲戌入历,当日本延历十三年甲戌。

> 营惑南方火之精,一曰罚星。径七十里,其色赤明。所在分野多疾病。其星二年一周天强,七百八十日一伏见。初晨见东方,行疾,一月行二十二度余,每月渐差迟一度半强,二百七十四日,计行一百六十二度半,乃留十三日,遂逆行,三日强退一度,六十二日退二十度,又留十三日,乃顺行,初行迟,月行十度,每月益疾一度半

弱,二百七十四日计行一百七十二度半,夕伏西方,伏经一百四十四日晨见如初。凡七十九年三十七终而四十二周天也。贞元十年甲戌入历。

镇星中方土之精,一名地。径五十里,其色黄。所在分野多忧,与岁星合女主崩,与辰星合宿,有破军杀将。二十九年一周天,三百七十八日一伏见。初晨见东方,十日半行一度,八十三日行八度,则留三十七日,乃逆行,十六日半强退一度,一百日退六度,又留三十七日,复顺行,八十三日行八度而夕伏西方,经三十八日又晨见东方如初。凡五十九年五十七终,而再周天也。贞元十年甲戌入历。

太白西方金之精,一名长庚。径一百里,其色白而光明。一年一周天,晨皆之见二百四十四日。初夕见西方,稍行急,日行一度小半,渐迟,二百二十六日行二百四十九度,乃留八日,则逆行,十日退五度,(乃夕伏于西方,伏经十二日,行十度,则晨见,又逆行,十日退五度),亦留八日,乃顺行。初日行半度,渐疾,二百二十六日行二百四十九度,而晨伏东方,伏经八十四日,又夕见西方如初。凡五百八十四日一终,大抵八年晨夕各见五。每年其伏留退则减两日,度减两度半。假令第五年三月十五日夕见胃十三度,后回三月十日见胃十二度也。贞元十年甲戌入历,当日本延历十三年甲戌。

辰星北方水之精,一名窬星。径一百里,其色黑。所在之位主大忧。一年一周天,去日极远不过二十六度。初夕见,日行一度半,渐迟,二十七日行三十度,乃留三日而夕伏之二十二日,遂见东方,留三日乃顺行,日行半度,渐疾,二十七日行三十度,遂晨伏,伏三十四日又夕见如初。一百一十六日一终,凡三十三年一百四终,晨夕共六十见,皆一月乃伏。假令正月十日夕见,则二月十日夕伏也。贞元十年甲戌入历。

五星总述将行星运动分成"顺行—留—逆行—留—顺行—伏"等七个阶段(金星和水星在逆行一段中也有伏,对此水星总述有描述,金星的总述中怀疑有脱文,已补出),同时给出了各个阶段行星运行的度数和天数。为了便于比较,现将五颗行星有关的数据分别列表,唐朝通行的几种在《七曜攘灾决》同期或稍前的历法中的有关数据一并列入。

表6.6 《七曜攘灾决》及同时期几种颁行历法中的五星行度数据比较

		顺行 (天/度)	留(天)	逆行 (天/度)	留(天)	顺行 (天/度)	伏 (天/度)	会合周期 (天)
木星	WY	114/19	26	84/12	25	114/19	—	398
	LD	114/18	26	72/12	25	114/118	—	398
	DY	114/18	27	86/10	27	114/18	34/6	398
	WJ	114/18	27	82/10	27	114/18	34/6	398
	QY	114/19	27	82.5/10	27	114/19	32	339
火星	WY	241/163	13	60/17	12	214/136	—	779
	LD	243/165	13	63/21	13	211/131	—	777
	DY	274/161	13	62/16	13	274/161	142/108	779
	WJ	274/161	13	62/16	13	274/161	142/108	779
	QY	274/162	13	62/20	13	274/172	144	780
土星	WY	83/7	38	100/6	37	83/7	—	378
	LD	83/7	37	—	—	—	—	378
	DY	83/7	37	100/4	37	83/7	36/2	378
	WJ	83/7	37	100/4	37	83/7	36/2	378
	QY	83/8	37	100/6	37	83/8	38	378
金星	WY	2251249	9	32/20	9	225/249	—	583
	LD	225/251	7	32/20	7	240/264	—	583
	DY	225/249	8	32/20	8	225/249	81/104	583
	WJ	226/249	8	32/20	8	226/249	82/104	583
	QY	226/249	8	32/20	8	226/249	84	583
水星	WY	21/29	6	—	6	21/29	—	115
	LD	37/47	5	—	5	38/47	—	115
	DY	27/30	3	22/12	3	27/30	32/66	115
	WJ	27/30	3	22/12	3	27/30	32/66	115
	QY	27/30	3	22	3	27/30	34	115

上表中 WY、LD、DY、WJ、QY 分别代指《戊寅历》《麟德历》《大衍历》《五纪历》和《七曜攘灾决》。《麟德历》参考《旧唐书·历志》,《戊寅历》《大衍历》和《五纪历》出自《新唐书·历志》。《麟德历》公元665 年颁用,《戊寅历》619 年、《大衍历》729 年、《五纪历》762 年开始颁用。

表 6.6 所列五星行度数据说明,《七曜攘灾决》作为印度人的作品,所用行星行度数值与《大衍历》等四种唐历中所用之数值无特殊差异,尤其与《大衍历》《五纪历》更为一致。对这种一致性有三种可能的解释:1.《七曜攘灾决》虽然为印度人所作,但因其作者华化已深,撰写《七曜攘灾决》时采用了当时唐代历法中的数据。2.《七曜攘灾决》与《大衍历》等历受到了同一种因素的影响。六朝之后,印度天文学随佛教源源不断地输来中国。如《大衍历》的制作者一行便是密教高僧,与印度高僧善无畏等过从甚密,其精通之天文学当有中印两种成分。而《七曜攘灾决》的作者采用本国天文学成果,也是很自然的事。3.两者不存在互相影响,都是各自独立地发现了这些数值。《七曜攘灾决》对火星、金星和水星有变速运动的描述,《五纪历》《大衍历》中对这三颗近地行星也有类似描述。

不过上述事实并不能肯定《七曜攘灾决》一定依其中某一种唐历来编制五星历表。前所引《七曜攘灾决》卷中云:"每年十二月,皆以月节为正。其伏见入月日数各从节数之……此历并依七曜新法。推之考验,往古及今,年所留宿度,若应符契,分毫无差也。"此所谓"七曜新法"才是《七曜攘灾决》所依据的历法。可以肯定这"七曜新法"不是上述四种唐历中的任何一种。"七曜"这术语本来就来自印度。《新唐书》卷五九艺文三有:"曹士蒍《七曜符天历》一卷",曹士蒍唐建中(780—783)时人,《七曜符天历》有明显的异国色彩,曹氏可能为域外术士[1]。曹士蒍创《符天历》有一大改革,即以显庆五年(660 年)为历元,不用上元积

---

① 江晓原:《天学真原》,沈阳:辽宁教育出版社,1991 年,第 340—342、375 页。

年。中国官方历书直至元《授时历》时才废上元积年,但在印度,有一种叫 Karana 的历书,它采用当前历元。Brāhmagupta(婆罗门笈多)作过一种 Karana,历元为 628 年 3 月 21 日[16]。①以后各派后期著作大都采取 Karana 的形式。《七曜攘灾决》中的五星历表均取公元 794 年入历,也是一种 Karana 的传统。因此,曹士蔿在《符天历》中废上元积年(用中国传统历法思想看是一种惊世骇俗的举动),其实只是将某种印度历法中的做法推行到中土大唐而已。而看《符天历》的遭遇,并未得到官方的承认,只在民间流传。

民间有官方颁布的"皇历"还不够用,为何还要流传这种"小历"呢,难道"皇历"没有"小历"精确?显然不是,民间不必用那么精确的历法。"小历"更不一定比"皇历"精确。从宋元文献记载得知,按照星象历法推算人命始于唐贞元年间(785—805)。按照星象历法推算人命,是种异国情调的星占学,不同于中国古代的本土星占学。中国古代星占学可称为军政星占学,所占均为军政大事。而始于贞元年间的算命术来自天竺,所占均为"田宅、男女、僮仆、迁移"等小事,可称为平民星占学。平民也极想知道自己未来的命运——科学发展至今天仍有人相信算命之术,故这种印度算命术得以在民间传播。然军政、平民星占学为两种不同的体系,其所用历法也不相同,因此《七曜攘灾决》所依必不为某种官方历法。而所谓"七曜新法"即使不是《七曜符天历》,也应属于同一系统。

《七曜攘灾决》中出现五星的地方,其排列次序均为:岁星、营惑、镇星、太白、辰星,这个次序与中国古代官方传统的历书中出现的五星次序一样。中国古代阴阳家认为:木生火,火生土,土生金,金生水,水生木,木火土金水是相生次序,历书中五星的排列次序当与此有关,《七曜攘灾决》作者可能选择了中国传统的五星排列次序。

《七曜攘灾决》中关于五星还有其他诸端值得注意,今列如表 6.7。

---

① D. Pingree, History of Mathematical Astronomy in India, *Dictionary of Scientific Biography XVI*, New York, 1981, p.579.

表 6.7　五星别名、直径和颜色等

行　星	所由生	别名	其　精	径(里)	色	所在分野
岁　星	东方苍帝之子	摄提	东方木之精	100	青	有福
营　惑	南方赤帝之子	罚星	南方火之精	70	赤	多疾病
镇　星	中方黄帝之子	地	中方土之精	50	黄	多忧
太　白	西方白帝之子	长庚	西方金之精	100	白	—
辰　星	北方黑帝之子	冤星	北方水之精	100	黑	大忧

观表 6.7 中诸项，其"径"一列颇引人注目。中国古代历法还没有给出过五星直径的。但在印度，涉及行星，给出行星直径是很平常的事。在婆罗门学派的最早经典 *paitāmaha-siddhānta*[①] 和第二经典 *Brāhmagupta* 的 *Brāhmasphuṭasiddhānta*[②]中均有关于行星直径的讨论，如表 6.8：

表 6.8　《七曜攘灾决》、*Paitāmahasiddhānta* 和 *Brāhmasphuṭasiddhānta* 给出的五星直径

行　星	《七曜攘灾决》	*Paitāmahasiddhānta*		*Brāhmasphuṭasiddhānta*
木　星	100 里	120y	8′	$7\frac{4'}{11}$
火　星	70 里	15y	1′	$4\frac{13'}{17}$
土　星	50 里	30y	2′	$5\frac{6'}{15}$
金　星	100 里	240y	16′	9′
水　星	100 里	60y	4′	$6\frac{3'}{13}$

从单位来看，《七曜攘灾决》给出的是线直径。Paitā 给出了两套数值：一为线直径，单位 y 即 yojana(佛经中常译作由旬，玄奘《大唐西域记》译作俞缮那，均是音译，玄奘之译更精益求精)，是印度常用的长度单位，1 yojana 有 40 里、30 里、16 里之说；二为角直径，在这里 15 yojana 等

[①]　D. Pingree, History of Mathematical Astronomy in India, *Dictionary of Scientific Biography XVI*, New York, 1981, p.563.

[②]　Ibid., p.576.

于 1′,这是在月球轨道上线距离与角距离的互换。①Brāhmgupta 只给出了角直径。光从数据本身来看,显然《七曜攘灾决》给出的直径最粗略,paitā 次之,Brāhmagupta 的最精确。三套值大小上甚至比例上都看不出有什么关系,只是同一套值中,金星直径一直保持最大。火星与土星一直保持较小。相对而言,《七曜攘灾决》的值与 Brāhmagupta 的值有某种相似性,它们最大与最小值之差不如 *Paitāmahasiddhānta* 那么明显。还可以发现,较亮的星直径也较大,*Paitāmahasiddhānta* 特别突出金星的值。这些直径值与行星实际大小是不符合的,但是《七曜攘灾决》给出五大行星的直径,这对中国古代天文学来说,是一种全新的考虑。

6.4 《七曜攘灾决》中的行星历表

《七曜攘灾决》中的五星历表详细地记录了五大行星的动态,各星动态序列长度不等,木星 83 年(794—876),火星 79 年(794—872),土星 59 年(794—852),金星 8 年(794—801),水星 33 年(794—826)。各个年数的含义下文详解,均以公元 794 年为历元。详细的五星动态记录表在古代天文史料中是很难得的,长沙马王堆出土的帛书《五星占》是一例,《七曜攘灾决》中的五星历表是另一例。不过后者序列长度更长,记录更完整。加之其作者为印度人,更增加了其文化交流史的价值。五星历表每月给出一个位置,但原文各个位置值与所在月份并不对齐(大概由非专业的抄写者造成),且多有错字、漏字现象。以下对该历表进行详细分析,并且根据《七曜攘灾决》给出的运动规律,订正了五星运动历表中的不合理值。

6.4.1　木星运动分析

《七曜攘灾决》之岁星历表给出自公元 794 年入历后共 83 年的位

　　① D. Pingree, History of Mathematical Astronomy in India, *Dictionary of Scientific Biography XVI*, New York, 1981, p.563.

置记录。历表用中国传统的二十八宿体系编制,所用历法据前文考定为一种纯阳历:以立春为岁首,每月以该月月节为第一天,每月记录一个木星位置,并标明顺、留、逆、伏、见等特征动态。对留、伏、见则给出其发生之时间和位置,用入某月某日及某宿某度表示,对其他位置则给出其所在宿。83 年长的序列共给出了 996 个位置数据。在此对木星历表中的留、伏和见等特征天象发生的时间和位置进行分析,并与现代计算值进行比较,如表 6.9 和 6.10(因数据序列太长,限于篇幅,只列出部分):

表 6.9　木星初留(Φ)①和次留(Ψ)②数据及精度

№	Y_0	M_0	D_0	L_0	P	Y_e	M_e	D_e	L_e	δ_t	δ_l
1	794	3	21	138.89	Ψ	794	4	12	138.99	−22	−0.1
2	795	1	3	179.64	Φ	795	1	10	179.04	−7	0.6
3	795	4	21	168.64	Ψ	795	5	14	169.11	−23	−0.47
...											
152	876	12	2	149.89	Φ	876	12	11	149.17	−9	0.72

表 6.10　木星晨见于东方(Γ)和夕没于西方(Ω)的数据及精度

№	Y_0	M_0	D_0	L_0	P	Y_e	M_e	D_e	L_e	δ_t	δ_l
1	794	8	12	156.02	Ω	794	8	11	155.42	1	0.6
2	794	9	14	160.02	Γ	794	8	17	163.39	−3	−3.37
3	795	9	13	186.64	Ω	795	9	11	185.47	2	1.17
...											
152	876	8	13	130.89	Γ	876	8	16	133.17	−3	−2.28

以上二表中第一行各列符号的含义为:№标注该表一共有多少行数据;Y_0、M_0 和 D_0 分别表示《七曜攘灾决》中该条数据对应的公历年、月、日,已根据表 6.4 做了转换;L_0 表示该对应天象发生时的黄经,已从极黄经转换为标准的黄经;P 指木星历表中载明的天象类型。Y_e、

①　初留是指行星由顺行转为逆行时发生的留。
②　次留是指行星由逆行恢复顺行时发生的留。

M_e 和 D_e 是根据 DE404 历表计算出的该次天象发生时的年、日;L_e 是根据 DE404 历表计算出的该次天象发生时的黄经;Y_e、M_e、D_e 和 L_e 可视作对应天象发生时的精确时间和位置。

对于留时刻的确定,我们用 DE404 历表计算行星每天的黄经变化,以变化量最小,接近于 0 时为留发生的时刻。对于行星伏和见时刻的确定,我们选取行星离开太阳一定距角作为判据,对木星而言为 14°。其他行星分别为:火星 17°,土星 17°,金星 11°,水星 17°。这些行星的初见去日度数是中国古代历法中较常见的经验数据。根据这些判据,利用 DE404 来计算行星与太阳的黄经差,以此来确定各行星伏、见的日期和位置。

δ_t 就是历表记录的天象发生时刻与 DE404 计算所得时刻之差。δ_l 是历表记录的天象发生位置与 DE404 计算所得位置之差。

下文出现的同样符号,意义同上。

对木星历表的 δ_l 和 δ_t 进行分析,分别计算它们的平均误差和均方差,得到木星历表留的位置平均误差为 -0.41°,均方差为 1.29°,伏见位置的平均误差为 -0.47°,均方差为 1.89°;木星历表留时刻的平均误差为 -3.14 天,均方差为 6.25 天,伏见时刻的平均误差为 -3.57 天,均方差为 2.38 天。这个结果表明,《七曜攘灾决》木星历表的编算精度对于目视观测的古代而言,是相当高的。

从前文知道,占星家对五星历表是循环往复地使用的,岁星历表入历为 794 年,但到 12 世纪日本还在使用,这中间几百年过去,是否会产生偏差? 计算得木星 794 年 1 月 30 日入历后每隔 83 年的黄经值为:

大终数	日　期	木星黄经	大终差
0	794.1.30	145.25°	—
1	877.1.30	145.35°	0.10°
2	960.1.30	145.61°	0.26°
3	1 043.1.30	145.46°	-0.15°
4	1 126.1.30	145.33°	-0.13°
5	1 209.1.30	145.19°	-0.14°

可见,《七曜攘灾决》作者的木星"八十三年而一大终"这个周期是相当精确的,每过 83 年,木星的黄经基本上回到原点。入历后第一个 83 年内木星运动的推算若是可靠的,那么以后的几个 83 年内,木星基本上重复第一个 83 年的运动。而根据前面的分析知道,木星从 794 年到 876 年之间的运动是比较可靠的。

6.4.2 火星运动分析

仿照木星,可列出火星历表从 794 年到 872 年共 79 年的伏、现、留之时刻及位置,以及与现代计算值之间的偏差。

表 6.11 火星初留(Φ)和次留(Ψ)数据及精度

№	Y_0	M_0	D_0	L_0	P	Y_e	M_e	D_e	L_e	δ_t	δ_l
1	794	11	23	128.58	Φ	794	12	1	122.99	−8	5.59
2	795	2	13	103.23	Ψ	795	2	19	103.54	−6	−0.31
3	796	12	25	157.88	Φ	797	1	3	156.34	−9	1.54
...											
74	872	1	4	57.32	Ψ	872	1	15	71.10	−11	−13.78

表 6.12 火星晨见于东方(Γ)和夕没于西方(Ω)的数据及精度

№	Y_0	M_0	D_0	L_0	P	Y_e	M_e	D_e	L_e	δ_t	δ_l
1	794	2	28	327.13	Γ	794	1	26	293.05	33	34.08
2	795	10	19	231.88	Ω	795	11	11	249.47	−23	−17.59
3	796	5	1	29.62	Γ	796	4	11	7.72	20	21.9
...											
74	872	8	26	178.48	Ω	872	9	24	202.30	−29	−23.82

同样可对火星历表的 δ_l 和 δ_t 进行分析,分别计算它们的平均误差和均方差,得到火星历表留的位置平均误差为 1.00°,均方差为 6.34°,伏见位置的平均误差为 −2.45°,均方差为 15.11°;火星历表留时刻的平均误差为 −1.61 天,均方差为 6.71 天,伏见时刻的平均误差为 −5.20 天,均方差为 15.58 天。

　　火星是外行星中离地球最近的一颗，运动速度和轨道偏心率都较大，要正确描述火星的视运动当较其他外行星更为困难，因此火星留的位置误差比木星的大，这是正常的。与位置误差相比，留的平均误差显得比较小，这是因为火星留的时间据火星历表为 13 天，相对较短，容易判断由顺到逆的转折，故时间偏差较小。《七曜攘灾决》之火星历表还给出了火星变速运动的描述，以为顺行时"月渐差迟一度半强"，逆行时火星"每月益疾一度半弱"。真实的火星轨道是个椭圆，运动速度与其在轨道上的位置，并非《七曜攘灾决》描述的这种简单的对称性运动，但这一点至少说明，当时对火星的不均匀运动已有了一定的认识。

　　火星伏见的位置和时间误差都比较大（实际上在五颗行星中是最大的），这是因为火星运动速度和偏心率均较大，比其他外行星更难掌握其运动之规律性。对《七曜攘灾决》本身而言，我们用现代方法发现的这个火星伏见大偏差则还有它自洽的解释。《七曜攘灾决》卷中说："火以凌犯环绕、伏见不依宿度为灾。"《七曜攘灾决》用于星占目的，火星伏见的较大偏差具有星占学含义。星占家所用之火星历表不可能完全符合火星的实际运动，他们根据某种已知条件编定了历表，但又认为行星是由某位神在主使其行动，使其运动不完全按照历表。现代人碰到这种情况就认为历表编得不精确，但星占学家却反过来认为行星运动不依历表的规定，是种灾象。对火星而言，就是"伏见不依宿度为灾"。

　　类似地，中国古代有"当食不食"的记录，也是一种有星占意义的占象。所谓"当食不食"就是按照历表应当发生日食，但实际上没有发生。这在现代人看来显然又是由于对交食规律没有完全掌握所致，但古人却不这样认为。由于日食在中国古代星占体系中是一种大凶之象，所以"当食不食"的意义就相反，它是一种大吉之象。唐玄宗封禅泰山归途中，就遇到了一次"当食不食"（详见《新唐书》卷二历志三下），对此一行在《大衍历议·日蚀议》中说："虽算术乖舛，不宜如此，然后知德之动天，不俟终日矣。"也就是说，这次"当食不食"是皇帝德动于天的结果。

一行在《日蚀议》中还说："使日蚀皆不可以常数求，则无以稽历数之疏密；若皆可以常数求，则无以知政教之休咎。"即在一行看来，有些日食是可以用常数求得，而有些日食是不能以常数求得的。前者可以根据历表的预报进行守候验证；后者则是上天对人君的示警，或者相反，上天额外取消一次日食以示对人君的嘉许。我们知道，一行也为密宗高僧，著译多种密教经典，他对"当食不食"的议论极可能吸取了某种密教占星术的观点。造历当力求精密，预报也力求准确，但同时又相信"德之动天，不俟终日"可以导致"当食不食"，这种理论上存在的矛盾在中国古代有其深刻的思想根源。同样，火星以"不依宿度为灾"也是自洽于其密教星占学规则的。火星历表中那些"不依宿度"的大偏差正是星占家认为有星占学意义的天象。

对火星同样可计算得 794 年 1 月 30 日入历之后每隔 79 年的黄经值：

大终数	日　期	火星黄经	大终差
0	794.1.30	296.57°	—
1	873.1.30	298.21°	1.64°
2	952.1.30	299.06°	0.85°
3	1 031.1.30	300.68°	1.62°
4	1 110.1.30	302.31°	1.63°
5	1 189.1.30	303.94°	1.63°

可见火星每"79 年一大终"的精确性比木星的稍差，每过一个 79 年的大周期，火星的黄经并不回到起点，而是增加一度多。到 5 个大周期之后，偏差达到 7°多。

6.4.3　土星运动分析

土星、木星同为外行星，且离地球都较远，故它们的运动规律和特征也大致相同。根据镇星历表给出的 794 年到 832 年间留、伏、见之时刻和位置，制成下面二表：

表 6.13　土星初留(Φ)和次留(Ψ)数据及精度

№	Y_0	M_0	D_0	L_0	P	Y_e	M_e	D_e	L_e	δ_t	δ_l
1	794	8	22	66.39	Φ	794	9	17	67.92	−26	−1.53
2	795	1	8	60.39	Ψ	795	1	28	60.95	−20	−0.56
3	795	9	6	81.59	Φ	795	10	1	82.23	−25	−0.64
...											
114	852	12	23	46.28	Ψ	853	1	16	48.69	−24	−2.41

表 6.14　土星晨见于东方(Γ)和夕没于西方(Ω)的数据及精度

№	Y_0	M_0	D_0	L_0	P	Y_e	M_e	D_e	L_e	δ_t	δ_l
1	794	4	22	55.39	Ω	794	4	25	54.58	−3	0.81
2	794	5	30	58.39	Γ	794	6	5	59.89	−6	−1.5
3	795	5	7	68.39	Ω	795	5	10	68.89	−3	−0.5
...											
114	852	5	16	44.28	Γ	852	5	22	47.61	−6	−3.33

根据土星历表的 δ_l 和 δ_t,分别计算它们的平均误差和均方差,得到土星历表留的位置平均误差为 −0.39°,均方差为 1.72°,伏见位置的平均误差为 −0.38°,均方差为 1.70°;土星历表留时刻的平均误差为 −3.89 天,均方差为 3.32 天,伏见时刻的平均误差为 −2.93 天,均方差为 1.94 天。

上述数据说明在 794 年到 832 年间,土星历表与实际运动是符合得很好的。同样可计算得 794 年 1 月 30 日入历之后土星每隔 59 年的黄经值:

大终数	日　期	土星黄经	大终差
0	794.1.30	46.96°	—
1	853.1.30	48.92°	1.96°
2	912.1.30	51.03°	2.11°
3	971.1.30	53.35°	2.32°
4	1 030.1.30	55.76°	2.41°
5	1 089.1.30	58.23°	2.47°
6	1 148.1.30	60.66°	2.43°
7	1 207.1.30	63.01°	2.35°

土星自历元（794.1.30）起黄经每隔 59 年递增达 2°多，因此土星的 59 年大周期不如木星的 83 年和火星的 79 年好。到 12 世纪上半叶，土星历表的积累误差已经达到 13°多，与实际天象之间已经产生了较大的偏差。

6.4.4 金星运动分析

金星历表较短，只有 8 年 5 个会合周期。对金星 8 年内留、伏和见的时刻和位置也可制成下面两表：

表 6.15　金星晨留（Φ）和夕留（Ψ）数据及精度

№	Y_0	M_0	D_0	L_0	P	Y_e	M_e	D_e	L_e	δ_t	δ_l
1	794	2	18	364.89	Ψ	794	2	21	4.73	−3	−0.16
2	794	4	5	347.94	Φ	794	4	4	348.35	1	−0.41
3	795	9	11	208.45	Ψ	795	9	25	212.84	−14	−4.39
...											
10	800	8	10	120.49	Φ	800	8	22	123.13	−12	−2.64

表 6.16　金星晨见东方（Γ）、晨没东方（Σ）、夕见西方（Ξ）和夕没西方（Ω）的数据及精度

№	Y_0	M_0	D_0	L_0	P	Y_e	M_e	D_e	L_e	δ_t	δ_l
1	794	3	6	359.89	Ω	794	3	6	0.96	0	−1.07
2	794	3	17	354.94	Γ	794	3	21	352.04	−4	2.9
3	794	11	8	222.45	Σ	794	11	13	223.51	−5	−1.06
...											
20	801	7	2	120.49	Ξ	801	7	2	114	0	6.49

根据金星历表的 δ_l 和 δ_t，分别计算它们的平均误差和均方差，得到金星历表留的位置平均误差为 −0.98°，均方差为 5.65°，伏见位置的平均误差为 0.23°，均方差为 11.68°；金星历表留时刻的平均误差为 −0.80 天，均方差为 7.05 天，伏见时刻的平均误差为 −3.85 天，均方差为 6.72 天。这些结果表明金星历表的精度也较为有限，虽然平均误差

都还可以,但均方差都偏大。不过,鉴于金星历表较短,用于分析的数据较少,所以误差分析的结果仅作参考。对金星历表 794 年 1 月 30 日入历之后每隔 8 年的黄经,可算得如下:

大终数	日　期	金星黄经	大终差
0	794.1.30	357.28°	—
1	802.1.30	356.45°	−0.83°
2	810.1.30	355.51°	−0.94°
3	818.1.30	354.42°	−1.09°
4	826.1.30	353.17°	−1.25°
5	834.1.30	351.77°	−1.40°
10	874.1.30	341.63°	−2.48°
15	914.1.30	325.70°	−3.61°
20	954.1.30	306.52°	−3.79°
25	994.1.30	290.31°	−2.80°
30	1 034.1.30	279.90°	−1.64°
35	1 074.1.30	274.17°	−0.86°
40	1 114.1.30	271.48°	−0.36°

可见金星 8 年一大终的周期性也不是太好,而且每一大周期结束之后产生的偏差也不是一个常数。在 794 年 1 月 30 日入历以后的开始几个大周期内,每一大终的积累误差还比较小,保持在 1°左右,但到第 15、20 大终之时,每一大终的积累误差达到 3°多。但到第 40 大终时,一大终的积累误差又下降到 1°之内。经过 40 大终之后到 12 世纪上半叶,金星历表的总积累误差达到 86°之多,以此攘灾恐怕不得不无差了。《七曜攘灾决》卷中说"金以失度留退为灾",那么 794 年入历的金星历表一直到 11、12 世纪的日本还在使用的话,金星不知要怎样"失度留退"了。而从前文对年号和干支纪年可知,当时日本占星家确实是在使用的。

6.4.5 水星运动分析

辰星历表总述说"晨夕共六十见,皆一月乃伏",所以历表中只给出"见"的时刻和位置,而没有"伏"的时刻和位置,后者可以按照"一月乃伏"的规律去推得。历表也没有给出留的位置和时刻,因为对水星而言,留发生时与太阳的夹角为 $11°\sim13°$,这个角度下要见到水星是不可能的,故历表也不必给出它留的位置和时刻了。在此对辰星历表给出的所有伏见的位置和时刻,制成下表。

表 6.17　水星晨见东方(Γ)、晨没东方(Σ)、夕见西方(Ξ)
和夕没西方(Ω)的数据及精度

№	Y_0	M_0	D_0	L_0	P	Y_e	M_e	D_e	L_e	δ_t	δ_l
1	794	2	25	354.94	Ξ	794	3	6	5.99	-9	-11.05
2	794	3	25	24.18	Ω	794	3	19	18.55	6	5.63
3	794	4	18		Γ	794	4	12	8.7	6	0
...											
416	827	1	20	291.66	Σ	827	1	21	288.19	-1	3.47

根据水星历表的 δ_l 和 δ_t,分别计算它们的平均误差和均方差,得到水星历表伏见位置平均误差为 $-1.13°$,均方差为 $6.95°$;水星历表伏见时刻的平均误差为 -1.04 天,均方差为 7.50 天。这些误差也还在合理范围内。

除了只记录见的位置和时刻外,辰星历表明显不同于其他四星历表之处就是,历表中出现大量"应见不见"和"应夕见""应旦见"等字样,33 年序列中共有 51 处之多。水星"应见不见"的推算始于张子信,据《隋书·天文志》载:[1]

　　至后魏末,清河张子信,学艺博通,尤精历数。因避葛荣乱,隐于海岛中,积三十许年,专以浑仪测候日月五星差变之数,以算步之,始悟日月交道,有表里迟速,五星见伏,有感召向背。言日行在

---

[1]　中华书局编辑部编:《历代天文律历等志汇编》,北京:中华书局,1976 年,第 599 页。

春分后则迟,秋分后则速。合朔月在日道里则日食,若在日道外,虽交不亏。月望值交则亏,不问表里。又月行遇木、火、土、金四星,向之则速,背之则迟。五星行四方列宿,各有所好恶。所居遇其好者,则留多行迟,见早。遇其恶者,则留少行速,见迟。与常数并差,少者差至五度,多者差至三十许度。其辰星之行,见伏尤异。晨应见在雨水后立夏前,夕应见在处暑后霜降前者,并不见。启蛰、立夏、立秋、霜降四气之内,晨夕去日前后三十六度内,十八度外,有木、火、土、金一星者见,无者不见。后张胄玄、刘孝孙、刘焯等,依此差度,为定入交食分及五星定见定行,与天密会,皆古人所未得也。

张子信提出水星"应见不见"之后,后世历法家大多据此对水星视运动的不均匀性进行改正,具体可见于以下几种"律历志"的记载:

水,晨平见,在雨水后、立夏前者,应见不见。启蛰至雨水,去日十八度外、三十六度内,晨有木、火、土、金一星以上者,见;无者不见。立夏至小满,去日度如前,晨有木、火、土、金一星以上者,见;无者不见。……夕平见,在处暑后、霜降前者,应见不见。立秋至处暑,夕有星,去日如前者,见;无者不见。霜降至立冬,夕有星,去日如前者,见;无者亦不见。……初见伏去日各十七度。(《隋书·律历志中》之《大业历》)[1]

(水)见去日十七度。夕应见,在立秋后小雪前者不见;其白露前立夏后,时有见者。晨应见,在立春后小满前者不见;其惊蛰前立冬后,时有见者。(《隋书·律历志下》之《皇极历》)[2]

天竺历以《九执》之情,皆有所好恶。遇其所好之星,则趣之行疾,舍之行迟。张子信历辰星应见不见术,晨夕去日前后(四)三十六度内,十八度外,有木、火、土、金一星者见,无者不见。……其入气加减,亦自张子信始,后人莫不遵用之。(《新唐书·历志三下》

---

① 中华书局编辑部编:《历代天文律历等志汇编》,北京:中华书局,1976年,第1919页。

② 《历代天文律历等志汇编》,第1968页。

之《大衍历议·五星议》)①

　　辰星初见，去日十七度。夕见：……入立秋，毕霜降，应见不见。其在立秋及霜降二气之内者，去日十八度外，三十六度内，有木②、火、土、金一星以上者，见。……晨见：……其在雨水气内，去日度如前，晨无木、火、土、金一星以上者，不见。入惊蛰，毕立夏，应见不见。其在立夏气内，去日度如前，晨有木、火、土、金一星以上者，亦见。(《新唐书·历志五》"建中正元历")③

可以归纳出张子信发现的、被后世部分历法家所采纳的水星"应见不见"现象主要有以下三层含义：(1)水星作为晨星或昏星应该出现于天空时，有可能会不出现。(2)水星的这种"应见不见"现象与一年中某几个节气有固定的关系。(3)在某几个特别的节气里，水星是否可见，还与木、土、火、金四颗行星距离太阳的距角有关。经过研究，以上(1)和(2)两条是确实存在的，但第(3)条则没有理论和事实依据。④

　　《七曜攘灾决》中辰星历表中标注的"应见不见"，与隋唐以来历法家们推算水星"应见不见"的大趋势是吻合的。"应见不见"在这里也被作为一种天象对待，可以事先推算好，标注在历表中。《七曜攘灾决》卷中提到："火以凌犯环绕、伏见不依宿度为灾；水以伏见不依历为灾。"火"以伏见不依宿度为灾"前文已论述过。火星历表中表现出来的是伏见之位置与实际位置(现代计算值)相差达 10°以上。水星历表的"应见不见"也是类似的情形。"不依宿度"与"不依历"的差别只在于，前者是指位置上有差，后者是指时间上有差，指水星不按时伏见。在星占家眼里，这种可推算的"应见不见"也具有星占含义。

　　对水星历表 794 年 1 月 30 日入历之后每隔 33 年的黄经，可算得如下：

---

　　①　《历代天文律历等志汇编》，第 2215—2216 页。
　　②　此处及下文两处之"木"原文作"水"。此段为描述水星在什么条件下可以见到的术文，当然不能以水星自己"去日十八度外"为条件来判断，径改为"木"。
　　③　《历代天文律历等志汇编》，第 2310 页。
　　④　钮卫星：《张子信水星"应见不见"术考释及其可能来源探讨》，《上海交通大学学报(哲学社会科学版)》2009 年第 1 期，第 53—62 页。

大终数	日　　期	水星黄经	大终差
0	794.1.30	302.19°	—
1	827.1.30	303.47°	1.28
2	860.1.30	304.78°	1.31
3	893.1.30	307.85°	3.07
4	926.1.30	309.22°	1.37
5	959.1.30	310.62°	1.40
6	992.1.30	312.03°	1.41
7	1 025.1.30	315.28°	3.25
8	1 058.1.30	316.74°	1.46
9	1 091.1.30	318.21°	1.47
10	1 124.1.30	319.68°	1.47
11	1 157.1.30	323.01°	3.33

由上表可知,水星"三十三年一大终"的误差也是比较大的,每一大终之后水星黄经的偏差有1°多,而每隔4个大终,就会产生一次3°多的偏差。到12世纪上半叶,积累误差达到20多度。

根据上述分析结果,我们可以看到,除水星缺留的数据外,五星伏、见、留的精度都是相当好的,留发生时刻的时间误差也在合理的范围内。这说明《七曜攘灾决》在入历后的第一大终内,五星历表与实际天象符合得很好(其中除去了有特别星占学意义的记录,如火星伏见的大偏差和水星的"应见不见"等)。

但是各历表每过一个大终之后,行星黄经并不能完全回复到原点。除了木星历表之外,其他历表在几个大终之后,起始点黄经的变化是很大的。到根据行星历表标准的日本年号和干支纪年所确定的《七曜攘灾决》在日本行用的年代,除木星历表外的其他四份历表基本不能指示实际的行星天象了。然而,作为星占手册的《七曜攘灾决》很可能只是作为几乎"纯理论"的占星活动的依据,与实际天象可以无关。在实际操作中,只是根据报上的出生年月日等"已知条件",星占家就可以按照既定的程序进行星占。由此也可以窥见星占学与天文学的区别——星占学只是借用天文学的成果,对于如何根据实际情况不断修正旧有的成果,兴趣不是很大。

6.5 《七曜攘灾决》中的罗睺、计都历表

6.5.1 罗睺、计都历表精度分析

《七曜攘灾决》卷中开首便给出罗睺运动历表和计都运动历表,照例在历表之前先给出罗睺运动总述和计都运动总述,录之如下:

> 罗睺遏罗师者,一名黄幡,一名蚀神头,一名複,一名太阳首。常隐行不见,逢日月则蚀,朔望逢之必蚀,与日月相对亦蚀。(谨按天竺婆毗磨步之云尔。汉说云日月同道,月掩日而日蚀。天对日冲,其大如日,日光不照,谓之暗虚,暗虚值月而月蚀,二说不同。今按天竺历得其正理矣。)①到人本宫则有灾祸,或隐覆不通为厄最重,常逆行于天,行无徐疾,十九日行一度,一月行一度十分度之六。一年行十九度三分度之一。一年半行一次。十八年一周天退十一度三分度之二。凡九十三年一大终而复始。元和元年丙戌入历,正月在轸,丁亥在翼,当日本大同元庚申后百四十七年。

从上述罗睺总述可知如下数端:

1. 罗睺为一隐曜,不能被观测者测到。

2. 罗睺运动与日月食发生有关,用它来解释交食的发生不同于中国古代对交食的解释。

3. 罗睺常逆行于天,即随着时间的增加黄经减少。

4. 罗睺行无徐疾,在天空中作匀速运动。

5. 罗睺之恒星周期 Pr 可由下式求得:Pr = 18 + 112/3 ÷ 191/3 = 18.60(年)

关于计都则有:

---

① 括号笔者所加,观括号中言语似非金俱吒之言。

计都遏罗师,一名豹尾,一名蚀神尾,一名月勃力,一名太阴首。常隐行不见。到人本宫则有灾祸,或隐覆不通为厄最重。常顺行于天,行无徐疾。九日行一度,一月行三度十分度之四。九月行一次。一年行四十度十分度之七。凡九年一周天,差六度十分度之三。凡六十二年七周天,差三度十分度之四。元和元年丙戌入历,正月在牛五,丁亥在危十七,当日本大同元年。

从上述计都总述可知如下数端:

1. 计都为一隐曜,也不能被观测到。

2. 计都顺行于天,沿黄经增加方向运动。

3. 计都行无徐疾,在天空中作匀速运动。

4. 计都又名蚀神尾,当也与交食的发生有关。

5. 计都的恒星周期可由下式求得：$P_k = 9 - 6\frac{3}{10} \div 40\frac{4}{10} = 8.84$（年）

罗睺历表共 93 年长,计都有 62 年,每月给出一个坐标位置。元和元年即公元 806 年。罗睺历表中有一段连续的干支纪年,从 1117 年(丁酉)到 1177 年(丁酉)共 60 年,中间夹注年号,处于 806 年入历后的第三、四周期内。计都历表中没有连续的干支纪年,只注上了几个年号。罗睺历表中出现的年号有：

康平四年辛丑　1061 年　第三周期

延久元年己酉　1069 年　第三周期

元永二年己亥　1119 年　第四周期

计都历表中出现的年号有：

康平四年辛丑　1061 年　第五周期

延久元年己酉　1069 年　第五周期

元永二年己亥　1119 年　第六周期

保安二年辛丑　1121 年　第六周期

从罗睺、计都序列中出现的年号来看,罗睺、计都历表的使用期也在 11 世纪中到 12 世纪上半叶,与五星历表的使用期相同。

表 6.18　罗睺历表头尾数据示例

干支纪年	年数	正	二	三	四	五	六	七	八	九	十	十一	十二
	一	轸十	九	七	五	四	二	初一	翼十八	十六	十五	十三	十二
	二	十	八	七	五	三	二	张十九	十八	十七	十四	十三	十二
	三	十	八	六	五	三	初	星七	五	四	初	柳十三	十一
…	…	…	…	…	…	…	…	…	…	…	…	…	…
乙未	九十一	二	初	心四	二	初	房四	二	初	氐十五	十四	十二	十
丙申	九十二	九	七	六	四	二	初	亢八	六	五	三	二	角十五
丁酉	九十三	十二	十	八	七	五	四	二	轸十九	十七	十五	十三	十二甲子

表 6.19　计都历表头尾数据示例

纪年	年数	正	二	三	四	五	六	七	八	九	十	十一	十二
	一	牛五	女初	四	八	十一	虚三	七	十	危四	七	十	十四
	二	十七	室三	七	十	十四	十七	壁四	七	十	奎四	七	十
	三	十四	十七	娄四	七	十	胃初	四	八	十一	十四	昴二	六
元永二①己亥	四	十	毕二	五	九	十二	觜一	参三	六	井初	四	七	十一
…													
	六十一	氐二	六	九	十三	十六	房三	心三	五	尾四	七	十	十四
	六十二	十七	风四	七	十	斗四	七	十一	十四	十八	廿二	牛二	五

　　罗睺、计都一名蚀神头,一名蚀神尾,显然与交食有密切关系。在印度保存下来的梵文卷子里,涉及交食理论时,总是包括对太阳黄经、月亮及其交点、近点黄经的计算。《七曜攘灾决》给出的罗睺、计都序列已足够长,错漏也比五星历表少,对两隐曜历表的分析将会得到罗睺、计都的确切含义。

　　根据罗睺、计都历表,制成表6.20,因篇幅有限,只展示入历前两年的数据。

---

①　日本元永二年己亥为公元 1119 年。

表 6.20　罗睺、计都历表误差分析

Year	M	Dr	J.D.	Rahu	Node	N—R	Ketu	Apo.	A—K
806	2	14	2 015 496.5	177.6	175.5	−2.1	291.6	284.6	−7.0
806	3	14	2 015 524.5	176.6	174.0	−2.6	294.6	287.7	−6.9
806	4	14	2 015 554.5	174.7	172.4	−2.3	297.6	291.0	−6.6
806	5	14	2 015 584.5	172.7	170.8	−1.9	301.5	294.4	−7.1
806	6	14	2 0156 16.5	171.7	169.1	−2.6	304.5	297.9	−6.6
806	7	14	2 0156 46.5	169.7	167.6	−2.1	307.5	301.3	−6.2
806	8	14	2 015 677.5	168.7	165.9	−2.8	311.5	304.7	−6.8
806	9	14	2 015 708.5	166.0	164.3	−1.7	314.4	308.2	−6.2
806	10	14	2 015 737.5	164.0	162.7	−1.3	317.4	311.4	−6.0
806	11	14	2 015 768.5	163.0	161.1	−1.9	320.3	314.9	−5.4
806	12	14	2 015 799.5	161.1	159.5	−1.6	323.3	318.3	−5.0
807	1	14	2 015 830.5	160.1	157.8	−2.3	327.2	321.8	−5.4
807	2	14	2 015 861.5	158.1	156.2	−1.9	330.2	325.2	−5.0
807	3	14	2 015 889.5	156.1	154.7	−1.4	332.2	328.3	−3.9
807	4	14	2 015 919.5	155.1	153.1	−2.0	336.1	331.7	−4.4
807	5	14	2 015 949.5	153.2	151.5	−1.7	339.1	335.0	−4.1
807	6	14	2 015 981.5	151.2	149.8	−1.4	343.0	338.6	−4.4
807	7	14	2 016 011.5	150.2	148.2	−2.0	346.0	341.9	−4.1
807	8	14	2 016 042.5	149.7	146.6	−3.1	351.0	345.4	−5.6
807	9	14	2 016 073.5	148.7	144.9	−3.8	353.9	348.8	−5.1
807	10	14	2 016 102.5	147.7	143.4	−4.3	356.9	352.1	−4.8
807	11	14	2 016 133.5	144.8	141.8	−3.0	359.9	355.5	−4.4
807	12	14	2 016 164.5	143.8	140.1	−3.7	2.8	359.0	−3.8

表 6.20 中各列数据含义解释如下：

1. Year,罗睺、计都入历后的年序,罗睺历表从 806 年 2 月到 899 年 1 月共 93 年。计都历表从 806 年 2 月到 868 年 1 月共 62 年。

2. M,历表数据对应之月份,已作岁首改正,以立春(1 月 30 日)为岁首。

3. Dr,记录对应之入月日数。罗睺、计都历表每月提供一个数据,每月交代具体日期,故假设该数据对应"七曜新法"每月之月中,然后换算成公历日期。

4. J.D.,前三列给出之日期对应的儒略日。

5. Rāhu, 罗睺历表给出之罗睺位置, 已经转化为黄经。

6. Node, 用现代月球运动理论回推的白道升交点黄经, 对应于 J.D. 给出的儒略日。设升交点黄经为 Ω, 则

$$\Omega = 259°.183\ 275 - 0°.052\ 953\ 922\ 2d + 0°.002\ 078t^2 + 0°.000\ 002t^3 \text{[1]}$$

上式求出的黄经相对于当天平春分点, 起始历元为 1900 年 1 月 0 天 12 时, 儒略日为 JD。= 2 415 020.0, d = J.D. − JD, t = d/36 525, t 为距 JD。的儒略世纪数。

7. N—R, 从表 6.20 中可以看出, N—R (第 6 列 Node 值减去第 5 列 Rāhu 值) 的值一律小于零, 平均误差为 − 3.4°, 这说明 Node 相对 Rāhu 有明显的系统差。将 N—R 对时间引数作图。如图 6.1 所示, 横坐标为时间; 纵坐标 N—R, 单位度。从图中可以看出 N—R 对时间有明显的周期性, 这是一种系统差无疑。产生该系统差的可能原因有: (1) 白道升交点黄经的计算公式可能产生系统差, 该公式求得的升交点黄经相对于当天平春分点, 起始历元为 1900 年 1 月 0 天 12 时, 式中所有积分常数之获得也相对该起始历元而言。但 Rāhu 一列的值相对于历元 806 年 1 月 30 日。在以 JD。为历元的系统化到以 806 年 1 月 30 日为历元的系统去时, 可能产生系统差。(2) Rāhu 一列数据从历表值转化成黄经时, 带有二十八宿距星似黄经与真黄经之差, 这个差值也带入了 N—R, 并且该差值时正时负, 表现出一种周期性。(3) 罗睺历表本身也应带有误差。但不管怎样, 可以看出罗睺与月球轨道升交点有非常强烈的一致性, 它们的差值的均方差只有 1.2°, 说明这两列数据有强烈的相关性。

8. Ketu, 计都历表给出的计都位置。其处理和所含误差同 Rāhu 大致相同。

---

[1] D.H. Sadler 和 G.M. Clemence, *Improved Lunar Ephemeris 1952—1959*, United States Government Printing Office, Washington, 1954. 该书导言给出: $\Omega = 259°10'59''.79 - 5^r134°08'31''.23T + 7''.48T^2 + 0.008\ 0T^3$, r 指圈数, T 是儒略世纪数, 此处引用时改变了公式的形式。

9. Apo,用现代月球运动理论回推的月球远地点黄经值,对应于第四列的 J.D. 值。设 ω 为远地点黄经,则:

$$\omega = 154°.329\ 556 + 0°.111\ 404\ 080\ 3d - 0°.010\ 3\ 25t^2 - 0°.000\ 012t^3 ①$$

该式的历元及 d、t 含义与求白道升交点黄经 Ω 公式中的相同。

10. A—K,即白道远地点与计都之黄经差。将 A—K 对时间引数作图,如图 6.2 所示。A—K 也一律小于 0,平均误差为 - 5.7°该系统差的来源同对图 6.1 的分析。除此以外,图 6.2 中还包含一项图 6.1 没有的系统差:罗睺是白道升交点,其黄纬应始终为 0,而计都是白道远地点,则其与黄道没有固定的关系,黄纬时大时小,故计都历表本身化为360 度制后,不仅包含了二十八宿距星之似黄经与黄经之差异,计都本身也有似黄经与黄经之差。如果已知计都的似黄纬,是可以修正计都之似黄经与黄经之差的,但计都历表只给出似黄道宿度,从中只能得到似黄经,单有似黄经无法转化为真黄经,因而 Ketu 中含有由于计都位置引起的似黄经与黄经之差,这个差值自然也带入了 A—K。A—K 一列值的均方差为 1.3°,充分说明了白道远地点与计都之间的一致性。

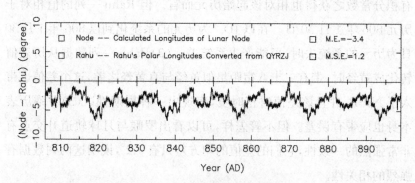

图 6.1　罗睺与白道升交点之差异

---

① 　D.H. Sadler 和 G.M. Clemence, *Improved Lunar Ephemeris 1952—1959*, United States Government Printing Office, Washington, 1954。该书导言中给出月球近地点角距 *l* 为:*l* = 296°06′16″.59 + 1 325ʳ198°50′56″79T + 33″.09T² + 0″.0518T³,同书第 287 页给出月球平黄经 L 为:L = 270°26′11″71 + 1 336ʳ307°53′26″.06T + 7″.14T² + 0″.006 8T³,其中 T 是指儒略世纪数。又因为白道远地点 ω=L− *l*,白道远地点 ω= ω′ + 180°, ω = 154°19′46″.4 + 11ʳ109°2′2″.52T + 37″.17T² − 0″.045T³,由此式可化成这样的引用形式。

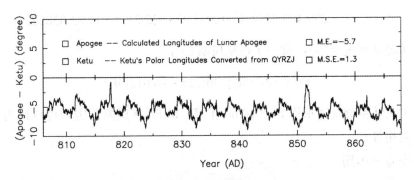

图 6.2　计都与月球轨道远地点之差异

6.5.2　罗睺、计都之几何意义详解

上文通过对罗睺、计都历表的分析,从数值上证明了罗睺、计都与白道升交点和远地点之间的强烈一致性,下面再进一步论证,将这种关系确定。

在求升交点黄经 Ω 的公式中,t 作为儒略世纪,在本节的条件下,最大不超过 11,故

$$|0°.010\,325t^2 + 0°.000\,002t^3| < 0.248\,776°$$

同理,在求远地点黄经 ω 的公式中

$$|0°.010\,325t^2 + 0°.000\,012t^3| < 1.233\,53°$$

与 N—R 和 A—K 的均方差相比,上面两个值显然在误差范围内,故若只作近似讨论,上列两项可以舍去,于是白道升交点和月球轨道远地点的求算公式分别变成:

$$\Omega' = 259°.183\,275 - 0°.052\,953\,922\,2d$$

$$\omega' = 154°.329\,556 + 0°.111\,404\,080\,3d$$

令 $\Omega' = 0$,则

$$d_1 = 259.183\,275/0.052\,953\,922\,2 = 4\,894.016(天)$$

令 $\Omega' = 360°$,则

$$d_2 = (360 - 259.183\ 275)/(-0.052\ 953\ 922\ 2) = -1\ 903.858(天)$$

黄经从 $0°$ 变到 $360°$，即一个恒星周期 Pr'：

$$Pr' = |d_1 - d_2|/365.25 = 18.612(年)$$

上文从罗睺总述求得 $Pr = 18.60$ 年，Pr 和 Pr' 在误差范围内可以认为是相等。

令 $\omega' = 0$，则

$$d_3 = -154.329\ 556/0.111\ 404\ 080\ 3 = -1\ 385.313(天)$$

令 $\omega' = 360°$，则

$$d_4 = (360 - 154.329\ 556)/0.111\ 404\ 080\ 3 = 1\ 846.166(天)$$

黄经从 $0°$ 交到 $360°$，及一个恒星周期 P_k'

$$P_k' = |d_4 - d_3|/365.25 = 8.847(年)$$

上文从计都总述求得 $P_k = 8.84$ 年，P_x 和 P_x' 在误差范围内可以认为是相等。

因此，从周期性来考察，罗睺当为白道升交点，计都当为白道远地点。

又将白道升交点公式对时间求导数，令 $t = d$，时间单位为天，则有：

$$d\Omega'/dt = -0°.052\ 953\ 922\ 2 < 0$$

$d\Omega'/dt$ 小地 0，说明白道升交点黄经随时间增加而减小，与罗睺总述所谓"罗睺逆行于天"相符合。又将月球轨道远地点公式对时间求导数，令 $t = d$，时间单位为天：

$$d\omega'/dt = 0°.111\ 404\ 080\ 3 > 0$$

$d\omega'/dt$ 大小 0，说明白道远地点黄经随时间增加而增加，与计都总述中所谓"计都顺行于天"相符合。

因此，从顺行、逆行来看，罗睺、计都与白道升交点和远地点也是相

符合的。

以上 $d\Omega'/dt$ 和 $d\omega'/dt$ 其实就是白道升交点和白道远地点的日平均运动,显然它们是常数(这是取一级近似的结果,通常在精度要求不高的情况下,特别是对古代记录而言,这样做是成立的)。白道升交点和远地点日平均运动为常数与罗睺、计都"行无徐疾"也相符合。

上述三条的符合,不应再理解成一种巧合,应该可以肯定,罗睺就是白道升交点,计都就是白道远地点。

通过以上论述,《七曜攘灾决》中罗睺、计都之几何意义当已明确。罗睺作为白道升交点,描述了月亮和太阳的位置关系,当罗睺、月亮、太阳三者地心视黄经相等时,交食就有可能发生。计都作为白道远地点,描述了月亮与地球的关系。而交食理论要处理的正是月球、地球、太阳三者的位置关系,古代印度注意到白道升交点和远地点与交食的关系,这是比同期中国人先进的地方。难怪乎中唐时间印度天学来华,与"大术相参供奉"的主要是交食之法。罗睺总述中比较天竺与中国两种交食理论后也认为"天竺历得其正理矣"。

然而,随着罗睺、计都汉化的加深,罗睺、计都的含义确实发生了变化,并且在唐宋之际还增加了紫炁和月孛,变成了四颗隐曜。对于这些变化以及背后发生作用的因素,将在本书第八章中加以论述。

6.6 《七曜攘灾决》中的天文学知识溯源

《七曜攘灾决》作为一种密教经典,出自一名印度婆罗门僧之手,伴随着密教的东传,著成于中国,再流行于日本。但若仔细考察《七曜攘灾决》的内容,则会发现其天文学有更深远的源头。日本学者矢野道雄研究了密教星占学的传播后,绘出了图6.3:[①]

---

① 矢野道雄:《密教占星术——宿曜道ヒインド占星术》,東京美術選書49,昭和61年11月20日初版,第18页。

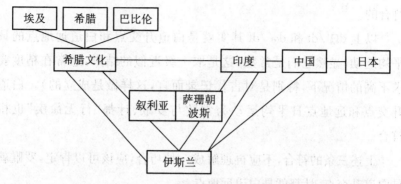

图 6.3　星占学之西学东渐图

《七曜攘灾决》的流传处在图 6.3 的右侧,印度—中国—日本—线单传。但我们发现其中的数理天文学内容可追溯到图的左上角。

6.6.1　神秘周期探微

《七曜攘灾决》中五星历表序列之长度各不相同,木星历表 83 年,火星历表 79 年,土星历表 59 年,金星历表 8 年,水星历表 33 年。对于木星,有:

八十三年凡七十六终而七周天也

对于其余四星也有类似说法。一终即一个会合周期。一周天可以近似认为是行星公转的恒星周期,这样认为时忽略了地心坐标系与日心坐标系的差别,因为严格的恒星周期定义应相对日心而言,但古代记录均为一种地心视黄经,对外行星而言,由于离地球较远,这个坐标原点的变换对周期的影响不大。不难发现:

83 年＝76 个会合周期＋7 个公转恒星周期

综合五星,有表 6.21:

表 6.21　《七曜攘灾决》五星会合周期和恒星周期关系

行　星	序列长度(年)	会合周期个数	公转恒星周期个数
木　星	83	76	7
火　星	79	37	42

行　星	序列长度(年)	会合周期个数	公转恒星周期个数
土　星	59	57	2
金　星	8	5	—
水　星	33	104	—

从表 6.21 可以发现,对外行星均有下式:

序列长度 = 会合周期个数 + 公转恒星周期个数

将以年为单位的序列长度看作地球的恒星周期个数,上式变成:

地球公转恒星周期个数 = 外行星公转恒星周期个数

+ 外行星与地球的会合次数

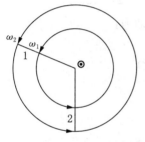

图 6.4　地球、行星公转示意图

设 k 为地球的恒星周期个数;m 为外行星的恒星周期个数;n 为外行星与地球的会合次数;ω_1 为地球角速度,T_1 为地球恒星周期;ω_2 为外行星角速度,T_2 为外行星恒星周期。外行星与地球同绕太阳旋转。有:

$$\omega_1 = 2\pi/T_1,$$

$$\omega_2 = 2\pi/T_2$$

设地球与外行星在位置 1 处会合,经过时间 t 后又在位置 2 处会合,则有:

$$\omega_1 t = \omega_2 t + n \cdot 2\pi$$

$$t = kT_1 = mT_2$$

将以上四式合并、化简得:

$$k = m + n$$

通过上述证明过程可知,只要地球与外行星在起点和终点处黄经要相等,那么必然有"地球公转恒星周期个数＝外行星公转恒星周期个数＋外行星与地球的会合次数"这一关系式成立。古人认为地球为中心,日月五星绕地而行,在上面讨论中将地球和太阳的位置对换不会产生任何数学上的问题,这样便要求行星与太阳的黄经在始点和终点要相等,如果对五星一起考虑,情况将变得更复杂,但原理相同。在印度古代便是认为五星与日月在一劫(Kalpa)的起点和终点是聚于一点的,稍后条件放宽,但仍要求在当前的争斗时(Kaliyuga)起点日月五星聚于白羊宫0°,而这些做法是印度天文学家采用希腊行星运动理论的结果。在古代印度人的这些规定条件下,前述关系式自然成立。

婆罗摩笈多(Brāhmagupta)在他的著作中给出行星的日平均运动,其中木星$\frac{7}{83}$(度/天);土星$\frac{2}{59}$(度/天);火星($\frac{1}{2}+\frac{10}{158}$)(度/天)。对"83年而七周天"的木星来说,它的日平均运动为:

$$\frac{7\times360°}{83\times365}\approx\frac{7}{83}(度/天)$$

同样,对土星也有:

$$\frac{2\times360°}{59\times365}\approx\frac{2}{59}(度/天)$$

对火星:

$$\frac{42\times360°}{79\times365}\approx\frac{42}{79}=\frac{84}{158}\approx\frac{89}{158}=\frac{1}{2}+\frac{10}{158}(度/天)$$

可以推想,婆罗摩笈多选取这样的分子和分母来表示外行星的日平均运动,肯定不是没有理由的,已知多少年行多少度后,再求日平均运动显然更方便,所以婆罗摩笈多极可能已知表6.21所列的周期关系。可以推测,《七曜攘灾决》之五星运动历表与婆罗摩笈多的数据大有渊源。婆罗摩笈多是印度婆罗门天文学派的泰山北斗,他的主要著作婆罗摩修正历数书(Brāhma-sphuṭasiddānta,成于628年)为后世推崇和遵循,金俱吒作为婆罗门僧人,遵守本门学统也是理所当然。

对表 6.21 所列的周期关系,塞琉古时期(前 312—前 64)的巴比伦人早有类似描述:[1]

表 6.22　塞琉古时期巴比伦行星运动周期

行　星	k	n	m
木　星	427	391	36
火　星	284	133	151
土　星	265	256	9
金　星	1 151	720	—
水　星	480	1 513	—

k、n、m 的意义同前文。可以发现这些数值比表 6.21 中的要大,而且这些数值所处的年代也比表 6.21 要早。

在保存下来的梵文卷子里可以发现这些塞琉古时期的行星运动理论传入并影响印度古代天文学的踪迹。在斯颇吉蒂婆伽(Sphujidhvaja)作于公元 270 年左右的希腊天文书(*Yavanajātak*)第 79 章中,保存了塞琉古时期巴比伦行星运动理论的希腊改编本,[2]见表 6.23。《五大历数书汇编》(*Pañcasiddhāntikā*)第 17 章则保存了婆室斯塔(Vasiṣṭha)的行星运动理论,[3]见表 6.24。

表 6.23　*Yavanajātak* 中的行星运动周期

行　星	k	n	会合周期(天)
木　星	31	30	377
土　星	130	120	395
火　星	32	15	779
金　星	115	72	583
水　星	1	3	122

① Otto Neugebauer, *A History of Ancient Mathematical Astronomy*, Berlin-Heidelberg-New York: Springer-Verlag, 1975, p.605.

② D. Pingree: History of Mathematical Astronomy in India, *Dictionary of Scientific Biography XVI*, New York, 1981, p.540.

③ Ibid., p.541.

表 6.24 《五大历数书汇编》中婆室斯塔的行星运动周期

行　星	k	n	m
木　星	427	391	36
土　星	265	256	9
火　星	284	133	18
金　星	1 151	720	431
水　星	217	684	217

　　表 2.24 中金星一行是 Pingree 补出，但与水星一样，金星之 m 应等于 k 为 1 151；火星之 m 也不等于 k - n，似有错。表 6.24 中其他外行星的数据竟与表 6.22 的数据如出一辙，可知这些行星运动理论全出自巴比伦一源。巴比伦人经希腊人影响印度人，印度人又影响中国人和日本人，故现今所见《七曜攘灾决》中这些行星运动的神秘周期，源头应可远溯至塞琉古时期的两河流域。

　　前文讨论的周期关系对内行星（金星和水星）是不成立的。《七曜攘灾决》认为金星、水星均"一年一周天"，这在古代世纪是个普遍观点，无论古巴比伦、古印度还是古代中国，都认为内行星"一年一周天"。从现代理论知道，金星恒星周期 0.615 2 年，水星恒星周期 0.240 8 年，前文给出木星 83 年 7 周天，火星 79 年 42 周天，土星 59 年 2 周天，算得每周天之时间与现代理论之恒星周期非常符合，唯独内行星相差如此之巨，何故？在这里先要澄清"一周天"与一恒星周期之间关系。行星严格的恒星周期定义应相对于行星绕转中心而言，而《七曜攘灾决》所谓的"一周天"是对地球上的观测者而言。古人认为日月五星绕地而行，对外行星而言，这只是绕动中心的移动而已，在公转周期中表现出来只是数值的微小变化，但对内行星而言，绕日与绕地有本质的差别，绕转中心的变化，使恒星周期（公转）发生很大的变化。在地心黄道坐标系中计算金星和水星的视黄经，可以发现它们的地心视黄经有大约 1 年的变化周期，这就是古代人们总认为内行星（金星和水星）"一年一周天"的根本原因，即认为金星和水星"一年一周天"是地心观点的自然产物。中国古代虽没有几何意义相当明确的地心说，但也认为日月星辰是绕地而行的。

古希腊人认为这种"一年一周天"的运动是内行星在均轮上的运动,内行星另外还有本轮运动。这种均轮、本轮体系也传到了印度。《毗昙摩诃历数书》(*Paitāmahasiddhānta*)中给出一劫(Kalpa,有4 320 000 000年)中金星本轮转动 7 022 389 492 周,水星本轮转动17 936 998周,[①]对应的公转恒星周期分别为 0.615 2 年和 0.240 8 年,这两个数值与金星、水星公转周期的现代值前四位有效数字完全相同。

另外,到隋唐之际,中国古代历法描述行星会合周期内的运动时,早已经习惯以行星合日作为周期起点,并将"伏"平分"伏"为"前伏"和"后伏"。而《七曜攘灾决》却是从初见开始记一个会合周期,这个做法与印度人、希腊人及巴比伦人的做法是一致的。如公元 270 年左右,斯颇吉蒂婆伽在印度优禅尼(Ujjayinī)根据巴比伦行星运动理论——这种理论又经希腊人转授,编制了一份五星动态表,其中对外行星可以列成表 6.25。

表 6.25　斯颇吉蒂婆伽的五星动态表[②]

	$\Gamma \rightarrow \phi$	$\phi \rightarrow \psi$	$\psi \rightarrow \Omega$	$\Omega \rightarrow \Gamma$
土　星	$8°15'/112t$	$-8°/100t$	—	—
木　星	$16°$	$-8°$	$21°$	$6°15'$
火　星	$162°$	$-34°$	—	$88°30'$

其中 Γ 指初见东方,Φ 指第一次留,ψ 指第二次留,Ω 指初伏于西方。t 为时间单位,tithi 之略,为朔望月的三十分之一。表 6.25 的部分数据残缺,但可以看到,对外行星均以初见东方(Γ)作为一个会合周期的开始;火星顺行 $162°$,木星伏行 $6°15'$ 等与《七曜攘灾决》的记录结果也是相符的。

---

① D. Pingree：History of Mathematical Astronomy in India, *Dictionary of Scientific Biography XVI*, New York, 1981, p.556.

② Ibid., p.540.

6.6.2 再论罗睺、计都

公元 3 至 4 世纪的《罗马历数书》(*Romakasiddhānta*)中涉及日食计算,其中包括对太阳、月亮和白道升交点、远地点黄经的确定,使用公式

$$r = c \cdot R/C$$

式中 C 是指某历元开始起计的天数,在 C 天中天体转动整数圈 R,小写 c 也为天数,自历元起计,c<C。r 是 c 天数内天体公转圈数。由上式可求得天体的黄经。《罗马历数书》给出太阳、月亮、月球升交点和远地点的 R/C 为:

表 6.26 《罗马历数书》天体公转圈数和天数的关系[1]

天　　体	R/C
太　阳	3 600/1 314 888
月　亮	38 100/1 040 953
月过远地点	110/3 031
白道升交点	24/163 111

因此对太阳而言:3 600 年 = 1 314 888 天,1 年 = 365.246 7 天。这是喜帕恰斯(Hipparchus,前 190—前 125)的年长数值。对月亮而言:38 100 恒星月 = 1 040 953 天,1 恒星月 = 27.321 6 天,这是默冬的恒星月长。对月过远地点而言:110 周 = 3 031 天,月过远地点一周与过近地点一周时间相同,称为一近点月,则:1 近点月 = 27.554 5 天。对白道升交点而言:24 周天 = 163 111 天,则日平均速度为:0.052 97 度/天;年平均速度为 19°.347 度/天;恒星周期为 6 796.29 天,合 18.61 年。这些数值结果与《七曜攘灾决》罗睺历表给出的结果完全一致。

其实,罗睺、计都除了它们的名称在译成汉语时给古代中国人带来一种新鲜而神秘的感觉外,它们在印度天学体系中的地位并不比其他行星的交点和远地点特殊多少。4—5 世纪之际,笈多王朝统治下的西

---

[1]　D. Pingree: History of Mathematical Astronomy in India, *Dictionary of Scientific Biography XVI*, New York, 1981, p.543.

印度最早接触纯正的希腊天文学,并接受了希腊的地心行星模型,用本轮、均轮来解释行星的运动,而对行星交点和近点的考虑是本轮、均轮体系自然的结果。印度婆罗门学派的早期经典《毗昙摩诃历数书》中列述了各天体在 1 劫中的转数和交点、近点的转数 R,如表 6.27。

表 6.27 《毗昙摩诃历数书》各天体的周期关系①

天 体		转 数	年平均运动
土 星	行星本身	146 567 298	12°12′50.19″
	远 点	41	0°0′0.012″
	交 点	− 584	− 0°0′0.175″
木 星	行星本身	364 226 455	30°21′7.94″
	远 点	855	0°0′0.256″
	交 点	− 63	− 0°0′0.019″
火 星	行星本身	2 296 828 522	191°24′8.56″
	远 点	292	0°0′0.088″
	交 点	− 267	− 0°0′0.080″
太 阳	太阳本身	4 320 000 000	360°
	远 点	480	0°0′0.144″
金 星	本轮运动	7 022 389 492	225°11′56.85″
	远 点	653	0°0′0.196″
	交 点	− 893	− 0°0′0.268″
水 星	本轮运动	17 936 998 984	54°44′59.70″
	远 点	332	0°0′0.099″
	交 点	− 521	− 0°0′0.156″
月 亮	月亮本身	57 753 300 000	132°12′46.50″
	远 点	488 105 858	40°40′31.76″
	交 点	− 232 311 168	− 19°21′33.35″

上表中月亮远点和交点的年平均运动,分别与计都历表总述所给出的"一年行四十度十分度之七"和罗睺历表总述给出的"一年行十九度三

---

① D. Pingree：History of Mathematical Astronomy in India，*Dictionary of Scientific Biography XVI*，New York，1981，p.556.

分度之一"符合得很好。

在表 6.27 中,月亮与其他行星处于完全并列的位置,月亮的远地点和升交点与其他行星的远地点和升交点也处于完全平等的位置上,故月球的交点和远点在印度行星模型中是很自然的产物。

不管怎样,从公元 200 年左右开始,印度天文学便一直不断地受到巴比伦和希腊天文学的影响,到 4—5 世纪达到高潮,并开始在印度形成长达千年的希腊天文学时期。这个推迟了的希腊化趋势到 7—8 世纪不可避免地波及中国,但完成这一运动的不再是亚历山大大帝的远征军,而是虔诚的佛教徒。隋唐五代,中国历法经历了大规模的改革,其中确有印度天学的影响。

7. 佛藏天文历法知识的实用性
——以《时非时经》的授时功能为例

"非时食"戒是佛教最基本的戒律之一,目的就是为了约束僧众每一天都在规定的时间内进食。许多佛典,尤其是律部经典中,对此规定都有记载。例如,据《阿毗达磨俱舍论》卷十四载:"何等名为八所应离?一者杀生,二不与取,三非梵行,四虚诳语,五饮诸酒,六涂饰香鬘、舞歌观听,七眠坐高广严丽床座,八食非时食。"①这就是通常所谓的八戒,"非时食"被列为八大戒律之一种。也有把"涂饰香鬘"和"舞歌观听"分列为二戒的,这样总有九戒,前八者为戒,后一者为斋法,统称为"八戒斋",这是在家修行的居士所应持有的基本戒律。又据《沙弥十戒法并威仪》载,初出家沙弥所持十戒为:不杀生、不盗、不淫、不妄语、不饮酒、不着香华鬘不香涂身、不歌舞倡妓不往观听、不坐高广大床、不非时食、不捉持生像金银宝物。②"非时食"戒也被列为初出家的沙弥所应持有的基本戒律之一。

然而,在没有钟表的原始佛教时期,为何要制定出这样一条戒律?当时的佛徒又如何在技术上判断"时"与"非时"以确保此一戒律得到严格遵守呢? 本章欲就这些问题进行一番探讨。

7.1 过午不食的来历:"非时食"戒的起源和实施情况

佛教戒律中,并不是一开始就有"非时食"戒这一条的。据《弥沙塞

---

① [唐]玄奘译:《阿毗达磨俱舍论》,卷14,《大正藏》,第29册,第73页。
② 失译附东晋录:《沙弥十戒法并威仪》一卷,《大正藏》,第24册,第926页。

部和醯五分律》卷八"初分堕法"载：

> 佛在王舍城，尔时未为比丘制非时食，诸比丘于暝夜乞食，或堕沟堑，或触女人，或遇贼剥，或为虫兽之所伤害。食无时节，废修梵行。时迦留陀夷着杂色衣，面黑眼赤，暗中乞食。有一怀妊妇人，电光中见，便大惊唤言："毗舍遮①！毗舍遮！"迦留陀夷言："我是沙门乞食，非毗舍遮。"便苦骂言："汝何以不以刀决腹，而于暝夜暗中乞食？余沙门、婆罗门一食便足，汝今云何食无昼夜？"诸长老、比丘闻种种呵责，以是白佛。佛以是事集比丘僧，问迦留陀夷："汝实尔不？"答言："实尔，世尊。"佛种种呵责已，告诸比丘："今为诸比丘结戒，从今是戒应如是说，若比丘非时食，波逸提。②"尔时有比丘服吐下药，不及时食，腹中空闷。诸比丘不知云何，以是白佛。佛言以酥涂身，犹故不差；佛言以糗涂身，犹故不差；佛言酥和糗涂身，犹故不差；佛言以暖汤澡洗，犹故不差；佛言与暖汤饮，犹故不差；佛言以盆盛肥肉汁坐着中。以如此等，足以至晓。一切不得过时食。非时者，从正中以后至明相③未出，名为非时。若比丘非时、非时想、非时疑、非时时想，皆波逸提。时非时想、时疑，突吉罗。④比丘尼亦如是。⑤

佛教徒的食物皆靠居士供给，起初佛祖没有规定进食的时间，以致出现了上引经文中的种种问题，不利于修行。于是佛祖规定"正中"以后、天亮以前不能进食。所谓"正中"就是太阳在正南方的时刻，用天文学术语来说就是太阳上中天经过子午线那一瞬间。所以"非时食"戒也常常叫作"过中不食"或"过午不食"。自从佛祖定下上述规矩之后，"非

---

① 梵文作 Pisaca，一种饿鬼的名称。

② 梵文作 Payattika，意为"堕"，一种重罪，死后堕入八寒八热地狱。

③ 指天作白色时，伸手能看见掌纹，才可以开始食早粥。

④ 梵文作 Duskrta，一种罪名。萧齐僧伽跋陀罗译《善见律毗婆沙》(《大正藏》第 1462 号)卷九云："突吉罗者，不用佛语。突者，恶；吉罗者，作恶、作义也。于比丘行中不善，亦名突吉罗。"

⑤ [刘宋]佛陀什，竺道生译：《弥沙塞部和醯五分律》，卷 8，《大正藏》，第 22 册，第 54 页。

时食"戒便成了佛教最基本的戒律之一,本章开头提到在佛教的"在家八戒"和"出家十戒"中都列入了这一戒条。

"非时食"戒成为如此重要的一条戒律,出家僧侣自然必须严格遵守,就是一般信仰佛教的俗家人士也常以此戒律自守,梁武帝就是一个著名的例子。梁武帝崇信佛法,虽贵为帝王,也遵守"过中不食"的戒条。据《梁书·武帝本纪》载:"(帝)日止一食,膳无鲜腴,惟豆羹粝饭而已。庶事繁拥,日倘移中,便漱口以过。身衣布衣,木绵帛帐,一冠三载,一被二年。常克俭于身,凡皆此类。五十外便断房室。"又《资治通鉴》卷一百五十九"梁纪十五"大同十一年条也有类似的记载:"自天监中用释氏法,长斋断鱼肉。日止一食,惟菜羹粝饭而已。或遇事繁,日移中则漱口以过。"梁武帝自登基之后,就开始不食荤腥,并坚持"日止一食,过中不食"这一佛教的基本戒律。如果遇到公务繁忙,已经过了正午来不及吃饭,就漱漱口度过这一天。贵为帝王、富有天下的梁武帝如此行事,我们只能将之解释为他对佛教的极端虔诚。

同样崇信佛法的宋文帝,有一次"大会沙门,亲御地筵。食至良久,众疑过中。帝曰:'始可中耳。'生乃曰:'白日丽天。天言始中,何得非中。'遂举箸而食。一众从之,莫不叹其机辩。"[1]这里的"生"指竺道生,是当时的名僧。皇帝请沙门吃饭,厨房动作慢了点,等到饭菜上来,众沙门怀疑已经过了正午,不敢下筷子。皇帝说:"大概快中午了吧。"竺道生就说:"太阳依附在天上,天(皇帝)说才刚正午,怎么会不是呢?"这位竺道生虽然机敏,然而未免有点把佛祖的训诫当儿戏了。但是这个例子却揭示出一个问题,也就是说执行"过中不食"这条戒律存在着一定的技术上的难度,因为对这条戒律的正确遵守依赖于对正午时刻的准确测定。

根据《法苑珠林》卷四十二"食时部第五"载:"午时为法,即是食时。过此午时影一发一瞬,即是非时。"[2]由此看来,这"时"与"非时"的分界

---

[1] [宋]志磐:《佛祖统纪》,卷26,《大正藏》,第49册,第266页。
[2] [唐]道世:《法苑珠林》,卷42,《大正藏》,第53册,第611页。

是非常精确和严格的。那么在没有钟表的古代,人们是如何做到这一点的呢?

从《摩诃僧祇律》卷十七中的一条记载中我们大致可以了解早期佛徒们如何来确定正午时刻:"尔时比丘日暝食,为世人所讥:'云何沙门释子夜食? 我等在家人尚不夜食,此辈失沙门法,何道之有?'诸比丘闻已,以是因缘往白世尊。佛告诸比丘:'汝等夜食,正应为世人所嫌,从今日后前半日听食。当取时,若作脚影,若作刻漏。'"①这则记载交代了佛祖教给僧众的"取时"方法,就是"作脚影"和"作刻漏"。也就是说,在晴好的日子可以通过观察日影测定正午时刻,在阴雨天可以用刻漏来确定正午时间。这两种办法毫无疑问都属于天文学手段。

7.2 《时非时经》:一本确定"时食"与"非时食"的技术手册

在佛藏中,有一部很特别的经典《佛说时非时经》(简称《时经》),全经仅由一份数据表加上少数描述性文字构成。该佛经分别收录于《高丽大藏经》《大正新修大藏经》《中华大藏经》等多种汉文大藏经中,②因篇幅不长,又为便于讨论,今全文录之如下:

> 如是我闻,一时佛住王舍城迦兰陀竹林园精舍。时佛告诸比丘:"我当为汝说《时非时经》,善思念之。"诸比丘言:"如是世尊,当受教听。"佛告诸比丘:"是中何者为时? 何者为非时? 比丘当知:
>
> "冬初分,第一十五日七脚为时,四脚半非时,从八月十六日至

---

① [东晋]佛陀跋陀罗,法显译:《摩诃僧祇律》,卷17,《大正藏》,第22册,第359页。

② 其中《大正藏》和《中华藏》都分别收录了两个版本的《时经》,《大正藏》两个版本共用一个编号,今以794A和794B加以区别;《中华藏》分别编号为H0925和H0926。《大正藏》794A和《中华藏》H0925以《高丽藏》版《时经》(编号为K0857)为底本,但该版本被认为讹误较多,与其他诸本难以参校,故《大正藏》和《中华藏》以清《乾隆藏》为底本,参校《房山云居寺石经》、宋《资福藏》等诸本,给出了《时经》别本794B和H0926。作者经过比对,就数据部分而言,794A与794B或者H0925与H0926之间的差异不是很大,但794B和H0926有四个数据给出得比794A和H0925完整。故本章以794B和H0926为基础。

三十日。第二十五日,八脚为时,六脚八指非时,从九月一日至十五日。第三十五日,九脚为时,七脚六指非时,从九月十六日至三十日。第四十五日,十脚为时,八脚三指非时,从十月一日至十五日。第五十五日,十一脚为时,九脚四指非时①,从十月十六日至三十日。第六十五日,十二脚为时,十一脚六指非时,从十一月一日至十五日。第七十五日,十一脚半为时,十脚三指非时②,从十一月十六日至三十日。第八十五日,十一脚为时,九脚四指非时,从十二月一日至十五日。

"春初分,第一十五日,十脚为时,八脚少三指非时③,从十二月十六日至三十日。第二十五日,九脚半为时,七脚少三指非时,从正月一日至十五日。第三十五日,九脚为时,六脚少三指非时,从正月十六日至三十日。第四十五日,八脚为时,五脚少三指非时④,从二月一日至十五日。第五十五日,七脚为时,三脚少三指非时,从二月十六日至三十日。第六十五日,六脚为时,三脚少四指非时,从三月一日至十五日。第七十五日,五脚为时,三脚少三指非时,从三月十六日至三十日。第八十五日,四脚为时,二脚少一指非时,从四月一日至十五日。

"夏初分,第一十五日,三脚为时,二脚少四指非时,从四月十六日至三十日。第二十五日,二脚为时,一脚少五指非时⑤,从五月一日至十五日。第三十五日,二脚半为时,一脚少三指非时,从五月十六日至三十日。第四十五日,三脚半为时⑥,二脚少二指非时,从六月一日至十五日。第五十五日,四脚半为时,二脚半非时,

---

① 794A、H0925 和《高丽藏》为"九脚三指非时",《房山云居寺石经》为"九脚非时"。
② 794A、H0925 和《高丽藏》为"十脚一指非时"。
③ 794A、H0925 和《高丽藏》为"八脚少一指非时",《房山云居寺石经》为"八脚三指非时"。
④ 794A、H0925 和《高丽藏》为"五脚非时"。
⑤ 794A、H0925 和《高丽藏》为"少三指非时"。
⑥ 794A、H0925 和《高丽藏》为"四脚为时"。

从六月十六日至三十日。第六十五日,五脚为时,三脚非时①,从七月一日至十五日。第七十五日,五脚半为时,三脚半非时②,从七月十六日至三十日。第八十五日,六脚为时,四脚半非时③,从八月一日至十五日。

"如是诸比丘,我已说十二月时非时。为诸声闻之所应行,怜愍利益故说。我所应作已竟,汝等当行。若树下空处,露坐思惟,诸比丘莫为放逸,后致悔恨。是我所教戒。"佛说经竟,时诸比丘皆大欢喜,劝助受持。

经文正文到此结束,结尾处又附了偈语一首:"因缘轻慢故,命终堕地狱。因缘修善者,于此生天上。缘斯修善业,离恶得解脱。不善欲因缘,身坏入恶道。"并落款"天竺三藏法师若罗严,手执梵本,口自宣译。凉州道人,于阗城中写讫。"最后再附偈一首:"披褐怀玉,深智作愚,外如夷人,内怀明珠,千亿万劫,与道同躯。"④

从上述经文中,我们可以得知如下与本章有关的四点:

一、《时经》是由一位来自印度的佛教僧人若罗严和一名凉州佛教徒在于阗城中合作从梵文译成汉文,前者口授,后者笔录。这种佛经的汉译方式在佛教传入中土的初期是很常见的。有关若罗严事迹的记载很少,据《高丽大藏经·著译者索引》,若罗严西晋(265—316)期间在华活动。

二、《时经》把一年分成冬、春、夏三季,每季分成八个 15 日。这是具有鲜明印度特色的做法。印度古代一年有三季和六季两种划分。三季的划分又见于《大比丘三千威仪》卷下:"从八月十六日至腊月十五日为一时,百二十日属冬;以腊月十六日至四月十五日为一时,百二十日属春;从四月十六日至八月十五日为一时,百二十日属夏。"⑤半月即 15

---

① ②　794A、H0925 和《高丽藏》为"三脚少非时"。

③　794A、H0925 和《高丽藏》为"四脚少非时",《房山云居寺石经》为"四脚非时"。

④　[西晋]若罗严译:《佛说时非时经》,见:《中华大藏经》编辑局:《中华大藏经》,第 36 册,北京:中华书局,1989 年,第 367—369 页。

⑤　[后汉]安世高译:《大比丘三千威仪》,卷下,见:高楠顺次郎等:《大正新修大藏经》,第 24 册,东京:大正一切经刊行会,1934 年,第 925 页。

日也是印度古代天文历法中常用的天文周期,如古代印度把一个朔望月分成两半,新月到满月叫白月,满月到晦叫黑月。

三、《时经》每15日给出两组数据,一组对应"时",一组对应"非时"。数据的单位是"脚",次级单位是"指"。参考其他佛经中类似的数据资料,不难断定这些数据是关于太阳所投表影长度的周年变化的。如《大方等大集经》卷42载:"八月……夜十五时,昼十五时,日午之影长六脚迹。……九月……昼十四时,夜十六时,日午之影长八脚迹。……十月……昼十三时,夜十七时,日午之影长十脚迹。……十一月……昼十二时,夜十八时,日午之影十二脚迹。……十二月……昼行十三时,夜行十七时,日转近北,日午之影十二脚迹。①……正月……昼行十四时,夜行十六时,日转近北,日午之影长八脚迹。……二月……昼行十五时,夜行十五时,日近北行,日午之影长六脚迹。……三月……昼行十六时,夜行十四时,日行近北,日午之影长四脚迹。……四月……昼行十七时,夜行十三时,日近北行,日午之影长两脚迹。……五月……昼行十八时,夜行十二时,日极行北,日午之影长半脚迹。……六月……昼行十七时,夜行十三时强,日近南行,日午之影长二脚迹。……七月……昼行十六时,夜行十四时,日转近南,日午之影长四脚迹。"②《大集经》中明确表明这些数据是正午的表影长度,所用的单位也是"脚迹",其中正午影长的周年变化与昼夜长短的周年变化完全吻合。

比较《时经》和《大集经》中的影长变化还可以看出,五月份影长都达到最短,为夏至所在之月;十一月份都达到最长,为冬至所在之月。据此不难推断《时经》影长资料中二月一日开始的白半月为春分所在位置。春分处在二月的白半月,关于这点其他来自印度的天文资料可作为旁证,如《宿曜经》卷上:"上古白博叉,二月春分朔,于时曜躔娄宿,道齐景正,日中气和,庶物渐荣,一切增长,梵天欢喜,命为岁元。"③又如

---

① 从影长变化规律来看,此处似应作10脚迹。
② [隋]那连提耶舍译:《大方等大集经》,卷42,《大正藏》,第13册,第280—282页。
③ [唐]不空译:《文殊师利菩萨及诸仙所说吉凶时日善恶宿曜经》,卷上,《大正藏》,第21册,第388页。

比《宿曜经》稍早由瞿昙悉达译出的《九执历》所载："九执历法，梵天所造，五通仙人承习传授，肇自上古白博叉二月春分朔，于时曜躔娄宿，道历景止，日中气和，庶物渐荣，一切增长，动植欢喜，神祇交泰，椁兹令节，命为岁元。"①

四、《时经》把一年当作只有 360 日。其实从多种汉译佛经中可以看到印度古代有以 30 日为一月、12 个月为一年的规定。《大比丘三千威仪》中有"百二十日属冬""百二十日属春""百二十日属夏"的说法，也以 360 日为一年。又《摩登伽经》卷下载："三十昼夜名为一月，此十二月名为一岁也。"②《舍头谏太子二十八宿经》载："三十时名曰须臾，三十须臾为昼夜，三十日为一月，计十二月为一年。"③在这两种佛经中所叙述的也是同样的规定。《大智度论》卷四十八"释四念处品第十九"载："有四种月：一者日月，二者世间月，三者月月，四者星宿月。日月者，三十日半；世间月者，三十日；月月者，二十九日，加六十二分之三十；星宿月者，二十七日，加六十七分之二十一。"④这里所谓的"世间月"正好等于《时经》的两个半月之和，现在也叫民用月。30 民用日为一民用月；12 个民用月为一理想年（ideal year）。这种理想年的概念在古代巴比伦和印度都曾出现过。⑤

经过以上四点的初步分析，可基本断定：(1)《时经》中的这份数据资料中包含着丰富的具有印度渊源的天文和历法知识；(2)这份数据表记录的是关于表影长度周年变化的资料。然而，与其他佛经资料中给出影长周年变化数据往往只有一套所不同的是，《时经》却按照"时"和"非时"给出了两套日影长度值。

关于"时"与"非时"这两个概念，在佛经中虽然偶有其他含义，但是绝大多数情况下是与"时食"和"非时食"联系在一起的。我们知道，对

① ［唐］瞿昙悉达译：《开元占经·九执历》，卷 104，中国书店，1989 年。
② ［吴］竺律炎，支谦译：《摩登伽经》，卷下，《大正藏》，第 21 册，第 409 页。
③ ［西晋］竺法护译：《舍头谏太子二十八宿经》，卷下，《大正藏》，第 21 册，第 416 页。
④ ［后秦］鸠摩罗什译：《大智度论》，卷 48，《大正藏》，第 25 册，第 409 页。
⑤ David Pingree, History of Mathematical Astronomy in India, in Gillispie C. Ed.: *Dictionary of Scientific Biography XVI*. New York: Charles Scribners Sons, 1981. 535.

一根规定高度的表,一天中正午的影长最短。《时经》中"时"的影长一律长于对应日子的"非时"的影长,说明"时"所指的时刻还不到正午,应是规定的进食时间;"非时"对应的时刻则显然是上午和下午的分界处,也就是正午时刻。

上文提到佛祖教给僧众的"取时"方法中有"作脚影"一法。这"脚影"一词正好与《时经》中的影长单位"脚"和《大集经》中的影长单位"脚迹"相互印证。《时经》中的描述,俨然是在为《摩诃僧祇律》中"若作脚影"一语作脚注。结合《时经》开头的情节描述,我们可以这样推测:佛祖事先获得了一年中二十四个半月的正午影长,然后告诉僧众。僧众只要在对应的半月里观察日影的长度,如果日影达到所在半月"时"对应的长度,就可以进食了,若稍稍超过了"非时"对应的长度,这一天就不能再进食了。

至此,我们明白了一份日影长度数据表何以会被当作一部佛经郑重其事地收入大藏经,因为这部《时非时经》提供了如何断定正午时刻的"技术参数",佛徒要根据这一本"技术手册"来确定进食的时间,做到"时食"而不"非时食"。

7.3 影长数据处理:"时"与"非时"的进一步解读

一份完整的影长资料本来应该包含两个重要的参数:测量影长的表高值 H 和测量地的纬度 φ,但是这两个参数《时经》都没有提供。不过利用一定的球面天文知识和必要的数学手段,不难把这两个参数解算出来。

先对《时经》中的数据资料稍作整理,可以得到表 7.1。其中"时"列指"时"所对应的影长数值;"非时"列指"非时"所对应的影长数值,根据上一节的分析,也就是正午时刻的影长。影长单位是"脚"。[1]

---

[1] 《时经》没有给出 1 脚等于多少指,但从经文中各数据可以推断 1 脚等于 10 指。

表 7.1 《时非时经》中的影长资料

序号	日 期	时	非时	序号	日 期	时	非时
1	2.1—2.15	8.0	4.7	13	8.1—8.15	6.0	4.5
2	2.16—2.30	7.0	3.7①	14	8.16—8.30	7.0	5.5②
3	3.1—3.15	6.0	2.6	15	9.1—9.15	8.0	6.8
4	3.16—3.30	5.0	2.4③	16	9.16—9.30	9.0	7.6
5	4.1—4.15	4.0	1.9	17	10.1—10.15	10.0	8.3
6	4.16—4.30	3.0	1.6	18	10.16—10.30	11.0	9.4
7	5.1—5.15	2.0	0.5	19	11.1—11.15	12.0	10.6④
8	5.16—5.30	2.5	1.5⑤	20	11.16—11.30	11.5	10.3
9	6.1—6.15	3.5	1.8	21	12.1—12.15	11.0	9.4
10	6.16—6.30	4.5	2.5	22	12.16—12.30	10.0	7.7
11	7.1—7.15	5.0	3.0	23	1.1—1.15	9.5	6.7
12	7.16—7.30	5.5	3.5	24	1.16—1.30	9.0	5.7

设太阳在正午时刻处于某地(地理纬度为 φ)的子午线上,高为 H 的表所投的日影长度为 L,太阳过当地子午圈时的赤纬为 δ,λ 为对应的黄经,ε 为黄赤交角⑥,根据球面天文知识不难得到:

$$(7.1) \qquad L_i = H \cdot \mathrm{tg}(\varphi - \delta_i)$$

$$(7.2) \qquad \sin \delta_i = \sin \varepsilon \cdot \sin \lambda_i$$

(7.1)式中表高 H 和地理纬度 φ 是未知数,影长 L 由表 1"非时"列提供,下标 i 从 1 变化到 24,对应于表 1 中的序号;太阳黄经 λ 则相应

---

① 794B、H0926 为"三脚少三指非时",从 794B 校注、794A、《高丽藏》和《房山云居寺石经》改为"四脚少三指非时"。

② 794B、H0926 为"四脚半非时",从 794A、H0925 和《高丽藏》改为"五脚半非时"。

③ 794B、H0926 作"三脚少三指非时",疑有误。按照影长变化的规律,此处影长应递减,据 794A、H0925 和《高丽藏》改为"三脚少六指非时"。

④ 794B、H0926 为"十一脚六指非时",从 794A、H0925 和《高丽藏》改为"十脚六指非时"。

⑤ 794A、H0925 和《高丽藏》为"一脚少非时",从 794B 校注改为"一脚半非时"。

⑥ 黄赤交角不是一个常数,由公式 $\varepsilon = 84\,381.448 - 46.815\,0T - 0.000\,59T^2 + 0.001\,813T^3$ 决定,单位为角秒,其中 T 为距离历元 2 000.0 年的世纪数,历元以后为正,历元以前为负。佛灭年代有各种异说,如取前 486 年说,则前 500 年佛在世时黄赤交角为 $23°46'20''$;从下文可知,非时的影长数据极可能是佛灭后若干年的实测结果,笔者取公元元年的黄赤交角值 $23°41'58''$,应不至于有太大误差。

地从 0°开始每隔 15°变化到 360°,并依次由(7.2)式给出 24 个赤纬值 δ。①(7.1)式所表示的是一个典型的测量数据处理问题,通过用最小二乘曲线拟合来求解 H 和 φ,②最后得到:

$$(7.3) \qquad \varphi = 36.2° \pm 2.42° \qquad H = 5.99 \text{ 脚} \pm 0.57 \text{ 脚}$$

为了检验上述求解所得结果的可靠性,可以反过来把(7.3)式给出的表高和地理纬度值代入(1)式,求出影长(L)的周年变化曲线如下图 7.1。图 7.1 中的横坐标是太阳黄经值,纵坐标是影长。图 7.1 中的实线是北纬 36.2°处高为 5.99 脚的表所投射的正午影长周年变化曲线,其中连接叉点的短划线是表 7.1 中"非时"时刻实测影长的周年变化曲线。可见两者的吻合程度是相当好的,说明前述的求解结果是可靠的。图 7.1 另附了同一地理纬度处假设表高为 6.99 脚的理论曲线(点线)和 4.99 脚表高的理论曲线(点划线)以供比较。

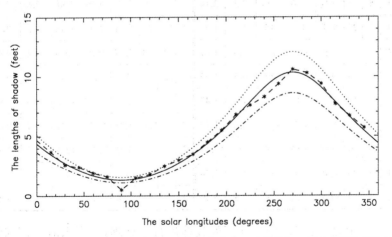

图 7.1　北纬 36°附近三种不用表高的影长周年变化理论曲线与《时经》实测值的比较

---

①　严格来讲,一回归年中每日正午的影长都是不同的,所以笔者从 24 个赤纬值求得的 24 个影长值只代表 24 个定气日的正午影长。然而《时经》每 15 日只使用一个影长值,这一方面显然是出于方便的考虑——便于《时经》的规定被执行,但另一方面在精度上就有所欠缺,还使得本文在计算时不得不假定每个影长值对应的日期为各个 15 日的第一天,实际上也就是定气日。

②　笔者的计算方法所依据的理论参阅丁月蓉编著的《天文数据处理方法》(南京大学出版社,1998)第二章"误差概论和最小二乘法",限于篇幅,此处略去具体计算过程。

下表 7.2 中又给出了根据(3)式的结果计算所得的正午影长理论值(Lc 列,单位为脚),以供与《时经》的实测值(Lo 列)相比较。表 7.2 还列出了从公元元年春分开始的 24 个定气公历日期,以供与《时经》给出的"影长日期"作比较。可以发现,影长的实测值与理论值之间虽然有一定的误差,但是还是匹配得比较好的。这一点保证了在所求得的地理纬度上,佛徒们根据《时经》提供的这一份影长表能够很好地避免"非时食"。

表 7.2 《时经》影长实测值及对应日期与理论值的比较

年	月	日	定气	影长日期	Lo	Lc	年	月	日	定气	影长日期	Lo	Lc
1	3	23	春分	2.1—2.15	4.7	4.38	1	9	25	秋分	8.1—8.15	4.5	4.38
1	4	7	清明	2.16—2.30	3.7	3.49	1	10	10	寒露	8.16—8.30	5.5	5.43
1	4	23	谷雨	3.1—3.15	2.6	2.74	1	10	25	霜降	9.1—9.15	6.8	6.60
1	5	8	立夏	3.16—3.30	2.4	2.14	1	11	9	立冬	9.16—9.30	7.6	7.87
1	5	24	小满	4.1—4.15	1.9	1.70	1	11	23	小雪	10.1—10.15	8.3	9.07
1	6	9	芒种	4.16—4.30	1.6	1.42	1	12	8	大雪	10.16—10.30	9.4	9.99
1	6	24	夏至	5.1—5.15	0.5	1.33	1	12	23	冬至	11.1—11.15	10.6	10.33
1	7	10	小暑	5.16—5.30	1.3	1.42	2	1	6	小寒	11.16—11.30	10.3	9.99
1	7	26	大暑	6.1—6.15	1.8	1.70	2	1	21	大寒	12.1—12.15	9.4	9.07
1	8	10	立秋	6.16—6.30	2.5	2.14	2	2	5	立春	12.16—12.30	7.7	7.87
1	8	26	处暑	7.1—7.15	3.0	2.74	2	2	20	雨水	1.1—1.15	6.7	6.60
1	9	10	白露	7.16—7.30	3.5	3.49	2	3	7	惊蛰	1.16—1.30	5.7	5.43

以上是对表 7.1 中"非时"列数据进行了处理,接下来对"时"列的数据进行分析。按照佛教戒律,僧侣必须在天明后、正午前的某个时刻进食。《时经》给出了一年中不同季节里"时食"对应的日影长度,此时太阳位于当地子午线以东的某处,它的地平高度 τ 不难根据"时"的影长和表高由(7.1)式求得,它偏离子午线的角度即时角 t 不难根据以下球面天文公式求得:

$$（7.4）\qquad \cos t = \frac{\cos\tau - \sin\varphi \cdot \sin\delta}{\cos\varphi \cdot \cos\delta}$$

（7.4）式中 φ 是地理纬度，δ 是太阳赤纬，由（7.2）式求出。（7.4）式求得的是角度，但可以很容易地转化成小时和分钟，即距离正午的时间间隔。

如下表 7.3 中所示，即使在同一地理纬度，如 36°，按照《时经》的"时食"影长算出的"时食"时刻距离正午的间隔也会随季节发生变化。这一点可作如下解释：从表 1 中可以知道，"时食"对应的影长数值大多是整数，只有少数几个有半脚的值，它们显示出一种线性变化的趋势。这显然不是一组全部靠实测获得的值，而是有人为规定的成分。从图 7.1 可知，白天某一固定时刻譬如正午的表影长度的周年变化是不均匀的。所以一旦影长变化规定为均匀的，"时食"时刻在午前的位置就不会固定。

表 7.3　不同地理纬度上《时经》"时食"时刻离开正午的时间

节气	25°		30°		36°		节气	25°		30°		36°	
春分	3^h	14^m	3^h	4^m	2^h	48^m	秋分	2^h	35^m	2^h	21^m	1^h	56^m
清明	3^h	10^m	3^h	4^m	2^h	51^m	寒露	2^h	38^m	2^h	21^m	1^h	51^m
谷雨	3^h	2^m	2^h	57^m	2^h	48^m	霜降	2^h	38^m	2^h	17^m	1^h	40^m
立夏	2^h	47^m	2^h	44^m	2^h	37^m	立冬	2^h	36^m	2^h	12^m	1^h	26^m
小满	2^h	25^m	2^h	23^m	2^h	16^m	小雪	2^h	35^m	2^h	8^m	1^h	14^m
芒种	1^h	56^m	1^h	54^m	1^h	46^m	大雪	2^h	38^m	2^h	10^m	1^h	14^m
夏至	1^h	20^m	1^h	17^m	1^h	3^m	冬至	2^h	48^m	2^h	21^m	1^h	31^m
小暑	1^h	38^m	1^h	36^m	1^h	25^m	小寒	2^h	45^m	2^h	18^m	1^h	28^m
大暑	2^h	10^m	2^h	7^m	1^h	58^m	大寒	2^h	50^m	2^h	26^m	1^h	43^m
立秋	2^h	34^m	2^h	30^m	2^h	21^m	立春	2^h	52^m	2^h	31^m	1^h	54^m
处暑	2^h	38^m	2^h	32^m	2^h	19^m	雨水	3^h	3^m	2^h	46^m	2^h	18^m
白露	2^h	39^m	2^h	29^m	2^h	11^m	惊蛰	3^h	13^m	3^h	1^m	2^h	40^m

表 7.3 还给出了按照《时经》所给出的"时食"影长所指示的"时食"

时刻随地理纬度而变化的情况。平均起来,北纬 36°处,"时食"时刻在午前 2 小时左右;到北纬 30°处"时食"在午前 2 小时 24 分左右;到北纬 25°处,"时食"在午前 2 小时 37 分左右。表 7.3 的结果所揭示的《时经》中"时食"的规定与《大方广佛华严经》卷十一中的一条记载也可相互佐证:

> 仁者当知,居俗日夜,分为八时,于昼与夕,各四时。……我王精勤,不著睡眠。于夜四时,二时安静。第三时起,正定其心,受用法乐。第四时中,外思庶类,不想贪嗔。自昼初时,先嚼杨枝,乃至祠祭,凡有十位。……日初出时,先召良医,……次召历算,……次第二时,进御王膳。奏妙音乐,种种欢娱,以悦王意。于第三时,沐浴游宴,……尽第四时,于王正殿,敷置众宝,庄严论座,……①

这里给出了一份佛国君王的作息时间表,在印度古代民用的昼夜八"时"划分中,晨后午前有两"时",王进御膳的时间正是在午前一"时",大约在午前 2 个多小时,符合"时食"的规定。

7.4　影长数据揭示的文化交流意义

按照《时非时经》一开头的描述,该经是佛祖释迦牟尼住在王舍城②迦兰陀竹林园精舍传道时向僧众宣讲的,因此其中的影长数据照理应该适用于王舍城所在的地理纬度。王舍城是古印度摩揭陀国都城,在今印度比哈尔(Bihar)邦恒河以南,处于北纬 25°左右。但根据本章第三节的计算,《时非时经》中影长数据的适用地点在北纬 36°左右。地理纬度差 11°是一个不容忽视的偏差,为了直观地表示《时非时经》的影长资料不适合北纬 25°处的实际情况,图 7.2 中绘制了北纬 25°处三种表高的正午影长周年变化曲线。其中点划线、短划线和点线分别是表高 4.99 脚、5.99 脚和 6.99 脚的影长变化曲线,实折线是《时非时

---

①　[唐]般若译:《大方广佛华严经》,卷 11,《大正藏》,第 10 册,第 714 页。

②　王舍城,梵语作 Rajagrha,意为国王的住所,为古印度佛教圣地之一,释迦牟尼早期的传教中心。音译为罗阅揭梨醯、罗阅祇、罗阅等,玄奘《大唐西域记》译作曷罗阇姞利呬城。

经》"非时"数据表示的影长变化。我们看到,不管怎样调节表高,北纬25°处的影长周年变化曲线与《时非时经》中的数据都无法吻合。

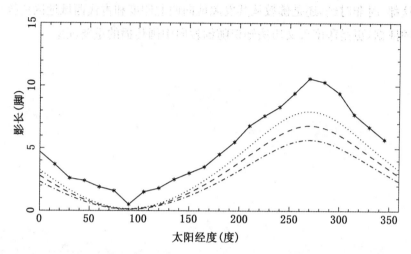

图 7.2 北纬 25°处三种表高的正午影长周年变化曲线及其与《时经》实测值的比较

因此,笔者推断:《时非时经》中的"非时"影长数据并不在王舍城测得,即这份《佛说时非时经》中的"非时"影长数据并不出自佛祖之口。这些数据适用的地理纬度为 36.2°±2.42°,属于现在的阿富汗东部、巴基斯坦西北部和巴控克什米尔一带,这一带在古代属于中国史书中的罽宾国的范围,是古代印度佛教文化曾经繁荣的地区,也是佛教从陆路向中国传播的始发之地。《时经》的翻译地于阗也在所求得的纬度带上。

然而,整部《时非时经》不大可能都是后代佛徒假托佛祖而作。如前节所述,《时非时经》中的"时食"影长数据明显出于人为的规定,而这样的规定由佛祖亲自作出是很自然的。按照前文所引《弥沙塞部和醯五分律》卷八中的记载,当时佛祖确实有必要作出这样的规定。但是,随着佛教北传,印度西北地区如罽宾等国的信徒,不得不根据当地对正午影长的实测值来对《时非时经》中的"非时"影长数据进行修改,同时"时食"的数据仍旧保持原样。所以《时非时经》中的"时"和"非时"两套数据反映了佛教从其发源地向西北和古代西域传播并在该地域停留的情形。

总而言之，《时非时经》提供的两套影长数据，为北纬 36°附近的佛徒们做到"时食"并避免"非时食"提供了相当可靠的技术保障。同时，这部《时非时经》还是佛教从其发源地向西北印度和古代西域地区传播的证据，更是印度天文历法知识随佛教向中国传播的重要证据。

8. 佛藏中的外来星命学

——以《宿曜经》为中心

　　《宿曜经》全称《文殊师利菩萨及诸仙所说吉凶时日善恶宿曜经》,由"开元三大士"之一的不空于乾元二年(759 年)译出,中文助手是端州司马史瑶,后由杨景风于广德二年(764 年)再次修注。《宿曜经》几乎是所有汉译佛经中包罗星占术内容最为丰富、类型最为全面的一部,经《宿曜经》之翻译,印度——或者更确切地说——西方星占学知识体系被系统地介绍和引进到了中国,并进一步流传到日本。不空弟子"六哲"之一惠果传法于日本入唐求法僧人空海,空海归国后创真言宗,史称"东密"。《宿曜经》于此时传入日本,成为日本星占学的奠基之作,日本星占学中最重要的一支便称为"宿曜道"。可见,《宿曜经》作为了解密教天文学和星占学的传播和影响的重要文本,具有非常重要的学术价值。

8.1 《宿曜经》的版本流传和文本结构

　　在《大正藏》目录部中可见到有多种目录均收录有《宿曜经》,今将这些信息整理成表 8.1。

表 8.1 　《大正藏》目录部收录《宿曜经》之目录名称和其他信息

大正藏编号	目录名称	目录作者及落款信息	收录《宿曜经》之题名和其他信息
2156	大唐贞元续开元释教录卷上	甲戌岁西明寺翻经临坛沙门圆照集	文殊师利菩萨及诸仙所说吉凶时日善恶宿曜经二卷(上卷前译,下卷后译,有序,共四十纸)
2156	大唐贞元续开元释教录卷下(入藏录)	同上	文殊师利菩萨及诸仙所说吉凶时日善恶宿曜经二卷,四十纸

大正藏编号	目录名称	目录作者及落款信息	收录《宿曜经》之题名和其他信息
2157	贞元新定释教目录卷第一	西京西明寺沙门圆照撰	文殊师利菩萨及诸仙所说吉凶时日善恶宿曜经二卷
2157	贞元新定释教目录卷第十五	同上	文殊师利菩萨及诸仙所说吉凶时日善恶宿曜经二卷（下卷有序）
2157	贞元新定释教目录卷第二十一（别录之二）	同上	文殊师利菩萨及诸仙所说吉凶时日善恶宿曜经二卷（下卷有序），大兴善寺三藏沙门大广智不空奉诏译
2157	贞元新定释教目录卷第二十七（别录之八）	同上	文殊师利菩萨及诸仙所说吉凶时日善恶宿曜经二卷（下卷有序），大唐三藏大广智不空译
2157	贞元新定释教目录卷第二十九（入藏录上）	同上	文殊师利菩萨及诸仙所说吉凶时日善恶宿曜经二卷（下卷有序，贞元新入目录，大兴善寺三藏沙门大广智不空奉诏译）
2158	大唐保大乙巳岁续贞元释教录一卷	西都右街报恩禅院取经禅大德恒安集	文殊师利菩萨及诸仙所说吉凶时日善恶宿曜经二卷，四十二纸
2161	御请来目录	大同元年十月二十二日入唐学法沙门空海上	文殊师利菩萨及诸仙所说吉凶时日善恶宿曜经二卷（四十纸）
2171	青龙寺求法目录	日本国上都延历寺僧圆珍求法目录（伍纸）	文殊师利宿曜经二卷（并不空译）
2172	（外题）日本比丘圆珍入唐求法目录	天台山国清寺日本国上都比叡山延历寺僧圆珍入唐求法目录	文殊师利宿曜经二卷
2173	智证大师请来目录	大唐国浙江东道台州唐兴县天台山国清寺日本国上都比叡山延历寺比丘圆珍入唐求法总目录	文殊师利宿曜经二卷（不空）
2176	诸阿阇梨真言密教部类总录卷下	天台沙门安然集	文殊师利菩萨及诸仙所说吉凶时日善恶宿曜经二卷（不空译，贞元新入目录，圆觉） 文殊师利宿曜经二卷（不空仁珍私云实是前本但文少异） 新撰宿曜经七卷（加年记一卷，安碣述）

上表中日本僧人空海、圆珍和智证所撰写的几种"请来目录"或"求法目录"中都有《宿曜经》。《宿曜经》在日本一直有抄写流传，现今学界

普遍使用的也是存于《大正藏》卷 21 中的第 1299 号经版本。《大正藏》编纂者实际上以《高丽藏》中的《宿曜经》(K1367)为底本而编成。不过矢野道雄认为,《高丽藏》版本并不是现存最优版本,他在文章中提到至少有两种更古的《宿曜经》版本藏于日本,年代分别可追溯至公元 1160 年和 1121 年,内容均比 1299 号经更加清晰。①但两者目前尚且没有公开出版。

《宿曜经》是最为重要的一部汉译星占佛经,因此有必要首先对其文本结构做一简单梳理。②《大正藏》中的《宿曜经》分卷上和卷下两卷。矢野道雄通过分析两种更古版本,认为所谓"上卷"其实是杨景风对史瑶译本的加注本,而"下卷"则是史瑶协助不空译出的版本。③只是由于时间久远,两种版本又均没有被舍弃,才逐渐被误认为是一部经文的上卷和下卷。《宿曜经》卷上和卷下共分八品,其中卷上还有完整的六品和第七品开头部分,卷下包含第七品剩余部分和第八品。卷上经名之下是落款和一段题注:

> 开府仪同三司特进试鸿胪卿肃国公食邑三千户赐紫赠司空谥大监正号大广智大兴善寺三藏沙门不空奉诏译。弟子上都草泽杨景风修注。和上以乾元二年翻出此本。端州司马史瑶执受纂集,不能品序,使文义烦猥。恐学者难用,于是草泽弟子杨景风,亲承和上指挥,更为修注。笔削以了,缮写奉行。凡是门人,各持一本。于时岁次玄枵,大唐广德之二年也。

这段题注交代了杨景风参与修注《宿曜经》的缘由。接下来就是正文

---

① M. Yano, "The Hsiu-Yao Ching and Its Sanskrit Sources", *History of Oriental Astronomy*. Proceedings of an International Astronomical Union Colloquium, No. 91, New Delhi, India, November 13—16, 1985. Editors, G. Swarup, A.K. Bag, K.S. Shukla; Publisher, Cambridge University Press, Cambridge, England, New York, 1987. pp.125—134.

② 2004 年 12 月 8—11 日,在江苏昆山召开的"纪念天文学家朱文鑫诞辰 120 周年中国天文学术研讨会"上,李迪先生发表会议报告《〈宿曜经〉与印度二十七宿初探》,可惜该报告未能正式发表。李先生的这篇报告可能是国内首篇专门针对《宿曜经》的论文。善波周《宿曜经の研究》,(《佛教大学大学院研究纪要》,京都:佛教大学学会,1968 年,第 29—52 页)则是日本学者最早专门性的研究《宿曜经》的论文。

③ 李辉依据《宿曜经》的《大正藏》版本本身,提出过同样的观点,可参看李辉:《〈宿曜经〉汉译版本之汉化痕迹考证》,《上海交通大学学报(哲学社会科学版)》2007 年第 4 期。

"宿曜历经序分定宿直品第一"。为了对《宿曜经》的文本结构和主要内容分布有一个清晰了解,以下以列表的方式加以说明。

表8.2 宿曜经文本结构、主要内容和卷上、卷下的重复对应关系

卷	品　序	讲述内容	卷上、卷下重复对应
文殊师利菩萨及诸仙所说吉凶时日善恶宿曜经卷上	宿曜历经序分定宿直品第一	总论宫、宿、日月五星	
		十二宫与二十七宿之间的搭配	对应卷下"白黑月所宜吉凶历"中"二十七宿十二宫图"一段
		交代天竺月建和大唐月建的关系	对应卷下"白黑月所宜吉凶历"后半"西国皆以十五日望宿"句后
		宿的三种合法	
	宿曜历经日宿所生品第二	每宿直日时的"宜"与"不宜",以及每宿直日时所生人的性情命运	对应卷下二十七宿所为吉凶历
	宿曜文殊历序三九秘宿品第三	讨论依据人出生日所定义的人之三九宿命	对应卷下三必秘要法
	宿曜历经序七曜直日品第四	七曜日的"宜"与"不宜",以及每宿直日时所生人的性情命运	对应卷下:宿曜历经七曜直日历品第八
	宿曜历经秘密杂占品第五	把"宿直"占和"曜直"占结合起来的一个局部总结	
	宿曜历经序黑白月分品第六	简单介绍印度黑月、白月制度	对应卷下开头至择日、择时
	宿曜历经序日名善恶品第七卷上部分	以白黑月的时间周期来定义诸日善恶的占法	对应卷下白黑月所宜吉凶历
文殊师利菩萨及诸仙所说吉凶时日善恶宿曜经卷下	宿曜历经序日名善恶品第七卷下开头至择日、择时	简单介绍印度黑月、白月制度	对应卷上宿曜历经序黑白月分品第六
	宿曜历经序日名善恶品第七卷下·白黑月所宜吉凶历	以白黑月的时间周期来定义诸日善恶的占法	对应宿曜历经日名善恶品第七卷上部分
	宿曜历经序日名善恶品第七卷下·二十七宿十二宫图	二十七宿与十二宫相配	对应卷上宿曜历经序分定宿直品第一二十七宿十二宫相配部分
	宿曜历经序日名善恶品第七卷下·西国月名月建	介绍印度月的命名法	对应卷上宿曜历经序分定宿直品第一"上古白博叉二月春分朔"句后

续表

卷	品　　序	讲述内容	卷上、卷下重复对应
文殊师利菩萨及诸仙所说吉凶时日善恶宿曜经卷下	宿曜历经序日名善恶品第七卷下·二十七宿所为吉凶历	每宿直日时的"宜"与"不宜"，以及每宿直日时所生人的性情命运	对应:宿曜历经序日宿直所生品第二
	宿曜历经序日名善恶品第七卷下·行动禁闭法	不同宫宿值日所不得行动的方向	
	宿曜历经序日名善恶品第七卷下·裁缝衣裳服着用宿法	各宿值日裁缝衣裳的宜忌	
	宿曜历经序日名善恶品第七卷下·三必秘要法	讨论依据人出生日所定义的人之三九宿命	对应卷上宿曜文殊历序三九秘宿品第三
	宿曜历经七曜直日历品第八	西域对七曜的称呼、七曜值日宜忌	对应卷上宿曜历经序七曜直日品第四
	宿曜历经七曜直日历品第八·七曜直日与二十七宿合吉凶日历	某曜与某宿合日的吉凶宜忌	
	宿曜历经七曜直日历品第八·释大白所在八方天上地下吉凶法	一月之中太白各日太白所在方位	

　　从上表可知,《宿曜经》卷上基本上是对卷下内容重新排列品序的结果,杨景风在题注中说"端州司马史瑶执受纂集,不能品序,使文义烦猥",看来是确实如此。但有意思的是,史瑶纂集的译本也一直作为《宿曜经》下卷流传了下来。

　　由内容可知,《宿曜经》中的所有星占主要是围绕三种纪日体系——宿直、曜直、黑白月分——来展开的。也就是说,指定某一日,若知其宿直、曜直、黑白月分,那么它的吉凶状况根据《宿曜经》也就可以确定了。以下本章围绕这三个方面来展开论述。

8.2 《宿曜经》中的印度星宿体系

　　《宿曜经》中出现的二十七宿体系,主要在"分宿定直品"中。该品讲述二十七宿、十二宫之间的搭配关系,其中,二十七宿与十二宫结合成一体,十二宫的每一宫代表周天的十二分之一,二十七宿的每一宿则指周天的二十七分之一。即,各宿的大小是同一的。

在公元前5世纪晚期,随着波斯阿肯曼尼王朝对印度西北部分的统治,美索不达米亚很多天文学内容也随即传入了印度。虽然具体的年代不能确定,但从公元前400年到公元200年之间印度天文学被大规模地巴比伦化来看,"宫"的概念也当于此时进入了印度。[①]而印度本土的星宿体系在受到十二宫体系的冲击后,发生了一些改动,《宿曜经》中所反映的,应该就是这个大规模的交流之后的新的二十七宿体系。新概念的二十七宿体系从《宿曜经》的第一品"分宿定直品"中可以看到清楚的解释说明。

(1)关于首宿。《宿曜经》有云:"上古白博叉二月春分朔,于时曜躔娄宿,道齐景正,日中气和,庶物渐荣,一切增长,梵天欢喜,命为岁元。"从岁元之时的"曜躔娄宿"可以看出,月亮的起点站是在娄宿——已经不是前面《摩登伽经》/《舍头谏经》和《大集经》系统中的昂宿。

(2)关于宿之数目。《宿曜经》第一品中的第一段话云:

> 天地初建,寒暑之精化为日月,乌兔抗衡生成万物,分宿设宫管标群品。日理阳位,从星宿顺行,取张翼轸角亢氏房心尾箕斗牛女等一十三宿,迄至于虚宿之半,恰当子地之中。分为六宫也。

根据这一段所讲的天地日月生成后"分宿设宫"的具体情况。由日理一十三宿半迄至于虚宿之半且"恰当子地之中",[②]不难得出《宿曜经》中的宿总数为"一十三宿半"的两倍即二十七宿。

(3)每宿之宽度。为了与每一宫代表的30°(每宫代表周天度数

---

① 公元前5世纪巴比伦人已经开始使用十二宫体系,公元前3世纪埃及也使用了十二宫体系,十二宫体系的最后定型应在公元元年之后。鉴于史料的缺乏,以及因此而造成的难以断定谁先谁后,一些西方学者倾向于认为,黄道十二宫体系由古代巴比伦人、埃及人和亚述人三方共同创造而成。参见江晓原:《12宫与28宿——世界历史上的星占学》,沈阳:辽宁教育出版社,2005年,第25页。

② 不过需说明的是,"日理阳位"的"从星宿顺行,取张翼轸角亢氏房心尾箕斗牛女等一十三宿"——仔细数之,不难发现实际上是一十四宿。根据这段经文下面的经文,多出的一宿是"牛"宿,所以这一句应该是一处传抄的失误。

360°的十二分之一)搭配,《宿曜经》中的二十七宿统一了每宿的宽度,这一点从所给出的二十七宿与十二宫的搭配可以看出:

第一星四足,张四足,翼一足,大阳位焉。其神如狮子,故名狮子宫。

第二翼三足,轸四足,角二足,辰星位焉。其神如女,故名女宫。

第三角二足,亢四足,氐三足,太白位焉。其神如秤,故名秤宫。

第四氐一足,房四足,心四足,荧惑位焉。其神如蝎,故名蝎宫。

第五尾四足,箕四足,斗一足,岁星位焉。其神如弓,故名弓宫。

第六斗三足,女四足,虚二足,镇星位焉。其神如磨竭,故名磨竭宫。

右巳上六位总属太阳分。巳下六位总属太阴分:

第七虚二足,危四足,室三足,镇星位焉。其神如瓶,故名瓶宫。

第八室一足,壁四足,奎四足,岁星位焉。其神如鱼,故名鱼宫。

第九娄四足,胃四足,昴一足,荧惑位焉。其神如羊,故名羊宫。

第十昴三足,毕四足,觜二足,太白位焉。其神如牛,故名牛宫。

第十一觜二足,参四足,井三足,辰星位焉。其神如夫妻,故名淫宫。

第十二井一足,鬼四足,柳四足,太阴位焉。其神如蟹,故名蟹宫。

从上经文内容可看出,每一宿分成四"足",每一宫由九"足"组成。通过这个独特的单位"足",宿和宫之间实现了兑换。如上,狮子宫由星宿四足、张宿四足、翼宿一足共九足组成。女宫由翼宿三足、轸宿四足、角宿两足共九足组成。这样所有十二宫均由三宿九足组成。每宿的宽度均等于30°的九分之四,即13°20′。

　　这里的"足"的概念需要特别给予说明。"足"应是梵文 pada 的意译。pada 有"脚"的意思,也有"四分之一"的意思。每宿被分成四份,每一份很自然地被称为一个 pada。从别的汉译佛经来看,也有类似的划分。如在《难儞计湿嚩啰天说支轮经》(No.1312)中,就有类似《宿曜经》把二十七宿每宿分成四份并分配到十二宫的做法。虽然这部经把每一宿的四分之一翻译为"分",但显然"分"与"足"的意思是相同的。①

　　综上,《宿曜经》反映的是印度本土星宿体系在受到十二宫体系冲击之后所调整的起始宿、宿数以及宿宽的情况。具体为:起始宿变为十二宫起始宫所在的娄宿——而非前面几部经中一致采用的昴宿,宿数总和确定为二十七——而非二十八,各宿由不等的大小转变为统一的宽度——而非大小各个不同。

　　文殊师利菩萨对诸仙所讲的二十八宿基本参数,即各宿的星数、形貌、主天、姓氏及祭祀食物等五项,如下表格。

表8.3　《宿曜经》之二十七宿基本参数表

宿名	星数	形貌	主　天	姓　氏	主　食
昴宿	六	剃刀	火神	某尼裴苦	乳酪
毕宿	五	半车	钵阇钵底神	瞿昙	鹿肉
觜宿	三	鹿头	月神	婆罗堕阇	鹿肉
参宿	一	额上点	鲁达罗神	卢醯底耶	血
井宿	二	屋栿	日神	婆私瑟吒	苏饼
鬼宿	三	瓶	蘖利诃驭拨底神	谟阇耶那	蜜糗糖、稻谷华及乳粥

---

　　①　藏译的同样来自印度的《时轮历》中,也有与《宿曜经》几乎完全相同的宫、宿概念。在《时轮历》中,宿的下一级单位称为"弧刻"。两者之间的进位关系为:1 宿 = 60 弧刻。它里面的宫、宿、弧刻三者之间的关系为:1 周天 = 12 宫 = 27 宿×60 弧刻 = 1 620 弧刻。也就是说,1 宫 = 9/4 宿 = 135 弧刻。参见黄明信:《西藏的天文历算》,西宁:青海人民出版社,2002年,第77页。显然可看出,《时轮历》中的15"弧刻"即《宿曜经》中的1"足"。

续表

宿名	星数	形貌	主天	姓氏	主食
柳宿	六	蛇	神	曼陀罗耶	蟒蛇肉
七星	六	猛	薄伽神	瞿必毗耶那	卒日消
张宿	二	杵	婆薮神	瞿那律耶	乳粥
翼宿	二	跏趺	利耶摩	遏哩黎	栗苏
轸宿	五	手	毗婆怛利神	跋蹉耶那	乳粥
角宿	二	长幢	瑟室利神	僧伽罗耶那	
亢宿	一	火珠	风神	苏那	大麦饮、绿豆酥
氐宿	四	牛角	因伽陀罗只尼神	逻怛利	乌麻杂华
房宿	四	帐	布密多罗神	多罗毗耶	酒肉
心宿	三	阶	因陀罗神	僧讫利底耶那	粳米蔬乳
尾宿	二	狮子顶毛	你律神	迦底那	乳果花草
箕宿	四	牛步	水神	剌婆耶尼	瞿陀甜苦味
斗宿	四	象步	毗说神	毗耶罗那	蜜糠稻花
牛宿	三	牛头	风梵摩神	奢掔耶那	乳粥香花药
女宿	三	梨格	毗薮幻神	目揭连耶那	新生酥及乌肉
虚宿	四	诃梨勒	婆婆神	婆私迦耶	大豆喻沙
危宿	一	花穗	婆鲁掔神	丹荼耶	羝羊肉
室宿	二	车辕	阿醯多陀难神	阁耶尼	一切肉
壁宿	二	立竿	尼陀罗神	瞿摩多罗	大麦饭酥乳
奎宿	三十二	小艇	甫涉神	曼荼鼻耶	肉及饮糇
娄宿	三	马头	乾闼婆神	河说耶尼	乌麻杂菰
胃宿	三	三角	阁摩神	粟笈婆	乌麻、稻米、蜜肉

　　《宿曜经》中关于二十七宿的基本参数,少了宽度一项。其原因,正如上面已经解释了的,是因为《宿曜经》中的二十七宿,各宿被设定为同等宽度。①当然,在上面表格中,总宿数是二十八,即出现了牛宿。这一特殊宿可能只在文殊师利菩萨介绍各宿一般参数时出现,但不参与具

---

　　① 换言之,由于大小同一,这里的二十七宿已经成了类似于坐标单位的序号词。

体的星占事宜。《宿曜经》卷下提到："唐用二十八宿，西国除牛宿，以其天主事之故。"诸宿星数、形貌和主食反映了一种典型的域外风俗；而主天和姓氏则由于在中土文化中不容易找到对应物，所以随着译者的不同会出现较大的差异。

8.3 《宿曜经》中的宿占体系

《宿曜经》中各宿值日的占辞分为四个部分：宜、不宜、裁衣吉凶、命。如昴宿，《宿曜经》卷上"宿曜历经序日宿直所生品第二"载：

> 宜火作煎煮，计算畜生，合和酥药，作牛羊坊舍，种莳入宅，伐逆除暴，剃头并吉。
>
> 若用裁衣必被火烧。
>
> 此宿直生人，法合念善多男女，勤学问有容仪，性合悭涩足词辩。

而《宿曜经》卷下"二十七宿所为吉凶历"部分则说：

> 宜火则煎煮等事，检算畜生即畜生，融酥和合，作牛羊诸畜坊舍及牧放，入温室，种莳黄色赤色等物，入宅及名金作等吉，宜伐逆除怨作剃剪之具，卖物求长寿求吉胜事。
>
> 不宜修理鬓发及远行道路。宜庄饰冠带佩服金雕等宝物。

可以看出，卷上包括宜、裁衣、命，而卷下则包括宜、不宜。其他二十七宿在卷上和卷下的异同也大抵如此：有相同的内容，也有不同的，甚至相反的内容——如卷上说"剃头并吉"而卷下却说"不宜修理鬓发"。

在诸宿直日的星占情况说明中，已看不到牛宿。《宿曜经》中有杨景风的注解曰：

> 景风曰案，天竺以牛宿为吉祥之宿，每日牛时直事，故天竺以牛时为吉祥之时也。瞿昙氏以历经者。牛宿吉祥女图术是也。今说牛星又与中国亦别。案中国天文牛宿六星，主开渠河，北方之宿也。

由此也可见，《宿曜经》中的宿体系本来就只有二十七宿。但是《宿曜经》经文中经常可以看到牛宿的出现,大概都是由杨景风所自行添加的。矢野道雄根据他所掌握的更权威版本,也认为《宿曜经》的星占体系中原本应该是不包含牛宿的。他说:"觉胜(Kakusho)本是依照二十七宿体系的,看起来更接近原稿。而《大正藏》版本却是按照二十八宿体系的。虽然在卷上的关于诸宿的主神、种姓等内容的段落里,牛宿在两种版本中都是有的。但是在觉胜本中,它被放在最后,在《大正藏》文本中,它则被放在斗宿和女宿之间。这是我称为'中国化'的典型案例,原本的二十七宿体系被改编成二十八宿体系,因此才更可能吸引中国的读者。"①觉胜是奈良县柴水山吉祥寺的僧人,他比较了一种在日本传承下来的古本《宿曜经》与高丽本和明本之间的差异,并于日本享保二十一年(1736 年)出版过《宿曜要诀》三卷。

需说明的是,按照竺可桢、陈遵妫、潘鼐的考察,中国古代也是有过二十七宿体系的。他们举出的证据是《史记·天官书》中"太岁在甲寅,镇星在东壁,故在营室"的记载,以及《史记》卷二十七的"二十八宿列于《天官书》五官者,唯二十七,壁不与焉,《尔雅》亦同"。②所以有时人们反映称中国古代也是存在二十七宿体系的。事实上竺可桢对这条史料的释读本身可能是有问题的。③而即便中国天文史上真的存在如《天官书》中所述的二十七宿体系,需要注意的是,那也是少了壁宿且宽度不等的二十七宿体系。《宿曜经》中的这种少牛宿且各宿宽度相等的二十七宿体系,在中土的传统天文学中并没有出现过。

① Michio Yano, "The Hsiu-Yao Ching and Its Sanskrit Sources", *History of Oriental Astronomy*. Proceedings of an International Astronomical Union Colloquium, No. 91, New Delhi, India, November 13—16, 1985. Editors, G. Swarup, A.K. Bag, K.S. Shukla; Publisher, Cambridge University Press, Cambridge, England, New York, 1987. pp.125—134.

② 竺可桢:《二十八宿起源之时代与地点》,《竺可桢文集》,北京:科学出版社,1979年,第 243 页。陈遵妫:《中国天文学史》第 2 册,上海:上海人民出版社,1982 年,第 311页。潘鼐:《中国恒星观测史》,上海:上海人民出版社,1982 年,页 18—19。夏鼐:《从宣化辽墓的星图论二十八宿和黄道十二宫》,《夏鼐文集》(中册),北京:社会科学文献出版社,2000年,第 391—419 页。

③ 参见高平子:《史记天官书今注》,《高平子天文历学论著选》,台北:"中央"研究院数学研究所,1987 年,第 308 页。钮卫星对高平子的观点予以认同,参见钮卫星:《高平子的天文历学研究》,《自然科学史研究》2006 年第 2 期,第 182—191 页。

8.4 《宿曜经》中的宿直日体系

诸宿直日的星占情况上面已有说明，新的问题即是，如何计算具体每一日是何宿直日。由于《宿曜经》中的宿直日是完全的印度概念，而《宿曜经》也基本提到了这种方法的各个基本方面，因此以下我们首先对这部分经文展看来说明。

《宿曜经》中关于宿直的第一段相关经文如下：

> 上古白博叉二月春分朔，于时曜躔娄宿，道齐景正，日中气和，庶物渐荣，一切增长。梵天欢喜，命为岁元。景风曰：大唐以建寅为岁初；天竺以建卯为岁首。然则大唐令月皆以正月、二、三、四至于十二。则天竺皆据白月十五日夜太阴所在宿为月名，故呼建卯为角月，建辰为氐月，则但呼角、氐、心、箕之月，亦不论建卯、建辰及正、二、三月也。此东西二之异义，学者先宜晓之。今又二详释如左也。
>
> 角月景风曰：唐之二月也，斗建卯位之辰也
>
> 氐月景风曰：唐之三月也，斗建辰位之辰也
>
> 心月景风曰：唐之四月也，斗建巳位之辰也
>
> 箕月景风曰：唐之五月也，斗建午位之辰也
>
> 女月景风曰：唐之六月也，斗建未位之辰也
>
> 室月景风曰：唐之七月也，斗建申位之辰也
>
> 娄月景风曰：唐之八月也，斗建酉位之辰也
>
> 昴月景风曰：唐之九月也，斗建戌位之辰也
>
> 觜月景风曰：唐之十月也，斗建亥位之辰也
>
> 鬼月景风曰：唐之十一月也，斗建子位之辰也
>
> 星月景风曰：唐之十二月也，斗建丑位之辰也
>
> 翼月景风曰：唐之正月也，斗建寅位之辰也

以上岁元的设定和印度历法中十二月的月名。杨景风特别注明了大唐月令和天竺月名之间的差异。同样的岁元设定理由也见于瞿昙悉达于

开元六年(718年)译出的《九执历》:"肇自上古白博叉、二月春分朔,于时曜躔娄宿,道齐景正,日中气和,庶物渐荣,一切渐长,动植欢喜,神祇交泰,惟兹令节,命为历元。"[1]虽然字面上稍有差异,但容易看出它们翻译自同样的梵文原文。这应当是某个时期的印度天文学所设定的一个历元,即上古某个二月的朔日、春分及曜躔娄宿合在一起的一个时刻。[2]

中国古代传统历法的历元一般都要求是若干个天文周期的共同起点,被尊为上元。大多历法的上元离历法行用之年非常久远,其中相隔的年数称为上元积年。在从汉代到宋代的历法中,上元积年数大致呈现递增的趋势,从几万、几十万一直到上千万不等。

在印度古代天文学中也有一个类似于中国古历上元的"上古历元",这样的上古历元与"劫"的概念联系在一起。早期的印度天文学体系要求在一个"劫"[3]的开始或末尾处,日、月、五星以及它们的轨道与黄道的升交点等都聚于一点。由于受希腊天文学的影响,印度古代天文学将那一点定在白羊宫0°。晚一些的天文学体系稍作简化,只要求七大天体在"争斗时"之初聚于或近似聚于白羊宫0°,现在世界所处的"争斗时"起点换算成儒略年是公元前3102年2月17日和18日之交的夜半。那个时刻土星、木星、火星、太阳、月亮的黄经分别为:[4]

土星　　290°48′

木星　　325°04′

① 〔唐〕瞿昙悉达:《开元占经》卷104,文渊阁《四库全书》第807本,上海:上海古籍出版社,1987年,第933页。
② (日)薮内清:《〈九执历〉研究》,《科学史译丛》,连载第3期与第4期,1984年。张大卫译自 Acta Asiaticam, No.36, March 1979, pp.29—48。
③ 劫原是印度婆罗门教的一个概念,一劫等于大梵天的一个白天,为人间的4 320 000 000年。劫末有劫火出现,烧毁一切,然后世界被重新创造。印度古代的婆罗门天文学派把劫波分成1 000个大时(Mahayuga),每个大时包含圆满时(Krtayuga,1 728 000年)、三分时(Tretayuga,1 296 000年)、二分时(Dvayuga,864 000年)和争斗时(Kaliyuga,432 000年)等四个不同长度又各成比例的阶段。现在世界正处在始于公元前3102年2月17日至18日夜半的争斗时中。
④ David Pingree, History of Mathematical Astronomy in India, Dictionary of Scientific Biography, XVI, New York, 1981, p.555.

火星　　　301°55′

太阳　　　314°38′①

月亮　　　323°02′

在要求不十分严格的情况下，这样的聚合已是相当理想了。但尽管有那些巨大的天文周期（一劫的年数比任何一个中国古代历法的上元积年数都大得多），在实际的历法推算和天文计算中，印度古代更多地采用近距历元。

对于唐代和天竺不同的月名，杨景风有详细的注解。他首先对印度的岁首（即第一月）进行了说明。如他所注："大唐以建寅为岁初。天竺以建卯为岁首。"这句话的意思就是说天竺与大唐的历法之间相差了一个月，即天竺设定为一月的那个月，大唐设定为二月。一年之第一月是一个民族或天文体系的习惯性设定，比如中国早期的历法就有"夏正""殷正""周正"等所谓的"三正"，分别建在寅、丑、子，而印度的岁首设定为建卯，是他们采用的一种习惯而已，因此不需多作讨论。

其次，"然则大唐令月皆以正月、二、三、四至于十二。则天竺皆据白月十五日夜太阴所在宿"这句话揭示出了天竺和大唐命名方式之间的最大差异，即大唐按照人们熟悉的正（一）、二、三……十二这些序列词来命名各月，而天竺的一种纪月法则是以各月月望之日月亮所在之宿角、氐、心、箕……翼来命名各月。

按照对上面引文中第一句话的分析，可知《宿曜经》所采用的天文体系中，历元所在朔日月亮正位于娄宿。那么按照"月行一日一宿"，从初一依次至望日，则依次为：娄（初一）、胃（初二）、昴（初三）、毕（初四）、觜（初五）、参（初六）、井（初七）、鬼（初八）、柳（初九）、星（初十）、张（十一）、翼（十二）、轸（十三）、角（十四）、亢（十五）。显然，第一月的十五日，也即第一月的望日，月亮应该位于"亢"宿，而不是上面给出的"角"宿，差了一宿。那又为何第一月定名为"角"月？可能的理由是，这个望日之"角"宿是依据观察或别的方式得出，而不是按我们假定的一日一

---

① 水星和金星作为内行星，黄经与太阳的相差不大。

宿所数出的。

再接下来,第二月、第三月等月的望日大抵来说都较前月望日的月所在宿相差两宿。如第一月望日月所在的角宿之后两宿为氐宿,正是第二月之望日月所在宿;氐宿之后两宿为心宿,正是第三月望日月所在宿。当然也不是严格差两宿,如第五月望日月所在女宿到第六月望日月所在的室宿就差了三宿,室宿到第七月望日月所在的娄宿也是差了三宿。也就是说,从一个朔望月的望日到下个月的望日,月亮将经过29或者30宿。这是符合月行规律的。总体来讲,如果假定月行一日一宿,那么假如某月望日月在 A 宿,则下月望日月亮一般在 A+2 宿或者 A+3 宿。这种符合月行规律的不规则宿差,证明最初用来当作月名的这些望日月所在宿应该是观察得来的。

而随着时间积累,未来诸月的望日之宿不可能仍然是第一次观察而得的望日之宿。那么为什么还一直称原有的十二宿为望宿呢?比较容易让人接受的理由是,当初人们通过观察得到了诸月望日月所在之宿,并定义了这些宿为各月的月名。随后人们逐渐把这些宿符号化为该月的月名,而不再顾及该月望日月所在到底为何宿。《大唐西域记》中玄奘所记,“随其星建,以标月名”①,即是以宿名月的印度纪月法。当然,这种月宿直日已经完全与月亮的实际运行状况无关。②

新的问题就是,每个月有几天呢? 实际上,宿直对应的既不是阳历也不是阴历或者阴阳历,而是比较特殊的一种历法,或曰历表。这种历法简单总结,就是一月三十日,一年三百六十日。《宿曜经》内其实并没有给出明显的“一月三十日,一年三百六十日”周期,但是杨景风注解宿直体系时仿制的“大唐月建图”(见表8.4),正是使用了这一周期,所以原有体系也显然是同样的周期。人们在研究《宿曜经》时都将这种表列了出来。③关于“一月三十日,一年三百六十日”周期,刘朝阳曾提到中

① 见《大唐西域记》卷 2“印度综述”之“岁时”。
② 这种纪月法在今天的西藏仍然使用,参见黄明信:《西藏的天文历算》,西宁:青海人民出版社,2002 年,第 37 页。
③ 矢野道雄:《密教占星术》,东京:东京美术出版社,1986 年,第 60—61 页;森田龙迁:《密教占星法》,京都:临川书店,1974 年,第 118—120 页。

国早期曾使用过,谓之"政治历"①,但是遭到曾次亮的严词批评,他认为刘朝阳提供的所有证据都不足为证。②而刘朝阳之外,也似乎再无学者提中国曾行用"政治历"的说法。与中国的情况相反,印度在其吠陀时期的本土天文学中,就已经存在这种以三十日为一月、十二月为一年的历法年,且这种年被定义为"理想年"。③所以不需太多怀疑,《宿曜经》中的"二十七宿直日"体系所使用的"一月三十日,一年十二月"的周期,即应是印度天文传统中的"理想年"。

在多种汉译佛经中确实可以看到印度古代有以三十日为一月、十二个月为一年的规定。如《大比丘三千威仪》(No.1470)、《长阿含经》(No.1)、《杂阿毗昙心论》(No.1552)、《佛说十八泥犁经》(No.731)、《思益梵天所问经》(No.586),等等。由此可以看出,印度传统对这种"太阴日"的使用是相当之广泛的。当然,印度人对"太阴日"的含义也是相当明了的。如《大智度论》(No.1509)卷四十八《释四念处品第十九》载:

> 一月或三十日,或三十日半,或二十九日,或二十七日半。有四种月:一者日月,二者世间月,三者月月,四者星宿月。日月者,三十日半;世间月者,三十日;月月者,二十九日,加六十二分之三十;星宿月者,二十七日,加六十七分之二十一。

这一段给出了印度历法中的四种"月"的概念。所谓"日月",指一个回归年的长度分到每个月,平均长度为"三十日半";所谓"月月""星宿月",指朔望月 29 又 30/62 日和恒星月 27 又 21/67 日。组成这些周期的每一"日",都是指通常的"周天绕地球一周"(地球自转一周的视觉效果)。而所谓世间月的 30 日,则显然就是指 30 个"太阴日"。由此看

① 刘朝阳:《中国古代天文历法史研究的矛盾形式和今后出路》,《天文学报》1953 年第 1 期,第 30—82 页。

② 曾次亮:《评刘朝阳先生"中国古代天文历法史研究的矛盾形式和今后出路"》,《天文学报》1956 年第 2 期,第 235—257 页。

③ 钮卫星:《西望梵天:汉译佛经中的天文学源流》,上海:上海交通大学出版社,2004 年,第 95 页。对于"理想年"的具体定义,可参见 David Pingree, "History of Mathematical Astronomy in India", in: C. Gillispie(ed.), *Dictionary of Scientific Biography*. 18 vols. New York, Scribner's: XV, 1981, pp.535。

来,在印度的传统历法体系中,"太阴日"应该是一个比较普通且常用的概念。

鉴于"太阴日"这个概念在佛教历法中的大量出现,不难得出:《宿曜经》中"一年三百六十日"的"日"的概念,就是这种印度传统历法所广泛使用的"太阴日";"二十七宿直日"体系中所使用的"一月三十日,一年十二月"的时间周期中的年、日,也应该就是上述的"理想年"和"太阴日"。经整理后"二十七宿直日表"如下。

表8.4 《宿曜经》之二十七宿直日表

月\日	1	2	3	4	5	6	7	8	9	10	11	12
白月 1	室	奎	胃	毕	参	鬼	张	角	氐	心	斗	虚
2	壁	娄	昴	觜	井	柳	翼	亢	房	尾	女	危
3	奎	胃	毕	参	鬼	星	轸	氐	心	箕	虚	室
4	娄	昴	觜	井	柳	张	角	房	尾	斗	危	壁
5	胃	毕	参	鬼	星	翼	亢	心	箕	女	室	奎
6	昴	觜	井	柳	张	轸	氐	尾	斗	虚	壁	娄
7	毕	参	鬼	星	翼	角	房	箕	女	危	奎	胃
8	觜	井	柳	张	轸	亢	心	斗	虚	室	娄	昴
9	参	鬼	星	翼	角	氐	尾	女	危	壁	胃	毕
10	井	柳	张	轸	亢	房	箕	虚	室	奎	昴	觜
11	鬼	星	翼	角	氐	心	斗	危	壁	娄	毕	参
12	柳	张	轸	亢	房	尾	女	室	奎	胃	觜	井
13	星	翼	角	氐	心	箕	虚	壁	娄	昴	参	鬼
14	张	轸	亢	房	尾	斗	危	奎	胃	毕	井	柳
15	翼	角	氐	心	箕	女	室	娄	昴	觜	鬼	星
黑月 16	轸	亢	房	尾	斗	虚	壁	胃	毕	参	柳	张
17	角	氐	心	箕	女	危	奎	昴	觜	井	星	翼
18	亢	房	尾	斗	虚	室	娄	毕	参	鬼	张	轸
19	氐	心	箕	女	危	壁	胃	觜	井	柳	翼	角
20	房	尾	斗	虚	室	奎	昴	参	鬼	星	轸	亢
21	心	箕	女	危	壁	娄	毕	井	柳	张	角	氐

月\日	1	2	3	4	5	6	7	8	9	10	11	12
22	尾	斗	虚	室	奎	胃	觜	鬼	星	翼	亢	房
23	箕	女	危	壁	娄	昴	参	柳	张	轸	氐	心
24	斗	虚	室	奎	胃	毕	井	星	翼	角	房	尾
25	女	危	壁	娄	昴	觜	鬼	张	轸	亢	心	箕
26	虚	室	奎	胃	毕	参	柳	翼	角	氐	尾	斗
27	危	壁	娄	昴	觜	井	星	轸	亢	房	箕	女
28	室	奎	胃	毕	参	鬼	张	角	氐	心	斗	虚
29	壁	娄	昴	觜	井	柳	翼	亢	房	尾	女	危
30	奎	胃	毕	参	鬼	星	轸	氐	心	箕	虚	室

（黑月，对应日期22—30）

注：此表的一月是中土的一月，也即是天竺的十二月。

从上表中，可以看出，二十七宿经过 13 个周期后，值日 351 天，剩下的 9 天则与其前一天共享一个宿值。分别是：1 月 30 日和 2 月 1 日；2 月 30 日和 3 月 1 日；3 月 30 日和 4 月 1 日；4 月 30 日和 5 月 1 日；5 月 30 日和 6 月 1 日；8 月 30 日和 9 月 1 日；9 月 30 日和 10 月 1 日；11 月 30 日和 12 月 1 日；12 月 30 日和 1 月 1 日。值得注意的是，这九种情况下的一宿双日，都发生在相连的月尾一日和月初一日。

《宿曜经》的注释者杨景风由于持中土二十八宿立场，他认为："以梵本初翻，学言隐密，唐之迷惑，不晓其由，自非久习，致功卒难。"所以"行用今请，演旧为新，取历月日，列为立成，成前更为，大唐月建，十二辰图。"他仿"二十七宿直日表"制作的"大唐月建图"，即下表。

表 8.5　杨景风"大唐月建图"所示之二十八宿宿直日表

月\日	1	2	3	4	5	6	7	8	9	10	11	12
1	虚	室	奎	胃	毕	参	鬼	星	翼	角	氐	心
2	危	壁	娄	昴	觜	井	柳	张	轸	亢	房	尾
3	室	奎	胃	毕	参	鬼	星	翼	角	氐	心	箕
4	壁	娄	昴	觜	井	柳	张	轸	亢	房	尾	斗

续表

日＼月	1	2	3	4	5	6	7	8	9	10	11	12
5	奎	胃	毕	参	鬼	星	翼	角	氐	心	箕	牛
6	娄	昴	觜	井	柳	张	轸	亢	房	尾	斗	女
7	胃	毕	参	鬼	星	翼	角	氐	心	箕	牛	虚
8	昴	觜	井	柳	张	轸	亢	房	尾	斗	女	危
9	毕	参	鬼	星	翼	角	氐	心	箕	牛	虚	室
10	觜	井	柳	张	轸	亢	房	尾	斗	女	危	壁
11	参	鬼	星	翼	角	氐	心	箕	牛	虚	室	奎
12	井	柳	张	轸	亢	房	尾	斗	女	危	壁	娄
13	鬼	星	翼	角	氐	心	箕	牛	虚	室	奎	胃
14	柳	张	轸	亢	房	尾	斗	女	危	壁	娄	昴
15	星	翼	角	氐	心	箕	牛	虚	室	奎	胃	毕
16	张	轸	亢	房	尾	斗	女	危	壁	娄	昴	觜
17	翼	角	氐	心	箕	牛	虚	室	奎	胃	毕	参
18	轸	亢	房	尾	斗	女	危	壁	娄	昴	觜	井
19	角	氐	心	箕	牛	虚	室	奎	胃	毕	参	鬼
20	亢	房	尾	斗	女	危	壁	娄	昴	觜	井	柳
21	氐	心	箕	牛	虚	室	奎	胃	毕	参	鬼	星
22	房	尾	斗	女	危	壁	娄	昴	觜	井	柳	张
23	心	箕	牛	虚	室	奎	胃	毕	参	鬼	星	翼
24	尾	斗	女	危	壁	娄	昴	觜	井	柳	张	轸
25	箕	牛	虚	室	奎	胃	毕	参	鬼	星	翼	角
26	斗	女	危	壁	娄	昴	觜	井	柳	张	轸	亢
27	牛	虚	室	奎	胃	毕	参	鬼	星	翼	角	氐
28	女	危	壁	娄	昴	觜	井	柳	张	轸	亢	房
29	虚	室	奎	胃	毕	参	鬼	星	翼	角	氐	心
30	危	壁	娄	昴	觜	井	柳	张	轸	亢	房	尾

此表与二十七宿宿直表最大的不同在于,二十八宿并没有在一年内完整性地直完若干个周期——这就使得每一年的一"月"一"日"将对应于不同的宿。

在二十七宿直日制度中，倘若人们需要知道某天是何宿直日，该如何处理？关于此，《宿曜经》中有如下一段经文：

> 三月名氐月，四月名心月，五月名箕月，六月名女月，七月名室月，八月名娄月，九月为昴月……十月名觜月，十一月名鬼月，十二月名星月，正月名翼月。夫欲知二十七宿日者，先须知月望宿日。欲数一日至十五日已前白月日者，即从十五日下宿，逆数之可知。欲知十六日已后至三十日，即从十五日下宿，顺数即得。但依此即定。（假如二月十五日是角日，十四日是轸日，十三日是翼日。若求十五日已后者，即十五日是角日，十六日是亢日，十七日是氐日。他皆仿此。）

即若要计算前半月某日的所直之宿，就需在从该月望日所直之宿，逆数该日与望日的差数而得，若要计算后半月某日所直之宿，就从望日所直之宿，顺数该日与望日的差数而得。如上引文中给出的求二月（大唐之二月）各日所直宿的例子，二月是角月，也就是说二月十五日为角直，那么若求白月的十四、十三日，就从角宿逆数一、二，即轸宿、翼宿；若求黑月十六、十七日，就从角宿顺数一、二，即亢宿、氐宿。

对于上述的"二十七宿直日"，很显然已经不太能反映"月行一日一宿，二十七日运行一周"的恒星月周期了。因为存在着这样一个问题，如《宿曜经》经文中"仙人"所问的，"凡天道二十七宿有阔有狭，皆以四足均分别，月行或在前后，验天与说差互不同，宿直之宜如何定得？"意思就是，二十七宿本来是有宽有窄的，现在月亮平均每日一宿，怎么可能呢？

《宿曜经》中一边设定各宿宽度相等，又增加了如此一段讨论各宿宽窄的问题，本身就反映了一定的矛盾。我们似乎可以认为，在仙人问此问题时，宽度相等的二十七宿体系正在逐步形成中，所以才会引发出讨论。

那么菩萨对此问题的回答，则是："凡月宿有三种合法，一者前合二者随合三者并合，知此三则宿直可知也。"就是说，宿与月行相合，并不是说每宿一定要刚好等于月亮每天的运行长短，这种"合"只是其中的一种，即"并合"。除了这种"并合"，菩萨接着解释说，还有两种"合"，即月亮运行超过了当直之"宿"的"随合",月亮运行不及当直之"宿"的"前合"。经过菩萨这么一解释,不管"宿"跟"月"对应与否,就都可算作三"合"中的一种了。

既然在前在后都可算作"合",讨论"合"本身就是一种多余。但不管怎样,菩萨的这种言论,确实从"理论上"为直日之宿的天文失义铺平了道路。所谓天文失义,就是说某日之直宿已经不再代表当天月亮恰在该宿,而是代表一种同序数词一样的含义。

在实际运用当中,后来的佛教徒们对此问题难免会感到困惑。因此有觉胜给出如下的解释:

> 今观印度宿法,虽二十七、八二法有异,然至直宿则每岁一准未会有改移矣。以一准直法拟至变天运,谁能知其合哉。余曰:此未知梵历之术,故致此疑。夫天竺取宿之法,月临宿之处即当日直宿也。月有迟疾星座有广狭,故立前合后合并合三法以定直日。今推其直日验之天象宿月允合,岁似有或差三四宿,以佛敕无变三年置一闰,则复与天合也。历法以善合天为术之精要,得善合天象何嫌其直之一准哉。[①]

觉胜认为,"月至"(当日月亮所至之宿)与"宿直"(当日直日之宿)短时间的不合,可以由"前合""后合"以及"并合"来解释。至于长时间的误差,将会随着闰月的设置而一概消除,"复与天合"。这样的解释在要求不严密的情况下大致是可以说得通的。再至于闰月的宿直情况,则又有实慧的桧尾口诀云:

> 若有闰月时,其正月直宿即亦重直闰月。谓假令十二月有闰月,而其十二月一日直宿是虚宿,十五日直宿是星宿,乃至三十日直宿是星宿。如是闰十二月直宿亦同之,更无异也。先月是正十二月,闰月是傍十二月也。故傍月直宿三十日皆用正十二月直宿,更不异宿也,余月闰月准之知耳。[②]

---

① 转引自森田龙迁:《密教占星法》(上编),京都:临川书店,1974年,第122页。
② 《桧尾口诀》,《大正藏》卷78,No.2465,第30页,下栏。

即,若某年闰十二月,则前一个十二月为正十二月,后面一个闰月为傍十二月。傍十二月的日数完全等同月正十二月,那么傍十二月的宿值也完全重复正十二月即可。

8.5 《宿曜经》中宿直体系牵涉的其他历法概念

前面在讨论《宿曜经》二十七宿宿直法中,我们不断地论及了一些印度天文历法概念,其中最主要的就是太阴日、黑白月、宿直等。此节是关于这些印度概念的专门说明。

8.5.1 太阴日

在说明太阴日这个概念之前,首先介绍一下两个基本的概念:朔与望。前者,指月亮与太阳处于同经度,即太阳月亮之间的经度差为 0 度之时刻,称为朔。后者,则指月满时刻——或者说月亮在天文意义上距离太阳最远,即太阳月亮之间的经度差为 180 度的时刻。历法中的一个朔望月,指的是相邻两次朔或者望之间的时间段。

"太阴日"(tithi)则是一个朔望月的三十分之一。对于这个时间单位的物理意义可以这样来理解:月亮和太阳在恒星背景下沿着黄道由西向东运动,月亮的视运动速度 $V_月$ 比太阳的 $V_日$ 快,定义($V_月 - V_日$)×1 太阴日 = 12°。一个朔望月即 30 太阴日之后,月亮领先太阳整整一圈,即 360°。

关于太阴日的起源,平格里认为它是一个源自美索不达米亚的时间单位。[1]现在没有证据表明它在 *saṃhitās* 时代的发展,它完整地出现在 *Jyotiṣa* 和 *sūtra* 文学作品中。[2]吠陀星占在多种情况下使用太阴

---

① David Pingree, History of Mathematical Astronomy in India, *Dictionary of Scientific Biography*, XVI, New York, 1981, p.536.

② Bose, D. M: *A Concise History of Science in India*. New Delhi[Published for the National Commission for the Compilation of History of Sciences in India by] Indian National Science Academy[c1971], p.73.

日。它在创造历法时有根本性的作用。由于农历调控普通印度人的宗教生活,社会和个人的各种年度庆祝活动,包括(但不限于)重要假期、灌顶、结婚和命名仪式,都依靠准确的"太阴日"知识。每个"太阴日"都拥有自己的一个主神,它们将在特定的"太阴日"被祭拜,个人对生日的太阴日神的崇拜仪式,有时将有助于人们与整个世界的和谐。[①]

由于太阴日与太阳日并不重合,可开始于一天中的任何时刻,这就造成了民用过程中的一些难题。民用方面以及一些并不要求具体精确时刻的宗教事务中的调节方法,即:若一个太阴日包含了一个太阳日的日出时刻,那么这个太阳日,以及和它配套的星期日数,就视为该太阴日。至于一些要求在特定太阴日具体时刻执行的宗教仪式,则需要经过严格的天文计算,算出该太阴日所在的具体太阳日的时刻,并以该太阳日当天为仪式执行时间。[②]

在同源于印度的《九执历》里也有太阴日这个概念。顾观光的注解中对太阴日的长度也有所方法:"一月之日不足三十,少朔虚分七百三日之三百三十,若逐日计之,少七百三分之一,故以十一乘日数,以七百三除之为小月也。"意思是说:一个朔望月对应于 30 太阴日,即 29 又 373/703 平太阳日,二者相差 330/703,每个平太阴日与太阳日相差 330/703,每个平太阴日与太阳日相差 11/703。[③]可以看出,《九执历》中,太阴日是按照其印度原意执行计算的。当然,每个太阴日——月亮超越太阳十二度所用时间——是不尽相同的,《九执历》中采用的是"平太阴日"的概念,即各个太阴日的平均值。实际行用中肯定不需要如"九执历"里这样精准,只是如前文讨论的那样,简单地视太阴日为太阳日。

---

① Hart de Fouw and Robert Svoboda, *Light on Life: An Introduction to the Astology of India*, first published 1996 by Penguin Books, reprinted 2003 by Lotus Press, p.187.

② Robert Sewell, Sankara Balkrishna Dikshit; *The Indian Calendar, with Tables for the Conversion of Hindu And Muhammadan into A.D. Dates, and Vice Versa; with Tables of Eclipses Visible in India by Dr. Robert Schram* 1st Indian ed. Delhi; Motilal Banarsidass Publishers, 1996, pp.16—17.

③ 黄明信:《西藏的天文历算》,西宁:青海人民出版社,2002 年,第 25 页。

8.5.2 半月

印度历法中的天然单位 *pakṣa*（字面意思，一只翅膀），指的是月亮的一半。月亮渐渐亮的一半有几个名字，最平常的是 *śukla* 或 *śuddha*（字面意思，"亮"，在这段时间里日落之后夜晚之明亮，是由于月亮在地平线上升起）。而月亮渐亏的一半最经常被称为 *Kṛishṇa* 或 *bahula* 或 *vadya*（字面意思，"黑"，"暗"，也即日落之后夜晚的部分变黑——是由于月亮落在了地平线之下造成——的那个半月）。①

显而易见，不论黑月或者白月，都分别有 15 个太阴日组成。由于朔日或者望日，新月或者满月，都有可能被认为是一个朔望月的结束，所以在印度使用的月之开始和结束有两套方案。一个是朔月系统，即一个月以朔时刻（新月时刻）作为开始和结束的时刻；另一个望月系统，即一个月以望时刻（满月时刻）作为开始和结束的时间。②这两种体系都曾经流行。不过随着时间发展，南北印度形成不同的传统，北印度使用望月体系，南印度则使用朔月系统。具体分化的时间无法确定，有石碑铭文显示，望月系统 9 世纪初期之前曾经在部分南印度地区使用过。但之后南北间就逐渐泾渭分明了。③

与"理想年"相关的，《宿曜经》中还有另一套纪日体系：黑白月分纪日。所谓白月黑月，《宿曜经》中的说法是："凡月有黑白两分：从一日至十五日为白月分，从十六日至三十日为黑分。"按照这句话的意思，白月分就是一个月中的一日至十五日，黑月分就是一个月中的十六日至三十日。那么为什么把上半月称为"白月分"，下半月称为"黑月分"，《宿曜经》卷下有注解说，"以其光生渐明，白之谓也"，"以其光渐减，黑之谓也"。通俗地讲，白月就是月亮从没有光（朔）到最光亮（望）的半个月，

---

①② Robert Sewell, Sankara Balkrishna Dikshit: *The Indian Calendar, with Tables for The Conversion of Hindu and Muhammadan into A.D. Dates, and Vice Versa; with Tables of Eclipses Visible in India by Dr. Robert Schram* 1st Indian ed. Delhi: Motilal Banarsidass Publishers, 1996, p.4.

③ Ibid., p.5.

黑月就是月亮从最光亮（望）到完全没有光（朔）的半个月。所以很显然，在《宿曜经》中，白分就是指白月一日至十五日中的每一日，黑分就是指十六日至三十日中的每一日。如此白分黑分轮流并周而复始，即为《宿曜经》中的黑白月分纪日。当然，在《大集经》中，如我们前面已经分析的，由于采用黑前白后顺序，所以"从一日至十五日为白月分，从十六日至三十日为黑分"一句中的黑白两字就应当颠倒过来了。

在中国，半年、半月这样的时间周期根本就不是独立的时间周期。因为，既然是"半"月，那么归根结底，人们所认可并采用的时间周期即是"月"。况且，一个朔望月 29 天半左右，如果上半月是 15 天的话，下半月就可能是 15 天或者 14 天，所以总有一些月份的下半月是 14 日而不是 15 日。有这样一个 1 天的差，"半月"当然就不可以作为周期了。而印度历法中的"半月"——pakṣa——本身就是有自己独立称谓的。所以如《宿曜经》中这样以白分、黑分为独立周期的纪日体系，对于中土人士来说是陌生的。但是在佛经中，黑白月是经常被提及的，如《大乘理趣六波罗蜜多经》卷第四节中关于施舍有云："或择日而施，谓白月：一日、八日、十四日、十五日；黑月：三日、八日、九日、十三日、十四日、十五日。如是日施，余日不施。"[1]但是很显然，在"理想年"周期的黑白月，移植到阴阳历中后，自然就不可能是原来的日子了。因为"理想年"中的日是"太阴日"，而阴阳历中的日是"太阳日"。

而关于黑白月中的每一日，其实也都有善恶之说，具体可见《宿曜经》经文。

8.5.3　月宿

宿的两种系统，一是等间距系统，另一则是不等间距系统。虽然是两种系统，诸宿的名字是一样的。

在等间距体系中，每一个宿有 13°20′ 宽。当日月，或者五星在经度

---

① 《布施波罗蜜多品第五》，《大乘理趣六波罗蜜多经》卷 4，《大正藏》卷 8，第 261 页，上栏。

0 到 13°20′之间时，就被认为是在第一宿，娄宿，以此类推。《宿曜经》中的二十七宿就正是这种体系。

不等间距系统又可以再分为两种。一种称之为"竭伽"（Garga）系统。根据这种系统，所有宿中的十五宿平均宽度 13°20′，另有六宿的宽度，则是平均宽度的 1.5 倍，即 20°宽，剩下六宿则有着一半平均宽度的宽度，即 6°40′。

另外一种系统称为"婆罗门历数书"系统，主要的特点和竭伽系统是一样的，不同的是 27 宿之外增加了牛宿，月亮的平均日运行宽度也变更为 13°10′35″，被看作每一宿的平均宽度。[①]

8.5.4　望宿月名

月名起源于满月发生时月所在宿，起源于 *Saṃhitās* 和 *Brāhmaṇas* 时代。诸月与季节的对应，如表 8.6 所示。[②]

表 8.6　印度望宿、月名与季节关系表

望月宿(中、梵)		月名(中、梵)		季 节
角	*Citrā*	角月	*Caitra*	春
氐	*Viśākhā*	氐月	*Vaiśākha*	
心	*Jyesthā*	心月	*Jyaiṣṭha*	夏
箕	*Pūrvāṣāḍhā*	箕月	*Āṣāḍha*	
女	*Śravaṇa*	女月	*Śrāvaṇa*	雨
室	*Pūrvabhādrapadā*	室月	*Bhādrapadā*	
娄	*Aśvinī*	娄月	*Āśvina*	秋
昴	*Kṛttikā*	昴月	*Kārttika*	

---

① Robert Sewell, Sankara Balkrishna Dikshit：*The Indian Calendar*，*with Tables for the Conversion of Hindu and Muhammadan into A.D. Dates*，*and Vice Versa*；*with Tables of Eclipses Visible in India by Dr. Robert Schram* 1st Indian ed. Delhi：Motilal Banarsidass Publishers, 1996, p.21.

② Bose, D. M：*A Concise History of Science in India*. New Delhi[Published for the National Commission for the Compilation of History of Sciences in India by] Indian National Science Academy[c1971]，p.74.

望月宿(中、梵)		月名(中、梵)		季 节
觜	*Ārdra*	觜月	*Mārgaśira（Agrahāyaṇa）*	露
鬼	*Puṣya*	鬼月	*Pauṣa*	
星	*Maghā*	星月	*Māgha*	冬
翼	*Pūrvāphalgunī*	翼月	*Phālguna*	

但是定月之名的星宿并不是相等距离间隔的；并且由于月相随着日常运动的改变，以及朔望月不同于恒星月——导致了月亮月满时刻在一段时间之后不可能仍然处于同样的星宿。因此印度后来逐渐弃用了这种纪月方式。①不过很显然《宿曜经》中采取的仍然是修改前这种古老的以宿纪月方式。

8.6 《宿曜经》中宿的组合体系

8.6.1 三九宿

以个人命宿为基础，《宿曜经》中介绍了将二十七宿划分成三组的宿分法。在《宿曜经》第三品中有说明如下：

一九之法：命宿、荣宿、衰宿、安宿、危宿、成宿、坏宿、友宿、亲宿；

二九之法：业宿、荣宿、衰宿、安宿、危宿、成宿、坏宿、友宿、亲宿；

三九之法：胎宿、荣宿、衰宿、安宿、危宿、成宿、坏宿、友宿、亲宿。

具体定义是：

---

① Robert Sewell, Sankara Balkrishna Dikshit, *The Indian Calendar*, *with Tables for the Conversion of Hindu and Muhammadan into A.D. Dates*, *and Vice Versa*；*with Tables of Eclipses Visible in India by Dr. Robert Schram*. 1st Indian ed. Delhi：Motilal Banarsidass Publishers，1996，pp.24—25.

> 此法以定人所生日，为宿直。为命宿为第一，次以荣宿，又次衰宿，及安宿、危宿、成宿、坏宿、友宿、亲宿，如是九宿为一九之法；其次则以业宿为首，以下九准前为二九之法；次则以胎宿为首，以下九准前三九之法。而周二十七宿，众为秘密。

也就是说，某人生日之直日宿，即为该人之命宿；命宿之后的八宿即分别是荣宿、衰宿、安宿、危宿、成宿、坏宿、友宿、亲宿；第十宿则为业宿，第十九宿为胎宿，这两宿和命宿一样，都分别同样率领荣宿、衰宿、安宿、危宿、成宿、坏宿、友宿、亲宿八宿。

关于这一秘密法具体操作，杨景风以二月五日为例作了说明："假如有人二月五日生者，其人属毕宿。即以毕宿为第一命，以次觜宿为荣宿，参为衰宿，井为安宿，鬼为危宿，柳为成宿，星为坏宿，张为友宿，翼为亲宿；轸为业宿，角为荣宿，亢为衰宿，并同友直；如女胎宿，虚为荣宿，已下准前。是为三九之法，他皆准此。"①

那么，当与人结交时，彼此之间是否合得来？不空又有如下秘法：

> 和上云，凡与人初结交者，先须看彼人命宿押我何宿，又看我命宿押彼人何宿。大抵以荣、安、成、友、亲为善，堪结交。自余并恶，不可与相知。②

意思就是说，倘若我命宿是对方的荣安成友亲宿，则善，可交。如果是对方的其他宿——衰、危、坏等恶宿，则恶，不可交。总之，押我善者则善，押我恶者则恶。

至于三九之宿各宿日的宜忌吉凶，《宿曜经》中提供了如下之法：

> 凡命胎宿直日：不宜举动百事。

> 业宿直日：所作皆吉祥。

> 衰、危、坏、宿日：并不宜远行出入迁移，买卖裁衣剃头剪甲并不吉。

---

① 二月五日毕宿直，说明此宿直系统是宿曜经中的二十七宿之日系统。且此二月是中土的二月。

② 有"和上云"字眼，说明这段内容应该是杨景风在询问不空后添加的，而非原经文内容。

坏日：又宜压镇降伏怨仇，及讨伐暴恶。

安日：移动远行，修园宅卧具，作坛场并吉。

危日：宜结交婚姻，欢会宴聚吉。

成日：修学问道，合药求仙吉。

友、亲日：宜结交朋友大吉。

所占事项大致包括如裁衣、剃头、剪甲、合药等，在《宿曜经》的二十八宿直日占辞中也经常可以看到，如此简略，可以想见这些占辞只是从某种梵文原本中的缩略翻译。

这三组宿，即一九、二九和三九之宿，在《宿曜经》中并没有给出具体名称，但根据矢野道雄，它们在梵文文献中是有专称的，分别是janma、karma 和 garbhādhānaka。[①]

8.6.2　六宫宿

以人命宿来定义二十七宿，除了上面的三九之宿，《宿曜经》中还有另外一种六宫宿，定义如下：

凡如七曜运天，犯著人六宫宿者，必有灾厄。

一者命宿、二者事宿、三者意宿、四者聚宿、五者同宿、六者克宿。

从命数第十为事宿、第四为意宿、第十六为聚宿、第二十为同宿、第十三为克宿。

这里提到了七曜若遇到则必有灾厄的六种宿，分别是：命宿、事宿（从命第十）、意宿（从命数第四）、聚宿（从命数第十六）、同宿（从命数第二十）和克宿（从命数第十三）。所谓从命数，即从命宿向前顺数。如杨景风举例说明的：

有人属娄宿者，向前数，第四得毕为意宿，第十得星则为事宿，

---

① Michio Yano, "The Hsiu-Yao Ching and Its Sanskrit Sources", *History of Oriental Astronomy*. Proceedings of an International Astronomical Union Colloquium, No. 91, New Delhi, India, November 13—16, 1985. Editors, G. Swarup, A.K. Bag, K.S. Shukla; Publisher, Cambridge University Press, Cambridge, England, New York, 1987. pp.125—134.

十三得轸则为克宿也，皆准此求即得也。

即，若有人命宿为娄宿，则以娄为1，然后顺数，4为毕，即为意宿，10为星，即为事宿，13轸，即为克宿。当然，虽然杨景风的例子中没有提及，但显然16为氐，即为聚宿。

8.6.3　七类宿

除了以上与命宿相关的几种组合宿，《宿曜经》中还按照各宿性格特点的不同（《七曜攘灾决》中也有），把所有二十七宿分为了七组，分别是：安重宿、和善宿、毒害宿、急速宿、猛恶宿、轻燥宿（行宿）、刚柔宿。在《七曜攘灾决》中也有相关内容。这七大类的梵文名称分别是dhruva、tīkṣṇa、ugra、laghu、mṛdu、mṛdutikṣṇa和carakarma。在一位现代印度星占术师所著的《生命之光》（*Light on Life*）一书中，作者也列出了此七类宿所包含的各宿，[1]与《宿曜经》《七曜攘灾决》中的说明几乎一致。七组宿各所包含的宿，如下表所示：

表8.7　汉译佛经之七类组合宿表

文　献	安重宿	和善宿	毒害宿	急速宿	猛恶宿	轻燥宿	刚柔宿
《宿曜经》卷上	毕翼 斗壁	觜角 房奎	参柳 心尾	鬼轸 〔胃〕娄	星张 箕室	井亢女 虚危	昴氐
《宿曜经》卷下	毕翼 斗壁	觜角 房奎	参柳 心尾	鬼轸 〔牛〕娄	〔胃〕星张 箕室	井亢女 虚危	昴氐
《七曜攘灾决》	毕翼 斗壁	觜角 房奎	参柳 心尾	鬼轸 〔牛〕娄	〔胃〕星张 箕室	井亢女 虚危	昴氐
《生命之光》	毕翼 斗壁	觜角 房奎	参柳 心尾	鬼轸 娄	〔胃〕星张 箕室	井亢女 虚危	昴氐

比较几种文献，可看出，胃宿只有在《宿曜经》卷上中被归为急速宿，在其他包括《宿曜经》卷下中都算在猛恶宿，所以胃宿应该是属于猛恶宿。另外，牛宿在《宿曜经》卷下和《七曜攘灾决》中归为急速宿，其他

---

① Hart de Fouw and Robert Svoboda, *Light on Life*: *An Introduction to the Astology of India*, first published 1996 by Penguin Books, reprinted 2003 by Lotus Press, pp.210—211.

文献则均没有关于牛宿的说明，所以我们也有理由怀疑，牛宿本来可能是不算入这七类宿的。

《宿曜经》中将二十七宿分成七组，而当这七组宿直日时，宜忌情况又有专门的占辞，如表8.8所示（为节省篇幅，仅以《宿曜经》卷上经文为引）。

表8.8　汉译佛经七类宿之宿直吉凶表

七类宿	此宿直日	此宿生人
安重宿	宜造宫殿、伽蓝、馆宇寺舍、种莳、修园林、贮纳仓库、收积谷米、结交朋友、婚姻、荣命时相造家具、设学供养、入道场及安稳就师长、入坛受灌顶法、造久长之事，并吉；唯不宜远行、索债、无保、进路、造酒、剃头、剪甲、博戏。	法合安重威肃、正福德、有大名闻。
和善宿	宜入道场、问学技艺、习真言、结斋戒、立道场、受灌顶、造功德、设音乐及吉祥、事喜庆、求婚举放、对君王、参将相、冠带、出行、服药、合和并吉。	法合柔软温良、聪明、而爱典教。
毒害宿	宜围城、破营、设兵、掠贼、交阵、破敌、劫盗、擒捕、射猎并吉。	法合磣毒、刚猛、恶性。
急速宿	宜放债、贷钱、买卖、交关、进路、出行、调六畜乘、习鹰鹞、设斋行道、入学受业、服药、入道场、受灌顶、市买并吉。	法合刚猛、而捷疾、有筋力。
猛恶宿	宜守路设险、劫掠相攻、擒捕博戏、造兵器谋、断决囚徒、放药行酪、射猎、祭天祀神、承兵威，并吉。	法合凶害猛杀、宜舍身出家作沙门。
轻燥宿/行宿	宜学乘象马、骄射驰走、浮江泛舟、奉使绝域、和国入蕃，又劝行礼乐、兰阅兵马、种莳、造酒、合和药并吉。	法合浇薄、不然则质直平稳。
刚柔宿	宜锻炼炉治、修五行家具及造瓦、买卖之事，又宜设斋送葬、钻炼酥乳、计算畜生、入宅、王者作盟会并吉。	法合为性宽柔而猛、君子之人流也。

　　唯有安重宿有此三项占辞，宜、不宜和命。其他六类则是两项，宜和命。全部占辞如表所示。而在占辞中，正如杨景风注解所曰："会经文言语，多有中国之俗。如擒捕戏和国入蕃之类也，并是翻译西言，译同东语，庶览之者悉之，幸不以文害意旨也。"当然各组宿直日时的主要宜忌事项和生人特点，从它们的名称中，也都大略可以看出，如安重宿，宜事多以建筑类为主，所生人以安重威严为性格特点，均符合"安重"之义。再如轻燥宿（行宿），宜乘象马骄射驰走，浮江泛舟，劝行礼乐，兰阅兵马等，都与行有关。所生人则以轻薄为特点。

对于各类宿直日所生人的性格特点,《七曜攘灾决》中还有总结:

安重宿,安重威严有名闻。

和善宿,柔善温良多智照。

毒害宿,果决刚义有信让。

急速宿,刚健质直有急难。

猛恶宿,恶性刚猛有毒烈。

轻燥宿,质直和善有信义。

刚柔宿,宽柔慈猛有孝行。

《宿曜经》中的七类宿的特点,是指这七类宿直日,或者宿直日生人的特点。而在《生命之光》一书中,作者则说明了当行星进入各宿类时,人们的行为宜忌。从中我们同样可以看出各组宿的基本特点。以下是对原文的翻译。①

当行星进入轻燥宿/行宿时,示意人们适合运动,旅游、换工作、迁居,或者别的类似行为;进入安重宿时则相反,表明人们适合稳定、持久,或少运动;进入毒害宿/刚柔宿时,②根据毗(Varāhamihira)的《广集》(Bṛihat Saṃhitā)的第98章,表明"攻击,刑讯,处罚,持咒、独立或联盟等方面的成功",暗示人们可以做强烈的、明确的、充满激情的,集中精力的、艰苦卓越的活动;和善宿由于有益于"交朋友、性结合、享受服饰、从事吉祥仪式如婚姻和音乐",总的来说是性格随和的,喜欢快乐的一组星宿。

急速宿"是在贸易、销售、性享乐,获取知识、制作装饰品及其他美术活动、技术工人(像木工或管道)、医治、还钱或者借钱等方面是有益的"。因此人们做开药医病、借债还钱等方面是吉利的,也许是因为它们的迅捷特点使得药物可以很快发挥效力以及贷款可以快速获得偿还。

---

① Hart de Fouw and Robert Svoboda, *Light on Life*: *An Introduction to the Astology of India*, first published 1996 by Penguin Books, reprinted 2003 by Lotus Press, pp.211—212.

② 在这本书中,"毒害宿"翻作 sharp or dreadful,"刚柔宿"翻作 sharp and soft,而这里讨论的性格特点是关于 sharp nakshatras 的,所以应该是两者共同的。

猛恶宿,名副其实,在"追敌、破坏、羞辱、欺骗、下狱、中毒、燃烧、武器搏杀、谋杀等等此类"是有效的。这些宿可以指示恐怖分子、刺客、和那些追求诉讼者的行为。

结合《宿曜经》中针对以上七种宿的占辞说明,不难发现,《宿曜经》中述说的七种宿分类正是《生命之光》中所提到的印度星宿分类。《生命之光》告诉我们,这种分类法的依据标准是它们的"本性"(nature)。看来每一宿都有自己的性格特征,由于性格相似才被分为了一类。至于各宿性格特点在西方天文星占学中的成形过程,显然也是很值得追究的一个话题,但为防枝蔓太多,在此暂不讨论。吠陀星占中除了根据"本性"将各宿分类法,还有按照别的标准进行的其他很多种分类法,[①]《宿曜经》中涉及的此种组合宿分类法只是其中的一种而已。

8.7 《宿曜经》中的曜直日

现代时间制度中的"星期"早在《宿曜经》中就有出现,又称七曜直日。"七曜直日法"最先出现在《宿曜经》中。后期佛经文献中,如《超际仙人护摩祀火法》和《九曜秘历》,也录有比较完整版本的"七曜直日法"。[②]

杨景风在《宿曜经》中注曰:

> 茫茫大造化乃为阴阳。精曜运天,灵神直地。吉凶之应唯人信之,故译出此法,为伐秘密经,庶传习者幸无谬矣。

从杨景风的语气来看,《宿曜经》中的七曜直日法,应当是该法在中土的首次出现。《宿曜经》之后,《超际法》和《九曜秘历》两种佛经中也提到

---

① 根据 Hart de Fouw and Robert Svoboda, *Light on Life: An Introduction to the Astology of India*, first published 1996 by Penguin Books, reprinted 2003 by Lotus Press, pp.204—214,宿还有按照"活力"分为主动型、被动型、平庸型,按照"趋向"分为向上型、向下型、水平型、按照性别分为雄性、雌性、中性等多种分类。

② 《超际仙人护摩祀火法》,京都东寺观智院藏本,《大正藏》图像第七卷,第 801—814 页。《九曜秘历》,京都东寺观智院藏本,《大正藏》图像第七卷,第 769—774 页。本节引文如无特别说明,则均来自《大正藏》1299 号经版本之《宿曜经》。

了此法。由于《宿曜经》由史瑶和杨景风次第译注,《超际法》《九曜秘历》中的内容和《宿曜经》中又不完全相同,因此本章将它们的七曜直日法内容统一罗列在一起,以综合考察。

七曜直日法,即依七曜直日顺序,对各曜日的吉凶善恶情况进行说明,如《宿曜经》中曰:

> 夫七曜日月五星也,其精上曜于天,其神下直于人,所以司善恶而主理吉凶也。其行一日一易,七日一周,周而复始。直神善恶,言具说之耳。

此段话中提到的七日一周,即"星期",进入中国的途径和发展情况,已经是中国学术界几经讨论的题目,[①]本章比较关注的是此段话的最后两句:"直神善恶,言具说之耳。"王重民先生曾指出:"七曜历之最初形式,盖用摩尼教所用曜名,佛教所说吉凶,复杂以华俗而成,本与历法无关,而纯属于星占学者也。"[②]本节内容将结合七曜直日善恶的"具说",

---

① 最早对于七曜直日——"星期"的讨论起于传教士。其情形在张广达为邓文宽《敦煌吐鲁番天文历法研究》所作序言中有所说明:"早在1871年,也就是鸦片战争之后约三十年,厦门的英国传教士杜嘉德(Carstairs Douglas,1830—1877)首先注意到中国南方使用的历书中以'蜜'字注星期日的问题。他解释不出原因,于是在福州传教士保龄(Stephan Baldwin,1835—1902)于1868年5月创刊的《教务杂志》(*Chinese Recorder and Missionary Journal*)的《中国和日本札记与疑问》栏内刊登了一则有关的札记。这在传教士中引起了热烈的讨论,当时参加讨论的知名传教士有德贞(Johm Dudgeon,即德约翰医生,1837—1901)、卫礼(Alexander Wylie,即伟烈亚力,1815—1887)以及在北京的俄国东正教驻华布道团团长鲍乃迪大教长(Palladius,1817—1878)等多人。卫礼在《教务杂志》第4卷(1871年6月号、7月号)刊出了一篇重要文章,名《中国有关周末安息日的知识》。"卫礼在《中国有关周末安息日的知识》中,已将星期追溯到了《宿曜经》。随后,西方与中国学者陆续对这一问题进行了说明。分别有以下几种:(法)沙畹、伯希和著、冯承钧译:《摩尼教流行中国考》(收入《西域南海史地考证译丛》八编,北京:中华书局,1958年,第43—104页)、王重民:《敦煌本历日之研究》(《东方杂志》第34卷第9期,1937年,后收入氏著《敦煌遗书论文集》,北京:中华书局,1984年,第116—133页)、叶德禄:《七曜历入中国考》(《辅仁学志》1942年11卷1、2合期)、庄申:《蜜日考》(《历史语言研究所集刊》第31本,1960年)、石田干之助著、黄舒眉译:《以"蜜"字标记星期日的具注历》(收入刘俊文主编《日本学者研究中国史论著选译》第9卷,北京:中华书局,1998年,第428—442页)、饶宗颐:《论七曜与十一曜——记敦煌开宝七年(九七四)康遵批命课》(收入《饶宗颐史学论著选》,上海:上海古籍出版社,1993年,第582—583页)、江晓原:《天学真原》(沈阳:辽宁教育出版社,2004年,第266—292页)。

② 王重民:《敦煌本历日之研究》,收入《敦煌遗书论文集》,北京:中华书局,1984年,第127页。

从星占业者如何使用七曜历的角度来为王先生的这一论断作出注解。

所谓"具说",具体包括三大部分：

一、此曜直日行为宜忌，其中包括：

（1）宜，即各曜日所适宜从事的事务。

（2）忌，即各曜日不适宜从事的事务。

二、此曜直日生人命况，即各曜日出生者的性命特征。

三、此曜直日遇殊情况，具体包括：

（1）遇五月五日，即各曜日若是五月五日该年的情况。

（2）遇日月蚀地动，即各曜日若遇到日月蚀或地震该年的情况。

（3）若逢阵敌，即各曜日若对敌作战需采取的策略。

对比三种文献（《宿曜经》《超际法》和《九曜秘历》）中的占辞，我们很容易看出它们之间的诸多差异。这些差异说明，《宿曜经》之外也许还有相似的源文件——否则《超际法》《九曜秘历》中的"七曜直日法"不可能与《宿曜经》中的有过分的差别；当然，《宿曜经》也许经过了一些后续的处理，《超际法》《九曜秘历》依据的正是《宿曜经》被处理后的新内容。至于《宿曜经》上下卷的两种译本同样充满差异，则如在讨论《摩登伽经》/《舍头谏经》时我们已经说明了的——佛经之汉译过程中充满不确切性。

对于这种"不确切性"我们可以稍作讨论。密教的各种法术，即所谓密法，通常来说，一定是需要操作者严格遵守原旨、不容任何闪失地执行各细节的。这就容易给人造成一种误解，密教的法术应该是内容固定的。但事实上，在"译"和"传"的过程中，被认为应当严格保持的这些法术，早已不断地变换了内容甚至面目全非了——即便译传者在主观态度上已经尽可能地遵守了原文。最为明显的就是，《宿曜经》和《九曜秘历》中特别针对曜遇"五月五日"而作的占辞，在《超际法》变更成了遇"正月一日"。这一改动显然是刻意的——即便是无意的，与原义也已经明显差之千里了。

当然，差异虽多，彼此之间的同源性和传承关系也是很明显的。这三种文献中的四种"七曜直日法"的关系，大致可以归结为以下几点：第一,《超际法》《九曜秘历》内容非常近似,因此它们两者可能是同体系的;第二,《超际法》《九曜秘历》与《宿曜经》的内容上已经有了一定的差别,且相异之处并不比相同之处少,除了宜忌命的相关内容增加,另外还新增了"若对阵敌"一项,可以得出它们两者应该是《宿曜经》原有内容融合了更多新的内容而成的;第三,《超际法》《九曜秘历》与《宿曜经》中关于"遇五月五日(正月一日)""遇日月蚀地动"的说明是基本一致的,其他内容也大致有相似性,因此说明它们三者是同源的。因此总体上,"七曜直日法"中所包含的几项占辞还是有着相对固定的内容的。

占辞中分量最重的一部分是关于宜忌的,通过诸项分析不难发现,"七曜直日法"为人们琐碎的日常生活提供了名目繁多的宜忌选择,且服务对象直指中下层官民。以一个普通家庭为例,每日每个家庭成员尤其男主人需要从事的事务几乎都有宜忌说明。

首先对个人内务,有:割甲、剃头、洗头、沐浴、穿衣、冠带等;

其次对家庭事务,有:宅舍、乐事、交易、裁缝、婚姻、殡葬等;

对外事务,有:诉讼、结交、求学等;

相关法事,有:真言、设斋、修功德等;

生产事务,有:调畜、种植、收仓、酿酒、铸造等;

若为官员,则又有公事:拜官、兵马、远行等。

可以说,一个人的生活日程已经由选择术提前选择好,日常生活只需要按"宜"而行即可。

关于命况,《宿曜经》中七曜占中所及的内容颇为简单,主要是容貌好坏、孝顺与否,命之长短等。在《超际法》和《九曜秘历》中,则增加了一些新的内容。不过"命况"明显不如"宜/不宜"成体系。也许"七曜直日法"并没有把对个人性命的判断当成重点。

关于"遇五月五日""遇日月蚀地动",则预测的情况完全是当年的农业收成、战争状况、国家或者国王贵人一年中的形势,已经与"宜""忌"条款服务的芸芸众生不同。对日月蚀地动的占卜是中国传统星占术的重点,"七曜直日法"中出现此占,可能是王重民先生所说的佛教融合华俗的一种表现。当然占卜日月蚀地动并不是中国特有的,所以这部分占辞也有可能是来自西方的。而为什么特别针对曜直日遇"五月五日"做占，一直是令人疑惑的问题。①

"若逢阵敌"是《超际法》和《九曜秘历》新增的条款，说明具体曜日遭遇战争是应采取的策略，其来不知所自。其中固定地包含一条：大将及突围之将在逢阵敌时，应当采用统一某种颜色的衣服、坐骑、缨绋和旗帜，即日耀日白，月耀日绿，火药日绯，水耀日碧，木耀日黄，金耀日白，土耀日皂。《九曜秘历》在日耀日中增加了一条"不宜先起首"，和在所有七曜中都增加了一句"用日依时"。

8.8 《宿曜经》星占体系的传播和影响

《宿曜经》星占体系在唐代被传播到日本之后，成为日本"宿曜道"的源头，此后在日本的传承和发展是一个值得研究的大课题，日本学者森田龙迁②和矢野道雄③在这个方向上已有了较为深入的研究，这些工作值得为中国同行学者借鉴和参考。④本节以中国本土的两个案例来探讨《宿曜经》星占体系所带来的影响。

8.8.1 《道藏》中的"二十七宿直日表"

《道藏》中有一部原题为"中华仙人李淳风注"的数术著作《金锁流珠引》。在其卷二十一《二十八宿旁通历仰视命星明暗扶衰度厄法》中，⑤有一"二十八宿旁通历"历表，见图8.1所示。

---

① 印度星占术中有一种yoga，指各种直日相互搭配，可以衍生出新的占辞，如轸宿值日的那天刚好是日曜直日，则该日吉，诸如此类。这里的曜日遇五月五日，是否是类似的印度yoga，或者不空自己构造的一种yoga，则不可知。另外，五月五日是唐朝的重要节日端午节，此"五月五日占"是否是不空特为这一中土节日而做，不得而知。

② 森田龙迁：《密教占星法》，京都：临川书店，1974年。

③ 矢野道雄：《密教占星术》，东京：东京美术出版社，1986年。

④ 关于日本"宿曜道"的研究，还可参见山下克明：《宿曜道の形成と展開》，收入《後期摂関時代史の研究》，东京：吉川弘文館，1990年，第481—527页。

⑤ 《金锁流珠引》，《道藏》，第20册，第450—451页。

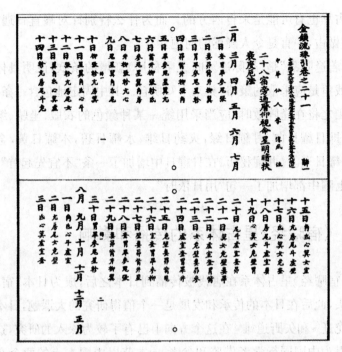

图 8.1　《道藏》"二十八宿旁通历"历表（前半部分）

关于这个历表，天文学史家李志超曾给予解说，①宗教学者盖建民认同该解说并作了进一步的阐释。②李先生的基本观点是："《旁通历》恒定为一年十二月，每月 30 日，年年如此，不置闰月。如果每日星宿确与天象相应，则节气的月日固定，因此应属'太阳历'。"③

但是，基于前面的讨论，我们很容易可以看出，这份"二十八宿旁通历"历表，其实正是《宿曜经》中的"二十七宿直日表"。因此李先生的解释并不算正确。有意思的是，道家把"二十七宿直日表"照抄之后，为了掩饰，而将表格命名为"二十'八'宿旁通历"，但真正直日的宿数却并没

---

①　李志超讨论"二十八宿旁通历"的论文主要有两篇：《旁通历——天文教育历》（收入氏著《国学薪火：科技文化学与自然哲学论集》，合肥：中国科学技术大学出版社，2002 年，第 197—202 页）、李志超、祝亚平：《道教文献中历法史料探讨》（《中国科技史料》1996 年第 1 期）。

②　盖建民：《道教与中国历法》，《宗教学研究》2005 年第 3 期，第 20—24 页。

③　李志超、祝亚平：《道教文献中历法史料探讨》，《中国科技史料》1996 年第 1 期，第 8—15 页。

有改动,仍是二十七——没有牛宿。且置在第一月的二月,正是印度的正月,也没有调换成中土的正月。

以上几种敦煌和《道藏》所藏文献,是前文讨论的三种星术在佛经之外的传播情况。这三种法既能流传至敦煌、跻身于《道藏》,证明它们得到了传播——甚至可能还产生过一定的影响力。

8.8.2 星期制度在中国的连续性问题再讨论

关于"星期"的源流,随着前贤的努力,已经颇为清晰。依饶宗颐先生的研究,"七曜"指代每周七日的曜直制度,在中国是唐时期才开始渐渐启用的新含义。[①]又据沙畹等人考证,七曜历大概在 8 世纪时随着摩尼教徒传入中国。[②]江晓原则计算出当时居住在大唐的外族人士所用的"七曜直日"延续至今,与现行的星期是完全连续的。[③]如果我们再考虑到明清时期的通书中仍然有"蜜"(即星期日)字注日。那么也就是说,星期制度在一千多年的历史中,一直没有离开过中国。[④]如此,一个新的问题就是,为什么七曜直日在中国一直只是若有似无地存在,而从来没有被正式认可和广泛采用呢?

第一条理由,毫无疑问,来自中国历朝历代对天文历法的绝对控制,唐律有曰"诸玄象器物,七曜历,太乙雷公式,私家不得有",[⑤]这显然阻碍了星期制度在中国的普及。第二条理由,则可能是因为,旬假制度为官方指定工作休息周期(工作九天休息一天),[⑥]人们没有必要再

---

① 饶宗颐:《论七曜与十一曜——记敦煌开宝七年(九七四)康遵批命课》,收入《饶宗颐史学论著选》,上海:上海古籍出版社,1993 年,第 582—583 页。

② (法)沙畹、伯希和著、冯承钧译:《摩尼教流行中国考》,上海:商务印书馆,1933 年,第 11—21 页。

③ 江晓原:《东来七曜术下》,《中国典籍与文化》1995 年第 4 期,第 54—57 页。

④ 邓文宽:《敦煌历日与当代东亚民用"通书"的文化关联》,《国学研究》第 8 卷,北京:北京大学传版社,2001 年,第 335—355 页;后收入氏著《敦煌吐鲁番天文历法研究》,兰州:甘肃教育出版社,2002 年,第 79—104 页。

⑤ 《私有玄象器物》,《唐律疏议》卷 9,北京:中华书局,1985 年,第 196 页。

⑥ 有关旬制度的研究,参见杨联陞:《帝制中国的作息时间表》,收入氏著《国史探微》,沈阳:辽宁教育出版社,1998 年,第 44—65 页;岳纯之:《论唐代官吏休假制度》,《贵州文史丛刊》2010 年第 1 期,第 11—14 页。

接纳长度相当的另外一种周期(一旬十日一周七天)。除此两种原因之外,我们还可以从七曜直日法的具体占辞入手,再提供另一种解答。

杨景风在《宿曜经》的注解中有:"忽不记得,但当问胡及波斯并五天竺人总知。尼干子、末摩尼常以蜜日持斋,亦事此日为大日,此等事持不忘。"这两句其实是对当时在华外国人士使用"七曜直日"情况的一个反映。句中的"胡"是粟特胡人的代称,尼干子即一切外道,末摩尼此处作摩尼教徒的泛称。这句话表明,"七曜直日"在当时广泛流行于波斯、天竺及粟特人之中。而"尼干子、末摩尼常以蜜日持斋,亦事此日为大日"则表明,对于尼干子、末摩尼而言,"七曜直日"的使用是其宗教生活"持斋"所必需的。

再观七曜直日法——七曜直日制度的载体——所包含的六部分内容。命、遇五月五日、遇日月蚀地动、逢敌阵四部分是人们无法参与的,只能"听天由命";只有宜、忌两部分是人们可以参与的,具体的事务须在"宜"日进行。

那么让我们具体观察一下这些宜忌事务,以《宿曜经》中的"洗头"为例,日曜日(《宿下》)、月曜日(《宿上》《宿下》)、木曜日(《宿上》《宿下》)、金曜日(《宿下》)均可从事,所以,人们并不必严格地按照七日一次的周期进行"洗头"这项事务。再来以"持真言(持咒)"为例,《宿曜经》认为唯有日曜日"宜",因此若要持真言,就必须遵守七日一次的周期;但问题在于,并不是每个人都从事持真言的活动,且不在日曜日持真言的话也并无"忌",因此,七日一次的"持真言"也并没有对人们的行为周期有所约束。其他事项也大体和"洗头""持真言"类似,对人们的行为不能造成任何周期性的约束。[①]此种情况下,七曜占法,对于普通人们来说,仅供"择日"而已,没有"定日"的限制。如此,星期制度当然就很难在民间形成使用习惯了。

---

① 而"星期"对于基督徒等,则是教义规定之安息日。

9. 道藏中的外来星命学

——以《灵台经》为中心

    《灵台经》,收入《道藏·洞真部·众术类》,撰者不详,推测该书出于唐宋间。原书十二章,散佚不全,现仅存最后四章,分别为:"定三方主第九""飞配诸宫第十""秤星力分第十一"和"行年灾福第十二"。《灵台经》作为收录于道藏中的星命学文献,其中出现了许多外来星命学元素,本章将对此给出具体分析。

9.1　定三方主

    《灵台经》第九章"定三方主",乃域外星命内容。公元 1 世纪的星占学家多罗修斯(Dorotheus)及稍后的托勒密分别在其著作中论述有三方主内容,并指出其重要性。多罗修斯在《星占之歌》(*Carmen As-trologicum*)中指出:"任何事情都由三方主决定或者指示,所有人所承受的每一份苦难与不幸,也都由三方主来决定"。①托勒密在《四书》(*Terabiblos*)中也指出,行星的统治依赖于五个方面,而其中之一就是三方。②《西天聿斯经》中更是着重点出"西方之法重三方"③。可见三方主在西方星命术中的重要性。但是,多罗修斯与托勒密对三方主的记载却有所不同,因此对《灵台经》中三方主的来源也产生分歧。

---

① Dorotheus of Sidon, translated by David Pingree. *Carmen Astrologicum*. Astrology Classics Publishers, 2005, p.2.

② Ptolemy, translated by J. M. Ashmand, Tetrabiblos, London: Printed and published by Davis and Dickson, 1822, pp.109—110.

③ ［明］万民英:《星学大成》卷七,北京:中央编译出版社,2015 年,第 206 页。

299

对比《四书》《星占之歌》与《灵台经》中关于三方主的记载,可知《灵台经》中三方主内容来源。

《四书》中关于三方主的论述大体如下:

第一个三角形或者三分主星是由白羊座、狮子座和射手座三个男性星座组成,太阳、木星和火星是他们的统治者,但是,由于火星与太阳的影响相反,这个三分主星只接受木星和太阳作为统治者。

第二个三分主星,由金牛座、处女座和摩羯座组成,被月亮和金星统治,它由女性星座构成。夜晚月亮掌管,白天金星掌管。

第三个三分主星由双子座、天秤座和水瓶座三个男性星座组成,……被土星和水星统治,土星掌管白天,水星掌管夜晚。

第四个三分主星由巨蟹座、天蝎座和双鱼座组成,……金星掌管白天,月亮掌管夜晚,火星与它们共同守护。[1]

《星占之歌》中关于三方主的论述大体亦如下:

星座通过角度构成三位一体的四组,白羊座、狮子座和射手座是一组,金牛座、处女座和摩羯座是一组,双子座、天秤座和水瓶座是一组,巨蟹座、天蝎座和双鱼座是一组。星座的三方主星:白羊座的三方主星白天依次是太阳、木星、土星,夜晚依次是木星、太阳、土星。金牛座的三方主星白天依次是金星、月亮、火星,夜晚依次是月亮、金星、火星。双子座的三分主星白天依次是土星、水星、木星,夜晚依次是水星、土星、木星。巨蟹座的三分主星白天依次是金星、火星、月亮,夜晚依次是火星、金星、月亮。[2]

《灵台经》中关于三方主的记载如下:

寅午戌,昼生,日木土;夜生,木日土。

申子辰,昼生,土水木;夜生,水土木。

---

[1] Ptolemy, translated by J. M. Ashmand, *Tetrabiblos*, London: Printed and published by Davis and Dickson, 1822, pp.43—45.

[2] Dorotheus of Sidon, translated by David Pingree, *Carmen Astrologicum*, Astrology Classics Publishers, 2005, pp.1—2.

亥卯未,昼生,金火月;夜生,火金月。

巳酉丑,昼生,金月火;夜生,月金火。

右件,凡昼生,看日所在之宫,以定之。夜生,看月所在之宫,以定之,而为主也。

经云:昼生人,日在阳宫,夜生人,月在阴宫,为不背三方主,皆得力大富贵之人也。若昼生,日在阴宫;夜生,月在阳宫,此为背三方主,合一生贫贱。[①]

表9.1 《四书》《星占之歌》与《灵台经》中关于三方主内容对比表

三　　方	《四书》		《星占之歌》		《灵台经》	
	昼	夜	昼	夜	昼	夜
白羊座、狮子座、射手座	日木	木日	日木土	木日土	日木土	木日土
金牛座、处女座、摩羯座	金月	月金	金月火	月金火	金月火	月金火
双子座、天秤座、水瓶座	土水	水土	土水木	水土木	土水木	水土木
巨蟹座、天蝎座、双鱼座	金月火	月金火	金火月	火金月	金火月	火金月

通过对《四书》与《星占之歌》中关于三方主内容的对比,可清楚知道三方及三方主的定义:将黄道十二宫分为四组,每组由三个星座组成,构成一个等边三角形,构成等边三角形的这三个星座称为三方。三方共有四组,每一组的星座拥有相同的守护星,守护这一组星座的行星称为三方主。

此外,通过内容的对比可发现,《四书》中除巨蟹座、天蝎座和双鱼座这一组的三方主由三颗星组成外,其他三组均是两颗星,而《星占之歌》的三方主则均是三颗星。并且,关于三方主的顺序,《四书》中两颗星的三方主与《星占之歌》中三方主的前两颗行星的顺序均相同,但《四书》中关于巨蟹座这一组的三方主的顺序与《星占之歌》不同。这是西方生辰星占术的两部著作中关于三方主的不同之处。

对比中国文献《灵台经》对三方主的记载,发现除《灵台经》中采用中国特有的十二地支代替黄道十二宫外,《灵台经》与《星占之歌》关于

---

① 《灵台经》,《道藏》,第5册,第22页下栏。

三方主的宫位、昼夜、守护星及其顺行均一致。可推断,《灵台经》中关于三方主的具体内容应来源于《星占之歌》。

《西天聿斯经》对三方主内容亦有大段描述:"七曜阴阳各三主,强弱轮排依此数。白日生人见配之,夜则归宫求类取。阴主三方月火金,便为阴曜福其阴。阳主三方日木土,白日生人贵为主。夜生白日背阴阳,福祸不坚难积聚。西天之法重三方,生时贵欲在高强。三方若得居高位,居宿之中各福贵。忽然七曜并相当,超腾必作人中瑞。"①但是其内容却会让人们产生误解,让人认为把七曜分为阴阳,各三主,分别主理日生人与夜生人,而不似《灵台经》中对三方主所描述的清晰明了。

造成这种情况的原因是《西天聿斯经》是歌诀形式,具有高度概括、抽象与指代性。因此理解歌诀,不能仅从字面进行解读,更要结合西方生辰星占术的背景与思想进行释读。笔者认为《西天聿斯经》中关于三方主的歌诀描述的不是定三方主的最后结果的呈现,而是三方主星的匹配过程、定三方主的内在逻辑,以及定三方主后人的命格如何等,具体分析如下。

西方星命术中七曜日月金木水火土分为两类,一类是日间星,日、木、土,为"阳主三方日木土";一类是夜间星月火金,为"阴主三方月火金";剩余的水星是没有确定的性质的,要根据它接近的行星来确定性质,就如经文中所说"独有水星本无定,见近之处即为性,附阳即阳之相辅,附阴即阴为善庆"②。

七曜与黄道十二宫的处所有一定的对应关系:太阳在狮子座,月亮在巨蟹座,土星的处所为摩羯座和水瓶座,木星的处所人马座和双鱼座,火星的处所为白羊和天蝎座,金星的处所为金牛和天秤座,水星的处所是双子和处女座。③

---

①② 　[宋]钱如璧:《子海珍本编·海外卷(日本)·静嘉堂文库·三辰通载·西天聿斯经》,南京:凤凰出版社,2016 年,第 744 页下栏。

③ 　Dorotheus of Sidon, translated by David Pingree, Carmen Astrologicum, Astrology Classics Publishers, 2005, p.2.

　　了解以上基本信息后,使七曜与黄道十二宫及宫主星根据规则进行匹配,匹配原则是"昼生只在日上求,夜则须从月中取"①。这里的昼生不是白日出生,而是指日间星座,日上求则是指从日间星中获得。因此,这句歌诀应理解为阳性(日间)星座对应日间星,阴性(夜间)星座对应夜间星,然后确定三方主。这一匹配过程传入中国后,又融合有中国的阴阳观念,成为歌诀"七政阴阳各有取,品量以配三方主"②。

　　三方主的具体匹配过程如下:

　　白羊、狮子和射手是阳性星座,本来对应的宫主星为火星、太阳和木星,但是因为规则是"昼生只在日上求",因此对应的行星只能是日间星,火星被土星取代,三方主星成为日木土。

　　同理,双子、天秤、水瓶是阳性星座,原对应水、金、木,因为金是夜间星,因此被木取代。相对于水星,本应无定性,但是根据 Sextus Empricus 所言,水星可能更偏向于干燥的属性,因此 Sextus Empricus 才会讲到土、木、水协助日耀管治昼生之人,③所以此处水星没有被取代,得以保留,三方主星成为土水木。

　　金牛、处女和摩羯是阴性星座,本对应宫主星金、水、土,但是因为"夜则须从月中取",因此对应的行星只能是夜间星,土星被火星取代。对于水星,上文提到它协助管治昼生之人,所以这里被月亮取代,三方主星成为金月火。

　　同理,巨蟹、天蝎和双鱼是阴性星座,原对应月、火、木,但因木是日间星,因此被金所取代,三方主星成为金月火。

　　对于歌诀"夜生白日背阴阳,福祸不坚难积聚"④,《灵台经》给出了解释:昼生人,日在阳宫,夜生人,月在阴宫:为不背三方主,皆得力大富贵之人也。若昼生,日在阴宫;夜生,月在阳宫;此为背三方主,合一

---

　　①② 　[宋]钱如璧:《子海珍本编・海外卷(日本)・静嘉堂文库・三辰通载・西天律斯经》,南京:凤凰出版社,2016 年,第 503 下栏。

　　③ 　转引自陈万成:《杜牧与星命》,见荣新江主编:《唐研究》卷八,2002 年,第 61—79 页。

　　④ 　[宋]钱如璧:《子海珍本编・海外卷(日本)・静嘉堂文库・三辰通载・西天律斯经》,南京:凤凰出版社,2016 年,第 744 页下栏。

生贫贱。①对此,《灵台经》还引用了《四门经》说法,对"是否背三方主"提出了补充看法,认为即使不背三方主,三方若在无力之地,或处于伏留逆行,也不可以认为是有福之人,如果背三方主,但是三方若在有力之地或者在王庙之宫,也不可以认为是无福之人。

《灵台经》不仅引用了《四门经》对于三方主灾福的看法,而且引用其对于背与不背三方主新的标准,并撮其枢要进行记载。

在新的标准中涉及少年时、中年时、老年时的概念,即星辰所在方位的表示。在北面,戌亥是少年时,子是中年时,丑寅是老年时;在南面,卯辰巳是少年时,午未是中年时,申酉是老年时。这种对星辰位置的划分与《聿斯经》有所不同:"因之以配十二位,十二位中有高贵,卯并巳午最高强,子酉之方次强位,寅申头上名近强,未亥微看三合方,此方照处有不照,七曜皆同贵此乡,辰戌二宫名恶弱,星辰不欲照临著,一切加临落此宫,资财福禄尽消灭,第三宫中号闲极,五星不得纤毫力,唯有月向此宫生,却向命宫添福德。"②

《四门经》在此基础上,给出初主、中主、末主在不同方位的占词,见表9.2:

表9.2 《四门经》初主、中主、末主不同方位的对应占词

初 主	中 主	末 主	结 构	占 词
在少年时	在中年时	在老年时	初中末	不背三主,大贵之人
在老年时	在中年时	在老年时	末中初	背三主
本分地位	本分地位	在中主前	初(末)中	三主减半论之
本分地位	本分地位	在初主前	(末)初中	若在卯北,末主并不论其灾福,若在卯南,即全力论之,其初末(中?)主,俱不论之
本分地位	在初主前	本分地位	(中)初末	居卯北,即中主全不论之,其初主亦减力论之,若在卯南,即初主全不论之
在中主后	本分地位	本分地位	中(初)末	减半论之
在末主后	本分地位	本分地位	中末(初)	全不论之

---

① 《灵台经》,《道藏》,第 5 册,第 22 页下栏。

② [明]万民英,《星学大成》卷七,北京:中央编译出版社,2015 年,第 206 页。

分析表 9.2，缺初末（中）与（末）初中两种结构，可能是遗漏造成，或占词与相似结构相同，故合并未书。在看三方的同时，还要看身命宫主与诸星之力来定贫富贵贱，定三方主远近，先算寿期长短，以三限分之，定远近灾福。

以上补充内容均为《四门经》撮要，其星命术是否外来，应考证《四门经》从何而来。《中西交通史》中提到"陈辅《聿斯四门经》一卷，似皆为印度天文或占卜书"[①]；沙畹和伯希和认为《四门经》来自北印度，因为印度之二十八宿分为四门；[②]而敦煌景教文献《尊经》记载：在唐时所进呈的汉文景教经典曾达 35 种，其中就包括《四门经》，但是占星术书《四门经》却不是景教经典；[③]薮内清认为《四门经》可能与托勒密的《四书》有关，因为两个书名的意思都是由四部书组成的著作，矢野道雄在薮内清上述研究的基础上，认为"都利聿斯"实即"托勒密"的音译，而《四门经》可能是托勒密的天文著作《四书》。[④]至于《四门经》是否为托勒密的天文著作，需要进一步比对研究。

总体来看，三方主具体内容来自于多罗修斯的《占星之歌》，之后记载的《四门经》内容来源不定，但是从诸多前人考证来看，《四门经》及其中记载的星命术来自域外无疑。因此，定三方主整体内容均反映了域外星命术。

9.2　飞配诸宫

《灵台经》第十章飞配诸宫主要记载了配诸宫的方法以及诸宫中见诸星的占词，诸宫与命宫十二宫相似，但却远远多出十二宫，并从其具

①　中华文化出版事业社：《中西交通史》（二），台北：华冈出版有限公司，1953 年，第 122 页。

②　冯承钧译，载《西域南海史地考证译丛八编》，北京：中华书局，1958 年，第 56 页。

③　中华文化通志编委会编：《中华文化通志》，第 84 册，上海：上海人民出版社，2010 年，第 281 页。

④　荣新江：《中古中国与外来文明》，北京：生活·读书·新知三联书店，2001 年，第 250 页。

体内容可以看出其体系之多且大多来自域外。

《灵台经》记载的宫名非常多,仅有占词的就有 27 宫,分别为:身宫、命宫、福德、财帛位、寿命宫、死囚宫、阳宫、阴宫、灾厄宫、疾患宫、兄弟宫、妻妾宫、会合宫、夫宫、男女宫、生育宫、男宫、女宫、父宫、母宫、官禄宫、交游宫、精魂增修宫、情欲宫、奴婢宫、艰迫宫、天想宫,除此之外,提到的还有相貌宫、阴阳宫、祸害宫、田宅宫、小十宫、翻复宫、土下宫、地想宫。

分析这些宫名,除迁移宫外,其中包含了各种文献中使用的命宫十二宫中的其他各宫:命宫、财帛、兄弟、田宅、男女、奴仆、妻妾、疾厄、官禄、福德、相貌,它们包含了人一生的主要方面,而其他各宫则是对人一生各个方面的补充与细化,会合宫、夫宫与妻妾宫相关,涉及人的婚姻;生育宫、男宫、女宫都与男女宫有关,涉及子孙后代;父宫、母宫则可能与有的文献中的"父母宫"相同,至于其他宫则不见于中文文献,但是在域外文献中有提到死亡、寿命、仇敌、婚姻、险恶、名利等名目,[①]这些流传于欧亚、印度等地的十二命宫内容或许是《灵台经》中这些宫的来源。[②]

具体分析所有宫的占词,每一宫的占词大体分为三部分,第一部分为配法,即这一宫配在何方,第二部分则是这一宫中见十一曜、二十八宿、黄道十二宫等的占词,第三部分则是延伸占词,涉及得力与否或者其他断定方法等。

27 宫的占词中,配置诸宫的方法大致分为三类,一类属于在中外星命术中都特别的身宫与命宫,一类专属于阴宫与阳宫,剩下的诸宫则配法大抵相同。

身宫、命宫由日、月位置决定,太阴所在之宫为身宫,太阳所在之宫为命宫,在这两宫中分别提出了三绝之宿与六害之宿,三绝之宿是在见生之宿的基础上规定的,源于何处目前不可考,但是六害

① 陈万成:杜牧与星命,《唐研究》卷八,2002 年,第 61—79 页。
② 宋神秘:《继承、改造和融合——文化渗透视野下的唐宋星命术研究》,2014 年 6 月,上海交通大学博士论文,第 113 页。

之宿却与《文殊师利菩萨及诸仙所说吉凶时日善恶宿曜经》中的六宫宿相同。

《灵台经》对六害之宿的相关记述是：亦于此宿上，有六害之宿。以太阳所在之宿为第一命宿，前数四宿为第二宿，又前数七宿为第三宿，又前数四宿为第五宿，又前为第六，数五宿言，若诸恶星押此六宿，悉有灾厄。以星曜之力言之，押命宿多灾厄，押意宿多不称意，押事宿多飞祸，押克宿多贼害，押聚宿多死亡，押同宿多离别。假令太阳在娄宿，便以娄为第一命宿，数四至毕为第二意宿，又自毕数七至星为第三事宿，又自星数四至轸为第四克宿，又自轸数四至氐为第五聚宿，又氐数五至箕为第六同宿。他皆仿此。①

同样的命宿、意宿、事宿、克宿、聚宿、同宿也出现在《宿曜经》中：凡如七曜运天，犯着人六宫宿者，必有灾厄。一者命宿，二者事宿，三者意宿，四者聚宿，五者同宿，六者克宿。从命数第十为事宿，第四为意宿，第十六为聚宿，第二十为同宿，第十三为克宿（景风曰：有人属娄宿者，向前数第四得毕为意宿，第十得星则为事宿，十三得轸则为克宿也。皆准此求即得也）。②

从这两段经文可以看出虽然语言表述略有不同，但是具体的推算方式却是一样，而且《灵台经》中所举例子也与杨景风的注释相同，可见二者必有联系。此外，《宿曜经》中对于六宫宿的叙述流畅，而《灵台经》中则内容驳杂，传抄《宿曜经》的可能性更大。但是《灵台经》对于命宿的安放却与《宿曜经》不同，《灵台经》以太阳所在之宿为第一命宿，而《宿曜经》则认为命宿是出生时值日的宿，应该由月亮决定，这可能是西方星命术在华传播过程中命宿的定义发生了变化，可以说《灵台经》是命宿由月亮变为由太阳决定的转变的见证。

在《灵台经》这一段中提出"以太阳所在之宿为第一命宿"，那么段首出现的"以太阳所生之宫宿为命宫，以加时所至之宿，便为命宿"③则

①③　《灵台经》,《道藏》,第5册,第23页下栏。
②　［唐］不空:《宿曜经》卷上《秘密杂占品第五》,《大正藏》第21册,第1299号,第392页中栏。

可能有误,应该是"以太阳所生之宫宿为命宿,以加时所至之宿,便为命宫",这样便与段尾的"又《都例经》云:天轮转出地轮上,卯上分明是命宫"①相合。

第二类配法则是简单地将二十八宿分为阴阳,阳宫从师子宫星宿顺行数为头,张、翼、轸、角、亢、氐、房、心、尾、箕、斗、牛、女、虚六度已前,皆为阳位。阴宫从巨蟹柳宿逆数为头,至鬼、井、参、觜、毕、胃、昴、娄、奎、壁、室、危、虚七度已来,为阴宫也。②

第三类配法则是"白日从……到……,夜生反此,从东出配之至终"或者"不以昼夜,从……到……,从东出配之"等类似的表述方法。此种描述还见于《西天聿斯经》"相貌福德宫又别,昼生从日夜从月,所取日月相去宫,还从东上配其宫,所终之处为相貌"③。这段文字描述较《灵台经》更为清晰,可以从中看出一些端倪。这种配法以东出宫为首,所求宫的位置与七曜位置相关,与传统的确定命宫然后顺次顺排或逆排其他各宫的方式不同,涉及具体的星曜,且每一宫需要关注的星曜都不尽相同。

《灵台经》与《西天聿斯经》异曲同工的配法应该来源相同,而《西天聿斯经》中的星命术来源于域外,更有学者认为源于托勒密的星命术,因此《灵台经》中飞配诸宫第十这一章应是域外星命内容的综合辑录。另外,《灵台经》占词中出现的黄道十二宫名称有部分异于大多文献,如:"若身宫及此宫配,在师子、人马、磨竭、宝瓶、双女,皆主少兄弟,如得鱼、羊、蝎、蟹,即多兄弟"④"若得牛、羊、鱼、磨等宫,多情欲"⑤"若水在羊、蝎,火在花树、鸳鸯,好男色"⑥等,除天秤宫为未见外,花树与鸳鸯异于大多文献,其他宫名基本相同。鸳鸯可见于《白宝口抄·北斗法三》,与男女宫相同,而花树则不见于其他中文文献,推测对

---

①③ [明]万民英:《星学大成》卷七,北京:中央编译出版社,2015年,第206页。

② 《灵台经》,《道藏》,第5册,第24页下栏、25页上栏。

④ 《灵台经》,《道藏》,第5册,第25页中栏。

⑤⑥ 《道藏》,第5册,第26页下栏。

应于双女宫①的位置。黄道十二宫源于域外，但是这一套十二宫名称源于域外何处还有待研究。

以下给出诸宫中见诸星的占词，以供参考：

表9.3 《灵台经》诸宫见诸星占词

宫 名	星 宿	占 词
身　宫	生时,诸星曜落在陷宫,及五弱之位	若与月同宫,即不为陷;若对望旁合见,即可减三分之力论之;若在本分王庙之宫,即全力论之
	日木在主	大贵有钱,长寿
	火在(主)	妨母
	火在前	损日月,减即可
	土在(主)	作事多滞,宜修道
	金在(主)	好容貌,多欲,得女人爱慕
	水在	好文,心巧有智
	交在	宜官
	天一在	小年近贵人
	太一在	毒害多灾,若有瘢痕及虫伤,火烧应之,即吉
命　宫	命宿	多灾厄
	意宿	多不称意
	事宿	多飞祸
	克宿	多贼害
	聚宿	多死亡
	同宿	多离别
福　德	配在七强	福禄殊常
	配在五弱位	福薄
财帛位	日	因先代
	月	因外家
	木	因官长

---

① 因在经文中水在羊、蝎,查黄道十二宫五行属性,羊、蝎属火,故火在花树、鸳鸯中的花树与鸳鸯的五行属性应该属水,查五行属水的黄道十二宫为双女与男女,鸳鸯为男女,那花树应为双女。

宫　名	星　宿	占　词
财帛位	火	因兵盗
	土	因奴仆、田园
	水	因文书
	金	因妻
	首尾	兵盗
	太一、天一	因贵人
寿命宫	善星守之	长命
	恶星见之/恶星克	夭折/夭亡
	见木月	有寿
	木逆月在同宫	短寿
	土克日	减一分之力
	火克月	
	太一克木	
	木月在无力之地	减一分之力
	火守西没	减四分之力
	火守八煞	恶死
	善见木月	减一分之力
死囚宫	金	因女人死
	土	好道死/腹疾死
	木	卒死
	水	冷疾死
	火	见血死
	蚀神	惊怕死
	孛	劫死
	天一、恶星	乐死
	一度至三度	笞死
	至八度	乃剑死
	至十一度	缢死
	至十四度	水死
	至十七度	咒诅死

宫　名	星　宿	占　词
死囚宫	至二十度	惊劫死
	至二十三度	虫伤、刑害死
	至二十六度	非横死
	至二十八度	坠扑死
	至三十度	市死
	角亢	水死
	氐房心	狐魅死
	尾箕	虫伤死
	斗牛女	抵触死
	虚危	魂寐死
	室壁	水死
	奎娄	虫伤死
	胃昴	骨烟(?)死
	毕觜参	驰驴死
	井鬼柳	捕逐死
	星张	马坠死
	翼轸	蛇豕死
	十五度	必市死
	自南六宫乾位	虫伤并市死
	北面六度	阴谋水火死　火伏在此,及身命有木,贵而夭亡。无金木,夭折,中年死
	日月木	疾病死
	火	见血死
	土	坠死
	金	因女人死
	水	文字死
	交中	朋友死
	天一	贵人害死
	太一	兵盗死,不然用兵死

宫　名	星　宿	占　词
灾厄宫	火土到此宫	即为灾
	火土是主星	不为灾也
	蚀神、天一	即为灾
疾患宫	日月	主眼目之疾
	木	主风疾
	火	主疮痍
	土	主肿痛
	水	主冷疾
	金	主嗽疾
	交	中内疾
	天一	心疾
	太一	中恶之疾
兄弟宫	若身命及此宫配,在师子、人马、磨竭、宝瓶、双女	皆主少兄弟
	如得鱼、羊竭、蟹	即多兄弟
	如是鱼、羊、人马、夫妻	有异类兄弟
	配在福德相貌位	有兄弟相宜
妻妾宫	妻宫、妻位并见金,唯不宜见火	见即不吉。若善星助,亦妨。恶星克,即淫乱,恶声名,败家风
	金在妻	亦淫乱
	若更火	即为娼妇
	若木见	则有二妻,得女人之财
	若日月见	得好妻
	若土见	难婚及老幼不等
	若见水	得好妻,会文字、音律
	若蚀神	妻恶,亦妨之
	见天一	得贵族之女
	见太一	得丑恶之妻
会合宫	此宫唯忌土火	见之必主难婚,或以贱为妻,亦少子
	若土见金,又见妻宫	妻多病及不具足
	火在金宫金度	

宫 名	星 宿	占 词
夫 宫	若其中有星曜	如上断之,亦依妻宫断之
男女宫	若其中有善星	必生好男女 以善星为淑善之男
	有恶星	必生妨害 以恶星为凶暴之子
生育宫	如行年上有金木到	此必有男女
	又木到火金元守	有子
	又行年至木金元守,火到本元守	亦有子
	又土与金水对	少子
	若金月与恶星同在翻复宫	绝嗣
	若星在阳宫,生时属阴,又在双女身宫	主双生
	如增修宫在高位见月	即男女易养
	若金在阴阳宫第二分	绝男女,主不生养
男 宫	在有力之位,善星临照	即有好男女
	若被恶星克之	即少子难养,有女亦妨之
女 宫	善星	吉
	恶星	凶
父 宫	如有善星	父贵
	如昼生,日见火;夜生,土见日;日与蚀神同并	主妨父也
母 宫	如昼生,火见月;夜生,土见月;及月在土下宫	皆主妨母
	日月同在翻复宫,又居东方	此人父母不同类
	日三方高	父强
	月三方	母强
	凡日月与东出宫背,又被恶星照	此人父母必主离别
	如金月在土下宫	母贱,亦恶声名
	日宫主及三方主,在奴婢祸害宫	必父贱,及无禄也
	若月宫主及三方主,在第六十二	母贱,短寿
官禄宫	在高位	即为官大贵
	若在下位	即为官毕下
	如虽在高位,主星不照,恶星不克	居官而无禄也

宫　名	星　宿	占　词
官禄宫	若在下位，主星又照，或居王庙	则为大官，只是不清贵也
	如木、日、水、天一交首占高位	为文官
	土、火、金、尾、字在高	居武
交游宫	唯不宜蚀神、太一、土、火并	已与身为仇雠害，施恩祸报
	若此星曜对望旁合	同此论之
	若此星曜在王庙	反灾为福，宜近武勇之人，结交得力也
	若火在小十宫	即被人谋害
	又日被火克，月被土克	并不宜知己也
精魂增修宫	日	好道
	木	好丹
	月	好释
	火	多礼
	土	好长生之术
	金	好女人
	水	好文章
	火	好武勇
	天一	好接贵人
	太一	好奸虚作盗
情欲宫	若得牛、羊、鱼、磨等宫	多情欲
	若水在羊、蝎，火在花树、鸳鸯	好男色
	金月在第四	男女俱淫，为巫现
	若金留	与众通
	若土木克	则淫于六畜
	火与金	淫常不足
	金在第八	好男女色 好男女色
	火在第九	
	金在狮子	好夺人妻妾
	金在蟹、磨	有秽行
	月在张九、氐十二、十三、十四、尾十二、胃十四、井二十四	皆主淫秽，亦以贱为妻，或受他妻为妻

续表

宫 名	星 宿	占 词
情欲宫	金在奎二、参一、井十九、柳十三、氐五、斗十三、危十一	皆主淫秽,亦以贱为妻,或受他妻为妻
	日在室十三、翼十三	
	水在井十五、翼三、氐四	
	其宫若男女宫并	即幸于男女也
	与奴婢并	即幸于奴婢也。但以所并者,必私通之也
	金在第七位,土火同宫	浮恶毒,与外人私通,不择好恶
	金在官宫,月在田宅	合取亲戚为妻
奴婢宫	在高位好星见	得奴婢之力
	下位恶星临之	主不得力
	若恶星守照	必婢逆作贼
	火土首尾见之	常有害主之心
艰迫宫	看所临之位	必主事多艰迫也
天想宫		

由以上这些都可以看出《灵台经》该章是十一曜、二十八宿、黄道十二宫以及诸宫组成的星命术的大集合,而这些因素都有外来星命术的影子。

9.3　秤星力分

《灵台经》第十一章秤星力分分为三部分论述,第一部分为定人灾福时,根据身宫、命宫、三方主分别在高位、下位、强位、弱位,在王庙与否,与诸星的不同位置来定是否得力以及得几分之力。第二部分则论述善星与恶星在前后不同位置、凌犯与否时的灾福深重。第三部分则内容驳杂,包括五星属性、五星疾患、十一曜所主与凌犯占词等内容,应该为各种星命书籍的辑录综合。

（1）身命宫、三方主、十一曜不同位置占词集合,见表 9.4：

表 9.4 《灵台经》身命宫、三方主、十一曜不同位置占词

身命宫	方主	十一曜	占词
身命宫主不得力	三方主居好处		得中下富贵
			得小富小贵
身命宫主在好位	三方主俱不得力	木在第三宫,与月同俱	所到之处皆如福
		星曜在五弱之位见日月	可减力论之
		首尾在四正宫	为官之人也
		大一、土、火	虽为官,必患恶疾夭死也
身宫主及方主,俱在下位		余星在高位	得三分之力
		若星王庙之宿	得六分之力
		诸星在高位	得七分之力
身命主及方主,居王庙之官		若诸星不得力	得四分之力
		余星在高处,亦居王庙	得八分之力
若身命主,方主,居高		余星在下位,居王庙	得九分之力
若身命主居王庙,占高位			得六分之力
身命主不在好处	三主居王庙在好处,方主在下之位		得六分之力
在有力位,但身主一与方主并			未定其灾福,仍须常见日月,即得十分之力。每星曜见日月,即得十分之力。每星曜见日月,即加二分之力;不见,即可减二分力论之

续表

身命宫	方主	十一曜	占　词
在有力位,但身主、命主一与方主并	星曜在王庙好乐,得多少力各不同	木	在室,得八分力;在危,得十分力;在鬼,得十分力;在人马,得四分之力
		火	在心,得十分;在斗,得六分
		土	在斗,得十分;在亢,八分;在虚,四分之力
		金	在亢,得十分;在胃,九分;在昴,八分力;在毕,六分;在室,五分之力
		水	在翼,十分;在轸,九分
		日	在星,十分;在娄,八分
		月	在胃,八分;在昴,七分;在毕,六分
		首	在星,得六分力;在轸,八分力
		尾	在壁,八分
		天一	在女,得十分之力
		月孛	柳,得六分之力
身命主,方主在王庙,居强位	见日月		得十分力
	若在于本分地位		倍之
	如留		又倍之,得三十分之力也
	若在下位,见日月		得七分之力
	若余星不在王庙,居强位	见日月	得八分力
		不见日月	不得力

续表

身命宫	方主	十一曜		占　　词
身命主，方主在王庙，居强位		若余星在高处，不居王庙	见日月	得入分之力
			不见日月	五分之力，但与主星减二分论之
		向者，得及得至者		并减二分力论
		若背与不及，不至者		并减四分论之
		若近者，王庙之度三日而得至者		并可减一分之力论之
		若在其王庙宿度		即十分论之
凡星曜入王庙之宫，不在王庙之度，有及与不及，至与不至，或向或背，亦须加减加至，亦须增损断之		更若临本分地位者		倍而论之
		若留守其宿者		又再倍而论之
		顺		即为文
		逆		即为武
		在七强之位		即大贵也
身命主，方主在五弱之位者				大贫之人也

（2）善星、恶星前后位置不同,凌犯与否的占词有如下大体 6 种情况:

若恶星在前,日月五星不出其宫行住犯之,即为灾。

若恶星在后,星曜逆来浚者,即灾甚也。

若善星在前,恶曜逆来犯者,灾亦甚重矣。

若星曜在后,恶星逆来凌者,灾尤重也。

若善星在前,恶星在后,恶星行疾者,不为凌,不凌不犯不为灾也。

若七日内有凌犯者,即不为离禧褓。①

（3）第三部分首先讲述日月、善星、恶星在不同位置的占词:

若日月在高处,恶星在下位来克,不为灾也。

若善星与日月在下位,恶星在高处来克,必为灾也。

若俱在高处,所克不深。若在下位,所犯必重也。②

其后讲述十一曜所主:木主重位,土主重务,金主女人女业,水主文才,火主武略,交主兵权,天一主服色贵,太一主刑杀,日主天子,月主后妃。③中间插入了月与水在天空中位置的占词,然后讲述了日月五星凌犯占词、性情、五星所主、五星疾患,见表9.5:

表9.5 《灵台经》日月五星凌犯、性情、所主、疾患等占词

五星	凌犯	性情	主事	疾患
土	命少孤,宜为道僧	性厚,多仁惠	为田宅	为腹疾
火	命勇猛好杀	性急,难侵犯	为官	为官事、虫伤
木	命有寿	性仁,好耿直	为福惠	为风疾
金	命有女人之厄	性快,自用意	为妻	为女人色欲
水	命劣技能	性聪,多能解	为艺业	为冷疾/为文学言语
日	命贵人	—	主先代	
月	—	—	主先代	
彗	命妨妻	—	—	

① 《灵台经》,《道藏》,第 5 册,第 28 页上栏。

② 《道藏》,第 5 册,第 28 页上栏、中栏。

③ 《道藏》,第 5 册,第 28 页中栏。

此处"彗"有可能是计都的别名，但缺罗睺，不然正好组成九曜。总体看来这一部分内容较驳杂，应出于不同典籍，最后辑录而成。并且这一章内容也是每段各不相同，不能形成很好的联系，应该也是不同文献的辑录。

9.4 行年灾福

《灵台经》第十二章行年灾福，从其字面就可看出内容，首先讲如何定行年宫，以及移动的规则；但以东出宫为首，一岁一移宫，直须过生日后，方可移宫。①出生那一年为东出宫，其次之后则是每过一次生日，宫移动一次，而这一宫也只主这一年的灾福。这种定宫方法与《西天聿斯经》中记载的"行年初起从东起，还将一岁一移宫，每岁皆须就日生，数至今年宫上推"②基本相同。其次则是判断一年灾福的方法，这一章中共出现了5种不同的表述。

第一种方法大体有5条记录：

> 若得日为主，须候太阳至本王庙宫宿之时，有喜宜近贵人。如行年得为主，则月水行疾，当以身命主及本主星推之，时为主，则有非常之喜。在顺行之时，仍须在有力之地。
>
> 木至身命主，先有灾忧，后有大喜。
>
> 若得火为主，灾在逆伏身命及行年，必为灾。若是主星，即看何时至官命及第三、第九，皆为有喜之时也。
>
> 若得土为主，合作事钝滞，多破财，病在逆伏之时也。若是主星，即合有土地之权，须在有力之地。若庶人，则多钱。
>
> 若得金为主，看何时到本王庙之，皆为有喜之时也。又常以生时三绝六害之宿，定逐年吉凶，亦甚准的，宜用之也。③

这种方法涉及日、木、火、土、金在命主（命宫）时的占词，缺月与水

---

① 《灵台经》，《道藏》，第 5 册，第 28 页中栏。

② [明]万民英：《星学大成》卷七，北京：中央编译出版社，2015 年，第 208 页。

③ 《灵台经》，《道藏》，第 5 册，第 28 页下栏。

的相应占词,并且占词语言时有不顺,估计是缺字或讹字造成。其次文中提及三绝六害之宿,可见此段经文中星命内容应来自域外。

第二种方法则是不同星在不同位置的占词,查看行年灾福时则看行年在哪一宫,然后看宫中有何星,查看其对应的占词即可知道一年灾福。下面列出相应表格(表9.6),以供参考。

表9.6　行星在不同宫中的行年灾福

	岁 星	荧 惑	镇 星	太 白	天一	太一	蚀 神
卯	远行起灾	六十日惊恐,苍肿血光	夜生灾	争讼起			毁谤、口舌
寅	得财,见贵人	失财	小口破财	加衣			损财
丑	兄弟不和	得财	大吉	加六畜			兄弟不和
子	损六畜,或因六畜所损	官灾疾病	远行	忌咒诅			父母疾病
亥	忧子	忧妻子	子孙争论	有疾病、口舌			损子
戌	远行吉	损六畜、奴婢	有喜	进财			得贵人力
酉	生贵子,迁官	女人口舌,妻子血光	妻患	逢贵人			损财、妨妻
申	平平	为人谋害	大吉	女人为灾			贵人往来
未	大喜,妨鞍马灾	做事不成	迁官	(缺)			百事吉
午	迁官	忧官	加官	有不测之喜			先忧后喜
巳	得知己力	大吉,小人即凶	忧小口,哭泣	大人举焉			得贵人接引
辰	远行即吉	兵厄,生时得力,不为灾	破财	恶人累及			心不安,为人连累

（天一列：皆为喜；太一列：皆为灾）

第三种方法则是火、木、土、金在特定位置的喜灾,共5条:

火至三、六、十一,皆喜。

木至二、五、七、九,皆喜。

若逆入六、十,火来即死,水日火至命,皆为灾。

土至三、六、十一,喜。

321

金至三、四、五、十、十二，皆喜。①

从上面第三条中"水日火至命"这一句，可知占词中的数字应该是命宫十二宫的代称。

第四种方法则是行年至不同元守宫的灾福：

表9.7　行年至不同元守宫灾福

元守宫	土元守	火元守	木元守	金元守	水元守	月元守	日元守
占词	灾至/多灾	合有子，火土见，力减	火土见，亦为灾	宜婚姻，有子	土火见，有灾。木见，则不为灾	火土见，灾重	宜入仕，见贵人

第五种方法则是不同星曜到不同元守宫的占词：

表9.8　行星至不同元守宫灾福

土元守	日至土元守宫	皆为灾重
	月至土元守宫	皆为灾重
	火至土元守	喜
	木至土元守	大富,得财
	金至土元守	大吉
火元守	日至火元守宫	皆为灾重
	月至火元守宫	皆为灾重
	土至火元守宫	皆为灾重
	木至火元守	有子
	金至火元守	心疾
木元守	日至木元守	皆有喜
	月至木元守	皆有喜
	水至木元守	有盗
	金至木元守	因女人破财
	土至木元守	有官灾
	火至木元守	忧公事

---

① 《灵台经》，《道藏》，第5册，第29页上栏。

	日至金元守	喜
金元守	火至金元守	有女人灾
	土至金元守	喜
	水至金元守	有吉
水元守	金至水元守	因文书喜
日元守	土至日元守官	皆为灾重
	火至日元守官	皆为灾重
	土至日元守	灾
月元守	土至月元守官	皆为灾重
	火至月元守官	皆为灾重//破财、疾病

由以上五种判定方式可以看出其可能来源不同,并且在本章末也载有"行年更有细微灾福,备在诸经,此即撮要而已,故不尽录也"一句话,可见《灵台经》第十二章是对诸经中行年灾福的撮要,故有多种方式。

纵观《灵台经》所存章节,作者应是每章针对不同问题辑录了各种典籍中的记载,可以推测《灵台经》就是对典籍中所载星命术中一些问题的简要记录。并且典籍中所载星命术大多来自域外,如三方主、黄道十二宫、命宫十二宫以及不同于中国传统的定行年的方式等。

10. 道藏所载之十一曜星神崇拜的兴起和流行

在多种道经中,例如《元始天尊说十一曜大消灾神咒经》《上清十一大曜灯仪》等,都有关于利用十一曜进行祈福消灾的方法和仪式的记载。十一曜在道经中一般称作"十一曜星君"或"十一曜真君",分别指太阳帝君、太阴元君、木德岁星星君、火德荧惑星君、金德太白星君、水德辰星星君、土德镇星星君、神首罗睺星君、神尾计都星君、天一紫炁星君和太一月孛星君。收录在《道门定制》卷三中的《罗天大醮仪》列出了"黄箓罗天一千二百分圣位"共一百状,其中的第十七状给出了十一曜真君的全称如下:①

　　日宫太丹炎光郁明太阳帝君

　　月宫黄华素曜元精圣后太阴元君

　　东方木德始阳青皇上真道君岁星真君

　　南方火德丹灵赤皇上真道君荧惑真君

　　西方金德太素少阴白皇上真道君太白星真君

　　北方水德太冥阴元黑皇上真②道君辰星真君

　　中央土德祖炁中皇上真道君镇星星君

　　交初罗睺神首建星真君

　　交中计都神尾坠星真君

　　天一紫炁道星真君

　　太一月孛彗星真君

---

① ［南宋］吕元素:《道门定制》卷三,《正统道藏》,第 52 册,台北:艺文印书馆,1977,第42497—42498 页。

② "上真"原文作"上道",疑抄录错误。

324

这里十一曜真君门下的总排序分别为从第一百零五分到一百一十五分。在同书卷三"消灾一百二十分圣位"共十二状的排列中,十一曜真君门下列为第四状,总排序为第二十四分到三十四分。可见在道教星神体系中,十一曜处在相当重要的位置。然而,对于十一曜星神的起源问题,它们是如何又于何时被纳入道教星神体系中的,古今学者似乎没有给出非常明确的说法。

元代马端临的《文献通考》卷二百二十"经籍考"中著录有:"《秤星经》三卷。晁氏曰:不著撰人。以日、月、五星、罗睺、计都、紫炁、月孛十一曜,演十二宫宿度,以推人贵贱、寿夭、休咎,不知其术之所起,或云天竺梵学也。"[①]这里的晁氏即南宋目录学家晁公武。博学如晁公武者对十一曜的起源也是"不知其术之所起"了,只是说"或云天竺梵学也",而晁氏的"或云"在后来的学者中几乎被传为定论。

然而,根据笔者的前期研究,十一曜概念的形成固然与随佛教传入的印度天文学有密切的关系,但是也有中国本土道教学者的创造在内。在本章中笔者愿就这一问题作一较为深入的探讨。

10.1 佛经中的九曜及其天文含义

九曜,有时称九执,在中晚唐时期多见于佛藏密教部的经典中。一行在《大毗卢遮那成佛经疏》卷四中提到:"执有九种,即是日月火水木金土七曜,及与罗睺、计都,合为九执。"[②]这里罗睺、计都分别是梵语 Rāhu 和 Ketu 的汉语音译,它们与日月五星(七曜)一起组成所谓的"九执"。九执梵文作 Navagraha,是指九种执持之神。如《大孔雀咒王经》卷下中的记载:"阿难陀,汝当忆识有九种执持天神名号,此诸天神于二十八宿巡行之时,能令昼夜时有增减,亦令世间丰俭苦乐预表其相。其名曰:阿侄底、苏摩、苾栗诃飒钵底、束羯攞、珊尼折攞、鸯迦迦、

---

① [元]马端临:《文献通考·经籍考四十七》卷二百二十,北京:中华书局,1986年,第1781页。
② [唐]一行撰:《大毗卢遮那成佛经疏》,卷四,《大正藏》,第39册,第617页。

325

部陀、揭逻虎、鸡睹。"①这里九执名号的前七个分别是日、月、木星、金星、土星、火星和水星的梵文音译。最后两个"揭逻虎"和"鸡睹"则是罗睺、计都的异译名。

　　九执或九曜的概念相当早就已传入中国,在三国时期译出的《摩登伽经》中便已经把罗睺②、计都与日月、五星一起并列:"今当为汝复说七曜,日、月,荧惑,岁星,镇星,太白,辰星,是名为七,**罗睺、彗星**,通则为九。如是等名,占星等事,汝宜应当深谛观察。"③这里把 Ketu 按照其梵文原意译成了彗星,同样的译法也见于其他佛经。如《炽盛光大成德消灾吉祥陀罗尼经》中提到:"若有国王及诸大臣所居之处及诸国界,或被五星陵逼、**罗睺、彗字**、妖星照临所属本命宫宿。"④又《大圣妙吉祥菩萨说除灾教令法轮》"出文殊大集会经息灾除难品":"于真言外应画九执大天主,所谓日天、月天、五星、**蚀神、彗星**。"⑤又《诸星母陀罗尼经》:"如是我闻,一时薄伽梵住于旷野大聚落中,诸天及龙、药叉、罗刹、乾闼婆、阿须罗、迦搂罗紧那、罗莫呼落迦诸魔,日、月、营惑、太白、镇星、余星、岁星、**罗睺、长尾星神**、二十八宿诸天众等,悉皆诸大金刚誓愿之句。"⑥

　　以上所引佛经当中,罗睺大多数是音译,有一处被意译作"蚀神";计都则通常被意译为"彗字""彗星"或"长尾星"等。一行《北斗七星护摩法》中说:"计都者,翻为旗也。旗者,彗星也。罗睺者,交会蚀神也。"⑦查梵文字典可知,计都的梵文原意中正有"旗帜""彗星"两个义项。一行在这里把罗睺的天文含义说得很明白。但对于计都,如果我

---

① ［唐］义净译:大孔雀咒王经,卷下,《大正藏》,第19册,第474页。
② 罗睺在印度神话中是阿修罗王,又是佛祖释迦牟尼儿子的名字,所以这个名称在很多佛经中出现时并不具有天文意义。随着佛教的传播,南北朝时期有不少以罗睺为名的,如陈、隋两朝的将领周罗睺等,这也不应被看成是受天文学名词罗睺之影响的结果。
③ ［吴］竺律炎,支谦译.摩登伽经,卷上,《大正藏》,第21册,第405页。
④ ［唐］不空译:炽盛光大成德消灾吉祥陀罗尼经,《大正藏》,第19册,第337页。
⑤ ［唐］失译:大圣妙吉祥菩萨说除灾教令法轮,《大正藏》,第19册,第343页。
⑥ ［唐］法成译:诸星母陀罗尼经,《大正藏》,第21册,第420页。
⑦ ［唐］一行撰:北斗七星护摩法,《大正藏》,第21册,第457页。

们按其字面意思把它理解成彗星的话，那就会出现偏差。这是因为作为九曜之一的计都，是有其特定的天文含义的。

根据约 8 世纪晚期译出的《七曜攘灾决》中的有关记载，可考定罗睺、计都所具有的明确天文含义：

> 罗睺遏罗师者，一名黄幡，一名蚀神头，一名太阳首。常隐行不见，逢日月则蚀，朔望逢之必蚀，与日月相对亦蚀。对人本宫则有灾祸，或隐覆不通为厄最重。**常逆行于天**，行无徐疾。十九日行一度，一月行一度十分度之六，一年行十九度三分度之一。一年半行一次。十八年一周天退十一度三分度之二，凡九十三年一大终而复始。[1]

> 计都遏啰师，一名豹尾，一名蚀神尾，一名月勃力，一名太阴首。常隐行不见，到人本宫则有灾祸，或隐覆不通为厄最重。**常顺行于天**，行无徐疾。九日行一度，一月行三度十分度之四，九月行一次，一年行四十度十分度之七。凡九年一周天差六度十分度之三。凡六十二年七周天，差三度十分度之四。[2]

通过对《七曜攘灾决》中上述这两段对罗睺、计都的总体描述的分析，以及对其后各自所附 93 年长的罗睺历表和 62 年长的计都历表的验算，可以确定罗睺是白道和黄道的升交点，逆行于天；计都是月球轨道的远地点，顺行于天。它们都与交蚀的推算有关。[3]罗睺和计都并不像日月五星一样具有物理实体并发出光芒，所以它们常被称作隐曜。

中唐之后、五代之前，密教非常兴盛，包括罗睺、计都在内的九曜名号得到广泛普及，在官方历法和民间咒术中都有了相当高的知名度。事实上，据《新唐书·历志四》记载，早在开元六年（718 年），唐玄宗诏太史监瞿昙悉达翻译《九执历》。[4]又据《唐会要》卷四十二"浑仪图"条

---

① ［唐］金俱吒：七曜攘灾决·卷中，《大正藏》，第 21 册，第 442 页。
② 同上书，第 446 页。
③ 钮卫星：《罗睺、计都天文学含义考源》，《天文学报》1994 年第 3 期，第 326—332 页。
④ ［宋］欧阳修等：《新唐书》，北京：中华书局，1975 年，第 691—692 页。

载:"开元八年(720年)六月十五日,左金吾卫长史南宫说奏:'《浑天图》空有其书,今臣既修《九曜占书》,须要量校星象,望请造两枚,一进内,一留曹司占验。'许之。"①瞿昙悉达译《九执历》和南宫说修《九曜占书》这两件事情说明,包括罗睺、计都在内的九曜概念在盛唐时期就已经取得了官方地位。元稹(779—831)在《景申秋八首》的第五首中写道:"三元推废王,九曜入乘除。廊庙应多筭,参差斡太虚。"②敦煌卷子中有一份唐中和二年(882年)剑南西川成都府樊赏家印本历日残片,其中有"推男女九曜星图""行年至罗睺星,求觅不称情"等语。③这两个例子反映了九曜在民间的流行程度。

然而,随着九曜的流行,在中国传统历算家群体中也出现了一股排斥它们的力量。如后周王朴进《钦天历》表时(956年)就极力反对罗睺、计都之说:"臣考前世,无食神首尾之交。近自司天卜祝小术,不能举其大体,遂为等接之法。盖以假用,以求径捷,于是乎交有逆行之数。后学者不能详知,因言历有九曜,以为注历之常式。今亦削而去之。"④王朴认为罗睺、计都只是假想出来方便计算的,而不是真有九个天体,所以在《钦天历》里不再用九曜注历。

尽管有王朴等人的反对,但有证据表明,罗睺、计都到北宋时期已经成为当时一些历法家的研究对象。如《宋史·艺文志六》著录有:"章浦《符天九曜通元立成法》二卷、姚舜辅《蚀神隐耀历》三卷。"⑤

北宋沈括(1031—1095)在谈到日月交食时也提到了罗睺、计都,在其《梦溪笔谈》卷七"象数"中这样解释罗睺和计都:"故西

① [宋]王溥:《唐会要》卷四十二,《四库全书》,第606册,上海:上海古籍出版社,1987年,第558页。
② [唐]元稹:《元氏长庆集》卷十五,四部丛刊明景嘉靖本。
③ 邓文宽:《敦煌天文历法文献辑校》,南京:江苏古籍出版社,1996年,第232页。
④ [宋]欧阳修:《新五代史·司天考一》,中华书局编辑部:《历代天文律历等志汇编》,北京:中华书局,1975年,第2409页。
⑤ [元]脱脱等:《宋史·艺文志六》,《二十五史》,第7册,上海:上海古籍出版社,上海书店,1986年,第653页。

天法罗睺、计都,皆逆步之,乃今之交道也。交初谓之罗睺,交中谓之计都。"①这里所谓的"交初"是白道与黄道的降交点,"交中"是白道与黄道的升交点。沈括把罗睺、计都认作白道与黄道的两个交点,都逆行于天。造成唐代密教星占学家和宋代学者双方这种对罗睺、计都含义产生不同理解的原因,目前尚难有明确判断。②不管是什么原因,结果就是大约从北宋早期开始,把罗睺、计都认作黄道与白道的两个交点的看法便开始流传,演变成两种情况,一种与沈括所述的定义相同,另一种认为罗睺是黄白升交点、计都是黄白降交点。

从唐代晚期到北宋早期这段时间内,人们对九曜的认识大致分为两个层面。一方面在数术和历法层面上,罗睺、计都的天文本义得到了明确表述,如在《七曜攘灾决》中的呈现,并可据此推算它们在黄道上的精确位置;另一方面,在民间星神崇拜的层面上,罗睺和计都基本上只被当作两个星占学符号,它们的主要功能已经退化为两个被念诵的星神名号,大多数提到罗睺、计都的汉译佛经都属于这种情况,还有更多的密教部经典只是笼统地提到九曜这个总称而不单独列出各个执曜的名称。密教部之外的经典则很少提及罗睺、计都和九曜。

佛经的汉译到北宋早期法天、天息灾和施护等三位天竺僧人在华形成一个译经小高潮之后,就几成绝响了。法天(约活跃于 973—1000 之间)所译的《圣曜母陀罗尼经》中也只出现了把日月五星和罗睺、计都并列的九曜:"如是我闻,一时佛在阿拿迦缚帝大城,尔时有无数天龙夜叉……,及木星、火星、金星、水星、土星、太阴、太阳、**罗睺**、**计都**,如是二十七曜恭敬围绕。"③实际上,遍查汉译佛经,未见有十一曜的说法,所

---

① [宋]沈括著,胡道静校:《梦溪笔谈校证》,上海:上海古籍出版社,1987 年,第312 页。

② 可能的原因之一是由于罗睺、计都天文本义被淡化,导致人们对之理解上的简化;或者也有可能是罗睺、计都原本在不同印度天文学派之间就存在两种不同的定义,它们分别都传到了中土,沈括等所取的是另一种定义。

③ [唐]法天译:《圣曜母陀罗尼经》,见《大正藏》,第 21 册,第 421 页。

以十一曜概念的形成应有佛经以外的缘由。

10.2　唐宋之际道教典籍中的九曜和十一曜

　　九曜加上紫炁和月孛组成十一曜。十一曜可分为两组:日月五星七曜为显曜,罗睺、计都、紫炁和月孛四曜是隐曜。四个隐曜后来常被叫作"四余"。探讨道教十一曜星神的起源,关键问题就是要弄清楚:原本作为密教星占学主要概念的九曜如何转变成了十一曜,或者说,原来的罗睺、计都两个隐曜,如何裂变成包含罗、计、炁、孛在内的四余。为此,本章先考察《道藏》经典中九曜和十一曜的出现情况。

　　九曜一词在《道藏》经典中不算多见,但在杜光庭(850—933)撰写的十七卷《广成集》中却频繁出现,统计情况见表10.1。

表 10.1　《广成集》九曜一词出现之频率统计[①]

九曜一词出现在篇名中		九曜一词出现在正文中	
卷　数	篇　　名	卷　数	篇　　名
卷　六	《李绾常侍九曜醮词》	卷　四	《张氏国太夫人就宅修黄箓斋词》
卷　六	《严常侍丈人山九曜醮词》	卷　六	《莫庭乂青城山本命醮词》
卷　七	《礼记博士苏绍元九曜醮词》	卷　七	《本命醮三尊词》
卷　七	《川主醮九曜词》	卷　八	《衙内宗夔本命醮词》
卷　八	《勇胜司空宗恪九曜醮词》	卷　九	《郑顼别驾本命醮词》
卷　八	《徐耕司空九曜醮词》	卷　九	《孙途司马本命醮词》
卷　八	《宴设使宗汝九曜醮词》	卷十一	《川主醮五符石文词》
卷　八	《亲随为大王修九曜醮词》	卷十二	《洋州宗夔令公本命醮词》
卷　十	《莫庭乂九曜醮词》	卷十三	《静远军司空承肇本命醮词》

---

　　① ［五代］杜光庭:《广成集》,《正统道藏》,第 18 册,台北:艺文印书馆,1977 年,第14547—14664 页。

续表

九曜一词出现在篇名中		九曜一词出现在正文中	
卷 数	篇 名	卷 数	篇 名
卷十四	《御史中丞刘滉九曜醮词》	卷十五	《赵球司徒疾病修醮拜章词》
卷十四	《先锋王承璲为祖母九曜醮词》	卷十五	《王宗寿常侍丈人山醮词》
卷十四	《张相公九曜醮词》	卷十七	《东院司徒郡夫人某氏醮词》
卷十五	《鲜楚臣本命九曜醮词》	卷十七	《王谠修醮拜章词》
卷十七	《洋州令公宗夔宅陈国夫人某氏拜章词设九曜词》		

　　以上《广成集》篇名中出现九曜的醮词共14通,这种情况下正文中一般也提到九曜。如《李绾常侍九曜醮词》中写道:"臣幸承前福,……禄秩所沾,神明是贶,每增忧灼,实惧玷危。而眼疾所婴,累年为苦,针药虽至,服饵益勤,未获瘳瘳,倍增惊惧。……今又身宫之中,**暗虚**所历,当兹久疾,值此灾期,启向无门,彷徨失据。……伏惟**九曜**威神,分光照纳,解其宿咎,和释冤尤,销彼灾躔,蠲除疾厄。使紫童守卫眼宫,无痛恼之侵,青帝获持肝脏,有安平之候。"①这位李常侍多年为眼疾所苦,针药无效,又遇上某隐曜②运行到人命宫,所以设醮向"九曜威神"乞求灾厄消解,眼疾好转。

　　《广成集》中九曜一词只出现在正文中的醮词有13通。如《莫庭乂青城山本命醮词》中写道:"伏闻三光表瑞,**九曜**凝辉。配金木以司方,四时攸叙;定阴阳而立象,万汇生成。……所冀希夷至圣,俯鉴丹心,**九曜**上尊,曲流元贶,释罪尤于既往,解厄运于将来,冤债销平,凶衰除荡,更增寿福,永介祉祥,眷属乂安,公私和泰。"③这个莫庭乂时任青城令,《广成集》中共有十一通与他有关的醮词。这一通本命醮词也只是在一般意义上乞求解厄销冤、国泰民安。

　　《广成集》所收醮词中频繁出现九曜一词,说明在唐代末年源自密

---

① ［五代］杜光庭:《广成集》,《正统道藏》,第18册,第14587页。
② 罗睺、计都称为暗虚星,醮词中只提到"身宫之中,暗虚所历",未指明是罗睺还是计都。
③ ［五代］杜光庭:《广成集》,《正统道藏》,第18册,第14591页。

教的九曜星神崇拜已经渗入道教星神体系中去了,并且至少在四川一带还颇为流行。但此时十一曜星神作为整体看来并没有出现在道教的祈禳仪式中。

本章第一节中提到《文献通考》"经籍考"中著录有"《秤星经》三卷",此书可能就是收入在《道藏》洞真部众术类的《秤星灵台秘要经》。该经今本有缺文,只见一卷。在现存版本中还能见到对火曜、木曜、土曜、暗曜的祈禳之法,并载有不完整的"洞微限歌"一首,开头部分为:"人生贵贱禀星推,限数交宫各有时。若遇**罗睺**金木曜,太阳**紫炁**月同随。限逢此曜加官禄,火土二星到便危。夜降土星画火曜,三方不是死无疑。此星若是三方主,虽有灾伤命不离。家宅不宁因孛至,更兼钝闷恰如痴。……"①在这短短数句中,已经出现了在九曜之外的"紫炁"和"月孛"。然此书正如晁公武所说的"不著撰人",无法确定其具体成书年代,初步推断完成于晚唐五代之际。

《道藏》中与《秤星灵台秘要经》二经同卷的还有一部《灵台经》,该经原本有十二章,《道藏》本只剩下最后四章。其中在第十章《飞配诸宫》的"死囚宫"中提到:"如是日、月、木、水并好死,是**蚀神**、火、**孛**恶死。……**交中**朋友死,天一贵人死,**太一**兵盗死。"②在该经中除了传统的七曜之外,罗睺(蚀神)、计都(交中)、紫炁(天一)和月孛(太一)这四个隐曜的名称都出现了。但该经作者也不详,郑樵(1104—1162)在《通志·艺文略》历数类中著录有"《灵台经》一卷",疑即此书,大致可推断该经成书于五代北宋之间。

北宋大中祥符八年间(1015 年)王钦若奉宋真宗之命编订了《罗天大醮仪》,在其中的"黄箓罗天一千二百分圣位"的第十七状中列出了十一曜真君的全部名号,此举可看成十一曜在道教星神体系中确立了正式地位。此后道经中整齐地列出十一曜的情况就不鲜见了。如在《太上洞玄灵宝天尊说罗天大醮上品妙经》中述及了"罗睺星君、计都星君、

---

① 佚名:《秤星灵台秘要经》,《正统道藏》,第 8 册,第 6061 页。
② 佚名:《灵台经》,《正统道藏》,第 8 册,第 6051 页。

木德星君、水德星君、金德星君、火德星君、土德星君、紫炁星君、月孛星君、太阳星君、太阴星君"等十一曜星君名号。①宋代张洞玄《玉髓真经》卷三十"正升玄"一节中也提到了十一曜,说"升玄本是使十一曜所临之方自见吉凶"之法。②

南宋初年夹江隐者李昌龄注《太上感应篇》"恶星灾之"一句时写道:"按《十一曜大消灾神咒经》,欲界众生不修正道,不知有五行推运,十一曜照临,主其灾福。"③这里提到的《十一曜大消灾神咒经》即本章开头提到的《元始天尊说十一曜大消灾神咒经》,该经撰人不详,当不早于北宋初年。该经收入《道藏》洞真部本文类,经文假托元始天尊对青罗真人讲说,主体内容为依次给出的太阳、太阴、木星、火星、金星、水星、土星、罗睺、计都、紫炁、月孛等十一曜真君神咒。北宋政和年间编订的《玉音法事》卷下"礼十一曜"一节列出的十一曜有:"日宫太阳帝君、月宫太阴皇君、东方木德星君、南方火德星君、西方金德星君、北方水德星君、中央土德星君、交初罗睺星君、交终计都星君、天一紫炁星君、太一月孛星君"。④

从十一曜在北宋时期的《道藏》经典中出现的情形来看,主要还是用于消灾祈福的目的,即通过考察十一曜所临之方所主灾福,来采取相应的措施,只不过所要考虑的星神从九位增加到了十一位。

10.3 十一曜源自《聿斯经》置疑

本章第一节提到晁公武已经不知道十一曜的起源了,只是推测可能与印度来华的天文学有关。较晚的宋代学者王应麟(1223—1296)在《困学纪闻》卷九"历数"中提到:"以《十一星行历》推人命贵贱,始于唐

---

① 佚名:《太上洞玄灵宝天尊说罗天大醮上品妙经》,《正统道藏》,第 47 册,第 37996 页。

② [宋]张洞玄:《玉髓真经·正升玄》卷三十,1550(嘉靖庚戌),明嘉靖刻本。

③ [宋]李昌龄注:《太上感应篇》卷一,《正统道藏》,第 45 册,第 36211 页。

④ [宋]佚名:《玉音法事·礼十一曜》卷下,《正统道藏》,第 18 册,第 14403 页。

贞元初都利术士李弥乾。"①元代学者吴莱（1297—1340）在所撰《渊颖集》卷十二"《王氏范围要诀》后序"中进一步提到："贞元初，李弼乾又推《十一星行历》，后传终南山人鲍该、曹士蒍，世系之星历。所谓十一星者，日、月、五星、四余是也。……今其说一本之《都利聿斯经》。都利盖都赖也，西域康居城当都赖水上。则今所谓《聿斯经》者，婆罗门术也。李弼乾实婆罗门伎士。"②在这里吴莱把十一曜的来历定位到了西域康居城。明末邢云路在《古今律历考》中基本上重复了吴莱的观点。③

据《新唐书·艺文志三》载："《都利聿斯经》二卷，贞元中都利术士李弥乾传自西天竺，有璩公者译其文。"④这里李弥乾与李弼乾应指同一人，《都利聿斯经》与《都赖聿斯经》被吴莱认为是同书异名。这样，从晁公武"不知其术之所起"，经王应麟到吴莱，十一曜之说被确定为传自西域康居的都利术士李弥乾，而李弥乾则传自西天竺。可是，晁、王、吴离开贞元年间的年代一个比一个遥远，分别有三、四、五个多世纪，而他们对十一曜起源的说法却一个比一个肯定，这是需要引起警惕的。

大约于开元年间到天宝十载（751年）之间译出的密教经典《梵天火罗九曜》中夹注了一段关于《聿斯经》的内容：蚀神头从正月至年终常居二宿：翼、张；蚀神尾从正月至年终常居此二宿：尾、氐。按《聿斯经》云："凡人只知有七曜，不知暗⑤虚星，号曰罗睺、计都。此星在隐位不见，逢日月即蚀，号曰蚀神。计都者，蚀神之尾也，号豹尾。"⑥从这一段

① ［宋］王应麟：《困学纪闻·历数》卷九，《四部丛刊三编》，上海：商务印书馆，1935年。
② ［元］吴莱：《渊颖集·王氏范围要诀后序》卷十二，《四部丛刊》，上海：商务印书馆，1919年。
③ ［明］邢云路：《古今律历考》卷六十四，《景印文渊阁四库全书》，台北：台湾商务印书馆，1986年。
④ ［宋］欧阳修：《新唐书·艺文志》，《二十五史》，第6册，上海：上海古籍出版社，上海书店，1986年，第165页。
⑤ "暗"原文作"晴"，疑误。
⑥ ［唐］一行：《梵天火罗九曜》见《大正藏》，第21册，第461页。

非常重要的夹注中可以得知,罗睺和计都在这里也并不是如沈括在《梦溪笔谈》中所言的为白道和黄道的降交点和升交点,经过推算可确认,罗睺为白道和黄道的升交点,计都为月球轨道的远地点,[①]与《七曜攘灾决》中对罗、计的描述一致。

因此,《梵天火罗九曜》固然提到了《聿斯经》中有罗睺、计都两个暗曜,然而此时计都还占据着月孛后来被赋予的轨道远地点的位置,所以只能说当时的《聿斯经》中有九曜的概念,而不能说《聿斯经》中已经出现了包括紫炁和月孛在内的十一曜概念。《梵天火罗九曜》署名一行修述,经中系统地描述了有关九曜的祈禳仪式。但值得注意的是,该经也表现出了一种把中外两种不同星神崇拜体系融为一体的趋势,例如经中同时也叙述了"葛仙公礼北斗法"[②],这是明显的道教祈禳仪式。

在宋王尧臣(1003—1058)所撰的《崇文总目》卷八"历数类"所著录的书名中有"聿斯""七曜"和"九曜"字样的列出如下:[③]

>都利聿斯经二卷
>
>新修聿斯四门经一卷
>
>都利聿斯诀一卷
>
>聿斯钞略旨一卷
>
>七曜符天人元历三卷
>
>七曜符天历一卷
>
>符天九曜通元立成法二卷

其中并无包含"十一曜"字样的书名。王尧臣又比晁公武早了100年,其所见当比王应麟、吴莱更多,如果有关于十一曜的书籍,他应该不至于遗漏。因此,包括紫炁、月孛在内的十一曜概念似乎不是简单地传自天竺梵学,说十一曜作为整体全部源自《聿斯经》的证据是不充分的,它

---

① 钮卫星:《〈梵天火罗九曜〉考释及其撰写年代和作者问题探讨》,《自然科学史研究》,2005(4).319—329。

② [唐]一行:《梵天火罗九曜》,见《大正藏》,第 21 册,第 462 页。

③ [宋]王尧臣:《崇文总目》卷八,《景印文渊阁四库全书》。

们的形成或许还另有起因。

10.4 醮仪、崇道、术士、历算家和十一曜的传播

目前"十一曜"一词见于史籍的最早一则记载是宋代王溥（922—982）《五代会要》卷十八后唐长兴三年（932年）二月司天台的上奏："奉中书门下牒，令逐年中送史馆《十一曜细行历》并周天行度祥变等。"[①]从这条记载来看，当时民间似乎已有专门推算十一曜行度的方法，只是在官方正式的书目中尚未收录。鉴于这条关于十一曜的记载在年代上稍微偏早，另一个可能的解释是，在古代竖排的书写方式中"七"常易被误认为"十一"，因此原文很可能只是指《七曜细行历》，这在当时就是很正常的事情了。

值得注意的是，在《广成集》卷九中有一通《李延福为蜀王修罗天醮词》中提到了"月孛"："今复大游、四神，方在雍秦之野；小游、天一，仍临梁蜀之乡。地一次于坤宫，月孛行于井宿。"[②]在同卷接下来的《罗天中级三皇醮词》《罗天醮太一词》《罗天醮岳渎词》《罗天普告词》《罗天醮众神词》《蜀王本命醮葛仙化词》等六通醮词中描述了相同的"天象"。这7通醮词中提到的"大游""四神""小游""天一""地一"等都属于古代帝王祭祀系统中的"太一神坛"十神中的5位，属于地地道道的本土文化。而不属于太一十神系列的月孛，也单独出现在这几通罗天醮词中，说明月孛在唐末五代之际已经成了道教罗天大醮仪式中天神之一了。但当时是否已经形成了整齐的十一曜星神体系，还不得而知。

前蜀主王建于大顺二年（891年）担任西川节度使。根据《李延福为蜀王修罗天醮词》中"数千里之山河，周旋六镇；十七年之临抚，宰制

---

① ［宋］王溥：《五代会要》卷十八，上海：上海古籍出版社，1978年，第294页。
② ［五代］杜光庭：《广成集》，《正统道藏》，第18册，第14608页。

一方"一句,可知这场罗天大醮作于王建主政蜀地的第 17 个年头,即唐哀帝天佑四年(907 年)。通过笔者验算,月孛①在公元 907 年的 4 月 1 日到 12 月 26 日之间运行在井宿的范围内,与醮词中"月孛行于井宿"的说法完全吻合。这说明杜光庭本人或他身边的术士有能力推算月孛的行度,或者说,当时像"月孛行度表""太一诸神所临方位表"这样的占星手册是存在的。朱温在该年四月代唐建立后梁,王建在该年九月称帝建立前蜀,所以醮词中"臣允承天泽,长奉唐年,享椿松延广之龄,竭金石忠贞之节"的说法也就落空了,据此可进一步推断这场罗天大醮当作于 907 年上半年的某个时候。根据古代分野理论,井宿对应益州,当年为恶曜月孛所临,所以蜀主要采取相应的祈禳措施。

现在看来,大约到唐代末年,月孛已经继承了计都的天文本义而独立成为月球轨道远地点的代称,并进入罗天大醮的天神体系。此时罗睺保持着原来的含义,计都大概因为让位于月孛而成了另一个黄白交点的名称。从杜光庭撰写的不少九曜醮词来看,罗睺、计都也已经进入了道教的天神行列。

那么紫炁是如何成为十一曜中的一曜的呢?紫炁这一曜的名称与罗睺、计都完全不同,具有明确的本土道教文化特点。王钦若在《罗天大醮仪》中定下的紫炁、月孛名号之前分别被冠以天一、太一的尊号。天一和月孛并列出现在杜光庭 907 年的罗天醮词中。太一和天一又是自唐代兴起的"九宫贵神"中的两位天神名号。对"太一十神"和"九宫贵神"的祭奠都是具有浓郁道教色彩的祭祀活动。所以,笔者推断,紫炁也是大致在唐末、五代之际由术士们引入道教天神体系中去的。因为紫炁被称作闰余,而在对太一的推算中,闰余是个关键的中间推算结果。这从后世黄宗羲在《易学象数论》中对"太一推法"的介绍中可见一斑:"置积年减一,以岁实乘之,得数满朔实去之,其不满朔实者,则是减一内之日,谓之**闰余**。仍置岁实所乘之数,减**闰余**,此本年天正朔前之

---

① 月孛指月亮轨道的远地点,这点并无歧义。在《七曜攘灾决》中作为月亮轨道远地点的计都的一个别名就是月孛力。

积日也。以纪法约之，知其末日甲子，加入本年所求之日，是为积日。在正以后之月，每月加一朔实、一月闰于**闰余**之内。"①既然术士们对闰余也就是紫炁的推算是熟悉的，加之中唐以来密教星占术的流行也使得九曜星名学变得相当普及，这让术士们能够较方便地把九曜星命学改造成十一曜星命学。

但是，在五代到北宋初年间，十一曜星神崇拜应该还没有大范围流行。敦煌卷子宋太平兴国三年戊寅岁（978 年）应天具注历日中还只用九曜注历，其"九曜歌咏法"的罗睺歌为："罗睺此二字，闻名心胆惊，但虑诸般祸，修禳方始停。"②十一曜的真正流行要到宋真宗自大中祥符元年（1008 年）大规模崇道之后。这一点从星神画像的构图演变中也可知一斑。在苏州瑞光寺塔内纳藏的真宗景德二年（1005 年）皮纸印本《大随求陀罗尼》中围绕佛祖的仍旧是九曜、黄道十二宫和二十八宿，③此后十一曜题材的星神画像明显增多。两宋之际邓椿的《画继》卷八中著录有"孙太古《十一曜图》"。④孙太古即孙知微，为太宗（939—997）、真宗（998—1022）时人，史称其"知书，通《论语》、黄老学，善杂画"。⑤宋范镇（1007—1087）《东斋记事》卷四中也记载了孙知微行迹。⑥另外，宋郭若虚在《图画见闻志》卷三中提到一位北宋中期长沙人武洞清"工画佛道人物，特为精妙，有《杂功德》《十一曜》《二十八宿》《十二真人》等像传于世"。⑦可见在宋代星神画像中，十一曜是很流行的题材。

以上分析和论述说明，十一曜概念的形成和扩散与道教有密不可分的关系。宋王钦若《册府元龟》卷五十三"帝王部尚黄老第一"节中提到北魏寇谦之，说他"算十一曜，有所不了，惘然自失"⑧，但查《魏书》可

①　[清]黄宗羲：《易学象数论》卷六，清光绪刻广雅书局丛书本。
②　邓文宽：《敦煌天文历法文献辑校》，南京：江苏古籍出版社，1996 年，第 519 页。
③　廖旸：《炽盛光佛构图中星曜的演变》，《敦煌研究》2004 年第 4 期，第 71—79 页。
④　[宋]邓椿：《画继》卷八，北京：人民美术出版社，1964 年，第 104 页。
⑤　[宋]刘道醇：《宋朝名画评》卷一，《景印文渊阁四库全书》。
⑥　[宋]范镇：《东斋记事》卷四，北京：中华书局，1980 年，第 36 页。
⑦　[宋]郭若虚：《图画见闻志》卷三，北京：中华书局，1985 年，第 134—135 页。
⑧　[宋]王钦若：《册府元龟》卷五十三，《景印文渊阁四库全书》。

知原文是"算七曜，有所不了"①。北魏时期尚无十一曜的说法，这一改动从细微处折射出当时道家对十一曜的偏爱。

无论是官方的祭祀还是民间的咒术，背后都需要历术的支撑。古代官方的天文机构和民间的术士群体能满足这两方面的需要。十一曜行度的推算中，七曜的推算相对常见，四个隐曜的推算则需要较深的历算知识。宋代曾公亮(999—1078)等在《武经总要》后集卷二十"六壬用禽法"中提到："审天上十一曜在何宫宿，而时下临何宿。"②《武经总要》后集二十卷的最后五卷是由时任司天少监杨惟德负责编撰的。杨惟德是著名的1054年超新星的记述者，并另撰有《景祐遁甲符应经》三卷、《景祐六壬神定经》十卷，是一位具有道教背景的专业天文历算家，他完全有能力推算十一曜行度。实际上，《梵天火罗九曜》和《七曜攘灾决》中的证据表明，推算白道和黄道的升降交点和月球轨道的远地点在当时已经不是难题。

杨惟德之后又一位高明的道教天文学家要数宋朝宗室、元代全真教道士赵友钦(1271—约1335)了。他在《革象新书》卷三"目轮分视"一节中对四余的迟疾行度顺逆等作了详细的描述。由于赵友钦精通历算，所以对四余行度的描述又比其他道家人物的介绍更为精致并具有数理特征：

> 罗睺、计都、月孛、紫炁，每日所行均平，并无迟疾。夫罗睺、计都者，是从月交黄道而求月交之终始，该三百六十三度七十九分三十四秒，历二十七日二十一分二十二秒二十四毫，罗、计于其间各逆行一度四十六分三十秒，以此数并月行交终之度，即黄道周天之度也。罗、计渐移十八年有余，而周天交初复在旧躔。夫月孛者，是从月之盈缩而求，盈缩一转，该二十七日五十五分四十六秒，月行三百六十八度三十七分四秒半，孛行三度一十一分四十秒半，以黄道周天之度并孛行数，即月行数也，大约六十二年而七周天。太

---

① ［北齐］魏收：《魏书·释老志》，《二十五史》，第3册，上海：上海古籍出版社，上海书店，1986年，第339页。

② ［宋］曾公亮等：《武经总要·六壬用禽法》，《景印文渊阁四库全书》。

　　阴最迟之处与其同躔。夫紫炁者,起于闰法,约二十八年而周天。
《授时历》以一十日八十七分五十三秒八十四毫为岁之闰。①
赵友钦以上这段叙述也可以看成给出了四余的标准定义。罗睺、计都
和月孛虽然称作隐曜,但它们的天文含义是较为明确并好把握的,紫炁
和闰月的安插有关,它的天文含义在几何意义上不明确,可作代数上的
解释。所谓一岁之闰就是一个回归年(阳历年)和 12 个朔望月组成的
阴历年之间的天数之差。每一次阴历过年,都比阳历过年提前 10 天
多,过大约 28 年之后阴历年和阳历年又差不多同时过了,这就是紫炁
周期。

　　到了明代,四余摆脱了此前大多出现在道家经典、星命之书中的民
间地位,终登大雅之堂,成为官方历法《大统历》中的正式推算项目。
《明史·历志六》载有"步四余"一术,有"推四余入各宿次初末度积日"
"推四余初末度积日所入月日""推四余每日行度""推四余交宫"等项
目。②这一从民间到官方的地位转变,可以看成四余概念的广泛传播和
深入汉化的结果。但同时也引发了明清两代学者围绕四余存废问题的
争论,并因此而在清初酿成"历狱",这已经成为一个颇受关注的社会天
文学史话题了。③

　　综上所述,对于十一曜星神崇拜的起源、扩散和流行,可以得出
以下五点结论:(1)道教十一曜星神的起源与中晚唐时期流行的密教
星占术有密切关系,但宋元学者认为的十一曜源自《聿斯经》的说法
证据不足,笔者从《梵天火罗九曜》中发现的证据基本上否定了这个
说法。(2)十一曜星命学基本上可确定是由中国本土术士在九曜星命
学的基础上融合了本土的太一天神和九宫贵神等天神崇拜后改造而

　　① [元]赵友钦:《革象新书》卷三,《景印文渊阁四库全书》。
　　② [清]张廷玉:《明史·历志六》,《二十五史》,第 10 册,上海:上海古籍出版社,上海书店,1986 年,第 90 页。
　　③ 黄一农:《清前期对"四余"定义及其存废的争执——社会天文学史个案研究(下)》,《自然科学史研究》1993(4),344—354。

成,这个过程中本土术士的主要发明是引入了紫炁一曜,这个改造过程大致发生在唐末到宋初的某个时候,但没有充足的证据指向某一个术士个体或群体。(3)从杜光庭《广成集》中的九曜醮词、罗天醮词等文献证据看,唐末五代对九曜和月孛的崇拜已经成为当时道教醮仪的组成部分。(4)宋真宗大中祥符元年起大规模崇道、王钦若大中祥符八年奉旨编订《罗天大醮仪》,这一系列事件确立了十一曜在道教神仙谱系中的地位,并刺激了十一曜星神崇拜的流行。(5)有证据表明,唐宋之际的民间术士和官方天算家都能相当精确地推算十一曜的行度,为十一曜星神崇拜提供技术支持。在历代具有道教背景的天算家中也不乏像杨惟德、赵友钦这样的高手。希望以上五点能对全面了解道教十一曜星神崇拜的起源和流行有所帮助。

11. 道藏中记载的星命术实践

——以杜光庭《广成集》醮词中的占卜案例为中心

　　杜光庭是唐末五代时期著名的道门领袖,推动了道教思想在唐宋时期转型,起到承上启下的作用。[①]同时,他还注重斋醮科仪,编撰两百余卷经书,流传至今的《广成集》,收录其醮词 187 通,斋词 31 通。由于醮词的自身性质[②],其中包含了大量的天文占卜信息,其与天文数理计算、中国历史、文化、民俗等都有密切联系。因此学者对其研究较多。

　　本书作者之一通过对《广成集》有关醮词的研究,指出其中对九曜概念在道教活动中的引入与使用。[③]刘长东对《广成集》研究主要集中于本命信仰研究,指出唐宋时期本命推算方式以及时人设醮原因。[④]吴羽对《广成集》研究主要集中于醮词写作年代、太一十神、星占与星斗信仰等方面。[⑤]孙伟杰与盖建民对《广成集》研究主要集中于天文分野、太

---

　　① 孙亦平:《杜光庭评传》,南京:南京大学出版社,2011 年,第 55 页。

　　② 《隋书·经籍志》记载:"有诸消灾度厄之法,依阴阳五行数术,推人年命书之,如章表之仪,并具赆币,烧香陈读。云奏上天曹,请为除厄,谓之上章。夜于星辰之下,陈设酒脯饼饵币物,历祀天皇太一,祀五星列宿,为书如上章之仪以奏之,名之曰醮。"

　　③ 钮卫星:《从"罗、计"到"四余":外来天文概念汉化之一例》,《上海交通大学学报(哲学社会科学版)》2010 年第 6 期,第 48—57 页;钮卫星:《唐宋之际道教十一曜星神崇拜的起源和流行》,《世界宗教研究》2012 年第 1 期,第 85—95 页。

　　④ 刘长东:《本命信仰考》,《四川大学学报(哲学社会科学版)》2004 年第 1 期,第 54—64 页。

　　⑤ 吴羽:《杜光庭〈广成集〉所载表、醮词写作年代从考》,《魏晋南北朝隋唐史资料》2012 年第 243—248 页。

　　吴羽:《宋道教与世俗礼仪互动研究》,北京:中国社会科学出版社,2013 年。

　　吴羽:《宋代太一宫及其礼仪——兼论十神太一信仰与晚唐至宋的政治、社会变迁》,《中国史研究》2011 年第 3 期,第 87—108 页。(转下页)

一十神、十一曜与星命关系,并提出杜光庭天文术数知识受蜀地印刷术潜在影响的观点。[①]对于占卜文书中的行星位置与精度研究主要有本书作者之一的《敦煌遗书开宝七年星命书(P.4071)中的十一曜行度及相关问题研究》[②],此外,还有大量学者研究中涉及杜光庭、古代占卜等内容,在此不一一赘述。本章在此基础上展开研究。

11.1 《广成集》占卜信息统计

笔者通过对《广成集》醮词中的占卜信息的收集整理与统计,发现醮词中的占卜信息主要分为以下十二类:一是本命,二是运势类型的大运、小运、行年等,三是九宫贵神,四是太一十神,五是七曜及暗曜,六是十二命宫,七是十二次,八是十二地支,九是二十八宿,十是分野类,十一是神煞体系,十二是五行生克、生死所等,还有其他零星信息。笔者将这些信息出现的次数统计如表 11.1:

表 11.1 《广成集》醮词中占卜术语出现情况一览表

分类	类型	名称	次数	总数
一	本命	本命	79	79
二	运势	行年 + 游年	29 + 6	87
		大运	21	
		小运	20	
		二运	5	
		年运	6	

(接上页)吴羽:《晚唐前蜀王建的吉凶时间与道教介入——以杜光庭《广成集》为中心》,《社会科学战线》2018 年第 2 期,第 106—118 页。

吴羽:《杜光庭寓蜀时期的玉局化北帝院与星斗信仰》,收入《道教与星斗信仰》,济南:齐鲁书社,2014 年,第 220—243 页。

① 孙伟杰、盖建民:《斋醮与星命:杜光庭〈广成集〉所见天文星占文化述论》,《湖南大学学报(社会科学版)》2016 年第 3 期,第 70—76 页。

② 钮卫星:《敦煌遗书开宝七年星命书(P.4071)中的十一曜行度及相关问题研究》,《自然科学史研究》2015 年第 4 期,第 411—424 页。

分类	类 型	名 称	次 数	总 数
三	九宫贵神	天 符	27	56
		咸 池	2	
		二 宫	3	
		中宫/中位	5	
		四 宫	1	
		九 宫	18	
四	太一十神	太 一	15	56
		地 一	12	
		四 神	8	
		天 一	7	
		小 游	6	
		大 游	5	
		直 符	3	
五	七曜 + 暗曜	火 星	40	169
		土 星	34	
		金 星	12	
		木星 + 岁星	7 + 1	
		水 星	4	
		罗睺	1	
		计 都	3	
		九 曜	34	
		月 孛	8	
		暗曜 + 暗虚	20 + 3	
		蚀 神	2	
六	十二命宫	命 宫	2	39
		命 宿	2	
		身宫 + 身位 + 身命之宫	25 + 4 + 2	
		妻 宫	2	
		财 位	1	
		田 宅	1	

续表

分类	类 型	名 称	次 数	总 数
七	十二次	实沈	2	2
八	地支(方位)	子丑寅辰午未申	9	9
九	二十八宿	十三宿	1	9
		第二十宿	1	
		井宿	7	
十	分 野	蜀乡 + 蜀分	1 + 2	20
		益 部	2	
		雍 秦	7	
		梁蜀 + 梁益	6 + 2	
十一	神 煞	伏 吟	1	38
		劫 煞	2	
		勾 绞	1	
		三 杀	2	
		天 罗	8	
		地 网	8	
		六 害	3	
		绝 命	2	
		驿 马	4	
		官 禄	1	
		马破之位	1	
		岁破之乡	1	
		干 禄	2	
		甲 禄	1	
		魁 罡	1	
十二	五行生克	木墓之位 + 命墓之岁 + 墓位 + 墓乡 + 墓	1 + 1 + 1 + 1 + 3	21
		王金之上	1	
		生金之乡	1	
		大火之乡	1	
		子水向衰	1	
		冲 破	5	
		乖 背	5	

　　本命类占词在《广成集》中共出现 79 次,这种道教星斗信仰下的本命信仰,认为人出生的时间不同,本命星神也会不同,本命星神在其本命日会下界视察,记录功过,进行赏罚,故斋醮者在本命日斋醮,希冀星神记录其良好行为,也希冀星神能够满足自己的祈求,消灾解厄。

　　运势类占词共出现 87 次,主要包括对大运、小运和行年的推算,来推算个人运势。大运推算十年运势,小运与行年推算一年运势。

　　九宫贵神占词共出现 56 次等。九宫贵神是指招摇、轩辕、太阴、天一、天符、太一、摄提、咸池、青龙九神,是太一下行九宫中每一宫的宫神,是中唐之后兴起的信仰,在《广成集》中频繁出现,可见其在唐末五代已经十分流行。

　　太一十神占词在《广成集》中共出现 56 次。太一十神是指君基、臣基、民基、五福、天一、地一、四神、大游、小游、直符十神,它们的运动遵循一定的规律,当它们运行到特定的位置时,地上相对应的分野就会有灾或福,主要用于军国大事的占卜。

　　跟七曜和暗曜相关的占词在《广成集》中多达 169 条。这里除了紫炁之外,十一曜中的其他成员均已全部出现。《广成集》中对七曜加上罗睺、计都、月孛等暗曜占卜实践,可以说,为此后十一曜体系的形成和流行奠定了基础(参见本书第十章中的论述)。

　　十二命宫是命位、财帛、兄弟、田宅、男女、奴仆、妻妾、疾厄、迁移、官禄、福德、相貌等宫位,表示人一生祸福相关的各个主题,是外来星命学的基本组成部分。

　　十二次是根据木星大约十二年运行一周的规律,将周天分成十二等分,自西向东依次为星纪、玄枵、诹訾、降娄、大梁、实沈、鹑首、鹑火、鹑尾、寿星、大火、析木,在占卜中用于描述行星的方位。

　　由于木星运行速度的不均匀性,古人设想了一种与岁星运行方向相反、速度均匀的“太岁”在天上自东向西运行,并且按照与十二次运行相反的方向把周天分为十二辰,用十二地支命名,依次为子、丑、寅、卯、辰、巳、午、未、申、酉、戌、亥,在占卜中也用于定位星辰、十二命宫的位置。《广成集》中此类占词出现了 9 条。

二十八宿也常被用来表述天体的位置,并具有一定的星占含义,与十二次等也有一定的对应关系。

分野类占词在《广成集》中出现了 20 次。所谓分野就是将天上星空(十二次、十二地支、二十八宿)与地上的州域相对应,并认为在该天区发生的天象预兆着对应州域的祸福吉凶。

各类神煞占词共有 38 条。此类占卜主要根据每个人的出生年月日的天干地支来查看命中是否带有吉神或凶煞。

五行生克类占词出现 21 次。此类占卜主要根据出生年月日的干支五行来查看其生克与生死所状况,推断命运祸福。

以下对《广成集》中本命、运势、九曜、太乙占、命宫等占卜项目作一较为详细的分析。

11.2 对本命的关注

《广成集》中占卜术语众多,其中有涉及国家大事的,更多的是对个人命运祸福的关注,而尤以对本命的关注为最,这一点从表 11.1 中可以看出。

杜光庭《广成集》中对本命极度重视,这体现在本命醮词之多,在总醮词 187 通的基础上,本命醮词有 37 通,占到醮词的 18.7%,而且本命在醮词中也被反复提到,共有 79 次。考察所有本命醮词设醮原因,发现都不大相同,所求事情也不尽相同,可见当时的人们将生活中的各种不顺心如意都与本命相联系,[1]并举行本命斋醮,也可见当时社会对本命的重视。

《广成集》醮词中除了对本命日的重视外,还有对本命年的重视,"况岁当丁卯,是臣元命之年"[2]"元命游年,实配五行之内"[3]等都是讲

---

[1] 刘长东:《本命信仰考》,《四川大学学报(哲学社会科学版)》2004 年第 1 期,第 54—64 页。

[2] [唐]杜光庭撰,董恩林点校:《广成集》卷九,北京:中华书局,2012 年 4 月,第 131 页。

[3] [唐]杜光庭撰,董恩林点校:《广成集》卷十五,北京:中华书局,2012 年 4 月,第 209 页。

述本命年,并且文中提到的"三命"也与本命有关,可见对本命的关注之重。

《广成集》中的本命包含了以上两种含义,一是本命年,以出生年年干支为其本命,六十年一周期,也成为元命;一是本命日,以出生日日干支为其本命,醮词中的本命醮词则是这一种,这种斋醮在与出生日干支相同的干支日举行,这样解释的原因如下:

首先,在醮词《皇太子为皇帝生日醮词》中有"某月日是皇帝生日,本命甲戌之辰"①这一句,指出本命为甲戌。我们可知醮词中的皇帝是王建,且王建出生于847年二月八日,②根据《二十史朔闰表》换算成干支即是丁卯年癸卯月甲戌日,而且醮词中还有另外的旁证,在《皇帝醮仙居词》中,有这样一段话:"《老子通天记》云:丁卯年甲戌乙亥王生享二百年。天子王从建、王元膺、王万感、王岳、王则、王道宜。"③这通醮词写作于王建称帝时期在仙居山发现的一块通牌,通牌上的刻字,可以看出生年时辰与王建相同,并且根据日上起时表,在甲戌日的亥时干支正好是乙亥,可见甲戌是王建的日干支,所以从中可看出在《广成集》中本命日是指日干支。

其次,在道藏文献《太上玄灵北斗本命延生真经》中记:"夫本命真官,每岁六度降在人间,降日为本命,限期有南陵使者三千人,北斗真君七千神将,本命真官降驾,众真悉来拥护,可以消灾忏罪,请福延生,随力章醮,福德增崇。"④又《太上玄灵北斗本命延生真经注》中对本命的介绍:"人生六十年为一大限之期,全其本年是也,乃平生一周换甲之期,六十日为一小限,即每年六度是也,其日,本命真君因所属生人降在人间,即于我身察录其罪福。"⑤从上面两句话可看出人的一生,首先六十年一周期,每年都有执年星神,六十甲子执年,掌管一年的运势,为本

① [唐]杜光庭撰,董恩林点校:《广成集》,第15卷,北京:中华书局,2012年4月,第215页。
② 王文才、王炎:《蜀梼杌校笺》,成都:巴蜀书社,1999年,第1页。
③ [唐]杜光庭撰,董恩林点校:《广成集》,第14卷,第191页。
④ 《太上玄灵北斗本命延生真经》,《道藏》,第11册,第347页中、下栏。
⑤ 《太上玄灵北斗本命延生真经注》卷四,《道藏》,第17册,第27页下栏。

命年。同时在这一年之下，还有小限，即六十甲子直日，每六十日一限，一年六次，这也就意味着可以一年有六个相同干支的日子，所以本命真官每年六次降临在人间，而下降这一天就是本命，如果人出生在这一天，那么这一天的本命真官就是他的本命神，根据《六十甲子本命元辰历》，六十甲子每天都有不同的本命神，以此来看，道教斋醮科仪举行的时间本命日是出生日的日干支。

笔者认为，在《广成集》中的本命醮词中的本命日是指出生日当天的干支，一年中只要遇到与出生日干支相同的日子就可以进行斋醮。醮词中的本命含义与以往的十二地支、十二生肖不同，笔者认为这是中外合力的结果。

一方面可能是中国古代受外来影响对本命的视角发生变化所引起的，佛教传入中国，随之而来的佛教典籍中也带有大量的本命观念，但是佛教中的本命大多关注出生日。例如本命曜和本命宿："本命曜者，以其人生日为本命曜。……以生日宿为本命宿。"①从本命曜和本命宿来看，都是每日的直日，因此可能给当时的人们提供一种出生日和直日概念，而且之前中国的本命年中十二地支、十二生肖、六十甲子都有执年的作用，并且六十甲子最开始就有记日功能，再结合直日的观念，可能形成六十甲子直日的想法，从而形成《六十甲子本命元辰历》，让每一天都有星神直日。

另一方面可能则是当时的算命体系的命理观念发生着变化，进而影响了人们对本命的关注视角的变化，从而结合本土已有的观念进行改造生成的。在唐宋期间，是李虚中算命方法中注重年柱转向子平术中注重日柱的时期，命理观念发生了改变，让人们的命运更加多元多样。如果注重年柱，那么同一年出生的人只有一种基础的命运，转而关注日柱或日干支后，一年出生的人则会有六十种基础命运，然后再根据各种神煞等断定人的一生祸福。同理，对本命的关注也从关注年干支，开始关注日干，或者同时给予关注。

---

① 《白宝口抄》卷158，《北斗法第四》，《大正藏》，"图像部"第7，第315页上栏。

故醮词中本命日的产生是中外合力的结果,佛教本命日由出生日星象决定以及中国本土命理观念的变化,都促使道教进行吸收融合,再结合中国本土已有的六十甲子观念进行改造,从而产生了本命日。两种本命含义的并存也是对传统的继承以及对外来文化的吸收融合的表现。

11.3　对运势的重视

"命运"概括了人们算命关注的焦点。故醮词中除了对本命极度关注外,就是对运的重视了,这体现在对大小二运与行年、游年的关注,提到的次数也在所有占卜术语中名列前茅。

本命是对特殊时间的关注,大小二运则是人一生运势的关注。大运是各个时间段的运势,根据《渊海子平》中"起大运"法:"凡起大运,俱从所生之日,阳男阴女顺行,数至未来节。阳女阴男逆行,数已过去节,但折除三日为一岁。阳男阴女顺运,阴男阳女逆运。"①这需要涉及人的生辰八字,根据生辰八字推断出不同时间段的大运,用干支表示,每个干支掌管十年运势,干五年,支五年。

小运则是一年的运势,但也有不同的说法,有人认为小运是人在没有行大运之前使用的,有人认为小运不只是行大运之前使用,而且在行大运中也使用,大运掌管十年,而小运只掌管一年,如果大运吉小运不吉也不一定吉,如果大运不吉小运吉也不一定不吉,故要两相结合看人的运势。②文中不断提到大小二运,且主人在行大运的同时,还在提小运"大运逢壬金之上,火力稍微;小运值生金之乡,木气已薄"③,可见是大小二运同时关注的。

醮词中对小运关注的同时还对行年特别关注,应该说两者推算方式相同,并且都主一年运势。"凡小运不问阴阳二命,男一岁起丙寅,二

---

① ［宋］徐升编著,李峰注释:《渊海子平》,海口:海南出版社,2002年,第80页。

② 洪丕谟:《中国人命运的信息》,西安:陕西人民出版社,2014年12月,第73页。

③ ［唐］杜光庭撰,董恩林点校:《广成集》,第4卷,第47页。

岁丁卯顺行。女一岁起壬申,二岁辛未逆行。"①"男从丙寅左行,女从壬申右转,并至其年数而止,即是行年所至,立于其处也。"②对于小运与行年推算出来后的具体的占卜占词是否相同笔者不能确定,但是它们却都主管一年运势。

同时醮词中还讲到游年,游年与行年相同,只是名字不同,表示方式不同,行年用六甲,游年用八卦。"游年凡有三名,而有而别。三名者,一游年,二行年,三年立。……二别者,游年从八卦而数,年立从六甲而行。……游年者,男一岁,数从离起,左行八卦,[二则]在坤,三则在兑,四则在乾,五则在坎,六则在艮,七则在震,八则在巽,巽不受八,进而就离,离则是八,坤即九,兑即十,以次而数,一若至坤,还退就离,故至十数,皆在[正]方也。"③行年与游年的表示方法虽然不同,但是两者可以相互对应、贯通与叠合。醮词中除了游年外,还涉及了游年变卦中的绝命"游行逢于绝命"④"游年当绝命之方"⑤,萧吉《五行大义》中有对它的解释:"游年所至之卦,因三变之,一变为祸害,再变为绝命,三变为生气。生气则吉,祸害、绝命则凶。"⑥因为绝命为凶,故醮词中写道,祈求免除灾祸。

醮词中对运势的各种推算方法是中国本土传统的术数的继承。

11.4 对星曜运行规律的掌握

从表11.1中可看出醮词中出现星曜次数之多,笔者通过对表中数据以及醮词内容分析,发现以下这些特点:(1)醮词中出现大量九曜醮词。(2)除了日月五星外,醮词内容中包含了九曜中的罗睺、计都,以及十一曜中的月孛,但未见紫炁。(3)火、土二星出现次数最多,即使在整

① [宋]徐升编著,李峰注释:《渊海子平》,海口:海南出版社,2002年,第83页。
②③⑥ 萧吉著,钱杭点校:《五行大义》,第5卷,上海:上海书店出版社,2001年,第142—143页。
④ [唐]杜光庭撰,董恩林点校:《广成集》,第8卷,第106页。
⑤ 同上书,第112页。

个醮词占卜术语中也是格外多的。

除了这三个特点外,还产生了一下疑问:(1)醮词中给出了不同星曜的具体位置,准确度如何? 是实测还是查看的行星历表? (2)醮词中出现了"九宫金星""九宫土星"的字眼,它们与之前的具体星辰是否是一类? 以下笔者将对这几个问题进行分析。

九曜,也称九执,包括日月五星与罗睺、计都。在一行所撰的《大毗卢遮那成佛经疏》中有对其解释:"诸执者,执有九种,即是日月火水木金土七曜,及罗睺、计都,合为九执。"①但早在三国时期译出的《摩登伽经》中就已经将罗睺、计都与五星进行并列,在之后的其他密教部经典中也可经常看到罗睺、计都与九执,但是其他佛教经典就很少提及。②可见九执概念是随密教经典传入中土的,而且盛唐时已取得官方地位,③但是遍查汉译佛经,到北宋早期仍未见有十一曜的说法,故十一曜概念的形成应在佛经之外,可能与中国本土道教学者的创造有关,④《广成集》中的大量九曜醮词,就是其中一条例证,说明唐代末年源自密教的九曜星神崇拜已经渗入道教星神体系中去了,并且至少在四川一带还颇为流行,但此时十一曜星神作为整体来看并没有出现在道教的祈禳仪式中。⑤

除此之外,醮词中火、土二星出现频率也较高,这是由醮词的性质所决定的。醮词为攘灾而作,因此醮词中出现的大量星辰醮词,所传达的都是不利天象,而不利天象中对火星与土星的关注最多,认为它们所到之处必有灾异。这与中国传统的军国星占术中对火、土二星的定性不同。中国传统的军国星占术认为土星和木星是福星,金星主兵,火星主灾。这与《广成集》中将土星视为凶星不同。土星为凶,为域外星占定义,认为"九曜有善恶者,谓日月木是善星,土火罗计四星是恶星,水

---

① [唐]一行:《大毗卢遮那成佛经疏》卷四,见《大正藏》第 39 册,第 617 页。

②③ 钮卫星:《从"罗、计"到"四余":外来天文概念汉化之一例》,《上海交通大学学报(哲学社会科学版)》2010 年第 6 期,第 48—57 页。

④⑤ 钮卫星:《唐宋之际道教十一曜星神崇拜的起源和流行》,《世界宗教研究》2012 年第 1 期,第 85—95 页。

金二星通善恶也,殊以罗计二星为大恶星也"①。可见杜光庭醮词中反映的行星吉凶占卜思想受到外来文化的影响,并对其加以吸收与利用。

醮词中涉及行星,多与具体位置的描述相关,有十二次、十二地支、二十八宿、分野等。这些星辰位置的描述方式在历代史书《天官志》中都有记载,杜光庭能熟练正确地使用它们,是由杜光庭的身份背景所决定的。杜光庭少年敏而好学,是典型的儒生,对天文基础知识应有所了解。参加九经试不中,奋然人天台山学道,成为一名道士,道家注重天文星辰信仰,对众多星辰熟知。杜光庭儒生与道士的双重身份,是他能够熟练且正确描述星辰的原因所在。

行星的具体位置在中国传统中只运用于军国星占术,关涉国家大事,与个人无关。但是,随着域外生辰星占术的传入,运用星辰位置推算个人命运的方法在中国传播开来。《广成集》醮词中也采用了此种方法,如为莫庭乂、徐耕、张相公、崔隐侍郎、王宗寿常侍等所作醮词中涉及众多行星位置。

笔者根据醮词中提供的众多行星位置,结合前人研究对醮词写作年代的判定,通过精确的现代长周期星历表 DE404② 获得相应时间众多行星的具体位置,看是否与醮词中的位置相合,③从中窥探当时醮词中星辰位置的提供方法。因醮词中写道星辰位置时有大量隐晦之语,如"愁烦之宿""乖背之方"等,笔者不予考察,只关注具体位置,分析如下:

(1)《广成集》卷八《川主令公南斗醮词》:"今又土星行度,对照此方。"④据考证此醮词写作于光化三年四月十九日,⑤即 900 年 5 月

---

① 《白宝口抄》卷 158,见《大正藏》,第 7 册,第 330 页。

② 笔者通过编制相关电脑程序,调用一种精确的现代长周期星历表 DE404(M. Standish, et al.. Planetary and Lunar Ephemeris DE404[CD]. JPL/NASA.),可推算获得所需年月日的日月五星位置。下文的行星位置都用此法求得。

③ 《广成集》中具体的行星位置大多使用二十八宿表示,偶尔采用分野描述,笔者对于行星位置合否的判定主要集中在行星所在位置的二十八宿是否相同,以及分野是否相同。

④ [唐]杜光庭撰,董恩林点校:《广成集》卷八,第 106 页。

⑤ 吴羽:《宋道教与世俗礼仪互动研究》,北京:中国社会科学出版社,2013 年 7 月,第 17 页。

20 日,用现代方法推算可得此时土星所在位置为斗宿,此方的分野为井宿所在,正好相对照,合。

(2)《广成集》卷八《川主周天南斗醮词》"今以土星对照,金火正临。"①据考证此醮词写作于乾宁四年四月丙午,②即 897 年 5 月 6 日,推算得此时土星所在位置为尾宿,对照之方为觜宿,与参井之宿相接,但也在申位,勉强与"蜀之分野,下接坤维。当申未之方,在参井之度"③相合。推算得金星位置昴宿,火星位置在斗宿,具不合。

(3)《广成集》卷八《蜀州宗夔为太师于丈人山生日醮词》:"又火星所照,既临分野,仍在身宫。"④据考证此醮词写作于天复二年二月八日,⑤即 902 年 3 月 20 日,推算得此时火星所在位置为参宿,正在分野之内,合。

(4)《广成集》卷九《李延福为蜀王修罗天醮词》:"月孛行于井宿。"⑥据考证此醮词写作于天佑四年三月之前,⑦即 907 年 4 月 16 日之前,可推算⑧得月孛从 907 年 4 月 9 日至 908 年 1 月 4 日这段时间在井宿,合。

(5)《广成集》卷十一《蜀王为月亏身宫于玉局化醮词》:"飞天火曜临于命辰。"⑨据考证此醮词写作于 904 年 11 月 10 日(辛卯)或 906 年 4 月 26 日(癸未),⑩推算得这两年火星所在位置 904 年 11 月 10 日在

---

①③ [唐]杜光庭撰,董恩林点校:《广成集》卷八,第 107 页。

② 吴羽:《宋道教与世俗礼仪互动研究》,北京:中国社会科学出版社,2013 年 7 月,第 16 页。

④ [唐]杜光庭撰,董恩林点校:《广成集》卷八,第 116 页。

⑤ 吴羽:《杜光庭〈广成集〉所载表、醮词写作年代丛考》,《魏晋南北朝隋唐史资料》第 28 辑,第 243—248 页。

⑥ [唐]杜光庭撰,董恩林点校:《广成集》卷九,第 126 页。

⑦ 吴羽:《宋道教与世俗礼仪互动研究》,北京:中国社会科学出版社,2013 年 7 月,第 18 页。

⑧ 月孛即白道远地点,其地心平黄经 ω 推算公式为 $\omega = 154°.329\,555\,6 + 0°.114\,040\,803d - 0°.010\,325t^2 - 0°.000\,012t^3$,其中 d 为所求日距历元 1900 年 1 月 1 日 12 时的天数,t 为所求日距历元的世纪数。根据算得的月孛黄经,可换算成古代二十八宿坐标系统的距度。

⑨ [唐]杜光庭撰,董恩林点校:《广成集》卷十一,第 154 页。

⑩ 吴羽:《杜光庭〈广成集〉所载表、醮词写作年代丛考》,《魏晋南北朝隋唐史资料》第 28 辑,第 243—248 页。

心宿,906 年 4 月 26 日在柳宿,蜀王王建的命辰为卯,心宿与卯位置正好相合,故醮词应该写于 904 年 11 月 10 日,合。

(6)《广成集》卷十一《皇帝设南斗醮词》:"今年以火水金土四星聚于实沈之墟。"[①]据考证此醮词写作于永平三年(913 年)五月十六日之后,七月九日之前,[②]即 913 年 6 月 22 日之后,8 月 13 日之前,推算得出今年的火水金土四星的运动方位,火星从 4 月 29 日到 7 月 4 日,水星从 5 月 24 日到 6 月 15 日,金星从 5 月 18 日到 6 月 20 日,土星从 3 月 24 日到 12 月 31 日,它们在申井之度,实沈之墟。合。

(7)《广成集》卷十一《皇帝周天醮词》:"近则金火二星,水土两曜,并聚蜀分,皆次实沈。"[③]据考证此醮词写作于永平三年(913 年)五月十六日之后,七月九日之前,[④]即 913 年 6 月 22 日之后,8 月 13 日之前,与上一条相同。合。

表 11.2　醮词中星辰与实际位置对照

醮　词	卷数	内　容	合否
川主令公南斗醮词	卷八	今又土星行度,对照此方	合
川主周天南斗醮词	卷八	今以土星对照	合
川主周天南斗醮词	卷八	金火正临	否
蜀州宗夔为太师于丈人山生日醮词	卷八	又火星所照,既临分野,仍在身宫。	合
李延福为蜀王修罗天醮词	卷九	月孛行于井宿	合
蜀王为月亏身宫于玉局化醮词	卷十一	飞天火曜临效命辰	合
皇帝设南斗醮词	卷十一	今年以火水金土四星聚于实沈之墟	合
皇帝周天醮词	卷十一	近则金火二星,水土两曜,并聚蜀分,皆次实沈	合

通过上述对行星行度的分析,并且结合当时的历史背景,可知醮词中行星位置是根据星历表推算获得,而不是对实际天象的观

---

① ［唐］杜光庭撰,董恩林点校:《广成集》卷十一,第 161 页。

②④ 吴羽:《杜光庭〈广成集〉所载表、醮词写作年代丛考》,《魏晋南北朝隋唐史资料》第 28 辑,第 243—248 页。

③ 同上书,第 162 页。

测所得。首先，醮词中出现了月孛位置，月孛是月球轨道的远地点①，不是显曜，只能通过历表推算获得，因此一定存在推算月孛位置的星历表；其次，在上述分析的第二处醮词中有两个行星位置不符，并且与实际天象相差较远。金星与实际位置至少间隔毕、觜二宿，火星位置相差更多，这一点从侧面指向醮词中的行星位置不是实际观测所得，因为观测不会同时出现两处如此巨大的误差；最后，在《广成集》之前的唐代《七曜攘灾决》中已经出现星占家使用的行星星历表，在《广成集》之后的年代，P.4071 中的行星位置也是根据行星历表为核心内容的占星手册获得的。②由此，可以推断，杜光庭《广成集》醮词中的行星位置也是根据行星历表推算所得，不是对实际天象的观测所得。

醮词是为了祈禳而写，其中出现大量的星辰醮词，其所代表的天象一定就是不利的天象，而对于天象的关注属火星与土星最多，认为它们所到之处有灾异。究其原因，这要与它们的性情以及出现在何处所代表的星占含义相关。中国传统的军国星占术认为土星和木星是福星，金星主兵，火星主灾。这明显与《广成集》中将土星也视为凶星不同。但是自域外传入的星命术，对于五星或九曜吉凶则有不同定义，认为"九曜有善恶者，谓日月木是善星，土火罗计四星是恶星，水金二星通善恶也，殊以罗计二星为大恶星也"③。可见杜光庭的占卜思想受到外来文化的影响，并吸收利用。

文中除了上述直接写到金火水木土星所在位置的表述外，还有另外一种表述，但是仅出现两次，即在星耀前面加以"九宫"二字，如"九宫土星复当生月"④"九宫金星在行年之上"⑤。之所以将此看为两种表述

---

① 钮卫星：《从"罗、计"到"四余"：外来天文概念汉化之一例》，《上海交通大学学报(哲学社会科学版)》2010 年第 6 期，第 48—57 页。
② 钮卫星：《敦煌遗书开宝七年星命书(P.4071)中十一曜行度及相关问题研究》，《自然科学史研究》2015 年第 4 期，第 411—424 页。
③ 《白宝口抄·当年星供》，见《大正藏》"图像部"第 7，第 330 页中栏。
④ [唐]杜光庭撰，董恩林点校：《广成集》卷八，第 118 页。
⑤ [唐]杜光庭撰，董恩林点校：《广成集》卷九，第 121 页。

原因如下:第一,在整个《广成集》醮词中所有涉及星耀的 169 条中,只有两条前面加了"九宫"二字,可见与其他表述的不同。第二,在唐末创立了九星术,也称为九宫算,①与醮词中的这种表述相合。故这里的九宫金星、九宫土星使用的是九星术,但是九星术与星辰无关,只是使用了它们的名字,实际是一种数学游戏。②

综上所述,杜光庭《广成集》醮词中的九曜醮词以及对罗睺、计都、月孛的运用,反映了唐末五代时期九曜概念作为系统名词向十一曜概念转变的过程。醮词中对火、土二星为凶的关注,反映了杜光庭对域外星占中行星吉凶定义的接受与吸收,最后,对醮词中行星行度分析,认为醮词中的行星位置是根据行星历表推算所得。醮词中的行星描述不仅展现了中国传统文化,而且体现了域外星占传统,是中外文化交流与融合的展现。

11.5 对"太乙占"的运用

醮词中对"太乙占"的运用有两种,一种是显性的即太一十神,一种是隐形的太乙九神。太一十神分别是:君基、臣基、民基、五福、大游、小游、四神、天一、地一、直符。太乙九神分别是在招摇、轩辕、太阴、天一、天符、太一、摄提、咸池、青龙。

之所以说太一十神是显性的,这是因为在醮词《川主周天地一醮词》中明确写道:"太一十神,巡游八极……今以地一行位,将出蜀乡。"③醮指出地一是太一十神之一,给出了一个指向,让我们知道这些名字可能是太一十神,从而查阅。《广成集》中还有诸多关于太一十神的醮词,总共 14 篇,提到太一十神中具体的神名共 41 次,可见太一占的运用之多。

考察这些醮词会发现醮词都是为蜀主或皇帝所写,可知太乙式

①② 陈遵妫:《中国天文学史》,上海:上海人民出版社,2006 年 7 月,第 1185—1186 页。
③ 〔唐〕杜光庭撰,董恩林点校:《广成集》卷八,第 108 页。

中的太一十神的理论是为国家服务,属于国家占卜范畴。这是因为太一十神巡行理论认为太一十神的运行会为某一地方带来灾、福,所以如果该理论被传播开来,一定会引起社会的不安,所以国家势必严格控制理论,禁止私人收藏相关书籍。①并且地方灾福的占卜也只有国家才有资格进行占卜,其他人进行占卜都是对王权以及中央权威的挑衅。《广成集》醮词中的蜀主王建本没有资格进行此类占卜,但是却进行了,只能说明唐末政治的动荡,中央王权的势弱,但是这一占卜的权力仍旧掌握在地方势力主的手中,而不是寻常百姓,可见其本质为国家占卜。

对于太一十神的运行规则,在吴羽的《宋道教与世俗礼仪互动研究》以及卢央的《中国古代星占学》中都有详细讲述,在此不再赘述。

表 11.3 太一十神统计

序列	醮词名	卷 数	内 容
1	川主周天南斗醮词	卷 八	地一将移效益部……禳地一将移之数。
2	川主周天南斗醮词	卷 八	地一将移效益部。
3	川主周天地一醮词	卷 八	今以地一行位,将出蜀乡。
4	李延福为蜀王修罗天醮词	卷 九	今复大游、四神,方在雍秦之野;小游、天一,仍临梁蜀之乡。地一次于坤宫,月孛行于井宿。
5	罗天中级三皇醮词	卷 九	今又大游、四神,在雍秦之分;小游、天一,次梁蜀之乡。地一镇于坤隅,月孛行于井宿。
6	罗天醮太一词	卷 九	臣伏按历纬,今年大游、四神,在雍秦之分;小游、天一,次梁蜀之乡。地一届于坤宫,月孛临于井宿。
7	罗天醮岳渎词	卷 九	今以阴阳所运,历纬所甄。天一、小游,既移于梁蜀;四神、太一,亦次于雍秦。地一届于坤宫,月孛行于井宿。
8	罗天普告词	卷 九	大游、四神,方在雍秦之野;小游、天一,傍临梁蜀之乡。地一届于坤宫,月孛缠于井宿。
9	罗天醮众神词	卷 九	今以小游、天一,缠梁蜀之乡;大游、四神,在雍秦之野。月孛行于井宿,地一次于坤宫。

---

① 吴羽:《宋道教与世俗礼仪互动研究》,北京:中国社会科学出版社,2013年,第7页。

序列	醮词名	卷数	内容
10	蜀王本命醮葛仙化词	卷九	今属太一,行运分野。虑灾或临,梁益之方。或在雍秦之境,月孛缠于井宿,地一灾于坤隅。
11	中和周天醮词	卷十	近又太一运行,已照蜀分;五星移度,或在身宫。
12	道门为皇帝醮太一并点金箓灯词	卷十三	昨者以四神行运,在咸池之宫;直符所临,次明堂之野。
13	太子为皇帝醮太一及点金箓灯词	卷十三	臣以直符所届,在明堂之宫,四神所行,居咸池之位。
14	皇帝于龙兴观醮玉局化词	卷十三	其有直符太一之运行,将移地分。

太乙九神是隐形的,是因为醮词中没有给出十分明确的指示,而且提到的神非常单一,让人不能很好地产生联系。但这也可能说明当时太一九神传播非常广泛,醮词的主人都知道它是什么,这位让现代人费解的神就是天符。

天符究竟是什么,要知道其具体所指就需要对醮词进行分析,现将有关天符的醮词整理如下:

表 11.4　天符统计

序列	醮词名	卷数	内容(天符)
1	张氏国太夫人就宅修黄箓斋词	卷四	天符临于木墓之位。
2	奉化宗佑侍中黄箓斋词	卷四	天符临于生月。
3	严常侍丈人山九曜醮词	卷六	今年中宫则天符所临。
4	莫庭乂本命醮词	卷七	兼天符五鬼,在坤艮之位,居本命之辰。
5	莫庭乂本命醮词	卷七	况臣今年,天符临本命之辰。
6	川主令公南斗醮词	卷八	天符临于行年,游行逢于绝命。
7	周常侍序周天醮词	卷八	五鬼在于妻宫,天符入于财位。
8	勇胜司空宗恪九曜醮词	卷八	又以今年行运,天符入于中宫。
9	衙内宗夔本命醮词	卷八	天符临官禄之位,游年当绝命之方。
10	徐耕司空九曜醮词	卷八	天符入于中宫。
11	川主太师南斗大醮词	卷八	臣今年小运逢于劫杀,大运遇于天符。
12	宴设使宗汝九曜醮词	卷八	天符五鬼临行运之方。

续表

序列	醮 词 名	卷 数	内 容（天符）
13	亲随为大王修九曜醮词	卷 八	天符飞行，居驿马之上。
14	莫令南斗醮词	卷 九	天符居本命之辰。
15	孙途司马本命醮词	卷 九	况命年天符临勾绞之方。
16	莫庭乂为张副使本命甲子醮词	卷 十	天符临于受命之宫。
17	莫庭乂九曜醮词	卷 十	况臣今年天符临效命卦。
18	司封毛绚员外解灾醮词	卷十二	天符飞于艮地。
19	马师穆尚书土星醮词	卷十二	命位之乡天符所驻。
20	莫庭乂九宫天符醮词	卷十三	
21	御史中丞刘滉九曜醮词	卷十四	天符飞旗临本宫之上。
22	先锋王承璲为祖母九曜醮词	卷十四	天符飞旗冲大运之上。
23	张相公九曜醮词	卷十四	生月命位俱值天符。
24	崔隐侍郎玄象九宫醮词	卷十五	臣今年九宫飞旗，天符临于中位。
25	皇后修三元大醮词	卷十五	天符又居于生日。
26	王宗寿常侍丈人山醮词	卷十五	今年中宫则天符所临。
27	赵国太夫人某氏疾厄醮词	卷十六	游年既值于天符。

现代学者对天符有各种解释①，笔者通过分析醮词内容，以及查看现代学者的各种解释，认为天符是九宫贵神的第五神天符，即在个人命占中用到的太乙占的九游太乙或太乙九神中的第五神天符。

之所以得出上述结论，是由于以下原因：首先醮词中多出现"九宫"这一词语，例如："息三命五行之厄，除九宫八卦之凶"②"九宫飞旗，天符临于中位"③等，可见醮词中有与之相关的内容。二则是见到天符时，会不断出现九宫名，如"今年中宫则天符所临"④"天符入于中宫"⑤。

① 陈永正主编：《中国方术大辞典》，广州：中山大学出版社，1991年，第323页；朱越利：《"天符"词义之诠释》，朱越利：《道教考信集》，山东：齐鲁书社，2014年，第260—280页；赵贞：《"九曜行年"略说——以P.3779为中心》，《敦煌学辑刊》，2005年第3期，第32页。
② ［唐］杜光庭撰，董恩林点校：《广成集》卷八，106页。
③ ［唐］杜光庭撰，董恩林点校：《广成集》卷十五，第205页。
④ ［唐］杜光庭撰，董恩林点校：《广成集》卷六，第87页。
⑤ ［唐］杜光庭撰，董恩林点校：《广成集》卷八，第113页。

第三则是《广成集》的醮词中有一篇醮词名明确提到了天符与九宫的关系——《莫庭乂九宫天符醮词》,而且在醮词"九宫飞旗,天符临于中位"这一句中,明确提出了九宫飞旗,也就是飞九宫,九宫根据年的变化,不断变化位置,一年一移宫。所以得出结论,"天符"很可能是九宫贵神中的第五神天符神,而用于命占则是太乙式中称为太乙九神或九游太乙中的天符,但同样是第五宫神。

笔者根据太乙九神运行规则进行验证,也完全相合。

对于九宫贵神的运行规则,最直观的描述应该是隋萧吉的《五行大义》"一岁一移,九年复位"①,但是推算的具体方法,在元代晓山老人的《太乙统宗宝鉴》中给予了详细记载。

根据《太乙统宗宝鉴》中所载太乙九宫贵神术,要求得具体每年各宫宫神,需要经过三步,(1)求九宫太乙贵神积年术:置演纪上元甲子距所求积年,以周纪法三百六十去之,不尽为周纪,余以纪法六十约之为纪数,不满为入纪以来年数,其纪数年起第一纪算外,即得九宫太乙入纪及年数;(2)求九宫太乙贵神所在术:置周纪余加宫盈差三以小周法九去之,不尽命起一宫,逆行九宫,算外即得九宫太乙贵神所在而为直事者也;(3)求太乙贵神钩宫飞行所临宫分术:置小周余所得之神为直事,命起钩入中宫,以相次之神飞出乾宫,以次顺行河图九宫,即太乙贵神钩宫飞行所临宫分。②

即求九宫贵神的具体方法是:用上元甲子距今所求积年除以 360,余数除以 60,所得商为纪数,余数为入纪以来年数。然后用周纪余数加上宫盈差 3 再除以 9,得到余数。根据命起一宫,逆行九宫,从一开始数,数到余数止,停在哪宫,那一宫就是当年负神,将负神放入中宫,然后根据八卦九宫的排布,将其余宫神依次放入各宫中。在《中国古代星占学》中卢央对这种推算方法也给出了解释。③

---

① [隋]萧吉:《五行大义》卷五,清佚存丛书本,第 272 页。

② [元]晓山老人:《太乙统宗宝鉴》卷十一,明抄本,第 449—452 页。

③ 卢央:《中国古代星占学》,北京:中国科学技术出版社,2012 年,第 373 页。

  根据《太乙统宗宝鉴》中所载"置演上元甲子距大元大德七年癸卯岁积一千零一十五万五千二百一十九年"[1],大德七年为1303年,可知公元前1年距上元甲子的积年为10 153 916。卢央认为《统宗》中公元前1年距上元甲子积年与《太乙金镜式经》验证相差一算,其原因是《统宗》未将大德七年计算在内,将其视为"算外"了,故应将其公元前1年距上元甲子积年修正,应为10 153 917。[2]

  此种太乙贵神术的推算方法虽记载于元代,但是可能运用年代较早,对醮词中有关天符的条文依此种方法进行推算,看是否能够相合。《广成集》中有关天符的27通醮词,只有部分醮词已经考证出其成文年代,或者有醮词主人的生年,可以推演验证,现对其验证如下:

  卷七的《川主令公南斗醮词》经吴羽考证,作于光化三年(900年)四月十九日[3],醮词中提到"天符临于行年",笔者通过对其验证,天符运行与醮词相合。

  醮词中要求得天符所在位置,须先求距今积年,然后求中宫直神。光化三年的积年为:

10 153 917 + 900 = 10 154 817

求中宫直神神:

10 154 817 ÷ 360 = 28 207……297

297 ÷ 60 = 4……57   得知900年入中元第五纪57年

297 + 3 = 300

300 ÷ 9 = 33……3   得知中宫直神为八宫太阴

  根据九宫八卦排布,天符在坤位。太乙九神在九宫中的分布见图11.1:

---

① [元]晓山老人:《太乙统宗宝鉴》卷十一,明抄本,第30页。
② 卢央:《中国古代星占学》,北京:中国科学技术出版社,2012年,第309页。
③ 吴羽:《宋道教与世俗礼仪互动研究》,北京:中国社会科学出版社,2013年,第17页。

咸池 4　　　巽	轩辕 9　　　离	天符 2　　　坤
青龙 3　　　震	太阴 5　　　中	太乙 7　　　兑
摄提 8　　　艮	招摇 1　　　坎	天乙 6　　　乾

图 11.1　《川主令公南斗醮词》中太乙九神在九宫中的分布图

要验证"天符临于行年",还需知道行年定义。据隋萧吉撰《五行大义》"论人游年年立"载:"游年凡有三名,而有而别。三名者,一游年,二行年,三年立。……二别者,游年从八卦而数,年立从六甲而行。六甲者,男从丙寅左行,女从壬申右转,并至其年数而止,即是行年所至,立于其处也。……"①也就是说行年男从丙寅顺行,女从壬申逆数。川主王建生于 847 年,根据男子行年从丙寅左行,到 900 年行年为己未,未在八卦数坤。此条"天符临于行年"相合。

卷十四的《先锋王承璟为祖母九曜醮词》中提到"天符飞旗冲大运之上"②,笔者对其验证,运行与醮词相合。

醮词《先锋王承璟为祖母九曜醮词》应作于 915 年,原因如下:

《先锋王承璟为祖母九曜醮词》中提到:"臣祖母代国太夫人某氏,年八十岁,本命乙卯三月十三日戊午生。今以土火二曜居三合之方,天符飞旗冲大运之上,五土克于子水,仍临生日之辰。"③根据此段醮词进行推理:

王承璟是王建时人,祖母 80 岁,生于乙卯年,从王建盛极一时的 910 年往前推,数到 835 年的时候是乙卯年,三月十三是庚辰月戊午日,且根据日上起时辰表,可知戊午日的午时的干支是戊午,正好与文中戊午生相合,因此可以断定王承璟祖母生于 835 年,其祖母 80 岁时应该是 915 年,这是由于古人一般采用虚岁记岁法。

为了更加慎重,确定结论无误,从另一个方面进行推论,醮词中讲

---

① ［隋］萧吉:《五行大义》卷五,清佚存丛书本,第 321 页。
②③ ［唐］杜光庭撰,董恩林点校:《广成集》卷八,第 196 页。

到"五土克于子水,仍临生日之辰"①,是指先锋王承璪为祖母九曜醮词这一年的生辰干支属性。根据祖母年80岁,周岁与虚岁相差1或2岁,作醮词这一年可能是913年,914年,915年,分别整理这三年三月十三日的干支是:

913年　　　　癸酉年　　　丙辰月　　　丙辰日

914年　　　　甲戌年　　　戊辰月　　　庚戌日

915年　　　　乙亥年　　　庚辰月　　　癸酉日

根据天干地支属性,丙属火,辰、戊、戌属土,庚、酉属金,癸属水,所以913年与914年干支都不符合五土克于子水,只有915年,月支辰属土,且居第五位,日干癸属水,符合五土克于子水的说法。所以醮词作于915年确定无疑。

根据醮词年份,求算积年:

10 153 917 + 915 = 10 154 832

根据九游太乙方法求算:

10 154 832 ÷ 360 = 28 207……312

312 ÷ 60 = 5……12　　　　　得知915年入中元第六纪12年

312 + 3 = 315

315 ÷ 9 = 35　　　　　得知中宫直神为九宫天乙

根据九宫八卦排布,天符在坎位。太乙九神在九宫中的分布见图11.2:

太阴		招摇		青龙	
4	巽	9	离	2	坤
咸池		天乙		摄提	
3	震	5	中	7	兑
轩辕		天符		太乙	
8	艮	1	坎	6	乾

图11.2　《先锋王承璪为祖母九曜醮词》中太乙九神在九宫中的分布图

---

① ［唐］杜光庭撰,董恩林点校:《广成集》卷八,第196页。

要验证"天符飞旗冲大运之上",还须知道代国夫人当年大运所在。根据《渊海子平》起大运法:"凡起大运,俱从所生之日,阳男阴女顺行,数至未来节。阳女阴男逆行,数已过去节,但折除三日为一岁。"①来求算代国太夫人当年大运。代国太夫人生于乙卯年三月十三日,根据《二十史朔闰表》可知为阳历 835 年 4 月 14 日,年支是卯,阴女顺行,4 月 14 日距下一个节立夏有 15 天,15 除以 3 得 5,起五岁运,根据年上起月表,5—14 岁大运辛巳,15—24 岁大运壬午,25—34 岁大运癸未,35—44 岁大运甲申,45—54 岁大运乙酉,55—64 岁大运丙戌,65—74 岁大运丁亥,75—84 岁戊子,可知 80 岁时大运是戊子,子在八卦数坎。"天符飞旗冲大运之上"相合。

由以上两条可见,杜光庭《广成集》中的"天符"确指九宫贵神第五神,且其推算方法与元代记载的太乙九宫贵神术中的方法一致。

醮词中多次提到天符,要了解背后原因,就需要知道天符来源,对此需从太一讲起。太一,天神也。其祭祀在汉武帝时极盛,认为天神贵者泰一(太一),位及五帝之上,是天神、上帝,统属五帝和北斗、日、月。②

西汉《易纬·乾凿度》对太一运行规律写道"太一取其数以行九宫,四正四维皆合于十五"。③东汉郑玄对其解释为"太一者,北辰之名也……四正四维以八卦神所居,故亦名之曰宫……太一下行八卦之宫,每四乃还于中央,中央者北辰之所居,故因谓之九宫"④之后对于太一下行九宫有不同说法。

隋萧吉《五行大义》中除记载郑玄法外,还记载了另一种理论,即九宫十二神,它的运行方法有别于郑玄法:"余七神,皆是星宫名,与天一、太一行于九宫,一岁一移,九年复位。"⑤即九宫内每宫都有一神,每年九神的位置同时顺次移动一次,九年恢复原来的位置,这九神即是太

---

① [宋]徐升编著,李峰注释:《渊海子平》,海口:海南出版社,2002 年,第 80 页。
② 顾颉刚:《古史辨·自序》,北京:商务印书馆,2010 年,第 246 页。
③④ [汉]郑玄注:《易纬·乾凿度》卷下,清武英殿聚珍版丛书本,第 19 页。
⑤ [隋]萧吉:《五行大义》卷五,清佚存丛书本,第 272 页。

一、摄提、轩辕、招摇、天符、青龙、咸池、太阴、天一。这九宫之神与青龙（太岁之名，古者名岁曰青龙）、太阴、害气合为十二神。此时还未称作"九宫贵神"。

太一九宫之神到唐玄宗时出现在国家祭祀典礼中。《旧唐书·礼仪志》中有对其具体记载："天宝三年，有术士苏嘉庆上言，请于京东朝日坛东置九宫贵神坛。其坛三成，成三尺，四阶，其上依位置九坛，坛尺五寸。东南曰招摇，正东曰轩辕，东北曰太阴，正南曰天一，中央曰天符，正北曰太一，西南曰摄提，正西曰咸池，西北曰青龙。五为中，戴九履一，左三右七，二四为上，六八为下，符于《遁甲》。四孟月祭。尊为九宫贵神，礼次昊天上帝，而在太清宫太庙上；用牲牢璧币类于天地神祇。玄宗亲祀之。如有司行事，即宰相为之。"①

由上述文献可知，到唐玄宗时，九宫之神被尊为"九宫贵神"，在史籍资料中开始出现"九宫贵神"之名，并且走入国家祭祀典礼。同时，唐朝对九宫占卜之法的重视还体现在书籍编纂上，在唐代编撰的《隋书·经籍志》中，收录关于占卜九宫类的书籍多达二十一种，数量较多，可见时人对九宫占卜法的重视。

王朝为何祭祀九宫贵神？李德裕的《论九宫贵神坛状》中给出了解释："九宫贵神，实司水旱，功佐上帝，德庇下民。冀嘉谷岁登，灾害不作，每至四时初节，令中书门下摄祭者，准礼。"②

在《灵宝无量度人上经大法》中的"九宫八节愈灾法"中更是明确提到了九宫所主内容："玄师曰：南上之宫，韩司主柄，有九宫天星，下降九地，执奉天命，司行灾异。一节主定气，一年主分，白日主巡治，一日主变令。坎宫玄渊之神，曰太一星也，主兵水，河泛岸决，谷贵兵戎。离宫丹炎之神，曰天一星也，主大旱草枯，亢阳火灾，谷焦民饥。中宫厚化之神，曰天符星也，主地气害坼，土功地震，疾病民劳。乾宫飞云之神，曰青龙星也，主霜寒大水火兵。艮宫积阴之神，曰太阴星也，主阴霾淫雾，

---

① ［后晋］刘昫等：《旧唐书》，北京：中华书局，1975年，第929页。
② ［清］董诰：《全唐文》，北京：中华书局，1983年，第7册，第7248页。

日月无光。震宫青龙之神,曰轩辕星也,主迅雷烈风,苦雨藩营,多病重霜。巽宫虚蔼之神,曰招摇星也,主卒风雹雨,伤损禾稼虫蝗。坤宫元土之神,曰摄提星也,主土工暴寒,霜冻大雾,伤杀草木。兑宫金秀之神,曰咸池星也,主霜冷五谷,折毁兵盗狂贼。"①

由以上两则文献可知,九宫贵神运用于国家祭祀典礼,其占卜内容也多涉及国事民生,与个人命运较少交叉,但杜光庭《广成集》中将天符运用于个人命运占卜,并且有具体的推算方式,说明唐末已经产生太乙九宫贵神术,其产生的促成条件可能有以下几个:

首先,隋萧吉《五行大义》中给出九宫之神,唐玄宗时又将九宫之神尊为九宫贵神,至此九宫贵神之名确立。

其次,对于九宫贵神的基本运行规则,在隋萧吉《五行大义》也有简单阐述,即九宫一岁一移,九年复位,这也与九星术的运行相似。九星术,又称九宫算,是把洛书方阵的各数,加上颜色名称,分配在年月日时,并考虑五行生克,用以鉴定人事吉凶的方法。②九星术被认为产生于唐末。③对运行中基础数据上元积年则与唐代《太乙金镜式经》相同。

最后,对于九宫的吉凶,借鉴了九星术,九宫颜色分别为一白、二黑、三碧、四绿、五黄、六白、七赤、八白、九紫,这九色紫白为吉,碧、绿、黄、黑为凶,尤以五黄最凶。

至此九宫贵神术的所有要诀基本集齐,产生太乙九宫贵神术,冠以九宫贵神之名,采用九宫之神运行规则,使用九星术中的吉凶判定,此外,定中宫值年中使用的积年数据与唐代《太乙金镜式经》相同,这一切都指向太乙九宫贵神术可能产生于唐末,因此杜光庭会使用其中的方法进行推算个人的命运。

九宫贵神中,五黄最凶,在其他典籍中也有记载"五黄居中,其位为君,其行为土,权总四方,威倾八面,当之者摧,抗之者灭。故诸家最凶

① 《道藏》,北京文物出版社、上海书店、天津古籍出版社联合影印本,第3册,1988年,第791页。

②③ 陈遵妫:《中国天文学史》,上海:上海人民出版社,1980年,第1185页。

之星,无如五黄。五黄犹太岁也,可顺不可犯,此九星之定位也。……中宫星,古历名为太岁,一星其定位,则五黄主之。若每年游行飞泊,或水、或木、或火、或金,递相为君。司一岁之权,行四时之令,不独一五黄也。成功者退,将来者进,天之道也。故每年中宫星所关祸福最紧,假如山向方隅与此星相遇,相生相合则祸浅,相克相战则祸深。今人惟知避太岁,不知此星为真太岁。如山向方隅吊到此星,而年月日时又与之冲克,为害甚大。"①五黄居中,权总四方的位置决定了五黄最凶。

五黄最凶,其宫神天符,这就指出天符的照临意味着灾祸,在以驱灾避祸为主旨的醮词中,必定成为关注的重中之重,所以杜光庭的《广成集》醮词中才多次提到天符,祈求神灵赐福,免灾避祸。

以上两种占卜均属于太乙式占,太一十神用于国家占卜,太乙九神用于个人命占。但是它们都是中国传统的占卜方式,且来源甚早,没有受到外来影响,纯本土文化。

11.6 对十二命宫的引入

《广成集》醮词中还引入了西方生辰星占术中命宫、妻宫、财位、田宅等概念,它们属于西方生辰星占术中的十二命宫。经陈万成与何丙郁论证,这套体系源于域外已毫无疑问。②但是,在西方生辰星占术中,仅有十二命宫,没有身宫之说。对于身宫,陈万成与何丙郁都将印度十二命宫中的第一宫称之为身,③推测其来源于印度。而在古代印度占星术中,确实存在除本命盘之外,根据月亮所在宫位作为起始宫重新逆

---

① 《道藏》,第35册,第649页。

② 宋神秘:《继承、改造和融合——文化渗透视野下的唐宋星命术研究》,上海交通大学博士论文,2014年,第108页。

③ 陈万成:《杜牧与星命》,收录于《唐研究》卷八,北京:北京大学出版社,2002年,第61—79页。

何丙郁:《紫微斗数与星占学渊源》,收录于《何丙郁中国科技史论集》,沈阳:辽宁教育出版社,2001年,第239—255页。

排十二宫位的星盘,称之为 Chandra lagna。①所以,中国的身宫应为印度 Chandra lagna 中的第一宫月亮所在宫位。

不过,印度的 Chandra lagna 的排盘方式没有在中国引起反响,但却也在中国留下了痕迹。尤其是以月亮所在为身宫的取用规则传入中国后得以延续,并且《广成集》仍采用此法。这一点从《广成集》醮词中可推论得出。《广成集》醮词"火星所照,既临分野,仍在身宫"②中涉及身宫,因醮词写于天复二年二月八日③,即公元 902 年 3 月 20 日,推算得此时火星位置为参宿,月亮位置为井宿,正在"蜀之分野,下接坤维。当申未之方,在参井之度"④中,所以火星与月亮同宫,故此根据"火星仍在身宫"的说法可以推测此处采用月亮所在为身宫的说法。

在《广成集》醮词中,使用十二命宫的次数并不是很多,仅有 8 处,但是对身宫的运用却有 29 处之多,即使是在整个醮词的占卜术语也占有一席之地,这确实是非常鲜明的对比。而且,身宫不止在杜光庭《广成集》醮词中受到重视,在 P.4071 中也着重提到,可见时人对身宫的重视,并且身宫的推算已成为生辰星占术中的流行与必要元素。

身宫之所以能被中国古人接受以及更加受重视,原因有两个:第一,中国古人将日、月并举,称太阳为"日宿火之精,一星密星,其色红赤,其性宽厚,人君之象,父之所配"⑤,称月亮为"月宿水之精,一名莫星,其色青白,其性仁慈,人臣之象,母之所配"⑥。鉴于命宫"太阳出于

---

① James T. Braha. *Ancient Hindu astrology for the modern western astrologer*. Hermetician Press. 1993,p.19.

② [唐]杜光庭撰,董恩林点校:《广成集》卷八,北京:中华书局,2012 年,第 118 页。

③ 吴羽:《杜光庭〈广成集〉所载表、醮词写作年代从考》,《魏晋南北朝隋唐史资料》2012 年,第 243—248 页。

④ [唐]杜光庭撰,董恩林点校:《广成集》卷八,北京:中华书局,2012 年,第 118 页。

⑤ [宋]钱如璧:《三辰通载》,西山尚志、王震编:《子海·珍本编(海外卷·日本·静嘉堂文库)》,南京:凤凰出版社,2016 年,第 522 页。

⑥ 同上书,第 537 页。

卯,故卯上立命,随父所在故也"①,所以中国古人对于月亮为母之所配的身宫有理论上的需求。

其次,对身宫的运用与印度宿占术的流行密切相关。在西方生辰星占术传入的同时,印度宿占术也传入中国,《文殊师利菩萨及诸仙所说吉凶时日善恶宿曜经》中记载了印度诸多宿占术。宿占术通过月亮宿位来推测命运,其传达的精神较西方生辰星占术中行星宫位制有更多的可能。西方生辰星占术中宫位由太阳位置决定,但太阳一日一度,一月一宫,行度变化较小,相同时辰相同月份出生的人命盘相同。而宿位是由月亮位置决定,月亮一日行十三度,行度变化较大,更能解释相同时辰出生的人们命运为何会相差很大。相应的月亮所在的身宫也为中国古人所接受并迅速流行。这也是杜光庭《广成集》中重视身宫的原因所在。

所以,杜光庭《广成集》中引入了西方生辰星占术中的十二命宫与在印度伴随十二命宫产生的身宫,但是更注重身宫,这是由于身宫背后的"母之所配"理论以及隐含的命运多样性所决定的。也反映了域外生辰星占术进入中国后被吸收与选择的过程。

杜光庭对个人年命的描述除了本命、运势、九曜位置、身宫与十二宫外,还有中国传统命理中的神煞体系,例如天罗地网、勾绞、伏吟等,以及五行生克与生死所,例如木墓之位、王金之上、生金之乡等术语。这些总体构成了对个人年命的描述。可谓占卜内容丰富多元。反映出时代背景下,文化的碰撞、交流与融合。醮词中所呈现的占卜方法与手段,是时代背景与杜光庭的个人经历共同促使他做出的选择。

唐代是一个多元文化并存与发展的时代,儒释道均得到极好的发展。随着佛教文化的传播,佛教典籍中所携带而来的星命知识与算法也传播开来。同时,在皇家扶持下的道教也呈现欣欣向荣之势。道教

---

① 〔宋〕钱如璧:《三辰通载》,西山尚志、王震编:《子海·珍本编(海外卷·日本·静嘉堂文库)》,南京:凤凰出版社,2016年,第522页。

典籍也兼容并蓄,在继承已有的天文星占知识的基础上,吸收与融合域外而来的星命新知识。

杜光庭出生于唐末五代时期,在儒释道繁荣发展的历史大背景之下,又恰逢变革时期。命理观念在这一时期也有所转型,从注重年干支的李虚中术逐渐变为注重日干支的子平术。

杜光庭在这样的时代背景中成长,也造就他一生经历丰富。他少年好学,饱读诗书,是典型的儒生。后因应试不中,入天台山学道,整理道家典籍,对道家经典了然于胸。因此,他对十二次、十二支、二十八宿、分野理论等熟知且能灵活转换使用。

在整理典籍的过程中,他受司马承祯的影响,将儒释道融合于一体。此段经历,使杜光庭对儒释道典籍有所消化与吸收,对其中所提到的命理思想与方法较为熟知,且在他所写醮词中均有体现。醮词中不止出现佛教所传运命十二宫内容,还有道家体系的北斗星神等,更是有中国传统的五行生克与生死所内容,是儒释道占卜方法的大融合。

之后杜光庭获赐紫服象简,为充麟德殿文章应制,上都太清宫内供奉。这一经历给了杜光庭接触、学习官方占卜的机会,这一点体现在杜光庭为王建所作醮词中对太乙占的运用。杜氏后随僖宗入蜀。这一时期蜀地的雕版印刷迅猛发展,产生了大量阴阳术数书籍,他极有可能阅读到此类书籍。这些经历都不断充实着他的知识体系。

因此,杜光庭《广成集》的醮词中才会出现诸多占卜方式,不仅继承了中国传统的阴阳五行术数、军国星占太乙占,而且融合了佛教传播的域外星命术,并且采用新兴的占卜方式九星术。而这一切方法的运用都是为了向道教星神陈述灾厄,祈求渡厄解灾。这些醮词呈现了唐末五代时期各种文化的交汇与融合,是杜光庭在时代背景、个人经历、命理观念转型等多重因素影响下的选择与应用。

12. 佛道二藏中外来星命术的本土化
——以黄道十二宫为例

外来星命术在中国的流传和应用,并非完整地保持着其在域外的原始形态和内涵。在流传和应用的过程中,外来星命术的形式和内涵在遭遇中国传统天文学、星占术和其他数术文化时,呈现出动态的本土化过程,外来星命术在多个方面上都在本土化。这一过程的结果或后果,就外来星命术的不同面向来说,也呈现出完全不同的趋势,有些外来元素被中国本土完全吸收,有些被改头换面,有些则在经过一段时间的流传后被遗弃或取代,佛道二藏中丰富的星命术资料已经充分地体现出这一复杂性。本章将以黄道十二宫为例,来探讨这种本土化过程的复杂性和多样性,然而这仅仅代表了这一本土化进程中比较复杂的状态,对于其他外来星命元素,则需视具体情况加以分析讨论。

佛道二藏中对于黄道十二宫的最早记载出自天竺三藏那连提耶舍于高齐(550—577)时所译《大方等大集经》卷 56 的《月藏分第十二星宿摄受品第十八》:"所言辰者,有十二种。一名弥沙,二名毗利沙,三名弥偷那,四名羯迦吒迦,五名缲呵,六名迦若,七名兜逻,八名毗梨支迦,九名檀尼毗,十名摩伽罗,十一名鸠槃,十二名弥那。"①此套名称为梵文音译。②那连提耶舍在隋时(581—618)所译同书卷 42 的《日藏分中星宿品第八之二》中已有黄道十二宫的中文译名。道藏中对黄道十二宫的记载较晚,出自北宋神霄派道士之手的《灵宝无量度人上品妙经》卷

---

① 见《大正藏》,第 13 册,第 373 页上栏。
② 钮卫星:《西望梵天:汉译佛经中的天文学源流》,上海:上海交通大学出版社,2004年,第 195—196 页。

43"东方八天"下有注释小字提到"下左回缠房宿十三度，女宿十七度，至宝瓶宫子位而止"①，但该经只提及这一个宫名。题名南宋宁全真传授、林灵素编辑的《灵宝领教济度金书》卷7、卷320中才开始出现黄道十二宫的完整名称。佛道二藏中对黄道十二宫的记载和流传不仅存在时间上的差异，在形式和内容上也有许多不同，这种不同显示出黄道十二宫在中国的流传呈现出一种日益丧失其原本星命内涵的倾向。

佛道二藏中对黄道十二宫的记载主要体现在以下文献中，以佛藏而言，有：

《大方等大集经》②（No.397）卷42、56

《大圣妙吉祥菩萨说除灾教令法轮》③（No.966）

《大方广菩萨藏文殊师利根本仪轨经》④（No.1191）卷3、12、14

《文殊师利菩萨及诸仙所说吉凶时日善恶宿曜经》⑤（No.1299）卷上、下

《七曜攘灾决》⑥（No.1308）卷中

《难儞计湿嚩啰天说支轮经》⑦（No.1312）

《白宝口抄》⑧（图像部第7）卷157、158、159

《成菩提集》⑨（图像部第8）卷4之3

《阿娑缚抄》⑩（图像部第9）卷143

这9份文献中，前7份文献除《大方等大集经》外，均为唐宋时期的作品，这7份文献多为翻译作品，显示出其内容成分多来源于域外。后3

---

① 《灵宝无量度人上品妙经》，《道藏》，第1册，第289页下栏。
② 《大方等大集经》（60卷），北凉昙无谶译。
③ 《大圣妙吉祥菩萨说除灾教令法轮》（1卷），唐失译人名。
④ 《大方广菩萨藏文殊师利根本仪轨经》（20卷），宋天息灾译。
⑤ 《文殊师利菩萨及诸仙所说吉凶时日善恶宿曜经》（3卷），唐不空译。
⑥ 《七曜攘灾决》（2卷，卷下缺），唐金俱吒撰集。
⑦ 《难儞计湿嚩啰天说支轮经》（1卷），宋法贤译。
⑧ 《白宝口抄》（167卷），前95卷在图像部第6，第96—167卷在图像部第7。
⑨ 《成菩提集》（7卷），永范类聚。
⑩ 《阿娑缚抄》（227卷），承澄撰，前53卷在图像部第8，第54—227卷在图像部第9。

份文献为日人编纂的佛教类书,包含许多已经失传的汉译佛经文献的内容,同时也部分包含上述 7 份文献中的内容。这 9 份文献对黄道十二宫的记载都非常完整,表明了佛藏将其视作一个整体的天文星占系统。

以道藏而言,包括:

《灵宝无量度人上品妙经》①(《道藏》第 1 册)卷 43

《灵台经》②(《道藏》第 5 册)第 10

《灵宝领教济度金书》③(《道藏》第 7—8 册)卷 7、320

《金箓十回度人早午晚朝开收仪》④(《道藏》第 9 册)

《无上黄箓大斋立成仪》⑤(《道藏》第 9 册)卷 52

《上清北极天心正法》⑥(《道藏》第 10 册)

《太上说玄天大圣真武本传神咒妙经》⑦(《道藏》第 17、18 册)卷 1

《渊源道妙洞真继篇》⑧(《道藏》第 20 册)卷上、中

《道法会元》⑨(《道藏》第 28—30 册)卷 177

《道门定制》⑩(《道藏》第 31 册)卷 3

《中天紫微星真宝忏》⑪(《道藏》第 34 册)

《儒门崇理折衷堪舆完孝录》⑫(《道藏》第 35 册)卷 3、7

《天皇至道太清玉册》⑬(《道藏》第 36 册)卷下第 17 章

---

① 《灵宝无量度人上品妙经》(61 卷),出自北宋末神霄派道士之手,《正统道藏》洞真部本文类。

② 《灵台经》(4 章,第 1—8 缺,存第 9—12),《正统道藏》洞真部众术类。

③ 《灵宝领教济度金书》(320 卷),宋宁全真授,林灵真编,《正统道藏》洞玄部威仪类。

④ 《金箓十回度人早午晚朝开收仪》(1 卷),《正统道藏》洞玄部威仪类。

⑤ 《无上黄箓大斋立成仪》(56 卷),宋留用光传授,蒋叔舆编次,《正统道藏》洞玄部威仪类

⑥ 《上清北极天心正法》(1 卷),《正统道藏》洞玄部方法类。

⑦ 《太上说玄天大圣真武本传神咒妙经》有 2 个版本,6 卷本,为宋陈伋集疏,收录于《正统道藏》洞神部玉诀类;1 卷本收录于洞神部谱箓类,前者为后者的注释本。

⑧ 《渊源道妙洞真继篇》(3 卷),宋李景元集解,《正统道藏》太玄部。

⑨ 《道法会元》(268 卷),《正统道藏》正一部。

⑩ 《道门定制》(10 卷),宋吕元素集成,胡湘龙编校,《正统道藏》正一部。

⑪ 《中天紫微星真宝忏》(1 卷),《万历续道藏》。

⑫ 《儒门崇理折衷堪舆完孝录》(8 卷),《万历续道藏》。

⑬ 《天皇至道太清玉册》(2 卷 19 章)明朱权编,《万历续道藏》。

《紫微斗数》①（《道藏》第 36 册）卷 1

这 14 份道藏文献有 6 份在内容上来源于北宋或南宋，但具体成书年代或晚至元明；另有 4 份文献著者和成书年代不详；其他 4 份文献来源于《万历续道藏》，内容和成书年代不会早于前 10 份文献。就内容而言，《灵宝无量度人上品妙经》《灵台经》《金箓十回度人早午晚朝开收仪》《上清北极天心正法》《紫微斗数》这 5 份文献只是个别或部分地记载了黄道十二宫，其余 9 份文献对黄道十二宫的记载和描述完整。这 14 份文献多为编写或编纂类，而无翻译作品，反映了其内容来源与前述佛藏文献的不同。

12.1 佛道二藏中的黄道十二宫名称

佛道二藏中的黄道十二宫名称并不统一，就佛藏而言，其名称至少包含三类：中文名称、梵文音译名称、其他名称；而道藏中只有中文名称，而且称谓比较统一。这说明黄道十二宫在从域外向中国流传的过程中，佛藏是处在对其进行翻译和引入这一环节中的，佛教人士甚至直接参与了这一翻译和介绍过程，而道藏是在黄道十二宫已经进入中国后再将其吸收的。这一区别与上述谈及的佛道二藏中记载黄道十二宫的时间差相吻合。笔者对上述佛道二藏中记载黄道十二宫的文献进行了梳理，将黄道十二宫的名称整理如下。

表 12.1 佛藏中的黄道十二宫名称

中 文 名 称	梵文音译名称 （《成菩提集》《大方等 大集经》卷 56）	其他名称 （《白宝口抄· 北斗法三》）
狮（师）子	僧伽深呵/繰呵	帝王宫/（阴）[阳]尊宫
女/双女/小女/天女/童女/双	迦若	温宫/华林宫
秤/秤量/天秤	兜逻（金遮罗）	定宫/禅宫
蝎（虬）/蝎虫/天蝎	毗梨支迦（缚里湿缚）	覆宫

---

① 《紫微斗数》（3 卷），《万历续道藏》。

中 文 名 称	梵文音译名称 (《成菩提集》《大方等 大集经》卷 56)	其他名称 (《白宝口抄· 北斗法三》)
弓/人马/马/射	坛尼毗(馱尾)	人马伴宫/殼宫/摩宫
磨(摩)竭(蝎)/摩羯鱼	摩伽罗	(缺)
瓶/宝瓶(鉼)/水器	鸠槃(瞿摩多)	贤瓶宫/持■宫
鱼/双鱼/天鱼	弥那	鲛宫/祸害宫/二鱼宫
羊/白羊/天羊/持羊	弥沙	成乾宫
牛/牛宫/金牛/持牛	毗利沙	青牛宫/最尊宫
婬/男女/阴阳/夫妻/夫妇/仪/双鸟	弥偷那	鸳鸯宫
蟹/螃蟹/巨蟹	羯迦吒迦	翻宫/阴尊宫

表 12.2 道藏中的黄道十二宫名称

中 文 名 称	中 文 名 称
狮子	宝瓶(鉼、鉼)
双女	双鱼
天秤(称)	白羊
天蝎	金牛
人马	夫妻/阴阳
磨羯(蝎)	巨蟹

从表 12.1 可以看出,翻译和介绍外来的黄道十二宫这一进程非常复杂,这一点在佛藏中有充分的体现。不同的佛藏文献即使在同一类别的翻译和介绍中,如梵文音译,也存在差异,表 12.1 第 2 列出了《成菩提集》和《大方等大集经》卷 56 在"梵文音译"上的差别,就 12 个宫而言,存在 5 宫的差异。《白宝口抄·北斗法三》除记载有一套与其他佛藏文献相似的中文名称外,还罗列了各宫许多既区别于中文名也不同于梵文名的名称①,这套名称中的"人马伴宫""贤瓶宫""二鱼宫""青牛宫""鸳鸯宫"等称谓与相应的中文名称有相似之处,而"阳尊宫""阴尊宫"分别与狮子、

① 《白宝口抄》卷 157"北斗法三",《大正藏》"图像部"第七,第 308—310 页。

巨蟹对应,也源于二者分别为阳、阴宫之首位,[①]似乎也能找到相通之处,然而其他的称谓暂无可考的来源,留待进一步研究。

以中文名称而言,佛藏中各宫的称谓非常多样化,只有"狮子"宫的中文名称最为固定,九份文献中称谓完全一致,九份文件中大多将该宫写作"师子",只有《文殊师利菩萨及诸仙所说吉凶时日善恶宿曜经》卷下"图2"和文字中将其写作"狮子"[②]。"磨(摩)竭(羯、蝎)"宫从称谓上来说也只有两种,第一种由于文字的写法而呈现出四种不同的差异,第二种称谓反映了其名称的来源,"摩羯"实为一种"摩羯鱼",《白宝口抄·北斗法三》引《梵语集》云:"摩竭鱼亦摩伽罗,此云鲸鱼。"又引:"图云摩竭鱼形云云,现图大鱼形也,张口举翻也。此摩竭鱼表嗔相,是吞噉惑业义也。"[③]对于这一称谓,有些研究在出土实物、图像的基础上探讨了它与印度文化之间的联系,以及该宫从巴比伦、古希腊到阿拉伯、印度再到东亚这一传播过程中的变迁。[④]

而名称最多的是"婬"宫,至少有七种称谓,但无论是夫妻、阴阳、还是男女,其表达的含义都具有一致性,只有"仪"的称谓差别较大,但其与"婬"音似,疑为音译别称,这一名称中表达的男女异性与现代西方"双子"宫的内涵差别较大,只有"双鸟"的称谓与"双子"最为接近,许多研究从图像入手,也探讨了中西方的这一差异和演变。[⑤]

共有五宫存在三种不同的称谓,"鱼/双鱼/天鱼"宫虽有三种称谓,但都与鱼有关;"瓶/宝瓶(缾)/水器"也有三种称谓,但都与瓶作为容器有关,作"宝瓶"时"瓶"字有两种不同的写法;"秤"宫的称谓都与秤有

---

① 关于阴阳二宫的分类,可见《文殊师利菩萨及诸仙所说吉凶时日善恶宿曜经》卷上;《成菩提集》卷四之三;以及《灵台经》第十。

② 《文殊师利菩萨及诸仙所说吉凶时日善恶宿曜经》卷下。

③ 《白宝口抄》卷157"北斗法三",《大正藏》图像部第七,第308页下栏。

④ 对于该宫及其中文称谓的研究,可参见夏鼐:《从宣化辽墓的星图论二十八宿和黄道十二宫》;陈万成:《景德二年板刻〈大随求陀罗尼经〉与黄道十二宫图像》;岑蕊:《摩羯纹考略》,《文物》1983年第10期,第78—80页;杨伯达:《摩羯、摩竭辨》,《故宫博物院院刊》2001年第6期,第41—46页,等等。

⑤ 相关研究可参见夏鼐:《从宣化辽墓的星图论二十八宿和黄道十二宫》;陈万成:《景德二年板刻〈大随求陀罗尼经〉与黄道十二宫图像》等。

关，但经常会写为"称"；"蝎"宫的称谓都与蝎有关，但蝎字在《文殊师利菩萨及诸仙所说吉凶时日善恶宿曜经》卷下"图1"中写作"虮"；"蟹"宫的称谓都与蟹有关。

"羊""牛"宫的称谓各有四种，但分别都与羊、牛有关，其中"持羊""持牛"这一比较特别的称谓出现在《大方等大集经》卷56中。"女"宫的称谓虽然也有六种，但多与女有关，只有"双"这一称谓特定强调了双的含义，这与其他称谓多表示一个女子不同，而在出土的图像上，该宫也有单女和双女的差异。①

"马"宫的称谓差异较大，有马、弓、人马、射四种，这些差异显示出该宫名称内涵上的演变，这些演变也反映了黄道十二宫从西方传至东方所历经的传播路径和变迁。②

与佛藏不同的是，道藏文献中的黄道十二宫名称非常统一，只有少数宫存在称谓或字体的差异，如《道门定制》卷3中将"天秤"写作"天称"，将"宝瓶"写作"宝鉼"，后者与《文殊师利菩萨及诸仙所说吉凶时日善恶宿曜经》卷下"图2"中的写法一致；由于"金"与"缶"在作为偏旁部首时字体的相似性与印刷的模糊不清，《灵宝无量度人上品妙经》与《渊源道妙洞真继篇》中写作"宝鉼"。对于"磨羯"，只有《中天紫微星真宝忏》写作"磨蝎"。道藏中"阴阳"宫的称谓与佛藏中的《大方广菩萨藏文殊师利根本仪轨经》卷14和《难儞计湿嚩啰天说支轮经》相同，这一称谓在道藏文献中只有一个例外，那就是《灵台经》，该经中称为"夫妻"宫，而这一称谓在《白宝口抄·北斗法三》中也存在。除这四个宫外，道藏中其他八宫的中文名称都可以在佛藏的中文名称中找到来源，这或许暗示了道藏中的这一套相对统一的名称来源于佛藏。

但是，仔细对比佛藏和道藏中的中文名称，可以发现两者存在一定

---

① 对于该宫的研究，可参见陈万成：《景德二年板刻〈大随求陀罗尼经〉与黄道十二宫图像》注57，第50页。

② 相关研究可参见伊世同：《河北宣化辽金墓天文图简析——兼及邢台铁钟黄道十二宫图像》；夏鼐：《从宣化辽墓的星图论二十八宿和黄道十二宫》；陈万成：《景德二年板刻〈大随求陀罗尼经〉与黄道十二宫图像》等。

的差异。佛藏中每宫的中文名称字数不一,有单名,也有双名,而且九份文献中,只有《难儞计湿嚩啰天说支轮经》中的名称全部为双名,其余八份文献中的名称都是既存在单名也存在双名,形式并不统一。这与佛藏正处于翻译和介绍这一外来天文星占系统有关,在唐宋时期这一外来天文星占系统在中国还未完成本土化的统一,而是呈现出佛藏文献翻译者各自的特色。

道藏中每宫的中文名称无论称谓或字体的同异,均为双名,这反映出宋代特别是南宋以后道藏中流传的黄道十二宫在形式上已经相当稳定和统一。进一步对比佛藏文献《难儞计湿嚩啰天说支轮经》与道藏中黄道十二宫的中文名称,可以发现两者的相似度极高,除去上述道藏中四个宫的例外情况,《难儞计湿嚩啰天说支轮经》中只有"天羊"宫与后者"白羊"的称谓存在差异。这或许反映出道藏中流传的黄道十二宫可以追溯到佛藏中的《难儞计湿嚩啰天说支轮经》。

佛藏中"白羊"的称谓只存在《白宝口抄》这一文献中,其名称下有注释"卧白羊少企右膝"及"图云:白色羊也云云"[1]提及这一名称的由来。但由于这一文献的类书汇编性质,无法得知这一名称更为原始的来源,其与道藏的关系尚需进一步的线索,但可以确定的是,道藏中的这一名称并非独创,在佛藏中同样可以找到可资追寻的痕迹。

综合以上分析可知,道藏中流传的黄道十二宫在形式上可以追溯到佛藏,是佛藏在参与翻译和介绍黄道十二宫的进程中所产生的一种或两种翻译作品广泛流传和稳定的结果,这突出地证明了来自域外的黄道十二宫在中国传播的过程中逐渐从多样化走向稳定和统一,从而完成了其本土化的过程,这一过程伴随着道藏对佛藏天文内容的吸收和流传。这一本土化过程始于唐代,此时主要表现为对外来天文星占内容的翻译和传播,佛藏参与了这一过程,而道藏还未参涉其中,这一时期外来的天文星占内容呈现出多样化的特征。唐宋之际乃至北宋时期,道藏文献在逐渐形成的过程中,选取了佛藏中的部分文献对其中的

---

[1] 《白宝口抄》卷157"北斗法三",《大正藏》图像部第七,第309页上栏。

天文内容进行吸收,从而改变了佛藏中的多样性、将这一内容在形式上部分稳定下来。南宋及其以后,随着道藏文献的逐渐增多,这一内容在道藏体系内部流传开来,客观上促进了黄道十二宫这一外来天文星占内容在中国的流传。

12.2 佛道二藏中黄道十二宫的排列顺序

佛藏在翻译和介绍黄道十二宫过程中产生的多样性不仅体现在它们的各类名称和中文名称上,还体现在黄道十二宫的排列顺序上。这些不同并非来源于翻译者个人的差异,还是来自黄道十二宫在不同的文化背景中的差异性。而道藏对佛藏文献中黄道十二宫内容的吸收,并非仅仅地照抄和模仿,还存在改变和创新,这一特征鲜明地体现在道藏中所记载的黄道十二宫顺序与佛藏有明显的不同,这些不同源于道藏对中国传统天文星占知识和观念的利用和发挥。

以前述佛藏 9 份和道藏 14 份文献为基础,笔者整理了黄道十二宫的排列顺序,至少存在 10 种不同的顺序,详情请见表 12.3。

表 12.3　佛道二藏中黄道十二宫的不同排列顺序

一	二	三	四	五	六	七	八	九	十
狮子	白羊	天蝎	宝瓶	宝瓶	天称	秤量	摩竭	人马	人马
双女	金牛	射	磨竭	人马	天蝎	蝎虫	宝瓶	天蝎	双鱼
秤量	男女	磨竭	人马	天秤	人马	弓	双鱼	天称	宝瓶
蝎虫	巨蟹	水器	天蝎	狮子	磨竭	螃蟹	白羊	双女	磨竭
人马	狮子	天鱼	天秤	阴阳	瓶	狮子	牛宫	狮子	天蝎
磨竭	双女	特羊	双女	白羊	双鱼	小女	夫妇	巨蟹	白羊
宝瓶	天秤	特牛	狮子	磨竭	白羊	白羊	螃蟹	阴阳	天称
双鱼	天蝎	双鸟	巨蟹	天蝎	金牛	牛宫	狮子	金牛	金牛
白羊	人马	蟹	阴阳	双女	阴阳	夫妇	双女	白羊	双女
牛宫	摩竭	狮子	金牛	巨蟹	巨蟹	摩竭	秤量	双鱼	阴阳
男女	宝瓶	天女	白羊	金牛	狮子	宝瓶	蝎虫	宝鉼	狮子
巨蟹	双鱼	秤量	双鱼	双鱼	双女	双鱼	弓宫	磨竭	巨蟹

这 10 种不同的顺序体现在两个方面，一是首宫的不同；二是各宫之间排列次序的不同。第一种顺序以狮子宫为起始宫。钮卫星已经指出汉译佛经中唯有《文殊师利菩萨及诸仙所说吉凶时日善恶宿曜经》载有此顺序①，该顺序体现在该经的卷上部分②，此外《大圣妙吉祥菩萨说除灾教令法轮》《白宝口抄·北斗法三》③《白宝口抄·北斗法五》④《成菩提集》《阿娑缚抄》《灵台经》⑤也以狮子宫为黄道十二宫首宫。

第二种顺序以白羊宫为起始宫，代表文献有《难儞计湿嚩啰天说支轮经》《大方广菩萨藏文殊师利根本仪轨经》，其中"双女"和"天秤"二宫在后一文献中顺序颠倒。

第三种顺序以天蝎宫为起始宫，以《大方等大集经》卷 42 为代表："八月满者起胃终昴，其月如是。夜十五时，昼十五时，日午之影长六脚迹。……是八月时蝎神主，当昴宿为业，前已说竟。"⑥八月在印度为昴月，即望时月在昴宿。该月日夜平分，为秋分所在，当值宫神为天蝎。印度以昴宿为首宿⑦，将八月列在首位可能与此有关，同时天蝎宫也被列在首位，十二宫排列顺序也是自西向东，与上两种顺序相同。

第四种顺序以宝瓶宫为起始点，而且其排列次序与前三种刚好相反。代表文献有《太上说玄天大圣真武本传神咒妙经》《七曜攘灾决》。

---

① 钮卫星：《西望梵天：汉译佛经中的天文学源流》，上海：上海交通大学出版社，2004年，第 196 页。

② 《文殊师利菩萨及诸仙所说吉凶时日善恶宿曜经》，《大正藏》，第 21 册，第 387—388 页。

③ 《白宝口抄》卷 157"北斗法三"，此处记载有三类不同顺序的黄道十二宫，此处指的是《大正藏》图像部第七，第 308 页下栏。

④ 《白宝口抄》卷 159"北斗法五"，《大正藏》图像部第七，第 324 页下栏—326 页上栏。

⑤ 《灵台经》中记录的十二宫并不完整，但并不妨碍此处的讨论。

⑥ ［隋］那连提耶舍译：《大方等大集经》卷 42《日藏分中星宿品第八之二》，《大正藏》，第 13 册，第 397 号，第 280 页中栏。

⑦ 钮卫星：《西望梵天：汉译佛经中的天文学源流》，上海：上海交通大学出版社，2004年，第 57—61 页。

第五种顺序同样以宝瓶宫为起点,但分为左、右两班,每班在第四种顺序的基础上间隔排列,代表文献为《灵宝领教济度金书》卷7。

第六种顺序以天秤宫为起点,排列次序与第一、二、三种相同。代表文献有《道门定制》卷3、《无上黄箓大斋立成仪》。

第七种顺序也以天秤宫/秤量宫为起始点,但将十二宫与东西南北四方进行对应,以东、南、西、北的顺序进行叙述。代表文献有《白宝口抄·北斗法三》①。

第八种顺序同样将十二宫与东西南北四方进行对应,其对应与第七种相同,但以北、西、南、东的方位进行叙述,因此呈现出以摩竭宫为起始宫的顺序。代表文献为《白宝口抄·北斗法三》②。

第九种顺序以人马宫为起始宫,排列次序与第四种相同。代表文献有《渊源道妙洞真继篇》。

第十种顺序也以人马宫为起始宫,以宝瓶、磨竭二宫为基础点,周天布局,左右成对进行排列,但将人马、双鱼二宫放在宝瓶、磨竭二宫的前面。代表文献为《灵宝领教济度金书》卷320。

从以上叙述中可以看出,第一种顺序多记载于佛藏文献中,代表文献中只有《灵台经》为道藏文献。对于第二种顺序,其黄道十二宫的次序与第一种相同,均为自西向东逆行,只是起始宫有所区别。以白羊宫为起始宫与黄道以春分点为起点有关:"统云春分(二月中)奎三度,(二)月定白羊宫(乃)内,而有差三度(二)有余。早分仍图新可造(云云)。图者十二宫七分二十八宿分度也。作图白羊宫为初(云云)。"③因为春分点在白羊宫内,故以白羊宫为起始宫。该顺序也多记载于佛藏中。第三种顺序,其排列次序与前两种相同,其以天蝎宫为起始点,是为了配合以昴宿为首宿的印度习惯。

依此可以推断,分别以狮子、白羊、天蝎为起始宫、自西向东分布的黄道十二宫顺序应为外来黄道十二宫顺序的三种典型代表,这三种顺

---

① 《白宝口抄》卷157"北斗法三",《大正藏》图像部第七,第308页中栏。
② 《白宝口抄》卷157"北斗法三",《大正藏》图像部第七,第308页下栏—310页上栏。
③ [唐]金俱吒:《七曜攘灾决》卷中,《大正藏》,第21册,第1308号,第452页中栏。

序偶尔还会将十二宫分成两类,自狮子至摩竭为太阳分,从宝瓶至蟹为太阴分,如《文殊师利菩萨及诸仙所说吉凶时日善恶宿曜经》《成菩提集》《灵台经》等。

第四、五种顺序以宝瓶宫为起始宫,这与以子为起点的十二地支有关。事实上,这两种顺序的代表文献多将黄道十二宫与十二地支一一对应。第四种顺序中黄道十二宫的排列次序为自东向西顺行排列,与十二地支在周天的排列次序相同。第五种顺序虽然分为左右两班间隔排列,但也是在十二地支的顺行排列基础上进行。这两种顺序多体现在道藏文献中,只有《七曜攘灾决》例外,该经虽为汉译佛经,且为西天竺国金俱吒所撰集,但其中含有五行王相休囚等传统的中土思想。"有五星与大岁五行王相合者,必生贵人。若与月五行合者,亦生贵人。若月至休废囚死宿,所生之处多为庸人。"①可见该经力求与中土思想进行结合,其以宝瓶子宫为起始宫,十二宫顺序自东向西顺行排列,恰好显示其中土化的倾向。

第六、七种顺序以秤量宫为起始宫,这与二十八宿有关。中土二十八宿的起始点为角宿,而角宿位于秤量宫内。其排列次序为自西向东逆行。第七种顺序也是逆行次序,只是由于与四方对应而被打乱,每方内的三宫顺序不变。第八种顺序是在第七种顺序的基础上,以北、西、南、东逆向排列,但每方内的三宫顺序保持不变。

第九、十种顺序以人马宫为起始宫,而人马宫对应十二地支的寅,这种次序受到"三正"中建寅思想的影响:"古以子为元,今以寅为首,则天道南行,其象在上为人马官,在下为燕,其气专在人之三焦。"②第九种排列次序与十二地支相同,为自东向西顺行。第十种虽然以成对形式进行叙述,但也是在自东向西顺行的基础上进行。

以上5种顺序的代表文献除《白宝口抄》外,均为道藏文献。《白宝口抄》为日人编纂的佛经类书,其中既包括了汉译佛经,也含有许多中

---

① [唐]金俱吒:《七曜攘灾决》卷上,《大正藏》,第21册,第426页中下栏。
② [宋]李景元注:《渊源道妙洞真继篇》上,《道藏》,第20册,第14页中栏。

国传统文献的记载,如《五行大义》《论语》、郑玄的论述等。因此其内容本身既有印度外来成分,也有中土成分。

综合以上,黄道十二宫的顺序反映了在中土流传的黄道十二宫存在两种不同的倾向。第一种倾向是保留自域外传入的黄道十二宫原始系统,以狮子宫或白羊宫或天蝎宫为起始点,自西向东逆行依次排列,这类系统为域外色彩浓厚的佛藏所保存。第二种倾向是与中国本土的十二地支、二十八宿、建寅等系统或思想相结合,以宝瓶子宫或秤量宫或人马宫为起始点,次序多为自东向西顺行排列,以转化为更中国化的黄道十二宫系统,这类系统多体现在道藏中。

这两种倾向反映了黄道十二宫进入中国后,该组合原本所承载的希腊化乃至印度的天文、历法以及星占等内涵,由于中外环境和文化的差异,正在被中国传统的天文、历法以及星占、术数等内涵所替代,而这种内涵上的演变首先通过十二宫顺序的形式化改变体现出来。

12.3　佛道二藏中黄道十二宫与二十八宿的对应

来自域外的黄道十二宫,作为一个天文星占系统,在佛道二藏中主要被当作一种星占学内容而被翻译和介绍的。在域外星占学中,这一系统是与二十八宿、七曜紧密结合在一起的。进入中国后,这一结合并没有消失,而被许多佛道二藏文献所继承,这种继承从形式上看并没有改变,但其实质在变化,通过七曜对五行理论的利用、十二地支在月份、分野和方位上的内涵扩展,黄道十二宫在星占术中的作用逐渐在变化。本节以及下节将集中讨论由于七曜属性的配置以及五行理论的利用,黄道十二宫在星命术中的作用发生了何种演变。

自域外传入的黄道十二宫在星占学上与二十八宿系统紧密相连。二十八宿并非中国独有,印度也有自身的二十七或二十八宿系统,这一系统与中国的二十八宿系统有很大的差异,但是这一差异并不妨碍翻译者在佛藏中将印度的二十七或二十八宿系统介绍到中国,并与中国的二十八宿系统进行对应或置换。①而佛藏文献中有些保留了印度的二十七宿或二十八宿系统，有些则置换成中国的二十八宿系统，情况不一。本节仍以前述文献为基础，整理出黄道十二宫与二十八宿的对应，为方便起见，各文献以狮子宫为首宫进行排列。

表12.4　佛道二藏中黄道十二宫与二十八宿的对应

黄道十二宫	文 献 记 载					
	《文殊师利菩萨及诸仙所说吉凶时日善恶宿曜经》卷上	《文殊师利菩萨及诸仙所说吉凶时日善恶宿曜经》卷下图1	《文殊师利菩萨及诸仙所说吉凶时日善恶宿曜经》卷下图2	《难儞计湿嚩啰天说支轮经》	《大方广菩萨藏文殊师利根本仪轨经》	《儒门崇理折衷堪舆完孝录》卷7
狮子	星四足、张四足、翼二足	觜、参、井	箕、斗	星宿、张宿、翼宿各一分	星宿、张宿	柳四、星、张
双女	翼三足、轸四足、角二足	鬼、柳	女、虚、危	翼宿三分、轸宿、角宿各二分	翼宿及轸宿	张十五、翼、轸
秤量	角二足、亢四足、氐三足	星、张	室、壁、奎	角宿二分，亢宿、氐宿各三分	角宿、亢宿、氐宿	轸十、角、亢、氐初
蝎虫	氐一足、房四足、心四足	翼、轸	娄、胃	氐宿及房宿、心宿各一分	房宿、心宿、尾宿	氐二、房、心、尾
人马	尾四足、箕四足、斗一足	角、亢	昴、毕	尾宿、箕宿、斗宿各一分	箕宿、斗宿	尾三、箕、斗
磨竭	斗三足、女四足、虚二足	氐、房	觜、参、井	斗宿三分、牛宿、女宿各二分	牛宿、女宿	斗四、牛、女
宝瓶	虚二足、危四足、室三足	心、尾	鬼、柳	女宿二分，危宿、室宿各三分	虚宿、危宿	女二、虚、危
双鱼	室一足、壁四足、奎四足。	箕、斗	星、张	室宿、壁宿、奎宿各一分	室宿、毕宿、奎宿	危十三、室、壁、奎
白羊	娄四足、胃四足、昴一足	女、虚、危	翼、轸	娄宿、胃宿全分，昴宿一分	娄宿、胃宿	奎二、娄、胃

① 钮卫星：《西望梵天：汉译佛经中的天文学源流》，上海：上海交通大学出版社，2004年，第47—76页。

黄道十二宫	文 献 记 载					
	《文殊师利菩萨及诸仙所说吉凶时日善恶宿曜经》卷上	《文殊师利菩萨及诸仙所说吉凶时日善恶宿曜经》卷下图1	《文殊师利菩萨及诸仙所说吉凶时日善恶宿曜经》卷下图2	《难儞计湿嚩啰天说支轮经》	《大方广菩萨藏文殊师利根本仪轨经》	《儒门崇理折衷堪舆完孝录》卷7
牛宫	昴三足、毕四足、觜二足。	室、壁、奎	角、亢	昴宿三分、毕宿、参宿各二分	昴宿、毕宿	胃四、昴、毕
男女	觜二足、参四足、井三足	娄、胃	氐、房	参宿二分，嘴[觜]宿、井宿各三分	嘴[觜]宿、参宿、井宿	毕七、觜、参、井
螃蟹	井一足、鬼四足、柳四足	昴、毕	心、危	井宿、鬼宿、柳宿全分	鬼宿、柳宿	井九、鬼、柳

前述文献中，只有三份佛藏文献和一份道藏文献中记载了黄道十二宫与二十七或二十八宿的对应关系，各文献中每宿的单位足、分、初一二三等并无统一性，因此以比较宿为主。其中《文殊师利菩萨及诸仙所说吉凶时日善恶宿曜经》记载有三处不同的对应方式。这六种对应中，只有《文殊师利菩萨及诸仙所说吉凶时日善恶宿曜经》三处对应方式采用的是二十七宿体系，没有包含牛宿，保留了印度的二十七宿体系。该经卷上是以狮子宫、星宿为首进行对应的；卷下图1、2是以白羊宫为首宫，但图1白羊宫对应的是女、虚、危三宿，图2对应的是翼、轸两宿；就星宿而言，要注意到印度传统的首宿昴宿在图2中对应的是人马宫，对比而言图1的人马宫恰好对应的是中国二十八宿的首宿角宿，这表明图2遵循的是印度天文学的传统，而图1则反映了佛藏中试图将印度的星宿体系向中国天文学传统靠拢和转化的努力。

《难儞计湿嚩啰天说支轮经》与《大方广菩萨藏文殊师利根本仪轨经》均以白羊宫为首，以娄宿为始进行对应，这实际上是春分点移动，从印度星宿体系的昴宿移动到娄宿从而改变了印度星宿体系首宿的结果，印度天文学的这一变化在佛藏中也有所反映，这两经均为北宋所译,与娄宿作为首宿比昴宿作为首宿晚出一致。[①]

　　《儒门崇理折衷堪舆完孝录》与其他三份文献不同,它并没有将黄道十二宫与二十八宿体系直接对应,而是通过十二地支进行间接对应。就黄道十二宫与十二地支的对应而言,它是以宝瓶子宫为首,以二十八宿和十二地支而言,它又是以角宿辰宫为首,这两种对应依据的都是传统的中国天文学观念,这也与该书乃宋代以后所处、此时的黄道十二宫体系早已完成在中国的本土化相一致。

　　若以狮子宫为起始宫来论,各类文献的起算点并不完全一致,大多数以星宿为起始点,而《儒门崇理折衷堪舆完孝录》以柳宿为起始点,狮子宫囊括柳、星、张三宿。即便均以星宿为起始点,《文殊师利菩萨及诸仙所说吉凶时日善恶宿曜经》卷上和《难儞计湿嚩啰天说支轮经》的狮子宫包含星、张、翼三宿的全部或部分,而《大方广菩萨藏文殊师利根本仪轨经》只有星、张二宿。《文殊师利菩萨及诸仙所说吉凶时日善恶宿曜经》中除文字叙述部分外,另有两图绘出二十七宿与黄道十二宫的对应,但这三种对应均不相同。后两图中每宫具体对应的宿虽然不同,但这十二组宿的分类却是相同,可见这种对应有某种规律可循。

　　除《文殊师利菩萨及诸仙所说吉凶时日善恶宿曜经》卷下两幅图外,其余三种二十八宿与黄道十二宫的对应均与《文殊师利菩萨及诸仙所说吉凶时日善恶宿曜经》卷上文字叙述的对应相似,其前后差异不超过两宿。可见,无论是佛藏还是道藏,其所记载的黄道十二宫与二十七/二十八宿的匹配有比较高的一致性,而这两种相差较大的匹配可能有另外的来源或作用[②]。

---

　　① 钮卫星:《西望梵天:汉译佛经中的天文学源流》,上海:上海交通大学出版社,2004年,第59—61页。
　　② 这种来源可能与《聿斯经》有关,据《白宝口抄·北斗法四》"本命宫事"的记载,黄道十二宫与十二月的对应有两种体系,一种出自《宿曜经》,一种出自《聿斯经》,而《聿斯经》中的记载与此图中黄道十二宫和十二月的对应相同,因此此图中二十八宿与十二宫的对应体系也可能出自《聿斯经》,而与《宿曜经》中的文字叙述相异,下文中黄道十二宫与七曜的另一套非通用的对应规则也与此相联系。

12.4 佛道二藏中黄道十二宫与七曜的对应

七曜,指的是日月、五星,这一带有域外天文学色彩的天文学概念在学术界引起了很多讨论。①黄道十二宫在被引介到中国的过程中,保持着与七曜的紧密联系,这一点在佛道二藏中均有体现。上述文献中,佛藏文献《文殊师利菩萨及诸仙所说吉凶时日善恶宿曜经》《七曜攘灾决》《白宝口抄》《成菩提集》,和道藏文献《灵宝领教济度金书》记载了这一对应,详情请见表 12.5。

表 12.5 佛道二藏中黄道十二宫与七曜的对应

黄道十二宫	狮子	双女	秤量	蝎虫	人马	磨竭	宝瓶	双鱼	白羊	牛宫	男女	螃蟹
七曜	太阳	辰星	太白	荧惑	岁星	镇星	镇星	岁星	荧惑	太白	辰星	太阴
七曜(《宿曜经》卷下)	岁星	荧惑	太白	辰星	太阴	太阳	辰星	太白	荧惑	岁星	镇星	镇星

这一对应,在几种不同的文献中显示出高度的一致性,只是有的文献采用表 12.5 中的七曜名称,有的用日、月、金、木、水、火、土表示七曜。这种对应规则,据陈万成的研究,来自希腊托勒密的星占学,后传至印度,再传至中土。②

然而《文殊师利菩萨及诸仙所说吉凶时日善恶宿曜经》卷下第二幅图所示七曜与黄道十二宫的对应,与通常的对应完全不同,而且与后文

---

① 对于该主题的讨论,可参见如下论著:(法)沙畹、伯希和著,冯承钧译:《摩尼教流行中国考·七曜历之输入》,收入《西域南海史地考证译丛》(第八编),北京:中华书局,1958 年,第 43—104 页〔原作"Un traité manichéen retrouvé en Chine",发表于《亚细亚学刊》(Journal Asiatique),1911~1913 年,10~11 卷〕;王重民:《敦煌本历日之研究》,《东方杂志》第 34 卷第 9 期,1937 年,后收入其《敦煌遗书论文集》,北京:中华书局,1984 年,第 116—133 页;叶德禄:《七曜历输入中国考》,《辅仁学志》1942 年 11 卷(1—2 合期),第 137—157 页;饶宗颐:《论七曜与十一曜——记敦煌开宝七年(九七四)康遵批命课》,收入《饶宗颐史学论著选》,上海:上海古籍出版社,1993 年,第 582—583 页;江晓原:《天学真原·七曜术在中土之盛行》,沈阳:辽宁教育出版社,2004 年第 2 版,第 266—293 页;陈志辉:《隋唐以前之七曜历术源流新证》,《上海交通大学学报(哲学社会科学版)》2009 年第 4 期,第 46—51 页,等等。

② 陈万成:《关于〈事林广记〉的〈十二宫分野所属图〉》,收录于陈万成:《中外文化交流探绎:星学·医学·其他》,北京:中华书局,2010 年,第 62—66 页。

所述传统五行的对应也不相同①,这种情况与黄道十二宫和二十八宿的对应一样,这类不同的对应规则尚待进一步探讨。

黄道十二宫与七曜一一匹配的域外星命术,在中国的佛藏、道藏中得到比较一致的保留和继承,然而这种保留和继承将域外传入的星命术引向一个新的发展方向。

《七曜攘灾决》中除将黄道十二宫与七曜进行对应外,还有另外一套匹配系统——五行,如表 12.6。

表 12.6 《七曜攘灾决》中黄道十二宫、七曜与五行的对应

黄道十二宫	狮子	双女	秤量	蝎虫	人马	磨竭	宝瓶	双鱼	白羊	牛宫	男女	螃蟹
七曜	日天干	辰星	太白	荧惑	岁星	镇星	镇星	岁星	荧惑	太白	辰星	月天干
五行	火	水	金	火	木	土	土	木	火	金	水	水

五行的对应比较简单,五星部分与七曜相同,只是将日对应火,月对应水。这种对应在中土有悠久的传统,早在张衡《灵宪》中就有"夫日譬犹火,月譬犹水"②的观点,这种对应的目的是将五行理论中的相生相克、四季王相、衰王墓死等中国术数规则和思想纳入星命术,使得域外传入的星命术与中国传统进行结合,进一步使其本土化。

将五行理论纳入星命术的努力,从域外星命术一进入中国开始就已经发生,这种企图鲜明地体现在佛藏文献《七曜攘灾决》中③,将黄道十二宫通过七曜间接与五行相联系,这种发展使得黄道十二宫自身的星命含义呈现出五行属性,但失去了十二宫原本的星命内涵。黄道十二宫各宫原本有其自身的星命内涵,如《文殊师利菩萨及诸仙所说吉凶时日善恶宿曜经》:

> 第一,星四足,张四足,翼一足。大阳位焉。其神如师子,故名师子宫。主加官得财事,若人生属此宫者,法合足精神,富贵孝顺,

---

① [唐]不空:《文殊师利菩萨及诸仙所说吉凶时日善恶宿曜经》卷下,《大正藏》,第 21 册,第 1299 号,第 395 页上栏。

② [汉]张衡:《灵宪》,引自[南朝宋]范晔:《后汉书·天文志上》注"(四)",北京:中华书局,1965 年,第 3216 页。

③ 除该经外,相关的努力还体现在其他佛藏文献中,详情可见第 13 章内容。

合掌握军旅之任也。

……

第六，斗三足，女四足，虚二足。镇星位焉。其神如磨竭，故名磨竭宫。主斗诤之事，若人生属此宫者，法合心麁五逆，不敬妻子，合掌刑杀之任。

第七，虚二足，危四足，室三足。镇星位焉。其神如瓶，故名瓶宫。主胜强之事，若人生属此宫者，法合好行忠信足学问富饶，合掌学馆之任。①

磨竭宫和瓶宫虽然同为镇星位，但其星命内涵却大相径庭，原因在于起主导作用的是宫，而不是曜。黄道十二宫自身有其本来的星命内涵，在唐宋时期的中土也有所流传，文天祥拿韩愈、苏轼的人生遭遇和星命联系：

磨蝎之宫星见斗，簸之扬之箕有口。昌黎安身坡立命，谤毁平生无不有。②

诗里说磨竭宫主斗诤之事，韩愈、苏轼平生遭遇口舌毁谤的经历正与此相合。

在道藏文献《儒门崇理折衷堪舆完孝录》中，宝瓶宫和摩羯宫对应七曜中的土曜，因此其具有了土的属性，在星占学中，若某个人的命"居于其上者，以木气为难，以水字为仇"③，这是因为在五行理论中，木克土、土又克水，土与这两者都是相克的关系，因此会为难、为仇。从这一类推算命理的规则可以看出，此处的宝瓶、摩羯宫已完全失去了其作为宫自身的星占内涵，而只剩下其对应的五行的含义，通过五行生克原则在星占学中发挥作用。

通过黄道十二宫与七曜的对应，以及对五行理论的利用，黄道十二宫在中国虽然在形式上保持了域外星占学中与七曜的对应关系，但其

---

① ［唐］不空：《文殊师利菩萨及诸仙所说吉凶时日善恶宿曜经》卷上《序分定宿直品第一》，《大正藏》，第 21 册，第 1299 号，第 387 页中下栏。

② ［宋］文天祥：《文山先生全集》卷 1《赠曾一轩》，《四部丛刊》景明本，第 13B 页。

③ 《儒门崇理折衷堪舆完孝录》卷 4，第 624 页中栏。

星占内涵已经在向五行理论中每一行所具有的星占含义和数术含义转化，这一发展倾向使得黄道十二宫原始的星占内涵在中国慢慢衰亡。这样一种发展倾向不仅表现在通过七曜对五行理论的利用上，还体现在通过与十二支的对应对五行的利用上。

12.5 佛道二藏中黄道十二宫与十二地支的对应

唐杨景风注《文殊师利菩萨及诸仙所说吉凶时日善恶宿曜经》时有："唐用二十八宿，西国除牛宿，以其天主事之故。十二宫犹唐十二次。"[①]这种将黄道十二宫等同于中国天文学中十二次的说法在《旧唐书·历志三》[②]和《新唐书·历志四下》[③]中也有记载。中国传统天文学中的十二次等价于用十二地支表示的十二辰，即子为玄枵，丑为星纪，等等。详情请见表 12.7。

表 12.7　黄道十二宫与十二次、十二地支的对应

十二地支	子	丑	寅	卯	辰	巳	丑	未	申	酉	戌	亥
十二次	玄枵	星纪	析木	大火	寿星	鹑尾	鹑火	鹑首	实沈	大梁	降娄	娵訾
黄道十二宫	宝瓶	磨竭	人马	蝎虫	秤量	双女	狮子	螃蟹	男女	牛宫	白羊	双鱼

需注意的是：十二次与黄道十二宫的顺序都是自西向东逆行，而十二地支的顺序是自东向西顺行。由于这一对应关系的存在，佛道二藏中将黄道十二宫与十二地支紧密相连，一一对应。佛藏文献《七曜攘灾决》、道藏文献《灵宝济度金书》《太上说玄天大圣真武本传神咒妙经》《渊源道妙洞真继篇》中记载的黄道十二宫起始宫虽然有所区别，但与十二地支的一一对应却完全一致。佛道二藏一致地选择十二地支而非

---

①　[唐]不空：《文殊师利菩萨及诸仙所说吉凶时日善恶宿曜经》卷下，《大正藏》，第 21 册，第 1299 号，第 394 页下栏。

②　[后晋]刘昫等：《旧唐书·历志三》，北京：中华书局，1975 年，第 1265 页小注："其天竺所云十二宫，则中国之十二次也。曰郁车宫者，即中国降娄之次也。"

③　[宋]欧阳修等：《新唐书·历志四下》，北京：中华书局，1975 年，第 673 页小注，内容与《旧唐书·历志三》相似，文字略有差异。

十二次与黄道十二宫进行对应,乃是因为十二地支在魏晋南北朝之际佛藏进入中国的时候,已经是中国传统文化中运用非常广泛的符号体系,这一符号体系在中国传统的数术文化中已经发展出一套成熟多样的规则体系,可以与天、地、四季、方位、生理部位、五脏六腑等自然人文的方方面面结合起来。将黄道十二宫与这一体系建立联系后,意味着该体系的许多规则都可以为黄道十二宫所继承,这一点也充分地体现在黄道十二宫进入中国后,其所具有的星占内涵和运用方法在不断发生变化。

当十二地支与黄道十二宫一一对应后,十二地支也具有了表 12.6 中与七曜和五行的联系。但由于十二地支本身与月份、时段、方位、五行有固定的联系,支与支之间还有德合刑害冲破的关系,这些都赋予了黄道十二宫新的星命含义,从而也进一步削弱了其自身原本的星命内涵。

十二地支多以子为起点,自东向西顺行,因而如前文所述,黄道十二宫的顺序在道教文献中多以宝瓶子宫为起始宫,顺行至双鱼宫结束。而三正中的建寅思想,也导致了天秤宫会被挪至黄道十二宫的首位。仅就五行而论,中国传统的十二地支自身有其五行属性,其五行对应与表 12.6 中的对应并不完全相同,此外,十二地支还有所含天干五行以及五行寄生十二支的原则,这些规则在隋萧吉的《五行大义》中都有所归纳和总结,如表 12.8。

表 12.8　十二地支的五行属性对比

十二地支	子	丑	寅	卯	辰	巳	午	未	申	酉	戌	亥
七曜五行	土	土	木	火	金	水	日/火	月/火	水	金	火	木
传统五行	水	土	木	木	土	火	火	土	金	金	土	水
所含天干五行①	癸水	己土 辛金 癸水	甲木 丙火 戊土	乙木	乙木 戊土 癸水	丙火 戊土 癸水	丁火 己土	乙木 丁火 己土	戊土 庚金 壬水	辛金	丁火 戊土 辛金	壬水 甲木

① 该部分内容来自洪丕谟、姜玉珍:《中国古代算命术》,上海:上海三联书店,2006 年,第 28 页。

这种传统五行与十二地支的对应,在宋吴景鸾《先天后天理气心印补注·俯察图》中被运用到黄道十二宫上,详见如下图12.1。

图 12.1   宋吴景鸾《先天后天理气心印补注·俯察图》[①]

如此一来,黄道十二宫所对应的十二地支也不再具有唯一的属性,十二地支与五行对应的复杂性,使得星占学中推算命运时所遵循的规则不再唯一,而是越来越复杂,如:

> 子虚有土星,三冬人须卒。

> 子虚有土,人以为土星居垣为吉,殊不知三冬生人,水星得令之时,虚日中有火,乃败弱之火,既被水制,又以土星临之,火又生土,全为泄气,故主倒限。[②]

子宫本属土,此宫有土星,本可视作"土星居垣"的吉兆,但子同属水,而虚宿的七曜属性为日,日为火,因此有水克火之象,加上火又生土,土泄

---

① [宋]吴景鸾:《先天后天理气心印补注·俯察图》,《先天后天理气心印/吴景鸾暮讲僧断验集合编》,台北:翔大图书公司印行,第 96 页。

② 《张果星宗·划度元奥经》,《古今图书集成·艺术典·星命部》卷 582,第 469 册,第 22B 页上栏。

掉火之气,此命相不吉反凶。五行本来有相生相克,加上十二地支所属的五行因素之后,又进一步增加了这种吉凶判断的复杂性:

> 合格(七政之星,所躔度数亦有好恶喜忌之不同者,喜之者则贵,忌之者则贱。)

> 水土朝北在子方,土荧相会丑中藏。……水土相会到申乡,土日合照居于戌。①

子在方位上可对应北方,北方又通常与五行水对应,因此水在子位处于有利的状态;子宫的七曜属性为土,土本来克水,但由于水处于有利的状态,反而不会受到土的克制,两者会融洽相处。火本能生土,丑位也属土,因此土火在此相聚也吉。申属水,水土到此也不会相克。戌属火,日土本为不吉,但有了火生土的助力之后,两者共存也不再为凶。这种多重元素的考量,使得对于同一命格,有时甚至会出现截然相反的命断:

> (假如限)行土宿,怕木同躔……行水宿,怕土同躔……

> 行水宿遇土,冬月反好。

> 四季之土,遇木何妨。②

行限在四水宿中,由于土克水,怕遇到土星,但是如果是在冬天,水旺在冬季,这种情况又为吉。而行限在四土宿中,木克土,怕遇到木星,但是如果是在四季,土旺四季,在旺时则不怕木,遇到木星也不会为凶兆。

与域外传入的黄道十二宫相对应的十二地支和七曜五行的对应与传统五行相异,对于这种不同,道藏文献中给出了回应和解释:

> 或曰:东方木,南方火,西方金,北方水,四隅土,此一定之位也。今五星又以子丑为土,以寅亥为木,卯戌为火,辰酉为金,巳亥为水,午为太阳,未为太阴,此无乃在天之五星与在地之五行

---

① 《张果星宗·第十五》,《古今图书集成·艺术典·星命部》卷581,第469册,第18A页下栏。
② 《张果星宗·第十七》,《古今图书集成·艺术典·星命部》卷583,第469册,第25B—26A页。

不同欤？

曰：五星、五行，其理一也。盖子丑是土之本宫，非直指子丑为土也。寅亥是木之本宫，非直指寅亥为木也。卯戌是火之本宫，非直指卯戌为火也。辰酉是金之本宫，非直指辰酉为金也。巳申是水之本宫，非直指巳申为水也。午为太阳之宫，未可直指午为太阳也。未为太阴之宫，未可直指未为太阴也。如金生于丽水，未可直指丽水为金也。玉出于昆岗，未可直指昆岗为玉也。

或曰：七政所居之宫，亦有义乎？

曰：悬象于天，莫大乎日月，故日居午，月居未。成形于地，莫大乎土，故土居子丑。运行于天地间，莫大乎四时，故木居寅亥，即春令也；火居卯戌，即夏令也；金居辰酉，即秋令也；水居巳申，即冬令也。一星盘之间，而乾坤大造化存焉。然则舜之齐七政，岂无谓欤？可见七政选择所最重者。①

引文中的亥寅、卯戌、辰酉、巳申、子丑、午未六合，即"古人谓之合神，又谓之太阳过宫合神者。正月建寅合在亥，二月建卯合在戌之类"②。用十二地支的"六合"规则来解释十二地支对应七曜五行的配置与传统五行的不同，表明了域外黄道十二宫与七曜的对应在中国经历了一个本土化的过程，这个过程是运用黄道十二宫与十二地支的一一对应，以及十二地支在中国传统文化中的"六合"规则来完成的。对这一域外体系的本土化解释一方面有助于黄道十二宫在中国的流传和应用，另一方面也为这一域外天文星占系统添加了中国本土的文化内涵，这一添加过程在客观上加剧了其原本星命内涵在中国的衰亡。

12.6　佛藏中黄道十二宫与月份的对应

上节提及的"六合"这一星占学规则在中国传统文化中与十二月将

---

① 《儒门崇理折衷堪舆完孝录》卷二，《道藏》，第 35 册，第 607 页上中栏。
② ［宋］沈括：《梦溪笔谈》卷 7《象数一》，《四部丛刊续编》景明本，第 1B 页。

相联系:"登明,正月将,加在亥,水神。河魁,二月将,加在戌,土神。从魁,三月将,加在酉,金神。传送,四月将,加在申,金神。小吉,五月将,加在未,土神。胜光,六月将,加在午,火神。天乙,七月将,加在巳,火神。天罡,八月将,加在辰,土神。太冲,九月将,加在卯,木神。功曹,十月将,加在寅,木神。大吉,十一月将,加在丑,土神。神后,十二月将,加在子,水神。"①

佛藏文献《白宝口抄》同样利用了"六合"这一规则,但它的运用方式与《儒门崇理折衷堪舆完孝录》不同,此处它通过月份将黄道十二宫与十二地支一一对应,使得黄道十二宫与十二地支的配置方法与表12.7有所区别,详情请见表12.9。

表 12.9 《白宝口抄》中黄道十二宫与十二地支、七曜的对应②

黄道十二宫	狮子	双女	秤量	蝎虫	人马	磨竭	宝瓶	双鱼	白羊	牛宫	男女	螃蟹
十二地支	亥	戌	酉	申	未	午	巳	辰	卯	寅	丑	子
七曜	(月)[日]	水	金	火	木	土	土	木	火	金	水	月

无论黄道十二宫与哪种十二地支系统相配,都充分显示出中国传统术数理论和思想对黄道十二宫星命体系的渗透和演化。此套对应体系并没有打乱黄道十二宫与七曜的一一对应,而十二地支的顺序为从亥到子,与通常的顺序相反,但黄道十二宫与十二地支的配置与佛道二藏中的常见配置不同。《白宝口抄》里说:"是人之月神,名本命宫,则十二宫随一也。是配当十二月显浅略功能,是世间悉地今生利益也。"③这种配置并非任意为之,而是严格遵循中国传统中十二月与十二月将的对应进行。而在该文献中,黄道十二宫与十二月的对应可见表12.10。

---

① [唐]李筌:《太白阴经》卷10《推月将法》,清初虞山毛氏汲古阁钞本,第1页。
②③ 《白宝口抄》卷157《北斗法三》,《大正藏》"图像部"第7,第308页下栏。

表 12.10 《白宝口抄》本命宫事[①]

狮子宫	正月亥神	宿曜云:第一宫,(文)日位 或六月
双女宫	二月戌神	宿曜云:第二宫,(文)水位 或七月
秤量宫	三月酉神	宿曜云:第三宫,(文)金位 或八月
蝎虫宫	四月申神	宿曜云:第四宫,(文)火位 或九月
弓宫	五月未神	宿曜云:第五宫,(文)木位 或十月
摩竭宫	六月午神	宿曜云:第六宫,(文)土位 或十一月
宝瓶宫	七月巳神	宿曜云:第七宫,(文)土位 或十二月
双鱼宫	八月辰神	宿曜云:第八宫,(文)木位 或正月
白羊宫	九月卯神	宿曜云:第九宫,(文)火位 或二月
牛密宫	十月寅神	宿曜云:第十宫,(文)金位 或三月
夫妇宫	十一月丑神	宿曜云:第十一宫,(文)水位或四月
螃蟹宫	十二月子神	宿曜云:第十二公,(文)月位或五月

对于黄道十二宫与十二月的一一对应,文中说到"今以狮子宫为正月,依《宿曜经》说;以双鱼宫为正月,依《聿斯经》说也。"[②]可见其匹配也并非完全统一。《宿曜经》卷下有二图,图一中并不以狮子宫对应正月,而以蝎宫对应正月,弓宫对应二月,其余各宫与月依次对应。[③]图二也不以狮子宫对应正月。可见《白宝口抄》的说法有误,或者《宿曜经》另有其他版本或来源,并非通常所见汉译佛经中的版本。而以双鱼宫为正月的体系在《武经总要》中有所应用,该书后集卷二十"六壬"中将双鱼宫与正月、雨水、十二月将的登明一一进行对应,其他宫也依次进行对应。[④]

事实上,黄道十二宫组合是以地球在黄道上的公转运行为基础的天文纪时系统,而中国的正月、十二月是以 12 个月亮的运行周期为基础的天文纪时系统,这两种纪时系统在天文上并不完全对等,因此在将黄道十二宫与十二月进行匹配时,会出现许多不同的对应结

①② 《白宝口抄》卷 157《北斗法三》,《大正藏》"图像部"第 7,第 315 页上栏。

③ [唐]不空译:《文殊师利菩萨及诸仙所说吉凶时日善恶宿曜经》,《大正藏》,第 21 册,第 1299 号,第 395 页上栏。

④ [宋]曾公亮:《武经总要·六壬》,《景印文渊阁四库全书》,第 726 册,第 940—941 页。

果,如表 12.11。

表 12.11　《大方等大集经》中黄道十二宫神与十二月的对应①

月　份	黄道十二宫神	月　份	黄道十二宫神
八　月	蝎	二　月	持牛
九　月	射	三　月	双鸟
十　月	磨竭	四　月	蟹
十一月	水器	五　月	狮子
十二月	天鱼	六　月	天女
正　月	持羊	七　月	秤量

以对应八月的蝎宫为首进行叙述,这与以昴宿为首宿的习惯有关:
"是八月时蝎神主,当昴宿为业,前已说竟。"②以昴宿为首是印度天文
学的典型特征之一。③这种顺序与《宿曜经》卷下图二所示黄道十二宫
与十二月的对应④相同。

强行将黄道十二宫与中国的十二月将进行对应,正显示出了佛藏
在将黄道十二宫引入中国时,力图在这一引介过程中将其本土化的努
力倾向。代表十二月将的十二地支,表示的是所谓的本命宫概念,这使
得黄道十二宫所体现出的星曜体系,逐渐向抽象化的干支体系转化。
"命坐宝瓶女之次,火罗旺午,岂非福乎?惟其命躔星日马,怕逢火罗对
躔,所以为祸也,火命人,乃是自星照本家,反为吉论。"⑤宝瓶只是代表
星盘上属于土的子宫之位置关系,而全无其内在的星命内涵。通过与
七曜和五行,以及十二地支进行对应,黄道十二宫作为一种星曜组合,
其直接性的星命内涵逐渐被间接性的五行、十二地支所具有的星命含
义所代替,成为五行、尤其是十二地支的一套象征性符号。

---

　　①　[隋]那连提耶舍译:《大方等大集经》卷 42《日藏分中星宿品第八之二》,《大正藏》,
第 13 册,第 280—281 页。

　　②　同上书,第 280 页中栏。

　　③　钮卫星:《西望梵天:汉译佛经中的天文学源流》,上海:上海交通大学出版社,2004
年,第 57—61 页。

　　④　[唐]不空译:《文殊师利菩萨及诸仙所说吉凶时日善恶宿曜经》,《大正藏》,第 21 册,
第 395 页上栏。

　　⑤　[唐]佚名:《星命溯源》卷 2《果諐问答·通玄先生评人生禀赋分金论》,《景印文渊阁
四库全书》,第 809 册,第 53 页上栏。

12.7　道藏中黄道十二宫与分野、十二经络的对应

除与五行、十二地支、十二月进行对应外,黄道十二宫还与地理上的分野、方位相联系,成为这些中国传统文化体系中基本要素的象征物。黄道十二宫的这一本土化过程,并非只体现在佛藏引入这一域外天文星占系统之时,当这一系统已经进入中国并在中国流传开来时,道藏也在积极吸收、利用这一天文星占系统的过程中,进一步将其与中国传统的地理分野、十二经络等文化内涵相联系。

黄道十二宫与地理分野的联系也与十二地支有关,十二地支所对应的分野系统经常会间接或直接与黄道十二宫相联系,这种联系比较固定,在道藏文献中的记载详情请见表 12.12。

表 12.12　道藏中黄道十二宫与分野的对应

黄道十二宫	《儒门崇理折衷堪舆完孝录》	《太上说玄天大圣真武本传神咒妙经》	《渊源道妙洞真继篇》	十二地支
宝 瓶	齐青州	齐地青州	齐	子
磨 羯	越扬州	吴越扬州	吴	丑
人 马	燕幽州	燕地幽州	燕	寅
天 蝎	宋 豫	宋地豫州	宋	卯
天 秤	郑 兖	郑地兖州	郑	辰
双 女	楚 荆	楚地荆州	楚	巳
狮 子	三河周	周地三河	周	午
巨 蟹	秦 雍	秦地雍州	秦	未
阴 阳	益 魏	魏地益州	晋	申
金 牛	赵 冀	赵地冀州	赵	酉
白 羊	鲁 徐	鲁地徐州	鲁	戌
双 鱼	卫 幽	卫地并州	魏	亥

表 12.12 中的两套分野体系大同小异,大部分只是对地区的称谓有所不同,如吴对应越扬州,晋对应益魏。《儒门崇理折衷堪舆完孝录》中"燕幽"与"卫幽"似有所重复,《太上说玄天大圣真武本传神咒妙经》中将"卫幽"改作"卫地并州",似乎更为合理,由这两个文献中同时对应

"双鱼"的"卫幽"和"卫地并州"可知《渊源道妙洞真继篇》中的"魏"应为同音讹误,应为"卫"字。

这一套固定的对应体系并非只存在于道藏文献中,还广泛地存在于算命用的星命书、医书、文学作品中,如记载星命内容的出土敦煌文献 P.4071 中记载:

> 太阴在翌,照双女宫,楚分,荆州分野。太杨在角八度,照天秤宫,郑分,兖州分野。木星退危三度,照宝瓶宫,齐分,青州分野。火星在轸,照双女宫,楚分,荆州分野。土星在斗宿,照摩竭宫,吴越,扬州分野。金星在角亢,次瘦疾,改照天秤宫,郑分,兖州分野。水在轸,顺行改照双女宫,楚分,荆州分野。罗睺在井,照巨蟹,秦分,雍州分野。计都在牛三度,照摩竭宫,吴越,杨分州野。月勃在危,顺行改照宝瓶宫,齐分,青州分野。紫炁在星宿,照师子宫,周分,洛州分野。①

署名杜光庭撰写的《广成先生玉函经》也有:

> 络有十五经十二,上应周天下临地。水漏百刻运流行,与周天度为纲纪。手足阳明江海水,天蝎金牛并豫冀。太阳手足合清淮,天秤白羊充淮里。阴阳人马对寅申,燕益渭漯水气深。太阴巨蟹并磨竭,丑未湖河水难竭。宝瓶狮子对周齐,汝水三河合应之。巳上楚宫属双女,亥上双鱼时掉尾。②

到明代,这套分野体系还在应用,《金瓶梅》中有这样一段话:

> 哥儿生时八字,生于政和丙申六月廿三日申时,卒于政和丁酉八月廿三日申时,月令丁酉,日干壬子,犯天地重丧,本家却要忌忌哭声。亲人不忌。入殓之时,蛇龙鼠兔四生人避之则吉。又黑书上云:壬子日死者,上应宝瓶宫,下临齐地。他前生曾在兖州蔡家作男子,曾倚刀夺人财物,吃酒落魄,不敬天地六亲,横事牵连,遭气寒之疾,久卧床席,秽污而亡。……③

---

① P.4071《星占书》,上海古籍出版社、法国国家图书馆编:《法国国家图书馆藏敦煌西域文献》,第 31 册,上海:上海古籍出版社,2005 年,第 75 页。
② [唐]杜光庭:《广成先生玉函经》卷中《生死调诀中》,《关中丛书》本,第 3B—4A 页。
③ 梅节校订,陈诏、黄霖注释:《金瓶梅词话》(重校本)第 59 回,香港:梦梅馆印行,1993 年,第 760 页。

宝瓶宫与齐地分野对应,这与唐宋时期的对应相同。但"兖州、郑州"应对应于天秤宫,而不是宝瓶宫,不知作者是否因齐与兖字形相似而导致错误。无论如何,这套体系于此时仍在应用。

除地理分野外,如《广成先生玉函经》所引,黄道十二宫还与中国古代医学中的十二经络体系相联系,这一联系也体现在道藏文献《渊源道妙洞真继篇》中,详情请见表12.13。

表 12.13 《渊源道妙洞真继篇》黄道十二宫与十二经络的对应

黄道十二宫	经络(脏腑)	三阴三阳
人 马	三焦	手少阳
天 蝎	大肠	手阳明
天 称	小肠	手太阳
双 女	手厥阴心包经络	手厥阴
狮 子	心	手少阴
巨 蟹	肺	手太阴
阴 阳	胆	足少阳
金 牛	胃	足阳明
白 羊	膀胱	足太阳
双 鱼	肝	足厥阴
宝 瓶	肾	足少阴
磨 竭	脾	足太阴

需要注意的是,在这篇文献中,只有对应双女宫的手厥阴心包经络在正文中出现完整的经络名称,其他宫的完整经络名称都只出现在注文中,正文中只有相应的经络所属脏腑。该文献中黄道十二宫的排列顺序如前文所述首宫不一样,以天文中的三正"建寅"思想为前提,以对应寅宫的人马宫为首宫。这一对应的目的是要将十二经络与十二月以及相应的天时地利联系起来,以指导道教徒如何在十二个月中运气修炼,达到修身成仙的目标。从这一运用方式和目的来看,黄道十二宫离其原始的天文星占内涵越来越远,其域外的原始星占内涵几乎消失殆尽。

12.8 佛道二藏中黄道十二宫的本土化发展结果

除了以上各节所述佛道二藏在翻译介绍或流传黄道十二宫的过程
中,对其进行的本土化努力外,佛道二藏还在这一努力中通过将其分
类、与其他要素进行对应,加剧了这一系统向象征性符号系统的演变。
如《白宝口抄·北斗法三》中就有将黄道十二宫按照四个方位进行分
类,以秤量、蝎虫、弓三宫配置东方,螃蟹、狮子、小女配置南方,白羊、金
牛、夫妇配置西方,摩羯、宝瓶、双鱼配置北方。[①]其叙述顺序为东、南、
西、北,该书中也出现过北、西、南、东的顺序(详情请见 3.2"唐宋时期黄
道十二宫流传的顺序")。道藏文献《金箓十回度人早午晚朝开收仪》中
也将黄道十二宫与方位进行配置,但是分别配置八方,四正方位每方一
宫,四维方位每方两宫。详情见表 12.14。

表 12.14　佛道二藏中黄道十二宫与方位的对应

《白宝口抄·北斗法三》		《金箓十回度人早午晚朝开收仪》		
东　方	秤量宫	东北	弓　宫	寅
	蝎虫宫	东	蝎虫宫	卯
	弓　宫	东南	秤量宫	辰
南　方	螃蟹宫	东南	双女宫	巳
	狮子宫	南	狮子宫	午
	小女宫	西南	螃蟹宫	未
西　方	白羊宫	西南	男女宫	申
	金牛宫	西	金牛宫	酉
	夫妇宫	西北	白羊宫	戌
北　方	摩竭宫	西北	双鱼宫	亥
	宝瓶宫	北	宝瓶宫	子
	双鱼宫	东北	摩竭宫	丑

从表 12.14 中可以看出,两种文献中黄道十二宫的对应思路类似,

[①] 《白宝口抄》卷 157《北斗法三·十二宫事》,《大正藏》"图像部"第 7,第 308 页下栏。

可以把后者看作在前者的基础上从四方到八维进一步细化的结果,或者前者在后者的基础上从八维到四方进行简化的结果。此外,后者与十二地支一一对应,遵循以宝瓶宫为首的本土化体系。这种对应使得黄道十二宫宫名成为方位的代名词:"谓月临虚危,即望宝瓶取焉,而指北方为宝瓶也。谓日躔柳宿,则望狮子取焉,而指南狮子也。"①

从本节和前述5、6、7甚至第4节可以看出,这种本土化的努力很多是通过与十二地支的对等或一一对应来完成的,由于黄道十二宫与十二地支通过十二次可以进行一一对应,这使得十二地支所具有的天文、星占、数术和文化内容不断被赋予黄道十二宫,包括十二地支与分野的对应、十二地支与六十甲子的关系,甚至是同样用十二地支表示的十二生肖等。宋陈伩《太上说玄天大圣真武本传神咒妙经》就以十二地支各支统管分野属地、五干支将与各生肖:

周天又列十二宫次号,曰子丑寅卯辰巳午未申酉戌亥之位也。司下土男女属相形名,曰鼠牛虎兔龙蛇马羊猴鸡狗猪之呼也。每一宫各有一神君统辖,斡伍将军五员,各领阴阳吏士亿万之众,混通参校一十二分野,内产天下含生日用之事也。宝瓶宫子次,玄枵神君,宰齐地青州分野,统甲子、丙子、戊子、庚子、壬子五将,掌鼠属男女禄料。磨蝎宫丑次,星纪神君,宰吴越扬州分野,统乙丑、丁丑、己丑、辛丑、癸丑五将,掌牛属男女禄料。……双鱼宫亥次,掫訾神君,宰卫地并州分野,统乙亥、丁亥、己亥、辛亥、癸亥五将,掌猪属男女禄料。②

十二地支自身所具有的天文、星占、数术和文化含义的复杂性,大大超过了黄道十二宫原来的天文星占内涵,而原本与黄道十二宫进行匹配的七曜有时甚至直接与十二地支进行对应,黄道十二宫的中介作用被省略掉,如《儒门崇理折衷堪舆完孝录》在论述五星分别入宫时,就

① 《道法会元》卷177《召龙符》,《道藏》,第30册,第137页中栏。
② [宋]陈伩注:《太上说玄天大圣真武本传神咒妙经》卷1《十二宫神》,《道藏》,第17册,第95—96页。

直接以十二地支宫进行标识和论断，完全不提及黄道十二宫。①这一切使得黄道十二宫反而成为十二地支的一套附属称谓，仅仅具有宫的位置属性，其星占内涵逐渐被十二地支的各种含义所取代。

佛道二藏通过将星曜体系的黄道十二宫当作一种整体，与七曜、二十八宿进行对应，使其丧失作为星曜体系时其体系内部各宫各自所代表的具体的天文星占内涵，而其各自具体的天文星占含义被与相匹配的七曜五行、十二地支、四方八维、十二生肖等其他中国术数或文化系统所替代，只剩下一种概括性的星曜体系概念。这种演变的具体例证之一，是道藏文献多将黄道十二宫整体作为星曜体系的组成部分之一来当作祈禳的对象，而其所属各宫已没有此项功能，如：

> 北帝敕命，召吾四真。琼魁正帅，三六将军。明元尧乞，三五将军。二十八宿，十二宫神。天丁将吏，雷电霄云。风雷水火，伯仙泽延。上通北极，下入泉冥。判局都部，部集精兵。酆都阴吏，随吾使行。闻召速至，正顺斜横。急急如律令。②

其所属各宫的功能已如上述讨论，被十二地支的子丑、四方的东南西北、七曜五行的金木水火土日月、牛马鼠十二生肖等其他系统的组成要素所替代。

无论是七曜五行属性，还是十二地支所代表的众多传统术数与文化规则和方法，黄道十二宫在这种本土化进程中都不可避免地发展为一套逐渐失去其原本天文星占内涵、进而用以表示其他体系和内涵的符号性坐标系统，而通过这种方法，黄道十二宫这一套概念得以在中国继续发展和流传。这种本土化的发展方式也许代表了域外星命术在中国发展的方向之一，也预示着其在中国发展的最终命运。许多学者对黄道十二宫在中国中古社会的流传有所质疑——其理由是明清时期当西方的黄道十二宫星占术随着传教士进入中国时，似乎找不到任何黄道十二宫在此前的中国星占术中发挥作用的痕迹；而且宋以后，唐宋时

---

① 《儒门崇理折衷堪舆完孝录》卷四，《道藏》，第35册，第625—626页。
② 《太上三洞神咒》卷五《召四圣咒》，《道藏》，第2册，第83页上中栏。

期兴盛一时的星命术逐渐衰落，在其后的中国社会中居主导地位的推命术是八字算命术。笔者认为，这种现象可能与唐宋时期黄道十二宫在中国的这种本土化发展方式有关，在本土化的发展方向下，黄道十二宫被用来承载越来越多的中国传统术数和文化内涵，而逐渐失去其自身独立的天文星占内涵，成为一套可有可无的符号性坐标系统。

13. 佛道二藏中外来星命学对本土理论的吸收

　　外来星命术通过佛藏的翻译和介绍进入中国时,除了将外来的星命术形式和内容本土化以外,还有另外一种方式,那就是将中国本土的元素极力融合进星命术这一领域中,这一本土化方式在前一章节似乎已经触及中国的二十八宿、十二次、十二地支、六合、十二月将等中国传统的天文星占、数术等概念或内涵,但这些联系和借用大多还只是暂时性或个别的行为和尝试,外来的星命术也没有将这些元素完全融入自身体系,只是借用这些概念或内涵来传播外来的星命术元素,而后一种方式却是外来星命术将这些本土内容纳入自身体系,从而使得外来星命术呈现出与其域外的形式和内容完全不同的另一种体系。道藏在佛藏的翻译和介绍之后,也参与了这一本土化过程。两者的共同努力使得外来星命术逐渐发展为一种本土化的体系。

　　这一种本土化方式尤以外来星命术对五行理论的吸收为代表,五行理论,在中国源远流长。自先秦起,该理论就与中国的政治、社会、军事、民俗等诸多领域结合,对中国社会的方方面面发挥着作用。仅就术数而言,五行理论是中国术数的基本理论之一,相术、星占术、风水术中均发展出以五行理论为基础的派别。[①]五行理论的发展,经隋代萧吉在《五行大义》中的总结,已经趋于成熟和完善,而且这一理论自身就包含与五星、日月相联系的内容:五星可直接与五行进行对应,日是火之精,月是水之华。唐宋时期推算个人命运的星命术在中国发展的过程中更是力图将罗睺、计都、月孛、紫炁四星纳入五行理论,使其分别成为火、

---

　　① 王逸之:《阴阳五行与隋唐术数研究》,陕西师范大学硕士论文,2012 年。

土、水、木四星的余气。由此可见,五行理论是星命术在中国发展的重要理论基础。本章试图从佛道二藏中五行与域外星天文星占元素的初步融合、五行理论与天文星占方法的深入结合,以及星命术中所应用的各种五行方法和规则等三个方面来分析星命术在发展过程中对传统五行理论的吸纳,以探讨中国传统元素在中国星命术发展过程中的作用及其自身的变化。

13.1 五行与域外天文星占元素的初步融合:拼凑与形式化

13.1.1 《梵天火罗九曜》中的祈供方式

外来的星命术在传入中国之初,就力图与中国本土元素进行结合,使其看起来像"本土生产",而非舶来品。对于署名唐一行修述的佛藏文献《梵天火罗九曜》,前人早已关注,一方面钮卫星对其内容中的印度天文学成分进行了考释,并在分析罗睺、计都运行位置的基础上探讨了其撰写年代和作者问题,同时也注意到该经中方位的称谓使用的是中国传统的方式[1],李辉也对该经中的九曜临命宿和五星分野进行了探讨[2];另一方面,萧登福对附于此经后的"葛仙公礼北斗法"进行了关注,探讨了其与道教的互动,[3]赵贞以敦煌文献 P.3779 为对象,分析了其行年内容中与中国传统元素"九宫"的结合。[4]

除了其中域外的天文星占内容,学者们早已注意到该经本土化的一面,除北斗七法、九宫行年等中国的传统内容外,该经在分别叙述九

---

① 钮卫星:《〈梵天火罗九曜〉考释及其撰写年代和作者问题探讨》,《自然科学史研究》2005 年第 4 期,第 319—329 页。

② 李辉:《汉译佛经中的宿曜术研究》,上海交通大学博士论文,2011 年,第 79—84 页。

③ 萧登福:《〈太上玄灵北斗本命延生真经〉探述》,《宗教学研究》1997 年第 3 期,第 49—65 页;1997 年第 4 期,第 30—39 页。

④ 赵贞:《"九曜行年"略说——以 P.3779 为中心》,《敦煌学辑刊》2005 年第 3 期,第 22—35 页。

曜真言时,也标明了大部分星曜所"王"的月份,详情请见表 13.1。

表 13.1 《梵天火罗九曜》中九曜的祈供方式

九曜	王	时间	方位	衣色	祭品
罗睺	(无)	(无)	丑寅	(无)	钱、画像
土星	四季	春夏秋冬;季夏	(春)巽(夏)坤(秋)乾(冬)艮	黄衣	果子、钱、画像
辰星	冬三月	仲(夏)[冬]	北方	(无)	油
太白	秋三月	仲秋	西方	白衣	生钱
太阳	(无)	冬至日	卯辰	(无)	众宝
荧惑	夏三月	仲夏	南方	(无)	火
计都	(无)	(无)	未申	(无)	画像
太阴	(无)	夏至日	申酉	(无)	众宝玉、水
岁星	春三月	仲春	东方	青衣	众宝

从"王"来看,只有土星、辰星、太白、荧惑和岁星五曜有此内容,其内容分别与五行土、水、金、火、木所主的季节对应,如《五行大义·第五论配干支》有:甲乙寅卯木也,位在东方。丙丁巳午火也,位在南方。戊己辰戌丑未土也,位在中央,分王四季寄治。丙丁庚辛申酉金也,位在西方。壬癸亥子水也,位在北方。[1]表 13.1 中此五星的"王"和祈供"时间"于四季一一对应,辰星"王"在冬三月,而祈供时间为"仲夏",且荧惑的祈供时间也是"仲夏",因此辰星的"仲夏"应为"仲冬"的讹误。

此外,土虽"王"在四季,但其祈供时间有"春夏秋冬"和"季夏月"两种。这二者并存充分反映了中国传统五行中"土"所对应季节的演化痕迹。在中国传统中,土所对应的季节有四季和季夏两类。《吕氏春秋》《淮南子》《史记·天官书》中均将土配季夏:

> 孟春之月……其位东方,其日甲乙,盛德在木。

> 孟夏之月……其位南方,其日丙丁,盛德在火。

> 季夏之月……其位中央,其日戊己,盛德在土。

---

① [隋]萧吉:《五行大义》卷 2《第五论配干支》,清佚存丛书本,第 9A 页。

孟秋之月……其位西方,其日庚辛,盛德在金。

*孟冬之月……其位北方,其日壬癸,盛德在水。*①

"土王季夏"一说流传长久且广泛,自汉《史记》到元《宋史》的"天文志"中一直将镇星配季夏。此说使得"五行相生"的规则可以被用来解释四季变迁,但造成了四季与五行的对应并不均衡——土与火共同分配夏。为调整此矛盾,汉时逐渐发展出以四季配土的概念,此四季即季春、季夏、季秋、季冬,主一年中每个季节最后的18天,共72天,其他四行各配72天。②此后土的季节对应在不同的文献中取法不同,有时是季夏、有时是四季,有时二者并列。《开元占经·填星名主》中就将两种说法都收录在内:

> 石氏曰:填星,主季夏,主中央,主土,于日主戊巳。是谓黄帝之子,主德。女主之象。宜受而不受者为失填,其下之国可伐也。德者不可伐也。其一名地侯。……《荆州占》曰:填星,土之精,主四季。填星,主司天下女主之过,女主邪,填星邪;女主正,填星正。③

《梵天火罗九曜》中土星的祈祷时间取"春夏秋冬"和"季夏"两种,正是体现了中国传统中"土"行四季对应原则的这一特殊性,而这也恰恰反映了该经引入中国传统元素、力图使其星曜祈供的域外天文星占内容在形式上显得中国本土化。

从表13.1中可以看到,九曜中只有与五行对应的五星全备"王"和祈供"时间"两项内容。罗睺、计都是域外的星曜概念,在中国传统中没有能与之相配的"王"和祈供"时间"内容,太阳、太阴在中国传统的五行与四季相配的理论中也没有相应的配属,祈供"时间"用冬至日配太阳,与中国传统天文和历法中多以冬至为起算点有关,而太阴与太阳相对,故用夏至日配太阴。但将这两组配置与五行四季配置放在一起,中国

---

① [汉]刘向:《淮南子》卷5《时则训》,《四部丛刊》景钞北宋本,第1—11页。
② 卢央:《中国古代星占学》,北京:中国科学技术出版社,2007年,第34—39页。
③ [唐]瞿昙悉达:《开元占经》卷38《填星占一·填星名主一》,《景印文渊阁四库全书》,第807册,第476页下栏—477页上栏。

传统中并无此现象，因此太阳、太阴的配置应为作者力图中土化自域外传入的天文星占术内容，在考虑中国传统习惯的基础上，进行临时和个别的拼凑配置的结果。

由此更可以看出，九曜祈供这一天文星占内容自域外传入后，由于中国传统中没有系统完整的相应内容与之匹配，出现了九曜的四季配置时有时无、并不完善的局面，这反映了这一域外星命术内容传入中国之初迫切期望本土化，因而采取"拿来主义"，用中国传统现成的元素直接去对应外来内容，造成整个体系并不完善的现象。

这一点还体现在九曜的祈供"衣色"中。表 13.1 中只有土星、太白、岁星有相应的祈供时应穿戴的衣服颜色，其颜色也与中国传统五行和五色的对应一致：

（木）载青旗，衣青衣，服青玉。

（火）载赤旗，衣赤衣，服赤玉。

（土）载黄旗，衣黄衣，服黄玉。

（金）载白旗，衣白衣，服白玉。

（水）载玄旗，衣黑衣，服玄玉。①

太阳、太阴、罗睺、计都均无对应衣色，故而没有相应内容。辰星应对应黑衣，荧惑应对应赤衣，然而经中此二曜的相应内容没有，可能该经在将中国传统五行直接与外来星曜祈供一一对应、进行初步的中土化时，还遭遇到其他无法实现中外一一对应的境况，故而将辰星与荧惑的该项内容直接省略，当然也存在缺文的可能性。这些内容的不完善也进一步反映了这种初步的、直接对应方式的中外融合的局限性。

与时间、衣色形成对比，表 13.1 中九曜的祈供方位内容非常完整，然而从这些方位的用词中可以看出，九曜的对应方位并非出自同一种体系，而是各种方位系统的拼凑。辰星、太白、荧惑、岁星分别与北方、西方、南方、东方相对，这是中国传统五行与方位的配合。

---

① ［秦］吕不韦：《吕氏春秋》卷 1—12，《四部丛刊》景明刊本。

　　然而对于土星的方位，该经用"巽坤乾艮"表示，应用的却是八卦名称，而"春巽夏坤秋乾冬艮"的四季与八卦对应显示，该八卦应为伏羲的先天八卦位，但是该经不用先天八卦传统的四正方位"坎震离兑"来表示四季，而采用四维"巽坤乾艮"方位与四季一一对应。

　　经中"方位"项目采用的第三种系统是十二地支方位系统，但只用了其中的七支，即丑寅、卯辰、未申、申酉。十二地支各表一个方位，但计都和太阴都用申支，若将十二地支按照伏羲先天八卦位进行排列，"申酉"可能为"酉戌"的讹误；但也有可能存在这样一种情况，该经用丑寅、卯辰、未申、申酉各二支的组合表示一个方位，因此未申、申酉虽然同有申字，但所表示的方向不同。

　　无论哪种情况，该经中十二地支与方位的配合都与中国传统的原则相异：如太阳多与南方午位相对应，太阴可与北方子位相对应。实际上，佛、道藏文献在固定地将十二地支与七曜进行对应时，太阳正对应午位，而太阴与未相对。①此处的对应与之不同，正反映了七曜与十二地支在形成稳定的对应规则之前的状态，七曜与十二地支相对应，中土本无，当外来的星曜体系进入中国后，在本土化的演变过程中试图与十二地支形成对应，这种尝试通过各种方式进行着，从而也形成过各种不同的对应体系，《梵天火罗九曜》中部分地采用地支表示方位正是这类对应方式中的一种。

　　其中太阳对应卯辰、太阴对应申酉的方位与《白宝口抄·北斗法三》中"艮方日曜……乾方月曜"②的配置不同，可见佛藏在将中国传统元素与域外星命术进行简单的直接对应时，并无统一的固定体系，这更体现了域外星命术在本土化进程中这种初步阶段的随意性和偶然性。

　　综合以上讨论，《梵天火罗九曜》在介绍外来星曜祈供的星命术内容时，努力将这些内容与中国传统的五行和四季、五色、五方对应联系

---

① 此处可见第 12 章表 12.5、12.7。
② 《白宝口抄》卷 157《北斗法三》，《大正藏》"图像部"第 7，第 307 页中下栏。

起来,以使其至少在形式上更本土化。然而九曜中除与五行相配合的五星外,其余四曜在中土并无类似内容能与之配合,导致这四曜相关的内容要么被省略,要么以八卦、十二地支等中国传统中的其他元素进行补缺。

这一方面体现了五行理论的重要性;另一方面,这一状态充分显示出域外星命术进入中国后,进行本土化的初步方式——直接将中国传统中已有的原则和内容与外来星命术进行对应,而这种硬拼式的对应并没有考虑到所采用的中国传统五行、八卦、十二地支等体系内在的完善性和一体性。

13.1.2 《七曜攘灾决》中的五星四季攘灾法

对于唐代另一部佛藏文献《七曜攘灾决》,钮卫星等学者同样也给予了相当的重视,对其中记载的罗睺、计都行度进行了数理化的分析[1],李辉也对该经中曜至宿的星占规则进行了探讨[2]。该经虽然是一部汉译佛经,含有许多域外天文星占内容,但其中也充分利用了五行理论,试图将外来七曜的天文星占内容融入中国本土,这一融合主要体现在五行与四季的配合上。

该经开篇就强调:"若所至其宿度,有五星与大岁五行王相合者,必生贵人。若与月五行合者,亦生贵人。若月至休废囚死宿,所生之处多为庸人。"[3]其中提到五星的行度有与五行"王相"相合的状态,月行度有"休废囚死"之宿。李辉在其博士论文中讨论此经时,也提到该内容,但不知为何。[4]

所谓"王相""休废囚死",指的是五行四时王相休囚死原则:"五行所以更王何?以其转相生,故有终始也。木生火,火生土,土生金,金生水,水生木,是以木王,火相,土死,金囚,水休,王所胜老死囚,故王者

---

① 钮卫星:《罗睺、计都天文含义考源》,《天文学报》1994 年第 3 期,第 326—332 页。

② 李辉:《汉译佛经中的宿曜术研究》,上海交通大学博士论文,2011 年,第 70—79 页。

③ [唐]金俱吒:《七曜攘灾决》卷上,《大正藏》第 21 册,第 426 页中下栏。

④ 李辉:《汉译佛经中的宿曜术研究》,上海交通大学博士论文,2011 年,第 70 页。

休。见王火相何？以知为臣，土所以死者，子为父报仇者也。五行之子慎之物归母，木王，火相，金成，其火燋金，金生水，水灭火，报其理；火生土，土则害水，莫能而御。"① 王、相、死、囚、休即五行在四季中的不同状态，以五行相生相克来看，如春季木当令，则木王，而木生火，则火处于相的状态。金克木，木当王之时，金无法发挥克制的作用，正处于囚的状态，此时金也无法生水，水处于休、与它无关的状态。而木克土，土被制死，因此处于死的状态。其生命活力的高低排列次序为：王—相—休—囚—死。四季中五行各自的状态可见表 13.2：

表 13.2　五行四季王相休囚死②

季节	王	相	休	囚	死
春	木	火	水	金	土
夏	火	土	木	水	金
秋	金	水	土	火	木
冬	水	木	金	土	火
四季/季夏	土	金	火	木	水

五行四时王相休囚死原则在中国传统的军国星占术中有许多应用，许多星占书都对五星在四季王相休囚死的状态及其变异的占法进行了详细的叙述，如以镇星为例：

> 在四季曰王色，正黄，北极中央大星，而精明有芒角。在秋曰休，其色无精明。在冬曰囚，其色黑，小细不明。在春曰死，色青，细小不明。
>
> 当王而有相色，则女戚强；休色，在公卿；白色，女不昌；死色，后之戚之祥。其留守之舍，德厚；其进舍也，其国得土；其退舍也，失土。
>
> 相时而有王色，其分主弱，女后用事；休色，土工起；囚色，不

---

①　［汉］班固：《白虎通德论》卷 3《五行》，《四部丛刊》景元大德覆宋监本，第 14 页。
②　此表格参考卢央：《中国古代星占学》，北京：中国科学技术出版社，2007 年，第 61 页。以及洪丕谟、姜玉珍：《中国古代算命术》，上海：上海三联书店，2006 年，第 35 页。

　　昌；死色，贵人多丧。留守之舍，女后忧；进舍退舍皆为土工忧。

　　休而有王色，臣下纵横；相色，女色媚好行；囚色，女后宗室有丧；死色，重有女丧。所留之舍，其分人流；进舍退舍，其国受殃。

　　囚而有王色，国有赦令，四时不和，多风雨，谷不成，野多囚人；相色，臣下谋，为谋及司空；休色，女后与妾诬死；囚色，国多怪，土工作。所留之舍及进退，其国庶子忧，其退为丧。

　　死有王色，下大盛，枯木复生，臣下专政；相色，地泄其藏；休色，五谷暴贵，人死多散亡；囚色，有霜雹。留守之舍，尤凶；进舍也，若有地动摇；其退也，多移徙也。①

这种变异的状况甚至有一个专门的名称，有时被称为"坏日"：

　　凡候五星者，以四时王日者，木以青、甲乙；火以夏，丙丁；土以四季，戊己；金以秋，庚辛；以水，冬壬癸。

　　各四时王日，五星皆当如其本色，变动时当为异色，即乃坏日。②

唐《开元占经》和宋《景佑乾象新书》在分别叙述五星的星占内容时，每星都设有专门的"相王休囚死"或"休王色"一节，集中叙述五星四季状态的星占含义。但是需注意的是，两书在分别叙述日、月时，并没有类似的内容。可见这些内容是与五行紧密相联的，只有与五行密切对应的五星才有此类属性。

这一现象鲜明地体现在《七曜攘灾决》卷上七曜各宫"占灾攘法"中，日、月的叙述体系与五星不同，没有按照四季进行叙述。

　　日至其命宿度，其人合得分望，得人敬重，合得爵禄。若先有罪，并得皆免。若日在人命宿灾蚀，其人即有风灾重厄，当宜攘之。其攘法先须知其定蚀之日，去蚀五日清斋，当画其神形，形如人而似狮子头，人身着天衣，手持宝瓶而黑色，当于顶上带之，其日过本

---

　　① ［北周］庾季才：《灵台秘苑·五星占法·镇星占》，《景印文渊阁四库全书》第807册，第73页。
　　② ［唐］《星占》，引自《中国科学技术典籍通汇·天文卷》第4册，郑州：河南教育出版社，1993年，第606页下栏。

命宿,弃东流水中,灾自散。

月者,太阴之精,一月一遍至人命宿。若依常度者,则无吉凶。若不依常度者,即有变见。犯极南有灾蚀者,先合损妻财,后合加爵禄。犯极北有灾蚀者,合损男女奴婢。若行迟者,多有疾病。若行疾者,则无灾厄。若月行不依行度,当有灾蚀,即须攘之。当画一神形,形如天女,着青天衣,持宝剑,当月蚀夜项带之,天明松火烧之,其灾自散。

岁星者,东方苍帝之子,十二年一周天。所行至人命星,春至人命星大吉,合加官禄得财物;夏至人命星,合生好男女;秋至人命星,其人多病及折伤;冬至人命星,得财则大吉。四季至人命星,其人合有虚消息及口舌起。若至人命星起灾者,当画一神形,形如人,人身龙头,着天衣随四季色,当项带之,若过其命宿,弃于丘井中,大吉。[①]

《七曜攘灾决》在开篇提出的五星和月亮运行的吉凶状况与四季王相休囚死原则有关,在具体分述五星的运行时,也依次按照春、夏、秋、冬、四季分别进行叙述,然而从五星四季"至人命星"的占辞中可以看出,五星在四季中的吉凶状态并没有与王相休囚死对应,详见表13.3。

表13.3 《七曜攘灾决》中五星四季"至人命星"的天文星占含义

季节	木	火	土	金	水
春	大吉,合加官禄、得财物。	其人男女身上多有疮疾,本身则灾厄疾疫。	人有斗诤死亡之事,不宜见军器之类。	其人合远行,万里路中有疾,家有之失。	其人多有女妇言诤,家内不和。
夏	合生好男女。	其人多有口舌、谋狂之事。	男女多疾患,自身有枷锁之厄。	其人亲故合有死损,自上亦合有服起。	其人宅中多有妖怪、人心不安、亦有移动,后则大吉。

---

① [唐]金俱吒:《七曜攘灾决》卷上,《大正藏》,第 21 册,第 1308 号,第 426 页下栏—427 页上栏。

季节	木	火	土	金	水
秋	其人多病及折伤。	多有折伤兵刀之事,不得登于高处,勿骑黑驴马,莫受纳人财物、六畜。	有失脱之事,交关不利,水中财物损失。	其人合有兵灾、陈厄、见血光。	其人合有改官加禄。
冬	得财则大吉。	其所作所为皆不称意,钱财、六畜皆破散。	其人家中合有哭泣声起。	其人合主大兵权。出外大得益益。	多病和气不周,五藏不安、神气不任。
四季	其人合有虚消息及口舌起。	合有移改。	其人合有重病。	其人合有恶消息,有名无形多足言讼。	家中合有阴谋事起,多有失脱。

从表 13.3 中可知,该经对应土王的是"四季",而非"季夏"或两者兼之。经中叙述火星"所至人命星多不吉",土星"所至人命星多有哭泣声起",①似乎与火、土二星在四季中的王相休囚死状况完全无关。这与域外星命术中将火星、土星视作恶曜有关。②而金星"所至人命星即有吉凶",水星"所至人命星吉凶不等",③表 13.3 中所列占辞也以凶居多,这或许与该经着眼于攘灾、故多列出凶兆的实用目的有关。此外,这也与域外星命术中认为星曜会致灾的观念有关。"若有国王及诸大臣所居之处及诸国界,或被五星陵逼,罗睺彗孛妖星照临所属本命宫宿及诸星位,或临帝座于国于家及分野处,陵逼之时,或退或进作诸障难者。"④

不过也有例外存在,木星无论是在中国星占术还是域外星命术中,都被认为是吉星:"岁星为福德,有吉祥。"⑤"一(罗睺大恶)二(土少恶)

---

① [唐]金俱吒:《七曜攘灾决》卷上,《大正藏》,第 21 册,第 427 页上栏。

② Claudius Ptolemy, *Tetrabiblos*, edited and translated into English by F. E. Robbins (Cambridge: Harvard University Press, 1940),39—43.中文译文转引自陈万成:《中外文化交流探绎:星学·医学·其他》,北京:中华书局,2010 年,第 6、14 页。

③ [唐]金俱吒:《七曜攘灾决》卷上,《大正藏》,第 21 册,第 1308 号,第 427 页上中栏。

④ [唐]不空译:《佛说炽盛光大威德消灾吉祥陀罗尼经》,《大正藏》,第 19 册,第 0963 号,第 337 页下栏。

⑤ [唐]李淳风:《乙巳占》卷 3《占期》,清十万卷楼重雕本,引自《中国科学技术典籍通汇·天文卷》,第 4 册,郑州:河南教育出版社,1993 年,第 501 页下栏。

三(水中吉)四(金中吉)五(日大吉)六(火少恶)七(计大吉)八(月中吉)九(木大吉)"[1]，因此从表13.3中看，其所至人命星多为吉。

因此，《七曜攘灾决》力图传播的域外星命术，极力借助中国传统五行的四季王相休囚死原则，来推广其域外性质的天文星占内容，但这种对中国传统元素的融合形式大于内容，表面大于实质，有时为了实现这种形式上的恰合，甚至不惜省略其实质性内容：该经"卷中"在分别叙述各曜星神的攘灾以及各星曜临十二宫的吉凶时[2]，省略了原本也应存在相应内容的学日、月曜，而只叙述金、木、水、火、土五曜的相关内容，这缘于此五曜与五行密切相联，在术数体系中只有五种元素的五行理论更为人们所熟悉，故不惜省略在"卷上"日、月宫占灾攘法中也存在的星神攘法等内容。

但无论是《梵天火罗九曜》的对应拼凑，还是《七曜攘灾决》的形式化，这些中外术数内容的结合体现了外来星命术自身力图本土化的倾向，这种倾向与中国本土术数一方的融合努力合流，共同促进着域外外来星命术更加深入地向本土化方向演变，其中表现之一就是五行与星曜的对应扩展到原本在《梵天火罗九曜》中缺失时间配置的日、月、计都、罗睺上：

> 或《钞》云：春三月(甲午、乙未)，夏三月(丙辰、丁巳)……
> 正月(丙戌、辛亥)，二月(丁亥、辛亥)……
> 木曜年春三月之中月撰吉日，……火曜年夏三月之中月撰之供之，金曜年秋三月之中月撰之，水曜年冬三月之中月撰供之，月曜年冬季月供之，计都年夏孟月供之，罗睺年夏季月供之，日曜年冬孟月供之。土曜年春孟月季月孟月季月此四个中撰土用设吉日。若本命日供之，四季中月前后土用不愚，故为正季供之。[3]

除木、火、金、水、土与春、夏、秋、冬、四季进行通常的对应外，日与冬孟月相对应，月与冬季月相对应，计都对应夏孟月，罗睺对应夏季月。

---

[1] [唐]一行：《梵天火罗九曜·梵天火罗图一帖》，《大正藏》，第21册，第462页下栏。

[2] [唐]金俱吒：《七曜攘灾决》卷中，《大正藏》，第21册，第449页上中栏、451页。

[3] 《白宝口抄》卷155《北斗法一》，《大正藏》"图像部"第7，第297页上栏。

从此可以看出,这种本土化的演变已经开始从简单的形式化拼凑转为内涵上的融合和一体化,其中,五行的作用尤其明显。

13.2 五行理论与外来星命术方法的深入结合:佛、道的共同努力

外来星命术自传入中国后,经历了初步的与五行规则为代表的中国传统元素的形式化拼凑和对应后,逐渐开始向深入的内涵上的融合和一体化方向发展。

这种发展的例证之一就是佛藏中出现了明显为中国传统术数的五行相生相克等概念,《白宝口抄·北斗法一》载有"时吉凶事":

> 以立命刑罚德可取善恶时也。
>
> (木)甲乙日寅卯命(本体故也)。
>
> (火)巳午立(木生火,故巳午时吉也)。
>
> (土)丑未辰戌刑(此四时土也,四土神,故木克土不吉也)。
>
> (金)申酉罚(金克木,故凶也)。
>
> (水)亥子德(水生木,故吉也)。[①]

此段文字非常中国化,似乎为中国传统术数的某种择时原则,但实际并非如此。它以所谓的干支命为基础,通过干支的五行生克规则便可决定该命人的干支日吉凶。这种以个人的干支命为基础的择日吉凶规则在中国传统术数中并不存在。

这里既用了干支,并以干支所属五行为基础,以五行生克规则演化出所谓的立、刑、罚、德等概念,以此来决定某命人的时日吉凶。以干支五行理论为基础的立命和择日系统,在中国传统术数中都有,但将两者结合来选择时日,并具体化到如此固定细节的时段,在中国传统中并不存在。

而且刑、罚、德等概念在字面上就非常中国传统化,中国传统术数

---

① 《白宝口抄》卷155《北斗法一》,《大正藏》"图像部"第7,第298页下栏。

中也有所谓的刑、罚、德，含义非常复杂和丰富，虽然也多以干支进行表示、但其中既存在五行理论，也有天文历法上的因素，还有八卦等理论。此处的刑、罚、德含义固定单一，应为佛藏借用中国传统术数概念的结果。

此外佛藏有时在叙述七曜时，与中国本土的传统一样，将日月和五星分开进行叙述①，并将五星与五方进行对应，最后说："以上五星，五行精也。准五行、五季，可知其德也。此五行，五藏也。五常即五戒也。五戒即五部，又五智也。《十住心论二》云：五常在天为缕，在地为五岳，在处为五方，在人为五脏，在物为五行，持之为五戒。……《大疏四》云：土为信，木为进，金为念，水为定，火为彗。"②佛藏不仅吸收了五行理论，还进一步发展出五戒、五部、五智的概念，而且五戒中的"土为信"与中国传统土的五常对应相同。

借用中国传统术数的理论和原则来改造、发展外来天文星占概念和内容，是外来星命术朝着本土化方向深入发展和演变的重要途径，这种改造不仅仅发生在域外色彩浓厚的佛藏中，也保存在道藏文献中，可见这种改造和发展在中土领域内是佛教、道教、本土术数等共同努力的结果。

道藏中将五行理论纳入星命术的最典型代表为五星、五方神系的攘灾祈祷系统，《秤星灵台秘要经》篇首就指出需"明五行之性各异"：木性强直，火性猛烈，土性仁和，金性严毅，水性谦退。③随后对火、土、木等星的攘法进行了分别叙述。

《太上洞神五星赞》题如其文，是以木、火、土、金、水五星为主题，分别叙述各星星占含义的道教文献。它把各星的军国星占术和星命术内容集合在一起，先叙述各星在中国传统军国星占术中的星占含义，然后

---

① 对于此点，可见汉《史记·天官书》等历代正史天文志以及唐《开元占经》等星占著作中对日月与五星的叙述，除唐李淳风等所编《晋书·天文志》外，中国传统的天文星占著作皆将日月与五星视作不同层次的天体，日月地位高于五星。

② 《白宝口抄》卷157《北斗法三》，《大正藏》，"图像部"第7，第307页中栏。

③ 《秤星灵台秘要经》，《道藏》，第5册，第31页。

叙述各星对于普通个人命运、疾病灾异的影响,最后叙述各星的攘法。其星命术部分,可能无法区分出具体的外来成分和本土成分,但外来成分的影响毋庸置疑,因为中国本土传统并无五星临人本命或人生宿则致灾的思想,而且将木星、土星视作灾星,这并不是中国本土传统的星占术思想。其攘灾部分,则充分表现出典型的本土思想,尤其是五行五色等元素,如:

> 木星所到,分野顺行。色青,为福为庆,如官益禄。……其攘法,宜栽种五果树木,又宜悬青旛,着青衣则吉。

> 火星临分野土地……其攘法,以绯衣裳受符,宜施赤小豆与贫人,宜悬诽幡,宜造……。

> 金星太白大将军,主义主伐主兵革。八年一周天[1],所临宿分,多兵革焉。临人本命宿,则好邪行音乐也。所攘之法,宜讲武教旗吉。

> 水星枢相也,主天王秘要,改受侯伯爵禄之事,一年一周天,所到分野,多主水灾、兵起、妖言,或人令心不定,好食辛酸。所攘之法,宜筑城池,开渠引水,则吉。[2]

金星与军事战争有关,水星与水相联系,这些联系,都是中国本土的五星五行传统思想,道教不仅在宏观上将五行、五星理论与星命术相融合,在细节上也处处体现出对五行这一本土传统思想的吸纳和传承。

同样以五星为题,但五星成为更加神形化的祈祷对象的《太上洞真五星秘授经》,对于五星神的攘灾祈祷有更详细的描述:

> 东方木德真君,主发生万物,变惨为舒,如世人运气逢遇,多有福庆,宜弘善以迎之。其真君,戴星冠,蹑朱履,衣青霞寿鹤之衣,

---

[1] 这种对金星运行规律的表述可能与《史记·天官书》中对金星的记载有关:"凡出入东西各五,为八岁,二百二十日,复与营室晨出东方。"北京:中华书局,1959年,第1323页。这里讲的是金星与营室的会合周期。而金星的运行周期不可能为八岁一周天,应与水星类似,"一年一周天"的说法比较合理。

[2] 《太上洞神五星赞》,《道藏》,第19册,第820页。

手执玉简,悬七星金剑,垂白玉环佩。宜图形供养,以异花珍果,净
水名香,灯烛清醴,虔心瞻敬,至心而咒曰:

木星真君,动必怀仁。悯见志愿,寿我千春。①

其中"衣青"等内容仍可看到传统五行五色思想的印迹。这种神形化的
五星、五行系统被道教用来发展自身体系的星命术内容后,进而产生了
"五星符"②等明显带有道教标志的攘灾祈祷工具。

五星系统在道教体系内一步步神形化的过程中,五行系统的五方、
五色等其他神系也在逐步发展,成为影响普通个人命运的神系:

存五方正气,非三素云也。夫三号合生九气,而其散为万殊。
折其大为五气,在天为五星,在地为五岳,在人为五脏,在物为五
行,在事为五常。今所用咒而存降五方之正气,祛斥妖氛,肃清坛
埠也。

东方青气属肝,上应木星,其时为春,其帝青帝,凡属木者,东
方青气主也。

南方赤气属心,上应火星,其时为夏,其帝赤帝,凡属火者,南
方赤气主也。

西方白气属肺,上应金星,其时为秋,其帝白帝,凡属金者,西
方白气主也。

北方黑气属肾,上应水星,其时为冬,为帝黑帝,凡属水者,北
方黑气主也。

中央黄气属脾,上应土星,其时为四季,其帝黄帝,凡属土者,
中央黄无主也。

故有五方五帝兵马,则此神主之也。存降之法,想念于倏忽之
间,存各方气,随方色,中各有吏兵下降,随咒应召,翊卫斋坛。③

---

① 《太上洞真五星秘授经》,《道藏》,第 1 册,第 871 页上栏。
② [宋]宁全真、林灵素:《灵宝领教济度金书》卷 274,《道藏》,第 8 册,第 406 页下栏—
407 页上栏:水星符,火星符,土星符,木星符,金星符。
③ [宋]宁全真授,王契真慕:《上清灵宝大法》卷 56《五方卫灵》,《道藏》,第 31 册,第
223 页下栏—224 页上栏。

　　除以上几种文献外，道藏中还有众多专以五星、五方神系、五色等五行系统为主题、进行星命攘灾祈祷的文献，如《太上五星七元空常诀》《太上飞步五星经》《上清五常变通万化郁冥经》《元始五老赤书玉篇真文天书经》《上清佩符文青/白/绛/黑/黄券诀》等，这些文献的存在充分体现出唐宋时期的道教力图将五行系统与星命术进行结合的努力倾向，而由五行理论发展出的神系也不只五方五帝系统，而是多种多样：

　　　　经义所载五天（五天者，禀五神之气，居太空之中。上列五斗，下立五岳，五帝治之。盖方色之天，非成象之天也）、五老、五帝、五斗、五天魔王、五大魔王名讳及所掌，诵经者固当知之（愚以陈景元义合成玄英疏、李少微注，《尚书治要图》《五篇真文经》定此章）。

　　　　五方五帝姓讳：东方青天，青灵始老青帝，姓烂，讳开明，号灵威仰。南方赤天，丹灵真老赤帝，姓洞浮，讳柳炎，号赤熛弩。西方白天，皓灵皇老白帝，姓上金，讳昌开，号白招拒。北方黑天，五灵玄老黑帝，姓黑节，讳灵会，号叶光纪。中央黄天，玄灵元老黄帝，姓通班，讳元成，号含枢纽。

　　　　五斗：东方：角、亢、氐、房、心、尾、箕。南方：井、鬼、柳、星、张、翼、轸。西方：奎、娄、胃、昴、毕、觜、参。北方：斗、牛、女、虚、危、室、壁。中央：贪狼、巨门、禄存、文曲、廉贞、武曲、破军。

　　　　五天魔王姓讳：青天魔王姓斌，讳齿成巴。赤天魔王姓弗，讳由肃。白天魔王姓赤，讳张市。黑天魔王姓徐，讳直事。黄天魔王姓天门，讳波狂。

　　　　五大魔王姓讳：青帝大魔姓迫落，讳万刑。赤帝大魔姓赭，讳上柏。白帝大魔姓邓，讳吁倪。黑帝大魔姓枭，讳公孙。黄帝大魔姓宛躬，讳产生。

　　　　五帝所主：青帝护魂，赤帝养气，白帝侍魄，黑帝通血，黄帝中主,主领万神。

　　五斗所主:东斗主算,南斗上生,西斗记名,北斗落死,中斗大魁,总监众灵。

　　五天魔王所主:青天魔王巴元丑伯,赤天魔王负天担石,白天魔王反山六目,黑天魔王监丑朗馥,黄天魔王横天担力。①

道藏在利用五行理论的过程中,将以五行理论为基础之一发展起来的中国本土算命术,也作为参与融合的对象,将其与星命术进行融合。中国本土传统的五行算命术已经非常成熟,其内在有一系列的规则和措施,而五星与五行一一对应,从而五星也具有了相应于五行的属性:

　　后圣君授道陵曰:子欲修行,先知始生。始生祸福,立有分明。得福者王,失福者衰。又得祸者死,失祸者生。能除刑祸,以辨始生。假令甲子金命人,元气在辰(辰巽之乡总也),始生在巳,成午、未,荣申,王相酉,酉为福德,休在戌,废在亥,刑在子,祸在火(火元星)。木命人,始生在亥,成子、丑,荣寅,王相卯,卯为福德,休在辰,废在巳,刑在午,祸在金(金元星)。水命人,始生申,成酉、戌,荣亥,王相子,子为福德,休在丑,废在寅,刑在卯,祸在土(土元星)。土命人同水命人,用火命人,始生在寅,成卯、辰,荣巳,王相午,午为福德,休在未,废在申,刑在酉,祸在水(水元星)。即身从五行始生,亦从五行所灭。卿能出刑祸,变入长生,则成仙人。往往如此四年,名入地真仙也。金命人,荧惑(惑,火星)为祸星,常欲祸金命人。人知之,以求辰为福星,常救,止伏其祸,祸自减不敢行,人得长生。木命人,太白(白,金星)为祸星,常欲祸木命人。人知之,以求荧惑为福星,常救,止伏其祸,祸不敢行,人得长生。水命人,镇星(土星也)为祸星,常欲祸水命人,人知之,以

---

　　① 〔宋〕刘元道:《无量度人上品妙经旁通图》卷中,《道藏》,第3册,第89页中栏—90页上栏。

求岁为福星,常救,止伏其祸,祸不敢行,人得长生。火命人,辰星(水星也)为祸星,常欲祸火命人,人知之,以求镇为福星,常救,止伏其祸,祸不敢行,人得长生。土命人,岁星(木星也)为祸星,常欲祸土命人,人知之,以求太白为福星,常救,止伏其祸,祸不敢行,人得长生。①

在这部托名于唐代李淳风注释的文献中,五行各有生、成、荣、王相、福德、休、废、刑、祸,这些状态多与十二支辰有关,即所谓的五行十二支辰"生死所"中的部分状态,只是名称有所不同,如萧吉在《五行大义》中所述:"五行体别,生死之处不同,遍有十二月十二辰而出没。木,受气于申,胎于酉,养于戌,生于亥,沐浴于子,冠带于丑,临官于寅,王于卯,衰于辰,病于巳,死于午,葬于未。……"②其五行十二支辰生死所的状态如表13.4:

表13.4 五行十干十二支辰生死所

生死所	木	火	土	金	水
生	亥	寅	寅	巳	申
沐浴	子	卯	卯	午	酉
冠带	丑	辰	辰	未	戌
临官	寅	巳	巳	申	亥
王	卯	午	午	酉	子
衰	辰	未	未	戌	丑
病	巳	申	申	亥	寅
死	午	酉	酉	子	卯
葬	未	戌	戌	丑	辰
受气	申	亥	亥	寅	巳
胎	酉	子	子	卯	午
养	戌	丑	丑	辰	未

---

① [唐]李淳风注:《金锁流珠引》卷5《太玄元气所生三元引》,《道藏》,第20册,第375页。

② [隋]萧吉:《五行大义》卷2《二者论生死所》,清佚存丛书本,第1—6A页。

"生"又称为"长生","受气"的状态也称为"绝","葬"也称为"墓"，"王"也称为"帝旺"，此外并有将五行与十干相配，分为阴阳各五干，各干有其相应的十二支辰生死所[①]，其中阳干的生死所同上表。表13.4中土与火的生死所完全相同，这体现了前述土主季夏，与火共主夏季的思想。

此外上述引文中五行各行的"祸"即是五行相克原则的表现：火克金，金克木，木克土，土克水，水克火。作为"祸"的五行所对应的五星也成为各命人的祸星，对克制祸星的星进行祈祷，才能攘除灾异，转祸为福。

除相克外，五行还有相生原则，这一原则也对人命产生影响：

> 人所生也，皆主五行。假如东方木命人亥，为所生水，所生土，所生火，所畏金。火命人用寅，为所生木，所生金，所王亦于木土，所畏水。金命人用巳，为所生土，所成于木火，所王水，所畏火。金虽畏火，得火炼铸成形，得水相扶，自得坚贞，黑金之用器也，金即五色金也。水命人、土命人等，所生同宫以申，为所生金，所成木，又成火，所生金，又所王同水算，金是土之王。夫五行之气，各有相成亦有相克。故人得相生命能长，被相克寿为短，非关天也。自身不知，故受死无疑。身心若知，寿永无衰。[②]

若人命得五行相生星，则能延命长寿，反之，则有夭折短命之忧。

在五行相生相克原则的基础上，针对五星的祈禳也必须挑选时日，选择相生有利的日子，避开相克为祸的日期：

> 金人取癸巳水日、丁巳土日，捻水土之诀，步五星五遍，以受长生诀也。常以乙酉水日、己酉土日（建酉）行步五星，除灾度厄去病，上入生荣王盛之宫，捻去灾诀，步五星九遍，诵五行祝十八篇一

---

① 阴阳十干的生死所以及相关内容可参见卢央：《中国古代星占学》，北京：中国科学技术出版社，2007年，第59页；洪丕谟、姜玉珍：《中国古代算命术》，上海：上海三联书店，2006年，第36页。

② ［唐］李淳风注：《金锁流珠引》卷12《五行六纪所生引上》，《道藏》，第20册，第411页下栏—412页。

遍,捻水土之诀,福德助佑我金命人身长生。往往行之三年,便获不死之道、长生久视之身也。

土人取丙申火日、壬申金日,捻火金之诀,步五星五遍,以受长生诀也。常以甲子金日、丙子水日(建子)行步五星,除灾度厄去病,上入生荣王盛之宫,捻去灾诀,步五星九遍,诵五行祝十八篇一遍,捻火金之诀,福德助佑我土命人身。往往行之三年,便获不死之道、长生久视之身也。①

文中癸巳水、丁巳土、乙酉水、己酉土等指的是六十甲子的五行纳音,这也是中国传统五行理论的原则之一,在中国本土推算术等众多术数中多有应用。这些原则都被纳入到星命术中用来推算个人命运,作为基本原则发挥作用:

（某星且如金人畏火星,火星犯我所生之宿,我求水星救我本宿。）求水星法,常以子日夜半时星月见,即出室北户外,握固,闭气,仰观辰星,拜三拜。启曰:（某乙）行年若干岁某月某日生,本宿（某）今被荧惑火星作祟祸害,（某乙）今请紫微天皇君、北极辰星之神往克灭之,勿令犯触（臣）所生本命之星及生日所管之宿。当与（臣）等速救度,却令火星之精出,自急退散,害气自消,敢负上圣之恩。乞令（臣）长生久视,身家平安,敢负上圣紫微天皇君之恩。即禹步一遍,蹑地纪三遍。配衣,转天关,指荧惑火星九度,捻水星诀,存九泉大海而隔灭之。即祝曰:五行相推,金木相伐。水火相灭,铜口铁舌。逆吾者杀云云。②

其中子日、北方、紫微天皇君、北极辰星神对应水星,为五行配置中水的时间、方位、神系的标准配置。而金星求水星以克火星,则是五行相克原则的鲜明体现。《金锁流珠引》中除金星外,还有木、水、火、土星的相应内容,详情列如表13.5:

---

① ［唐］李淳风注:《金锁流珠引》卷12《五行六纪所生引上》,《道藏》,第20册,第413页上中栏。

② 同上书,第414页下栏—415页上栏。

表 13.5 《金锁流珠引》所载五星星命祈禳方法

本生命宿	本方位	祈禳时日	祈禳神系	祸星	祈禳星
金星	一	子日夜半	紫微天皇君、北极辰星神	荧惑	水星
木星	东方、甲乙、寅卯	戊午火日	南极丹台太初君、南上荧惑星神	太白	火星
水星	北方、亥子丑	辛卯木日	东极青台太元君、东上岁星神	镇星	木星
火星	南方、巳午未	辛丑土日	中极黄宫上台太真君、中上镇星神	辰星	土星
土星	一	甲午金日、壬午木日	西极上台太素君、太白星神	岁星	金星

虽然《金锁流珠引》中所载五星祈禳内容不全，但其中的方位、时日、神系均为中国传统五行的五方、干支五行、五行纳音、五方神系等内容，而祸星和祈禳星则完全根据五行相克原则来表现。由此可见，五行理论已在相当程度上与星命术进行结合。

综合以上所有论述，外来星命术在经过了初步的与中国传统五行理论的拼凑与形式化融合后，在佛、道的共同努力下，进一步与五行理论的生克原则、星神体系、十二支辰生死所等内容深入广泛结合，在此过程中，中国的传统术数元素逐步与星命术中的推算和祈禳内容相联系，发展出具有中国本土特色的星命术。

13.3 五行理论的各种方法和规则广泛用于星命术

13.3.1 五行相生相克

佛藏中有所吸纳融合、而且成为中国传统推算术基础理论之一的五行生克原则，并非仅应用在干支五行上，而是作为一条普遍的基本原则，在星命术的方方面面大肆应用，即"其一生一克，皆五行自然之性也，选择者苟能知其生克之性而行其制化之道焉，必无大过不及之惠矣。"①

---

① 《儒门崇理折衷堪舆完孝录》卷4，《道藏》，第35册，第621页中栏。

以宿度为例,二十八宿分属金、木、水、火、土、日、月七曜属性,每曜分管四宿度:

> 星、虚、房、昴,太阳之行宫。张、危、心、毕,太阴之行宫。角、斗、奎、井,木之行宫。尾、室、觜、翼,火之行宫。氐、女、胃、柳,土之行宫。亢、牛、娄、鬼,金之行宫。箕、壁、参、轸,水之行宫。此皆七政流行之度,遇生扶者吉,遇克泄者凶。①

分别以金、木、水、火、土度安命的人在行限中遇到生克五行的星曜,便会产生相应的吉凶:"又如亢娄鬼牛度上安命,以金为主,行四土度大发,行四日度平平,吉凶相半,必有大凶,得贵人扶也。行四月四水度,见木则发,见气主孝服,见火莫登高步险。行四木度,遇火罗决死,有水制之不妨。行四火度,见土计大发,见火必死。"②土生金,故金为命主时,行土度发。行水限时,金生水,水又生木,接连相生故吉;但土克水,故有凶险,月在五行上属水,故此处与水同论。行木限时,木生火,火会卸掉木气,因此于木不利;但是水又克火,因此可制约火气,救援木气,罗为火星的余气,此处与火同论。行火限度时,虽然火克金,但如有土,火生土、土生金,土能化解火金之克,但如果遇到火星,加重对金的克制,金主必死,此处计为土的余气,故与土同论。

星命术中论五星时,有专门的"五星相生、相克"一节,此五星并不只有五个星曜,还包括五星的余气罗睺、计都、紫炁、月孛,其吉凶论断则利用了五行相生相克原则,此外还须考虑四季得时得令、神煞等其他因素:

> "论五星相生"火宜独居,生星不宜重见。如木生更不宜见气,木喜相生须要得时,如秋木落陷,水孛同生,则木浮矣。限行煞地,加浮沉,主水厄,水计同居如是煞,行限遇之,亦然。如根本高固,不可例论。土星火罗夹生,根本虽固,失之太骤。若守命,主其貌非疾似疾,加煞则疾显扬。惟金星喜土计夹生,根本亦固,但发迟,

---

① 《儒门崇理折衷堪舆完孝录》卷 7,《道藏》,第 35 册,第 656 页上中栏。
② [唐]佚名:《星命溯源》卷 2《果撦问答·后天口诀》,《景印文渊阁四库全书》,第 809 册,第 60 页。

遇生旺则高,水星宜金生,但秀而欠实。凡金水皆秀星,不若火土木罗之盛也。

"论五星相克"罗火克金最凶,加重煞则相残,盖飞廉阳刃为重也。金不宜为飞廉阳刃,罗火不宜为天雄地猾,木不宜金克。若金为飞廉阳刃,最凶,他煞稍轻。水不宜土克,强过则水不顺流,加计则水过矣。或主气滞,妇人主月水不通。火忌水克,加孛则凶,土忌木克,加气则重,主疾,限遇之,主病难瘳或疟疾,加煞则经年不愈。吉星喜相会,或官福同宫,或田财同宫,不宜奴星与迁移主相会。①

中国传统术数中五行与五星相配,当罗睺、计都、月孛、紫炁四个星曜概念被引入星命术中时,其属性便与五行相联,成为五星的余气,即:

气是木之余,祸福次于岁星。

孛是水之余,祸福次于辰星。

罗是火之余,祸福次于荧惑。

计是土之余,祸福次于镇星。

但四余与五星五行在数量上并不吻合,因此五星中金星无余气,星命术中对此也有解释:"凡水火土木,皆能自生自旺,惟金得火而后有用,无星辅皆主不好,盖谓天地肃杀之气收敛万物,秉权则生意,斩然上帝好生抑之,不令肃杀之气盛,所以废之时,道四星有余,独金无余,以此。"②由于金代表天地肃杀之气,能收敛万物,因此上天为抑制这种杀气,故未给金配置余气,这种解释明显是一种后续的附会,由于这四个星曜概念在天文学上与五星本无直接的联系,当十一曜被用于星命术时,各曜本可以自行发挥作用,然而进入中土的星命术在本土化的进程中力图与五行理论融合,在五行理论框架下,这种五星四余的设置便需

---

① [唐]佚名:《星命溯源》卷5,《景印文渊阁四库全书》,第809册,第86页下栏—87页上栏。

② 《张果星宗·元元妙论》,《古今图书集成·艺术典·星命部》卷575,第468册,第53A页上栏;[辽]耶律纯:《星命总括》卷下《星辰元妙论》,《景印文渊阁四库全书》,第809册,第227页下栏也有类似内容,文字有所差异。

要理论上的解释,因此这类附会的阐释便应运而生。

此后,在星命术的许多方面,四余也依据其五行配属,以相生相克、四时王相等五行理论为基础发挥作用,有时甚至会因为五行的相通代替五星发挥作用:"十二宫皆要详看,先看其宫,后看其主。凡宫为祖,起星为己。……若五星本坏,将四余代用,主屋宅不新,亦不甚高广也。如妻主坏以四余代用者,主无正妻或重婚;为子主坏者,或非亲子。……"其下有注释谈到"四余者,五星之余,如气孛罗计也,虽为恶曜,若得地,亦为善用也"。①

13.3.2 五行与五常、五脏等的配属

《白宝口抄·北斗法三》中叙述:"木曜者,东方春木精也,是东方发心方。……火曜者,南方火精也。……金曜者,西方证菩提门,金精也。……水曜者,北方作业,即水精也。……土曜者,中方土精也。"②将中国传统的五行五方理论与佛藏星命术内容结合后,又延伸出相关的五常即五戒概念:土信、木进、金念、水定、火彗,五常为中国传统五行概念,即木仁、火礼、土信、金义、水智:

> 轻清者,魄从魂升;重浊者,魂从魄降。有以仁升者,为木星佐;有以义升者,为金星佐;有以礼升者,为火星佐;有以智升者,为水星佐;有以信升者,为土星佐。③

除土信的对应相同外,其他四行的常与戒并不相同,佛藏中将两者相联系,明显为以中国的五行五常概念为基础,在此五行模式上发展出更适合佛教教义的五戒术语,以阐明五曜星神及攘灾的星命术内容。

前述引文《十住心论二》中还提及五常在人为五脏,这一五行五脏系统也是中国传统术数的内容,五行五脏的配合为:木肝,火心,土脾,

---

① 《张果星宗·论十二宫所守拱照活变看法》,《古今图书集成·艺术典·星命部》卷574,第468册,48A页上栏;[唐]佚名:《星命溯源》卷5《论十二宫守照活变看法》,《景印文渊阁四库全书》,第809册,第93页下栏也有部分类似内容,文字有所差异。
② 《白宝口抄》卷157《北斗法三》,《大正藏》"图像部"第7,第306页中栏—307页中栏。
③ [春秋]尹喜:《关尹子》卷中《四符篇》,《四部丛刊三编》景明本,第4A页。

430

金肺,水肾,此对应并非唯一,在不同的文献中有所差异,这一系统在道教的神仙方术和中医中颇多应用。星命术自域外传入后,也逐渐引入这一理论:

> 胃属土兮肝属木,肾属水兮肺属金,心属火兮动运用,五曜相攻疾患侵。……木星为病,有一方必主脚疾及风肠。土主咳嗽肉疮。土星为病,必咳嗽,皮肉受病,多生疮。①

由此出发,当星曜遭遇克制时,这类起克制作用的某行便会与相应的病征联系起来:

> 见木便言风气病,酉金气满肺相连。逢火内外皆生热,见水冷病在腰间。遇土有刑生疮肿,相生病体易为安。要见曆盘寻好丑,贵神位上共同看。②

因此,星命术中人一生所逢灾难疾病也以星曜的五行相生相克为基础,当星曜受到克制、且遭遇凶恶星曜时,与五行对应的五脏将引发各种病症,这种复杂的病症命相常被编成歌诀,以便查阅:

> 喘嗽　金星属肺喜临西,罗火相逢必不宜。若遇八煞星入命,更添水孛喘无疑。

> 虚瘅　土星属胃主康强,与木同行内必伤。薄食呕酸并腹闷,孛加虚肿气光黄。

> ……

> 双盲　木为肝脏怕逢金,遇火须知泄气深。日月忽临天首尾,双盲为别决难寻。③

这种以五行相克诊病的方法还要关注四季的影响:

> 占病之法要须论,月将加时位上明。四仲即言病苦疾,常须四孟是天行。四季定之长病患,唯看刑克辨浮沉。克金为喘克土胀,

---

① 《张果星宗·金箱歌》,《古今图书集成·艺术典·星命部》卷571,第468册,第33A页中下栏。

② [宋]元妙宗:《太上助国救民总真秘要》卷9《推病状法》,《道藏》,第32册,第115页下栏。

③ 《张果星宗·碎金诀》,《古今图书集成·艺术典·星命部》卷583,第469册,第27B下栏—28A页上栏。

克水还为多难逃。克木即为肝家病，克火应长心里连。此是神仙
真妙诀，孙宾十法不令传。①

13.3.3 五行生数

《尚书·洪范》说五行："一曰水，二曰火，三曰木，四曰金，五曰土。"
《传》曰"皆其生数"②，即"天一生水于北，地二生火于南，天三生木于
东，地四生金于西，天五生土于中"。③

五行生数在中国传统术数中运用广泛，道教就利用五行生数来推
算人命的寿限：

> "除法"（水一，火二，木三，金四，土五，六七八九十黑红青
> 白黄）。

> 天除一，地除二，人除三，四时除四，五行除五，六甲除六，七星
> 除七，八卦除八，九曜除九，不尽者是算寿，并鬼之数，随位辨其衣
> 服色目也。④

除生数外，这段引文中还利用了五行的成数："天一生水，地六成之。地
二生火，天七成之。天三生木，地八成之。地四生金，天九成之。天五
生土，地十成之。"⑤

八字算命术中也经常利用五行生数："子平之法，偏官为关，偏财为
煞，取生辰之数断之；水一、火二、木三、金四、土五。"⑥用生数来判定儿
童的关煞。

当星命术与五行理论进行结合时，也应用了五行生数原则，主要表
现在对生育子女和兄弟数目的推算上：

---

① [宋]元妙宗：《太上助国救民总真秘要》卷9《推病状法又法》，《道藏》，第32册，第
116页上栏。
② [汉]孔安国：《尚书·洪范·周书》，《四部丛刊》景宋本。
③ [汉]郑玄：《周易郑注·系辞上第七》，清湖海楼丛书本。
④ [宋]元妙宗：《太上助国救民总真秘要》卷9《除法》，《道藏》，第32册，第115页下栏。
⑤ [宋]林之奇：《尚书全解·洪范·周书》，《景印文渊阁四库全书》，第55册，第458页
上栏。
⑥ [明]《渊海子平音义评注》卷3《论小儿关煞例》，光绪癸未年大成堂重刊本，第
8A页。

"论男女"水宫一数,火宫二数,木三,金四,土五,加吉星则足其数,加凶星刑克者必孤,三方对冲稍轻。若本宫及三方、对宫相得者,皆吉,或克或不克,皆随星论之。①

兄弟金四木须三,父母年长福禄深。子息木三金主四,如临奴仆盛车轸。②

对于生育子女的数目而言,有时候五行生数代表的是所生男儿的数目,并不包括所生女婴,如"金星若在男女宫,四男聪俊各英雄。"③兄弟数目也多指男子而言,这与古代以男子为重的传统思想密不可分。

然而星命术中,太阳、太阴、罗睺、计都、紫炁、月孛等曜并不与五行直接对应,因此没有相应的生数。当这些星曜也与生育子女、兄弟的数目发生联系时,对五行生数在星命术中的应用稍有影响,但影响不大,与五行直接对应的五星基本上仍遵循五行生数原则来推算兄弟数目和子女数:

兄弟宫数要知多寡之分,星宿推迁须识吉凶之佐。值太阳者先损其父,遇太阴者却无其母。土星生昼兄弟而五人,金星夜值雁行之四个,计罗二三木气还多,水土两娘而生,火星而我而已。

……

男女宫内得火者一双子孙,位中遇木星而三个,太阳得位一二人而有可成,月曜入宫二三子一双无祸,水星一子须聪明,孛孛无男常坎坷,计罗有克,火星难保于初前,太乙多伤,紫炁头儿决克破。④

13.3.4 五行性情

五行有各自的属性,水曰润下,火曰炎上,木曰曲直,金曰从革,土

① [唐]佚名:《星命溯源》卷5,《景印文渊阁四库全书》,第809册,第99页下栏。
② 《张果星宗·金木》,《古今图书集成·艺术典·星命部》卷579,第469册,第8B页下栏。
③ 《张果星宗·男女宫天孤星》,《古今图书集成·艺术典·星命部》卷579,第469册,第8A页下栏。
④ 《张果星宗·轮宫赋》,《古今图书集成·艺术典·星命部》卷579,第469册,第9A页下栏—9B页上栏。

曰稼穑。润下作咸,炎上作苦,曲直作酸,从革作辛,稼穑作甘,形成五味。五行又有五常仁、义、礼、智、信。将五行的这些属性延伸到人命上,就与人的性情、性格甚至相貌联系起来。子平算命术中就将这些五行属性与分属五行各命的人的性情、体态、面貌进行了联系:

> 性情者,乃喜怒哀乐爱恶欲之所发,仁义礼智信之所布,父精母血而成形,皆金木水火土之关系也。

> 且如木曰曲直,味酸,主仁。恻隐之心,慈祥恺悌,济物利民,悯孤念寡,恬静清高,人物清秀、体长,面色青白,故云"木盛多仁"。太过则折、执物性偏;不及少仁、心生妒意。

> 火曰炎上,味苦,主礼。辞让之心,恭敬威仪,质重淳朴,人物面上尖下圆,印堂窄,鼻露窍,精神闪烁,言语辞急,意速心焦,面色或青赤,坐则摇膝。太过则鞠恭聪明、性燥须赤;不及则黄瘦,尖楞妒毒,有始无终。

> 金曰从革,味辛辣也,主义。羞恶之心,仗义疏财,敢勇豪杰,知廉,如主人中庸,骨肉相应,方固白色,眉高眼深,高鼻耳仰,声音清响,刚毅何决。太过则目无仁心、好贪兼欲;不及则多三思少果决、悭吝、作事挫志。

> 水曰润下,味咸,主智。是非之心,志足多谋,机关深远,文学聪明,谲诈飘荡,无力倾覆,阴谋好恶。太过则孤介硬吝,不得众情,沉毒狠戾,失信颠倒;不及则胆小无谋,反主人物,瘦小。

> 土曰稼穑勾陈,味甘,主信。诚实之心,敦厚至诚,言行相顾,好敬神佛,主人背圆腰涧,鼻大口方,眉目清秀,面如墙壁,面色黄,处事不轻,度量宽厚。太过则愚朴,古执如痴;不及则颜色似忧,鼻低面偏,声重浊,朴实执拗。①

这种对五行性情的应用在星命术中也存在,与五行相应的五星直接继承了五行各命的性格,仅如:

> 木于五行主仁,为性从直,有柔有刚,挽之则前,舍之则往,所

---

① ［明］《渊海子平音义评注》卷3《论情性》,光绪癸未年大成堂重刊本,第8B—9A页。

> 谓道合则从,不合则去,不肯以私灭公,徇情说众,不失背则负艺,
> 诸般聪明伶俐,事不惮烦,心怀恻隐。①

而且五星各自所主的体态容貌也有不同的特点:"金星独行,相貌清秀
温润。木星瘦长清爽。水星眼目俊。火星日生则面紫黑,夜生则红白。
土星肥白长大,夜生则矮黑。"②不仅五星,在星命术中作为五星余气的
罗睺、计都、月孛、紫炁在性情上也具有与五行相关的联系:

> 炁乃木余,仁之小者,所知者百子之书,所能者九流之计,烦心
> 好静,事能多晓。
>
> ⋯⋯
>
> 孛乃水余,智之小者,所知者功利之私,所能者眼前之巧,夸多
> 斗靡,矜己忽人,喜从谀不喜箴规,爱人情不爱清致。
>
> ⋯⋯
>
> 罗乃火余,礼之小者,性至于燥,燥必厌烦,烦必怒生,生成勇
> 敢。盖火余而易灭,一怒而易消,事曾为而后悔,心刚劲而胆寒。
>
> ⋯⋯
>
> 计乃土余,信之小者,机巧有余,能言之士,内外异态,二二其
> 心,所作匪常,所谋不一,到中年方保可安,安之则刑,六亲孝服
> 常见。③

13.3.5 其他五行规则

除以上所述五行的有关规则和方法外,还有其他一些五行规则也
在星命术中得到或多或少的应用,仅略述如下。

一是纳音。六十甲子各有纳音五行所属,星命术中有"寿元"一概
念,即应用了六十甲子的五行纳音属性,如命格中"寿格"有"日月夹命

---

① 《张果星宗·性情论》,《古今图书集成·艺术典·星命部》卷577,第468册,第59B
页上栏。

② [唐]佚名:《星命溯源·论相貌》卷5,《景印文渊阁四库全书》,第809册,第102
页下栏。

③ 《张果星宗·性情论》,《古今图书集成·艺术典·星命部》卷577,第468册,第59B
页中下栏。

守田宅,是寿元而最妙"①一语,指日月二曜夹命宫时,若令星又是本命纳音星则最吉,纳音星即纳音五行对应的五星,如甲子乙丑金星寿元,秋天得令。此外还有"纳音之星、司令之星不可与值难相战,必有损矣,否则带疾、伤于妻子是也"②的说法。

二是冲破合刑。冲破合刑涉及干支五行。如三合为申子辰合木,寅午戌合土,亥卯未合火,巳酉丑合水。在星命术中多以"禄元"的概念体现:"禄元破、寿元亏,齐到杀乡端可虑。"③

十干十二支均有其相应的刑,冲破多指对冲。④这些原则在星命术中通过位置、所配干支的相互关系对星曜、神煞产生一定的影响:"孛罗克限化刑囚,人亡财散。"⑤对这些影响进行综合判定,决定了最终的吉凶判辨"刑不宜战,战则必刑。三刑带煞,必然刑害。合不宜冲,冲则必破。合还冲破,作事无成"⑥。

三是五音,五音在星命术中的应用虽不常见,但偶尔仍体现在消除灾异上。

> 某姓音属角,恶在西方金。谨请南方丙丁八蛮君六十四官,为某解角姓之宫,却除西宫定祸。愿请南方荧惑星君火德,来生东宫角姓之音,攘灾致福,收除太白星白气之害。

> 某姓音属徵,恶在北方水。谨请中央戊己三秦君千二百官,为某解徵姓之宫,却除北宫定祸。愿请中央镇星君土德,来生南宫徵姓之音,攘灾致福,收除辰星黑气之害。

---

① 《张果星宗·寿格》,《古今图书集成·艺术典·星命部》卷 572,第 468 册,第 38A 页下栏。
② 《张果星宗》,《古今图书集成·艺术典·星命部》卷 575,468 册,第 52B 页上栏。
③ 《张果星宗·夭格》,《古今图书集成·艺术典·星命部》卷 572,第 468 册,第 38B 页上栏。
④ 详情可见卢央:《中国古代星占学》,北京:中国科学技术出版社,2007 年,第 76—82 页。
⑤ 《张果星宗·愚格》,《古今图书集成·艺术典·星命部》卷 572,第 468 册,第 39A 页中栏。
⑥ [辽]耶律纯:《星命总括》卷上《星经》,《景印文渊阁四库全书》,第 809 册,第 198 页上栏。

　　　某姓音属宫,恶在东方木。谨请西方庚辛六戎君三十六官,为某解宫姓之宫,却除东宫定祸。愿请西方太白星君金德,来生中宫宫姓之音,攘灾致福,收除岁星青气之害。

　　　某姓音属商,恶在南方火。谨请北方壬癸五狄君二十五官,为某解商姓之宫,却除南宫定祸。愿请北方辰星君水德,来生西宫商姓之音,攘灾致福,收除荧惑星赤气之害。

　　　某姓音属羽,恶在中央土。谨请东方甲乙九夷君八十一官,为某解羽姓之宫,却除中宫定祸。愿请东方岁星君木德,来生北宫羽姓之音,攘灾致福,收除镇星黄气之害。①

　　四是阴阳之分。此点也多与干支相联系。十干十二支均有阴阳之分,十干甲丙戊庚壬为阳,乙丁己辛癸为阴;十二支寅卯辰巳午未为阳,申酉戌亥子丑为阴。"日在六阳位为明,过未则晦;月在六阴位为明,过丑为晦。"②但这种阴阳的划分并非唯一,在星命术的不同派别中还有不同的分法。《紫微斗数》中就将甲丙戊庚壬分为阴,乙丁巳辛癸归为阳。③

　　这种阴阳的划分在星命术中有具体的应用:"凡初一二三四五日戌亥子丑时生人,日月俱晦,如为宫度身,三主有二失,次者兼刑煞有犯,则主孤独论之。若二十六七八九三十日酉戌亥子丑时生人,亦谓日月俱晦论之,皆不足取也。"④可见这种阳阴的划分在某种程度上是与太阳、月亮的出入相联系的。

　　这些理论并不是星命术中应用的五行理论的全部,而只是其中的一部分代表。这些五行理论多源自中国本土的算命术,代表着以五行理论为基础之一的中国本土算命术与星占术的一种融合,这种融合最终形成了中国本土化的星命术。

---

　　①　《元辰章醮立成历·次消五音灾》卷下,《道藏》,第32册,第715页上中栏。

　　②　《张果星宗·通元赋》,《古今图书集成·艺术典·星命部》卷572,第468册,第34A页中栏。

　　③　《紫微斗数》卷1,《十干所属阴阳》,《道藏》,第32册,第494页中栏。

　　④　《张果星宗·辨阴阳》,《古今图书集成·艺术典·星命部》卷574,第468册,第44B页下栏。

　　不同于前一章从域外星命元素的角度进行讨论,本章从中国传统的角度探讨了佛道二藏中外来星命术在本土化发展过程中,对中国传统思想和理论的利用,这种利用尤以五行理论为代表。

　　随着佛藏的参与,外来星命术传入中国之初,就与五行和四季、方位、衣色的对应规则相联系,将这些五行规则与域外的星曜祈福攘灾内容进行对应,但由于中外两种体系之间本质的区别,这种对应显示出拼凑和形式化的特点,尤其表现在与五行相对应的五星具有完整的时间、方位、衣色等内容,而没有五行基础的日、月、罗睺、计都等星曜的相关内容呈现出形式与内涵各异的混杂状况,这种状况鲜明地体现在以《梵天火罗九曜》和《七曜攘灾决》为代表的佛藏文献中。这种对应特点展示了域外星命元素与以五行理论为代表的中国传统元素初步融合的状况。

　　随着佛、道的共同努力,星命方法与五行理论的结合开始朝着更为深入的内涵上的融合和一体化方向发展。这表现在佛藏中对人命干支择日吉凶的创造、道藏的五星五帝神系以及五行十干十二支辰生死所和五星生克祈福攘灾等内容上。

　　在这种融合的大趋势下,五行思想和理论中的许多具体规则都被应用到星命术中。从五行四季王相休囚死,到五行相生相克、仁义礼智信五常以及五脏、五行生数成数、五行纳音等,这些在中国古代的众多术数门类中多有应用的五行理论和原则,不仅产生了中国本土的算命术,而且也被应用到星命术中,成为星命术进行本土化发展的重要资源和方式。

14. 佛道二藏星命学与敦煌遗书中的禄命术

——以 P.4071 为例

敦煌遗书开宝七年星命书①是一份利用十一曜与黄道十二宫的搭配关系来对人的命运进行预测的星占文书,它由伯希和携去法国,现为法国国家图书馆藏敦煌遗书中的一件,②编号为 P.4071。③该件已经引起多位学者的关注,研究者们从 P.4071 的作者身份、内容构成、文本结构、中外星占学和文化交流等多个角度进行了研究。

饶宗颐的《论七曜与十一曜:记敦煌开宝七年(九七四)康遵批命课》是第一篇全面研究 P.4071 中星命学的论文,该文认为 P.4071 中的十一曜概念出自源于域外的《聿斯经》。④严敦杰对 P.4071 的文本构成作了较为详细介绍。⑤姜伯勤根据 P.4071 与波斯文献《班达希申》(Bundahishn)中星占学的相似性,讨论了敦煌星占学与波斯星占学的关系。⑥王进玉则从 P.4071 看到中国文化与波斯文化的相生相成。⑦黄

---

① 《敦煌遗书总目索引》将该件定名为《星占书残本》,《敦煌遗书总目索引新编》同。

② 可参见法国国家图书馆网站提供的彩色图像文件: http://gallica. bnf. fr/ark:/12148/btv1b83002045/f1.image. r = 4071.langFR。

③ 现所见的该编号文书共有十五页,由三部分内容构成:第一部分从第 1 至 8 页为星命书;第二部分从第 9 至 14 页为《大佛顶如来顶髻白盖陀罗尼神咒》写本;第三部分为藏文写本,占第 14 页一列和第 15 页。下文均以 P.4071 指称该件第一部分星命书。

④ 饶宗颐:《论七曜与十一曜:记敦煌开宝七年(九七四)康遵批命课》,《选堂集林·史林》,香港:中华书局,1982 年,第 771、972 页。又参见:《饶宗颐史学论著选》,上海:上海古籍出版社,1993 年,第 592 页。

⑤ 严敦杰:"推符天十一曜星命法"条,《敦煌学大辞典》,上海辞书出版社,1998 年,第624 页。

⑥ 姜伯勤:《敦煌与波斯》,《敦煌研究》1990 年第 3 期,第 8—10 页。

⑦ 王进玉:《从敦煌文物看中西文化交流》,《西域研究》1999 年第 1 期,第 59 页。

正建对 P.4071 的基本结构也有所介绍和分析，①并认为 P.4071 反映了唐宋过渡时期禄命术的实况，在术数史上具有重要意义。②陈万成利用 P.4071 中引述之《聿斯经》等资料解读了杜牧《自撰墓志铭》中的星命说，并将《聿斯经》与十二命宫说溯源到古希腊星占学。③马克（Marc Kalinowski）也在他的专著中对 P.4071 的内容进行了概述。④陈于柱在其博士学位论文《区域社会史视野下的敦煌禄命书研究》中对 P.4071 进行了释读。⑤麦文彪在对《聿斯经》的研究中涉及 P.4071 对《聿斯经》相关段落的引述。⑥其他论及 P.4071 还有萧登福⑦、邓文宽⑧、顾吉辰⑨、谭蝉雪⑩、张弓⑪等人的工作。

所有前述工作都有助于对 P.4071 的全面了解，然而也有些研究结论尚有值得商榷之处，关于中外科学与文化交流方面的意义也有待进一步阐发，尤其对 P.4071 中的十一曜行度问题均未涉及。在现今所见的该件星命书卷首部分，给出了用来推命的十一曜黄道位置以及其他有关数据，因为这些数据较为重要，现引述如下：⑫

---

① 黄正建：《敦煌禄命类文书述略》，《中国社会科学院历史研究所学刊》（第一集），学刊编委会，2001 年，第 239 页。

② 黄正建：《敦煌占卜文书与唐五代占卜研究》，北京：学苑出版社，2001 年，第 117、202 页。

③ 陈万成：《杜牧与星命》，《唐研究》卷八，北京：北京大学出版社，2002 年，第 66 页。

④ Marc Kalinowski. *Divination et société dans la Chine médiévale édité*[M]. Paris：Bibliotheque nationale de France，2003. 240—241，271—272.

⑤ 陈于柱：《区域社会史视野下的敦煌禄命书研究》，兰州大学学位论文，2009 年，第 208—213 页。

⑥ Bill M. Mak（麦文彪）. *Yusi Jing*—A treatise of "Western" Astral Science in Chinese and its versified version *Xitian yusi jing*[J]. *SCIAMVS*，15（2014），105—169。

⑦ 萧登福：《从敦煌写卷中看道教星斗崇拜对佛经之影响》，《第二届敦煌学国际研讨会论文集》，台北：汉学研究中心，1990 年，第 344 页。

⑧ 邓文宽："黄道十二宫"条，《敦煌学大辞典》，上海辞书出版社，1998 年，第 614 页。

⑨ 顾吉辰：《敦煌文献职官结衔考释》，《敦煌学辑刊》，1998（2）. 35。

⑩ 谭蝉雪：《丧葬用鸡探析》，《敦煌研究》，1998（1）. 78。

⑪ 张弓：《敦煌四部籍与中古后期社会的文化情景》，《敦煌学》（第 25 辑），台北：乐学书局有限公司，2004 年，第 326 页。

⑫ 上海古籍出版社，法国国家图书馆编：《法国国家图书馆藏敦煌西域文献》，第 31 册，上海：上海古籍出版社，2005 年，第 75—78 页。

符①天十一曜,见生庚寅丙戌月己巳日房日兔②申时生,得太阴星,见生三方主金火月。剋③数。昼剋数得四十八。夜剋数,申时酉前得太阴星在命宫,夜五十二。积日得二万二千七十三日,实况日得一万五千八百七十三日。

太阴在翌④,照双女宫⑤,楚分荆州分野。太阳在角八度,照天秤宫,郑分兖州分野。木星退危三度,照宝瓶宫,齐分青州分野。火星在轸,照双女宫,楚分荆州分野。土星在斗宿,照摩竭宫⑥,吴越扬州分野。金星在角亢,次疾,改照天秤宫,郑分兖州分野。水在轸顺行,改照双女宫,楚分荆州分野。罗睺在井,照巨蟹,秦分雍州分野。计都在牛三度,照摩竭宫,吴越扬州分野。月勃⑦在危顺行,改照宝瓶宫,齐分青州分野。紫炁在星宿,照师子宫⑧,周分洛州分野。

可见 P.4071 用二十八宿和黄道十二宫两种坐标系给出了日月、五星、四余的行度,有的精确到了度,有的给出了简单的动态描述,如顺行、退行等。问题是,这些十一曜行度数据是否与实际天象符合?精度如何?这些十一曜行度数据是如何获得的?外来的星命学说在本土化过程中有无变化?若有,发生了怎样的变化?为了回答这些问题,有必要对 P.4071 中的有关记录做更为详尽的讨论,对其中的十一曜行度数据进行更为精确的分析。

14.1 P.4071 的内容构成和完整性问题

严敦杰将 P.4071 的主要内容归纳为首题、昼夜时刻数、十一曜命

---

① "苻"通"符"。
② 兔字原文作"兔"。
③ "剋"同"尅",通"刻"。
④ "翌"通"翼"。
⑤ 即室女宫。
⑥ 即摩羯宫。
⑦ "月勃"通常作"月孛"。
⑧ 即狮子宫。

宫度法、推五行度宫宿善恶、十一曜见生图等,共五个部分,并认为该件"前残"。①该分法将"十一曜见生图"之后超过 70％篇幅的内容归为一个部分,不便于讨论时指称。马克将 P.4071 分成(1)求卜者基本生辰常数(包括出生日期时辰、十一曜行度等),(2)推五星行度宫宿善恶,(3)十一曜见生图,(4)命宫日,(5)身宫日,(6)天运行年(从一岁到六十周岁的逐年命运预测),(7)推鞍马有分,(8)推子弟男女,(9)推田宅,(10)题词,(11)落款,共十一个部分。②马克对 P.4071 内容的划分兼顾了该件星命书的形式和内容,比较合理,本章在以下讨论中采用这一分法。

　　为了判断该件星命书在形式和内容方面是否完整,在此引用两则日本文献中保存的星命书以作比较。日本《续群书类丛》卷 908 保存了一则"宿曜运命勘录",是与 P.4071 类似的星命书,其开头为:"天永三年壬辰十二月廿五日戊申时丑诞生男,大寒初日,算勘:自上元庚申岁距今日所积日数十六万五千四百廿八日。"③又东京大学"东京都六条有康氏所藏文书"中有一则"宿曜御运录",④也是一则类似的星命书,其开头为:"文永六⑤年戊辰六月己未廿六日丙午时亥御诞生男,当立秋七日,算勘:积日廿二万二千二百四十五日。"⑥在此一并将《续群书类丛》"宿曜运命勘录"、六条有康氏"宿曜御运录"和 P.4071 的内容构成列如表 14.1。

---

① 严敦杰:"推符天十一曜星命法"条,《敦煌学大辞典》,上海辞书出版社,1998 年,第 624 页。

② Marc Kalinowski. *Divination et société dans la Chine médiévale édité*. Paris:Bibliotheque nationale de France,2003. 271—272.

③ 佚名:"宿曜运命勘录"条,《续群书类丛》(第三十一辑上),东京:续群书类丛完成会,1926 年,第 429 页。

④ "东京都六条有康氏所藏文书"收藏在东京大学图书馆,感谢周利群博士为本文作者抄录了这一则"宿曜御运录"的全文。

⑤ 原文"六"为"五"之误。

⑥ 佚名:"宿曜御运录"条,《东京都六条有康氏所藏文书》,东京:东京大学图书馆藏。

**表 14.1　P.4071、《续群书类丛》"宿曜运命勘录"和
六条有康氏"宿曜御运录"的内容构成**

P.4071	《续群书类丛》"宿曜运命勘录"	六条有康氏"宿曜御运录"
出生时辰、积日等数据	出生时辰、积日等数据	出生时辰、积日等数据
十一曜行度	九曜行度	九曜行度
十一曜见生图	十二宫立成图	十二宫天地图
推五星行度宫宿善恶	本命辰、宿、宫、绪言	第一御本命所属星等篇
命宫日、身宫日	第一天性章、第二荣福章、第三运命章	第二天性篇、第三荣福篇
诸运：鞍马、子弟、田宅	第四诸运章附门第、朋友	第四定厄篇、第五病患篇、第六寿命篇、第七御临终篇
天运行年	第五行年章	第八行年篇
题词和落款	—	—

　　两则保存在日本的星命书前一则事主生于 1113 年 1 月 14 日，后一则生于 1268 年 8 月 6 日。而根据 P.4071 卷末"开宝七年十二月十一日灵州大都督府白衣术士康遵课"这一题记，可知相关卜命活动发生北宋初年（975 年 1 月 25 日）。虽然这三则星命书完成于不同的年代和地区，但可以看出它们还是保持了一些共同的特征。例如，如表 14.1 所示，此类星命书一开头就交代求卜者的生辰数据，现今所见 P.4071 也正是这么做的。因此，P.4071 有一个明确的开头和结尾，从形式上看它是首尾完整的。

　　从内容编排上来看，P.4071 不如两则日本星命书那么整齐，与后者一样，基本内容都包含了生辰数据、行星行度、本命、行年等，但也显示出一些不同，特别是 P.4071 用十一曜，而两则日本星命书只用九曜。流行于日本的此类星命术据信是随《符天历》从中国传入日本的，[①]并用《符天历》进行推算。[②]可以推断，此种星命术在中日两地走上了各自独立的发展道路，在日本它基本维持了原样，而在中国在九曜的基础上

　　① 日本天台宗僧人日延于日本天历七年（953 年）渡海赴华，在吴越国首都杭州司天台习得《新修符天历经并立成》，于日本天德元年（957 年）返回日本。

　　② （日）桃裕行：《关于〈符天历〉》，《科学史研究》（日本）71 号，1964. 118—119。

发展成了十一曜体系。

尽管从形式上看,P.4071 显示出一个完整的结构,但其具体内容是否构成一份完整、自洽的星命书,还需要就具体内容进行分析。陈于柱推断 P.4071 记录了两则运用十一曜星命术为不同求卜者推命择吉的案例,①理由是该件第一部分与第四、五部分给出了不同的命宫和身宫。实际上,P.4071 中这种内部的不自洽最早出现在第三部分"十一曜见生图"(声称"有图",实际未给出)下的一句批文中:"土水合号有孝禄,智惠多端好翻覆,岁火同宫主贵权,为事心中多敏速。"根据 P.4071 第一部分给出的十一曜行度,土星在摩羯宫,水星在室女宫,不成为"合";岁星在宝瓶宫,火星在室女宫,亦不"同宫"。而"土水合号有孝禄"一句看起来是对"十一曜见生图"的注释,所以原文并未提供的该图所描述的十一曜宫宿位置应与 P.4071 篇首第一部分给出的十一曜行度不同。

在"十一曜见生图"之前的第二部分"推五星行度宫宿善恶"的末尾讲到水星"生后三日入命宫"。这里的命宫指出生时太阳所在的黄道宫,按照 P.4071 十一曜行度中的太阳行度在角八度,按照当时的宫宿对应规则,角亢氐三宿属于天秤宫,②所以天秤宫为命宫。P.4071 十一曜行度给出"水在轸顺行",所以三日后顺行入角宿,进入命宫。所以此处尚不形成矛盾。

P.4071 第四部分"命宫日"一节开篇即给出"氐房宿中生者,是天蝎宫",即命宫为天蝎宫。同样,在第五部分"身宫日"一节开篇即给出"身宫者亦名天牛宫",即身宫为金牛宫。这两个命宫和身宫③与第一部分给出的太阳和月亮所在黄道宫全不符合,但与第六部分"天运行年"中多次出现的命宫和身宫均能反复印证,保持内在的一致性。在第六部分中行年宫从命宫天蝎宫开始排起,即一岁行年在天蝎宫,二岁在

---

① 陈于柱:《区域社会史视野下的敦煌禄命书研究》,兰州大学学位论文,2009 年,第 21 页。

② (印)金俱吒:《七曜攘灾决》,《大正藏》,卷 21,第 451 页。

③ 关于身宫的定义见下文第三节中的讨论。

人马宫,直到 60 岁在天秤宫,结束行年部分。

在第九部分"推田宅"中却又给出这样的判词:"案《聿厮经》云:子、午、卯、酉,号曰四极,虽田宅有分,当生时月勃在此中,必不久。歌曰:四季生人占田宅,月字行度到其中,只合游山孝道术,若求官禄福偏隆。"若以天蝎宫为命宫,宝瓶宫即为田宅宫,命宫(卯宫)与田宅宫(子宫)构成"四极"构形。[①]然而月字在宝瓶宫恰恰是 P.4071 卷首给出的十一曜行度中的月字行度。在这份星命书的最后一个推算项目中,十一曜行度似乎又与卷首给出的位置形成了呼应。

综上,P.4071 在形式上是完整的,但具体内容方面在各部分之间有冲突和不自洽的情况。第三、四、五、六四部分采用的命宫和身宫与第一、二部分所给出的不同,而第九部分所采用的月字行度又与第一部分相符。这种情况暗示该件是被当作一份完整的星命书抄写的,但是在抄写过程中有可能窜入了其他星命书的内容。

14.2 P.4071 的十一曜行度

P.4071 星命书所反映的此类占卜,最关键的操作是在求卜者要求预卜命运吉凶时,根据所提供的出生年、月、日、时,来推算该时刻的十一曜行度,然后根据所推得的十一曜行度与十二宫和二十八宿的配置关系,结合某些星命理论,来预测事主的命运吉凶。本章第一节所引十一曜所行之宿度以及与十二宫的配置关系,应就是相关事主出生时刻的天象。据现所见卷首"见生庚寅丙戌月已巳日房日兔申时"的说明,可推得此件星命书卷首提供的十一曜行度对应的日期为后唐长兴元年九月初九,即公元 930 年 10 月 3 日。

根据 P.4071 开篇"符天十一曜"这一声称,相关十一曜行度的推算应该是依照《符天历》来推算的。由于《符天历》已经散佚不存,无法依

① 在西方的算命天宫图中,"四极"具有重要的星占含义,它们是指出生时刻的天顶、天底、东方地平线的上升点和西方地平线的下降点,在中国古代被翻译成子、午、卯、酉。参见:Roger Beck, *A Brief History of Ancient Astrology*, Blackwell Publishing, 2007, 29。

据《符天历》来对这些推断结果进行验证。所幸保存至今的中唐密教经典《七曜攘灾决》中收录的五星和罗睺、计都历表,可对 P.4071 十一曜行度进行验算。按照薮内清的推断,《七曜攘灾决》也是属于《符天历》系统的。①另外,笔者还编制了相关电脑程序,调用了一种精确的现代长周期星历表 DE404,②对 P.4071 星命书开头给出的行星位置进行了回推,该结果可看成与实际天象一致。两种方法获得的验算结果见表 14.2。

表 14.2　P.4071 十一曜行度与《七曜攘灾决》和 DE404 计算结果的比较

P.4071		《七曜攘灾决》星历表		DE404	
十一曜	行　度	推算所得	符合度	推算所得	符合度
太阴	在　翼	—	—	女 1 度	不合
太阳	在角八度	角 9 度	+1 度	角 7 度	−1 度
木星	退危三度	留　危	合	退危 3 度	0 度
火星	在　轸	轸	合	轸 7 度	合
土星	在斗宿	斗 12 度	合	斗 13 度	合
金星	在角亢	轸角亢	合	轸 15 度	−4 度
水星	在轸顺行	轸角亢	合	轸 9 度	合
罗睺*	在　井	井 29 度	合	井 23 度	合
计都*	在牛三度	牛 3 度	0 度	斗 20 度	−6 度
月孛*	在危顺行	危 2 度	合	危 2 度	合
紫炁	在星宿	—	—	—	—

　＊唐末五代之际,罗睺、计都的含义发生了一次转变,在《七曜攘灾决》中罗睺是白道升交点,计都是月球轨道远地点,而在 P.4071 中罗睺是白道降交点,计都是白道升交点,并且引入了月孛作为月球轨道的远地点。③表中的有关推算按照上述定义进行。

　　上表中分别列出了根据《七曜攘灾决》星历表和 DE404 推算所得的十一曜行度与 P.4071 所记录的十一曜行度之间的符合度,能精确到度的,符合度一列给出了度数的差异;只给出宿名而没有具体度数的,若属

---

①　(日)薮内清:《关于唐曹士蔿的符天历》,(日本)《科学史研究》,78 号,1982 年,第 85 页。
②　M. Standish, et al.. Planetary and Lunar Ephemeris DE404. JPL/NASA.
③　钮卫星:《从"罗、计"到"四余":外来天文概念汉化之一例》,《上海交通大学学报(哲学社会科学版)》2010 年第 6 期,第 48—57 页。

于同一宿则记为"合"。《七曜攘灾决》没有给出月亮历表和紫炁的推算法(关于紫炁行度的推算,见本节下文讨论),故表中相关行度数据缺。

关于《七曜攘灾决》星历表的结构和用法等,参见相关文献的讨论,[①]这里强调一点,《七曜攘灾决》中的星历表被当时占星家用作工作手册,被循环往复地使用,其积累误差基本在目视观测可允许的范围内。[②]《七曜攘灾决》五星历表的历元是 794 年,罗睺、计都历表的历元是 806 年。公元 930 年离开这两个历元都不算遥远。事实上,根据现存《七曜攘灾决》星历表抄本中标注的日本年号,其频繁使用的年代是在 11 世纪和 12 世纪。

从表 14.2 可以看出,与可以代表真实天象的 DE404 推算结果相比,除了月亮和紫炁之外,P.4071 十一曜行度的符合度是相当好的,与《七曜攘灾决》星历表的推算结果符合度更高。这一点尤可从白道升交点的符合度看出:DE404 的推算结果与 P.4071 的记录相差 6°,而《七曜攘灾决》星历表的推算结果与 P.4071 记录正好相等。对《七曜攘灾决》中罗睺、计都历表的专门分析可知,《七曜攘灾决》罗睺(升交点)历表与正确值有一个最大达到 6 度左右的偏差。[③]以上结果意味着以下两点:第一,P.4071 这份星占书中所用来批命的十一曜行度是大致符合实际天象的,或者说当时的术士力求做到与实际天象相符。第二,当时术士们用来推算十一曜行度的星历表很可能就是《七曜攘灾决》中的星历表,或者与之同源。

这个源头很可能就是《符天历》。在《七曜攘灾决》中的罗睺历表中有这样一句说明:"元和元年丙戌入历。正月在轸,丁亥在翼。当日本大同元年,上元庚申后百四十七年。"元和元年即 806 年,"上元庚申"就是《符天历》的历元 660 年,两者之间首尾都算上正好是 147 年。薮内

---

① 钮卫星:《汉译佛经中所见数理天文学及其渊源——以〈七曜攘灾决〉天文表为中心》,中国科学院上海天文台学位论文,1993 年。

② 钮卫星、江晓原:《〈七曜攘灾决〉木星历表研究》,《中国科学院上海天文台年刊》1997 年第 18 期,第 241—249 页。

③ 钮卫星:《罗睺、计都天文学含义考源》,《天文学报》1994,35(3). 326—332。

清据此推断《七曜攘灾决》"出自《符天历》系统"。①而宋代陈振孙在《直斋书录解题》中记录道:"《罗计二隐曜立成历》一卷,称大中大夫曹士蒍,亦莫知何人,但云起元和元年入历。"②可见《符天历》的作者曹士蒍很可能编算过罗睺、计都历表,而《七曜攘灾决》在9世纪初成文时采用了这两份罗、计历表。史载曹士蒍于唐建中年间(780—783)编制《符天历》,到元和元年只有23年,所以完全有可能仍然在世。

关于月亮行度的巨大误差,目前无法解释。按照P.4071给出的月亮行度"在翼",属于室女宫,也就是该求卜者的身宫所在。③但按照当时的实际天象,月亮在女宿1度,属于摩羯宫。虽然编制精确的月历表在天文学史上一直是难题,但是满足推命需要的月亮行度推算还是不难做到的。例如,根据《星学大成》卷一"星曜吉凶图例"④给出的"约太阴行度法歌"⑤中"龙角季秋任游历",就是说九月初月在角宿(天秤宫);"五日两宫次第移",那么九日大约移四宫,可推得九月初九月在摩羯宫。前述两则日本星命书中,《续群书类丛》"宿曜运命勘录"中给出月亮在"尾四度九十三分",据DE404算得该日正午月亮在心3.6度,差约5.3度;六条有康氏"宿曜御运录"给出月亮在井宿六度,据DE404算得该日正午月亮在井宿10度,差4度。可见两则日本星命书对月亮行度的推算是相当准确的。

关于P.4071给出的紫炁行度,我们可以通过搞清它的确切定义和行度规律,找到某一个已知时刻的紫炁行度数值,来验算其精确度。元

①　(日)薮内清:《关于唐曹士蒍的符天历》,(日本)《科学史研究》,78号,1982.85。

②　[宋]陈振孙:《直斋书录解题》,卷十二,清武英殿聚珍版丛书本。

③　身宫是中国本土星占学家在所传入的西方十二宫生辰星占学基础上的重要发明,其重要性甚至被认为超过命宫。其定义即为出生时刻月亮所在之宫,如苏轼在其《东坡志林》中评韩愈《三星行》时说的"退之诗云'我生之辰,月宿直斗',乃知退之摩羯为身宫"就是使用了相同的身宫定义。

④　[明]万民英:"星曜吉凶图例"条,《星学大成》,卷一,清文渊阁四库全书本。

⑤　此约法全文为:"欲识太阴行度时,正月之节起于危。一日出行十三度,五日两宫次第移。二奎三胃四从毕,五井六柳张居七。八月翼宿以为初,龙角季秋任游历。十月房宿作元辰,建子箕星细寻觅。五月牵牛切要知,周天之度无差讹。此是太阴行度方,人命身宫从此得。"同样的歌诀还见于佚名的《袁天罡五星三命大全》等其他文献,应该是术士们比较熟知的常识。

代赵友钦在《革象新书》卷三"目轮分视"一节中对四余中的罗睺、计都、月孛三余的迟疾行度顺逆等作了比较详细的描述,但对紫炁,只是说"夫紫炁者,起于闰法,约二十八年而周天"。[1]在《星学大成》卷十九《三辰通载》中记载了"天乙紫炁星"的"总龟算法":"置积日,减一千二百八十八,以一万二百二十八大数除之,不尽者为残分,转一当十,以二百八十为一度,二十八为一分,次下除为秒,平行一日行三分五十七秒。"[2]可知紫炁运转一周天的时间为 10 288 天,合 28 年。此处的积日是指同书卷十四"木德岁星"的"总龟算法"中给出的 171 300。不难发现,从《符天历》的历元显庆五年正月雨水朔下推 171 300 日,正好得宋建炎三年正月辛酉雨水(1129 年 2 月 12 日),而《三辰通载》中"总龟算法"给出的十一曜行度计算法均以建炎三年正月雨水为形式上的历元,再加上或减去 1 日到一千多日不等的历元时刻修正,[3]可知此一算法与《符天历》有密切关系。

　　虽然我们可推知《三辰通载》中紫炁"总龟算法"的历元,但并不能从中得知该时刻紫炁的黄道位置。因此,本章又从《大明嘉靖十年辛卯岁四余躔度》获得了一个确切日期的紫炁行度值:辛卯岁正月十八日紫炁在斗十一度,[4]即 1531 年 2 月 4 日(儒略日序为 2 280 289.5)紫炁的黄经为 284.58°。据此可以推算得后唐长兴元年九月初九(930 年 10 月 3 日)紫炁行度在星 1 度,这与 P.4071 卷首给出的紫炁行度"在星宿"完全吻合。由此可见自从四余概念中的紫炁在唐宋之际被发明出来之后,[5]其定义和行度规律等相关知识,一直稳定地传承到了明代,其间并未发生变化。实际上,按照上述紫炁行度规律,还可以下推到康

---

　　① 　[元]赵友钦:《革象新书》卷三,《景印文渊阁四库全书》。

　　② 　[明]万民英:"三辰通载",《星学大成》,卷十九,清文渊阁四库全书本。

　　③ 　具体的历元修正为:木星减 74 日,火星加 222 日,土星减 264 日,金星加 376 日,水星加 81 日,太阳减 1 日,月亮减 2 日,紫炁减 1 288 日,月孛加 1 235 日,罗睺加 560 日,计都根据罗睺行度加半周天数而得。

　　④ 　[明]佚名:"大明嘉靖十年辛卯岁四余躔度",薄树人主编:《中国科学技术典籍通汇·天文卷》,第 1 册,郑州:河南教育出版社,1994 年,第 715 页。

　　⑤ 　钮卫星:《唐宋之际道教十一曜星神崇拜的起源和流行》,《世界宗教研究》2012 年第 1 期,第 85—95 页。

熙六年(1667 年)。据黄一农《社会天文学史十讲》所附康熙六年《七政
经纬躔度时宪历》影印图版，①康熙六年丁未岁正月初九(1667 年 2 月
1 日)紫炁在氐 14 度，根据上述紫炁行度推算得该日紫炁在氐 12.1 度，
与《时宪历》的结果还是相当接近的。

综上，P.4071 卷首给出的十一曜行度，除了月亮行度之外，都是符
合实际天象的，说明当时的术士很好地掌握了行星行度的推算，满足当
时星命术的基本要求。

14.3 P.4071"天运行年"中的行星行度

P.4071 第(6)部分"天运行年"给出了求卜者从一岁到六十岁的
"逐年"运程分析，但实际上在三十八岁前只给出了一、三、四、五、十五、
二十一、二十六和二十八岁的运程概述，三十九岁以后则逐年给出当年
的行年宫、部分行星行度和运程分析，例如："四十五，行年至巨蟹宫，火
星在摩竭宫，对照行年宫，木星照命宫，注先喜而后忧，必破财，口舌厄，
防备。"这里所谓的行年宫的轮转规则，可参见《灵台经》"行年灾福第十
二"中的定义："但以东出宫为首，一岁一移宫，直须过生日后，方可移
宫。常以行年宫，主言其吉凶。"②也就是说行年宫一年一换，更换的时
间节点是在生日，即"行年"不是历法年，而是两个生日所间隔的年。

《灵台经》中的"东出宫"也叫上升宫，在西方生辰星占学中被定义
为命宫。《西天聿斯经》中有更为明确的说法："但问生时日宿宫，加向
时辰回视东，天轮转出地轮上，卯上分明是命宫。"③就是说以出生时刻
东方地平线刚刚升起的黄道宫为命宫。但在 P.4071 中，从其"推五星
行度宫宿善恶"一节中提到的水星"生后三日入命宫"，可推知其以出生
时刻太阳所在的宫为命宫；卷首十一曜行度给出"水在轸顺行"，可推知
三日后水星顺行入角宿，而生时太阳正在角宿八度，即水星进入的是太

---

① 黄一农：《社会天文学史十讲》，上海：复旦大学出版社，2004 年，第 225 页。
② 佚名："灵台经"，《道藏》，第五册，上海：上海书店出版社，1988 年，第 28 页。
③ 佚名："西天聿斯经"，[明]万英民：《星学大成》，卷七，清文渊阁四库全书本。

阳所在的宫。同样的命宫定义也见《灵台经》:"《紫唐经》云,以太阳所生之宫宿为命宫。"①

在行年部分,对某些年份给出了某一颗或两颗行星的行度,经统计,共出现——按公转周期从长到短为序——土星行度资料 4 条,罗睺 3 条,计都 1 条,木星 12 条,火星 8 条,金星 6 条,水星 6 条,现将这些行度资料整理成表 14.3—14.8。值得注意的是 P.4071 行年部分没有出现紫炁和月孛的行度。

考虑到本章第二节所讨论的该部分命宫和身宫与卷首所给出的不一致,暗示该部分有可能为窜入的其他星命书内容。因此,为了分析该部分行星行度的精度,首先需要解决这些行度资料对应的实际年代问题。对此,需要充分挖掘行年资料中的内部信息。笔者注意到行年资料中除了行星行度之外,还出现了有关大运、小运的若干条资料:

五岁入丁亥运,注郁滞不利。

五十天运行年至人马宫,及大运在卯,小运亦于卯。

五十四天运行年至白羊宫,大运至辰上。

五十七天运行年至巨蟹,……(小)运至戌上,辰戌相冲必灾厄。

大运、小运的推算是被称作"子平术"的四柱八字算命术中的重要内容。P.4071 第一部分给出了求卜者生辰时刻,其中年柱、月柱和日柱在形式上已经完整,时柱则还未完整地以干支形式出现,只给出了时辰。可能此时"子平术"尚未形成体系或获得普及,但其时大运、小运的推算则已经比较流行了。在杜光庭《广成集》中可以读到 21 通醮词中出现了对大运或小运的推算,如卷八"川主令公南斗醮词"中有"大运在冲破之乡,小运当命墓之岁"②的说法。可知大运、小运的推算规则在唐末五代之际应该已经设计完成,并于晚些时候被纳入四柱八字算命术中。成书于宋代的《渊海子平》卷一中有所谓的"论起大运法"和"论

① 佚名:"灵台经",《道藏》,第 5 册,第 23 页。
② [五代]杜光庭:《广成集》,卷八,四部丛刊景明正统道藏本。

行小运法"。①在英国国家图书馆藏敦煌遗书 S.612《大宋太平兴国
(978)应天具注历日》"推小运知男女灾厄吉凶法"给出推小运的法则
"男一岁从丙寅顺行，女一岁从壬申逆数"②与《渊海子平》卷一"论行小
运法"完全一致。P.4071 星命书的占卜日期只比 S.612 所载具注历日
的年份早 4 年。因此我们可以比较安全地根据上述两种文献提供的规
则来解读 P.4071 行年部分的数条大运和小运资料。

从上述几条有关大运和小运的资料可以获得如下信息：(1)首个大
运的干支是丁亥；(2)起运岁数为 5 岁；(3)根据 50 岁大运在卯和 54 岁
大运在辰，可知其大运干支是顺数，求卜者为阳男或阴女，但据"身宫
日"部分"男贵，利父母""君子荣名满帝州，身宫所犯到天牛"等语，可断
定为阳男；(4)由五十小运在卯、五十七小运在戌，可知其符合"男一岁
起丙寅"的小运推算规则，即求卜者为男性；(5)根据首运丁亥和第3、4
条，可推得月柱为丙戌；(6)根据月柱的生成规则，由丙戌月可反推得年
柱天干为乙或庚，而求卜者为阳男，排除了阴年天干乙，故求卜者生年
天干为庚；(7)根据起运岁数的推算规则：生日距下一个月节的天数除
以 3 得起运岁数，天数"多一日，减一日；少一日，增一日"。丙戌月下一
个月丁亥月的月节为立冬，因此可推得该事主生日为立冬前 16、15 或
14 日，五代之际立冬在 11 月 2 日，因此该事主生日在 10 月 18、19 或
20 日。彼时太阳刚刚进入天蝎宫，与 P.4071 第四、五、六部分以天蝎
宫为命宫相符。

根据求卜者生年天干为庚，结合 P.4071 星命书的完成年代，可得
到求卜者可选的生年有：920 年庚辰、930 年庚寅、940 年庚子、950 年庚
戌、960 年庚戌、970 年庚午等年份。以这六个可能的生年为基础，可对
表 14.3—14.8 中的行星行度资料进行验算，以求得与这些资料最为符
合的出生年份。表 14.3—14.8 中的"合"是指从某一可能生年，如表
14.5 中的 930 年，算到对应的岁数，如表 14.5 中的 21 岁，行年资料给

① ［宋］徐升编著，李峰注释：《渊海子平》，海口：海南出版社，2002 年，第 80—84 页。
② 方广锠、（英）吴芳思主编：《英国国家图书馆藏敦煌遗书》，第 10 册，桂林：广西师范
大学出版社，2011 年，第 184 页。

出的该岁天象"木星退命宫"与实际对应的年份 950 年 10 月到 951 年 9 月的木星天象(据 DE404 算得)相符合。反之则称"不合"。

表 14.3 P.4071"天运行年"部分的土星行度资料

岁数	行年宫	土星行度资料	所在宫宿	所合出生年份					
				920	930	940	950	960	970
26	人马宫	土星守房宿	天蝎宫房宿	不合	不合	不合	不合	不合	不合
42	白羊宫	土星照行年宫	白羊宫	不合	不合	不合	不合	不合	不合
54	白羊宫	土星入身宫	金牛宫	不合	不合	不合	不合	不合	不合
55	金牛宫	行年至天牛宫,土星直至十一月出也	金牛宫	不合	不合	不合	不合	不合	不合
符 合 率				0%	0%	0%	0%	0%	0%

行星出现在某一宫或宿中,是一种周期性天象。要在一个固定的时间段譬如 60 年内,确定周期性天象出现的年份,那么周期越长,该天象出现的次数越少,确定唯一年份的效率就越高。从这个角度来说,在本章处理的 P.4071 行年资料中的土星天象最有利于年份的确定。土星在黄道十二宫中运行一周的时间为 29.46 年,在 60 年内最多三次出现在同一黄道宫中。然而从表 14.3 可知,从 6 个可能的生年算起,4 个岁数对应的土星天象都不能与实际天象相符合。

如果抛开庚年这个约束条件不论,那么在批命实施日期(975 年 1 月 25 日)的制约下,表 14.3 中的土星天象可以出现的最大年代范围在 915 年到 1035 年之间。通过 DE404 推算,不难得到"26 岁土星守房宿"天象出现的可能且合理的时间段只有 954 年 11 月到 955 年 10 月和 984 年 1 月到 984 年 11 月,对应的可能出生年份为 929 年或 958 年。同理,根据"42 岁土星照白羊宫"可求得可能出生年份为 926 年或 956 年。54 岁土星入金牛宫,直到 55 岁 11 月出金牛宫,这实际上是一次天象,对应的可能生年为 916 年或 946 年。可见,通过行年资料中的三次土星入黄道宫天象不能求得一个统一的出生年份。

以上三次土星天象之间的这种内在的不自洽说明这几条土星天象很可能在抄写时被归在错误的岁数之下,或者甚至是出自术士的杜撰,因此无法根据它们来确定求卜者的生年。

表 14.4　P.4071"天运行年"部分的罗睺、计都行度资料

岁数	行年宫	罗睺、计都行度资料	所在宫宿	所合出生年份					
				920	930	940	950	960	970
39	摩羯宫	罗睺照命宫	天蝎宫	不合	不合	不合	不合	合	不合
43	金牛宫	天运行年至身宫，有计都照	金牛宫	不合	不合	不合	不合	不合	不合
46	狮子宫	罗睺到身(宫)	金牛宫	不合	不合	不合	不合	不合	不合
51	摩羯宫	罗睺星入身宫	金牛宫	合	不合	不合	不合	不合	不合
符合率				25%	0%	0%	0%	25%	0%

罗睺和计都运行一周天的周期为 18.6 年,在 60 年里最多 4 次出现在同一个黄道宫中。从表 14.4 可知,罗睺和计都行度资料与 6 个庚年作为出生年份的符合率也相当低。同样,即使抛开庚年这个约束条件不论,通过简单的分析,也可知 P.4071 行年部分的四条罗睺、计都行度资料相互之间是不能自洽的。罗睺 1 年行 $19.35°$,计都与罗睺差 $180°$,43 岁计都照金牛宫意味着罗睺照天蝎宫。以 39 岁罗睺在天蝎宫为起算点,4 年后的 43 岁罗睺退行了 $77.41°$,不可能再在天蝎宫;7 年后的 46 岁罗睺退行了 $135.45°$,到双子宫,未到金牛宫;12 年后的 51 岁,罗睺退行了 $232.2°$,进入双鱼宫,也不在金牛宫。而 46 岁和 51 岁间隔才 6 年,罗睺不可能两次入金牛宫。可见 P.4071 行年部分的罗睺、计都行年资料也有某种内在的缺陷,难以用来确定求卜者的生年。

表 14.5　P.4071"天运行年"部分的木星行度资料

岁数	行年宫	木星行度资料	所在宫宿	所合出生年份					
				920	930	940	950	960	970
21	巨蟹宫	木星退命宫	天蝎宫	不合	合	不合	不合	不合	不合
39	摩羯宫	木星照身宫	金牛宫	不合	合	不合	不合	不合	不合
42	白羊宫	木星照命宫	天蝎宫	不合	不合	不合	不合	不合	不合
44	双子宫	木星照行年位	双子宫	不合	不合	不合	合	不合	不合

岁数	行年宫	木星行度资料	所在宫宿	所合出生年份					
				920	930	940	950	960	970
45	巨蟹宫	木星照命宫	天蝎宫	不合	合	不合	不合	不合	不合
47	室女宫	木守命宫	天蝎宫	不合	不合	合	不合	不合	不合
49	天蝎宫	木星照财帛宫	人马宫	不合	不合	不合	合	不合	不合
50	人马宫	木到天牛宫	金牛宫	不合	合	不合	不合	不合	不合
56	双子宫	行年至阴阳宫,水木二星居在此宫,守四十日退。	双子宫	不合	不合	不合	合	不合	不合
57	巨蟹宫	木傍照行年宫	巨蟹宫	不合	不合	不合	合	不合	不合
58	狮子宫	木星入行年宫	狮子宫	不合	不合	不合	合	不合	不合
60	天秤宫	木守角宿本度	天秤宫角宿	不合	不合	不合	合	不合	不合
符 合 率				0%	33%	8%	50%	0%	0%

木星的公转周期为 11.86 年,在 60 年内有最多 6 次进入同一个黄道宫,据此也能够比较高效地确定某一木星天象所处的年份。然而,表 14.5 中 12 条木星在某黄道宫的资料,4 条对应的生年为 930 年,1 条对应 940 年,6 条对应 950 年。可见 P.4071"天运行年"部分的 12 条木星行度资料相互之间也不能完全自洽地指向一个统一的出生年份。其中符合 930 年出生的都是木星在命宫和身宫的天象,符合 950 年出生的大多是木星在行年宫的天象,而行年宫的确定是以天蝎宫为命宫作为前提的。

表 14.6 P.4071"天运行年"部分的火星行度资料

岁数	行年宫	火星行度资料	所在宫宿	所合出生年份					
				920	930	940	950	960	970
21	巨蟹宫	火星照身宫	金牛宫	合	不合	不合	合	合	不合
28	宝瓶宫	火星入身宫	金牛宫	合	合	不合	不合	合	不合
40	宝瓶宫	火星照财帛宫	人马宫	不合	合	合	合	不合	合

岁数	行年宫	火星行度资料	所在宫宿	所合出生年份					
				920	930	940	950	960	970
41	双鱼宫	金星及火星照身命	天蝎宫	合	合	不合	合	合	不合
45	巨蟹宫	火星在摩羯宫	摩羯宫	合	合	不合	合	合	不合
48	天秤宫	火星十一月入身宫	金牛宫	不合	不合	不合	合	不合	不合
55	金牛宫	行年至天牛宫,火星在四月入	金牛宫	合	合	不合	合	合	不合
58	狮子宫	火星七月入命宫房宿	天蝎宫房宿	不合	合	不合	不合	合	不合
符 合 率				62.5%	50%	12.5%	75%	50%	12.5%

火星经 1.88 年后回到同一个黄道宫,60 年内同一种天象会比较频繁地重复出现。从表 14.6 可知,P.4071"天运行年"部分的 8 条火星行度资料对 950 年为生年有 75% 的符合率,对 920 年有 62.5% 的符合率,对 930 年和 960 年有 50% 的符合率。

表 14.7 P.4071"天运行年"部分的金星行度资料

岁数	行年宫	金星行度资料	所在宫宿	所合出生年份					
				920	930	940	950	960	970
41	双鱼宫	金星及火星照身命	金牛宫	伏	合	合	合	伏	合
44	双子宫	金照身宫	金牛宫	合	合	合	合	合	合
47	室女宫	金水二星五月入双女宫	室女宫	不合	不合	不合	不合	不合	不合
51	摩羯宫	八月节金入行年宫	摩羯宫	不合	不合	不合	不合	不合	不合
53	双鱼宫	行年至双鱼宫,金星三月入宫	双鱼宫	合	不合	不合	合	合	不合
59	室女宫	金星天蝎宫十六日	天蝎宫	伏	合	不合	伏	伏	合
符 合 率				33%	50%	33%	67%	33%	50%

表 14.8　P.4071"天运行年"部分的水星行度资料

岁数	行年宫	水星行度资料	所在宫宿	所合出生年份					
				920	930	940	950	960	970
44	双子宫	金照身宫,水照注合大改喜庆,入八月节此运反灾	金牛宫	合	合	合	合	合	合
46	狮子宫	水星照行年宫	狮子宫	合	合	合	合	合	合
47	室女宫	金水二星五月入双女宫	室女宫	不合	不合	不合	不合	不合	不合
52	宝瓶宫	运行年至宝瓶宫,水星五月入宫	宝瓶宫	不合	不合	不合	不合	不合	不合
56	双子宫	行年至阴阳宫,水木二星居在此宫,守四十日退。	双子宫	不合	不合	不合	不合	不合	不合
59	室女宫	行年到双女宫,七月水星照宫	室女宫	不合	不合	合	合	不合	合
符　合　率				33%	33%	50%	50%	33%	50%

在地球上观察,金星和水星一年之内大致能行遍黄道十二宫,因此不能利用金星或水星在黄道某宫来确定该天象的年份。但如果注明是某月金星或水星入某宫,对所符合的年份能起到一定的筛选作用。但是由于金水二星紧随太阳左右,所以在某些月份它们是不可能出现在某些黄道宫的。如表 14.7、表 14.8 中"金水二星五月入双女宫""八月节金入摩羯宫""水星五月入宝瓶宫"等,是不可能出现的。关于这三条天象,要么出自算命术士的虚构,要么在传抄过程中写错了月份。从 P.4071"天运行年"部分的金星行度资料看,对 950 年为生年有 67% 的符合率,对 930 年和 970 年有 50% 的符合率。从 P.4071"天运行年"部分的水星行度资料看,对 940 年、950 年和 970 年都有 50% 的符合率,其余都是 33% 的符合率。

综合以上所有推算结果,P.4071 行年部分行星行度资料与求卜者可能生年之间总符合率从高到低依次为 950 年(40.3%)、930 年(27.7%)、920 年(25.6%)、960 年(23.5%)、970 年(18.8%)、940 年(17.3%)。

综上，从 P.4071"天运行年"部分的"大运""小运"资料可分析得出，该部分的行年资料很可能对应于一位出生于庚年的求卜者，该庚年应为 974 年之前的 6 个庚年中的一年。该部分的行星行度资料与实际天象的符合率较低，若从统计角度看，最符合的年份为 950 年。即该部分行年资料以及第三、四、五部分内容较有可能属于一位生于 950 年 10 月 18、19 或 20 日的求卜者。

14.4   P.4071 反映的中外星命学融合

经过本章上述分析和讨论，在此可得到如下五点结论：

1. P.4071 卷首给出的十一曜行度（除月亮外）的位置精度是相当好的，显示出五代和北宋初期算命术士对行星位置推算的精确掌握；该时期算命术士所掌握的行星位置推算能力基本上与《符天历》的流行有关，并且很可能使用了《七曜攘灾决》中的或类似的星历表。

2. P.4071 给出了四余中紫炁一曜迄今所知的最早行度值，该行度值证明紫炁的定义和推算从五代时期获得定型之后一直延续到明清之际没有改变。

3. P.4071 展示了四柱八字算命体系普遍流行之前的过渡形式，即出现了年柱、月柱和日柱，时辰还只用地支表示，而 P.4071 行年部分对大运、小运的推算表明，在四柱八字体系全面成型之前，对大运、小运的推算已经形成为后世沿用的确定法则。

4. P.4071 行年部分的行星和罗睺、计都行度有不自洽和不符合实际天象的情况，这有可能是在抄写该件时写错了年份、月份或窜入了其他星命书的内容。

5. P.4071 展示了多方面的证据表明，外来星命术在中国本土得到了某种程度的改造，这种改造也使得中国本土星命术在某些方面与在五代之际东传日本的星命术之间产生了差异，如前者用十一曜，后者沿用九曜。

关于外来星命学在中晚唐时期传入中国并被消化、吸收的过程，在此再稍加讨论。P.4071 中的星命学可追溯至古巴比伦,其主要特征是按照出生时刻日、月、五星(七曜)在黄道十二宫中的位置来预测人的命运。[①]这种星命学传入印度之后,在七曜基础上增加了罗睺、计都变成九曜,而印度星宿也被用来与黄道十二宫搭配使用,并导致印度星宿体系距度的均分化。[②]经印度改造的这种西方星命学在中唐时期传入中国,并在中国应该流行过一段时间,印度星宿被替换成中国二十八宿,其间此种星命学传入日本,并一直使用九曜。在中国本土,大概在五代时期,九曜又演变为十一曜,其中还发生了罗睺、计都含义的反转,并与中国传统星占学中的分野理论结合了起来。特别是在中国本土创造了"身宫"这个概念,其重要性甚至超过命宫。在实际操作中命宫的定义也从"上升宫"转换成"太阳宫"。这些改造和转变在 P.4071 中都有很清晰的证据。其他西方星命学中的基本概念,如 12 命位、三方主、上升宫(卯上宫)、所引述的《聿斯经》中的子、午、卯、酉"四极"等,在 P.4071 中也都有提及。总之,P.4071 是一份充分展示了外来特征与本土特色相结合的星命书。另外还值得在此一提的是,这种西方星命学的来华途径除了印度之外,还有可能存在一条直接传自伊朗—波斯文化的途径,[③]P.4071 的作者康遵被一些学者认为是粟特人后裔,[④]或直接被认为是康国(撒马尔罕)人。[⑤]

最后,P.4071 以敦煌遗书的形式被保存下来,很可能是人们出自某种祈福攘灾的目的而将之抄写、供养起来——紧接着星命书之后抄写的《大佛顶如来顶髻白盖陀罗尼神咒》应是出于同样目的,抄写者很

---

① Roger Beck, *A Brief History of Ancient Astrology* [M]. Malden, MA 02148, USA: Blackwell Publishing, 2007. 9—37.

② 钮卫星:《西望梵天:汉译佛经中的天文学源流》,上海:上海交通大学出版社,2004年,第 64—70 页。

③ Ho Peng Yoke(何丙郁). *Chinese Mathematical Astrology: Reaching out to the Stars* [M]. London: Routledge Curzon, 2003. 71.

④ 荣新江:《敦煌归义军曹氏统治者为粟特后裔说》,《历史研究》2001 年第 1 期,第 65—72 页。

⑤ 陈于柱:《从敦煌占卜文书看晚唐五代敦煌占卜与佛教的对话交融》,《敦煌学辑刊》2005 年第 2 期,第 31 页。

可能并非专业的算命术士，因此使得该件星命书一方面有与实际天象精确吻合的十一曜行度资料（卷首部分），也有抄本内部各部分之间的矛盾、不自洽，以及行年部分行星行度资料与实际天象之间出现的较大不符合率。这是因为在星命推算层面，精确的、与实际相符合的天象是此种外来星命学的基本需求；然而在供养层面，正如该件星命书第十部分"题词"所强调的"若人算得，定其灾福，切须仰重"，更重视其神圣性。

附：法藏敦煌文献 Pel.chin.4071 星占书①

符②天十一曜，见生庚寅丙戌月己巳日房日兔③申时生，得太阴星，见生三方主金火月。

剋④数

昼剋数得四十八。夜剋数，申时酉前得太阴星在命宫，夜五十二。积日得二万二千七十三日，实况日得一万五千八百七十三日。

太阴在翌⑤，照双女宫⑥，楚分荆州分野。

太阳在角八度，照天秤宫，郑分兖州分野。

木星退危三度，照宝瓶宫，齐分青州分野。

火星在轸，照双女宫，楚分荆州分野。

土星在斗宿，照摩竭宫⑦，吴越扬州分野。

金星在角亢，次疾，改照天秤宫，郑分兖州分野。

水在轸顺行，改照双女宫，楚分荆州分野。

罗睺在井，照巨蟹，秦分雍州分野。

---

① 上海古籍出版社、法国国家图书馆编：《法国国家图书馆藏敦煌西域文献》，第31册，上海：上海古籍出版社，2005年，第75—78页。

② "苻"通"符"。

③ 兔字原文作"兔"。

④ "剋"同"尅"，通"刻"。

⑤ "翌"通"翼"。

⑥ 即室女宫。

⑦ 即摩羯宫。

计都在牛三度,照摩竭宫,吴越扬州分野。

月勃在危顺行,改照宝瓶宫,齐分青州分野。

紫炁在星宿,照师子宫①,周分洛州分野。

推五星行度宫宿善恶

土在本宫,白日生,多温和,下心于人。若夜生,多难,足病。若在本度,亦然。

木在土宫,在家贫,外即富足智,每事惬众意,多调谏,皆相爱,敬有财。

火在水度,一生多施恩惠,行善却反为恶。若在宫中,水火相见,其人内行不全,有差别。

【原文此处涂去一行:日在木度,常欢乐,所营之事皆遂,贵人重,足财有膳。】

日在木度,合得本州刺②史,多金宝,亦子孙。

金在木度,常欢乐,所营之事皆遂,贵人重,足财有膳。

水在本度,常乐,能讲论,足财,有名誉,最得贵人重,或掌纶言,因此益财,好施惠。若为俗者,却因女人有忧。

又曰,案《聿厣经》云:水居双女最为灵,生时一个临强处,即为豪富处王庭。命宫后守天秤宫,生后三日入命宫。金顺又照福何虑,生后三日加临富,必是遭逢见遇人,旧禄重迁更新取。

十一曜见生图   有图

土水合号有孛禄,智惠③多端好翻覆,岁火同宫主贵权,为事心中多敏速。

命宫日

氐房宿中生者,是天蝎宫,为人性懦善,爱道术,慕出家,心宽,一生富乐,宜朋友结交于信,善恶一生自如。有容仪,头上必有奇骨。中平,后身合为公侯王。六亲在公吉,在私平。小年多患小厄,纵有转祸为

---

① 即狮子宫。

② "剌"通"刺"。

③ "惠"通"慧"。

福，亦有三千石禄。敬师僧，好修道，爱水竹园林，修补院舍。有济四方，无所恡①惜。妨弟妹，宜鞍马、奴婢。行年忌卯上，修福，寿命八十四，无厄。背后及两肋肋左、面部合有黑厣②子。多一行云，二品禄即恐非命。若在官及僧道，吉；若在私者，必防外族。合有水厄，遵奉公道，爱客是人情。

又云：此宫生者，性急坚贞，快断雄猛，气盖方罡。天命有中年之禄，多自官门品王，不然则艺孝③而昌。

又曰：值此宫见生，注合身分居职位，烈王门，或在外而殊荣，或他邦而高贵。白日生禄必晚成。

歌曰：此宫多勇猛，意躰④爱过人，富贵应难比，水火厄灾运。

身宫日

身宫者亦名天牛宫，值此宫见生者，定居官，必有超升。不然负艺求食，不然居官受禄，心怀大量，气盖方罡，为人有猛烈之心；处世有超群出众。男贵，利父母。白日申时，财多散失，一生异成异破。

歌曰：君子荣名满帝州，身宫所犯到天牛，合注贵人接引，又能词貌美风流。

又云：此中见生者，又遇华盖，配官为将军。墓煞者，天之贵神也，内含慈惠之恩，外怀养育之气。常居四季，包万物之情。此中生者，太⑤唐台鼎，武烈旌幡。为将者，勋业异常；为文者，有华邃远振，亦有居输麾转，名烈金门，田鼓瑟于云鹤；善究玄岳于风角；有超海内之因缘，有扁鹊之能，誉播关庭，全自景纯之德。凡人见遇，飒朱紫于斑。行异性洁，惟致有腾于风沼。亦有居僧道观，或处艺术，能为官无煞活之权，主当者非津粮之地。亦有羁孤贫贱，妨害尊亲，上无升云之道，下无进身之因。或即幸■君子，性好虚危，为人无中信之言。在乡间者多饶

---

① "恡"同"吝"。
② "厣"应为"靥"字。
③ "孝"同"学"。
④ "躰"同"体"。
⑤ "太"疑应为"大"。

灾厄。有云，墓中生人主长寿，鬼不取墓中人。若运至此舍，迁官改职，除节副之荣，不尔枢密之贵。亦有僧道替冠，艺术寄人，或武或文，成名于教法之中，荣朱紫以光亲戚。亦有阴私口舌，疾病亡遗，或妨害于尊亲，亦隔别于兄弟，钱财堕㿉，物产分张。君子运至传受法术之贵。

歌曰：若人宫宿在此中，庶人得遇艺皆通，君子见之必富贵，此人德重鬼神钦。

当生时，在母胎中亦犯天罗。三岁上必有大难，或水厄，或火灾，或骨肉死亡，或患难。至四岁合有疮痍之厄。五岁入丁亥运，注郁滞不利。至十五运数渐渐吉也。直至①廿一福德平平。

廿一木星退命官，又见火星照身官，其年必有人离损伤死亡必有厄难，得十一月后渐渐吉也，至廿二。及至廿六，土星守房宿，注运数郁滞不利，直至廿七四月退也。廿八有第二主火星入身官，其年出行求财大吉，在家亦有喜。至卅八后来运数渐渐百事通达，大吉。卅八以上纵有灾殃，还可。

卅九木星照身官，罗睺照命官，注先忧而后喜，谋口舌。

四十运至卯上星，辰为命官，火星照财帛官，必有小厄，身心不定。

四十一此运金星及火星照身命，其年必有骨肉离析，财物分张，远行出入平平。

四十二天运行年至白羊官，土星照行年官，木星照命官。其年六月小小灾衰，得八月节渐渐喜。

四十三天运行年至身官，其年福德财帛平平，有计都照，恐贼人损财事。

四十四行年阴阳②，木星照行年位，金照身官，水照注合大改喜庆，入八月节此运反灾。

四十五行年至巨蟹官，火星在摩竭官，对照行年官，木星照命官，注先喜而后忧，必破财，口舌厄，防备。

---

① "至"原文作"志"。
② "阳"原文为"杨"，疑与"陽"形近误。

四十六行年至师子宫，水星照行年宫，罗睺到身，注郁【闷】破财，出行更改运，动吉。

四十七木守命宫，天运行双女宫，金水二星五月入双女宫，重人处见喜。何以知之？金星是第一主，水星到此宫，必见文书王。此宫后八月节却有小小灾厄。

四十八天运行年至天秤宫，火星十一月入身宫，注损财帛及六畜，死即免也。

四十九天运行年至命宫，木星照财帛宫，注求财吉，凡事通达大吉。

五十天运行年至人马宫，及大运在卯，小运亦于卯，上其年注大灾，木到天牛宫合免其灾祸作福。

五十一天运行至摩竭宫，罗睺星入身宫，其年亦注郁闷破财，得八月节金入行年宫，即喜也。

五十二天运行年至宝瓶宫，水星五月入宫，注六十日内喜，或有官人知见，或财帛至。水星元是德星。

五十三天运行年至双鱼宫，金星三月入宫，王在室星，合得重喜，住一十三日出，凡人号太白是也。

五十四天运行年至白羊宫，土星入身宫，主注福德自如。凡财帛亦滞多饶郁闷，恐有患厄缘。大运至辰上，长作济惠福德，吉。

五十五行年至天牛宫，火星在四月入，注小小口舌，不亦为事。具年若水火惊，即免。土星直至十一月出也。

五十六行年至阴阳宫，主出入求财，更改求事，所作得成，缘水木二星居在此宫，守四十日退。

五十七天运行年至巨蟹，木傍照行年宫，缘运至戌上，辰戌相冲必灾厄，得木照合免。

五十八天运行年至师子宫，火星七月入命宫房宿，又木星入行年宫，身分喜庆大吉。

五十九行年到双女宫，七月水星照宫，最胜大吉，金星天蝎宫十六日亦注喜、大吉。

六十天运行年至天秤宫，太阳在天秤宫，又木守角宿本度，福德平平。

推鞍马有分

案驿马见《五星经》云：对背安马六畜，如养者不成就，必有非分生财破损。

歌曰：驿马见王及莘盖，上将道士师僧会，君子仕官位烈斑，庶人孝艺他乡外。

推子弟男女

案见《五星经》云：男女官三合，位方上纵，必无恩义之心，久后子弟只得一人力。

歌曰：生时只为三合方，子弟易见不为良，纵有直须勾七子，无义终日走他乡。

推田宅

案《聿斯经》云：子、午、卯、酉，号曰四极，虽田宅有分，当生时月勃在此中①，必不久。

歌曰：四季生人占田宅，月孛行度到其中，只合游山孝道术，若求官禄福偏隆。

右谨课见生其文，历算玄文上有廿八宿、十一曜行度、十二祇神、九宫八卦、十二分野，揔在其中。若人算得，定其灾福，切须仰重。谨具课文，伏惟

高鉴

谨状

开宝七年十二月十一日灵州大都督府白衣术士康遵课

---

① 前文十一曜行度给出月孛在宝瓶宫。若天蝎宫为命宫，宝瓶宫即为田宅宫。命宫与田宅宫构成四极构形。

15. 结论和余论：中古时期的外来天文学知识及其本土影响

　　世界各古代文明都发展起了各具特色的天文学，古代天文学作为古代文化的重要组成部分也在不同的古代文明之间进行着交流和传播。美国天文学史家大卫·平格里曾经说道："上千年来，科学知识从一种文化传播到另一种文化，并被消化吸收变成某种新的形态，这是简单的历史事实。这在我所研究的古代天文学和星占学中尤其显而易见。古代天文—星占学这棵大树的主根深埋在美索不达米亚的沙漠中，它的副根深植于埃及和中国，它的旁枝又从巴比伦出发延伸到埃及、希腊、叙利亚、伊朗、印度和中国，嫁接到不同文明各自的文化树干之上，长出不同的树叶和嫩芽，开出不同的花朵。"①本书正是在平格里勾勒的这样一个东西天文—星占文化交流的大视野下开展的天文学文献整理和天文学史交流与比较研究。

　　本书在所掌握的大量史料基础上，详细考察和论证了古代域外来华的天文学知识，及其与中国本土天文学的相互作用。通过这项研究，无疑也有助于了解中国古代文明在世界文明史上的地位，并有力地证明了中华民族自古以来一直是以博大的胸怀兼收并蓄各种优秀的外来文化的——自信、开放、兼容是中华民族固有的品质。

　　本书也为古代中外文化交流提供了具体、详细的个案，在天文学史范围之外也具有它的意义。本项研究以古代中外天文学交流为窗口，

---

① David Pingree, Hellenophilia versus the History of Science, *Isis*, Vol. 83, No. 4, 1992, p.563.

展示了一幅古代中外科学文化交流的盛况，从这些具体的事例中我们很容易看到人类文明自古以来都不是在孤立、封闭的状态下生长、发展起来的。

结束本书之际，在此对全书研究所得具体结论作一总结，通过这些结论来展示一幅以佛道二藏为重要媒介的视野开阔、细节丰富的中外天文—星占交流传播的历史图景。

15.1 结论

15.1.1 域外天文学知识沿"丝绸之路"传入中国

本项研究表明古代域外天文学知识的东传路径与古代"丝绸之路"重合，说明这条重要的古代商贸之路同时也是重要的知识传播之路，其中古代中印之间以佛教为传播中介发生了较为充分的天文—星占学知识交流。

表 15.1　四种《高僧传》所记经陆路和海路往来中印求法事例的数量对比

文 献 出 处	陆 路	海 路	总 数
[梁]慧皎《高僧传》	42	12	54
[唐]道宣《续高僧传》	19	5	24
[唐]义净《大唐西域求法高僧传》	20	30	50
[宋]赞宁《宋高僧传》	21	9	30
合计（占比）	102(64.6%)	56(35.4%)	158

佛教沿陆路和海路传播到中国，从四种《高僧传》的记载可知，沿陆路而来的佛教徒数量较多，本书第 7 章对《时非时经》的分析表明，沿陆路传播的印度天文学知识在传播过程中在印度西北和古代中国西域地区有发生中转、停留的情况。第 14 章对 P.4071 的研究表明该件星命书的落款人康遵很可能是一位粟特术士，其本人或其先人应直接来自中亚地区。

沿海路传播而来的天文学知识也不在少数，如真谛所译的《阿毗达磨俱舍释论》①《立世阿毗昙论》②中所论及的四大洲、八山七海、日光径度、天地结构的有关数据，关于日月运行的定量描述，闰月的设置理由，日月运动理论等，达到了较高的水平。南朝宋文帝时期高僧慧严以所掌握的印度天文学知识驳倒了以博闻著名的何承天，后来从"婆利国"来人，其所掌握的印度天文知识与慧严所掌握的印度天文知识相同，文帝命令任豫跟他学习。③"婆利国"即今加里曼丹岛，是印度经海路到中国的中转之地。最近的一些研究表明，沿海路而来的域外天文学知识有可能先登陆中国南方地区并在那里传播。④

15.1.2 佛藏和道藏中保存了丰富的域外天文学知识

沿丝路东传的天文学知识最后沉淀在各种古代典籍和文献之中，其中佛藏和道藏就是这样一种保存域外天文学知识的重要载体。本书第2章和第3章全面地考察了佛藏和道藏中天文历法资料的分类、分布和保存情况，其内容涉及宇宙学知识、行星运动理论、日月交食、时节和历法等各个方面。虽然这些天文学资料在内容的广度和深度方面有一定的局限性，但总体上来说是可靠的，反映了当时主流天文学的水平。

本书第4章对佛藏中的外来宇宙学说进行了解读并与中国本土宇宙学说作了比较研究。佛藏中的宇宙学说可分为"世界的形成"和"世界的结构"两个部分，其内容属于比较古老的印度本土宇宙学，并与佛教的世界观相匹配。尽管比较古老，但这种"须弥山宇宙模型"也有一定的解释力，对昼夜变化、白日长度的周年变化、日出方位的周年变化、寒暑变化等，都能给出自洽的解释。特别的是，此章将佛藏中的宇宙模型与中国古代《周髀算经》中的盖天宇宙模型加以比较后发

---

① 婆薮盘豆造，真谛译：《阿毗达磨俱舍释论》(22卷)，卷八、九。
② 真谛译：《立世阿毗昙论》(10卷)，卷五、六。
③ 慧皎撰：《高僧传》卷七。
④ 王煜、王欢：《三国时期吴地黄道十二宫图像试探》，《考古与文物》2017年第4期。

现，二者在许多方面相似。这就提出了这两种宇宙模型是否有互相影响或有共同起源可能性的问题，当然，目前对这个问题还未能有确切的回答。

道藏中反映的宇宙学说为中国古代的浑天说，这是可以理解的。从道教始祖老子的《道德经》到张衡的《灵宪》，对宇宙创生的描述是一脉相承的，像《太上洞玄灵宝无量度人上品妙经注》等道经中对浑天说的描述与当时浑天家的理解一般无二，而在像《度人经》等道经中出现的三十二天、三十六天等说法，则很可能是对佛教三界（欲界、色界、无色界）诸天的模仿。

本书第5章对佛藏中保存的外来星宿体系进行了研究并与中国本土星宿体系作了比较。印度和中国古代都有星宿体系，这二者之间的相似性早就引起学者的关注，但它们之间谁早谁晚、谁影响谁，或是否有共同的起源等问题，仍旧缺乏足够的证据来给出答案。从佛藏中对印度星宿体系的介绍可知，其在星宿名称、星宿数目、首宿、每宿星数、每宿宽度等方面都有自己的特点。特别的是，印度以星宿值日的做法被道教术士吸收发展成《二十八宿旁通历》，这一点在本书第8章中给出了证明。

本书第6章对佛藏中的行星运动知识特别是《七曜攘灾决》中的行星历表进行了详细考察，分析了《七曜攘灾决》中数理天文表的精度，追溯了相关天文知识的源头，并揭示了这些数理天文表作为占星手册的使用情况。这一研究表明，佛藏中的行星天文学知识达到了较高的数理天文学水平。这些天文学知识的源头还可追溯到希腊、巴比伦，又经印度人之手在中国编撰成实用天文表，传播到日本并被保存下来。所以这一例子又充分展示了天文学知识在古代世界不同文明之间传播的情形。

本书其他章节的讨论也都涉及佛藏和道藏中保存的专门天文学知识，在本章以下各节总结本书各结论要点时将分别加以概括，在本节中不再赘述。

15.1.3 佛藏和道藏中的天文学知识大多以与星占学相结合的方式 得到保存

天文学作为一门现代意义上的学科是近代科学革命以后的事情。天文学与星占学在古代知识体系中像硬币的两面,是一体的。不说托勒密既写作了数理天文学巨著《至大论》,又撰写了影响深远的星占学名著《四书》,就是哥白尼、开普勒这样的天文学家,也从事星占学的实践。因此,保存在佛藏和道藏中的天文学知识是以与星占学深度结合的方式呈现,是一点不奇怪的。

严格的宗教仪式举行时间的确定,根据出生时刻天体的分布预测个人的命运,这些都对精密的数理天文学提出了要求。因此星占学实践的需要也是推动天文学进步的动力。本书第 6 章讨论的《七曜攘灾决》中的数理天文表就是这种需求的产物。第 14 章分析了敦煌文献星命书 P.4071 中十一曜行度的精度,发现其背后也有高超的数理天文学在支撑。

《宿曜经》是传播印度星占学的重要文献,其东传到日本之后,形成了日本重要的星占流派"宿曜道"。本书第 8 章以《宿曜经》为例对佛藏中的外来星命学进行了分析和讨论,并复原了《宿曜经》中的宿值历表,确认其为《道藏》二十八宿旁通历的源头,从而揭示了外来星命学渗透到本土星占学实践中去的一种方式。本书第 9 章则以《灵台经》为中心对道藏中的外来星命学进行了讨论,其中的星占概念和星占体系可追溯到托勒密的《四书》等西方源头,其行星位置的推算、与黄道十二宫的配位等,都需要以数理天文学为基础。

15.1.4 佛藏和道藏中的天文学知识展示了充分的实用性和实践性

佛藏和道藏中的天文学知识还展示了充分的实用性和实践性。本书第 7 章对《时非时经》的讨论即展示了这样一种天文知识的实用性。佛教徒的"过午不食"戒律能够得到遵守的前提是需要准确确定正午时刻。《时非时经》提供了一份"时食"和"非时食"的影长数据表,以简便实用的方式为遵守"过午不食"戒律提供技术支持。本书对这份影长数据表的分析还进一步揭示了其作为天文学传播证据的意义。

　　本书第11章以杜光庭《广成集》醮词中所记载的占卜活动为例讨论了唐末五代时期道教的星命术实践活动。杜光庭所实践的道教星命术融合了本土占卜术和外来星命学，在其所撰写的大量醮词中所展现出来的这种道教星命术实践虽然还难以看出完整的体系，但可以确定其部分星占项目——如"月孛行于井宿"等——的实现是以某种实用天文表为前提的，而九宫贵神、太一十神等更为符号化的星神轮值的推算则涉及一般的数学计算。从《广成集》反映的情况来看，这种以祈福攘灾为目的的道教星命术实践活动在唐末五代时期是比较流行的。尽管这种追求是虚幻的，但还是在实用和实践层面上推进了古代数理天文学的进步。

15.1.5　域外天文—星占学与本土天文—星占学发生了深度的融合

　　通过对佛藏和道藏中的域外天文—星占学内容进行详细分析，可以发现它们与本土天文—星占学之间发生了深度的融合。这种融合发生在两个层面：一方面是外来天文—星占学知识被改造成本土知识系统，另一方面是外来天文—星占学吸收本土理论成为其组成部分。

　　本书第12章以黄道十二宫的传入为例讨论了佛道二藏中外来星命术的本土化问题。研究表明，外来星命术在中国的流传和应用过程中，其形式和内涵在遭遇中国传统天文学、星占术和其他数术文化时，呈现出一种动态的本土化进程，有些外来元素被中国本土完全吸收，有些被改头换面，有些则在经过一段时间的流传后被遗弃或取代，佛道二藏中丰富的星命术资料已经充分地体现出这一复杂性。

　　黄道十二宫最早由天竺三藏那连提耶舍于高齐（550—577）时于《大方等大集经》卷56《月藏分第十二星宿摄受品第十八》中译出时，其名称还只是音译。但从彼时开始，这套西方天文—星占学中重要概念就开始了本土化的过程。在佛道二藏中，黄道十二宫被当作一种整体，与七曜、二十八宿进行对应,使其丧失作为星曜体系时其体系内部各宫各自所代表的具体的天文星占内涵,而其各自具体的天文星占含义被与相匹配的七曜五行、十二地支、四方八维、十二生肖等其他中国术数或文化系统所替代,只剩下一种概括性的星曜体系概念。在道藏文献中可见黄道十二宫整体一般均被作为星曜体系的组成部分之一来当作祈禳的对象,而其所属各宫已没有此项功能。黄道十二宫在这种本土化进程中逐渐发展为一套失去其原本天文星占内涵、进而被用来承载越来越多的中国传统术数和文化内涵的符号性坐标系统。

本书第 13 章则以五行理论与外来星命术的结合为例讨论了外来星命学对中国本土理论的吸收问题。在前述外来星命术在形式和内容的本土化过程中,我们可以看到其与中国的二十八宿、十二次、十二地支、六合、十二月将等中国传统的天文星占、数术等概念建立起联系,但这些联系并不是一种消化吸收,外来星命术并没有将这些元素融入自身体系。当外来星命术将本土内容纳入自身体系之后,外来星命术会呈现出与其域外的形式和内容完全不同的另一种体系。这一种本土化方式尤以外来星命术对五行理论的吸收为代表。

在域外星命术随佛经翻译传入中国之初,就与五行和四季、方位、衣色的对应规则相联系,将这些五行规则与域外的星曜祈福攘灾内容进行对应,但由于中外两种体系之间本质的区别,这种对应显示出拼凑和形式化的特点,在《梵天火罗九曜》和《七曜攘灾决》中可以看到这种域外星命元素与以五行理论为代表的中国传统元素初步融合的状况。

随着佛、道的共同努力,星命方法与五行理论的结合最终朝着更为深入的内涵上的融合和一体化方向发展。这表现在佛藏中对人命干支择日吉凶的创造、道藏的五星五帝神系,以及五行十干十二支辰生死所以及五星生克祈福攘灾等内容上。在这种融合的大趋势下,五行思想和理论中的许多具体规则都被应用到星命术中。从五行四季王相休囚死,到五行相生相克、仁义礼智信五常以及五脏、五行生数成数、五行纳音等,这些在中国古代的众多术数门类中多有应用的五行理论和原则,不仅产生了中国本土的算命术，而且也被应用到域外星命术中，成为域外星命术实现本土化的重要资源和方式。

15.1.6 域外来华天文—星占学知识对本土天文—星占学产生了深远的影响

研究佛藏和道藏中的外来天文学知识，除了要弄清楚其中包含有哪些具体内容之外，一个最重要的目的就是要弄清楚这些外来的天文学内容对中国本土天文学乃至一般文化产生了怎样的影响。即希望通过以域外来华天文学为窗口和基石来为了解古代中外文化交流和相互影响提供更多的具体事例和讨论基础，这也正是当初选择这个研究题目的意义所在。

上一节总结的域外天文—星占学与本土天文—星占学发生的深度融合，也是域外来华天文学知识对本土天文学产生了深远影响的一个方面，另外还有一些反映这种深远影响的个案可用来支持本节的结论。

本书第10章对道藏所载十一曜星神崇拜的兴起和流行进行了分析和讨论，在讨论中提供了一个详细的外来天文学概念——罗睺、计都——在本土文化中被吸收和改造的个案，反映了域外天文学概念对本土天文学的深远影响。罗睺、计都是随佛教传入的两个印度天文—星占概念，在《七曜攘灾决》中对它们有明确的定义，但在中国的传播过程中，其含义发生了变化，并从两个裂变成四个，形成由罗睺、计都、月孛、紫炁组成的四余概念，并与七曜组成十一曜，成为重要的道教星神。道教十一曜星神的起源与中晚唐时期流行的密教星占术有密切关系。十一曜星命学基本上可确定是由中国本土术士在九曜星命学的基础上融合了本土的太一天神和九宫贵神等天神崇拜后改造而成，这个过程中本土术士的主要发明是引入了紫炁一曜，这个改造过程大致发生在唐末到宋初的某个时候——本书通过论证基本推翻了"十一曜"概念源自域外星占著作《聿斯经》的旧说，提出了四余本土改造说。从杜光庭《广成集》中的九曜醮词、罗天醮词等文献证据看，唐末五代对九曜和月字的崇拜已经成为当时道教醮仪的组成部分。宋真宗大中祥符元年起大规模崇道、王钦若大中祥符八年奉旨编订《罗天大醮仪》,这一系列事件确立了十一曜在道教神仙谱系中的地位,并刺激了十一曜星神崇拜的流行。到了明代,十一曜中的"四余"摆脱了此前大多出现在道家经典、星命之书中的民间地位,终登大雅之堂,成为官方历法《大统历》中的正式推算项目。这一从民间到官方的地位转变,无疑是四余概念的广泛传播和深入汉化的结果。但同时也引发了明清两代学者围绕四余存废问题的争论,并因此而在清初酿成"历狱",耶稣会士因在历法中删除"紫炁"项目的推算而被本土天文学家攻击篡改祖宗成法。

本书第 14 章探讨了敦煌遗书 P.4071 中所记载的一篇占卜文书的内容、结构、十一曜行度等问题,通过对该件的讨论,揭示了五代、宋初普通术士的占卜实践中融合外来星命学和本土数术的情形。这件反映底层民众对命运追求的普通星命书,展示了多方面的证据,表明外来星命术在中国本土得到了某种程度的改造,这种改造也使得在中国本土发展的域外星命术在某些方面与在五代之际东传日本的域外星命术之间产生了差异,如前者用十一曜,后者沿用九曜。

P.4071 中的星命学可追溯至古巴比伦,其主要特征是按照出生时刻日、月、五星(七曜)在黄道十二宫中的位置来预测人的命运。这种星命学传入印度之后,在七曜基础上增加了罗睺、计都变成九曜,而印度星宿也被用来与黄道十二宫搭配使用,并导致印度星宿体系距离的均分化。经印度改造的这种西方星命学在中唐时期传入中国,印度星宿被替换成中国二十八宿,其间此种星命学传入日本,并一直使用九曜。在中国本土,大概在五代时期,九曜又演变为十一曜,其中还发生了罗睺、计都含义的反转,并与中国传统星占学中的分野理论结合了起来。特别是在中国本土创造了"身宫"这个概念,其重要性甚至超过命宫。在实际操作中命宫的定义也从"上升宫"转换成"太阳宫"。这些改造和转变在 P.4071 中都有很清晰的证据。其他西方星命学中的基本概念,如 12 命位、三方主、上升宫(卯上宫)、所引述的《聿斯经》中的子、午、卯、酉"四极"等,在 P.4071 中也都有提及。这些都充分证明了

P.4071 是一份充分展示了外来特征与本土特色相结合的星命书，证明了域外天文—星占学对形成中国本土特色的星命学体系所产生的深远影响。

15.2 余论

最后在结束本书的讨论之前，我们再以"余论"的方式探讨几个可以进一步深入研究的问题。

15.2.1 深挖本土天文历法中的外来影响

一些文献证据证明，从中唐时代开始，域外来华天文学对中国本土天文学就已经产生了影响。仕唐的三大印度天文学家族——迦叶氏、瞿昙氏、拘摩罗氏[①]与唐朝本土天文学家一起在官方天文机构任职，他们"虽异体而各术，并同心而合契"。一行编撰完成的《大衍历》史称"不刊之典"，但行用之初即遭"抄袭"指控。虽然"抄袭"一说是在现代知识产权语境下的误读，[②]但一行在《大衍历》中确实采用了来自印度的天文历法知识，这点是可以肯定的。至于一行在《大衍历》中到底在多大程度上、以什么方式采纳了《九执历》中的历法思想和具体内容，以及《大衍历》以后的各部历法中受到了多少外来影响等问题，本书第 7 章对这些问题已经进行了初步讨论，在今后进一步的研究中，这些问题需要在更广的广度和更深的深度上加以探讨。

要在中国传统历法中寻找外来影响的证据是非常困难的。由于中国古代有尊古的传统，任何新的改革举措都被处理得非常小心，而外来的知识即使被采纳到一部历法中，也会被改造得几乎看不出痕迹。在这里我们提供一个例子供参考。

---

① 杨景风注《宿曜经》云："今有迦叶氏、瞿昙氏、拘摩罗等三家天竺历，并掌在太史阁。然今之用，多用瞿昙氏历，与大术相参供奉耳。"

② 钮卫星：《从"〈大衍〉写〈九执〉"公案中的南宫说看中唐时期印度天文学在华的地位及其影响》，《上海交通大学学报（哲学社会科学版）》2006 年第 14 卷第 3 期，第 46—51, 57 页。

经过我们的初步考察,唐代以后的历法在历元的选取上有远距和近距两种做法,前一种是传统做法,后一种则很可能是外来影响的结果。《宿曜经》和《九执历》都提到一个上古历元,但在实际天文计算时,印度历法家都设定一个近距历元。古代印度的近距历元概念通过瞿昙悉达等人的翻译工作,在当时已经传入中土,并在一定范围内流传。唐代南宫说造《乙巳元历》也断取近距历元,以中宗反正的神龙元年(705年)为历元,应该正是这种带有异域色彩的近距历元概念对中国古代传统历法产生影响的一个证据。

关于是否需要推求一个遥远的上元,在唐宋之间的历法家中间,确实产生了一定的疑问。《新五代史·司天考一》载:

> 夫天人之际,远哉微矣。而使一艺之士,布算积分,上求数千万岁之前,必得甲子朔旦夜半冬至,以为历始。盖自汉而后,其说始详见于世,其源流所自止于如此。是果尧、舜、三代之法欤?皆不可得而考矣。

这一种观点认为上元之说最早只见于汉代,而不能被证明是尧、舜、三代之法。这种怀疑态度的产生应该是受到了印度近距历元的启发和影响。同书又载:

> 五代之初,因唐之故,用《崇玄历》。至晋高祖时,司天监马重绩始更造新历,不复推古上元甲子冬至七曜之会,而起唐天宝十四载乙未为上元,用正月雨水为气首。初,唐建中时,术士曹士蒍始变古法,以显庆五年为上元,雨水为岁首,号《符天历》,然世谓之小历,只行于民间。而重绩乃用以为法,遂施于朝廷,赐号《调元历》。然行之五年,辄差不可用,而复用《崇玄历》。

曹士蒍其人身世来历史载不详,然对其所挟之符天历术,已有学者进行了深入讨论,认为符天历术源出印度古代天文学。[1]《符天历》以雨水为岁首,万分为分母以及以显庆五年为上元等做法,与中国古代传统历法迥然不同,而采用近距历元是它的主要特征之一。

① 江晓原:《六朝隋唐传入中土之印度天学》,《汉学研究》第 10 卷第 2 期(1992)。

受曹士蒍《符天历》的影响,马重绩造《调元历》也用近距历元。《调元历》得到官方正式颁行,并且行用了五年。然而,在固守传统的中国古代历算家眼里,《符天历》和《调元历》中采用近距历元的做法是"流俗不经之学",如《新五代史·王朴传》载:

> 朴为人明敏多材智,非独当世之务,至于阴阳律历之法,莫不通焉。显德二年,诏朴校定大历,乃削去近世符天流俗不经之学,设通、经、统三法,以岁轨离交朔望周变率策之数,步日月五星,为《钦天历》。

可见,《符天历》和《调元历》产生的影响被以正统自居的官方天文学家有意识地抹去。然而影响一经产生,很难彻底消除。类似的争执在宋代仍有延续。

宋代历法的上元积年数大多在千万以上,少者也有数百万。只有杨忠辅在《统天历》中只用了"3835"这样一个较小的上元积年。此举当即招来批评:

> 开禧三年,大理评事鲍澣之言:"历者,天地之大纪,圣人所以观象明时,倚数立法,以前民用而诏方来者。自黄帝以来,至于秦、汉,六历具存,其法简易,同出一术。既久而与天道不相符合,于是《太初》《三统》之法相继改作,而推步之术愈见阔疏,是以刘洪、祖冲之减破斗分,追求月道,而推测之法始加详焉。至于李淳风、一行而后,总气朔而合法,效乾坤而拟数,演算之法始加备焉。故后世之论历,转为精密,非过于古人也,盖积习考验而得之者审也。试以近法言之:自唐《麟德》《开元》而至于五代所作者,国初《应天》而至于《绍熙》《会元》,所更者十二书,无非推求上元开辟为演纪之首,气朔同元,而七政会于初度。从此推步,以为历本,未尝敢辄为截法,而立加减数于其间也。独石晋天福间,马重绩更造《调元历》,不复推古上元甲子七曜之会,施于当时,五年辄差,遂不可用,识者咎之。今朝廷自庆元三年以来,测验气景,见旧历后天十一刻,改造新历,赐名《统天》。进历未几,而推测日食已不验,此犹可也。但其历书演纪之始,起于唐尧二百余年,非开辟之端也。气朔

五星,皆立虚加、虚减之数;气朔积分,乃有泛积、定积之繁。以外算而加朔余,以距算而减转率,无复强弱之法,尽废方程之旧。其余差漏,不可备言。以是而为术,乃民间之小历,而非朝廷颁正朔、授民时之书也。汉人以谓历元不正,故盗贼相续,言虽迂诞,然而历纪不治,实国家之重事。愿诏有司选演撰之官,募通历之士,置局讨论,更造新历,庶几并智合议,调治日法,追迎天道,可以行远。"(《宋史·律历志十五》)

鲍澣之的这一段长篇议论,强调了中国传统历法对历元的重视。《统天历》刚刚颁行不久,推算日食就已经不准确,鲍澣之认为这还是可以原谅的错误,而不可原谅的是《统天历》演纪之始起于唐尧二百余年。比起《符天历》起于显庆五年、《调元历》起于天宝十四载来说,《统天历》的历元早得多了,但这个历元并非"开辟之端",因此《统天历》被鲍瀚之归为《符天历》一类的民间小历。

《统天历》行用于南宋庆元五年(1199 年),虽然距马重绩《调元历》有二百多年,距曹士蒍《符天历》有近四百年,但它们三者之间影响和被影响的关系是非常清楚的。有证据表明,民间小历在唐宋之间是非常活跃的,并且流传广泛。民间小历对官方历法的影响也不仅仅限于《调元历》《统天历》二例。如宋裴伯寿议刘孝荣《乾道历》(1167 年)时说:

> 新历出于五代民间《万分历》,其数朔余大强,明历之士往往鄙之。今孝荣乃三因万分小历,作三万分为日法,以隐万分之名。三万分历即《万分历》也。(《宋史·律历志十五》)

刘孝荣仿照民间《万分历》的做法,将日法改为三万分,"以隐万分之名",旨在使《乾道历》免遭民间小历之责。三十年后,杨忠辅虽然采用了《符天历》《调元历》中推求历元的方法,但不敢采用非常近距的历元,目的与刘孝荣改万分为三万分是一样的,但他们的历法仍不免被讥为民间小历。

所以,虽然以《符天历》为代表的小历在民间一直有较为广泛的传播和流行,但是大部分自居正统的官方历算家对民间小历的排斥也是很坚决的。总的来说，在郭守敬《授时历》废除上元积年之前，受印度近距历元影响的民间小历对官方传统历法的影响是存在的，但很有限。

即便是郭守敬，在他所造的《授时历》中也专列了一条"不用积年日法"以释其不推求上元积年的原因：

> 历法之作，所以步日月之躔离，候气朔之盈虚，不揆其端，无以测知天道，而与之吻合；然日月之行迟速不同，气朔之运参差不一，昔人立法，必推求往古生数之始，谓之演纪上元。当斯之际，日月五星同度，如合璧连珠然。惟其世代绵远，驯积其数至逾亿万，后人厌其布算繁多，互相推考，断截其数而增损日法，以为得改宪之术，此历代积年日法所以不能相同者也。然行之未远，浸复差失，盖天道自然，岂人为附会所能苟合哉？夫七政运行于天，进退自有常度，苟原始要终，候验周匝，则象数昭著，有不容隐者，又何必舍目前简易之法，而求亿万年宏阔之术哉？
>
> 今《授时历》以至元辛巳为元，所用之数，一本诸天，秒而分，分而刻，刻而日，皆以百为率，比之他历积年日法，推演附会，出于人为者，为得自然。

《授时历》废弃上元、不用积年，绵延千余年的上元积年传统至此而终。郭守敬去鲍澣之只有六七十年，而《授时历》在历元问题上采取如此与传统决裂的做法，究其原因，一则是由于主要在中唐传入的印度近距历元传统对中国传统历法的影响一直不绝如缕；再则是因为有元一代很可能受到了更为强大和直接的外来天文学——阿拉伯天文学——的影响，这又是另一个需要专门讨论的话题了。

15.2.2　外来星命学与本土算命术

晚唐以降，域外来华天文学和星占学概念和知识在中国本土一般文化中也得以广泛流行。元稹有"九曜人乘除"的诗句，杜牧在其自撰的墓志铭中更是大讲星命，其中说："予生于角，星昴毕于角为第八宫，曰病厄宫，亦曰八杀宫，土星在焉，火星继木。星工杨晞曰：'木在张于角为第十一福德宫，木为福德大君子，救于其旁，无虞也。'予曰：'自湖守不周岁，迁舍人，木还福于角足矣，土火还死于角，宜哉！'"[①]杜牧的这些说辞，正是当年外来星占学在民间广泛流行的反映。[②]当年读书人谈星命似乎是很入时的事情，韩愈也有《三星行》一篇："我生之辰，月宿南斗，牛奋其角，箕张其口。牛不见服箱，斗不挹酒浆，箕独有神灵，无时停簸扬。无善名以闻，无恶声以攘，名声相乘除，得少失有余。三星各在天，什伍东西陈，嗟汝牛与斗，汝独不能神。"[③]韩愈的牢骚和坎坷经历引起了后世苏轼的共鸣："退之诗云：'我生之辰，月宿直斗。'乃知退之磨蝎为身宫，而仆乃以磨蝎为命，平生多得谤誉，殆是同病也。"[④]这些话语虽然有自嘲的味道，但毕竟折射出当时外来星命术的流行情况。

种种迹象表明，唐代域外来华的天文学和星占学在晚唐朝野的流行，很可能刺激了中国本土数术系统的发展和算命体系的形成。本书第10章考察了罗睺、计都这两个密教天文学概念的汉化和四余及十一曜星命说在中国本土文化中的形成，这个例子可以被看作西方希腊—巴比伦生辰星占学传统经密教经典为中介影响中国本土数术体系的典型案例。

与对这个问题进行更深入研究所相关的文献资料还大量散布在《佛藏》和《道藏》中而未经全面整理，尤其是大量未及整理研究的敦煌遗书中，有许多当时一线术士的批命实例需要深入分析。本书第14章对一份敦煌批命课文做了研究，对其中的十一曜行度精度和有关星占学内容的来源及其与本土数术的结合等情况进行了探讨。然而，对敦煌遗书中的外来星命学内容还需要做更广泛和深入研究，例如，在当时的术士群体中，他们的天文学水平怎样？他们据以进行星命推理的数术体系，有多少是源自域外的，又有多少是本土传统体系的发展？在全面考察上述这些材料的基础上，可望对这些问题以及中国算命体系的

---

① 杜牧：《自撰墓志铭》，《樊川集》之《樊川文集》卷十，四部丛刊景明翻宋本。
② 陈万成：《杜牧与星命》，《唐研究》卷八，北京：北京大学出版社，2002年，第61—79页。
③ 韩愈：《三星行》，《昌黎先生文集》卷四，宋蜀本。
④ 苏轼撰，王松龄点校：《东坡志林》卷一，北京：中华书局，1981年，第21页。

形成有一个清晰的了解。

15.2.3　沿丝绸之路传播的天文—星占学研究

　　最后，对域外天文—星占学中的一些概念和内容需要进一步追溯它们的源头和追寻它们的流变，这也是立足于文化交流和传播基础上的一个有意义的题目。在佛教经典这个传播媒介基础上来说，一些佛经天文学和星占学内容来自印度。但这只是一个更大范围和更长传播链条中的一个环节。本书第6章已经论述了《七曜攘灾决》中的一些天文学知识源自巴比伦。更有甚者，像罗睺、计都这样的出自《吠陀》经典的天文学概念，照理被认为是土生土长的印度文化结出的果实，也有学者雄辩地论证它们是源自古老的巴比伦文明的。[①]

　　中国并不是这些西方天文学和星占向东传播的终点，它们还进一步向东传播到日本和朝鲜。在《高丽史》中我们可以读到这样的记载，高丽忠烈王十四年(1288年)十二月"丙辰幸九曜堂醮十一曜"，[②]堂名"九曜"，显然建于十一曜概念尚未传入高丽之时，但到忠烈王时代，已经流行"醮"十一曜了。流行于中国的这些密教和道教星神崇拜又是如何传播到朝鲜的，也是值得研究的题目。

　　日本学者对于佛教天文学和星占学在日本历史上的传承和发展已经做了大量的研究工作，像觉胜《宿曜要诀》这样的年代较早的工作不谈，20世纪中叶以来的代表性工作有善波周对《宿曜经》天文内容的研究，[③]森田龙迁《密教占星法》一书对密教星占术内容进行的分门别类的梳理和说明，[④]矢野道雄的《密教占星术》一书则详细解读了《文殊师利菩萨及诸仙所说吉凶时日善恶宿曜经》的版本流传、内容结构以及在

---

　　① Chapman-Rietschi, P. A. L. Pre Telescopic Astronomy—Invisible Planets Rahu and Ketu, *ROYAL ASTRON. SOC. QUART. JRN.* V.32, NO.1/MAR, P.53, 1991.

　　② [明]郑麟趾：《高丽史》世家卷三十，明景泰二年朝鲜活字本。

　　③ （日）善波周：《宿曜经的研究》，《佛教大学大学院研究纪要》，京都：佛教大学学会，1968年，第29—52页。

　　④ 森田龙迁：《密教占星法》，京都：临川书店，1974年。

日本逐渐形成"宿曜道"的历史过程。[①]清水浩子对《宿曜经》的星宿体系进行了系统的研究。[②]这些工作可以引入中国学术界为我们借鉴,[③]以进一步完善对中西方之间天文学及星占学在历史上的交流互动这样一幅大图景的全面了解。

而在丝绸之路西段,天文—星占学知识在希腊和两河流域之间、印度和伊斯兰世界之间、中国与西亚之间的交流与传播,一些前贤们的研究工作打下了一定的基础,但更多的问题等待回答。我们需要在本章开头所引平格里的话所勾勒的那样一个东西方文明天文—星占文化交流的大视野下,来开展沿丝绸之路天文—星占学交流与比较研究。研究成果有望为人类命运共同体这个重要概念增添古老的内涵。

---

① (日)矢野道雄:《密教占星术》,東京:東京美術出版社,1986年。

② (日)清水浩子:《宿曜経と二十八宿について》,《佐藤良純教授古稀記念論文集:インド文化と仏教思想の基調と展開》,東京:山喜房仏书林,2003年,第85—105页。

③ 关于日本"宿曜道"的研究,还可参见山下克明:《宿曜道の形成と展開》,收入《後期摂関時代史の研究》,東京:吉川弘文館,1990年,第481—527页。

参考文献

一、原始文献

(一) 佛藏

1. 高楠顺次郎等辑,《大正新修大藏经》,东京:大正一切经刊行会,1924—1934。

其中包含有较为明确天文学内容各经(卷)列出如下,编号为《大正藏》中各经的序号:

No.0001,后秦佛陀耶舍共竺佛念译,《长阿含经》(22卷),卷二十二

No.0024,隋天竺三藏阇那崛多等译,《起世经》(10卷)

No.0125,东晋瞿昙僧伽提婆译,《增一阿含经》(51卷),卷五十

No.0131,安世高译,《佛说婆罗门避死经》,卷一

No.0154,竺法护译,《生经》,卷五

No.0156,失译者名,《大方便佛报恩经》,卷三

No.0159,大唐罽宾国三藏般若译,《本生心地观经》(8卷)

No.0162,瞿昙般若流支译,《金色王经》,卷一

No.0172,法盛译,《佛说菩萨投身饴饿虎起塔因缘经》,卷一

No.0187,唐地婆诃罗译,《方广大庄严经》(12卷),卷一、三、四

No.0189,求那跋陀罗译,《过去现在因果经》,卷一

No.0201,马鸣菩萨造,后秦三藏鸠摩罗什译,《大庄严论经》(15卷),卷十

No.0203,吉迦夜共昙曜译,《杂宝藏经》,卷八

No.0212,姚秦凉州沙门竺佛念译,《出曜经》(30卷),卷五

No.0246,唐不空译,《仁王护国般若波罗蜜多经》(2卷)

No.0261,唐般若译,《大乘理趣六波罗蜜多经》,卷四

No.0271,求那跋陀罗译,《佛说菩萨行方便境界神通变化经》,卷二

No.0272,菩提流支译,《大萨遮尼乾子所说经》,卷五

No.0275,隋天竺三藏毗尼多流支译,《大乘方广总持经》(1卷)

No.0278,东晋佛驮跋陀罗译,《大方广佛华严经》(60卷),卷二十九

No.0279,唐实叉难陀译,《大方广佛华严经》(80卷),卷四十五

483

No.0293,唐罽宾国般若译,《大方广佛华严经》(40 卷),卷十、十一、十二

No.0309,姚秦凉州沙门竺佛念译,《最胜问菩萨十住除垢断结经》(10 卷),卷九

No.0310,唐南天竺菩提流志译,《大宝积经》(120 卷),卷五十五

No.0316,法护等译,《佛说大乘菩萨藏正法经》,卷十二

No.0363,宋法贤译,《大乘无量寿庄严经》(3 卷)

No.0374,北凉中天竺昙无谶译,《大般涅槃经》(40 卷),卷九

No.0375,刘宋慧严依泥洹经加之,《大般涅槃经》(36 卷),卷九

No.0376,东晋法显译,《佛说大般泥洹经》(6 卷)

No.0386,那连提耶舍译,《莲华面经》,卷二

No.0397,北凉天竺三藏昙无谶译,隋僧就合,《大方等大集经》(60 卷),卷二十

No.0397,那连提耶舍于高齐时译,隋僧就合,《大方等大集经》(60 卷),卷五十六

No.0397,隋天竺三藏那连提耶舍译,隋僧就合,《大方等大集经》(60 卷),卷四十一、四十二

No.0402,唐波罗颇蜜多罗译,《宝星陀罗尼经》(10 卷),卷四

No.0403,竺法护译,《阿差末菩萨经》,卷六

No.0420,鸠摩罗什译,《自在王菩萨经》(2 卷)

No.0466,毗尼多流支译,《佛说象头精舍经》(1 卷)

No.0530,支谦译,《佛说须摩提长者经》,卷一

No.0583,支谦译,《佛说黑氏梵志经》,卷一

No.0586,姚秦鸠摩罗什译,《思益梵天所问经》(4 卷),卷三

No.0618,东晋佛陀跋陀罗译,《达摩多罗禅经》(2 卷)

No.0719,北宋施护译,《十二缘生祥瑞经》(2 卷)

No.0721,元魏般若流支译,《正法念处经》(70 卷),卷二十

No.0734,昙无谶译,《大般涅槃经》,卷四十

No.0759,北宋天息灾译,《较量寿命经》(1 卷)

No.0764,施护译,《佛说法集名数经》,卷一

No.0794A,No.0794B,西晋若罗严译,《佛说时非时经》(1 卷)

No.0889,宋天息灾译,《一切如来大秘密王未曾有最上微妙大曼拏罗经》(5 卷),卷一

No.0892,法护,《佛说大悲空智金刚大教王仪轨经》(5 卷)

No.0893,唐中天竺三藏输波迦罗译,《苏悉地羯罗经》(3 卷)

No.0945,唐般刺蜜帝译,《大佛顶如来密因修证了义诸菩萨万行首楞严经》(10 卷)

No.0946,失译,《大佛顶广聚陀罗尼经》(4 卷)

No.0950,唐不空译,《菩提场所说一字顶轮王经》(5 卷)

No.0951,菩提流志译,《一字佛顶轮王经》(5 卷)

No.0963,唐不空译,《炽盛光大威德消灾吉祥陀罗尼经》(1 卷)

No.0964,唐失译者名,《大威德金轮佛顶炽盛光如来消除一切灾难陀罗尼经》(1 卷)

No.0966,唐失译人名,《大圣妙吉祥菩萨说除灾教令法轮》(1 卷)

No.0982,唐北天竺不空译,《佛母大孔雀明王经》(3 卷)

No.0983,不空译,《佛说大孔雀明王画像坛场仪轨》(1 卷)

No.0985,唐义净译,《佛说大孔雀咒王经》(3 卷),卷下

No.0999,宋施护译,《守护大千国土经》(3 卷),卷上

No.1128,宋法天译,《最上大乘金刚大教宝王经》(2 卷),卷上

No.1145,善无畏,《虚空藏菩萨能满诸愿最胜心陀罗尼求闻持法》(1 卷)

No.1153,唐不空译,《普遍光明清净炽盛如意宝印心无能胜大明王大随求陀罗尼经》(2 卷),卷上

No.1191,北宋天息灾译,《大方广菩萨藏文殊师利根本仪轨经》(20 卷)卷三、十四

No.1222,唐不空译,《圣迦柅忿怒金刚童子菩萨成就仪轨经》(3 卷),卷上

No.1239,善无畏,《阿咤薄俱元帅大将上佛陀罗尼经修行法仪轨》(3 卷)

No.1246,般若斫羯啰译,《摩诃吠室啰末那野提婆喝啰阇陀罗尼仪轨》(1 卷)

No.1257,天息灾译,《佛说大摩利支菩萨经》(7 卷)

No.1295,唐法全集,《供养护世八天法》(1 卷)

No.1299,唐不空译,杨景风注,《文殊师利菩萨及诸仙所说吉凶时日善恶宿曜经》(2 卷)

No.1300,吴天竺三藏竺律炎共支谦译,《摩登伽经》(2 卷)

No.1301,西晋永嘉年三藏竺法护译,《舍头谏太子二十八宿经》(1 卷)

No.1302,唐法成于甘州修多寺译,《诸星母陀罗尼经》(1 卷)

No.1303,宋法天译,《圣曜母陀罗尼经》(1 卷)

No.1304,唐一行撰,《宿曜仪轨》(1 卷)

No.1305,金刚智译,《北斗七星念诵仪轨》(1 卷)

No.1306,不空述,《北斗七星护摩秘要仪轨》(1 卷)

No.1307,失译,《佛说北斗七星延命经》(1 卷)

No.1308,西天竺婆罗门僧金俱吒撰集之,《七曜禳灾诀》(2 卷)

No.1309,一行撰,《七曜星辰别行法》(1 卷)

No.1310,唐一行撰,《北斗七星护摩法》(1 卷)

No.1311,唐一行禅师修述,《梵天火罗九曜》(1 卷)

No.1312,北宋法贤译,《难弥计湿嚩啰天说支轮经》(1 卷)

No.1336,未详撰者,《陀罗尼杂集》(10 卷)

No.1393,东晋天竺三藏竺昙无兰译,《佛说摩尼罗亶经》(1 卷)

No.1420,佚名,《龙树五明论》(2 卷)

No.1421,刘宋佛陀什共竺道生等译,《弥沙塞部和醯五分律》(30 卷),卷十八

No.1425,东晋佛陀跋陀罗共法显译,《摩诃僧祇律》(40 卷),卷十七、三十四

No.1426,东晋佛陀跋陀罗译,《摩诃僧祇律大比丘戒本》(1 卷)

No.1428,姚秦佛陀耶舍共竺佛念等译,《四分律》(60 卷),卷五十三

No.1435,后秦弗若多罗共鸠摩罗什译,《十诵律》(61 卷),卷四十八

No.1450,义净译,《根本说一切有部毘奈耶破僧事》,卷十二

No.1451,义净译,《根本说一切有部毗奈耶杂事》(40 卷)

No.1452,唐义净译,《根本说一切有部尼陀那》(10 卷),卷一

No.1470,后汉安世高译,《大比丘三千威仪》(2 卷),卷下

No.1471,失译附东晋录,《沙弥十戒法并威仪》(1 卷)

No.1478,失译,《大爱道比丘尼经》,卷一

No.1509,龙树菩萨造,后秦龟兹国三藏法师鸠摩罗什译,《大智度论》(100 卷),卷八、十七、三十八、四十八

No.1545,五百大阿罗汉造,唐玄奘译,《阿毗达磨大毗婆沙论》(200 卷),卷一百三十五、一百三十六、一百四十一

No.1552,尊者法救造,刘宋僧伽跋摩等译,《杂阿毗昙心论》(11 卷),卷二

No.1558,尊者世亲造,唐玄奘译,《阿毗达磨俱舍论》(30 卷),卷十、卷十一

No.1559,婆薮盘豆造,陈真谛译,《阿毗达磨俱舍释论》(22 卷),卷八、卷九

No.1563,尊者众贤造,唐玄奘译,《阿毗达磨藏显宗论》(40 卷)

No.1579,弥勒菩萨说,唐玄奘译,《瑜伽师地论》(100 卷),卷二、卷五十二

No.1644,陈真谛译,《立世阿毗昙论》(10 卷),卷五、六

No.1645,元发合思巴造,沙罗巴译,《彰所知论》(2 卷),卷上

No.1707,吉藏撰,《仁王般若经疏》(6 卷)

No.1719,湛然述,《法华文句记》(10 卷)

No.1796,唐一行记,《大毗卢遮那成佛经疏》(20 卷),卷四

No.2035,志磐撰,《佛祖纪》,二十九卷

No.2036,念常集,《历代佛祖通载》(22 卷)

No.2053,慧立本、彦悰笺,《大唐大慈恩寺三藏法师传》(10 卷)

No.2055,李华撰,《玄宗朝翻经三藏善无畏赠鸿胪卿善无畏行状》(1 卷)

No.2059,慧皎撰,《高僧传》(14 卷)

No.2060,道宣撰,《续高僧传》(30 卷)

No.2061,赞宁撰,《宋高僧传》(30 卷)

No.2066,义净撰,《大唐西域求法高僧传》(2 卷)

No.2081,海云,《两部大法相承师资付法记》(2 卷)

No.2095,宋陈舜俞撰,《庐山记》,卷第三

No.2122,唐道世撰,《法苑珠林》,卷四十二

No.2128,慧琳撰,《一切经音义》(100 卷)

No.2154,智升撰,《开元释教录》(20 卷)

No.2465,(日本)实慧撰,《桧尾口诀》(1 卷)

《白宝口抄》卷 155—159,《北斗法》1—5,《大正新修大藏经》"图像部"第 7

《成菩提集》(7 卷),《大正新修大藏经》"图像部"第 8

承澄撰,《阿娑缚抄》(227 卷),《大正新修大藏经》"图像部"第 8、9

祖琇,隆兴佛教编年通论,《卍新纂续藏经》,第 75 册,东京:国书刊行会,1912 年。

(二) 道藏

2.《道藏》,北京文物出版社、上海书店、天津古籍出版社联合影印本,1988 年。

其中包含有较为明确天文学内容各经(卷)列出如下,编号为《道藏》中各经的序号:

No.0001,《灵宝无量度人上品妙经》(61 卷),《道藏》第 1 册,洞真部本文类

No.0043,《元始天尊说十一曜大消灾神咒经》(1 卷),《道藏》第 1 册,洞真部本文类

No.0044,《太上洞真五星秘授经》(1 卷),《道藏》第 1 册,洞真部本文类

No.0045,《玉清无上灵宝自然北斗本生真经》(1 卷),《道藏》第 1 册,洞真部本文类

No.0078,《太上三洞神咒》(12 卷),《道藏》第 2 册,洞真部本文类

No.0087,严东、薛幽栖、李少微、成玄英注,陈景元集注,《元始无量度人上品妙经四注》(4 卷),《道藏》第 2 册,洞真部玉诀类

No.0088,青元真人注、清河老人颂、郭冈凤参校并赞,《元始无量度人上品妙经注》(3 卷),《道藏》第 2 册,洞真部玉诀类

No.0091,陈观吾注,《太上洞玄灵宝无量度人上品妙经注》,《道藏》第 2 册,洞真部玉诀类

No.0093,陈椿荣集注,《太上洞玄灵宝无量度人上品妙经法》(5 卷),《道藏》第 2 册,洞真部玉诀类

No.0148,刘元道编,《无量度人上品妙经旁通图》(存中下卷),卷中,《道藏》第 3 册,洞真部灵图类

No.0218,《灵宝无量度人上经大法》(72 卷),《道藏》第 3 册,洞真部方法类

No.0220,《无上三天玉堂正宗高奔内景玉书》(2 卷),《道藏》第 3 册,洞真部方法类

No.0297,《通占大象历星经》(2 卷),《道藏》第 5 册,洞真部众术类

No.0298,《灵台经》(1 卷),《道藏》第 5 册,洞真部众术类

No.0299,《秤星灵台秘要经》(1 卷),《道藏》第 5 册,洞真部众术类

No.0306,赵道一编撰,《历世真仙体道通鉴》,卷四十,《道藏》第 5 册,洞真部记传类

No.0328,《洞玄灵宝自然九天生神章经》(1 卷),《道藏》第 5 册,洞玄部本文类

No.0334,《上清五常变通万化郁冥经》(1 卷),《道藏》第 5 册,洞玄部本文类

No.0415,《上清紫精君皇初紫灵道君洞房上经》(1 卷),《道藏》第 6 册,洞玄部玉诀类

No.0456,《上清众经诸真圣秘》(8 卷),《道藏》第 6 册,洞玄部谱禄类

No.0473,朱法满撰,《要修科仪戒律钞》(16 卷),《道藏》第 6 册,洞玄部戒律类

No.0475,宁全真、林灵素编,《灵宝领教济度金书》(321 卷),卷二七四,《道藏》第 8 册,洞玄部威仪类

No.0511—0513,《金箓十回度人早午晚朝开收仪》(3 卷),《道藏》第 9 册,洞玄部威仪类

No.0535,杜光庭斋集,《太上黄箓斋仪》(58 卷),《道藏》第 9 册,洞玄部威仪类

No.0536,留用光传授,蒋叔舆编次,《无上黄箓大斋立成仪》(57 卷),《道藏》第 9 册,洞玄部威仪类

No.0593,《上清北极天心正法》(1 卷),《道藏》第 10 册,洞玄部方法类

No.0634,《玉音法事》(3 卷),卷下《礼十一曜》,《道藏》第 11 册,洞玄部赞颂类

No.0643,杜光庭撰,《广成集》(17 卷),《道藏》第 11 册,洞玄部表奏类

No.0644,杜光庭编集,《太上宣慈助化章》(5 卷),《道藏》第 11 册,洞玄部表奏类

No.0648,《太上玄灵斗姆大圣元君本名延生心经》(1 卷),《道藏》第 11 册,洞神部本文类

No.0649,《太上玄灵北斗本命延生真经》(1 卷),《道藏》第 11 册,洞神部本文类

No.0656,《太上北斗二十八章经》(1 卷),《道藏》第 11 册,洞神部本文类

No.0664,《太上飞步五星经》(1 卷),《道藏》第 11 册,洞神部本文类

No.0684,《太上洞神五星诸宿日月混常经》(1 卷),《道藏》第 11 册,洞神部本文类

No.0750,杜光庭撰,《道德真经广圣义》(50 卷),《道藏》第 14 册,洞神部玉诀类

No.0775,徐道龄集注,徐道玄校正:《太上玄灵北斗本命延生真经注》(5 卷),卷四,《道藏》第 17 册,洞神部玉诀类

No.0776,傅洞真注,《太上玄灵北斗本命延生经注》(3 卷),《道藏》第 17 册,洞神部玉诀类

No.0778,《北斗七元金玄羽章》(1 卷),《道藏》第 17 册,洞神部玉诀类

No.0779,陈怂注,《太上说玄天大圣真武本传神咒妙经》(6 卷),卷一《十二宫神》,《道藏》第 17 册,洞神部玉诀类

No.0780,李道淳注,《太上老君说常清静经注》(1卷),《道藏》第 17 册,洞神部玉诀类

No.0790,《太上三元飞星冠禁金书玉录图》(1卷),《道藏》第 17 册,洞神部灵图类

No.0798,谢守灏编,《太上混元老子史略》(3卷),《道藏》第 17 册,洞神部谱录类

No.0834,《太上三五傍救醮五帝断瘟仪》(1卷),《道藏》第 18 册,洞神部威仪类

No.0895,《北斗治法武威经》(1卷),《道藏》第 18 册,洞神部方法类

No.0901,《太上五星七元空常诀》(1卷),《道藏》第 18 册,洞神部方法类

No.0983,《玄天上帝启圣箓》(8卷),《道藏》第 19 册,洞神部传记类

No.1001,《太上洞神五星赞》(1卷),《道藏》第 19 册,洞神部赞颂类

No.1020,李景元集解,《渊源道妙洞真继篇》(3卷),《道藏》第 20 册,太玄部

No.1038,《金锁流珠引》(29卷),《道藏》第 20 册,太玄部

No.1046,王冰述,《素问六气玄珠密语》(17卷),《道藏》第 21 册,太玄部

No.1055,张君房编,《云笈七签》(122卷),《道藏》第 22 册,太玄部

No.1126,《太上灵宝净明洞神上品经》(2卷),《道藏》第 24 册,太平部

No.1188,《法海遗珠》(46卷),《道藏》第 26 册,太平部

No.1189,李昌龄注,郑清之赞,《太上感应篇》(30篇),卷一,《道藏》第 27 册,太清部

No.1204,鲍云龙撰,方回校正,《天原发微》(18卷),《道藏》第 27 册,太清部
No.1216,《太上洞玄灵宝天尊说罗天大醮上品妙经》(1卷),《道藏》第 28 册,正一部

No.1241,《道法会元》(280卷),卷一七七《召龙符》,《道藏》第 30 册,正一部

No.1242,王契真编,《上清灵宝大法》(66卷),卷十,《道藏》第 30 册,正一部

No.1242,宁全真授,王契真慕,《上清灵宝大法》(66卷),卷五六《五方卫灵》,《道藏》第 31 册,正一部

No.1243,金允中编,《上清灵宝大法》(45卷),《道藏》第 31 册,正一部

No.1244,吕元素编,《道门定制》(10卷),卷三,《道藏》第 31 册,正一部

No.1245,仲励编修,《道门科范大全集》(87卷),《道藏》第 31 册,正一部

No.1246,吕太谷、马道逸编,《道教通教必用集》(9卷),卷一《杜天师传》,《道藏》第 32 册,正一部

No.1247,元妙宗编,《太上助国救民总真秘要》(10卷),卷十《除法》,《道藏》第 32 册,正一部

No.1285,《北帝七元紫庭延生秘诀》(1卷),《道藏》第 32 册,正一部

No.1296,《盘天经》(1卷),《道藏》第 32 册,正一部

No.1308,《元辰章醮立成历》(2卷),卷下《次消五音灾》,《道藏》第 32 册,正

一部

No.1310,《太上洞神洞渊神咒治病口章》(1 卷),《道藏》第 32 册,正一部

No.1337,《洞真上清开天三图七星移度经》(2 卷),《道藏》第 33 册,正一部

No.1382,《上清太上回元隐道除罪籍经》(1 卷),《道藏》第 33 册,正一部

No.1386,《上清天关三图经》(1 卷),《道藏》第 33 册,正一部

No.1387,《上清河图内玄经》(2 卷),《道藏》第 33 册,正一部

No.1389,《上清化形隐景登升保仙上法》(1 卷),《道藏》第 33 册,正一部

No.1397,《上清太上九真中经绛生神丹诀》(1 卷),《道藏》第 34 册,正一部

No.1405,《上清洞真天宝大洞三景宝箓》(2 卷),《道藏》第 34 册,正一部

No.1441,《太上紫微中天七元真经》(1 卷),《道藏》第 34 册,正一部

No.1454,《太上元始天尊说宝月光皇后圣母天尊孔雀明王经》(1 卷),《道藏》第 34 册,续道藏

No.1458,《太上老君开天经》(1 卷),《道藏》第 34 册,续道藏

No.1461,周玄真集注,《皇经集注》(10 卷),《道藏》第 34 册,续道藏

No.1471,《中天紫微星真宝忏》(1 卷),《道藏》第 34 册,续道藏

No.1477,《北斗九皇隐讳经》(1 卷),《道藏》第 34 册,续道藏

No.1492,《儒门崇理折衷堪舆完孝录》(8 卷),《道藏》第 35 册,续道藏

No.1505,朱权编撰,《天皇至道太清玉册》(8 卷),卷二第 19 章,《道藏》第 36 册,续道藏

No.1507,《紫微斗数》(3 卷),《道藏》第 36 册,续道藏

(三) 其他古代汉文史籍

3. 二十五史,上海古籍出版社、上海书店,1986 年。

4.《景印文渊阁四库全书》,台湾商务印书馆,1986 年。

5. 薄树人主编:《中国科学技术典籍通汇·天文卷》,郑州:河南教育出版社,1994 年。

6. 中华书局编辑部编:《历代天文律历等志汇编》,北京:中华书局,1976 年。

7. 班固:《白虎通德论》,《四部丛刊》景元大德复宋监本。

8. 陈振孙:《直斋书录解题》,清武英殿聚珍版丛书本。

9. 董诰等编:《全唐文》,北京:中华书局,1983 年。

10. 杜光庭,《广成先生玉函经》卷中《生死调诀中》,《关中丛书》本。

11. 杜光庭撰,董恩林点校,《广成集》,北京:中华书局,2012 年。

12. 杜光庭:《广成集》,四部丛刊景明正统道藏本,上海:商务印书馆,1918 年。

13. 杜牧:《樊川文集》,四部丛刊景明翻宋本。

14. 范晔:《后汉书》,北京:中华书局,1973 年。

15. 范镇:《东斋记事》,北京:中华书局,1980 年。

16. 房玄龄等:《晋书》,北京:中华书局,1974 年。

17. 干宝著,曹光甫点校:《搜神记》,上海:上海古籍出版社,1998 年。

18. 顾清:《东江家藏集》,上海:上海古籍出版社,1991 年。

19. 韩愈:《昌黎先生文集》,宋蜀本。

20. 黄震:《黄氏日钞》,元后至元刻本。

21. 黄宗羲:《易学象数论》,清光绪刻广雅书局丛书本。

22. 孔安国:《尚书》,《四部丛刊》景宋本。

23. 李淳风:《乙巳占》,清十万卷楼重雕本。

24. 李昉等编著:《太平广记》,北京:中华书局,1961 年。

25. 李筌:《太白阴经》,清初虞山毛氏汲古阁钞本。

26. 林之奇:《尚书全解》,《景印文渊阁四库全书》,台北:台湾商务印书馆,1986 年。

27. 刘道醇:《宋朝名画评》,《景印文渊阁四库全书》,台北:台湾商务印书馆,1986 年。

28. 刘肃:《大唐新语》,北京:中华书局,1984 年。

29. 刘向:《淮南子》,《四部丛刊》景钞北宋本。

30. 刘昫等:《旧唐书》,北京:中华书局,1975 年。

31. 陆心源,唐文绩拾:《全唐文》第十一册,北京:中华书局,1983 年。

32. 吕不韦:《吕氏春秋》,《四部丛刊》景明刊本。

33. 马端临:《文献通考》,北京:中华书局,1986 年。

34. 欧阳修:《新五代史》,北京:中华书局,1974 年。

35. 彭定求:《全唐诗》卷 206,北京:中华书局,1960。

36. 钱如璧:《三辰通载》,《子海·珍本编·静嘉堂文库》,南京:凤凰出版社,2016 年。

37. 瞿昙悉达:《开元占经》,《文渊阁四库全书》第 807 册,上海古籍出版社,1987 年。

38. 阮元:《畴人传》,上海:商务印书馆,1935 年。

39. 沈括著,胡道静校:《梦溪笔谈校证》,上海古籍出版社,1987 年。

40. 司马彪:《后汉书志》,北京:中华书局,1965 年。

41. 司马迁:《史记》,北京:中华书局,1982 年。

42. 宋濂:《宋学士文集》,《四部丛刊》,上海:商务印书馆,1919 年。

43. 宋祁、欧阳修等:《新唐书》,北京:中华书局,1975 年。

44. 脱脱、阿鲁图等:《宋史》,北京:中华书局,1977 年。

45. 脱脱等:《宋史》,上海古籍出版社、上海书店,1986 年。

46. 万民英:《星学大成》,《景印文渊阁四库全书》,台北:台湾商务印书馆,1986 年。

47. 王溥:《唐会要》,《文渊阁四库全书》第 606 册,上海:上海古籍出版社,

1987 年。

48. 王溥：《五代会要》，上海：上海古籍出版社，1978 年。

49. 王钦若：《册府元龟》，《景印文渊阁四库全书》，台北：台湾商务印书馆，1986 年。

50. 王钦若等编撰，周勋初等校订：《册府元龟校订本》，南京：凤凰出版社，2006 年。

51. 王尧臣：《崇文总目》，《景印文渊阁四库全书》，台北：台湾商务印书馆，1986 年。

52. 王应麟：《困学纪闻》，《四部丛刊三编》，台北：商务印书馆，1935 年。

53. 魏收：《魏书·释老志》，上海古籍出版社、上海书店，1986 年。

54. 文天祥：《文山先生全集》，《四部丛刊》景明本。

55. 吴昌龄：《张天师断风花雪月》，臧懋循《元曲选》，北京：中华书局，1977 年。

56. 吴承恩：《西游记》，杭州：浙江古籍出版社，1993 年。

57. 吴景鸾：《先天后天理气心印补注》，《先天后天理气心印/吴景鸾暮讲僧断验集合编》，台北：翔大图书公司印行。

58. 吴莱：《渊颖集》，《四部丛刊》，上海：商务印书馆，1919 年。

59. 萧吉：《五行大义》，清佚存丛书本。

60. 萧吉著，钱杭点校：《五行大义》，上海书店出版社，2001 年。

61. 谢肇淛：《五杂俎》，万历四十四年潘膺祉如韦馆刻本。

62. 邢云路：《古今律历考》，《景印文渊阁四库全书》，台北：台湾商务印书馆，1986 年。

63. 徐子平：《渊海子平音义评注》，光绪癸未年大成堂重刊本。

64. 徐子平著，李峰整理：《渊海子平》，海口：海南出版社，2001 年。

65. 薛居正等：《旧五代史》，北京：中华书局，1976 年。

66. 杨惟德：《景祐乾象新书》，《续修四库全书》第 1050 册，上海：上海古籍出版社，2002 年。

67. 耶律纯：《星命总括》，《景印文渊阁四库全书》第 809 册，台北：台湾商务印书馆，1986 年。

68. 尹喜：《关尹子》，《四部丛刊三编》景明本。

69. 庾季才：《灵台秘苑》，《景印文渊阁四库全书》第 807 册，台北：台湾商务印书馆，1986 年。

70. 元稹：《元氏长庆集》，《四部丛刊》景明嘉靖本。台北：台湾商务印书馆，1986 年。

71. 曾公亮等：《武经总要》，《景印文渊阁四库全书》，台湾商务印书馆，1986 年。

72. 张衡：《灵宪》，引自范晔《后汉书·天文志上》"注四"，北京：中华书局，1965 年。

73. 张廷玉等：《明史》，上海古籍出版社、上海书店，1986 年。

74. 张洞玄：《玉髓真经》，1550（嘉靖庚戌），明嘉靖刻本。

75. 长孙无忌等：《唐律疏议》，北京：中华书局，1985 年。

76. 赵尔巽等：《清史稿》，上海古籍出版社、上海书店，1986 年。

77. 赵爽注，甄鸾重述，李淳风注释：《周髀算经》，上海：上海古籍出版社，1990 年。

78. 赵友钦：《革象新书》，《景印文渊阁四库全书》，台北：台湾商务印书馆，1986 年。

79. 郑麟趾：《高丽史》，明景泰二年朝鲜活字本。

80. 郑玄：《周易郑注》，清湖海楼丛书本。

81. 朱文鑫：《历法通志》，《民国丛书》第四编第九十册，上海书店出版社，1992 年。

82. 朱载堉撰，刘勇、唐继凯校注，《律历融通校注》，北京：中国文联出版社，2006 年。

83. 最澄：《内证佛法相承血脉谱》，《传教大师全集》卷一，京都：比睿山图书刊行所，1926 年。

84. 佚名：《宿曜御运录》，《东京都六条有康氏所藏文书》，东京：东京大学图书馆藏。

85. 佚名：《宿曜运命勘录》，《续群书类丛》第 31 辑上，东京：续群书类丛完成会，1926 年。

86. 佚名：《张果星宗》，陈梦雷编《古今图书集成·艺术典·星命部》第 469 册，北京：中华书局，1934 年。

（四）敦煌、黑水城文献

87. 俄罗斯圣彼得堡东方所，中国社科院民族所，上海古籍出版社编：《俄藏黑水城文献》，上海：上海古籍出版社，1996—1999 年。

88. 方广锠，（英）吴芳思主编：《英国国家图书馆藏敦煌遗书》，桂林：广西师范大学出版社，2011 年。

89. 上海古籍出版社，法国国家图书馆编：《法国国家图书馆藏敦煌西域文献》，上海：上海古籍出版社，2005 年。

（五）两河流域、希腊、阿拉伯和印度文献

90. T. G. Pinches and Strassmaier, J. N., *Late Babylonian Astronomical and Related Texts*. Brown University Press, 1955.

91. Sachs A. J. and Hunger, H., *Astronomical Diaries and Related Texts from Babylonia*, Volume I—Ⅶ, Vienna: Österreichische Akademie der Wissenschaften, 1988—2014.

92. Dionysius Periēgētes, *graece et latine, cum vetustis commentariis et interpretationibus*, Lipsia: Weidmann, 1828.

93. *Inscriptiones Graecae*(《希腊铭文集成》第一到十二卷), v.1—12, Berlin: Walter De Gruyter Incorporated, 2003。

94. Ἄρατος, 阿剌托斯 G. R. Mair, ed., *Phaenomena*(《天象》), London: William Heinemann; New York: G. P. Putnam's Sons. 1921。

95. Ἀριστοτέλης, 亚里士多德 W. D. Ross, ed., *Aristot. Met.*(《气象》), Oxford: Clarendon Press, 1924。

96. Ἀριστοτέλης, 亚里士多德 W. D. Ross, ed., *Aristot. Cael.*(《论天》), Oxford: Clarendon Press, 1924。

97. Ἀρχιμήδης, 阿基米德 J. L. Heiberg, ed., *Archimedis opera omnia cum commentariis Eutocii*(《阿基米德全集和欧托咯俄斯的评论》), Lipsiae: in aedibus B. G, Teubneri, 1881。

98. Γεμῖνος ὁ Ῥόδιος, 罗得岛的革弥诺斯 C. Manitius(ed.): *Γεμίνου εἰσαγωγὴ εἰς τὰ φαινόμενα*(《革弥诺斯的〈天文学导论〉》), Lipsiae: in Aedibus B. G. Teubneri, 1898。

99. Ἡσίοδος, 赫西俄德 Hugh G. Evelyn-White(ed.): *Works and Days*, Cambridge, MA.: Harvard University Press; London: William Heinemann Ltd. 1914。

100. Ἵππαρχος ὁ Ῥόδιος, 罗得岛的希巴恰斯 C. Manitius(ed.): *Ἱππάρχου τῶν Ἀράτου καὶ Εὐδόξου φαινομένων ἐξηγήσεως, βιβλία τρία*(《希巴恰斯对阿剌托斯与欧多克索斯〈天象〉之评论》), Lipsiae: in Aedibus B. G. Teubneri, 1894。

101. Ἱππόλυτος: 希波吕托斯 *Hippolytus Philosophumena*(《驳斥一切异端邪说》), F. S. A. F. Legge(trans.), New York: The Macmillan Company, 1921。

102. Πλάτων, 柏拉图 Burnet John(ed.): *Platonis Opera*(《柏拉图的著作》), Oxford: Oxford University Press, 1903。

103. Πλούταρχος, 普鲁塔克 Bernadotte Perrin (ed. &trans.): *Plutarch's Lives*, Cambridge, MA.: Harvard University Press; London: William Heinemann Ltd. 1919。

104. Πτολεμαῖος, 托勒密 J. L. Heiberg, Franz Johann Evangelista Boll(ed.): *Claudii Ptolemaei Opera quae exstant omnia*(《克劳迪·托勒密存世著作全集》), Volumen I, *Syntaxis Mathematica*, (《数学汇编》), Lipsiae: in aedibus B. G. Teubneri, 1898。

105. Ptolemy's *Geography*, Vol 1—3, Greek with Latin introduction, 1843.

106. Ptolemy's *Quadripartitium*(《四书》), Latin translation of the Arabic version, made by Plato of Tivoli in 1138. Basel 1533。

107. Ashmand J M, *Ptolemy's Tetrabiblos*: Astrology Classics, 1917.

108. Ptolemy, Claudius, *Tetrabiblos*, edited and translated into English by F. E. Robbins, Cambridge: Harvard University Press, 1940.

109. Ptolemy C. *Ptolemy's Almagest*, translated and annotated by GJ Toomer. 1984.

110. Πτολεμαῖος, 托勒密 R. Catesby Taliaferro, trans., *Almagest* // Great books of the western world v.16, Chicago: Encyclopædia Britannica, 2007。

111. Loeb classical library. No. 362, *Selections illustrating the history of Greek mathematics: from Aristarchus to Pappus*, Cambridge: Harvard University Press, 1941.

112. Paul Schnabel, *Berosi babyloniacorum libri tres quae supersunt*(《巴比伦的贝罗索斯幸存的三卷书》), Leipzig, 1913。

113. Alexander Jones, *Astronomical Papyri from Oxyrhynchus*: (*P. Oxy. 4133—4300A*)/Volumes 1 and 2 Bound in 1 Book(Memoirs of the American Philosophical Society), Amer Philosophical Society, 1999.

114. 王晓朝译:《柏拉图全集》,北京:人民出版社,2005 年。

115. [古希腊]亚里士多德:《天象论·宇宙论》,吴寿彭译,北京:商务印书馆,2010 年。

116. [古希腊]亚里士多德著,田力苗编辑:《亚里士多德全集》,北京:中国人民大学出版社,1997 年。

117. Ἀρχιμήδης, T. L. Heath(ed. & trans.):《阿基米德全集》,朱恩宽、李文铭译,西安:陕西科学技术出版社,1998 年。

118. [法]戈岱司著,耿昇译:《希腊拉丁作家远东古文献辑录》,北京:中华书局,1987 年,据 Fabricius 版本,莱比锡,1883 年。

119. Al-Hāshimī, *Kitāb fī'ilal al-zījāt*. M. S. Bodl. Seld. A 11 ff. 96V—137. Unpublished English translation by Fuad I. Haddad and E. S. Kennedy.

120. Al-Bīrūnī, *Fī tahqīq mā li 'l-Hind*(*India*) Ed. Hyderabad, 1958. English translation by E. C. Sachau. 2 vols. London, 1910.

121. Al-Bīrūnī, *Al-Qānūn al-Mas'ūdī*(*The Mas'ūdī Canon*), 3 vols, Ed. Hyderabad, 1954—1956.

122. Al-Bīrūnī, *Ifrād al-maqāl fī amr al-zilāl*(*On Shadows*) Ed. as part 2 of *Rasā'il al- Bīrūnī*(《比鲁尼文集》). Hyderabad, 1948. Unpublished English translation by E. S. Kennedy。

123. Al-Bīrūnī, *Tamhīd al-mustaqarr li tahqīq ma'na al-mamarr*(*On Transits*) Ed. as part 2 of *Rasā'il al- Bīrūnī*(《比鲁尼文集》). Hyderabad, 1948. English translation by M. Saffouri and A. Ifram with a commentary by E. S. Kennedy. Beirut, 1959。

124. Ibn al-Nadīm, *Fihrist*(《索引书》), Ed. G. Flügel. 2 vols. Leipzig, 1871—1872。

125. Ibn al-Qiftī, *Ta'rikh al-hukamā'*(《学者传》), Ed. J. Lippert. Leipzig, 1903。

126. Kern H, ed., *The Āryabhaṭīya: With the Commentary Bhatadîpikâ of*

Paramâdîçvara. Leiden，E J Brill，1874.

127. Shukla K S. ed.，*Āryabhaṭīya*，*with the commentary of Bhāskara and Someśvara*，New Delhi：Indian National Science Academy，1976.

128. Sharma R，ed.，*Brāhmasphuṭasiddhānta* of Brahmagupta，New Delhi：Indian Institute of Astronomical and Sanskrit Research，1996.

129. Brahmagupta，Śarmmā Ā.*The KhaṇḍaKhādyaka*. University of Calcutta，1925.

130. Chatterjee B，editor and translator，*The Khandakhādyaka of Brahmagupta*. New Delhi and Calcutta，1970.

131. Gangooly P. ed.，*The Surya Siddhanta*，*a Text-book of Hindu Astronomy*. Delhi：Motilal Banarsidass Publishers Private Limited，1997.

132. Neugebauer O. Pingree D. *The Pañcasiddhāntikā of Varāhamihira*，Part I & Part Ⅱ (translation & commentary)，Copenhagen：Munksgaard，1970.

133. Sastry T S. Kuppanna：*Pañcasiddhāntikā of Varāhamihira*，*with Translation and Notes*. P. P. S. T. Foundation，Adyar，Madras，1993.

134. Pingree D.，*Brhadyatra of Varahamihira*；Government of Tamil Nadu 1972.

135. Pingree D.，*Carmen Astrologicum* by Dorotheus Sidonius，Leipzig：B. G. Teubner，1976.

136. Pingree D.*The Vidvajjanavallabha of Bhojaraaja*；Oriental Institute；University of Baroda Press，1970.

137. Pingree D.*The Yavanajataka of Sphujidhvaja*，Harvard University Press，1978.

138. Tripāṭhī A. ed.，*Br̥hatsaṃhitā with the commentary of Bhaṭṭotpala*，2 Volumes，Varanasi：1968.

139. Ramakrishna B M. *Varāhamihira's Br̥hatsaṃhitā*，Delhi：Motilal Banarsidass Publishers，First edition 1981，reprinted，2010.

140. Sachau E C，*Alberuni's India：An Account of the Religion*，*Philosophy*，*Literature*，*Geography*，*Chronology*，*Astronomy*，*Customs*，*Laws and Astrology of India*. Routledge，2013.

141. Shukla K S. ed.，*Surya-siddhanta*：*with the commentary of Paramesvara*. Department of Mathematics and Astronomy，Lucknow University，1957.

二、研究文献

(一) 学术专著

1. Aaboe A. Saros Cycle Dates and Related Babylonian Astronomical Texts

[M], *American Philosophical Society*, 1991.

2. Allen J P. *The Ancient Egyptian Pyramid Texts*[M], Atlanta: Society of Biblical Literature, 2005.

3. Bailey H W. *Indo-Seythian Studies, Being Khotanese Texts*, Cambridge University Press, 1954.

4. Bailey H W. *The Culture of the Sakas in Ancient Iranian Khotan*[M], Delmar, Caravan Books, 1982.

5. Baumann B. *Divine Knowledge: Buddhist mathematics according to the anonymous Manual of Mongolian astrology and divination*[M]. Brill, 2008.

6. Berggren J L, Evans J. *Geminos's Introduction to the Phenomena—a Translation and Study of a Hellenistic Survey of Astronomy*[M], Princeton, Oxford: Princeton University Press, 2006.

7. Bolling G M, Negelein J. *The Pariśiṣṭas of the Atharvaveda*[M], Vol.1, parts 1 and 2, Leipzig: Harrassowitz, 1909—1910.

8. Bose D M. *A Concise History of Science in India*[M]. New Delhi[Published for the National Commission for the Compilation of History of Sciences in India by] Indian National Science Academy, 1971.

9. Burgess E. Translation of the Sûrya-Siddhânta, A Text-Book of Hindu Astronomy; With Notes, and an Appendix[M]. For the American oriental society, printed by E. Hayes, 1860.

10. Burnett C, Yamamoto K, Yano M, *Abū Ma'šar, The Abbreviation of the Introduction to Astrology, together with the Medieval Latin Translation of Adelard of Bath*[M]. Leiden, New York, and Cologne: E. J. Brill, 1994.

11. Burnett C, Yamamoto K, Yano M. *Al-Qabīṣī (Alcabitius): The Introduction to Astrology by AlQabīṣī*[J], Warburg Institute Studies and Texts, 2, London: Warburg Institute; Turin: Nino Aragno, 2004.

12. Huaiyu C. The Encounter of Nestorian Christianity with Tantric Buddhism in Medieval China[J], *Hidden Treasures and Intercultural Encounters*. 2. Auflage: Studies on East Syriac Christianity in China and Central Asia, 2009, 1:195.

13. Clark W E. *The Āryabhaṭīya of Āryabhaṭa, An Ancient Indian Work on Mathematics and Astronomy*[M], University of Chicago Press, 1930.

14. Cohen G M. *The Hellenistic Settlements in the East from Armenia and Mesopotamia to Bactria and India*[M], University of California Press, 2013.

15. Donald H. *Islamic Science and Engineering*[M]. Edinburgh University Press, 1993.

16. Dvivedin S. ed., *Brāhmasputasiddhānta and Dhyānagrahopadeśādhyāya*[M], Benares, 1902.

17. Eckert W J, Jones R, Clark H K. *Improved Lunar Ephemeris 1952～1959*[M]. Washington: United States Government Printing Office. 1954.

18. Emmerick R E. *The Siddhasāra of Ravigupta. Vol.2: The Tibetan Version with Facing English Translation*[M], Wiesbaden, Franz Steiner Verlag GmbH, 1982.

19. Foret P, Kaplony A. ed., *The Journey of Maps and Images on the Silk Road*[M], Koninklijke Brill NV, Leiden, The Netherlands, 2008.

20. Gibbs S L. *Greek and Roman Sundials* [M], Yale University Press, 1976.

21. Goldstein B R. *AlBiṭrūjī: On the Principles of Astronomy*[M], Volume 1, Analysis and Translation; Volume 2, The Arabic and Hebrew Versions, "Yale Studies in the History of Science and Medicine", No.7. New Haven and London: Yale University Press, 1971.

22. Defouw H, Svoboda R, *Light on Life: An Introduction to the Astrology of India*[M], first published 1996 by Penguin Books, reprinted 2003 by Lotus Press.

23. Yoke H P(何丙郁), *Chinese Mathematical Astrology: Reaching out to the Stars*[M]. London: Routledge Curzon, 2003。

24. Heath T L. *A Manual of Greek mathematics*[M]. Courier Corporation, 2003.

25. Heath T L. *Greek Astronomy*[M], London: Dent, 1932.

26. Henning W B. *Sogdica*, London[M]: The Royal Asiatic Society, 1940.

27. Hunger H, Pingree D. *Astral Sciences in Mesopotamia* [M], Leiden; Boston: Brill, 1999.

28. Hunger H, Abraham J S, John M S. *Astronomical Diaries and Related Texts from Babylonia*. Volume Ⅴ: Lunar and Planetary Texts, Vienna[M], Verlag der Osterreichischen Akademie der Wissenschaften, 2001.

29. Hunger H, Pingree D. *MULAPIN: An Astronomical Compendium in Cuneiform*, Horn, Austria: Verlag Ferdinand Berger & Söhne, 1989.

30. Iyer NC. translated, *The Bṛhatsaṃhitā*[M], Delhi: Sri Satguru Publications, second revised edition 1987.

31. Jones A. *Astronomical Papyri from Oxyrhynchus: P. Oxy. 4133—4300A*[M], Memoirs of the American Philosophical Society, Amer Philosophical Society, 1999.

32. Joseph G G. *The crest of the peacock: Non-European roots of Mathematics*[M]. Princeton University Press, 2011.

33. Kalinowski M. *Divination et société dans la Chine médiévale: Études des*

manuscrits de Dunhuang de la Bibliothèque nationale de France et de la British Library[M]. Bibliothèque nationale de France. 2003.

34. Kennedy E S. Pingree D. *The Astrological History of Māshā' Allāh*[M], Cambridge, Mass: Harvard University Press, 1971.

35. King D A. *Astronomy in the Service of Islam*[M], Aldershot, U.K. / Brookfield, Vt.: Variorum, 1993.

36. King D A. *Islamic Mathematical Astronomy*[M], London: Variorum Reprints, 1986.

37. KRUGLIKOVA I, Les fouilles de la mission archéologique soviéto-afghane sur le site gréco-kushan de Dilberdjin en Bactriane, *Comptes rendus des séances de l'Académie des Inscriptions et Belles-Lettres*, 1977, 121(2):407—427.

38. Leriche P, Vincent F. *La Bactriane au carrefour des routes et des civilisations de l'Asie centrale: Termez et les villes de Bactriane-Tokharestan: actes du colloque de Termez 1997*[M], Maisonneuve & Larose, 2001.

39. Lettinck P. *Aristotle's Meteorology and its reception in the Arab world, with an Edition and Translation of Ibn Suwār's Treatise on Meteorological Phenomena and Ibn Bājja's Commentary on the Meteorology*[M]. Brill, Leiden 1999.

40. Liu Xinru, *The Silk Road in World History*[M], Oxford University Press, 2010.

41. Loewe M. *Ways to Paradise: the Chinese Quest for Immortality*[M], London George Allen & Unwin, 1979.

42. Lubotsky A M, Mair V H. *Tocharian Loan Words in Old Chinese: Chariots, Chariot Gear, and Town Building*[J]// Victor H. Mair, ed., *The Bronze Age and Early Iron Age Peoples of Eastern Central Asia*, Washington: The Institute for the study of Man in collaboration with the University of Pennsylvania Meseum Publications, 1998:379—390.

43. Blomberg M, Henriksson G. Evidence for the Minoan origins of stellar navigation in the Aegean[M], Actes de la Vème conférence de la SEAC, Gdansk, 5—8 September 1997, Warsaw: Institute of Archaeology, Warsaw University, 1999.

44. Mairs R. *The Hellenistic Far East: Archaeology, Language, and Identity in Greek Central Asia*[M], University of California Press, 2014.

45. McGurk P. *Catalogue of Astrological and Mythological Illuminated Manuscripts of the Latin Middle Ages. IV: Astrological Manuscripts in Italian Libraries(Other than Rome)*[M], London: The Warburg Institute, 1966.

46. Miyazaki T, Nagashima J, Tamai T, et al. The Śārdūlakarṇāvadāna from Central Asia[M]// Buddhist Manuscripts from Central Asia. 2015:1—84.

47. Montelle C. *Chasing Shadows: Mathematics, Astronomy, and the Early History of Eclipse Reckoning* [M]. Baltimore: Johns Hopkins University Press. 2011.

48. Mukherjee SK. *Vedaṅgajyotiṣa of Lagadha*[M], Delhi, 2005.

49. Mukhopadhyaya, Sujitkumar, ed., *The Śārdūlakarṇāvadāna*[M], Viśvabharati, 1954.

50. Neugebauer O. *A History of Ancient Mathematical Astronomy* [M], New York, Heidelberg, Berlin: Springer-Verlag, 1975.

51. Neugebauer O. *The Exact Sciences in Antiquity* [M], 2nd ed., Providence, RI: Brown University Press, 1957; reprinted., New York: Dover, 1969.

52. Neugebauer O, Parker R. *Egyptian Astronomical Texts. Vol.2: The Ramesside Star Clocks*[M], Providence: Brown University Press, London: Percy Lund, Humphries, 1964.

53. Neugebauer O. *Astronomical Cuneiform Texts*[M], 3 volumes. London, 1955; 2nd edition, New York: Springer, 1983.

54. Neugebauer O, Pingree D. *The Pancasiddhantika of Varahamihira*[M], København: Munksgaard, 1970.

55. De Lacy O L. *How Greek Science Passed to the Arabs*[M]. Ares publishers, 1949.

56. Panaino A. Tištrya: *The Iranian Myth of the Star Sirius*[M], Istituto italiano per il Medio, ed., Estremo Oriente, 1995.

57. Pingree D. *A Catalogue of the Sanskrit Manuscripts at Columbia University*[M], American Institute of Buddhist Studies, 2007.

58. Pingree D. *A Descriptive Catalogue of the Sanskrit and Other Indian Manuscripts of the Chandra Shum Shere Collection in the Bodleian Library* [M]. *Part i: Jyotiḥśāstra*. Oxford, Clarendon Press, 1984.

59. Pingree D. *Bruce Chandler, Eastern Astrolabes: Historic Scientific Instruments of the Adler Planetarium*(Volume II) [M], Adler Planetarium, 2009.

60. Pingree D. *Catalogue of Jyotisa Manuscripts in the Wellcome Library: Sankrit Astral and Mathematical Literature*[M]. Brill Academic Pub, 2003.

61. Pingree D. *Census of the exact sciences in Sanskrit*[M]. American philosophical society, 1970.

62. Pingree D. *History of mathematical astronomy in India*[J], Dictionary of Scientific Biography, 1978, 5:533—633.

63. Pingree D. *Jyotiḥśāstra: Astral and Mathematical Literature*[J]. East European Quarterly, 1981, 39(2):149—177.

64. Pingree D. *Sanskrit Astronomical Tables in England* [J]; Madras: The

Kuppuswami Sastri Research Institute, 1973.

65. Pingree D. *Sanskrit Astronomical Tables in the United States*[J]. Transactions of the American Philosophical Society, American Philosophical Society; First Edition, 1968, 58(3):1—77.

66. Pingree D. *The Thousands of Abū Ma'shar*[M]. London, Warburg Institute, University of London, 1968.

67. Plofker K. *Mathematics in India* [M], Princeton: Princeton University Press, 2008.

68. Powell R. *History of the Zodiac* [M], California: Sophia Academic Press, 2007.

69. Reiner E, Pingree D. *Babylonian Planetary Omens Part 1. Enūma Anu Enlil Tablet 63: The Venus Tablet of Ammiṣaduqa* [M]. Undena Publications, 1975.

70. Reiner E, Pingree D. *Babylonian Planetary Omens Part 2* [M]. *Enūma Anu Enlil Tablets 50—51*. Undena Publications, 1985.

71. Reiner E, Pingree D. *Babylonian Planetary Omens Part 3* [M], Cuneiform Monographs 11, Groningen: Styx Publication, 1998.

72. Reiner E, Pingree D. *Babylonian Planetary Omens Part 4* [M], Cuneiform Monographs 30, Brill-Styx, 2005.

73. Roger B. A Brief History of Ancient Astrology[M]. Malden, MA 02148, USA: Blackwell Publishing, 2007.

74. Rochberg F. *Babylonian Horoscopes*[M], (Transactions of the American Philosophical Society 88.1) Philadelphia: American Philosophical Society, 1998.

75. Rochberg F. *In the Path of the Moon: Babylonian Celestial Divination and Its Legacy* [M], Studies in Ancient Magic and Divination, vol. 6. Leiden: Brill, 2010.

76. Saliba G. *Islamic Science and the Making of the European Renaissance* [M], MIT Press, 2007.

77. Sarianidi V. *The Golden Hoard of Bactria: From the Tillya-tepe Excavations in Northern Afghanistan. Folio* [M]. New York/Leningrad: Harry N. Abrams/Aurora, 1985.

78. Sarma S R. *The Archaic and the Exotic: Studies in the History of Indian Astronomical Instruments*[M], New Delhi: Manohar, 2008.

79. Sarton G. *Introduction to the History of Science* Vol. 1—from Homer to Omar Khayyam, Baltimore: Williams & Wilkins Company, 1927.

80. Sen S N, Shukla K S. *History of Astronomy in India* [M]. New Delhi: The Indian National Science Academy. 1985.

81. Schoeffler, Heinz Herbert(author), Jurgens, Harold(tr.) 1993. *Academy of Gondishapur: Aristotle on the Way to the Orient*. Mercury Press.

82. Selin, Helaine, ed. *Encyclopaedia of the History of Science, Technology, and Medicine in Non-Western Cultures*[M], Third Edition, Springer Science + Business Media Dordrecht, 1997, 2008, 2016.

83. Sen S N. *A Bibliography of Sanskrit Works on Astronomy and Mathematics*[M]. Part 1. Manuscripts, Texts, Translations and Studies, New Delhi: National Institute of Sciences of India, 1966.

84. Sewell R, Dikshit S B. *The Indian Calendar, With Tables For The Conversion Of Hindu And Muhammadan Into AD Dates, And Vice Versa; With Tables Of Eclipses Visible In India*, By Dr. Robert Schram 1st Indian ed. Delhi: Motilal Banarsidass Publishers, 1996.

85. Sharma A. *Studies in "Alberuni's India"*[M], (Studies in Oriental Religions. Vol.9.), Wiesbaden: Otto Harrassowitz, 1983.

86. Sharma S. *Astrological lore in the Buddhist Śardūlakarṇāvādana*[M], Delhi, India: Eastern Book Linkers, 1st edition, 1992.

87. Shastri A M. *India as Seen in the Bṛhatsaṃhitā of Varāhamihira*[M], Delhi-Patna-Varanasi: Motilal Banarsidass, 1969.

88. Shoja M M, Tubbs R S. The history of anatomy in Persia[J], *Journal of anatomy*, 2007, 210(4):359—378.

89. Sidoli N, Van Brummelen G. *From Alexandria, Through Baghdad: Surveys and Studies in the Ancient Greek and Medieval Islamic Mathematical Sciences in Honor of JL Berggren*[M]. Springer Science & Business Media, Berlin Heidelberg, 2013.

90. Standish, M. et al.. *Planetary and Lunar Ephemeris DE404*[CD]. JPL/NASA.

91. Steele J M. *Calendars and Years: Astronomy and Time in the Ancient Near East*[M], Oxford: Oxbow Books, 2007.

92. Steele J M. *Observations and Predictions of Eclipse Times by Early Astronomers*[M], Cambridge: Cambridge University Press, 2001.

93. Swerldlow N M. *The Babylonian Theory of the Planets*[M], Princeton: Princeton University Press, 1998.

94. Takahashi H. *Aristotelian Meteorology in Syriac: Barhebraeus*, Butyrum Sapientiae[M], *Books of Mineralogy and Meterology*, Leiden: Brill, 2003.

95. de La Vaissière É. *Sogdian Traders: A History*[M], Brill: Leiden · Boston, 2005.

96. West E W. *The Bundahishn("Creation"), or Knowledge from the Zand*,

from Sacred Books of the East[M]，volume 5，Oxford University Press，1897.

97. Widemann F. *Les successeurs d'Alexandre en Asie centrale et leur héritage culturel：essai*[M]，Riveneuve，2009.

98. Williams C J. *Eclipse Theory in the Ancient World*［M］. Providence，Rhode Island，USA. Brown University，2005（Thesis／Dissertation）

99. Winternitz M，Keith A B. Catalogue of Sanskrit manuscripts in the Bodleian Library，vol.2［M］. Oxford University，1905.

100. Yano M. *Calendar，Astrology and Astronomy in Hinduism*［M］，Blackwell Companion to Hinduism，Gavin Flood，ed.，London，2003.

101. 长部和雄：《一行禅师の研究》，神户：神户商社大学经济研究所，1944 年。

102. 陈美东：《古历新探》，辽宁：辽宁教育出版社，1995 年。

103. 陈万成：《中外文化交流探绎：星学·医学·其他》，北京：中华书局，2010 年。

104. 陈垣：《二十史朔闰表》，上海：上海古籍出版社，1956 年。

105. 陈遵妫：《中国天文学史》，上海：上海人民出版社，1982 年。

106. 邓椿：《画继》卷八，北京：人民美术出版社，1964 年。

107. 邓文宽：《敦煌天文历法文献辑校》，南京：江苏古籍出版社，1996 年。

108. 冯承钧译：《西域南海史地考证译丛》第一卷，商务印书馆，1962 年，1995 年重印。

109. 冯时：《中国天文考古学》，北京：中国社会科学出版社，2007 年。

110. 盖建民：《道教科学思想发凡》，北京：社会科学文献出版社，2005 年。

111. 郭若虚：《图画见闻志》，北京：中华书局，1985 年。

112. 韩玉祥主编：《南阳汉代天文画像石研究》，北京：民族出版社，1995 年。

113. 洪丕谟：《中国人命运的信息》，陕西：陕西人民出版社，2014 年。

114. 洪丕谟、姜玉珍：《中国古代算命术》，上海：上海三联书店，2006 年。

115. 黄明信：《藏历漫谈》，北京：中国藏学出版社，1994 年。

116. 黄明信：《黄明信藏学文集·藏历研究》，北京：中国藏学出版社，2007 年。

117. 黄明信：《西藏的天文历算》，西宁：青海人民出版社，2002 年。

118. 黄一农：《社会天文学史十讲》，上海：复旦大学出版社，2004 年。

119. 黄正建：《敦煌禄命类文书述略》，中国社会科学院历史研究所学刊（第一集），学刊编委会，2001 年。

120. 黄正建：《敦煌占卜文书与唐五代占卜研究》，北京：学苑出版社，2001 年。

121. 江晓原：《〈周髀算经〉新论·译注》，上海：上海交通大学出版社，2015 年。

122. 江晓原：《天学外史》，上海：上海人民出版社，1999 年。

123. 江晓原：《天学真原》，沈阳：辽宁教育出版社，1991 年。

124. 江晓原、钮卫星：《天文西学东渐集》，上海：上海书店出版社，2001 年。

125. 姜生、汤伟侠主编：《中国道教科学技术史·南北朝隋唐五代卷》，北京：

科学出版社,2011年。

126. 姜生、汤伟侠主编:《中国道教科学技术史·汉魏两晋卷》,北京:科学出版社,2002年。

127. 蒋朝君:《道教科技思想史料举要——以〈道藏〉为中心的考察》,北京:科学出版社,2012年。

128. 李崇高:《道教与科学》,北京:宗教文化出版社,2008年。

129. 李迪:《唐代天文学家张遂》,上海:上海人民出版社,1964年。

130. 李辉:《汉译佛经中的宿曜术研究》,上海交通大学博士学位论文,2012年。

131. 李圃:《甲骨文选注》,上海:上海古籍出版社,1989年。

132. 李约瑟:《中国科学技术史》,北京:科学出版社,1975年。

133. 李小荣:《敦煌密教文献论稿》,北京:人民文学出版社,2003年。

134. 梁启超:《中国佛教研究史》,上海:三联书店上海分店,1988年。

135. 林巳奈夫:《汉镜的图柄二、三について》,《东方学报》第44册,1973年。

136. 刘芳:《道教与唐代科技》,北京:中国社会科学出版社,2016年。

137. 卢央:《中国古代星占学》,北京:中国科学技术出版社,2007年。

138. 吕建福:《中国密教史》,北京:中国社会科学出版社,1995年。

139. 麦唐纳,A. A.,《印度文化史》,龙章译,上海:上海文化出版社,1989年。

140. 毛丹:《两汉魏晋"天论"分析:中西交通大背景下的源流考察》,上海交通大学博士学位论文,2016年。

141. 梅节校订,陈诏、黄霖注释:《金瓶梅词话》(重校本),香港:梦梅馆印行,1993年。

142. 钮卫星:《西望梵天——汉译佛经中的天文学源流》,上海:上海交通大学出版社,2004年。

143. 钮卫星:《汉译佛经中所见数理天文学及其渊源——以〈七曜攘灾决〉天文表为中心》,中国科学院上海天文台,1993年。

144. 潘鼐:《中国恒星观测史》,上海:上海人民出版社,1982年。

145. 潘雨廷:《道藏书目提要》,上海:上海古籍出版社,2017年。

146. 彭向前:《俄藏西夏历日文献整理研究》,北京:社会科学文献出版社,2018年。

147. 平田惠:《Śārdūlakarṇāvadāna と漢譯二種にみそる 音譯について》,京都産業大學修士论文,1988年。

148. 〔美〕乔治·萨顿:《希腊化时代的科学与文化》,鲁旭东译,郑州:大象出版社,2012年。

149. 〔日〕桥本敬造:《中国占星术の世界》,东京:东方书店,1993年。

150. 〔日〕清水浩子:"宿曜经と二十八宿について",《佐藤良純教授古稀記念論文集:インド文化と仏教思想の基調と展開》,东京:山喜房仏书林,2003年。

151. 曲安京,纪志刚,王荣彬:《中国古代数理天文学探析》,西安:西北大学出版社,1994 年。

152. 任继愈:《道藏提要》,北京:中国社会科学出版社,1991 年。

153. 荣新江:《中古中国与外来文明》,北京:生活·读书·新知三联书店,2001 年。

154. 萨尔吉:《〈大方等大集经〉之研究》,北京大学博士论文,2005 年。

155. [日]森田龙迁:《密教占星法》,京都:临川书店,1974 年。

156. [法]沙畹,伯希和:《摩尼教流行中国考》,冯承钧译,上海:商务印书馆,1933 年。

157. [日]善波周:"宿曜经の研究",《佛教大学大学院研究纪要》,京都:佛教大学学会,1968 年。

158. [日]矢野道雄:《ヴァラーハミヒラ占術大集成ブリハット・サンヒタ》,杉田瑞枝译,东京:平凡社东洋文库, 1995 年。

159. [日]矢野道雄:"アールヤバティーヤ",矢野道雄、林隆夫、井狩弥介:《インド天文学・数学集》,东京:朝日出版社, 1980 年。

160. [日]矢野道雄:《密教占星术——宿曜道とインド占星术》,东京:东京美术,1986 年。

161. [日]矢野道雄:《星占いの文化交流史》,东京:劲草书房,2004 年。

162. [瑞典]斯文·赫定:《丝绸之路》,江红、李佩娟译,乌鲁木齐:新疆人民出版社,1996 年。

163. 宋神秘:《继承、改造和融合:文化渗透视野下的唐宋星命术研究》,上海交通大学博士学位论文,2014 年。

164. 孙亦平:《杜光庭评传》,南京:南京大学出版社,2011 年。

165. 樋口明子:《Śārdūlakarṇāvadāna 研究——特に占星術について》,仙台:东北大学学士毕业论文,1977 年。

166. 王炳华:《丝绸之路考古研究》,乌鲁木齐:新疆人民出版社,1993 年。

167. 王文才、王炎:《蜀梼杌校笺》,四川:巴蜀书社,1999 年。

168. 王逸之:《阴阳五行与隋唐术数研究》,西安:陕西师范大学硕士论文,2012 年。

169. 王应伟:《中国古历通解》,辽宁:辽宁教育出版社,1998 年。

170. 王仲尧:《易学与佛教》,北京:中国书店,2001 年。

171. 威廉·雷姆塞:《希腊文明中的亚洲因素》,孙晶晶译,郑州:大象出版社,2013 年。

172. 吴立民:《密乘》,上海:上海古籍出版社,2005。

173. 吴诗初:《中国画家丛书》,上海:上海人民美术出版社,1983 年。

174. 吴羽:《宋道教与世俗礼仪互动研究》,北京:中国社会科学出版社,2013 年。

175. 向达:《唐代长安与西域文明》,重庆:重庆出版社,2009 年。

176. 萧登福:《正统道藏总目提要》,北京:文津出版社,2011 年。

177. 新城新藏:《东洋天文学史研究》,沈璿译,上海:中华学艺社,1933 年。

178. 玄奘、辩机著,季羡林等校注:《大唐西域记校注》,北京:中华书局,2000 年。

179. 义净著,王邦维校注:《南海寄归内法传校注》,北京:中华书局,1995 年。

180. 余欣:《中古异相——写本时代的学术、信仰与社会》,上海:上海古籍出版社,2011 年。

181. 袁利:《俄藏黑水城出土西夏文占卜文书 NHB.No5722》,河北大学硕士学位论文,2015 年。

182. 张次仲:《周易玩辞困学记》第 10 卷,北京:中国书店,1998 年。

183. 中国社会科学院考古研究所:《中国古代天文文物论集》,北京:文物出版社,1989 年。

184. 中国社会科学院考古研究所:《中国古代天文文物图集》,北京:文物出版社,1980 年。

185. 中华文化出版事业社:《中西交通史(二)》,台北:华冈出版有限公司,1953 年。

186. 晶:《「シヤールドゥラカルナ・アヴァダーナ」の漢譯の研究》,京都:京都产业大学修士论文,2008 年。

187. 周利群:《〈虎耳譬喻经〉与早期来华的印度星占术——基于中亚梵文残本与其他梵藏汉文本的对勘研究》,北京大学博士学位论文,2013 年。

188. 朱越利:《道藏分类解题》,北京:华夏出版社,1996 年。

189. 祝亚平:《道教文化与科学》,合肥:中国科学技术大学出版社,1995 年。

190. 庄蕙芷:《汉唐墓室壁画天象图研究》,北京大学博士学位论文,2015 年。

(二) 学术论文

1. Aaboe A, Sachs A. Some dateless computed lists of longitudes of characteristic planetary phenomena from the Late-Babylonian period[J]. *Journal of cuneiform studies*, 1966, 20(1):1—33.

2. Abraham G. The motion of the moon in the *Romaka Siddhānta*[J]. *Archive for history of exact sciences*, 1986, 35(4):325—328.

3. Assar G R F. Parthian calendars at Babylon and Seleucia on the Tigris [J]. *Iran*, 2003, 41(1):171—191.

4. Azarpay G, Kilmer A D. The eclipse dragon on an Arabic frontispiece-miniature[J]. Journal of the American Oriental Society, 1978:363—374.

5. Beaulieu P A, Rochberg F. The Horoscope of Anu-Bēlšunu[J]. *Journal of Cuneiform Studies*, 1996:89—94.

6. Beinorius A. On the Philosophical and Cosmological Foundations of Indian

Astrology[J]. *Mediterranean Archaeology and Archaeometry*, 2014, 14 (3): 211—221.

7. Bohak G. Towards a catalogue of the magical, astrological, divinatory, and alchemical fragments from the Cambridge Genizah Collections[M]// *"From a Sacred Source"*. Brill, 2010:53—80.

8. Bowen A, Goldstein B. "Meton of Athens and Astronomy in the Late Fifth Century BC" in *A Scientific Humanist*, ed. E. Leichty et al., 39—81. Philadelphia: the University Museum. 1988.

9. Boyce M. Further on the calendarof Zoroastrian feasts[J]. *Iran*, 2005, 43(1):1—38.

10. Brashear W, Jones A. An Astronomical Table Containing Jupiter's Synodic Phenomena[J]. *Zeitschrift für Papyrologie und Epigraphik*, 1999:206—210.

11. Van B G, Butler K. Determining the Interdependence of Historical Astronomical Tables [J]. *Journal of the American Statistical Association*, 1997, 92(437):41—48.

12. Chabás J, Goldstein B R. Astronomy in the Iberian Peninsula: Abraham Zacut and the transition from manuscript to print[J]. *Transactions of the American Philosophical Society*, 2000, 90(2): iii—196.

13. Chabás J, Goldstein B R. Ibn al-Kammād's Muqtabis zij and the astronomical tradition of Indian origin in the Iberian Peninsula[J]. *Archive for History of Exact Sciences*, 2015, 69(6):577—650.

14. Chapman-Rietschi, P. Pre-Telescopic Astronomy—Invisible Planets Rahu and Ketu[J]. Quarterly journal of the Royal Astronomical Society, 1991, 32(1):53.

15. Charette F. Schmidl P G.al-Khwārizmī and Practical Astronomy in Ninth-Century Baghdad. The Earliest Extant Corpus of Texts in Arabic on the Astrolabe and Other Portable Instruments[J]. *SCIAMVS*, 2004, 5:101—198.

16. Clarke L W. Greek Astronomy and Its Debt to the Babylonians[J]. *The British Journal for the History of Science*, 1962, 1(1):65—77.

17. Cooper G M. Galen and Astrology: A Mésalliance? [J]. *Early Science and Medicine*, 2011, 16(2):120—146.

18. Cullen C. A Chinese Eratosthenes of the Flat Earth: A Study of a Fragment of Cosmology in Huai Nan Tzu[J]. *Bulletin of the School of Oriental and African Studies*, 1976:106—127.

19. Cullen C. An Eighth Century Chinese Table of Tangents[J]. *Chinese Science*, 1982, 5:1—33.

20. Das S R: Some Notes on Indian Astronomy[J]. *Isis*, 1930, 14 (2): 388—402.

21. De Blois F. The Persian Calendar[J]. *Iran*, 1996, 34(1):39—54.

22. Dickens M, Sims-Williams N. Christian calendrical fragments from Turfan [J]. *Living the Lunar Calendar*, Oxbow Books, Oxford, 2012:269—95.

23. Dicks D R. Astrology and Astronomy in Horace[J]. *Hermes*, 1963, 91(H1):60—73.

24. Edkins, Joseph: Ancient Navigation in the Indian Ocean[J]. *The Journal of the Royal Asiatic Society of Great Britain and Ireland*, New Series, 1886, 18(1):1—27.

25. Goldstein B R, Pingree D. Horoscopes from the Cairo Geniza[J]. *Journal of Near Eastern Studies*, 1977, 36(2):113—144.

26. Goldstein B R, Pingree D. More horoscopes from the Cairo Geniza[J]. *Proceedings of the American Philosophical Society*, 1981, 125(3):155—189.

27. Goldstein B R. Astronomy and the Jewish Community in Early Islam [J]. *Aleph*, 2001:17—57.

28. Goldstein B, Pingree D. Additional Astrological Almanacs from the Cairo Geniza[J]. *Journal of the American Oriental Society*, 1983:673—690.

29. Grenet F, Pinault G J. Contacts des traditions astrologiques de l'Inde et de l'Iran d'après une peinture des collections de Turfan[J]. In: *Comptes rendus des séances de l'Académie des Inscriptions et Belles-Lettres*, 1997, 141(4):1003—1063.

30. Guan Y. A new interpretation of Shen Kuo's Ying Biao Yi[J]. *Archive for History of Exact Sciences*, 64:707—719.

31. Guan Y. Calendrical Systems in Early Imperial China: Reform, Evaluation and Tradition[J]. The *Circulation of Astronomical Knowledge in the Ancient World*, 2016:451—477.

32. Guan Y. Eclipse Theory in the Jing chu li: Part I. The Adoption of Lunar Velocity[J]. *Archive for History of Exact Sciences*, 69:103—123.

33. Guan Y. Excavated Documents Dealing with Chinese Astronomy[J]. *Handbook of Archaeoastronomy and Ethnoastronomy*, 2015:2079—2084.

34. Henning W B. A Sogdian fragment of the Manichaean Cosmogony[J]. *Bulletin of the School of Oriental and African Studies*, 1948, 12(2):306—318.

35. Henning W B. An astronomical chapter of the Bundahishn[J]. *Journal of the Royal Asiatic Society of Great Britain and Ireland*, 1942, 74(3—4): 229—248.

36. Heydari-Malayeri M. A concise review of the Iranian Calendar[J]. arXiv preprint astro-ph/0409620, 2004.

37. Honigmann E. The Arabic Translation of Aratus' Phaenomena[J]. *Isis*, 1950, 41(1):30—31.

38. Hsu M L, Chinese Marine Cartography: Sea Charts of Pre-Modern China [J]. *Imago Mundi*, 1988, 40:96—112.

39. Isahaya Y. History and Provenance of the "Chinese" Calendar in the Zīj-i Īlkhānī[J]. علم تاريخ مجله, 2011, 7(1):19—44.

40. Iwaniszewski S. Cultural Interpretation of Archaeological Evidence Relating to Astronomy[J]. *Handbook of Archaeoastronomy and Ethnoastronomy*, 2015:315.

41. Jones A. A Greek Papyrus Containing Babylonian Lunar Theory [J]. *Zeitschrift für Papyrologie und Epigraphik*, 1997:167—172.

42. Jones A. A Study of Babylonia Observations of Planets Near Normal Stars [J]. *Archive for the History of Exact Science*, 2004:475—536.

43. Jones A. An Astronomical Ephemeris for A. D. 140; P. Harris I. 60 [J]. *Zeitschrift für Papyrologie und Epigraphik*, 1994:59—63.

44. Jones A. Calendrica I : New Callippic Dates[J]. *Zeitschrift für Papyrologie und Epigraphik*, 2000:141—158.

45. Jones A. Calendrica II : Date Equations from the Reign of Augustus [J]. *Zeitschrift für Papyrologie und Epigraphik*, 2000:159—166.

46. Jones A. Geminus and the Isia[J]. *Harvard Studies in Classical Philology*, 1999, 99:255—267.

47. Jones A. More Astronomical Tables from Tebtunis[J]. *Zeitschrift für Papyrologie und Epigraphik*, 2001:211—220.

48. Jones A. On the Planetary Table, Dublin TCD Pap. F. 7[J]. *Zeitschrift für Papyrologie und Epigraphik*, 1995:255—258.

49. Jones A. On the Reconstructed Macedonian and Egyptian Lunar Calendars [J]. *Zeitschrift für Papyrologie und Epigraphik*, 1997:157—166.

50. Jones A. Pliny on the Planetary Cycles[J]. *Phoenix*, 1991, 45:148—161.

51. Jones A.Ptolemy's First Commentator[J]. *Transactions of the American Philosophical Society*, 1990, 80: i—61.

52. Jones A. The Adaptation of Babylonian Methods in Greek Numerical Astronomy[J]. *Isis*, 1991,82:440—453.

53. Jones A. The Horoscope of Proclus [J]. *Classical Philology*, 1999, 94(1): 81—88.

54. Jones A. Three Astronomical Tables from Tebtunis[J]. *Zeitschrift für Papyrologie und Epigraphik*, 1998:211—218.

55. Jones A. Two Astronomical Tables: P. Berol. 21240 and 21359 [J]. *Zeitschrift für Papyrologie und Epigraphik*, 1999:201—205.

56. Kalinowski M. The Use of the Twenty-eight Xiu as a Day-count in Early China[J]. *Chinese Science*, 1996(13):55—81.

57. Kennedy E S, Muruwwa A. Bīrūnī on the Solar Equation[J]. *Journal of Near Eastern Studies*, 1958, 17(2):112—121.

58. Kennedy E S, Roberts V. The planetary theory of Ibn al-Shāṭir[J]. *Isis*, 1959, 50(3):227—235.

59. Kennedy E S, van der Waerden B L. The world-year of the Persians [J]. *Journal of the American Oriental Society*, 1963, 83(3):315—327.

60. Kennedy E S. A Set of Medieval Tables for Quick Calculation of Solar and Lunar Ephemerides[J]. *Oriens*, 1965:327—334.

61. Kennedy E S. A Survey of Islamic Astronomical Tables[J]. *Transactions of the American Philosophical Society*, 1956, 46(2):123—177.

62. Kennedy E S. An Islamic Computer for Planetary Latitudes[J]. *Journal of the American Oriental Society*, 1951, 71(1):13—21.

63. Kennedy E S. Late medieval planetary theory[J]. *Isis*, 1966, 57(3):365—378.

64. Kennedy E S. Parallax theory in Islamic Astronomy[J]. *Isis*, 1956, 47(1):33—53.

65. Kennedy E S. The Sasanian Astronomical Handbook Zīj-I Shāh the Astrological Doctrine of "Transit"(Mamarr)[J]. *Journal of the American Oriental Society*, 1958:246—262.

66. Kennedy, E S. The Chinese-Uighur Calendar as Described in the Islamic Sources[J]. *Isis*, 1964, 55(4):435—443.

67. Kheirandish E. Science and Mithāl: Demonstrations in Arabic and Persian scientific traditions[J]. *Iranian Studies*, 2008, 41(4):465—489.

68. Kheirandish E. Windows into Early Science: Historical Dialogues, Scientific Manuscripts and Printed Books[J]. *Iranian Studies*, 2008, 41(4):581—593.

69. King D A. A survey of medieval Islamic shadow schemes for simple time-reckoning[J]. *Oriens*, 1990, 32:191—249.

70. King D A. A Survey of the scientific manuscripts in the Egyptian National Library[M]. *Eisenbrauns*, 1986.

71. King D A. Al-Khalīlī's Qibla Table[J]. *Journal of Near Eastern Studies*, 1975, 34(2):81—122.

72. King D A. Architecture and Astronomy: The ventilators of medieval Cairo and their secrets[J]. *Journal of the American Oriental Society*, 1984, 104(1):97—133.

73. King D A. The Astronomy of the Mamluks: A Brief Overview[J]. *Muqarnas*, 1984:73—84.

74. King D A. The astronomy of the Mamluks[J]. Isis, 1983, 74(4):531—555.

75. King D A. The earliest Islamic mathematical methods and tables for finding the direction of Mecca[J]. *Zeitschrift für Geschichte der arabisch-islamischen Wissenschaften*, 1986, 3:82—149.

76. King D A. Two Iranian world maps for finding the direction and distance to Mecca[J]. *Imago Mundi*, 1997, 49(1):62—82.

77. Kochhar R K. Rāhu in the Burmese Tradition[J]. *Quarterly Journal of the Royal Astronomical Society*, 1990, 31:257.

78. Kochhar R. Scriptures, Science and Mythology: Astronomy in Indian cultures[J]. Proceedings of the International Astronomical Union, 2009, 5(S260): 54—61.

79. Kren C. A Medieval Objection to "Ptolemy"[J]. *The British Journal for the History of Science*, 1969, 4(4):378—393.

80. Laufer B. The application of the Tibetan sexagenary cycle[J]. *T'oung Pao*, 1913, 14(5):569—596.

81. Laufer B. Chinese Contributions to the History of Civilization in Ancient Iran[J]. *Publications of the Field Museum of Natural History. Anthropological Series*, 1999, 15(3):599—630.

82. Lincoln B. Anomaly, Science, and Religion: Treatment of the Planets in Medieval Zoroastrianism[J]. *History of Religions*, 2009, 48(4):270—283.

83. Lippincott K, Pingree D. Ibn al-Hātim on the Talismans of the Lunar Mansions[J]. *Journal of the Warburg and Courtauld Institutes*, 1987:57—81.

84. López A M. Cultural Interpretation of Ethnographic Evidence Relating to Astronomy[J]. *Handbook of Archaeoastronomy and Ethnoastronomy*, 2015:341.

85. Luiselli R. Hellenistic Astronomers and Scholarship[J]. *The Brill's Companion to Ancient Greek Scholarship* (2 Vols.). Brill, 2015:1216—1234.

86. Maejima M, Yano M. A Study on the Atharvaveda-Pariśiṣṭa 50—57 with Special Reference to the Kūrmavibhāga[J]. *Journal of Indian and Buddhist Studies*, 2010, 58(3):1126—1133.

87. Mak B M. The Transmission of Buddhist Astral Science from India to East Asia: The Central Asian Connection[J]. *Historia Scientiarum*, 2015, 24(2):59—75.

88. Mak B M. *Yusi Jing*: A treatise of "Western" Astral Science in Chinese and its versified version *Xitian yusi jing*[J]. *SCIAMVS*, 2014, 15:105—169.

89. Mak B M. Astral Science of the East Syriac Christians in China during the late first millennium AD[J]. *Mediterranean Archaeology and Archaeometry*, 2016, 16(4):87—92.

90. Mak B M. Indian Jyotiṣa Literature through the Lens of Chinese Buddhist Canon[J]. *Journal of Oriental Studies*, 2015, 48(1):1—19.

91. Manfredi M., Neugebauer, O. Greek Planetary Tables from the Time of Claudius[J]. *Zeitschrift für Papyrologie und Epigraphik*, 1973:101—114.

92. Markel S. The genesis of the Indian planetary deities[J]. *East and West*, 1991, 41(1/4):173—188.

93. Maue D. Altturkische Handschriften.Teil 1: Dokumente in Brahmi und tibetischer Schrift. *Verzeichnis der Orientalischen Handschriften in Deutschland*; XⅢ, 9[J]. Stuttgart: Franz Steiner Verlag, 1996:76—80.

94. Melville C. The Chinese-Uighur Animal Calendar in Persian Historiography of the Mongol Period[J]. *Iran*, 1994, 32(1):83—98.

95. Montelle C. The Anaphoricus of Hypsicles of Alexandra[J]. *The Circulation of Astronomical Knowledge in the Ancient World*, Brill, 2016:287—315.

96. Mukhopadhyaya S. A Critical Study of the Śārdūlakarṇāvadāna[J]. *Viśva-Bharati Annals*, 1967, 12:1—108.

97. Neugebauer O, Sachs A. Some Atypical Astronomical Cuneiform Texts, Ⅱ[J]. *Journal of Cuneiform Studies*, 1968, 22(3/4):92—113.

98. Neugebauer O, Sachs A. Some atypical astronomical cuneiform texts, Ⅰ[J]. *Journal of cuneiform studies*, 1967, 21:183—218.

99. Neugebauer O. A Table of Solstices from Uruk[J]. *Journal of Cuneiform Studies*, 1947, 1(2):143—148.

100. Neugebauer O. Abū-Shāker and the Ethiopic Hasāb[J]. *Journal of Near Eastern Studies*, 1983, 42(1):55—58.

101. Neugebauer O. An Arabic Version of Ptolemy's Parapegma from the "Phaseis"[J]. *Journal of the American Oriental Society* 91(4):506(1971).

102. Neugebauer O. Astronomical Papyri and Ostraca: Bibliographical Notes [J]. *Proceedings of the American Philosophical Society*, Vol. 106, No. 4 (Aug. 22, 1962), pp. 383—391.

103. Neugebauer O. Babylonian Planetary Theory[J]. *Proceedings of the American Philosophical Society*, 1954, 98(1):60—89.

104. Neugebauer O. Cleomedes and the Meridian of Lysimachia, *The American Journal of Philology*, 1941, 62(3):344—347.

105. Neugebauer O. Demotic Horoscopes, *Journal of the American Oriental Society*, 1943, 63(2):115—127.

106. Neugebauer O. Egyptian Planetary Texts[J]. *Transactions of the American Philosophical Society*, 1942, 32(2):209—250.

107. Neugebauer O. From Assyriology to Renaissance art[J]. *Proceedings of the American Philosophical Society*, 1989, 133(3):391—403.

108. Neugebauer O. Notes on al-Kaid[J]. *Journal of the American Oriental*

Society, 1957, 77(3):211—215.

109. Neugebauer O. On a Fragment from a Planetary Table[J]. *Zeitschrift für Papyrologie und Epigraphik*, 1971, 7:267—274.

110. Neugebauer O. On Some Aspects of Early Greek Astronomy[J]. *Proceedings of the American Philosophical Society*, 1972, 116(3):243—251.

111. Neugebauer O. On Some Astronomical Papyri and Related Problems of Ancient Geography[J]. *Transactions of the American Philosophical Society*, 1942, 32(2):251—263.

112. Neugebauer O. Problems and Methods in Babylonian Mathematical Astronomy, Henry Norris Russell Lecture, 1967[M]//*Astronomy and History Selected Essays*. Springer New York, 1983:255—263.

113. Neugebauer O. Solstices and equinoxes in Babylonian astronomy during the Seleucid period[J]. *Journal of cuneiform studies*, 1948, 2(3):209—222.

114. Neugebauer O. Studies in Ancient Astronomy. Ⅶ. Magnitudes of Lunar eclipses in Babylonian Mathematical Astronomy[J]. *Isis*, 1945, 36(1):10—15.

115. Neugebauer O. Studies in Ancient Astronomy. Ⅷ. The Water Clock in Babylonian Astronomy[J]. *Isis*, 1947, 37(1/2):37—43.

116. Neugebauer O. Tamil Astronomy: A Study in the History of Astronomy in India[J]. *Osiris*, 1952, 10:252—276.

117. Neugebauer O. Thabit ben Qurra "On the Solar Year" and "On The Motion of the Eighth Sphere"[J]. *Proceedings of the American Philosophical Society*, 1962:264—299.

118. Neugebauer O. The alleged Babylonian discovery of the precession of the equinoxes[J]. *Journal of the American Oriental Society*, 1950, 70(1):1—8.

119. Neugebauer O. The Babylonian method for the computation of the last visibilities of Mercury[J]. *Proceedings of the American Philosophical Society*, 1951, 95(2):110—116.

120. Neugebauer O. The Chronology of the Aramaic Papyri from Elephantine [J]. *Isis*, 1942, 33(5):575—578.

121. Neugebauer O. The Early History of the Astrolabe. Studies in Ancient Astronomy Ⅸ[J]. *Isis*, 1949, 40(3):240—256.

122. Neugebauer O. The Horoscope of Ceionius Rufius Albinus[J]. *The American Journal of Philology*, 1953, 74(4):418—420.

123. Neugebauer O. The Origin of the Egyptian Calendar[J]. *Journal of Near Eastern Studies*, 1942, 1(4):396—403.

124. Neugebauer O. The rising times in Babylonian astronomy[J]. *Journal of Cuneiform Studies*, 1953, 7(3):100—102.

125. Neugebauer O. The survival of Babylonian methods in the exact sciences of Antiquity and Middle Ages [M]//*Astronomy and History Selected Essays*. Springer New York, 1983:157—164.

126. Neugebauer O. Unusual Writings in Seleucid Astronomical Texts[J]. *Journal of Cuneiform Studies*, 1947, 1(3):217—218.

127. Neugebauer O, Van Hoesen H B. Astrological Papyri and Ostraca: Bibliographical Notes[J]. *Proceedings of the American Philosophical Society*, 1964, 108(2):57—72.

128. Neugebauer O, Parker R A. Two Demotic Horoscopes[J]. *The Journal of Egyptian Archaeology*, 1968, 54(1):231—235.

129. Neugebauer O, Pingree D. The Astronomical Tables of Mahādeva [J]. *Proceedings of the American Philosophical Society*, 1967:69—92.

130. Neugebauer O, Sijpesteijn P J. A New Version of Greek Planetary Tables [J]. *Zeitschrift für Papyrologie und Epigraphik*, 1980:285—294.

131. Neugebauer O. Archimedes and Aristarchus[J]. *Isis*, 1942, 34(1):4—6.

132. Olmstead A T. Babylonian Astronomy: Historical Sketch[J]. *The American Journal of Semitic Languages and Literatures*, 1938, 55(2):113—129.

133. Olmstead A T. Cuneiform texts and Hellenistic chronology[J]. *Classical Philology*, 1937, 32(1):1—14.

134. Panaino A C D. Pre-Islamic Iranian calendrical systems in the context of Iranian religious and scientific history[M]//*The Oxford Handbook of Ancient Iran*. 2013.

135. Pankenier D W. Did Babylonian Astrology Influence Early Chinese Astral Prognostication Xing zhan shu 星占術? [J]. *Early China*, 2014, 37(1):1—13.

136. Pingree D. Madelung W. Political Horoscopes Relating to Late Ninth Century 'Alids[J]. *Journal of Near Eastern Studies*, 1977, 36(4):247—275.

137. Pingree D. A Greek linear planetary text in India[J]. *Journal of the American Oriental Society*, 1959, 79(4):282—284.

138. Pingree D. A note on the calendars used in early Indian inscriptions [J]. *Journal of the American oriental society*, 1982, 102(2):355—359.

139. Pingree D. An Illustrated Greek Astronomical Manuscript. Commentary of Theon of Alexandria onthe Handy Tables and Scholia and Other Writings of Ptolemy concerning Them[J]. *Journal of the Warburg and Courtauld Institutes*, 1982, 45:185—192.

140. Pingree D. Antiochus and Rhetorius[J]. *Classical Philology*, 1977, 72(3):203—223.

141. Pingree D. Astronomy and Astrology in India and Iran[J]. *Isis*, 54(2):

229—46.

142. Pingree D. Babylonian planetary theory in Sanskrit omen texts[J]. *From Ancient Omens to Statistical Mechanics*, 1987:91—99.

143. Pingree D. Brahmagupta, Balabhadra, Pṛthūdaka and Al-Bīrūnī[J]. *Journal of the American oriental society*, 1983:353—360.

144. Pingree D. Classical and Byzantine Astrology in Sassanian Persia[J]. *Dumbarton Oaks Papers*, 1989, 43:227—239.

145. Pingree D. From Alexandria to Baghdād to Byzantium. The Transmission of Astrology[J]. *International Journal of the Classical Tradition*, 2001, 8(1): 3—37.

146. Pingree D. Hellenophilia versus the History of Science. *Isis*[J]. 1992, 83(4):554—63.

147. Pingree D. Historical Horoscopes[J]. *Journal of the American Oriental Society*, 1963, 82(4):487—502.

148. Pingree D. Indian planetary images and the tradition of astral magic [J]. *Journal of the Warburg and Courtauld Institutes*, 1989, 52:1—13.

149. Pingree D. Mesopotamian Omens in Sanskrit[J]. In: D. Charpin, F. Joannès(ed.). *La circulation des biens, des personnes et des idées dans le Proche-Orient ancien.* 1992:375—379.

150. Pingree D. MUL. APIN and Vedic Astronomy[J]// DUMU-E2-DUB-BA-A: *Studies in Honor of Äke W. Sjöberg*, Behrens et al, University Museum, 1989:439—445.

151. Pingree D. Political Horoscopes from the Reign of Zeno[J]. *Dumbarton Oaks Papers* 30:133—50.

152. Pingree D. Representation of the planets in Indian astrology[J]. *Indo-Iranian Journal*, 1965, 8(4):249—267.

153. Pingree D. Some of the Sources of the Ghāyat al-hakīm[J]. *Journal of the Warburg and Courtauld Institutes*, 1980:1—15.

154. Pingree D. The Beginning of Utpala's Commentary on the Khaṇḍa-khādyaka[J]. *Journal of the American Oriental Society*, 1973, 93(4):469—481.

155. Pingree D. The Empires of Rudradāman and Yaśodharman: Evidence from Two Astrological Geographies[J], *Journal of the American Oriental Society*, 1959, 79(4):267—270.

156. Pingree D. The Fragments of the Works of al-Fazārī[J]. *Journal of Near Eastern Studies*, 1970, 29(2):103—123.

157. Pingree D. The Fragments of the Works of Ya'qūb Ibn Ṭāriq[J]. *Journal of Near Eastern Studies*, 1968, 27(2):97—125.

158. Pingree D. The Greek Influence on Early Islamic Mathematical Astronomy[J]. *Journal of the American Oriental Society*, 1973:32—43.

159. Pingree D. The Horoscope of Constantine Ⅶ Porphyrogenitus[J]. *Dumbarton Oaks Papers*, 1973, 27:217+219—231.

160. Pingree D. The Logic of Non-Western Science: Mathematical Discoveries in Medieval India[J]. *Daedalus* 132(4):45—53.

161. Pingree D. The Mesopotamian origin of early Indian mathematical astronomy[J]. *Journal for the History of Astronomy*, 1973, 4(1):1—12.

162. Pingree D. The Persian "Observation" of the Solar Apogee in CA. AD 450[J]. *Journal of Near Eastern Studies* 24(4):334—36.

163. Pingree D. The Purāṇas and Jyotiḥśāstra: Astronomy[J]. *Journal of the American Oriental Society*, 1990, 110(2):274—280.

164. Pingree D. The Indian Iconography of the Decans and Horâs[J]. *Journal of the Warburg and Courtauld Institutes*, 1963, 26(3/4):223—254.

165. Pingree D, Morrissey P. On the Identification of the Yogatārās of the Indian Nakṣatras[J], *Journal of History of Science*, 1989, 20(2):99—119.

166. Roberts V. The Planetary Theory of Ibn al-Shatir: Latitudes of the Planets[J]. *Isis*, 1966, 57(2):208—219.

167. Roberts V, The solar and lunar theory of Ibn ash-Shātir: A pre-Copernican Copernican model[J]. *Isis*, 1957, 48(4):428—432.

168. Rochberg F. Empiricism in Babylonian omen texts and the classification of Mesopotamian divination as science[J]. *Journal of the American Oriental Society*, 1999:559—569.

169. Rochberg F. Personifications and metaphors in Babylonian celestial omina [J]. *Journal of the American Oriental Society*, 1996:475—485.

170. Rochberg, F.The Historical Significance of Astronomy in Roman Egypt Astronomical Papyri from Oxyrhynchus by Alexander Jones [J]. *Isis*, 2001, 92(4):745—748.

171. Rochberg-Halton F. Between observation and theory in Babylonian astronomical texts[J]. *Journal of Near Eastern Studies*, 1991, 50(2):107—120.

172. Rochberg-Halton F. Elements of the Babylonian contribution to Hellenistic astrology[J]. *Journal of the American Oriental Society*, 1988:51—62.

173. Rochberg-Halton F. New evidence for the history of astrology[J]. *Journal of Near Eastern Studies*, 1984, 43(2):115—140.

174. Sachs A J, Walker C B F. Kepler's View of the Star of Bethlehem and the Babylonian Almanac for 7/6 BC[J]. *Iraq*, 1984, 46(1):43—55.

175. Sachs A J. Babylonian Mathematical Texts Ⅰ. Reciprocals of Regular

Sexagesimal Numbers[J]. *Journal of Cuneiform Studies*, 1947, 1(3):219—240.

176. Sachs A J. Some Metrological Problems in Old-Babylonian Mathematical Texts[J]. *Bulletin of the American Schools of Oriental Research*, 1944(96):29—39.

177. Sachs A J. Two Neo-Babylonian Metrological Tables from Nippur [J]. *Journal of Cuneiform Studies*, 1947, 1(1):67—71.

178. Sachs A, Neugebauer O. A Procedure Text Concerning Solar and Lunar Motion: BM 36712[J]. Journal of Cuneiform Studies, 1956, 10(4):131—136.

179. Sachs A. A classification of the Babylonian astronomical tablets of the Seleucid period[J]. *Journal of cuneiform studies*, 1948, 2(4):271—290.

180. Sachs A. A late Babylonian Star catalog[J]. *Journal of cuneiform studies*, 1952, 6(4):146—150.

181. Sachs A. Absolute dating from Mesopotamian records[J]. *Philosophical Transactions of the Royal Society of London*. Series A, Mathematical and Physical Sciences, 1970, 269(1193):19—22.

182. Sachs A. Babylonian Horoscopes[J]. *Journal of Cuneiform Studies*, 1952, 6(2):49—75.

183. Sachs A. Babylonian mathematical texts II—III[J]. *Journal of Cuneiform Studies*, 1952, 6(4):151—156.

184. Sachs A. Babylonian observational astronomy[J]. *Philosophical Transactions of the Royal Society of London* A: Mathematical, Physical and Engineering Sciences, 1974, 276(1257):43—50.

185. Sachs A. Notes on Fractional Expressions in Old Babylonian Mathematical Texts[J]. *Journal of Near Eastern Studies*, 1946, 5(3):203—214.

186. Sachs A. Sirius dates in Babylonian astronomical texts of the Seleucid period[J]. *Journal of Cuneiform Studies*, 1952, 6(3):105—114.

187. Salam H, Kennedy E S. Solar and Lunar tables in early Islamic astronomy[J]. *Journal of the American Oriental Society*, 1967, 87(4):492—497.

188. Saliba G. The first non-ptolemaic astronomy at the Maraghah School [J]. *Isis*, 1979, 70(4):571—576.

189. Saliba G.Greek Astronomy and the Medieval Arabic Tradition[J]. *American Scientist*, 2002, 90(4):360—367.

190. Samsó J, King D A, Goldstein B R. Astronomical Handbooks and Tables from the Islamic World(750—1900): an Interim Report[J]. *Suhayl. Journal for the History of the Exact and Natural Sciences in Islam*, 2001, 2:9—105.

191. Sarton G. Chaldaean Astronomy of the last three centuries BC[J]. *Journal of the American Oriental Society*, 1955, 75(3):166—173.

192. Sen T. Astronomical Tomb Paintings from Xuanhua: Mandalas? [J]. *Ars*

Orientalis，1999，29：29—54.

193. Sidoli N. Research on Ancient Greek Mathematical Sciences，1998—2012 [J]. *From Alexandria*，springer，Berlin，Heidelberg，2014：25—50.

194. Sims-Williams N. The Sogdian fragments of the British library[J]. *Indo-Iranian Journal*，1976，18(1)：43—82.

195. Sołtysiak A. Ancient Persian Skywatching and Calendars[J]. *Handbook of Archaeoastronomy and Ethnoastronomy*，2015：1901—1906.

196. Steele J M. A Comparison of Astronomical Terminology，Methods and Concepts in China and Mesopotamia，with Some Comments on Claims for the Transmission of Mesopotamian Astronomy to China[J]. *Journal of Astronomical History and Heritage*，2013，16(3)：250—260.

197. Steele J M. Living with a lunar calendar in Mesopotamia and China [J]. *Living the lunar calendar*. Oxbow Books，Oxford，2012：373—387.

198. Steele J M. On the Use of the Chinese "Hsuan-ming" Calendar to Predict the Times of Eclipses in Japan[J]. *Bulletin of the School of Oriental and African Studies*，*University of London*，1998，61(3)：527—533.

199. Xiaochun S，Kistema Ker J. The Ecliptic in Han Times and in Ptolemaic Astronomy[J]. *East Asian Science：Tradition and Beyond*，1995：65—72.

200. Takahashi H.Syriac and Arabic Transmission of on the Cosmos[J]. *Cosmic Order and Divine Power：Pseudo-Aristotle*，*On the Cosmos*，2014：153—167.

201. Takahashi H. Syriac as a Vehicle in the Transmission of Knowledge across Borders of Empires[J]，*Horizons：Seoul Journal of Humanities*，2014，5(1)：29—52.

202. Taqizadeh S H. Old Iranian Calendars[J]. *Prize publication fund*，1938.

203. Taqizadeh S H. The Old Iranian Calendars Again[J]. *Bulletin of the School of Oriental and African Studies*，University of London，1952，14(3)：603—611.

204. Taqizadeh S H. Various Eras and Calendars used in the Countries of Islam[J]. *Bulletin of the School of Oriental and African Studies*，1939，9(4)：903—922.

205. Taqizadeh S H. Various Eras and Calendars Used in the Countries of Islam(Continued)[J]. *Bulletin of the School of Oriental Studies*，University of London，1939：107—132.

206. Thomann J. Square horoscope diagrams in Middle Eastern astrology and Chinese cosmological diagrams：were these designs transmitted through the Silk Road? [M]// In *The journey of maps and images on the Silk Road*，Brill，2008：97—117.

207. Thurston H. Greek Mathematical Astronomy Reconsidered[J]. *Isis*，

2002，93(1):58—69.

208. Toomer G J. A Survey of the Toledan Tables[J]. *Osiris*，1968，15:5—174.

209. Toomer G J. Prophatius Judaeus and the Toledan Tables[J]. *Isis*，1973，64(3):351—355.

210. Van Brummelen G. Seeking the Divine on Earth: The Direction of Prayer in Islam[J]. *Math Horizons*，2013，21(1):15—17.

211. Van Dalen B, Kennedy E S, Saiyid M K. The Chinese-Uighur Calendar in Tusi's Zij-i Ilkhani[J]. *Zeitschrift für Geschichte der arabisch-islamischen Wissenschaften*，1997，11:111—152.

212. Van der Waerden B L. Greek astronomical calendars Ⅴ. The motion of the Sun in the parapegma of Geminos and in the Romaka-Siddhānta[J]. *Archive for history of exact sciences*，1985，34(3):231—239.

213. Van der Waerden B L. On the Romaka-Siddhānta[J]. *Archive for History of Exact Sciences*，1988，38(1):1—11.

214. Wayman A. The human body as microcosm in India, Greek cosmology, and sixteenth-century Europe[J]. *History of Religions*，1982，22(2):172—190.

215. Weinstock S. Lunar Mansions and Early Calendars[J]，*The Journal of Hellenic Studies*，1949，69:48—69.

216. Yabuuti K. Researches on the Chiu-chih li: Indian Astronomy under the T'ang Dynasty[J]. *Acta Asiatica*. 1979，36:7—48.

217. Yano M. The Hsiu-Yao Ching and Its Sanskrit Sources[C]// International Astronomical Union Colloquium, Cambridge University Press，1987，91:125—134.

218. Yano M. Knowledge of astronomy in Sanskrit texts of architecture[J]. *Indo-Iranian Journal*，1986，29:17—29.

219. Yano M. The Chi-yao Jang-tsai-chueh and its Ephemerides[J]. *Centaurus* 1986，29:28—35.

220. Zhou，Liqun，The Indian Outflow Water-clock before the 5th Century A.D. Based on the Case Study of Śārdūlakarṇāvadāna[J]. *China Tibetology*，2014(2):102—107.

221. 岑蕊:《摩羯纹考略》,《文物》1983 年第 10 期,第 78—80 页。

222. 曾次亮:《评刘朝阳先生"中国古代天文历法史研究的矛盾形式和今后出路"》,《天文学报》1956 年第 2 期。

223. 曾召南:《三十六天说是怎样形成的》,《中国道教》1993 第 3 期,41—43 页。

224. 晁华山:《唐代天文学家瞿昙譔墓的发现》,《文物》1978 年第 10 期,49—53 页。

225. 陈久金:《符天历研究》,《自然科学史研究》1986 年第 1 期,第 34—40 页。

226. 陈久金:《瞿昙悉达和他的天文工作》,《自然科学史研究》1985 年第 4 期,第 321—327 页。

227. 陈林:《〈云笈七签〉宇宙论思想探析》,《船山学刊》2013 年第 4 期,第 138—142 页。

228. 陈美东:《古印度地轮—水轮—风轮—空轮说在中国》,《自然科学史研究》1998 年第 4 期,第 297—303 页。

229. 陈美东、张培瑜:《月离表初探》,《自然科学史研究》1987 年第 6 期,第 135—146 页。

230. 陈美东:《日躔表之研究》,《自然科学史研究》1984 年第 3 期,第 330—340 页。

231. 陈美东:《中国古代的宇宙膨胀说》,《自然科学史研究》1994 年第 1 期,第 27—31 页。

232. 陈万成:《关于〈事林广记〉的〈十二宫分野所属图〉》,收入陈万成:《中外文化交流探绎——星学·医学·其他》,北京:中华书局,2010 年,第 62—66 页。

233. 陈万成:《杜牧与星命》,《唐研究》第八卷,2002 年,第 61—79 页。

234. 陈于柱:《区域社会史视野下的敦煌禄命书研究》,兰州大学博士学位论文,2009 年。

235. 陈于柱:《从敦煌占卜文书看晚唐五代敦煌占卜与佛教的对话交融》,《敦煌学辑刊》2005 年第 2 期,第 31 页。

236. 陈昭吟:《早期道经诸天结构研究》,山东大学博士学位论文,2006 年。

237. 陈志辉:《隋唐以前之七曜历术源流新证》,《上海交通大学学报(哲学社会科学版)》2009 年第 4 期,第 46—51 页。

238. 大桥由纪夫:《没日灭日起源考》,《自然科学史研究》2000 年第 3 期,第 264—270 页。

239. 邓可卉:《中国隋唐时期对于太阳运动认识的演变》,《西北大学学报(自然科学版)》2006 年第 5 期,第 847—849 页。

240. 邓文宽:《"洛州无影"补说》,《文史》2003 年第 3 辑,第 194—197 页。

241. 邓文宽:《跋两篇敦煌佛教天文学文献》,《文物》2000 年第 1 期,第 83—88 页。

242. 邓文宽、刘乐贤:《敦煌天文气象占写本概述》,收录于《邓文宽敦煌天文历法考察》,上海:上海古籍出版社,2010 年,第 17 页。

243. 邓文宽:《敦煌历日与当代东亚民用"通书"的文化关联》,《国学研究》第 8 卷,北京:北京大学传版社,2001 年,第 335—355 页;又见邓文宽:《敦煌吐鲁番天文历法研究》,兰州:甘肃教育出版社,2002 年,第 79—104 页。

244. 邓文宽:"黄道十二宫"条,《敦煌学大辞典》,上海:上海辞书出版社,1998 年,第 614 页。

245. 杜莹:《中国古代道教科技文献研究》,辽宁大学硕士学位论文,2013年。

246. 段清波:《从秦始皇陵考古看中西文化交流(二)》,《西北大学学报(哲学社会科学版)》2015年第2期,第8—14页。

247. 段清波:《从秦始皇陵考古看中西文化交流(一)》,《西北大学学报(哲学社会科学版)》2015年第1期,第8—15页。

248. 盖建民:《道教与中国传统天文学关系考略》,《中国哲学史》2006年第4期,第105—111页。

249. 盖建民:《道教与中国古代历法》,《宗教学研究》2005年第3期,第20—24页。

250. 顾吉辰:《敦煌文献职官结衔考释》,《敦煌学辑刊》1998年第2期,第35页。

251. 关瑜桢:《〈左传〉日食观念研究》,《自然辩证法通讯》2009年第6期,第53—57页。

252. 关增建:《传统365 1/4分度不是角度》,《自然辩证法通讯》1989年第5期,第77—80页。

253. 关增建:《中国天文学史上的地中观念》,《自然科学史研究》2000年第3期,第251—263页。

254. 郭盛炽:《开元黄道游仪的结构研究》,《天文学史文集》1978年第5期,第246—257页。

255. 胡化凯、吉晓华:《道教宇宙演化观与大爆炸宇宙论之比较》,《广西民族大学学报(自然科学版)》2008年第2期,第11—16页。

256. 黄一农:《清前期对"四余"定义及其存废的争执——社会天文学史个案研究(下)》,《自然科学史研究》1993年第4期,第344—354页。

257. 黄正建:《敦煌占卜文书与唐五代占卜研究》,北京:学苑出版社,2001年,第49页。

258. 姬永亮:《〈九执历〉分度体系及其历史作用管窥》,《自然科学史研究》2006年第2期,第122—130页。

259. 季羡林、王邦维:《义净和他的〈南海寄归内法传〉》,《文献》1989年,第175页。

260. 江晓原:《巴比伦与古代中国的行星运动理论》,《天文学报》1990年第4期,第342—348页。

261. 江晓原:《从太阳运动理论看巴比伦与中国天文学之关系》,《天文学报》1988年第3期,第272—277页。

262. 江晓原:《东来七曜术下》,《中国典籍与文化》1995年4期,第54—57页。

263. 江晓原:《六朝隋唐传入中土之印度天学》,《汉学研究》(台湾)1992年第2期,第253—277页。

264. 江晓原:《〈周髀算经〉盖天宇宙结构》,《自然科学史研究》1996年第3期,第 249—253 页。

265. 江晓原:《〈周髀算经〉——古代中国唯一的公理化尝试》,《自然辩证法通讯》1996 年第 3 期,第 43—48＋80 页。

266. 江晓原:《〈周髀算经〉与古代域外天学》,《自然科学史研究》1997 年第 3 期,第 207—212 页。

267. 江晓原:《元代华夏与伊斯兰天学交流接触之六问题》,收入杨舰,刘兵主编:《科学技术的社会运行》,北京:清华大学出版社,2010 年,第 42—53 页。

268. 江晓原:《中国天学的起源:西来还是自生?》,《自然辩证法通讯》1992 年第 2 期,第 49—56＋80 页。

269. 姜伯勤:《敦煌与波斯》,《敦煌研究》1990 年第 3 期,第 8—10 页。

270. 金虎俊:《历史上的中国天算在朝鲜半岛的传播》,《中国科技史料》1995 年第 4 期,第 3—7 页。

271. 孔庆典:《10 世纪前中国纪历文化源流——以简帛为中心》,上海:上海人民出版社,2011 年,第 162—163 页。

272. 李辉:《〈宿曜经〉中的宿直》,《自然科学史研究》2007 年第 4 期,第 498—506 页。

273. 李俊涛:《道教符图之星辰符号探秘》,《中华文化论坛》2008 第 1 期,第 85—90 页。

274. 李志超:《旁通历——天文教育历》,收入李志超编著《国学薪火:科技文化学与自然哲学论集》,合肥:中国科学技术大学出版社,2002 年,第 197—202 页。

275. 李志超、祝亚平:《道教文献中历法史料探讨》,《中国科技史料》1996 年第 1 期,第 8—15 页。

276. 梁松涛、袁利:《俄藏黑水城出土西夏文占卜文书 5722 考释》,《西夏学》2005 年第 11 期,第 25—49 页。

277. 梁宗巨:《僧一行发行的子午线实测》,《科学史集刊》(2),北京:科学出版社,1959 年,第 144—149 页。

278. 廖旸:《炽盛光佛构图中星曜的演变》,《敦煌研究》2004 年第 4 期,第 71—79 页。

279. 刘朝阳:《中国古代天文历法史研究的矛盾形式和今后出路》,《天文学报》1953 年第 1 期,第 30—82 页。

280. 刘金沂:《覆矩图考》,《自然科学史研究》1988 年第 2 期,第 112—118 页。

281. 刘金沂、赵澄秋:《唐代一行编成世界上最早的正切函数表》,《自然科学史研究》1986 年第 4 期,第 298—309 页。

282. 刘长东:《落下闳的族属之源暨浑天说、浑天仪所起源的族属》,《四川大学学报(哲学社科版)》2012 年第 5 期,第 30—45 页。

283. 刘长东:《本命信仰考》,《四川大学学报(哲学社会科学版)》,2004 年第 1 期,第 54—64 页。

284. 路旻：《晋唐道教天界观研究》，兰州大学博士学位论文，2018 年。

285. 马若安：《敦煌历日"没日"和"灭日"安排初探》，《敦煌吐鲁番研究》2004 年第 7 期，第 422—437 页。

286. 麦谷邦夫：《道教与日本古代的北辰北斗信仰》，《宗教学研究》2002 年第 3 期，第 35 页。

287. 麦文彪：《古代中国与日本的"异域天学"：七曜日与天宫图星占术》，沈丹森、孙英刚编：《中印关系研究的视野与前景》，上海：复旦大学出版社，2016 年，第 136—151 页。

288. 蒙科宇：《佛教与道教宇宙论比较研究》，广西师范学院硕士学位论文，2012 年。

289. 钮卫星：《〈梵天火罗九曜〉考释及其撰写年代和作者问题探讨》，《自然科学史研究》2005 年第 4 期，第 319—329 页。

290. 钮卫星：《〈符天历〉历元问题再研究》，《自然科学史研究》2017 年第 1 期，第 1—9 页。

291. 钮卫星：《从"〈大衍〉写〈九执〉"公案中的南宫说看中唐时期印度天文学在华的地位及其影响》，《上海交通大学学报（哲学社会科学版）》2006 年第 3 期，第 46—51，57 页。

292. 钮卫星：《汉唐之际历法改革中各作用因素之分析》，《上海交通大学学报（哲学社会科学版）》2004 年第 5 期，第 31—38，54 页。

293. 钮卫星、江晓原：《何承天改历与印度天文学》，《自然辩证法通讯》1997 年第 1 期，第 39—44＋80 页。

294. 钮卫星、江晓原：《〈七曜攘灾决〉木星历表研究》，《中国科学院上海天文台年刊》1997 年第 18 期，第 241—249 页。

295. 钮卫星：《罗睺、计都天文含义考源》，《天文学报》1994 年第 3 期，第 326—332 页。

296. 钮卫星：《中国古历中的近距历元及其印度渊源》，收录于江晓原、钮卫星：《天文西学东渐集》，上海：上海书店出版社，2001 年，第 177—186 页。

297. 钮卫星：《〈佛说时非时经〉考释》，《自然科学史研究》2004 年第 3 期，第 206—217 页。

298. 钮卫星：《从"罗、计"到"四余"：外来天文概念汉化之一例》．《上海交通大学学报（哲学社会科学版）》，2010 年第 6 期，第 48—57 页。

299. 钮卫星：《古历"金水二星日行一度"考证》，《自然科学史研究》，1996 年 1 期，第 60—65 页。

300. 钮卫星、江晓原：《汉译佛经中的日影资料辨析》，《中国科学院上海天文台年刊》1998 年第 19 期，第 170—176 页。

301. 钮卫星，罗睺、计都天文含义考源[J]．天文学报，1994，35(3)：326—332。

302. 钮卫星：《唐宋之际道教十一曜星神崇拜的起源和流行》，《世界宗教研究》2012 年第 1 期,第 85—95 页。

303. 钮卫星:《五通仙人考》,《上海交通大学学报(社会科学版)》,2007 第 5 期,第 37—44 页。

304. 钮卫星、张子信:《水星"应见不见"术考释及其可能来源探讨》,《上海交通大学学报(哲学社会科学版)》,2009 年第 1 期,第 53—62 页。

305. 彭向前:《几件黑水城出土残历日新考》,《中国科技史杂志》,2015 年第 2 期,第 182—190 页。

306. 青山亨:《Śārdūlakarṇāvadāna の研究》,《印度学仏教学研究》60(30—2),1982 年,第 152—153 页。

307. 清水浩子:《宿曜経と二十八宿について》,收入《佐藤良純教授古稀記念論文集:インド文化と仏教思想の基調と展開》,東京:山喜房仏书林,2003 年,第 85—105 页。

308. 曲安京:《〈大衍历〉晷影差分表的重构》,《自然科学史研究》1997 第 3 期,第 233—244 页。

309. 曲安京、李彩萍、韩其恒:《论中国古代历法推没灭算法的意义》,《西北大学学报》1998 年第 5 期,第 369—373 页。

310. 曲安京:《为什么计算没日与灭日》,《自然科学史研究》2005 年第 2 期,第 190—195 页。

311. 曲安京、袁敏:《印度正弦表与唐代正切函数表之比较》,《西北大学学报(自然科学版)》2000 年第 5 期,第 446—449 页。

312. 曲安京:《〈大衍历〉晷影差分表的重构》,《自然科学史研究》1997 年第 3 期,第 233—244 页。

313. 饶宗颐:《论七曜与十一曜——记敦煌开宝七年(九七四)康遵批命课》,收入《饶宗颐史学论著选》,上海:上海古籍出版社,1993 年,第 582—583 页。

314. 饶宗颐:《论七曜与十一曜:记敦煌开宝七年(974)康遵批命课》,收入《选堂集林·史林》,香港:中华书局,1982 年,第 771、972 页。

315. 荣新江:《敦煌归义军曹氏统治者为粟特后裔说》,《历史研究》2001 年第 1 期,第 65—72 页。

316. 荣新江:《一个入仕唐朝的波斯景教家族》,《伊朗学在中国论文集》第二集,1998 年,第 82—90 页。

317. 荣智涧:《西夏文〈谨算〉所载图例初探》,《西夏学》2013 年第 2 期,第 172—176 页。

318. 沙畹、伯希和著,冯承钧译:《摩尼教流行中国考·七曜历之输入》,收入《西域南海史地考证译丛》(第八编),北京:中华书局,1958 年,第 43—104 页。

319. 山下克明:《宿曜道の形成と展開》,收入《後期摂関時代史の研究》,東京:吉川弘文館,1990 年,第 481—527 页。

320. 善波周:《摩登伽經の天文歷數について》,收入《小田、高畠、前田三教授

颂壽紀念·東洋學論叢》,1952 年,第 171—213 页。

321. 善波周:《宿曜经の研究》,收入《佛教大学大学院研究纪要》,京都:佛教大学学会,1968 年,第 29—52 页。

322. 石云里、方林、韩朝:《西汉夏侯灶墓出土天文仪器新探》,《自然科学史研究》2012 年第 1 期,第 1—13 页。

323. 石云里:《中国古代天文学在日本的流传和影响》,《传统文化与现代化》1997 年第 3 期,第 71—78 页。

324. 石璋如:《读各家释七衡图、说盖天说起源新例初稿》,台湾《"中央"研究院历史语言研究所集刊》1997 年第四分,第 787—816 页。

325. 史金波:《中国藏西夏文文献新探》,《西夏学》2007 年第 2 期,第 3—16 页。

326. 矢野道雄:《古代インドの暦法——ヴェーダーンガ・ジョーティシャVedan-gajyotisaの 5 年周期について》,《科学史研究》1976 年第 118 卷,第 93—98 页。

327. 薮内清:《关于唐曹士蒍的符天历》,柯士仁译,易树人校,《科学史译丛》1983 年第 1 期,第 83—94 页。

328. 薮内清:《〈九执历〉研究》,《科学史译丛》1984 年第 3、4 期,张大卫译自 Acta Asiaticam, No.36, March 1979, pp.29—48。

329. 薮内清:《关于唐曹士蒍的〈符天历〉》,《科学史研究》1982 年第 78 号。

330. 孙伟杰、盖建民:《黄道十二宫与道教关系考论》,《中国哲学史》2015 年第 3 期,第 74—82 页。

331. 孙伟杰、盖建民:《斋醮与星命:杜光庭〈广成集〉所见天文星占文化述论》,《湖南大学学报(社会科学版)》2016 年第 3 期,第 70—76 页。

332. 孙伟杰:《"籍系星宿,命在天曹":道教星辰司命信仰研究》,《湖南大学学报(社会科学版)》2018 年第 1 期,第 50—56 页。

333. 孙伟杰:《道法、仪式中的日月星辰及其天学意义初探》,《宗教学研究》2017 年第 4 期,第 66—71 页。

334. 孙伟杰:《六朝"浑天说"思想与葛洪神学宇宙论的构建》,《宗教学研究》2016 年第 1 期,第 15—20 页。

335. 孙小淳:《关于汉代的黄道坐标测量及其天文学意义》,《自然科学史研究》2000 年第 2 期,第 143—154 页。

336. 孙小淳:《汉代石氏星官研究》,《自然科学史研究》1994 年第 2 期,第 123—138 页。

337. 孙小淳、黎耕:《汉唐之际的表影测量与浑盖转变》,《中国科技史杂志》2009 年第 1 期,第 120—131 页。

338. 孙小淳、黎耕:《陶寺 IIM22 漆杆与圭表测影》,《中国科技史杂志》2010 年第 4 期,第 363—372 + 360 页。

339. 孙亦平:《论道教宇宙论中的两条发展线索——以杜光庭〈道德真经广圣

义〉为例》,《世界宗教研究》2006 年第 2 期,第 45—54 页。

340. 孙英刚:《洛阳测影与"洛州无影"——中古知识世界与政治中心观》,《复旦学报(社科版)》2014 年第 1 期,第 2—9 页。

341. 谭蝉雪:《丧葬用鸡探析》,《敦煌研究》1998 年第 1 期,第 78 页。

342. 谭清华:《从阴阳五行说看道教宇宙生成观及其生态意义》,《社科纵横》2016 年第 10 期,第 111—115 页。

343. 谭苑芳:《道家与道教思想中的宇宙生成论》,《贵州社会科学》2006 年第 4 期,第 73—75 页。

344. 唐泉:《古代巴比伦的月亮黄纬算法》,《自然辩证法通讯》2005 年第 3 期,第 91—97 页。

345. 唐泉:《中国古代的日食食分算法》,《自然科学史研究》2005 年第 1 期,第 29—44 页。

346. 唐泉:《〈授时历〉和〈回回历法〉中的日食时差算法》,《中国科技史杂志》2007 年第 3 期,第 114—122 页。

347. 唐泉:《〈至大论〉和〈苏利亚历〉中的日食时差算法》,《西北大学学报(自然科学版)》2008 年第 3 期,第 508—512 页。

348. 唐泉、贾小勇:《古代巴比伦塞琉古王朝时期食分算法初探》,《西北大学学报(自然科学版)》2004 年第 3 期,第 369—372 页。

349. 唐泉、曲安京:《希腊、印度、阿拉伯与中国传统视差理论比较研究》,《自然科学史研究》2008 年第 2 期,第 131—150 页。

350. 唐泉、曲安京:《古代印度的视差算法》,《广西民族学院学报》2005 年第 1 期,第 56—62 页。

351. 唐泉、曲安京:《中国古代的视差理论——以日食食差算法为中心的考察》,《自然科学史研究》2007 年第 2 期,第 125—154 页。

352. 唐泉、曲安京:《〈苏利亚历〉的时差算法》,《西北大学学报(自然科学版)》2005 年第 1 期,第 117—121 页。

353. 唐泉、曲安京:《〈苏利亚历〉的视差算法》,《自然科学史研究》2005 年第 3 期,第 197—213 页。

354. 桃裕行:《关于〈符天历〉》,《科学史研究》(日本)1964 年第 71 号,第 118—119 页。

355. 田久川:《中国古代天文历算科学在日本的传播和影响》,《社会科学辑刊》1984 年第 1 期,第 108—117 页。

356. 王邦维:《"都广之野"、"建木"以及"日中无影"》,《中华文化论坛》2009 年 S2 期,第 46—50 页。

357. 王邦维:《再说"洛州无影"》,载荣新江主编:《唐研究》,第十卷,北京:北京大学出版社,2004 年,第 377—382 页。

358. 王皓月:《道教三十六天说溯源》,《儒道研究》2017 年,第 73—89 页。

359. 王进玉：《从敦煌文物看中西文化交流》，《西域研究》1999 年第 1 期，第 59 页

360. 王荣彬：《中国古代历法推没灭术意义探秘》，《自然科学史研究》1995 年第 3 期，第 254—261 页。

361. 王献华、郭沫若：《〈释支干〉与泛巴比伦主义》，《郭沫若学刊》2016 年第 1 期，第 41—44 页。

362. 王煜：《规矩三光　四灵在旁　汉代墓室中的天象图》，《大众考古》2016 年第 10 期，第 43—58 页。

363. 王煜：《汉代牵牛、织女图像研究》，《考古》2016 年第 5 期，第 86—97 页。

364. 王煜：《汉代太一信仰的图像考古》，《中国社会科学》2014 年第 3 期，第 181—203 + 208—209 页。

365. 王煜：《南阳麒麟岗汉画像石墓天象图及相关问题》，《考古》2014 年第 10 期，第 68—80 + 2 页。

366. 王煜：《西王母地域之"西移"与相关问题讨论》，《西域研究》2011 年第 3 期，第 56—61 + 141 页。

367. 王煜、王欢：《三国时期吴地黄道十二宫图像试探》，《考古与文物》2017 年第 4 期，第 96—102 页。

368. 王仲殊：《论吴晋时期的佛像夔凤镜》，《考古》1985 年第 7 期，第 636—642 + 676—679 页。

369. 王重民：《敦煌本历日之研究》，《东方杂志》1937 年第 34 卷第 9 期，第 13—20 页。后收入《敦煌遗书论文集》，北京：中华书局，1984 年，第 116—133 页。

370. 吴宇虹：《巴比伦天文学的黄道十二宫和中华天文学的十二辰之各自起源》，《世界历史》2009 年第 3 期，第 115—129 页。

371. 吴羽、杜光庭：《〈广成集〉所载表、醮词写作年代丛考》，《魏晋南北朝隋唐史史料》第 28 辑，第 243—248 页。

372. 吴羽：《从"月宿东井"日看晋唐道教时间观念的构造》，《魏晋南北朝隋唐史资料》2014 年，第 10—22 + 294 页。

373. 吴羽：《晚唐前蜀王建的吉凶时间与道教介入——以杜光庭广成集为中心[J].社会科学战线》2018 年第 2 期，第 106—118 + 2 页。

374. 席泽宗：《僧一行观测恒星位置的工作》，《天文学报》1956 年第 2 期，第 212—218 页。

375. 夏鼐：《从宣化辽墓的星图论二十八宿和黄道十二宫》，《考古学报》1976 年第 2 期，第 35—58 + 195—198 页；又见《夏鼐文集》（中册），北京：社会科学文献出版社，2000 年，第 391—419 页。

376. 夏鼐：《洛阳西汉壁画墓中的星象图》，《考古》1965 年第 2 期，第 80—90 + 11 页。

377. 萧登福：《从敦煌写卷中看道教星斗崇拜对佛经之影响》，第二届敦煌学

国际研讨会论文集，台北：汉学研究中心，1990 年，第 344 页。

378. 萧登福：《〈太上玄灵北斗本命延生真经〉探述》，《宗教学研究》1997 年第 3 期，第 49—65 页；1997 年第 4 期，30—39 页。

379. 熊谷孝司：《古代インドにおける予兆研究——地震の場合》，《印度学宗教学会论集》，2002 年第 29 號别册，第 119—140 页。

380. 徐春野：《魏晋南北朝道教对科技发展的影响》，山东大学硕士学位论文，2011 年。

381. 许洁：《隋唐时期的道教星象研究》，《宗教学研究》2009 年第 4 期，24—33 页。

382. 严敦杰：《式盘综述》，《考古学报》1985 年第 4 期。

383. 严敦杰："推符天十一曜星命法"词，《敦煌学大辞典》，上海：上海辞书出版社，1998 年，第 624 页。

384. 严敦杰：《一行禅师年谱》，《自然科学史研究》1984 年第 1 期，第 35—42 页。

385. 杨伯达：《摩羯、摩竭辨》，《故宫博物院院刊》2001 年第 6 期，第 41—46 页。

386. 杨联陞：《帝制中国的作息时间表》，收入《国史探微》，沈阳：辽宁教育出版社，1998 年，第 44—65 页。

387. 杨子路、盖建民：《道教文昌信仰与古代天文历算关系初论》，《南昌大学学报（人文社会科学版）》2013 年第 5 期，第 86—90 页。

388. 杨子路、盖建民：《晋末南朝灵宝派经教仪式与天文历算关系新论》，《科学技术哲学研究》2015 年第 3 期，第 91—95 页。

389. 姚传森：《中国古代历法、天文仪器、天文机构对日本的影响》，《中国科技史料》1998 年第 2 期，第 4—10 页。

390. 叶德禄：《七曜历输入中国考》，《辅仁学志》1942 年 11 卷（1—2 合期），第 137—157 页。

391. 伊世同：《河北宣化辽金墓天文图简析——兼及邢台铁钟黄道十二宫图象》，《文物》1990 年第 10 期，第 20—24＋71 页。

392. 宇野顺治、古泉圆顺：《復元トルファン出土二十八（七）宿占星書》，《仏教文化研究所纪要》，2004 年第 43 期，第 44—63 页。

393. 袁启书：《过洋牵星术考证》，《中国航海》1986 年第 1 期，第 71—79 页。

394. 张弓："敦煌四部籍与中古后期社会的文化情景"条，《敦煌学》第 25 辑，台北：乐学书局有限公司，2004 年，第 326 页。

395. 张绪山：《罗马帝国沿海路向东方的探索》，《史学月刊》2001 年第 1 期，第 87—92 页。

396. 赵贞：《"九曜行年"略说——以 p.3779 为中心》，《敦煌学辑刊》，2005 年第 3 期，第 22—35 页。

397. 郑诚、江晓原:《何承天文佛国历术故事的源流及影响》,《中国文化》第二十五、二十六期,2007 年第 2 期,第 61—71 页。

398. 中山茂:《符天历在天文学史上的地位》,《科学史研究》(日本)1964 年第 71 号,第 120—121 页。

399. 周利群:《佛经中的古代印度地震占卜体系——以〈虎耳譬喻经〉为例》,《自然科学史研究》2016 年第 4 期,第 425—435 页。

400. 周利群:《公元前 4 世纪到公元后 5 世纪印度的单壶泄水漏壶——基于〈虎耳譬喻经〉以及相关文献记载》,《自然科学史研究》2014 年第 3 期,第 355—364 页。

401. 周利群:《圣彼得堡藏西域梵文写本释读新进展》,《文献》2017 年第 2 期,第 3—15 页。

402. 周利群:《西域出土的早期宿占文献》,收录于《探索西域文明 王炳华先生八十华诞祝寿论文集》,上海:中西书局,2017 年,第 144—156 页。

403. 周利群:《循环与线性交互的佛教时间观》,《社会科学》2015 年第 9 期,第 124—130 页。

404. 周利群:《义净记载的天竺计时体系》,《西域研究》2016 年第 1 期,第 111—117 + 150 页。

405. 周利群:《〈虎耳譬喻经〉藏译本二三题》,《汉藏佛学研究 文本、人物、图像和历史》,北京:中国藏学出版社,2013 年,第 682—694 页。

406. 周利群:《〈虎耳譬喻经〉与早期来华的印度星占术》,《文史知识》2013 年第 11 期,第 29—33 页。

407. 竺可桢:《二十八宿起源之时代与地点》,收入《竺可桢文集》,北京:科学出版社,1979 年,第 243 页。

索 引

A

530

安玄　8

安重宿　288，289，290

暗曜　332，335，343，344，346

B

Brāhmagupta　211，212，236

Brāhmasphuṭasiddānta　211，236

八卦　351，361，363，365，411，412，419，432

八节日　103

八戒斋　243

八字算命术　405，432，451

巴比伦　1，31，33，34，35，36，37，38，47，237，238，239，242，250，264，377，459，466，469，474，480，481

巴比伦天文学　31，35，36

拔弩　20

跋嚩儞（婆罗尼）　46，154，155

《白宝口抄》　308，373，375，376，377，378，379，381，382，383，384，388，392，396，397，402，411，418，430

白博叉　198，199，249，250，262，264，270，271

白道升交点　58，229，230，231，232，233，240，446，447

白羊宫（羊宫）　32，33，34，37，143，164，175，176，198，200，236，271，300，301，381，382，384，386，397，402，451，453，454

白月　25，27，43，51，57，66，79，80，141，198，249，262，263，270，272，278，282，283

《班达希申》　439

般刺蜜帝（极量）　22

般若　23，28

般若流支　13

半月　51，198，248，249，250，251，278，282，283

宝瓶宫（宝鲽宫）　32，33，48，164，176，373，378，381，382，383，390，397，400，401，402，403，441，444，445，457

《宝星陀罗尼经》　26，42，79，152，153，154，155，156，160，167

宝云　9

报沙月　199

鲍瀚之　477，478

卑摩罗叉　10

C

F

G

H

角宿　47，48，54，98，152，153，159，160，161，162，163，164，167，176，184，266，267，273，278，383，385，386，387，444，448，450，455，464

角宿为首宿　159，162，184

《较量寿命经》　28，79

劫（Kalpa）　26，36，81，87，116，117，118，119，120，122，128，129，130，132，133，236，239，241，248，271，272

劫火　116，119，120，133

頡娄离伐底（丽婆底，离婆帝）　46，154，155

羯迦吒迦　31，32，372，376

金德太白星君　324

金地轮　121，122，123，132

金刚智　20，21，191

金俱吒　28，80，190，191，193，197，236，383

《金箓十回度人早午晚朝开收仪》　374，375，402

金牛宫（金牛座）　32，33，48，164，176，300，301，302，444，453，454，455，456

《金瓶梅》　400

金锁流珠引　106，107，113，295，426，427

金星行度　456

金曜日　298

近距历元　272，476，477，479

禁止学习天文　77，78

殑伽河（恒河）　125

精魂增修宫　306，314

井宿　47，48，58，152，153，159，160，163，164，167，176，266，336，337，345，354，355，358，359，369，386，448，471

景教　305

《景祐乾象新书》　414

《景祐遁甲符应经》　339

《景祐六壬神定经》　339

径一周三　133，146

鸠摩罗什　7，10，24，29，75，76，81

鸠槃　31，32，372，376

九宫贵神（太乙九神）　337，340，343，344，346，357，359，360，361，362，363，364，365，366，367，368，471，473

九黑山　125

九星术　357，367，371

M

X

Z